电子电气基础课程系列教材

电 路 分 析

（第 2 版）

张小梅　刘　岚　李政颖　娄　平　编著

电子工业出版社
Publishing House of Electronics Industry
北京·BEIJING

内 容 简 介

本书参照教育部高等学校电子信息科学与电气信息类基础课程教学指导分委员会颁布的"电路分析基础课程教学基本要求"，以电路理论的经典内容为核心，以提高学生的电路理论水平和分析、解决问题的能力为出发点，以培养满足行业对高素质专业人才的需求为目的而编写。

全书共 16 章，内容包括电路的基本概念、基本定律，简单电阻电路的分析方法，电路的系统分析方法，电路定理，含有运算放大器的电阻电路和简单非线性电阻电路分析，以及动态电路的时域分析、正弦交流稳态电路的分析、含有磁耦合元件的正弦稳态电路分析、三相电路分析、非正弦周期信号激励下的稳态电路分析、正弦交流电路的频率特性、电路的复频域分析、二端口网络分析等。本书理论与实践相辅相成，每章均配有 Multisim 仿真例题，并附有思考题和习题，扫描前言中的二维码可查看仿真视频及部分习题答案。

本书是高等学校电子信息类专业电路课程的教材，也可供相关研究人员和工程技术人员参考使用。

图书在版编目（CIP）数据

电路分析 / 张小梅等编著. —2 版. —北京：电子工业出版社，2022.3
ISBN 978-7-121-43106-7

Ⅰ. ①电… Ⅱ. ①张… Ⅲ. ①电路分析－高等学校－教材 Ⅳ. ①TM133

中国版本图书馆 CIP 数据核字（2022）第 042699 号

责任编辑：张小乐
印　　刷：山东华立印务有限公司
装　　订：山东华立印务有限公司
出版发行：电子工业出版社
　　　　　北京市海淀区万寿路 173 信箱　邮编：100036
开　　本：787×1092　1/16　印张：28.25　字数：797 千字
版　　次：2012 年 9 月第 1 版
　　　　　2022 年 3 月第 2 版
印　　次：2022 年 3 月第 1 次印刷
定　　价：79.80 元

前　　言

"电路分析"是高等学校电子信息类本科专业必修的重要技术基础课，是学习者接触的第一门具有工程特点的专业基础课，是培养卓越人才教学体系的重要组成部分。本课程的教学目标是使学习者掌握电路的基本理论知识、基本分析方法和基本技能，树立严肃认真的科学作风和理论联系实际的工程观点，提高科学思维能力、分析计算能力、实验研究能力和科学归纳能力，为学习后续有关课程（如模拟电子技术、数字电子技术、高频电子线路、信号与系统等）进行必要的知识储备，为今后从事电类各专业的学习和工作打下必备的基础。

电路分析课程理论严密、逻辑性强，有广阔的工程背景，课程内容着重讨论在集总假设条件下，线性时不变电路的基本规律及分析计算方法。学习者在完成本课程的学习后，应达到以下基本要求。

（1）理解实际电路、电路模型、集总假设、线性等基本概念，掌握基本电路元件的特性、参数和电压电流约束关系，掌握基本的电路定律和电路定理，熟练运用电阻电路分析法，以及动态电路的时域、相量和复频域分析法，具有分析和推演电子信息类专业工程问题中一般电路的能力。

（2）具备观察能力、理论联系实际能力、解决问题能力、逻辑思维能力、综合与创新能力、识别和判断电子信息领域中的关键环节和参数的能力。

（3）具备工程实践学习能力，能够自主查阅电路工程实例，自主实验、自主发现、自主设计和自主解决问题的能力，能够使用计算机仿真软件对电路系统进行设计和仿真。

因此，本书在编写过程中，参照了教育部高等学校电子信息科学与电气信息类基础课程教学指导分委员会颁布的"电路分析基础课程教学基本要求"，内容符合学科要求，既需要适合培养学生扎实的电路分析能力，也注重与后续课程的衔接，适度讨论抽象模型的物理背景。本着先基础，后器件，再应用的原则。全书内容编排为三大模块：直流电路分析与半导体器件模块、正弦交流电路分析模块、动态电路的时域与频域分析模块。内容顺序由浅入深、由简入繁，从直流电路分析入手引出电路的基本概念、基本定律和基本分析方法，随后衔接模电中涉及的半导体器件分析方法，结合微积分、相量及傅里叶变换、拉普拉斯变换等数学工具的应用深入进行正弦交流电路的分析、动态电路的时域和频域分析。

全书将电路分析的三大类方法，即等效变换、电路方程、电路定理贯穿始终，突出相关分析方法的应用；为了培养学生正确的思维方法和分析问题的能力，本书在每章之后皆配有适量的思考题和习题，认真完成这些练习，将有益于帮助学生掌握所学内容，同时，对于提高学生运用理论解决实际问题的能力也能起到积极的促进作用；除了常规例题，还增加了与工程应用结合的例题、习题，从面向工程对象的角度理解有关电路行为；此外，为了培养学生使用计算机辅助工具进行电路分析设计的能力，每章均有利用 Multisim 软件进行电路仿真分析的例题和习题，例题均配有演示视频，扫描对应的二维码即可观看。希望本书以上的举措能够帮助学生提升研究能力及实际工作能力，使电路分析课程真正起到从科学类课程向工程类课程过渡的入门和桥梁作用。

武汉理工大学的张小梅老师主持了本书的修订工作，参加修订工作的还有武汉理工大学信息工程学院的李政颖、娄平、刘雪冬、许建霞、吴皓莹、刘皓春、许菲、胡德明、苏杨、王琳、严俊伟等老师。华中科技大学杨晓非教授和武汉理工大学刘泉教授审阅了本书，并为本书的修订提出了宝贵意见和有益的建议，在此一并表示诚挚的感谢。

这里要特别感谢本书第 1 版主编刘岚、叶庆云老师所做出的巨大贡献。刘岚教授还对本次修订工作给予了热情的指导和帮助，在此向本书第 1 版的所有编者致以最衷心的感谢。

限于编著者的水平和经验，书中难免有不足和错误之处，敬请广大读者批评指正。

编 著 者

2022 年 1 月

Multisim 仿真视频请扫二维码查看 ☞

部分习题答案请扫二维码查看 ☞

目　录

第1章 电路的基本概念与电路定律

本章从建立电路模型、认识电路变量等最基本的问题出发，给出电路中电压、电流参考方向的概念，介绍电阻、独立电源和受控源等基本电路元件，阐述电路所遵循的基本定律，为电路分析奠定基础。

1.1 实际电路与电路模型

"模型"是现代自然科学、社会科学分析研究问题时普遍使用的重要概念。例如，没有宽窄厚薄的"直线"是数学学科研究中的一种模型；没有空间尺寸却有一定质量的"质点"是物理学科研究中的一种模型。人们在分析研究某一客观事物时，几乎都要采用模型化的方法，将客观事物科学抽象成反映客观事物最主要物理本质的理想化的物理模型，使问题得到合理的简化，然后再建立与物理模型相对应的数学模型，并以此模型作为对象进行定性和/或定量分析，根据分析结果，做出合乎客观事物实际情况的科学结论。在采用模型化的方法中，人们用对其模型的分析代替对客观事物的分析。可以说，一切科学理论都建立在模型基础之上，没有模型就很难形成科学分析。分析研究电路问题也是如此，首先要建立电路模型，然后再用数学的方法对电路模型进行定量分析和计算。

1.1.1 实际电路的组成与功能

人们对"实际电路"的概念并不陌生，在广泛用电的今天，实际电路可以说是随处可见。例如，一个干电池，一个灯泡，一个开关，再加上三根导线，按照图 1-1 所示的方式连接起来，就组成了一个最简单的实际照明电路。

由此可以对实际电路做出如下的一般性定义：若干个电气设备或电子元件，按照一定的方式相互连接起来所形成的电流的通路，就是实际电路。

实际电路的形式多种多样，如由电阻、电感、电容及晶体管等元件构成的分立元件电路，或将数以千计的元件集成在

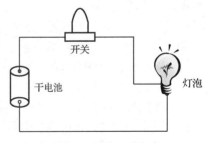

图 1-1 简单照明电路

几个平方毫米内的集成电路，以及电力系统、现代通信网络、数据信息计算机网络等大型电路。

实际电路的功能基本上可以分成两类。一类是用来实现电能的转换、传输和分配。例如，发电厂的发电机把热能或水能转换成电能，通过变压器、输电线等输送分配给用电单位，其用电设备又把电能转换成机械能、光能或热能等，这样就构成了一个庞大的极为复杂的电力系统电路。其中供给电能的设备称为电源，而用电设备则称为负载。另一类是用来传输、储存、处理各种电信号。例如，数字语音信号、数字图像信号和控制信号等。目前，人们可以很方便地设计制造出各种不同的电路，以完成某种预期的功能。如整流，即把两个方向的交流电信号变成单一方向的交流电信号；放大，即把微弱电信号放大为强电信号；滤波，即把电信号中不需要的频率成分或干扰抑制掉；变换，即把一种电信号波形变换为所需要的另一种电信号波形；取样，即把连续电信号变成离散电信号；记忆，即把原电信号存储下来，需要时再将其取出。图 1-2 是描述上述这些电路功能的示意图，左边波形为电路的输入信号也称电路的激励，而右边波形则为电路的输出信号也称电路的响应。

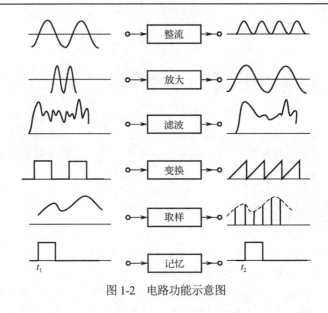

图 1-2　电路功能示意图

1.1.2　电路模型

　　构成实际电路的电气设备和电子元件统称为实际电路元件，常用的实际电路元件有发电机、电池、信号发生器、电阻器、电容器、电感器、变压器、晶体管等，这些都是人们制造出的实物，看得见，摸得着。当然，人们制造某种元件是为了要利用它的某种物理性质。例如，制造一个电阻器，是要利用它的电阻，即对电流呈现阻力的性质；制造连接导体是要利用它的优良导电性质，使电流顺畅流过。但是，事实上，在制造元件时很难制造出只表现某一特定性质的理想元件。任何一个实际电路元件在通电后，其表现相当复杂，往往同时会出现若干种电磁现象。例如，当通过电池的电流增大时，电池的端电压会降低，且电池会发热；电阻器通电后会发热，同时还有磁场产生；电流流过电感线圈时会产生磁场，电感线圈会发热，匝间还会有电场出现；当电容器极板间的电压变化时，电容器中除了变化的电场外还有变化的磁场，同时还有热损耗。因此，直接分析由实际电路元件构成的实际电路是相当困难的。解决这一难题最好的方法是采用模型化的方法，即在一定的条件下对实际电路元件进行理想化处理，忽略次要性质，用一个足以表征其主要电磁性质的模型来表示，这种模型称为理想电路元件，其电磁性质可以用数学公式予以严格定义，在绘制电路图时可以采用规定的图形符号来对其进行描绘。

　　实际电路元件虽然种类繁多，但在电磁现象上却有许多共同的地方。只要具有相同的主要电磁性质，在一定条件下就可用同一个模型来表示。例如，电阻器、照明器具、电炉等，它们的主要特性是消耗电能，可用一个具有两个端钮的理想电阻元件来反映其消耗电能的特性，其模型的图形符号如图 1-3（a）所示，R 是用来反映能量损耗性质的电路参数；类似地，各种实际电容器的主要特性是储存电能，可用一个具有两个端钮的理想电容元件来反映其储存电能的特性，其模型的图形符号如图 1-3（b）所示，C 是用来反映电场储能性质的电路参数；各种实际电感器的主要特性是储存磁能，可用一个具有两个端钮的理想电感元件来反映其储存磁能的特性，其模型的图形符号如图 1-3（c）所示，L 是用来反映磁场储能性

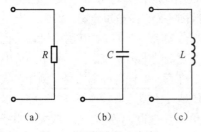

图 1-3　理想电阻、电容、
电感元件图形符号

质的电路参数。在这些图形符号中，去掉了各类实际电路元件的外形和尺寸的差异性，用相应的

电路参数来表示各类的共性（主要的电磁性质）。

　　有了上述定义的理想电阻元件、理想电容元件和理想电感元件，对于任何一个实际电阻器、电容器和电感器，可根据不同的应用条件，使用足以反映其主要电磁性质的一些理想电路元件或其组合来表示，构成实际电路元件的模型。例如一个实际电感器，它是在一个骨架上用金属导线绕制而成的，如图 1-4（a）所示。如果应用在低频电路中，它主要表现为储存磁能的性质，而消耗的电能与储存的电能都很小，可以忽略不计，所以在低频应用条件下的实际电感器的模型为图 1-4（b）所示的理想电感元件。如果应用在高频电路中，需要考虑绕制电感线圈的导线所消耗的电能，但它储存的电能仍可忽略，在这种情况下，实际电感器的模型为图 1-4（c）所示的理想电感元件与理想电阻元件的串联。如果这个实际电感器应用在更高频率的电路中，它储存的电能也需要考虑，这时其模型就要在图 1-4（c）基础上再与理想电容元件并联，如图 1-4（d）所示。

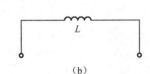
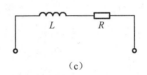
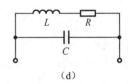

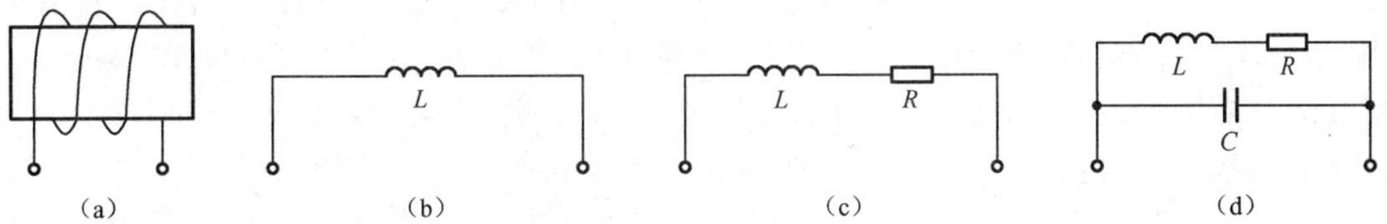

　　　　（a）　　　　　　　　　　　　　　（b）　　　　　　　　　　　（c）　　　　　　　　　　（d）

图 1-4　实际电感器在不同应用条件下的电路模型

　　将实际电路中各个实际电路元件都用其模型的图形符号来表示，且连接导线用理想导线（线段）来表示，这样画出的图称为实际电路的电路模型图，简称电路图，电路图并不反映实际电路的大小尺寸。图 1-5 就是图 1-1 简单照明电路的电路图，其中，干电池的模型是理想电压源 U_s，灯泡的模型是理想电阻元件 R，连接导线的模型是理想导线。电路理论分析研究的对象正是电路模型而不是实际电路。

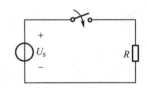

图 1-5　模型化的简单照明电路的电路图

1.1.3　集中参数电路

　　实际电路中使用的实际电路元件一般都与电能的消耗现象和电磁能的储存现象有关。电能的消耗发生在实际电路元件的所有导体通路之中，电磁能则储存在实际电路元件的电场、磁场之中。一般这些现象同时存在，且又发生在整个元件之中，交织在一起。因此，实际电路中的能量损耗和电场储能、磁场储能具有连续分布的特征，故反映这些能量过程的三种电路参数 R、C、L 也是连续分布的。于是，在实际电路的任何部分，都既有电阻，又有电容，还有电感，这给分析研究电路带来了很大的困难。幸好科学研究表明，若实际电路元件及实际电路满足集中化条件，即它们的各向几何尺寸 d 远小于电路工作频率 f 所对应的电磁波的波长 λ，即

$$d \ll \lambda ; \quad \lambda = c/f ; \quad c = 3 \times 10^8 \, \text{m/s}（光速）$$

这时，电路参数的连续分布特性对电路性质的影响并不明显，可以将具有分布特性的电路参数集中起来，即认为能量损耗、电场储能和磁场储能这三种电磁过程是分别集中在电阻元件、电容元件和电感元件内部进行的。这样的元件称为集中参数元件，每一种集中参数元件只表示一种电磁特性，并且其电磁特性还可以用数学方法精确定义。由集中参数元件构成的电路称为集中参数电路，集中参数电路的突出特点是：将实际电路元件中的电场和磁场在空间分隔开，电场只与电容元件相关联，磁场只与电感元件相关联，两种场之间不存在相互作用，因而没有任何电、磁能量辐射；电流传送到电路的各处是同时到达的，即没有时间延迟，整个电路可以看成电磁空间的一个点，电路中的电压及电流仅是时间 t 的函数，而与空间坐标无关。当电路具有这样的特点时，就给分析带来了很大的方便。

例如，我国工业用电的频率为 50Hz，其波长为 6000km，对于低频电子电路而言，其尺寸与这一波长相比可以忽略不计。因此，可以采用集中参数概念，将它们作为集中参数电路来处理。而远距离的通信线路和电力输电线则不满足集中化条件，必须考虑到电场、磁场沿电路分布的现象，这时就不能用集中参数，而要用分布参数来表征电路。集中化条件是电路分析的重要假设，本书在这一部分所讨论的电路基本定律及以基本定律为基础的各种分析计算方法都是以集中化条件为前提的。本书所分析研究的对象都是集中参数电路。

1.2　电路变量及其参考方向

任何一个物理过程及物理现象，都必须用一些基本物理量来描述和度量。在分析研究电路时，同样也需要用到一些基本物理量，这些物理量与电路中发生的电磁现象有密切的关系。电流 $i(t)$、电压 $u(t)$、电荷 $q(t)$、磁链 $\psi(t)$ 就是分析研究电路时所用到的 4 个基本变量，以此为基础，又用功率 $p(t)$ 和能量 $W(t)$ 这两个基本复合变量来反映电路的能量消耗与传递情况。电路分析的任务就是要求解这些变量，这些变量中最常用到的便是电流、电压和功率，物理学课程中对它们已有详细讨论，在这里先做简要的复习，然后引出电流、电压的参考方向的概念，再着重说明功率数值正、负号的物理意义。

1.2.1　电流及其参考方向

带电粒子的定向移动形成电流，电流的大小或强弱取决于导体中电荷量变化的快慢。通常，把单位时间内通过导体横截面的电荷量定义为电流，即在时刻 t 穿过某导体截面积 S 的电流强度 $i(t)$ 等于从 t 到 $t+\Delta t$ 的时间内，从该面的一边穿到另一边的电荷量的代数和 Δq 与此时间间隔 Δt 之比，当 $\Delta t \to 0$ 时的极限，即

$$i(t) = \frac{\mathrm{d}q}{\mathrm{d}t} \qquad i(t) \stackrel{\mathrm{def}}{=} \lim_{\Delta t \to 0} \frac{\Delta q}{\Delta t} = \frac{\mathrm{d}q}{\mathrm{d}t} \tag{1-1}$$

式（1-1）中，若电荷量的单位为 C（库仑，简称库），时间的单位为 s（秒），则电流的单位为 A（安培），因此 1 安 = 1 库/秒。在电力系统中，安培这个单位太小，有时取 kA（千安）为电流的单位；而在电子电路中，安培这个单位太大，常用 mA（毫安）、μA（微安）作为电流单位，它们之间的换算关系是

$$1\mathrm{kA} = 10^3\mathrm{A}; \quad 1\mathrm{mA} = 10^{-3}\mathrm{A}; \quad 1\mu\mathrm{A} = 10^{-6}\mathrm{A} \tag{1-2}$$

电流不仅有大小，而且有方向性，通常规定正电荷运动的方向为电流的实际方向（真实方向），可用一个单方向箭头来表示。

如果电流的大小和方向都不随时间变化，则这种电流称为恒定电流，简称直流电流（记作 dc 或 DC），可用符号 I 表示。如果电流的大小和方向都随时间变化，则称为交变电流，简称交流电流（记作 ac 或 AC），可用符号 $i(t)$ 表示。

在一些类似图 1-5 所示的简单电路中，电流的实际方向是显而易见的，从电源正极流出，流向电源负极。但是对一些较为复杂的电路，如图 1-6 所示，电阻 R 上的电流的实际方向就难以确定。此外，如果电路中电流的实际方向不断地随时间变化，那么就更不可能用一个固定的单方向箭头来表示电流的真实方向。为了解决这样的困难，须引入电流的参考方向这一概念。电流的参考方向是人为任意假定的，在电路图中可用单方向箭头标出。依据假定的电流方向，就可以建立描述电路的数学方程（电路方程），求解出的电流是代数量。若求解出的电流为正值，说明实际方向与所标的参考方向一致；若求解出的电流为负值，说明实际方向与所标的参考方向相反。

如图 1-7 所示，对于同一段电路（或元件）ab，电流的参考方向既可以设定为从 a 端指向

b 端［见图 1-7（a）］，也可以设定为从 b 端指向 a 端［见图 1-7（b）］。电流参考方向的表示方法有两种：（1）用箭头表示；（2）用双下标表示，方向为从第一个下标代表的端点指向第二个下标代表的端点。图 1-7（a）中的电流参考方向既可以用自左向右的箭头表示，也可以用双下标表示为 i_{ab}。图 1-7（b）中的电流参考方向既可以用自右向左的箭头表示，也可以用双下标表示为 i_{ba}。由于电路中任意一段的电流都有两种可能的参考方向，因此当对同一段的电流设定相反的参考方向时，对应的电流表达式应相差一个负号。例如在图 1-7（a）和（b）中，指定的参考方向相反，所以二者符号相反，即 $i_{ab} = -i_{ba}$。依照图 1-7（a）所示参考方向列电路方程解得的电流值大于零，从而可以判定出电流的真实方向与参考方向相同；依照图 1-7（b）所示参考方向列电路方程解得的电流值小于零，从而可以判定出电流的真实方向与参考方向相反。注意：电流值的正负只有在设定其参考方向的前提下才有明确的意义，且电流的参考方向一经指定，在计算过程中就不能再改变了。

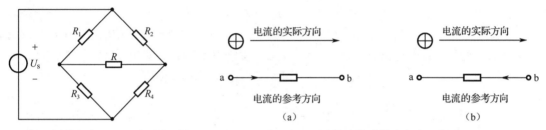

图 1-6　电流的实际方向说明图　　　　　　图 1-7　电流参考方向示意图

例 1-1　如图 1-8（a）所示的电路元件，设每秒有 10 库仑的正电荷由 a 端移到 b 端。
（1）若电流的参考方向如图 1-8（b）所示，求 $i_1 = ?$
（2）若电流的参考方向如图 1-8（c）所示，求 $i_2 = ?$

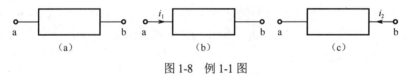

图 1-8　例 1-1 图

解：（1）图 1-8（b）的参考方向与正电荷运动的方向相同，故电流应取正值，即 $i_1 = 10\text{A}$。
（2）图 1-8（c）的参考方向与正电荷运动的方向相反，故电流应取负值，即 $i_2 = -10\text{A}$。
显然，在这两种参考方向下，两个电流之间的关系为 $i_1 = -i_2$。

✦ **历史人物**

　安德烈·玛丽·安培（André-Marie Ampère，1775—1836），法国物理学家、化学家和数学家。安培在电磁作用方面的研究成就卓著，是电动力学（现称电磁学）的奠基人，他于 1820 年提出了著名的安培定律，被麦克斯韦誉为"电学中的牛顿"。为了纪念这位杰出多产的科学家，电流的国际单位安培（Ampere）即以其姓氏命名。

1.2.2　电压及其参考方向

电路中的电荷具有电位（势）能。电荷只有在电场力的作用下才能做有规则的定向移动，形成电流。电场力对电荷做功的大小是用电压来衡量的，电路中 a、b 两点之间的电位（势）之差即为 a、b 两点间的电压，在数值上等于单位正电荷由 a 点转移到 b 点时所获得或失去的能量，即

$$u(t) = \frac{\mathrm{d}W}{\mathrm{d}q} \tag{1-3}$$

式（1-3）中，$\mathrm{d}q$ 为由 a 点移动到 b 点的正电荷的电量，单位为 C（库仑）；$\mathrm{d}W$ 为移动过程中电荷 $\mathrm{d}q$ 所获得或失去的能量，单位为 J（焦耳）；$u(t)$ 是 a、b 两点间的电压，单位为 V（伏特）。因此，1 伏 = 1 焦/库。常用的电压单位还有 kV（千伏）、mV（毫伏）及 μV（微伏），它们之间的换算关系为

$$1\mathrm{kV} = 10^{3}\,\mathrm{V}; \quad 1\mathrm{mV} = 10^{-3}\,\mathrm{V}; \quad 1\mu\mathrm{V} = 10^{-6}\,\mathrm{V} \tag{1-4}$$

电压除了大小，还有极性，也就是电压的方向，通常把电位降低的方向作为电压的实际方向。如图 1-9（a）所示，如果单位正电荷由 a 点移动到 b 点，获得 1J 的能量，则 a、b 间电压的大小为 1V，且表现为电位升高（电压升），即 a 点为低电位（负极），b 点为高电位（正极）。电压的实际方向为从 b 点指向 a 点，$u_{\mathrm{ba}} = 1\mathrm{V}$；再如图 1-9（b）所示，如果单位正电荷由 a 点移动到 b 点，失去 1J 能量，则 a、b 点间电压的大小仍为 1V，但表现为电位降低（电压降），即 a 点为高电位（正极），b 点为低电位（负极），电压的实际方向为从 a 点指向 b 点，$u_{\mathrm{ab}} = 1\mathrm{V}$。电压的实际方向既可以用正、负极性表示，也可以用由正极指向负极的箭头表示，当然还可以用电压双下标记法来表示，双下标字母表示计算电压时所涉及的两点，其前后次序则表示计算电压降时所遵循的方向。

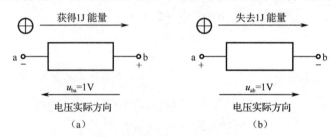

图 1-9　电压实际方向说明图

如果电压的大小和极性都不随时间变化，则这种电压称为恒定电压或直流电压，可用符号 U 表示；如果电压的大小和极性都随时间变化，则称为交变电压或交流电压，可用符号 $u(t)$ 表示。

在电路分析中，如同电流需要假定参考方向一样，电压也需要假定参考方向（或参考极性）。电压的参考方向是人为任意假定的，在电路图中有三种表示方法：（1）用正、负极性表示；（2）用由正极指向负极的箭头表示；（3）用电压双下标记法来表示，双下标字母表示计算电压时所涉及的两点，方向为从第一个下标代表的点指向第二个下标代表的点。依据假定的电压方向，就可以建立描述电路的数学方程（电路方程），求解出的电压是代数量。若求解出的电压为正值，说明实际方向与所标的参考方向一致；若求解出的电压为负值，说明实际方向与所标的参考方向相反。注意：电压的参考方向一经指定，在计算过程中就不能再改变了。

> **✧ 历史人物**
>
> 亚历山德罗·伏特（Alessandro Volta，1745—1827），意大利物理学家。他 18 岁开始与欧洲学者一起进行电路实验，改进起电盘和验电器，发明了第一个容电器（现在的电容器），利用化学反应发明了伏打电堆，首次产生了连续的电能，使电能得到了切实的应用。为纪念他的卓越贡献，国际电气委员会将电动势和电压的计量单位取名伏特。

1.2.3　关联参考方向

综上所述，在分析电路时，对电路中的电流、电压假定参考方向是非常必要的。后面将会知道，若不设置电流、电压的参考方向，电路基本定律就不便于应用，电路问题的分析计算就无法进行下去。

既要为电路中的电流假定参考方向，同时也要为电路中的电压假定参考方向，对于电路中的同一个元件，这两个方向可以彼此独立、无关地任意假定。这时将会出现两种可能的方向关系：一种称为关联参考方向，即电流与电压参考方向一致，如图 1-10（a）所示；另一种称为非关联参考方向，即电流与电压参考方向相反，如图 1-10（b）所示。为了分析方便起见，常常采用关联（一致）参考方向，这样，在电路图上标出的一个单方向箭头既代表了电流的参考方向，同时也代表了电压的参考方向。

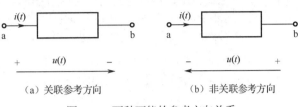

（a）关联参考方向　　　　　　（b）非关联参考方向

图 1-10　两种可能的参考方向关系

1.2.4　功率及其正负值的物理意义

电功率（简称功率）是衡量电路中能量转换速率的物理量，电路在单位时间内所消耗（或产生）的能量定义为瞬时功率，即

$$p(t) = \frac{\mathrm{d}W}{\mathrm{d}t} \tag{1-5}$$

式（1-5）中，$\mathrm{d}W$ 为 $\mathrm{d}t$ 时间内变化的能量，在国际单位制中，功率单位是 W（瓦特），1W 等于 1J/s。常用的功率单位还有 kW（千瓦）、mW（毫瓦）及 μW（微瓦），它们之间的换算关系为

$$1\mathrm{kW} = 10^3 \mathrm{W}; \quad 1\mathrm{mW} = 10^{-3} \mathrm{W}; \quad 1\mu\mathrm{W} = 10^{-6} \mathrm{W} \tag{1-6}$$

在电路分析中，更受关注的是功率与电流、电压之间的关系。下面以图 1-11（a）所示电路为例来建立功率与电流、电压的关系。图中矩形框代表任意一段电路，其内可以是电阻元件、电源、或若干电路元件的组合，电压 $u(t)$ 和电流 $i(t)$ 假定为关联参考方向。

由　　　　　　　　　　　　　$$u(t) = \frac{\mathrm{d}W}{\mathrm{d}q}$$

得　　　　　　　　　　　　　$$\mathrm{d}W = u(t)\mathrm{d}q$$

再由　　　　　　　　　　　　$$i(t) = \frac{\mathrm{d}q}{\mathrm{d}t}$$

得　　　　　　　　　　　　　$$\mathrm{d}t = \frac{\mathrm{d}q}{i(t)}$$

根据功率定义式（1-5），得　　　$$p(t) = \frac{\mathrm{d}W}{\mathrm{d}t} = u(t)i(t) \tag{1-7}$$

式（1-7）说明，一段电路的瞬时功率等于这段电路的电压与电流的乘积。由于电压、电流是在假定的参考方向下计算出来的，都是代数量，可正可负，因此功率值也可正可负。那么功率值的正、负有什么意义呢？又怎么与这段电路发出功率或吸收功率联系起来呢？下面仍以图 1-11（a）来说明功率正、负值具有的物理意义。

设 $u(t)$、$i(t)$ 为关联参考方向，若 $p(t) > 0$，则 $u(t)$、$i(t)$ 均为正值或均为负值，如果均为正值，则意味着图 1-11（a）假定的电压、电流参考方向就是电压、电流的实际方向；如果均为负值，则表明电压、电流实际方向与图 1-11（a）假定的参考方向相反。在这两种情况下，电流的实际方向都与电压的实际方向相同。由于电流的实际方向是正电荷移动的方向，而电压的实际方向代表了电位降，正电荷在通过这段电路时，电位降低了。电位降低表示失去能量，正电荷失去的能量被这段电路吸收（或消耗），电路在单位时间内吸收的能量就是所吸收的功率。于是得到：在 $u(t)$、

$i(t)$ 为关联参考方向下，$p(t)>0$ 表明这段电路在吸收功率；反之，若 $p(t)<0$，则 $u(t)$、$i(t)$ 二者正、负值交错，其中有一个实际方向与参考方向相反，其结果是电流的实际方向与电压的实际方向相反，正电荷在通过这段电路时，电位升高而获得能量，正电荷获得的能量来源于这段电路释放（发出）的能量，电路在单位时间内发出的能量就是所发出的功率。由此可以断定：当 $u(t)$、$i(t)$ 为关联参考方向时，$p(t)<0$ 表明这段电路在发出功率。当 $u(t)$、$i(t)$ 假定为非关联参考方向时，如图 1-11（b）所示，仍可用式（1-7）计算功率，只是功率值正、负具有的物理意义与前面正好相反，即 $p(t)>0$ 表明这段电路发出功率，$p(t)<0$ 表明这段电路吸收功率。

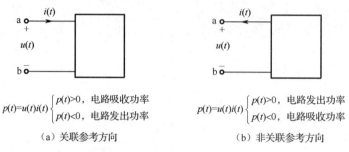

$$p(t)=u(t)i(t)\begin{cases} p(t)>0，电路吸收功率 \\ p(t)<0，电路发出功率 \end{cases}$$

$$p(t)=u(t)i(t)\begin{cases} p(t)>0，电路发出功率 \\ p(t)<0，电路吸收功率 \end{cases}$$

（a）关联参考方向　　　　　　　　　（b）非关联参考方向

图 1-11　功率正、负值的物理意义

例 1-2　在图 1-12 所示电路中，电压与电流的参考方向已经假定，并已知 $U_1=3\text{V}$，$U_2=1\text{V}$，$U_3=2\text{V}$，$U_4=-2\text{V}$，$I_1=2\text{A}$，$I_2=-3\text{A}$，$I_3=1\text{A}$，试计算每个元件上的功率，并说明这些元件是吸收功率还是发出功率。

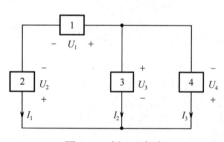

图 1-12　例 1-2 电路

解：　　　　$p_1=U_1\times I_1=3\times 2=6\text{W}>0$

由于 U_1 与 I_1 取关联参考方向，故元件 1 吸收功率 6W。

$$p_2=U_2\times I_1=1\times 2=2\text{W}>0$$

由于 U_2 与 I_1 取非关联参考方向，故元件 2 发出功率 2W。

$$p_3=U_3\times I_2=2\times(-3)=-6\text{W}<0$$

由于 U_3 与 I_2 取关联参考方向，故元件 3 发出功率 6W。

$$p_4=U_4\times I_3=(-2)\times 1=-2\text{W}<0$$

由于 U_4 与 I_3 取非关联参考方向，故元件 4 吸收功率 2W。

电路吸收的总功率：$\sum p_{吸收}=p_1+|p_4|=8\text{W}$。

电路发出的总功率：$\sum p_{发出}=p_2+|p_3|=8\text{W}$。

$$\sum P_{吸收}=\sum p_{发出}$$

电路中发出的总功率与吸收的总功率正好相等，这称为功率平衡。这一点根据能量守恒原理是容易理解的，对于一个完整的电路来说，电路中吸收的总功率必然要等于发出的总功率。在电路分析中，常用功率平衡来检验计算结果是否正确。

在图 1-11（a）所示的关联参考方向下，该段电路从 t_0 到 t 时刻内所吸收的能量为

$$W[t_0,t]=\int_{t_0}^{t} p(t')\mathrm{d}t'=\int_{t_0}^{t} u(t')i(t')\mathrm{d}t' \tag{1-8}$$

在国际单位制中，能量的单位为焦耳，简称焦（J）。

✧历史人物

詹姆斯·瓦特（James Watt，1736—1819）英国皇家学会院士，爱丁堡皇家学会院士，苏格兰著名的发明家和机械工程师，第一次工业革命的重要人物。他于 1776 年制造出第一台有实用

价值的蒸汽机，开辟了人类利用能源新时代，使人类进入"蒸汽时代"。后人为了纪念这位伟大的发明家，把功率的单位定为瓦特（简称瓦，符号为 W）。

詹姆斯·普雷斯科特·焦耳（James Prescott Joule，1818—1889），英国物理学家，英国皇家学会会员。焦耳在研究热的本质时，发现了热和功之间的转换关系，并由此得到了能量守恒定律，最终发展出热力学第一定律。他和开尔文合作发展了温度的绝对尺度。他还观测过磁致伸缩效应，发现了导体电阻、通过导体电流及其产生热能之间的关系，也就是常称的焦耳定律。由于焦耳在热学、热力学和电方面的贡献，皇家学会授予他最高荣誉的科普利奖章（Copley Medal）。后人为了纪念他，把能量或功的单位命名为焦耳，简称焦；并用焦耳姓氏的第一个字母 J 来标记热量及功的物理量。

1.3　电阻元件

电阻元件是从实际电阻器经科学抽象得出的一种模型。电阻元件按其电压、电流关系的直线性和非直线性分为线性电阻元件和非线性电阻元件；按其特性是否随时间变化又分为时变电阻元件和非时变电阻元件。本书将在第 6 章介绍非线性电阻元件，若无特别说明，书中涉及的是最常用的线性非时变电阻元件（简称电阻元件）。

1.3.1　电阻元件的定义

线性非时变电阻元件是一个二端的集中参数元件，元件的图形符号如图 1-13（a）所示，当元件上的电压、电流取关联参考方向时，在任意时刻其两端的电压和电流服从欧姆定律，即

$$u(t) = Ri(t) \tag{1-9}$$

或
$$i(t) = Gu(t) \tag{1-10}$$

上述两式中，R 为线性非时变电阻元件的电阻参数，G 为线性非时变电阻元件的电导参数，二者均为与电压、电流无关的正实常数，并且

$$G = \frac{1}{R} \tag{1-11}$$

在国际单位制中，电阻的单位是 Ω（欧姆，简称欧），电导的单位是 S（西门子，简称西）。电阻和电导是反映同一电阻元件性能而互为倒数的两个电路参数，如果说电阻反映一个电阻元件对电流的阻力，那么电导就可以作为衡量一个电阻元件导电能力强弱的标志。

如果电压、电流取非关联参考方向，如图 1-13（b）所示，则

$$u(t) = -Ri(t) \tag{1-12}$$

或
$$i(t) = -Gu(t) \tag{1-13}$$

欧姆定律所表示的关系也称为电阻元件的伏安特性（性能方程），可以在 $u-i$ 平面（或 $i-u$ 平面）上画成曲线，称为电阻元件的伏安特性曲线。显然，线性非时变电阻元件的伏安特性曲线是一条不随时间变化、经过坐标原点的直线，如图 1-13（c）所示。电阻值可由直线的斜率来确定。

从电阻元件的伏安特性曲线上可以看出电阻元件具有两个重要特性：其一，在任一瞬时电阻上的电压值（或电流值）完全取决于同一瞬时流过的电流值（或电压值），而与过去的电流（或电压）值无关。从这个意义上讲，电阻是一种无记忆的元件；其二，电阻元件的伏安特性曲线关于原点对称，这说明电阻元件对于不同方向的电流或不同极性的电压其表现是一样的，即电阻元件是一种双向性元件。因此，在使用线性非时变电阻元件时，它的两个端子是没有任何区别的。

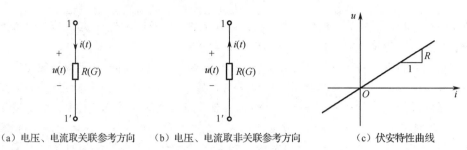

（a）电压、电流取关联参考方向　　　（b）电压、电流取非关联参考方向　　　（c）伏安特性曲线

图 1-13　线性非时变电阻元件图形符号及其伏安特性曲线

1.3.2　开路与短路

在对线性非时变电阻元件的伏安特性曲线认识的基础上，可以将线性非时变电阻元件的两种极端情况与开路和短路这两个概念联系起来。

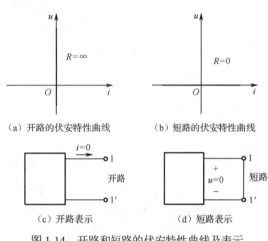

（a）开路的伏安特性曲线　　　（b）短路的伏安特性曲线

（c）开路表示　　　　　　　（d）短路表示

图 1-14　开路和短路的伏安特性曲线及表示

一个二端电阻元件不论其两端电压多大，如果其电流恒等于零，则此电阻元件称为开路。开路的伏安特性曲线在 $u-i$ 平面上与电压轴重合，它相当于 $R=\infty$ 或 $G=0$，如图 1-14（a）所示。类似地，一个二端电阻元件不论其电流多大，若其两端电压恒等于零，则此电阻元件称为短路。短路的伏安特性曲线在 $u-i$ 平面上与电流轴重合，它相当于 $R=0$ 或 $G=\infty$，如图 1-14（b）所示。如果电路中的一对端子 $1-1'$ 之间呈断开状态，如图 1-14（c）所示，这相当于 $1-1'$ 之间接有 $R=\infty$ 的电阻，此时称 $1-1'$ 处于开路。如果电路中的一对端子 $1-1'$ 之间用理想导线（$R=0$）连接起来，称这对端子 $1-1'$ 被短路，如图 1-14（d）所示。

1.3.3　电阻元件的功率与能量

当电压、电流取关联参考方向时，线性非时变电阻元件在任一瞬时吸收的功率为

$$p_R(t) = u(t)i(t) = Ri^2(t) = Gu^2(t) \tag{1-14}$$

式（1-14）表明，电阻元件吸收的功率与通过元件的电流的平方或元件端电压的平方成正比，且恒有 $p_R(t) > 0$，因此电阻元件是一种无源元件。

电阻元件在 $[t_0, t]$ 时间内吸收的电能为

$$W_R[t_0, t] = \int_{t_0}^{t} p_R(t')\mathrm{d}t' = \int_{t_0}^{t} u(t')i(t')\mathrm{d}t' \tag{1-15}$$

电阻元件一般把吸收的电能转换成热能或其他能量，所以电阻元件也称为耗能元件。

当电流流过电阻时，电阻会因消耗电能而发热，这使人们能够利用电来加热、发光。当然，电灯、电炉、电烙铁及电动机、变压器（它们都要用导线来制作，具有一定的电阻）等电器都会因有电阻的存在，不可避免地要发热，产生一种无谓的电能损失。如果在使用时，电流过大或电压过高都将引起电器的功率过大，因发热过度而损坏。为了保证电器的使用安全，制造厂家对各种电器都要标明电压、电流和功率的限额，分别称为额定电压、额定电流和额定功率，作为使用时的根据。由于电压、电流和功率三者之间有确定关系，因此三个额定值只需要标出其中两个即可。例如，电灯泡通常只标出额定电压和额定功率，电子电路中常用的线绕电阻与碳膜电阻只标

明电阻值和额定功率。

> **✦ 历史人物**
>
> 　　格奥尔格·西蒙·欧姆（Georg Simon Ohm，1787—1854），德国物理学家。欧姆发现了电阻中电流与电压的正比关系，即著名的欧姆定律；他还证明了导体的电阻与其长度成正比，与其横截面积和传导系数成反比；以及在稳定电流的情况下，电荷不仅在导体的表面上，而且在导体的整个截面上运动。电阻的国际单位制"欧姆"以他的名字命名。

1.4　电压源和电流源

　　任何一种实际电路必须有电源提供能量才能工作，实际电路中有各种各样的电源，如干电池、蓄电池、光电池、发电机及电子电路中的信号源等。电压源和电流源就是从实际电源经科学抽象得出的模型。

1.4.1　电压源

　　电压源是一个二端的集中参数元件，接到任意外部电路后，该元件两端电压始终保持给定的时间函数，与通过它的电流大小无关。

　　电压源的图形符号如图 1-15（a）所示（图中电压源连接了一个外部电路），其中 $u_\mathrm{S}(t)$ 为电压源的电压，是给定的时间函数，且方向也是给定的。而 $u(t)$、$i(t)$ 分别为元件电压、元件电流，其参考方向可以任意假定。在图中所示元件电压 $u(t)$ 的参考方向下，电压源的性能方程可用下式表示：

$$u(t) = u_\mathrm{S}(t) \tag{1-16}$$

而 $u(t)$ 的大小与元件电流 $i(t)$ 无关。若 $u_\mathrm{S}(t)$ 是不随时间变化的恒定值，即为直流电压源，用 U_S 表示。如图 1-15（b）所示的长短线是电池的图形符号，用以表示直流电压源，其中长细线表示电源的"+"极，短粗线表示电源的"–"极。

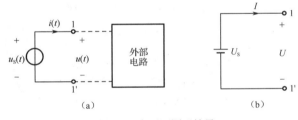

　　电压源的伏安特性可以在 $u-i$ 平面上画成曲线。当电压源是直流电压源时，其大

图 1-15　电压源图形符号

小和方向都不随时间而变，特性曲线是一条与电流 i 轴平行的直线，如图 1-16（a）所示；当电压源是交流电压源时，其大小和方向按照一定的规律随时间变化，图 1-16（b）所示的是一种时变电压源，其特性曲线是一族与电流 i 轴平行的直线。特性曲线表明了电压源的电压与其电流大小无关。

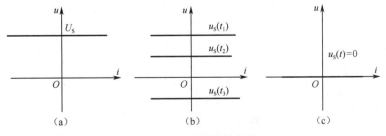

图 1-16　电压源特性曲线

　　若 $u_\mathrm{S}(t) = 0$，则此电压源的特性曲线与电流 i 轴重合，如图 1-16（c）所示，正好是短路的特

性曲线。因此，电压源电压为零相当于短路。这一概念应用在电路分析中将电压源"置零"这种状况，将电压源"置零"的含义是令这个电压源不起作用，使其端电压为零，即视为短路。

电压源的特点是电压源的元件电压 $u(t)$ 的数值是由其自身独立决定的已知量，与所接的外部电路情况无关；而流经电压源的元件电流 $i(t)$ 是由电压源及外部电路共同决定的待求变量，也就是说，电压源的元件电流随外部电路变化，可以等于任意值。例如，外部电路为开路的情况，这时元件电压仍为 $u_S(t)$，而元件电流却为零。根据外部电路的不同情况，电流可以从不同的方向流过电压源，故电压源既可以向外部电路提供能量（作为电源），也可以从外部电路获得能量（作为负载）。从理论上讲，电压源既可以提供无穷大的能量，也可以获得无穷大的能量。

真正理想的电压源实际上是不存在的，但是，对于新的干电池或发电机等许多实际电源，在一定电流范围内可将其近似地看成一个电压源，或者用电压源与电阻元件串联作为实际电压源的模型。电压源可用电子电路来实现，如晶体管稳压电源等。

1.4.2　电流源

电流源是一个二端的集中参数元件，连接到任意外部电路后，该元件输出的电流始终保持给定的时间函数，与其两端电压大小无关。

电流源的图形符号如图 1-17（a）所示（图中电流源连接了一个外部电路），其中 $i_S(t)$ 为电流

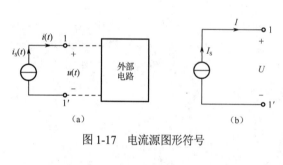

图 1-17　电流源图形符号

源的电流，是给定的时间函数，方向也是给定的。而 $u(t)$、$i(t)$ 分别为元件电压、元件电流，其参考方向可以任意假定。在如图所示元件电流 $i(t)$ 的参考方向下，电流源的性能方程可用下式表示：

$$i(t) = i_S(t) \qquad (1\text{-}17)$$

$i(t)$ 的大小与元件电压 $u(t)$ 无关。当 $i_S(t)$ 是不随时间变化的恒定值时，即为直流电流源，用 I_S 表示，如图 1-17（b）所示。

电流源的伏安特性可以在 $u - i$ 平面上画成曲线。当电流源是直流电流源时，其大小和方向都不随时间而变，特性曲线是一条与电压 u 轴平行的直线，如图 1-18（a）所示；当电流源是交流电流源时，其大小和方向按照一定的规律随时间而变，如图 1-18（b）所示的是一种时变电流源，其特性曲线是一族与电压 u 轴平行的直线。特性曲线表明了电流源的电流与端电压大小无关。

若 $i_S(t) = 0$，则此电流源的特性曲线与电压 u 轴重合，如图 1-18（c）所示，正好是开路的特性曲线。因此，电流源电流为零相当于开路。这个概念应用在电路分析中将电流源"置零"的状况，将电流源"置零"的含义是令这个电流源不起作用，使其输出电流为零，即做开路处理。

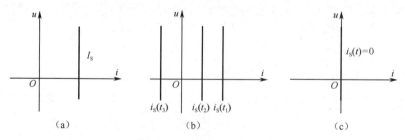

图 1-18　电流源特性曲线

电流源的特点是电流源的元件电流 $i(t)$ 数值是由其自身独立决定的已知量，与所连接的外部电路情况无关，而电流源的元件电压 $u(t)$ 是由电流源及外部电路共同决定的待求变量，也就是说，

电流源的元件电压随外部电路变化，可以等于任意值。例如，外部电路为短路的情况，这时元件电流仍为 $i_S(t)$，而元件电压为零。如同电压源一样，电流源既可以向外部电路提供能量，也可以从外部电路获得能量，这要根据电流源两端电压的真实极性而定，并且它提供或获得的能量，从理论上讲也可以是无穷大的。

真正理想的电流源实际上是不存在的，但是，光电池等实际电源在一定的电压范围内可近似地看作一个电流源，或者用电流源与电阻元件并联作为实际电流源的模型。电流源也可用电子电路来实现。

例 1-3　电压源与电流源串联所组成的电路如图 1-19 所示，试分析两个电源的功率情况。

解： 设两个元件的电压、电流取关联参考方向。

$$i = i_S = 3A; \quad p_{u_S} = u_S \times i = 4 \times 3 = 12W$$

由于 u_S 与 i 取关联参考方向，且 $p_{u_S} > 0$，故电压源吸收 12W 功率，电压源是电路中的负载。

$$u = -u_S = -4V; \quad p_{i_S} = u \times i_S = (-4) \times 3 = -12W$$

由于 u 与 i_S 取关联参考方向，且 $p_{i_S} < 0$，故电流源发出 12W 功率，电流源是电路中真正的电源。

$$p_{吸收} = p_{发出}，功率平衡$$

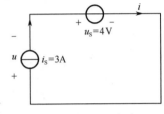

图 1-19　例 1-3 电路

1.5　受控源

前面介绍了电压源和电流源，它们的电压（或电流）或为定值，或为给定的时间函数，与所连接的外电路无关，具体来说，与电路中其他支路的电压或电流无关，具有自身的独立性，因此常把电压源和电流源称为独立电源。但在电子电路中，还有另一类电源，这些电源的电压或电流不是给定的时间函数，而是依赖于电路中其他支路的电压或电流，或者说受电路中某一支路的电压或电流的控制，不具有自身的独立性，这类电源称为受控源，或称为非独立电源。受控源是对晶体管等电子元件中一些物理现象采用模型化的方法科学抽象得出的模型，为了区别于独立电源，用菱形符号表示受控源，图 1-20（a）、（b）和（c）分别表示受控电压源、受控电流源及控制电压（或控制电流）。

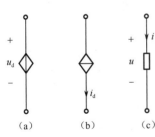

图 1-20　受控源的图形符号

受控源由一个电路中的两条支路构成，其中一条支路称为控制支路，也称为输入端口，如图 1-20（c）所示，u、i 称为控制量；另一条支路为受控支路，也称为输出端口，如图 1-20（a）和（b）所示，u_d、i_d 称为受控量，是一个依赖于控制量的电压源或电流源。因此，可以把受控源看成一种二端口元件，它将输入端口的电压（或电流）变成了输出端口的电压（或电流）。根据控制量和受控量的不同组合，受控源有 4 种基本形式。

为了使受控源的图形符号更加简化，可以对控制支路做如下处理：凡控制量是电压的受控源，控制支路用开路表示；凡控制量是电流的受控源，控制支路用短路表示，即用开路电压或短路电流作为控制量。图 1-21 为 4 种基本形式受控源的图形符号。

（1）电压控制电压源（VCVS），如图 1-21（a）所示。其输入控制量是 u_1，输出电压是 u_2，并且

$$u_2 = \mu u_1 \tag{1-18}$$

式中的控制系数 μ 是无量纲常数，称为转移电压比或电压放大系数。

（2）电压控制电流源（VCCS），如图 1-21（b）所示。其输入控制量是 u_1，输出电流是 i_2，并且

$$i_2 = gu_1 \tag{1-19}$$

式中的控制系数 g 是电导量纲常数，称为转移电导。

（3）电流控制电压源（CCVS），如图 1-21（c）所示。其输入控制量是 i_1，输出电压是 u_2，并且

$$u_2 = ri_1 \tag{1-20}$$

式中的控制系数 r 是电阻量纲常数，称为转移电阻。

（4）电流控制电流源（CCCS），如图 1-21（d）所示。其输入控制量是 i_1，输出电流是 i_2，并且

$$i_2 = \beta i_1 \tag{1-21}$$

式中的控制系数 β 是无量纲常数，称为转移电流比或电流放大系数。

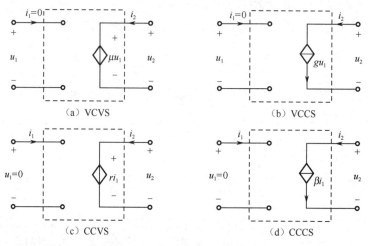

图 1-21　4 种受控源的图形符号

由于 μ、g、γ、β 均为常量，受控量与控制量成正比，因此这 4 种受控源是线性非时变受控源。受控源并不一定要画成如图 1-21 所示的二端口元件的形式，一般只要在电路图中画出受控源的图形符号并标明控制量的位置、种类及参考方向就可以了。例如，图 1-22（a）所示的含受控源的电路，可以画成图 1-22（b）的形式。

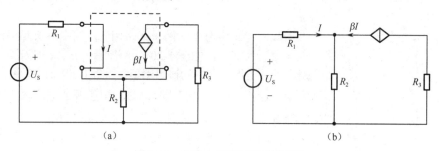

图 1-22　电路中受控源的习惯表示

受控源与独立电源在电路中的作用完全不同。独立电源是电路的输入（激励），它代表了外界对电路的作用；受控源常用来模拟电子元件中所发生的物理现象，仅表示电路中某处的电压或电流受另一处电压或电流控制的关系，这种控制关系从信号能量传递的角度来讲，也是一种电耦合关系。如果电路中无独立电源激励，则各处都没有电压和电流，于是控制量为零，受控源的电压或电流也为零。

例 1-4　图 1-23 所示为一个含有 VCVS 的电路，试分析电路的功率情况。

解：
$$u_1 = R_1 \times i_S = 5 \times 2 = 10\text{V}$$
$$u_2 = 0.5u_1 = 0.5 \times 10 = 5\text{V}$$
$$i = \frac{u_2}{R_2} = \frac{5}{2} = 2.5\text{A}$$
$$p_{i_S} = u_1 \times i_S = 10 \times 2 = 20\text{W}$$

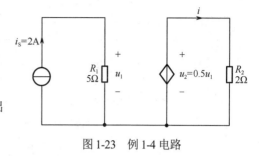

图 1-23 例 1-4 电路

由于 u_1 与 i_S 取非关联参考方向，且 $p_{i_S} > 0$，故 i_S 发出 20W 功率。

$$p_{R_1} = u_1 \times i_S = 10 \times 2 = 20\text{W}$$

由于 u_1 与 i_S 取关联参考方向，且 $p_{R_q} > 0$，故 R_1 吸收 20W 功率。

$$p_{\text{VCVS}} = u_2 \times i = 5 \times 2.5 = 12.5\text{W}$$

由于 u_2 与 i 取非关联参考方向，且 $p_{\text{VCVS}} > 0$，故 VCVS 发出 12.5W 功率。

$$p_{R_2} = u_2 \times i = 5 \times 2.5 = 12.5\text{W}$$

由于 u_2 与 i 取关联参考方向，且 $p_{R_2} > 0$，故 R_2 吸收 12.5W 功率。

整个电路功率平衡。另外，还可看出，受控源虽然也能向电路发出功率，但它的这种作用依赖于同一电路中的独立电流源 i_S。如果电路中 $i_S = 0$，即独立电流源不起作用，则受控源将会由于控制量 u_1 为零而没有功率输出。

1.6　基尔霍夫定律

集中参数电路是由许多集中参数元件按一定方式相互连接所构成的电流的通路，元件数目较多、规模较大的电路常称为网络。实际上，在电路分析中，电路与网络这两个术语并无明确的区别，一般可以混用，今后常用字母 N 表示电路。

整个电路表现如何，即电路具有什么特性，既要看每个元件各自具有什么特性，又要看这些元件是怎样连接而构成一个完整电路的，也就是要看电路的拓扑结构如何。关于元件的特性，之前已做了详细的介绍，下面首先介绍几个与电路拓扑结构有关的名词或术语，再来描述电路的拓扑结构对电路中电压、电流的影响。

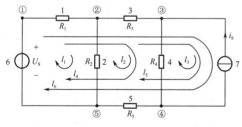

图 1-24　说明支路、节点、回路用图

（1）支路：在集中参数电路中，每一个二端元件构成一条支路，用编号 1、2、…、b（b 是支路总数）表示。根据这个定义，图 1-24 所示电路具有 7 条支路，这种支路也称简单支路。

（2）节点：在集中参数电路中，两条及两条以上支路的连接点称为节点。用编号①、②、…、n（n 是节点总数）表示。图 1-24 所示电路具有 5 个节点，其中节点①称为简单节点。

为了减少电路中的支路数和节点数，常常将电压源或受控电压源与电阻的串联作为一条支路，也将电流源或受控电流源与电阻的并联作为一条支路，这类支路称为复合支路。按照这种规定，图 1-24 所示的电路就只有 5 条支路、4 个节点。

（3）回路：在集中参数电路中，从某一节点（始节点）出发，沿着一些节点、支路不重复地绕行一周，又回到原来出发节点（终节点）的闭合路径称为回路。注意：沿回路某个方向（既可以顺时针方向也可以逆时针方向）绕行时，除始节点、终节点外，回路中的每一节点及每一条支路都只能经过一次。回路用编号 l_1、l_2、…、l_l 表示，图 1-24 所示电路就有 6 个回路，带箭头的弧线表示回路绕行的方向。

有了支路、节点、回路的概念之后，可以看到电路中每条支路都连接在两个节点上，称为支路与节点关联；每条支路又可能出现在一个回路或多个回路中，称为支路与回路关联。流过支路的电流称为支路电流，支路端点间的电压称为支路电压，在电路图中必须标明各支路电流、电压的参考方向，且不同支路上的电流、电压，要用下标加以区别。对于简单支路而言，支路电流、支路电压就是元件电流、元件电压。如果将电路中支路电流和支路电压作为电路变量来对待，那么这些变量要受到两类约束。一类是元件的特性造成的约束。例如，线性非时变电阻元件的电压与电流必须服从欧姆定律 $u = Ri$ 的约束；另一类是支路的相互连接方式（电路的拓扑结构）对支路电流之间或支路电压之间的约束，因为电路中支路的相互连接必然迫使这些支路的电流之间以及这些支路的电压之间存在着一定的联系，或者说存在着一定的约束。具体反映在：与一个节点相连的各支路电流必须受到基尔霍夫电流定律（KCL）的约束；共同形成一个回路的各支路电压必须受到基尔霍夫电压定律（KVL）的约束。一切集中参数电路中的支路电流、支路电压无不为这两类约束所支配。

1.6.1 基尔霍夫电流定律（KCL）

基尔霍夫电流定律（Kirchhoff's Current Law，KCL）表述为：集中参数电路中，在任一时刻，流出（或流入）节点的各支路电流的代数和恒等于零。定律的数学表达式为

$$\sum i = 0 \tag{1-22}$$

式（1-22）称为 KCL 方程，也称为节点电流方程。

在列写 KCL 方程时，应先标明所有支路电流的参考方向。已知支路电流的参考方向常常是给定的，未知支路电流的参考方向可任意假定。再根据各支路电流的参考方向是流出或是流入节点来决定方程中各支路电流的代数符号，即可以设流出节点的支路电流为"+"项，流入为"−"项；也可以反过来，以流入节点的支路电流为"+"项，流出为"−"项。本书规定：流出节点的支路电流为"+"项，流入为"−"项，以此明确代数和的含义。至于各个支路电流 i，是在假定的参考方向下计算出来的，是一个代数量，本身还有数值上的符号问题，它的正负取决于实际方向与参考方向是否一致。这样，在列写 KCL 方程时，常需要与两套符号打交道。一般是先根据支路电流的参考方向相对于节点的流出、流入决定方程中各项前面的正负号，并列出方程，然后在具体计算时，再将各个支路电流 i 的具体数值代入。

例如，在图 1-25 所示电路中，根据基尔霍夫电流定律，可对节点①、②、③、④、⑤列出 KCL 方程如下：

节点①：$\quad i_1 - i_6 = 0$

节点②：$\quad -i_1 + i_2 + i_3 = 0$

节点③：$\quad -i_3 + i_4 - i_S = 0$

节点④：$\quad -i_4 + i_5 + i_S = 0$

节点⑤：$\quad -i_2 - i_5 + i_6 = 0$

经适当的移项处理后，写成如下形式：

节点①：$\quad i_1 = i_6$

节点②：$\quad i_2 + i_3 = i_1$

节点③：$\quad i_4 = i_3 + i_S$

节点④：$\quad i_5 + i_S = i_4$

节点⑤：$\quad i_6 = i_2 + i_5$

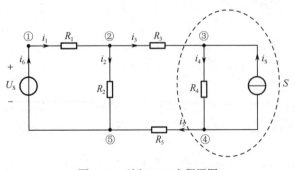

图 1-25 列出 KCL 方程用图

观察上述方程可发现，每个方程等式的左边各项是流出节点的电流，而右边各项是流入节点的电流。由此可见，基尔霍夫电流定律可以换一种表述形式：对于集中参数电路中的任意一个节点而言，在任一时刻，流出此节点的电流之和等于流入此节点的电流之和。用数学式表达为

$$\sum i_{出} = \sum i_{入} \tag{1-23}$$

这种表达形式更容易看出 KCL 的物理背景。因为流入任一节点的电流等于流出该节点的电流，实际上就是在任意一个无限小的单位时间内，流入任一节点的电荷量与流出该节点的电荷量必然相等，即说明任一节点电荷守恒，电路中的电流是连续流动的。因此，KCL 的实质是电流连续性原理在集中参数电路中的表现形式。

KCL 还可以推广运用到电路中的任一假想的闭合面 S，如图 1-25 中的虚线所示，这种假想的闭合面包围着支路和节点，又称广义节点。对这个广义节点列出 KCL 方程，有

$$-i_3 + i_5 = 0 \quad 或 \quad i_3 = i_5$$

KCL 方程的具体形式仅仅依赖支路与节点的连接关系和支路电流的参考方向，列写 KCL 方程只需要知道这些信息：一个节点上连接有几条支路？这几条支路电流的参考方向如何？至于各支路是什么元件不必知道，也就是说，KCL 与元件的性质无关，仅与支路的相互连接方式有关。因此，KCL 反映了电路的拓扑结构对各支路电流的约束。

1.6.2　基尔霍夫电压定律（KVL）

基尔霍夫电压定律（Kirchhoff's Voltage Law，KVL）表述为：集中参数电路中，在任一时刻，沿任一回路方向，回路中各支路电压降的代数和恒等于零。定律的数学表达式为

$$\sum u = 0 \tag{1-24}$$

式（1-24）称为 KVL 方程，也称回路电压方程。

在列写 KVL 方程时，应先标明所有支路电压的参考方向。已知支路电压的参考方向常常是给定的，未知支路电压的参考方向可任意假定。还要任选一个回路绕行的方向（简称回路方向），可以设顺时针方向，也可以设逆时针方向，并在电路图中用带箭头的弧线标明。凡支路电压的参考方向与回路方向一致（顺绕）的，在 KVL 方程中为"+"项，反之（逆绕）为"−"项，这样的规定明确了代数和的含义。至于各个支路电压 u，是在假定的参考方向下计算出来的，是一个代数量，本身还有要与数值上的符号问题，它的正负取决于实际方向与参考方向是否一致。这样，在列写 KVL 方程时常需要与两套符号打交道。一般是先根据支路电压的参考方向相对于回路方向的顺绕、逆绕决定方程中各项前面的正负号，并列出方程，然后在具体计算时，再将各个支路电压 u 的具体数值代入。

例如，在图 1-26 所示电路中，根据基尔霍夫电压定律，可对回路 l_1、l_2、l_3、l_4、l_5、l_6 列出 KVL 方程如下：

回路 l_1：$u_1 + u_2 - U_S = 0$

回路 l_2：$u_3 + u_4 + u_5 - u_2 = 0$

回路 l_3：$u_7 - u_4 = 0$

回路 l_4：$u_1 + u_3 + u_4 + u_5 - U_S = 0$

回路 l_5：$u_3 + u_7 + u_5 - u_2 = 0$

回路 l_6：$u_1 + u_3 + u_7 + u_5 - U_S = 0$

经适当的移项处理后，写成如下形式：

回路 l_1：$u_1 + u_2 = U_S$

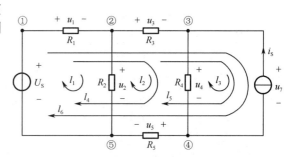

图 1-26　列出 KVL 方程用图

回路 l_2：$u_3 + u_4 + u_5 = u_2$

回路 l_3：　$u_7 = u_4$ 　　　　　　　　　回路 l_5：　$u_3 + u_7 + u_5 = u_2$

回路 l_4：　$u_1 + u_3 + u_4 + u_5 = U_S$ 　　　回路 l_6：　$u_1 + u_3 + u_7 + u_5 = U_S$

　　观察上述方程可发现，每个方程等式的左边各项是沿回路的电压降，而右边项是沿回路的电压升。由此可见，基尔霍夫电压定律可以换一种表述形式：对于集中参数电路中的任意一个回路而言，在任一时刻，沿任一回路方向，电压降之和等于电压升之和。用数学式表达为

$$\sum u_降 = \sum u_升 \tag{1-25}$$

　　这种表达形式更容易看出 KVL 的物理背景，因为沿任一回路绕行一周，电压降之和等于电压升之和，实际上是单位正电荷绕行回路一周失去的能量等于获得的能量，即回路能量守恒。因此，KVL 的实质是能量守恒原理在集中参数电路中的表现形式。这也反映出电路中任意两点间的电压是单值的，与计算路径无关。例如，在图 1-26 所示电路中，节点①、⑤之间的电压 u_{15} 可从以下四条路径去计算：

$$u_{15} = U_S；\quad u_{15} = u_1 + u_2；\quad u_{15} = u_1 + u_3 + u_4 + u_5；\quad u_{15} = u_1 + u_3 + u_7 + u_5$$

　　今后在求解电路中两点间的电压时，可以在该两点间选择任意一条路径，计算出该路径上电压降的代数和（沿路径电压降为正项、电压升为负项）。

　　KVL 不仅适用于电路中的具体回路，对于电路中任意假想的回路，它也是成立的。例如，在图 1-27 中，假设在节点②、④之间连接一条虚拟支路 x，于是就出现假想回路 l_B，虚拟支路电压为 u_x，当选择假想回路 l_B 的方向为顺时针方向时，可列出如下 KVL 方程：

$$-u_x + u_3 - u_4 = 0$$

从中可求出 u_x。当然也可以直接根据电路中两点间电压的单值性计算 u_x，即

$$u_x = u_{24} = u_3 - u_4 \quad 或 \quad u_x = u_{24} = -u_2 - u_1$$

　　KVL 方程的具体形式仅仅依赖回路所关联的支路、回路中各支路电压的参考方向，以及回路方向。列出 KVL 方程只需要知道这些信息：一个回路是由几条支路连接而成的？构成回路的各支路电压的参考方向如何？回路方向如何？至于各支路是什么元件不必知道，这表明，KVL 与元件的性质无关，仅与支路的相互连接方式有关，因此 KVL 反映了电路的拓扑结构对各支路电压的约束。

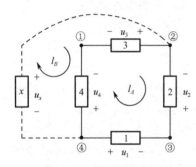

图 1-27　假想回路用图

　　本书主要研究电路分析问题，电路分析的典型问题是：给定电路的结构、元件的特性，以及各独立电源的电压或电流，求出电路中所有的（或某些指定的）支路电压、支路电流，进而求出支路功率，分析电路的功率情况。

　　前面几节介绍了电路元件的电压、电流关系（伏安特性或性能方程），这是电路的各个组成部分所表现出的特性，称为电路的个体规律，它反映了元件的性质对电路变量的约束；本节介绍的 KCL、KVL 两个电路定律，是将电路作为一个整体来看，电路变量应服从的规律，称为电路的整体规律，它反映了电路拓扑结构对电路变量的约束。电路的个体规律和电路的整体规律构成了电路的基本规律，它们是分析一切集中参数电路的基本依据。根据电路的基本规律，可以列写电路方程，并解出所需的未知电路变量。

　　电路图是分析电路问题的信息载体，是进行电路分析的对象。在求解电路时，首先要明确题意，明确哪些是已知条件，哪些是待求量。然后确定解题的途径：应根据什么概念、定律去求什么量、先求哪一个量，后求哪一个量。这样求解起来就可以做到心中有数，条理清晰，解答过程简捷明了。在运用电路的基本规律列写电路方程之前，还应在电路图上标明各支路电压及各支路电流变量的参考方向、节点编号、回路编号及回路方向，为列写正确的电路方程做好充分的准备。

下面通过综合示例，进一步描述如何运用电路的基本规律来分析计算一些简单的电路问题。

> **✦ 历史人物**
>
> 古斯塔夫·罗伯特·基尔霍夫（Gustav Robert Kirchhoff，1824—1887），德国物理学家，在电路、光谱学的基本原理（两个领域中各有根据其名字命名的基尔霍夫定律）有重要贡献。1845 年，21 岁时他发表了第一篇论文，提出了稳恒电路网络中电流、电压、电阻关系的两条电路定律，即著名的基尔霍夫电流定律（KCL）和基尔霍夫电压定律（KVL），解决了电器设计中电路方面的难题。后来又研究了电路中电的流动和分布，从而阐明了电路中两点间的电势差和静电学的电势这两个物理量在量纲和单位上的一致。使基尔霍夫电路定律具有更广泛的意义。直到现在，基尔霍夫电路定律仍旧是解决复杂电路问题的重要工具。基尔霍夫被称为"电路求解大师"。

1.7　综合示例

例 1-5　试求图 1-28 所示电路中的电压 U 。

解：图 1-28 所示电路中有两个节点，节点编号为①、②。选择三个回路，回路编号为 l_1、l_2、l_3。首先假定 2Ω 电阻上电流 I_2 的参考方向及三个回路方向（均为顺时针方向）并在电路图上标明，然后应用 KCL、KVL 及元件性能方程列写有关的电路方程。

将 KCL 应用于节点①，可得

$$I_1 + I_2 - 2I_1 - I_S = 0 \quad 即 \quad -I_1 + I_2 = I_S$$

将 KVL 应用于回路 l_1、l_2、l_3 可得并联的 4 个元件电压均为 U 。

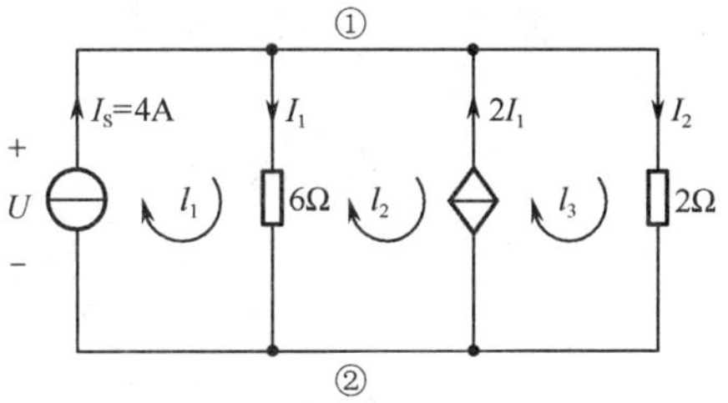

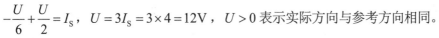

再由电阻元件性能方程可得

$$U = 6I_1, \quad U = 2I_2$$

最后联立求解得

图 1-28　例 1-5 电路

$$-\frac{U}{6} + \frac{U}{2} = I_S, \quad U = 3I_S = 3 \times 4 = 12\text{V}, \quad U > 0 \text{ 表示实际方向与参考方向相同。}$$

例 1-6　试求图 1-29 所示电路中的电流 I 。

解：图 1-29 所示电路中有一个回路 l 及 4 个简单节点，节点编号为①、②、③、④。首先假定 6Ω 电阻上电压 u_2 的参考方向及回路 l 的回路方向（顺时针方向），并在电路图上标明，然后应用 KCL、KVL 及元件性能方程列写有关的电路方程。

将 KCL 应用于节点①、②、③、④可得串联的 4 个元件电流均为 I 。

将 KVL 应用于回路 l，可得

$$-u_1 + 3u_1 + u_2 - U_S = 0 \quad 即 \quad 2u_1 + u_2 = U_S$$

再由电阻元件性能方程可得

$$u_1 = -2I \text{（非关联参考方向）}, \quad u_2 = 6I$$

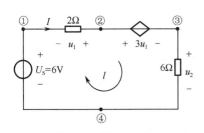

图 1-29　例 1-6 电路

最后联立求解得

$$2 \times (-2I) + 6I = U_S; \quad I = U_S / 2 = 3\text{A}$$

$I > 0$ 表示实际方向与参考方向相同。

例 1-7　如图 1-30 所示电路，已知 $U_S = 7\text{V}$，$i_1 = 1\text{A}$，$R_1 = R_2 = 2\Omega$，求 u_3 和 i_2 。

解：先假定 R_1、R_2 上电压 u_1、u_2 的参考方向及两个回路 l_1、l_2 的回路方向，并在电路图上标明。

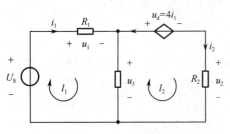

图 1-30　例 1-7 电路

求解途径：

$$(1): i_1 \rightarrow \left.\begin{matrix} u_1 \\ u_d \end{matrix}\right\} (2): \rightarrow \left.\begin{matrix} \text{KVL} \quad l_1 : u_3 \\ \text{KVL} \quad l_2 : u_2 \end{matrix}\right\} (3): u_2 \rightarrow i_2$$

（1）求解第一步：

$$u_1 = R_1 i_1 = 2 \times 1 = 2\text{V} \; ; \quad u_d = 4i_1 = 4 \times 1 = 4\text{V}$$

（2）求解第二步：

将 KVL 应用于回路 l_1，可得

$$u_1 + u_3 - U_S = 0 \quad \text{即} \quad u_3 = U_S - u_1 = 7 - 2 = 5\text{V}$$

将 KVL 应用于回路 l_2，可得　　$u_d + u_2 - u_3 = 0 \quad \text{即} \quad u_2 = u_3 - u_d = 5 - 4 = 1\text{V}$

（3）求解第三步：

根据电阻元件性能方程可得　　　　$i_2 = u_2 / R_2 = 0.5\text{A}$

例 1-8　如图 1-31 所示电路，已知 $R_1 = 0.5\text{k}\Omega$，$R_2 = 1\text{k}\Omega$，$R_3 = 2\text{k}\Omega$，$U_S = 10\text{V}$，电流控制电流源的电流 $i_d = 50i_1$，求电阻 R_3 两端的电压 u_3。

解： 首先确定流过 R_3 的电流为 i_d，且 i_d 的参考方向与 u_3 的参考方向为非关联参考方向，根据电阻元件的性能方程可得

$$u_3 = -R_3 i_d = -2 \times 10^3 \times 50i_1 = -10^5 i_1$$

从中发现 i_1 是一个关键变量。为了求 i_1，对节点①应用 KCL，可得

$$-i_1 + i_2 - i_d = 0 \quad \text{即} \quad i_2 = i_1 + i_d = i_1 + 50i_1 = 51i_1$$

再对回路 l_1 应用 KVL（同时将元件性能方程代入），可得

$$R_1 i_1 + R_2 i_2 - U_S = 0 \quad \text{即} \quad R_1 i_1 + R_2 \times 51i_1 = U_S$$

$$i_1 = \frac{U_S}{R_1 + 51R_2} = \frac{10}{500 + 51 \times 1000} = 0.194\text{mA}$$

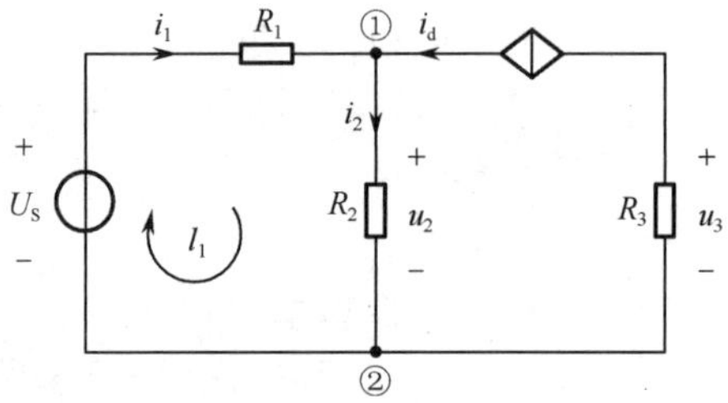

图 1-31　例 1-8 电路

最后得 R_3 两端的电压：$u_3 = -10^5 i_1 = -19.4\text{V}$

例 1-9　如图 1-32 所示电路，试求每个元件发出或吸收的功率。

解： 根据电阻元件性能方程可得，流过 5Ω 电阻的电流为 $i_d = 10 / 5 = 2\text{A}$。

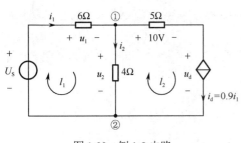

图 1-32　例 1-9 电路

该电流正好是 CCCS 的电流，由此可知

$$i_d = 0.9i_1 = 2\text{A} ， \quad \text{即} \quad i_1 = \frac{2}{0.9} = \frac{20}{9}\text{A}$$

对节点①应用 KCL，可得

$$-i_1 + i_2 + i_d = 0 ， \quad \text{即} \quad i_2 = i_1 - i_d = \frac{20}{9} - 2 = \frac{2}{9}\text{A}$$

再由电阻元件性能方程可得

$$u_1 = 6 \times i_1 = 6 \times \frac{20}{9} = \frac{120}{9}\text{V} ， \quad u_2 = 4 \times i_2 = 4 \times \frac{2}{9} = \frac{8}{9}\text{V}$$

对回路 l_1、l_2 分别应用 KVL，可得

$$\begin{cases} u_1 + u_2 - U_S = 0 \\ 10 + u_d - u_2 = 0 \end{cases} ， \quad \text{即} \quad \begin{cases} U_S = u_1 + u_2 = \dfrac{120}{9} + \dfrac{8}{9} = \dfrac{128}{9}\text{V} \\ u_d = -10 + u_2 = -10 + \dfrac{8}{9} = -\dfrac{82}{9}\text{V} \end{cases}$$

最后求得每个元件的功率为

$$p_{U_s} = U_s \times i_1 = \frac{128}{9} \times \frac{20}{9} = \frac{2560}{81}\,\mathrm{W} > 0，非关联参考方向，发出 \frac{2560}{81}\,\mathrm{W} 功率。$$

$$p_{6\Omega} = u_1 \times i_1 = \frac{120}{9} \times \frac{20}{9} = \frac{2400}{81}\,\mathrm{W} > 0，关联参考方向，吸收 \frac{2400}{81}\,\mathrm{W} 功率。$$

$$p_{4\Omega} = u_2 \times i_2 = \frac{8}{9} \times \frac{2}{9} = \frac{16}{81}\,\mathrm{W} > 0，关联参考方向，吸收 \frac{16}{81}\,\mathrm{W} 功率。$$

$$p_{5\Omega} = 10 \times i_d = 10 \times 2 = 20\,\mathrm{W} > 0，关联参考方向，吸收 20\,\mathrm{W} 功率。$$

$$p_{CCCS} = u_d \times i_d = -\frac{82}{9} \times 2 = -\frac{164}{9}\,\mathrm{W} < 0，关联参考方向，发出 \frac{164}{9}\,\mathrm{W} 功率。$$

$$p_{发出} = \frac{2560}{81} + \frac{164}{9} = \frac{4036}{81}\,\mathrm{W}；\quad p_{吸收} = \frac{2400}{81} + \frac{16}{81} + 20 = \frac{4036}{81}\,\mathrm{W}；\quad p_{发出} = p_{吸收}，功率平衡。$$

1.8　计算机仿真

在电路分析的理论部分涉及较多的数学计算，手工进行验证非常耗时。此时，可以采用电路仿真软件包进行快速的电路分析。Multisim[①]是美国国家仪器（NI）有限公司推出的基于 Windows 的仿真工具，适用于板级的模拟/数字电路板的设计工作。它包含了电路原理图的图形输入、电路硬件描述语言输入方式，具有丰富的仿真分析能力。为适应不同的应用场合，Multisim 推出了许多版本，用户可以根据自己的需要加以选择。本书将以教育版为演示软件，结合教学的实际需要，简要地介绍该软件的概况和使用方法，并给出若干应用实例。

例 1-10　图 1-33 所示电路可以用来验证基尔霍夫电流定律，三条支路的电流均为参考方向，对于节点 A 来说，I2 是流入节点的，I1 和 I3 是流出节点的，将电流表按设定的参考方向接入电路。仿真实验结果 I1 为-3.192mA，I2 为 6.027mA，I3 为 9.220mA。

根据仿真结果，节点 A 的电流代数和为(-3.192)-6.027+9.220≈0A，从而验证了基尔霍夫电流定律的正确性。

例 1-11　图 1-34 所示电路可以用来验证基尔霍夫电压定律，BAOCB 为闭合回路，支路电流参考方向已标出，电阻电压和电流采用关联参考方向，电压表接入时要注意极性。回路的绕行方向为顺时针。启动仿真后，电压表的读数为其所并联电阻的电压值。

根据仿真结果，回路 BAOCB 电压的代数和为-(-0.889)+2.778-(-1.333)-5≈0V，从而验证了基尔霍夫电压定律的正确性。

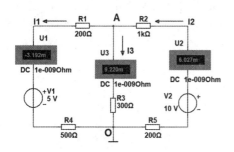

图 1-33　基尔霍夫电流定律的验证

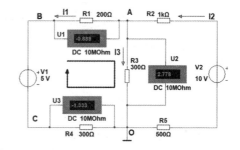

图 1-34　基尔霍夫电压定律的验证

例 1-12　图 1-35 为例 1-8 题的仿真电路。4 种受控源可以在 Multisim 的"Place->Component->Sources"中找到。

---

① Multisim 的简单教程参见附录。

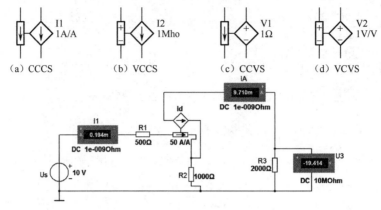

图 1-35　例 1-8 仿真电路

电压表 U3 的读数即为电阻 R3 的电压，仿真结果显示为-19.414V，与手工求解的结果相符。

思考题

1-1　理想电路元件与实际电路元件之间的联系和差别是什么？

1-2　电流、电压的实际方向是怎样规定的？有了实际方向这个概念，为什么还要引入电流、电压的参考方向的概念？参考方向的意义是什么？对于任意一个具体电路，是否可以任意指定电流、电压的参考方向？

1-3　功率的定义是什么？功率与电流、电压之间有什么关系？元件在什么情况下是吸收功率的？在什么情况下是发出功率的？它与电流、电压的参考方向有何关系？

1-4　电压源和电流源各有什么特点？

1-5　若令电压源的电压为零，可做何种处理？若令电流源的电流为零，可做何种处理？

1-6　受控源能否作为电路的激励？若电路中无独立电源，电路中还会有电流、电压响应吗？

1-7　应用基尔霍夫电流定律列写某节点电流方程时，与该节点相连的各支路上的元件性质对方程有何影响？

1-8　应用基尔霍夫电压定律列写某回路电压方程时，构成该回路的各支路上的元件性质对方程有何影响？

1-9　基尔霍夫电流定律是描述电路中与节点相连的各支路电流间相互关系的定律，应用此定律可写出节点电流方程。对于一个具有 n 个节点的电路，可写出多少个独立的节点电流方程？

1-10　基尔霍夫电压定律是描述电路中与回路相关的各支路电压间相互关系的定律，应用此定律可写出回路电压方程。对于一个具有 n 个节点、b 条支路的电路，可写出多少个独立的回路电压方程？

习题

1-1　2C 的电荷由 a 点移到 b 点，能量的改变为 20J，若（1）电荷为正且失去能量；（2）电荷为正且获得能量；求 u_{ab}。

1-2　在题 1-2 图中，试问对于 N_A 与 N_B，u,i 的参考方向是否关联？此时下列各组乘积 $u \times i$ 对 N_A 与 N_B 分别意味着什么功率？并说明功率是从 N_A 流向 N_B，还是相反。

（a）$i = 15A$，$u = 20V$　　　（b）$i = -5A$，$u = 100V$

（c）$i = 4A$，$u = -50V$　　　（d）$i = -16A$，$u = -25V$

1-3　题 1-3 图所示电路由 5 个元件组成，其中 $u_1 = 9\text{V}$，$u_2 = 5\text{V}$，$u_3 = -4\text{V}$，$u_4 = 6\text{V}$，$u_5 = 10\text{V}$，$i_1 = 1\text{A}$，$i_2 = 2\text{A}$，$i_3 = -1\text{A}$。试求：

（1）各元件的功率；（2）全电路吸收功率及发出功率各为多少？说明了什么规律？

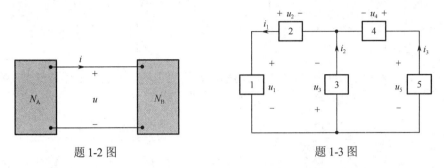

题 1-2 图　　　　　　　　　　题 1-3 图

1-4　在假定的电压、电流参考方向下，写出题 1-4 图所示各元件的性能方程。

1-5　求题 1-5 图所示各电源的功率，并指明它们是吸收功率还是发出功率。

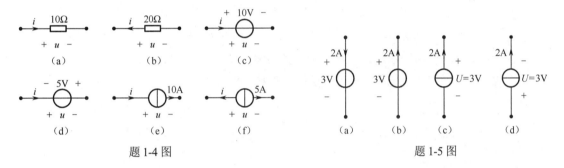

题 1-4 图　　　　　　　　　　题 1-5 图

1-6　在题 1-6 图所示电路中，一个 3A 的电流源分别与三种不同的外电路相接，求三种情况下 3A 电流源的功率，并指明是吸收功率还是发出功率。

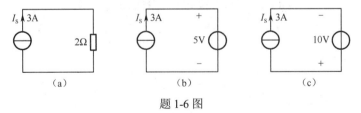

题 1-6 图

1-7　试求题 1-7 图所示电路中电压源及电流源的功率，并指明它们是吸收功率还是发出功率。

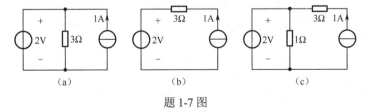

题 1-7 图

1-8　试求：

（1）题 1-8（a）图所示电路中受控电压源的端电压及其功率；

（2）题 1-8（b）图所示电路中受控电流源的电流及其功率。

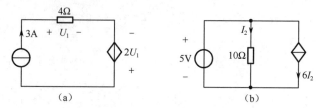

题 1-8 图

1-9　试求题 1-9 图所示电路中各电源的功率，并说明它们是吸收功率还是发出功率。

1-10　试求题 1-10 图所示电路中的电流 I、电压源电压 U_S 及电压 U_{ab}。

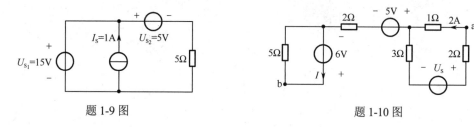

题 1-9 图　　　　　　　　　　　　　　　题 1-10 图

1-11　如题 1-11 图所示电路，求 a、b 点对地的电位 U_a 和 U_b，以及 a、b 两点间的电压 U_{ab}。

1-12　如题 1-12 图所示电路，求开关 S 打开与闭合时 A、B 点对地的电位 U_A 和 U_B。

1-13　题 1-13 图表示某电路中的部分电路，各已知的电流及电阻元件值已标在图中，试求 I、U_S、R。

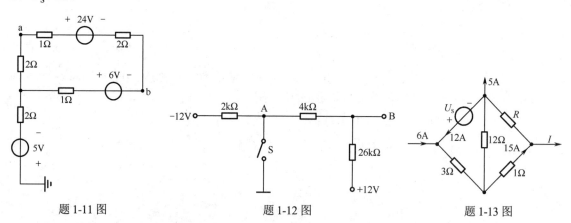

题 1-11 图　　　　　　　　　题 1-12 图　　　　　　　　　题 1-13 图

1-14　试求题 1-14 图所示电路中的电流 i。

1-15　试求题 1-15 图所示电路中的电流 I_{ab}、I_{ca} 及 I。

1-16　试求题 1-16 图所示电路中的 U_{AB}、I_1 及 I_2。

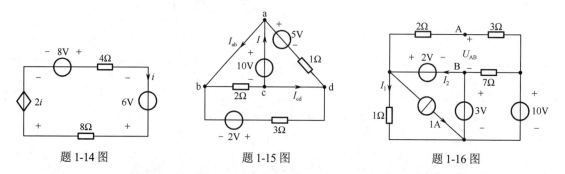

题 1-14 图　　　　　　　　　题 1-15 图　　　　　　　　　题 1-16 图

1-17　试求题 1-17 图所示电路中各支路电压及电流。

1-18　试求题 1-18 图所示电路中的电流 I 。

1-19　试求题 1-19 图所示电路中受控电流源的功率。

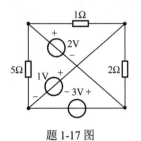
题 1-17 图

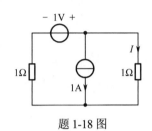
题 1-18 图

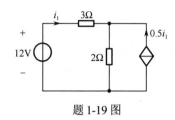
题 1-19 图

1-20　试求：

（1）题 1-20 图（a）所示电路中的电流 I_2 ；（2）题 1-20 图（b）所示电路中的电压 u_{ab} 。

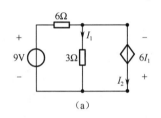
（a）

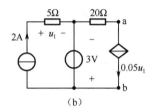
（b）

题 1-20 图

1-21　电路如题 1-21 图所示。

（1）题 1-21 图（a）中，已知 $u_S = 12V$ ，求电压 u_{ab} ；（2）题 1-21 图（b）中，已知 $R = 3\Omega$ ，求电压 u_{ab} 。

1-22　试求题 1-22 图所示电路中各元件的功率，并验算功率是否平衡。

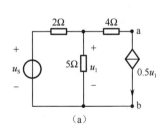
（a）

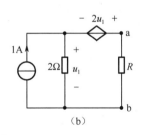
（b）

题 1-21 图

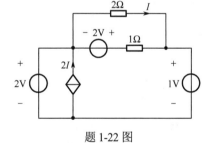
题 1-22 图

第2章　电阻电路的等效变换

　　"等效"在电路分析中是一个十分重要的概念，电路的等效变换法已成为电路分析中常用的简便、快捷的方法。本章首先阐述电路等效的一般概念，然后具体研究一些由简单电阻电路构成的单口网络的等效变换，从中总结出一些规律，进而推出电路的等效变换法。对电路进行等效变换的优越之处在于可将一个复杂的电路经一次或多次等效变换为一个十分简单的电路，只需列写少量的电路方程，便可轻松求解电路问题。

2.1　电路等效的一般概念

　　由线性非时变电阻元件、线性受控源和独立电源组成的电路，称为线性非时变电阻电路，简称电阻电路。电路中电压源的电压或电流源的电流可以是直流，也可以随时间按某种规律变化。当电路中的独立电源都是直流电源时，这类电路简称为直流电阻电路。

　　在对复杂电路进行分析时，如果只对其中某一支路的电压、电流或其中某些支路的电压、电流感兴趣，则可以用分解法把原来的复杂电路分解成两个通过两根导线相连的子电路 N_A 和 N_B（见图 2-1）。N_A 中的电压、电流不必细究，而 N_B 中则有我们感兴趣并且要求解的电压和电流。

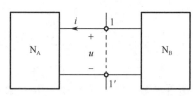

　　像 N_A、N_B 这种由元件相连接组成的，对外只有两个端子的子电路称为二端网络或单口网络（一端口网络）。1、1′ 是两个端子，1–1′ 构成一个端口，u 称为端口电压，i 称为端口电流。如果单口网络内部含有独立电源、电阻、受控源，则称之为含源单口网络，用 N_S 表示；如果单口网络内部仅含有电阻、受控源，没有独立电源，则称为无源单口网络，用 N_0 表示。

图 2-1　复杂电路分解成两个子电路

2.1.1　单口网络的伏安关系

　　当单口网络的内部情况（电路结构、元件参数）完全明确时，可根据 KCL、KVL 及元件性能方程列出相关的电路方程，并求出其端口电压 u 与端口电流 i 之间的关系；当单口网络内部情况不明（黑箱）时，可以用实验方法测得 u 与 i 之间的关系，端口 u 与 i 之间的关系称为单口网络的伏安关系，用 $u = f(i)$ 或 $i = g(u)$ 来表示。单口网络的伏安关系是由网络内部的电路结构、元件参数决定的，与外接的电路无关，它只反映出单口网络本身性质对外接电路的作用或影响，因此，又将单口网络的伏安关系称为单口网络的外特性方程，该外特性方程可以在连接任意外电路情况下求出。图 2-2 为单口网络连接外电路的示意图，一般可以假定一种最简单的外电路情况，求出单口网络的外特性方程。

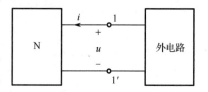

图 2-2　单口网络连接外电路

2.1.2　等效、等效电路与等效变换

　　如图 2-3（a）、（b）中所示的两个单口网络 N_1 和 N_2，它们内部的电路结构、元件参数可以完全不同，N_1 是一个复杂的单口网络，N_2 是一个简单的单口网络。如果 N_1、N_2 的外特性方程完全

相同，则意味着这两个单口网络对外电路的作用或影响是完全相同的，这时就称 N_1 与 N_2 是相互等效的，互称等效电路。这样，在计算外电路的电压、电流时，可将相互等效的两个单口网络 N_1 与 N_2 进行置换。置换前后与它们相连接的外电路的电压、电流和功率保持不变，这种置换称为等效变换。通常是用简单的单口网络 N_2 来置换复杂的单口网络 N_1，这会给对外电路的计算带来方便。因此，常常将电路的等效变换又称为电路的等效化简。

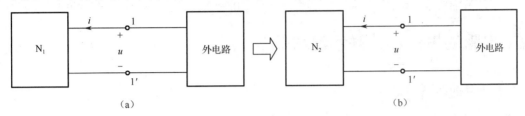

图 2-3　单口网络的等效

一旦由图 2-3（b）计算出外电路的电压、电流，N_2 就失去了意义。如果还要求 N_1 内的电压、电流，就必须返回到图 2-3（a），根据已求得的端口电压 u 和端口电流 i 来进行求解。等效电路仅适用于对外电路的求解，而等效电路内部的电压、电流是没有必要知道的。

下面的问题是怎样将一个复杂的单口网络化简成与之等效的简单的单口网络，即需要研究等效电路是如何构成的。根据等效的概念，只要求出复杂的单口网络的外特性方程并整理成最简单的形式，然后凭借已有的经验，构造一个与此外特性方程相吻合的简单的单口网络，即可得到等效电路。下面通过一个例子来说明如何构造等效电路。

例 2-1　构造图 2-4（a）所示含源单口网络的最简单的等效电路。

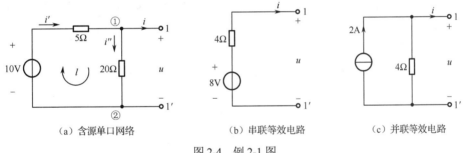

（a）含源单口网络　　　　　（b）串联等效电路　　　　（c）并联等效电路

图 2-4　例 2-1 图

解： 首先假定图 2-4（a）中 5Ω 及 20Ω 元件上电流 i'、i'' 的参考方向和回路 l 的回路方向。

（1）应用 KCL、KVL、元件性能方程对图 2-4（a）列写电路方程。

$$\text{KCL } ①：\quad i' = i'' + i$$

$$\text{KVL } l：\quad u = -5i' + 10$$

电阻元件性能方程：$i'' = u / 20$

（2）联立求解得外特性方程。

$$u = 8 - 4i \quad \text{或} \quad i = 2 - u / 4$$

（3）构造等效电路。

由 $u = 8 - 4i$ 并根据 KVL，构造一个 8V 电压源与 4Ω 电阻相串联的支路，如图 2-4（b）所示。

由 $i = 2 - u / 4$ 并根据 KCL，构造一个 2A 电流源与 4Ω 电阻相并联的支路，如图 2-4（c）所示。

上面利用求出复杂单口网络的外特性方程的方法来构造等效电路的过程自然是最根本的途径，因为它是直接由等效的概念得出的。但是，如果单口网络很复杂，求外特性方程可能会变得很困难，构造等效电路就不是一件容易的事。在这种情况下，必须寻找更好的方法。可以先用上述的方法分析研究一些简单、典型单口网络的等效电路，从中总结出一些规律，再将这些规律综合运用到复杂单口网络的等效电路的构造中。具体做法是，将复杂单口网络分解成许多简单的单口网络的组合，对每个简单的单口网络，根据规律用其等效电路置换，这样由各个局部等效合成整体等效，最终可以方便、快捷地得到复杂单口网络的等效电路。

以下几节主要分析研究一些简单、典型单口网络的等效电路，并将其规律归纳成结论和公式。

2.2 电阻的串联、并联和混联等效

2.2.1 电阻的串联等效

图 2-5（a）所示电路为 n 个电阻 R_1、R_2、$\cdots$、R_n 串联组成的无源单口网络。设备电阻上电压、电流取关联参考方向，电阻串联时，由 KCL 可知每个电阻中的电流均为同一电流 i，再由 KVL 及电阻元件的性能方程可得端口的外特性方程为

$$u = u_1 + u_2 + \cdots + u_k + \cdots + u_n = R_1 i + R_2 i + \cdots + R_k i + \cdots + R_n i = (R_1 + R_2 + \cdots + R_k + \cdots + R_n)i = R_{eq} i$$

其中，
$$R_{eq} \overset{\text{def}}{=} \frac{u}{i} = R_1 + R_2 + \cdots + R_k + \cdots + R_n = \sum_{k=1}^{n} R_k \tag{2-1}$$

电阻 R_{eq} 称为 n 个电阻相串联的等效电阻，其值等于相串联的 n 个电阻之和。用 R_{eq} 构造一个如图 2-5（b）所示的单口网络，即为图 2-5（a）所示电路的等效电路。在求解外电路时，可用图 2-5（b）置换图 2-5（a），也就是将图 2-5（a）等效变换为图 2-5（b）。

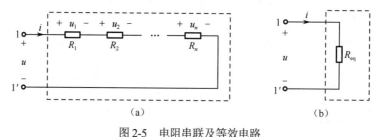

图 2-5　电阻串联及等效电路

显然，等效电阻 R_{eq} 必大于任意一个串联的电阻，而且等效电阻吸收的功率等于 n 个串联电阻吸收的功率之和。

电阻串联有分压关系。已知串联电阻端口电压，求相串联各电阻上的电压，称为分压。第 k 个串联电阻上的分电压为

$$u_k = R_k i = \frac{R_k}{R_{eq}} u \qquad (k = 1, 2, \cdots, n) \tag{2-2}$$

式（2-2）称为分压公式，式中 R_k / R_{eq} 称为分压系数。串联的每个电阻，其电压与自身的电阻值成正比，即电阻值大者分得的电压大。

2.2.2 电阻的并联等效

在研究电阻的并联等效时，为使公式简单，常将电阻的并联用电导的并联来表示，图 2-6（a）所示电路为 n 个电导 $G_1, G_2, \cdots, G_n$ 并联组成的无源单口网络。设各电导上电压、电流取关联参考方向，电导并联时，由 KVL 可知每个电导的电压均为同一电压 u，再由 KCL 及电导元件的性能方程得端口的外特性方程为

$$i = i_1 + i_2 + \cdots + i_k + \cdots + i_n = G_1 u + G_2 u + \cdots + G_k u + \cdots + G_n u = (G_1 + G_2 + \cdots + G_k + \cdots + G_n)u = G_{eq}u$$

其中，
$$G_{eq} \overset{\text{def}}{=} \frac{i}{u} = G_1 + G_2 + \cdots + G_k + \cdots + G_n = \sum_{k=1}^{n} G_k \qquad (2\text{-}3)$$

电导 G_{eq} 称为 n 个电导相并联的等效电导，其值等于相并联的 n 个电导之和。n 个电阻并联的等效电阻为

$$R_{eq} = \frac{1}{G_{eq}} = \frac{1}{\sum_{k=1}^{n} G_k} = \frac{1}{\sum_{k=1}^{n} \dfrac{1}{R_k}}$$

即
$$\frac{1}{R_{eq}} = \sum_{k=1}^{n} \frac{1}{R_k} \qquad (2\text{-}4)$$

显然，等效电阻 R_{eq} 小于任意一个并联的电阻。用 G_{eq}（或 R_{eq}）构造一个如图 2-6（b）所示的单口网络，即为图 2-6（a）所示电路的等效电路。

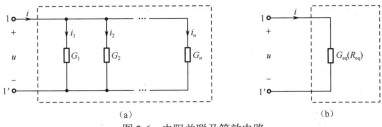

图 2-6　电阻并联及等效电路

电导并联有分流关系。已知并联电导端口总电流，求相并联各电导上的电流，称为分流。第 k 个并联电导上的分电流为

$$i_k = G_k u = \frac{G_k}{G_{eq}} i \qquad (k = 1, 2, \cdots, n) \qquad (2\text{-}5)$$

式（2-5）称为分流公式，式中 G_k / G_{eq} 称为分流系数。并联的每个电导上的电流与其自身的电导值成正比，即电导值大者分得的电流大。

电路分析中常遇到的两个电阻相并联的情况如图 2-7（a）所示，等效电导及等效电阻分别为

$$G_{eq} = G_1 + G_2; \quad R_{eq} = \frac{1}{\dfrac{1}{R_1} + \dfrac{1}{R_2}} = \frac{R_1 R_2}{R_1 + R_2}$$

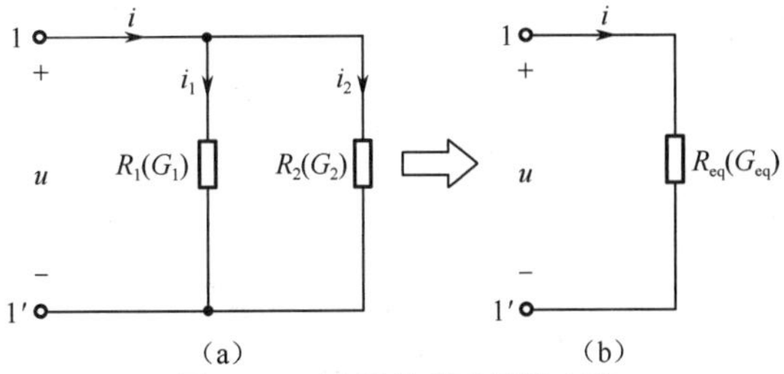

再由分流公式得两并联电阻的电流分别为

图 2-7　两电阻并联及等效电路

$$i_1 = \frac{G_1}{G_1 + G_2} i = \frac{\dfrac{1}{R_1}}{\dfrac{1}{R_1} + \dfrac{1}{R_2}} i = \frac{R_2}{R_1 + R_2} i; \quad i_2 = \frac{G_2}{G_1 + G_2} i = \frac{\dfrac{1}{R_2}}{\dfrac{1}{R_1} + \dfrac{1}{R_2}} i = \frac{R_1}{R_1 + R_2} i$$

用 R_{eq}（或 G_{eq}）构造一个如图 2-7（b）所示的单口网络，即为图 2-7（a）所示电路的等效电路。

2.2.3　电阻的混联等效

既有电阻串联又有电阻并联的电路称为混联电阻电路，图 2-8（a）所示电路为一个简单的混联电阻电路。

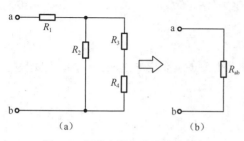

图 2-8　混联电阻电路及等效电路

混联电阻电路等效电阻的计算可充分运用电阻的串、并联等效化简规则逐步完成。具体做法是，先从端口判断出电阻的串、并联关系，即在假定端口施加电源激励的情况下，凡电流相同的电阻为串联关系，凡电压相同的电阻为并联关系。然后按电阻串、并联等效化简规则对各部分的串、并联电阻逐一进行等效化简，最后得到整个电路的等效电阻。图 2-8（a）所示电路中，电阻 R_3、R_4 串联后与电阻 R_2 并联，再与电阻 R_1 串联。该混联电阻电路的等效电阻为

$$R_{eq} = R_{ab} = R_1 + \frac{R_2 \times (R_3 + R_4)}{R_2 + (R_3 + R_4)}$$

R_{ab} 表示以 a、b 两端子构成端口的单口网络的等效电阻。对于同一电路，求不同端口的等效电阻时，电阻之间的串、并联关系会有所不同，因而等效电阻也会不同。

例 2-2　如图 2-9（a）所示的电路，求等效电阻 R_{ab}、R_{ac}、R_{bc}。

解：将图 2-9（a）所示电路逐步进行电阻串、并联等效化简，依次得到图 2-9（b）、（c）、（d），最后由图 2-9（d）求出各等效电阻分别为

$$R_{ab} = \frac{5 \times (4+1)}{5+(4+1)} = 2.5\Omega \ ; \quad R_{ac} = \frac{4 \times (5+1)}{4+(5+1)} = 2.4\Omega \ ; \quad R_{bc} = \frac{1 \times (5+4)}{1+(5+4)} = 0.9\Omega$$

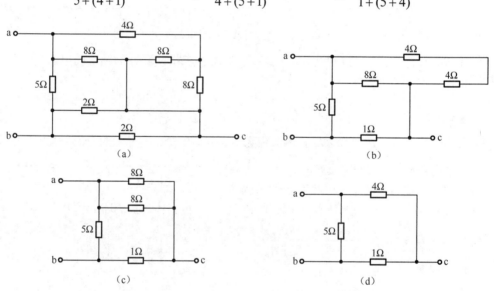

图 2-9　例 2-2 图

电阻的连接除了串联、并联，还有一种特殊的桥形连接，图 2-10（a）所示为一个电桥电路，R_1、R_2、R_3、R_4 为四个桥臂电阻。

当 $R_1 : R_2 = R_3 : R_4$，即 $R_1 R_4 = R_2 R_3$ 时，电桥达到平衡状态。这时若在端口 AB 施加电源激励，则电桥电路中 C、D 两点是等电位点，即 CD 支路上的电压 $U_{CD} = 0$，且 CD 支路上的电流为零。根据若两点间电压为零，则两点间可作短路处理，以及根据若支路电流为零，则该支路可作开路处理，在求端口 AB 的等效电阻 R_{AB} 时，可将 CD 支路作短路或开路处理，如图 2-10（b）、（c）所示，再运用电阻串、并联等效化简规则求其等效电阻。

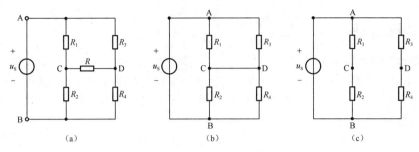

图 2-10　平衡电桥及等效电路

由图 2-10（b）得等效电阻为　　$R_{AB} = \dfrac{R_1 \times R_3}{R_1 + R_3} + \dfrac{R_2 \times R_4}{R_2 + R_4}$

由图 2-10（c）得等效电阻为　　$R_{AB} = \dfrac{(R_1 + R_2) \times (R_3 + R_4)}{(R_1 + R_2) + (R_3 + R_4)}$

但当电桥不满足平衡条件时，就无法直接运用电阻串、并联等效化简规则求端口 AB 的等效电阻，这时必须寻求其他方法。

在如图 2-10（a）所示的电桥电路中，电阻 R_1、R、R_2 以及 R_3、R、R_4 之间的连接方式称为星形（或 Y 形）连接，电阻 R_1、R、R_3 以及 R_2、R、R_4 之间的连接方式称为三角形（或 △ 形）连接，这两种连接方式在一定的条件下可以进行等效变换，进而为求端口 AB 的等效电阻创造了条件。

2.3　电阻的 Y 形连接与△形连接的等效变换

2.3.1　Y 形、△形连接方式

将三个电阻（R_1、R_2、R_3）的一端连接在一个节点（中节点）上，而它们的另一端分别接到三个不同的端子上，就构成了如图 2-11（a）所示的 Y 形连接的电阻电路。将三个电阻（R_{12}、R_{23}、R_{31}）分别接在每两个端子之间，使三个电阻构成一个回路，就构成了如图 2-11（b）所示的 △ 形连接的电阻电路。这两种连接都通过三个端子 1、2、3 与外电路相连，若这两种电阻电路中的电阻之间满足一定关系，使得它们对端子 1、2、3 和端子 1、2、3 以外的特性完全相同，即如果在它们的对应端子之间具有相同的电压 u_{12}、u_{23}、u_{31}，则流入对应端子的电流 i_1、i_2 和 i_3 也应分别对应相等。在这种条件下，它们是相互等效的，互为等效电路。对于外电路而言，Y 形连接的电阻电路与△形连接的电阻电路可以进行等效变换，而不影响外电路任何部分的电压、电流。这种等效变换可以用来简化电路，为进一步计算提供方便。注意：Y 形连接等效变换为△形连接时，与外电路相连的三个端子 1、2、3 保持不变，而中节点会消失。同理，△形连接等效变换为 Y 形连接时，与外电路相连的三个端子 1、2、3 保持不变，却会出现一个新的中节点。

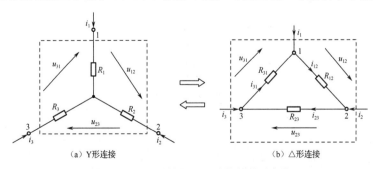

（a）Y 形连接　　　　　　　　　　（b）△形连接

图 2-11　Y 形连接与△形连接的等效变换

2.3.2　Y-△等效变换

下面从前述等效变换条件着手推导出 Y 形、△形连接的电阻电路相互等效变换的电阻换算公式。推导的思路是，根据 KCL、KVL 及电阻元件性能方程列写图 2-11（a）及图 2-11（b）的有关电路方程，然后由等效变换条件进行方程平衡，对比方程中变量前的系数即可得到电阻换算公式。

对于图 2-11（a）、（b）电路，由 KCL、KVL 可知

$$i_3 = -(i_1 + i_2) \tag{2-6}$$

$$u_{12} = -(u_{23} + u_{31}) \tag{2-7}$$

显然，图 2-11（a）、（b）电路中的 3 个电流变量和 3 个电压变量中各只有两个是相互独立的，可选 i_1、i_2 和 u_{23}、u_{31} 作为独立的电路变量列写电路方程。

由图 2-11（a）所示的 Y 形电阻连接的电路，根据 KVL 及电阻元件性能方程，得

$$u_{23} = R_2 i_2 - R_3 i_3 \, ; \quad u_{31} = R_3 i_3 - R_1 i_1$$

将式（2-6）代入以上两式，消去 i_3，得到 Y 形连接的电阻电路的外特性方程为

$$\left. \begin{aligned} u_{23} &= R_3 i_1 + (R_2 + R_3) i_2 \\ u_{31} &= -(R_1 + R_3) i_1 - R_3 i_2 \end{aligned} \right\} \tag{2-8}$$

联立求解以上两式，得 Y 形连接的电阻电路外特性方程的另一种形式为

$$\left. \begin{aligned} i_1 &= -\frac{R_3}{R_1 R_2 + R_2 R_3 + R_3 R_1} u_{23} - \frac{R_2 + R_3}{R_1 R_2 + R_2 R_3 + R_3 R_1} u_{31} \\ i_2 &= \frac{R_1 + R_3}{R_1 R_2 + R_2 R_3 + R_3 R_1} u_{23} + \frac{R_3}{R_1 R_2 + R_2 R_3 + R_3 R_1} u_{31} \end{aligned} \right\} \tag{2-9}$$

由图 2-11（b）所示的△形连接的电阻电路，根据 KCL 及电阻元件性能方程，得

$$i_1 = i_{12} - i_{31} = \frac{u_{12}}{R_{12}} - \frac{u_{31}}{R_{31}} \, ; \quad i_2 = i_{23} - i_{12} = \frac{u_{23}}{R_{23}} - \frac{u_{12}}{R_{12}}$$

将式（2-7）代入以上两式，消去 u_{12}，得到△形连接的电阻电路的外特性方程为

$$\left. \begin{aligned} i_1 &= -\frac{1}{R_{12}} u_{23} - \frac{R_{12} + R_{31}}{R_{12} R_{31}} u_{31} \\ i_2 &= \frac{R_{12} + R_{23}}{R_{12} R_{23}} u_{23} + \frac{1}{R_{12}} u_{31} \end{aligned} \right\} \tag{2-10}$$

联立求解以上两式，得△形连接的电阻电路外特性方程的另一种形式为

$$\left. \begin{aligned} u_{23} &= \frac{R_{31} R_{23}}{R_{12} + R_{23} + R_{31}} i_1 + \frac{R_{23}(R_{12} + R_{31})}{R_{12} + R_{23} + R_{31}} i_2 \\ u_{31} &= -\frac{R_{31}(R_{12} + R_{23})}{R_{12} + R_{23} + R_{31}} i_1 - \frac{R_{31} R_{23}}{R_{12} + R_{23} + R_{31}} i_2 \end{aligned} \right\} \tag{2-11}$$

令式（2-8）与式（2-11）分别相等，并比较等式两边，再令 i_1、i_2 前的系数对应相等，即

$$\left. \begin{aligned} R_3 &= \frac{R_{31} R_{23}}{R_{12} + R_{23} + R_{31}} \\ R_1 + R_3 &= \frac{R_{31}(R_{12} + R_{23})}{R_{12} + R_{23} + R_{31}} \\ R_2 + R_3 &= \frac{R_{23}(R_{12} + R_{31})}{R_{12} + R_{23} + R_{31}} \end{aligned} \right\} \tag{2-12}$$

由式（2-12）容易解得由△形连接电阻电路等效变换为 Y 形连接电阻电路的电阻换算公式为

$$
\left.
\begin{aligned}
R_1 &= \frac{R_{31}R_{12}}{R_{12} + R_{23} + R_{31}} \\
R_2 &= \frac{R_{12}R_{23}}{R_{12} + R_{23} + R_{31}} \\
R_3 &= \frac{R_{23}R_{31}}{R_{12} + R_{23} + R_{31}}
\end{aligned}
\right\}
\tag{2-13}
$$

同理，令式（2-9）与式（2-10）分别相等，比较等式两边，再令 u_{23}、u_{31} 前的系数对应相等，即

$$
\left.
\begin{aligned}
\frac{1}{R_{12}} &= \frac{R_3}{R_1R_2 + R_2R_3 + R_3R_1} \\
\frac{R_{12} + R_{23}}{R_{12}R_{23}} &= \frac{R_1 + R_3}{R_1R_2 + R_2R_3 + R_3R_1} \\
\frac{R_{12} + R_{31}}{R_{12}R_{31}} &= \frac{R_2 + R_3}{R_1R_2 + R_2R_3 + R_3R_1}
\end{aligned}
\right\}
\tag{2-14}
$$

由式（2-14）可解得由 Y 形连接的电阻电路等效变换为△形连接的电阻电路的电阻换算公式为

$$
\left.
\begin{aligned}
R_{12} &= R_1 + R_2 + R_1R_2 / R_3 \\
R_{23} &= R_2 + R_3 + R_2R_3 / R_1 \\
R_{31} &= R_1 + R_3 + R_3R_1 / R_2
\end{aligned}
\right\}
\tag{2-15}
$$

特殊情况：若 Y 形连接中的三个电阻相等，即 $R_1 = R_2 = R_3 = R_Y$，则称为对称 Y 形连接；若△形连接中三个电阻相等，即 $R_{12} = R_{23} = R_{31} = R_\triangle$，则称为对称△形连接。这时，它们之间等效变换的电阻换算公式为

$$
\left.
\begin{aligned}
R_Y &= R_\triangle / 3 \\
R_\triangle &= 3R_Y
\end{aligned}
\right\}
\tag{2-16}
$$

例 2-3　试求如图 2-12（a）所示电路的等效电阻 R_{ab}。

解：（1）方法一：将图 2-12（a）中 3 个 1Ω 组成的 Y 形电路等效变换为 3 个 3Ω 组成的△形电路，如图 2-12（b）所示，再利用电阻串、并联等效化简，求得等效电阻为

$$R_{ab} = 3 / 3 = 1\Omega$$

（2）方法二：将图 2-12（a）中 3 个 3Ω 组成的△形电路等效变换为 3 个 1Ω 组成的 Y 形电路，如图 2-12（c）所示，其中与端子 c 相连的两个 1Ω 电阻不起作用，可去掉。再利用电阻串、并联等效化简，求得等效电阻为

$$R_{ab} = 1 / 2 + 1 / 2 = 1\Omega$$

（3）方法三：将图 2-12（a）中与端子 c 相连的 3 个电阻的 Y 形电路等效变换为△形电路，如图 2-12（d）所示，根据 Y 形连接电阻电路等效变换为△形连接电阻电路的电阻换算公式，得

$$R_1 = 3 + 3 + \frac{3 \times 3}{1} = 15\Omega \text{；} \quad R_2 = 1 + 3 + \frac{1 \times 3}{3} = 5\Omega \text{；} \quad R_3 = 1 + 3 + \frac{1 \times 3}{3} = 5\Omega$$

再利用电阻串、并联等效化简，求得等效电阻为

$$R_{ab} = \left(2 \times \frac{5 \times 1}{5 + 1}\right) /\!/ \frac{3 \times 15}{3 + 15} = \frac{5}{3} /\!/ \frac{5}{2} = \frac{\dfrac{5}{3} \times \dfrac{5}{2}}{\dfrac{5}{3} + \dfrac{5}{2}} = 1\Omega$$

上述 3 种方法相比较可知，前两种方法较为简单，后一种方法略为复杂，计算量也大一些。

另外注意到，如果将与端子 a（或 b）相连的 3 个电阻的 Y 形连接等效变换为△形连接，作为中节点的端子 a（或 b）将消失，而无法求 R_{ab}，因此这两种等效变换不能进行，这也是 Y 形连接等效变换为△形连接时必须注意的问题。

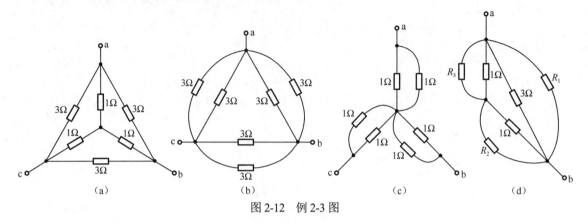

（a）　　　　　　　（b）　　　　　　　（c）　　　　　　　（d）

图 2-12　例 2-3 图

例 2-4　试求如图 2-13（a）所示电路的等效电阻 R_{ab}。

解：图 2-13（a）是一个含有电桥的电阻电路，根据电阻值可以判断出电桥处于不平衡状态，无法直接运用电阻串、并联等效化简求等效电阻。而只能依靠 Y-△ 等效变换解决问题。电路中有 3 种 Y 形连接、2 种△形连接，可以选用以端子 c、d、e 间的△形连接等效变换为 Y 形连接，如图 2-13（b）所示，这时增加了一个新的节点 f。根据△形连接电阻电路等效变换为 Y 形连接电阻电路的电阻换算公式，得

$$R_1 = \frac{10 \times 10}{10 + 10 + 5} = 4\Omega \ ; \quad R_2 = \frac{10 \times 5}{10 + 10 + 5} = 2\Omega \ ; \quad R_3 = \frac{10 \times 5}{10 + 10 + 5} = 2\Omega$$

再根据电阻串、并联等效化简，图 2-13（b）等效为图 2-13（c）和（d），最后求得等效电阻为

$$R_{ab} = 8 / 2 + 26 = 30\Omega$$

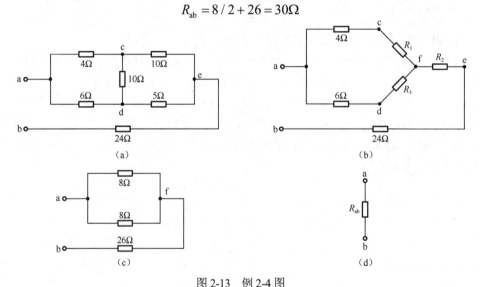

（a）　　　　　　　　　　　　　　　（b）

（c）　　　　　　　　　　　　　　　（d）

图 2-13　例 2-4 图

2.4　利用对称电路的特点求等效电阻

对于有些无源的仅含电阻的单口网络，由于电路结构及元件参数的特殊性，相对于端口会具有某

种对称性，使得若在端口施加电源激励，则在电路内部将会有一些节点是等电位点，或者有些支路电流为零。根据等电位点之间的电压为零，可作短路处理；根据支路电流为零，可作开路处理。经过这些处理，再运用电阻串、并联等效化简及 Y-△等效变换的方法，可以容易地求出等效电阻。

无源单口网络相对于端口的对称性有两种形式，即"传递对称"与"平衡对称"，具体情况可以从端口进行观察判断。

2.4.1　"传递对称"单口网络

对某一无源单口网络，如果用通过端口 AB 的平面直劈过去，可以把它劈开成左、右两半完全相同的部分，如图 2-14（a）所示，或劈开成上、下两半完全相同的部分，如图 2-14（b）所示，那么这样的无源单口网络称为对端口是"传递对称"的，即"传递对称"单口网络。这个直劈面称为传递对称面或称中分面，用 $o-o'$ 表示。

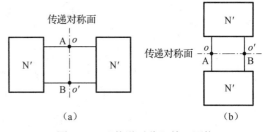

图 2-14　"传递对称"单口网络

在"传递对称"单口网络中，与传递对称面对称的点称为传递对称点。每一对传递对称点分别为等电位点。这样在求端口的等效电阻时，可分别将各对传递对称点短接后，再运用电阻串、并联等效化简及 Y-△等效变换的方法求出等效电阻。

2.4.2　"平衡对称"单口网络

对某一无源单口网络，如果用垂直于端口 AB 的平面横切过去，可将其切成上下完全相同的两部分，且上下两部分之间没有交叉连接的支路，如图 2-15（a）所示，或切成左右完全相同的两部分，且左右两部分之间没有交叉连接的支路，如图 2-15（b）所示，那么这样的无源单口网络称为对端口是"平衡对称"的，即"平衡对称"单口网络。该横切面称为平衡对称面，用 $o-o'$ 表示。

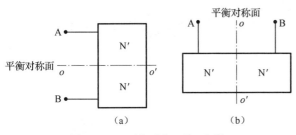

图 2-15　"平衡对称"单口网络

在"平衡对称"单口网络中，平衡对称面把单口网络分成上、下（或左、右）两个完全相同的部分，且两部分之间只有对接支路穿过平衡对称面，对接支路落在平衡对称面上的点是等电位点。在求端口的等效电阻时，可以将这些等电位点短接起来，再运用电阻串、并联等效化简及 Y-△等效变换的方法求出等效电阻。

例 2-5　求图 2-16（a）所示电路的等效电阻 R_{ab}。

解：（1）方法一：利用传递对称性求解。

在图 2-16（a）中，通过端口 ab 的平面 $o-o'$ 为传递对称面，被传递对称面劈到的电阻 R 可看成两个 $2R$ 的并联。c、d 是一对传递对称点为等电位点，可将 c、d 两点短接，利用电阻并联等效化简得到图 2-16（b），再利用 Y-△等效变换将 3 个 $R/2$ 的 Y 形连接等效变换为 3 个 $3R/2$ 的△形连接得到图 2-16（c），最后求得

$$R_{ab} = \frac{\frac{6}{5}R \times \frac{3}{2}R}{\frac{6}{5}R + \frac{3}{2}R} = \frac{2}{3}R$$

（2）方法二：利用平衡对称性求解。

在图 2-16（a）中，垂直于端口 ab 的平面 $o''-o'''$ 为平衡对称面，被平衡对称面切到的电阻 R 可看成两个 $2R$ 的并联。c、d、e 三点落在平衡对称面上，是等电位点，将它们短接得到图 2-16（d），可求得

$$R_{ab} = 2 \times R/3 = 2R/3$$

正由于 c、d、e 三点是等电位点，c、d 间以及 d、e 间的电阻上无电流，因此又可断开得到图 2-16（e），从而可求得

$$R_{ab} = 2R/3$$

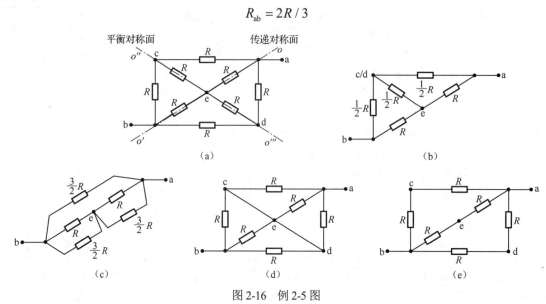

图 2-16　例 2-5 图

由前面的分析可知，如果一个无源单口网络 N_0 内部仅含电阻，则运用电阻串、并联等效化简、Y-△ 等效变换及对称性等方法，可以求得它的等效电阻 R_{eq}。如果一个无源单口网络 N_0 内部除电阻以外还有受控源，则上述求等效电阻的方法就不一定行得通，这时就要借助于用求输入电阻的方法获得等效电阻。

2.5　无源单口网络 N_0 的输入电阻

如图 2-17（a）所示为一个无源单口网络 N_0，不论其内部如何复杂，都有端口电压 u 与端口电流 i 成正比的关系，其比值被定义为无源单口网络 N_0 的输入电阻 R_{in}，即

$$R_{in} \stackrel{\text{def}}{=} \frac{u}{i} \tag{2-17}$$

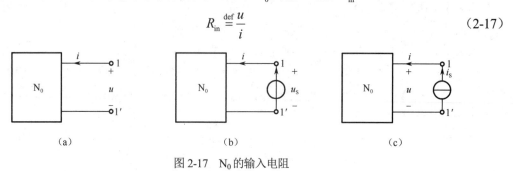

图 2-17　N_0 的输入电阻

显然，无源单口网络 N_0 的输入电阻在数值上等于其等效电阻，即 $R_{in} = R_{eq}$，二者均反映 N_0 端

口电压、电流的关系，但两者的含义不同，R_{in} 表示从端口看进去的电阻，而 R_{eq} 的意义在于用 R_{eq} 构造的电路就是 N_0 的等效电路，更着重于 R_{eq} 对外电路的作用。求端口输入电阻的一般方法称为外施电源法，即在端口施加电压源 u_S，然后求出端口电流 i，如图 2-17（b）所示；或在端口施加电流源 i_S，然后求出端口电压 u，如图 2-17（c）所示。再根据式（2-17），得

$$R_{in} = \frac{u_S}{i} = \frac{u}{i_S} \tag{2-18}$$

如果 N_0 是封装起来的黑箱电路，则可以用此方法测得其输入电阻。当 N_0 是明确的电路时，可以对图 2-17（a）采用求外特性方程的方法，得到其输入电阻。

例 2-6　含受控源的无源单口网络如图 2-18（a）所示，试求其输入电阻 R_{in}。

解：首先简要分析，由分流规则知 $i_2 = i_1 / 2$，而且 3Ω 与 6Ω 两个电阻不能进行电阻并联等效化简，否则控制变量 i_1 消失，使 CCVS 无意义。由此看来，对含受控源电源电路进行分析时，控制支路一般要始终保留不动。

下面再对单口网络列写电路方程，求其外特性方程。

将 KCL 应用到节点①得　　　　　　　　$i = i_1 + i_2 = 3i_1 / 2$

将 KVL 应用到回路 l 得　　　　　　　$u = 6i_1 + 3i_1 = 9i_1$

联立求解得单口网络的外特性方程为　　　$u = 6i$

最后根据输入电阻的定义，得

$$R_{in} = \frac{u}{i} = 6\Omega = R_{eq}$$

由此可见，一个含受控源及电阻的无源单口网络与一个只含电阻的无源单口网络一样，也可以等效为一个电阻，这是一般规律。

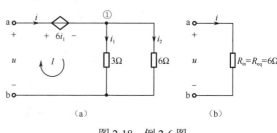

图 2-18　例 2-6 图

2.6　电压源、电流源的串联、并联和转移

2.6.1　电压源的串联

如图 2-19（a）所示为 n 个电压源串联组成的含源单口网络，对任意外电路，可等效化简为如图 2-19（b）所示的单个电压源电路，等效条件是它们具有相同的外特性方程，即由元件性能方程及 KVL 可得

$$u = u_S = u_{S_1} + u_{S_2} + \cdots + u_{S_n} = \sum_{k=1}^{n} u_{S_k} \tag{2-19}$$

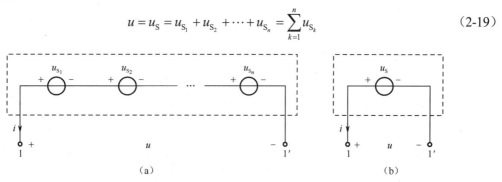

图 2-19　电压源的串联及等效电路

u_S 称为等效电压源，当 u_{S_k} 的参考方向与 u 的参考方向一致时，式（2-19）中 u_{S_k} 前面取 "+" 号，不一致时取 "–" 号。

2.6.2　电压源的并联与转移

当且仅当 n 个电压源的电压大小相等，且给定方向也一致时，方可并联，否则就要违反KVL。

如图 2-20（a）所示，n 个符合并联条件的电压源相并联，对任意外电路，可等效化简为如图 2-20（b）所示的单个电压源电路，等效条件为它们具有相同的外特性方程，即由元件性能方程及 KVL 可得

$$u = u_S = u_{S_1} = u_{S_2} = \cdots = u_{S_k} = \cdots = u_{S_n} \tag{2-20}$$

u_S 称为等效电压源，尽管数值上为其中任一电压源的电压 u_{S_k}，但其电流是端口电流 i，而不是电压为 u_{S_k} 的电压源的电流 i_k。

运用逆向思维，单个电压源 u_S 也能等效为 n 个完全相同的电压源的并联，称为电压源分裂，常运用于电压源转移中，给进一步计算带来方便。

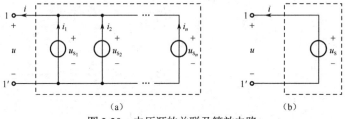

图 2-20　电压源的并联及等效电路

在图 2-21（a）所示电路中，节点①与②之间连接单个电压源 u_S，可将单个电压源等效（分裂）为两个完全相同的电压源的并联，同时将节点①分裂为两个等电位点，如图 2-21（b）所示。由于电压源的电流可取任意值，故可按 i_1、i_2 分配给这两个电压源得到图 2-21（c），这意味着可将单个电压源 u_S 转移到与节点①相连的所有支路中并与各支路中的电阻相串联，而此时节点①不再作为独立节点。同理，还可将单个电压源 u_S 转移到与节点②相连的所有支路中并与各支路中的电阻相串联，如图 2-21（d）所示，节点②也不再作为独立节点。由于每一步变换都没有破坏电压源的特性以及节点

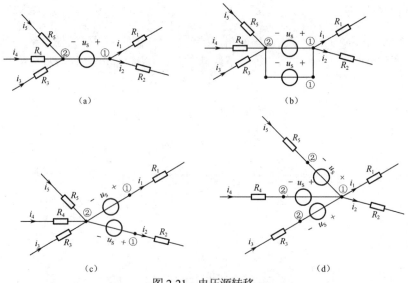

图 2-21　电压源转移

的 KCL 约束和回路的 KVL 约束，因此保证了电压源转移前后的等效性。注意：转移后的各个电压源应与原有的单个电压源具有相同的极性，因为要保证相关回路的 KVL 方程不变。

2.6.3　电流源的并联

如图 2-22（a）所示为 n 个电流源并联组成的含源单口网络，对任意外电路，可等效化简为如图 2-22（b）所示的单个电流源电路，等效条件为它们具有相同的外特性方程，即由元件性能方程及 KCL 可得

$$i = i_S = i_{S_1} + i_{S_2} + \cdots + i_{S_n} = \sum_{k=1}^{n} i_{S_k} \tag{2-21}$$

i_S 称为等效电流源，当 i_{S_k} 的参考方向与 i 的参考方向一致时，i_{S_k} 前面取 "+" 号，不一致时取 "–" 号。

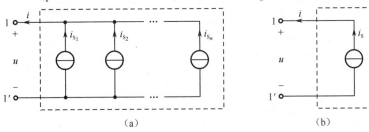

图 2-22　电流源的并联及等效电路

2.6.4　电流源的串联与转移

当且仅当 n 个电流源的电流大小相等，且给定方向也一致时，方可串联，否则就要违反 KCL。

如图 2-23（a）所示，n 个符合串联条件的电流源相串联，对任意外电路，可等效化简为如图 2-23（b）所示的单个电流源电路，等效条件为它们具有相同的外特性方程，即由元件性能方程及 KCL 可得

$$i = i_S = i_{S_1} = i_{S_2} = \cdots = i_{S_k} = \cdots = i_{S_n} \tag{2-22}$$

i_S 称为等效电流源，尽管数值上为其中任一电流源的电流 i_{S_k}，但其电压是端口电压 u，而不是电流为 i_{S_k} 的电流源的电压 u_k。

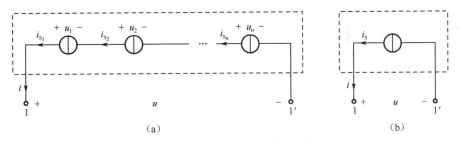

图 2-23　电流源的串联及等效电路

运用逆向思维，单个电流源 i_S 也能等效为 n 个完全相同的电流源的串联，称为电流源分裂，常运用于电流源转移中，给进一步计算带来方便。

在图 2-24（a）所示电路中，节点①与②之间连接单个电流源 i_S，可将单个电流源等效（分裂）为两个完全相同的电流源的串联，如图 2-24（b）所示。由于电流源本身对其电压无限制，可取任意值。因此可将两个电流源之间的节点电位选为节点③的电位，从而使两电源分别与电阻 R_1、R_2 并联得到图 2-24（c），这意味着可将单个电流源 i_S 转移跨接到与其共处同一回路 l_1 的其他每条支

路的两端。同理，还可将单个电流源 i_S 转移跨接到与其共处同一回路 l_2 的其他每条支路的两端，如图 2-24（d）所示。由于每一步变换都没有破坏电流源的特性以及节点的 KCL 约束和回路的 KVL 约束，因此保证了电流源转移前后的等效性。注意：若原有的单个电流源的方向相对于某个回路为顺（逆）时针方向，则转移后的各个电流源的方向应为逆（顺）时针方向，因为要保证相关节点的 KCL 方程不变。

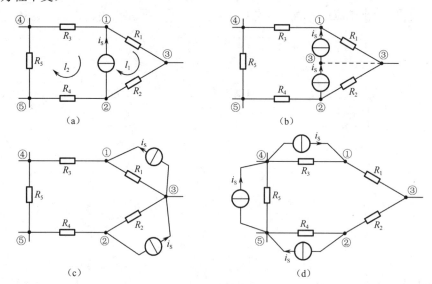

图 2-24　电流源转移

2.7　含源支路的等效变换

2.7.1　实际电源的两种电路模型

　　理想电源实际上并不存在。当实际电源接入外电路（负载 R_L）后，其端口电压、电流关系（或称外特性）通常与负载 R_L 的变化有关，原因是实际电源有内阻存在。

　　如图 2-25（a）所示为一个实际电源的外特性测量电路，测得的外特性曲线如图 2-25（b）所示，它既不同于理想电压源的外特性，也不同于理想电流源的外特性。由此外特性曲线可以明显地看出，实际电源在向任意外电路供电时，因存在内阻而会出现电源端电压或端电流减小的情况。实际电源的端电压在 $i=0$ 时为最大，即开路电压 u_{oc}，之后随着端电流的增大而减小，可看成内阻的分压作用所致；实际电源的端电流在 $u=0$ 时为最大，即短路电流 i_{sc}，之后随着端电压的增大而减小，可看成内阻的分流作用所致。

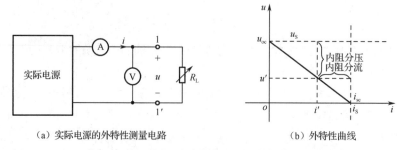

（a）实际电源的外特性测量电路　　　　　（b）外特性曲线

图 2-25　实际电源的外特性曲线

根据对实际电源外特性曲线的分析，可以构造两种形式的电路模型：一是从电压角度出发，将开路电压 u_{oc} 当作理想电压源 u_s，内阻的分压作用使用一个与 u_s 串联的电阻 R 来表示，这就是电压源 u_s 串联内阻 R 的形式，如图 2-26（a）所示。这时实际电源的端电压 u 等于 u' 而不等于 u_s，并且 $u' \leqslant u_s$。二是从电流角度出发，将短路电流 i_{sc} 当作理想电流源 i_s，内阻的分流作用使用一个与 i_s 并联的电阻 R 来表示，这就是电流源并联内阻 R 的形式，如图 2-26（b）所示。这时实际电源的端电流 i 等于 i' 而不等于 i_s，并且 $i' \leqslant i_s$。

这两种形式的电路模型常被视为复合支路，因其含有独立电源，故又称为含源支路。这两种含源支路各自本身无法再进行等效化简，但当它们相互之间满足一定的条件时，使得双方的外特性方程完全相同，相互之间就可以进行等效变换，这就是下面要研究的含源支路等效变换问题。

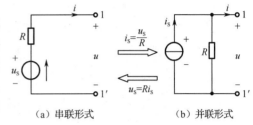

（a）串联形式　　　　　（b）并联形式

图 2-26　实际电源的两种电路模型

2.7.2　含独立源支路的等效变换

由图 2-26（a）得，串联含源支路的外特性方程为

$$u = u_s - Ri \tag{2-23}$$

或

$$i = \frac{u_s}{R} - \frac{u}{R} \tag{2-24}$$

由图 2-26（b）得，并联含源支路的外特性方程为

$$i = i_s - \frac{u}{R} \tag{2-25}$$

或

$$u = Ri_s - Ri \tag{2-26}$$

根据等效概念，比较式（2-23）、式（2-26），或比较式（2-24）、式（2-25），显然，如果满足

或

$$\left. \begin{array}{l} u_s = Ri_s \\ i_s = \dfrac{u_s}{R} \end{array} \right\} \tag{2-27}$$

那么，这两种含源支路的外特性方程就完全相同，是相互等效的，可以相互进行等效变换。

在这种等效变换过程中，除了要满足式（2-27）的条件，还要注意电压源电压极性与电流源电流方向的关系。电压源 u_s 由 "−" 极性端到 "+" 极性端的指向应与电流源 i_s 的方向一致，电流源 i_s 的方向应与电压源 u_s 由 "−" 极性端到 "+" 极性端的指向一致。

这两种含源支路相互进行等效变换是建立在它们双方的外特性方程完全相同之上的，即它们双方对外电路的作用是一样的。但它们的内部情况却完全不同，例如在图 2-26 中，当端口 1−1′ 开路时，两电路对外的输出电流均为零且不发出功率，但此时串联支路中电压源发出的功率为零，而并联支路中电流源发出的功率为 Ri_s^2。同理，当端口 1−1′ 短路时，两电路对外的输出电压均为零且不发出功率，但此时串联支路中电压源发出的功率为 u_s^2 / R，而并联支路中电流源发出的功率为零。由此可知，等效电路只是用来计算其端口以外电路的电压、电流及功率，而等效电路内部的电压、电流及功率并不能表示原未经等效变换电路部分的情况，一般对等效电路内部的电压、电流及功率不必细究。

例 2-7　试求图 2-27（a）所示电路中的电流 i。

解：图 2-27（a）经过 4 步等效变换，化简为图 2-27（e）所示电路。

由图 2-27（e）可求得电流为　　　　　$i = \dfrac{1}{3+2} = 0.2\text{A}$

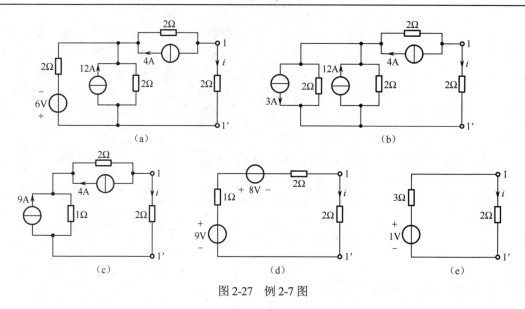

图 2-27　例 2-7 图

2.7.3　含受控源支路的等效变换

受控电压源和电阻的串联组合如图 2-28（a）所示，受控电流源和电阻的并联组合如图 2-28（b）所示，这两种支路可以仿照上述的含独立源支路的等效变换方法进行等效变换。

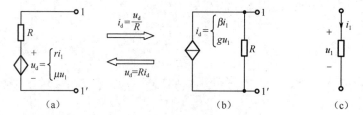

图 2-28　两种含受控源支路及控制支路

它们相互等效变换的条件为

$$\left. \begin{array}{l} \beta i_1 = r i_1 / R \\ g u_1 = \mu u_1 / R \end{array} \right\} \tag{2-28}$$

或

$$\left. \begin{array}{l} r i_1 = R \beta i_1 \\ \mu u_1 = R g u_1 \end{array} \right\} \tag{2-29}$$

在这种等效变换中，值得注意的是，如图 2-28（c）所示的控制支路在电路中应要始终保留不动，以免控制量 u_1 或 i_1 消失，使受控源无意义。

例 2-8　试求图 2-29（a）所示电路的输入电阻 R_{in}。

解：首先利用等效变换将图 2-29（a）化简为图 2-29（c），其中第一步是将图 2-29（a）中的电流控制电流源 βi_1 和电阻 R_2 的并联组合等效变换为电流控制电压源 $R_2 \beta i_1$ 和电阻 R_2 的串联组合，得到图 2-29（b）；第二步是将图 2-29（b）中 R_1 与 R_2 的串联组合等效化简为一个电阻（$R_1 + R_2$）。

然后，对图 2-29（c）运用外施电源法求输入电阻。对图 2-29（c）所示电路应用 KVL，得

$$u = (R_1 + R_2)i_1 + R_2 \beta i_1 = [R_1 + (1+\beta)R_2]i_1$$

$$R_{in} = \frac{u}{i_1} = R_1 + (1+\beta)R_2$$

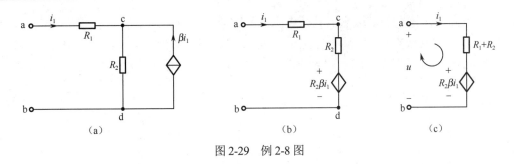

图 2-29   例 2-8 图

2.8   含外虚内实元件单口网络的等效变换

在电路分析中，有 4 种单口网络值得注意。下面分别讨论这 4 种单口网络的外特性方程，并以此构造其等效电路，从中会发现这些单口网络内有一个元件具有双重身份，表现为对外电路不起作用，而只对单口网络内部起作用，称之为外虚内实的元件。

如图 2-30（a）、（b）所示电路，这两种单口网络的外特性方程都可写为

$$u = u_\text{S}（对任意的电流 i）\qquad\qquad (2\text{-}30)$$

由式（2-30）构造的等效电路如图 2-30（c）所示。在等效电路中，u_S 的电流并非原并联电路中的电流 i'，而是端口电流 i。从对外等效来看，在图 2-30（a）、（b）中与电压源并联的电流源 i_S（或电阻 R）是多余的，形同虚设，这是因为 i_S（或 R）的存在与否并不影响端口电压 u 的大小，端口电压 u 总是等于电压源的电压 u_S。电流源 i_S（或电阻 R）的存在价值在于会影响电压源的电流 i'，因为在图 2-30（a）中，$i' = i - i_\text{S}$，而在图 2-30（b）中，$i' = i + u_\text{S}/R$，由此可见，对这两种单口网络内部而言，电流源 i_S（或电阻 R）又是一个实实在在的元件。综合以上两方面情况，将与电压源 u_S 并联的电流源 i_S（或电阻 R）称为外虚内实的元件。在电路分析时，若要求单口网络外部的电压或电流，则可将电流源 i_S（或电阻 R）作为外虚元件断开并去除。但在求电压源的电流 i' 时，则要将电流源 i_S（或电阻 R）作为内实元件保留不动。

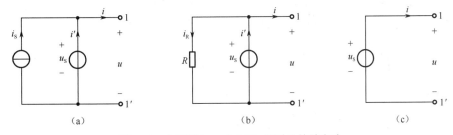

图 2-30   电压源与 i_S（或 R）并联及等效电路

如图 2-31（a）、（b）所示电路，这两种单口网络的外特性方程都可写为

$$i = i_\text{S}（对任意的电压 u）\qquad\qquad (2\text{-}31)$$

由式（2-31）构造的等效电路如图 2-31（c）所示。在等效电路中，i_S 的端电压并非串联电路中的电压 u'，而是端口电压 u。从对外等效来看，在图 2-31（a）、（b）中与电流源 i_S 串联的电压源 u_S（或电阻 R）是多余的，形同虚设，这是因为电压源 u_S（或电阻 R）的存在与否并不影响端口电流 i 的大小，端口电流 i 总是等于电流源的电流 i_S。电压源 u_S（或电阻 R）的存在价值在于会影响电流源的端电压 u'，因为在图 2-31（a）中，$u' = u - u_\text{S}$，而在图 2-31（b）中，$u' = u + Ri_\text{S}$，由此可见，对这两种单口网络内部而言，电压源 u_S（或电阻 R）又是一个实实在在的元件。综合以上两方面

情况，将与电流源 i_S 串联的电压源 u_S（或电阻 R）称为外虚内实的元件。在电路分析时，若要求单口网络外部的电压或电流，可将电压源 u_S（或电阻 R）作为外虚元件短路并去除。但在求电流源的端电压 u' 时，则要将电压源 u_S（或电阻 R）作为内实元件保留不动。

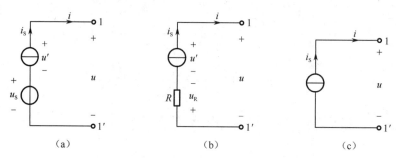

图 2-31   电流源与 u_S（或 R）串联及等效电路

例 2-9   求图 2-32（a）所示电路中每个元件发出或吸收的功率，已知 $U_S = 6\text{V}$，$I_S = 1\text{A}$，$R_1 = 3\Omega$，$R_2 = 1\Omega$，$R_3 = 2\Omega$。

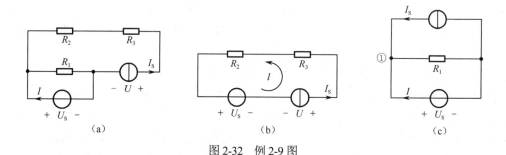

图 2-32   例 2-9 图

解：（1）在计算 U 时，R_1 是外虚元件可断开并去除，R_2 及 R_3 是内实元件保留不动，等效电路如图 2-32（b）所示。

由图 2-32（b），对回路 l 应用 KVL 得

$$U = (R_2 + R_3)I_S + U_S = (1 + 2) \times 1 + 6 = 9\text{V}$$

$$p_{I_S} = U \times I_S = 9 \times 1 = 9\text{W}, \qquad 发出 9\text{W}$$

（2）在计算 I 时，R_2、R_3 是外虚元件可短路并去除，R_1 是内实元件保留不动，等效电路如图 2-32（c）所示。对节点①应用 KCL 得

$$I = \frac{U_S}{R_1} - I_S = \frac{6}{3} - 1 = 1\text{A}$$

$$p_{U_S} = U_S \times I = 6 \times 1 = 6\text{W}, \qquad\qquad 发出 6\text{W} 功率$$

$$p_{R_1} = \frac{U_S^2}{R_1} = \frac{6^2}{3} = 12\text{W}, \qquad\qquad 吸收 12\text{W} 功率$$

$$p_{R_2 + R_3} = (R_2 + R_3)I_S^2 = (1 + 2) \times 1^2 = 3\text{W}, \qquad 吸收 3\text{W} 功率$$

$$p_{发出} = 9 + 6 = 15\text{W}; \quad p_{吸收} = 12 + 3 = 15\text{W}; \quad p_{吸收} = p_{发出}, \qquad 功率平衡$$

通过前面一系列分析总结出了一些规律和结论，现在就可以运用电阻电路的等效变换（包括电阻、电源、含源支路、含外虚内实元件的等效变换等），将一个复杂的单口网络变成最简单的等效电路，进而方便、快捷地求解与单口网络相连的外电路的电压、电流及功率。这种分析电路的方法称为电路的等效变换法。

　　电路的等效变换法应用于电路分析中的具体操作流程为：首先用分解方法将电路分解为两个单口网络的组合，如图 2-33（a）所示，N_1 是一个复杂单口网络，其中的电压、电流不需要求解。将 N_2 看成 N_1 的外电路，其中的电压、电流是需要求解的。然后运用电阻电路的等效变换对 N_1 进行等效化简，得到其对应的等效电路 N_1'，如图 2-33（b）所示。N_1' 的形式不外乎是图 2-33（c）所示的 5 种形式之一，这时再由图 2-33（b）求 N_2 内的电压、电流及功率就会十分方便和快捷。当然，这样做也付出了代价，即在对 N_1 进行等效化简过程中，要画一系列的等效化简电路图，每画一步图，电路问题的复杂性就降低一点，直到最后一步降到最低点。这时整个电路有可能变成一个只有单回路或两个节点的简单电路，只需要列写一个 KVL 方程或 KCL 方程便可求解电路，从而避免了对原电路直接列写电路方程组和解方程组的烦琐求解过程。

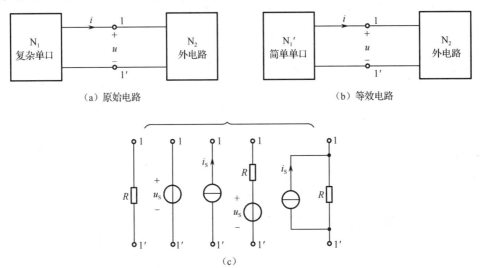

图 2-33　电路的等效变换法操作流程图

2.9　综合示例

　　例 2-10　如图 2-34（a）所示电路，求 $R = 8\Omega$ 电阻消耗的功率。

　　解：首先将图 2-34（a）所示电路分解成两个单口网络的组合，虚线以左为 N_1，虚线以右为 N_2，N_2 为所求支路构成的单口网络保留不动。对 N_1 逐步等效化简依次得到图 2-34（b）、（c）、（d）、（e）、（f）。注意，在第一步等效变换中，电路中与 3A 电流源串联的 12V 电压源是外虚元件，可短路去除，同时与 8V 电压源并联的 10V 电压源和 9Ω 电阻相串联的含源支路属于外虚支路，可断开去除。

　　最后由图 2-34（f）得

$$I = \frac{12}{4+R} = \frac{12}{4+8} = 1\text{A} ; \qquad p_R = RI^2 = 8 \times 1^2 = 8\text{W}$$

　　例 2-11　利用含源支路的等效变换，求图 2-35（a）所示电路中的电压比 u_o/u_S，已知 $R_1 = R_2 = 2\Omega$，$R_3 = R_4 = 1\Omega$。

　　解：首先利用含源支路的等效变换，将图 2-35（a）逐步等效化简依次得到图 2-35（b）、（c）。注意控制量 u_3 所在支路要始终保留不动，以免控制量消失，使受控源无意义。

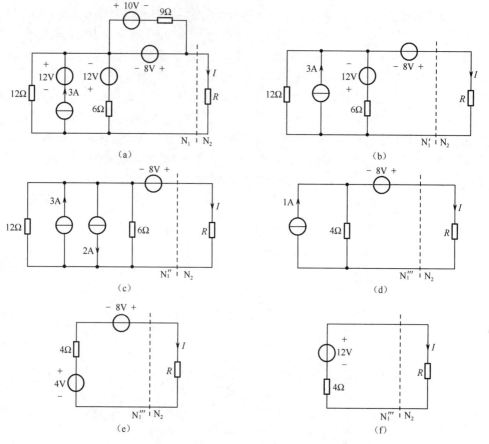

图 2-34　例 2-10 图

再由图 2-35（c）列写电路方程：$u_3 = 1 \times i$

l 回路的 KVL 方程：

$$(1+1+1)i + 2u_3 = \frac{u_S}{2}$$

$$u_o = 1 \times i + 2u_3$$

联立求解得

$$\frac{u_o}{u_S} = \frac{3}{10}$$

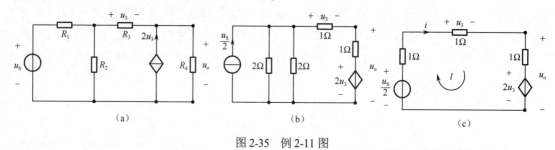

图 2-35　例 2-11 图

2.10　计算机仿真

例 2-12　利用惠斯通电桥可以精确地测量电阻的阻值。在图 2-36 所示的仿真电路中，电阻 R1、R2、R3 和 R4 是电桥的 4 个臂，U1 为检流计（也可以用高灵敏度数字万用表代替），可以检查 A、B 两点之间有无电流通过，检流计相当于"桥"。当检流计中无电流通过时，称电桥达到平衡。电桥平衡时 4 个臂的阻值满足 R1/R2 = R3/R4。

如图 2-37 所示，A、B 两点是"桥"的两个支撑点，在 A 和 B 上分别放置"测量探针"，仿真结果显示这两点电位相等，无论开关"断开"还是"闭合"，都不会改变这两个点的电位和流过这两点的电流。

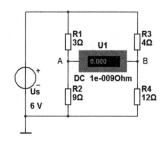

图 2-36　电桥平衡条件仿真电路

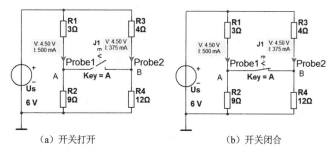

(a) 开关打开　　　　　　　　(b) 开关闭合

图 2-37　电桥平衡特点仿真电路

图 2-38 是应用电桥测量电阻的电路，图中的 Rp1 是高精度电阻箱，这里用"电阻值增量"为 1%的可变电阻代替，R9 和 R10 采用高精度电阻，Rx 是被测电阻。调节可变电阻阻值，当检流计读数为 0 时，表明电桥达到平衡状态，根据电桥平衡公式即可计算出 Rx 的阻值。

例 2-13　如图 2-39 所示，三个电阻的星形（Y 形）连接等效变换为三角形（△形）连接。图 2-39（a）中 Y 形连接的 Ra、Rb、Rc 分别为 15Ω、10Ω、6Ω，根据等效变换公式，可以算出图 2-39（b）中△形连接的相应电阻值 Rab、Rbc、Rac 分别为 50Ω、20Ω 和 30Ω。

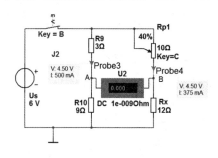

图 2-38　利用电桥测量电阻仿真电路

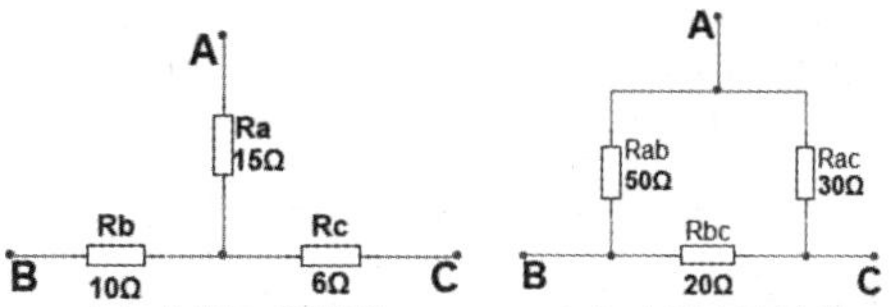

（a）电阻 Y 形连接　　　（b）电阻△形连接

图 2-39　电阻 Y 形连接与△形连接的等效变换

根据等效的概念，两个等效的网络的内部结构可以相同也可以不同，但对外部而言，若在网络端口外部接相同电路时，外电路中的电压、电流分布情况完全一样。在图 2-40 中将等效变换前后的两种接法的三个端子 A、B、C 外接相同的电源和负载电阻，在 A、B、C 三个端子放置"测量探针"。仿真结果显示，等效变换前后，A、B、C 端子上的电压、电流相同，即两个电阻网络的外电路中的电压、电流的分布情况完全一样，说明图 2-39 中的两个网络是等效的。

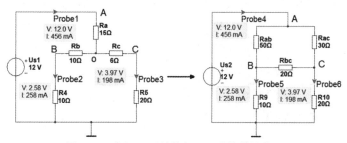

图 2-40　电阻 Y 形连接与△形连接等效验证

例 2-14　理想电压源和理想电流源直接不能等效变换，但是含有内阻的实际电压源和实际电流源之间可以进行等效变换。如图 2-41 所示，左边的实际电压源与右边的实际电流源满足等效变换关系，在实际电源的外电路，即 100Ω 电阻支路上设置"测量探针"，仿真结果表明这两个实际电源的输出电压与输出电流完全相同，左边的实际电压源与右边的实际电流源等效。

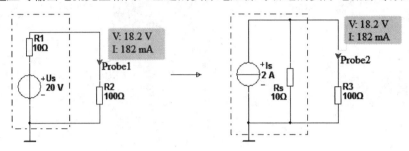

图 2-41　实际电源等效变换验证

思考题

2-1　什么是单口网络？什么是含源单口网络？什么是无源单口网络？

2-2　单口网络的外特性方程表示什么意义？单口网络的外特性方程与外电路有关系吗？

2-3　如何求出单口网络的外特性方程？

2-4　等效、等效电路、等效变换的概念是如何定义的？

2-5　两个单口网络 N_1 和 N_2 的伏安特性处处重合，这时两个单口网络 N_1 和 N_2 是否等效？

2-6　两个含源单口网络 N_1 和 N_2 各接 100Ω 负载时，流经负载的电流及负载两端电压均相等，两个网络 N_1 和 N_2 是否等效？

2-7　一个含有受控源及电阻的单口网络，总可以等效化简为一个什么元件？

2-8　当无源单口网络内含有受控源时，必须用外施电源法求输入电阻，这时电路中受控源的控制支路应如何考虑？

2-9　有哪两种含源支路？两种含源支路等效变换的条件是什么？

2-10　利用等效变换计算出外电路的电流、电压后，如何计算被变换的部分电路的电流、电压？

习题

2-1　试求题 2-1 图所示各电路 ab 端的等效电阻 R_{ab}。

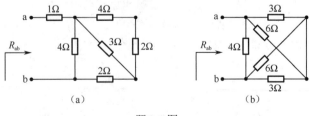

题 2-1 图

2-2　试求题 2-2 图所示各电路 a、b 两点间的等效电阻 R_{ab}。

2-3　试计算题 2-3 图所示电路在开关 S 打开和闭合两种状态时的等效电阻 R_{ab}。

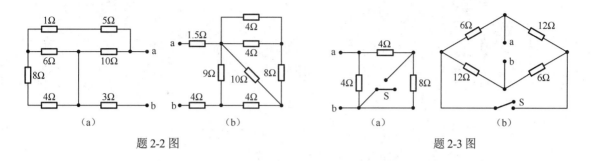

题 2-2 图　　　　　　　　　　　　　题 2-3 图

2-4　试求题 2-4 图（a）所示电路的电流 I 及题 2-4 图（b）所示电路的电压 U。

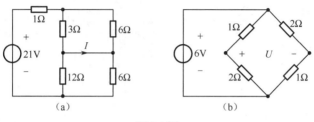

题 2-4 图

2-5　试求题 2-5 图所示各电路 ab 端的等效电阻 R_{ab}，其中 $R_1 = R_2 = 1\Omega$。

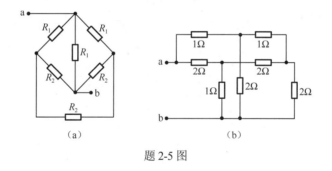

题 2-5 图

2-6　计算题 2-6 图所示电路中 a、b 两点间的等效电阻。

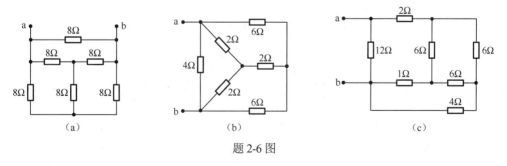

题 2-6 图

2-7　对题 2-7 图所示电路，应用 Y-△等效变换求电路 ab 端的等效电阻 R_{ab}、对角线电压 U 及总电压 U_{ab}。

2-8　试求题 2-8 图所示电路的输入电阻 R_{in}。

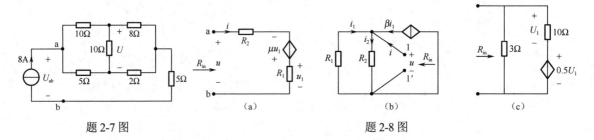

题 2-7 图　　　　　　　　　　　　　　　　题 2-8 图

2-9　将题 2-9 图所示各电路化简为最简形式的等效电路。

2-10　利用含源支路等效变换，求题 2-10 图所示电路中的电流 I。

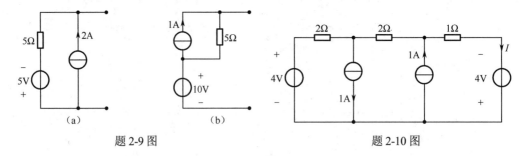

题 2-9 图　　　　　　　　　　　　　　　　题 2-10 图

2-11　试求题 2-11 图所示电路中的电流 i，已知 $R_1 = 2\Omega$，$R_2 = 4\Omega$，$R_3 = R_4 = 1\Omega$。

2-12　题 2-12 图所示电路中的全部电阻均为 1Ω，试求电路中的电流 i。

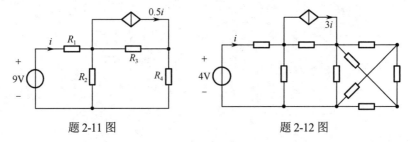

题 2-11 图　　　　　　　　　　　　　　　　题 2-12 图

2-13　利用含源支路等效变换，求题 2-13 图所示电路中电压 u_o。已知 $R_1 = R_2 = 2\Omega$，$R_3 = R_4 = 1\Omega$，$i_S = 10A$。

2-14　题 2-14 图所示电路中 $R_1 = R_3 = R_4$，$R_2 = 2R_1$，CCVS 的电压为 $u_d = 4R_1 i_1$，利用含源支路等效变换求电路中的电压比 u_o/u_S。

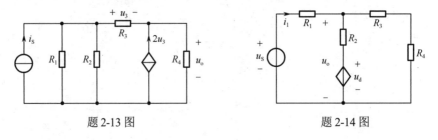

题 2-13 图　　　　　　　　　　　　　　　　题 2-14 图

2-15　将题 2-15 图所示各电路化简为最简形式的等效电路。

2-16　求题 2-16 图所示各电路的最简等效电路。

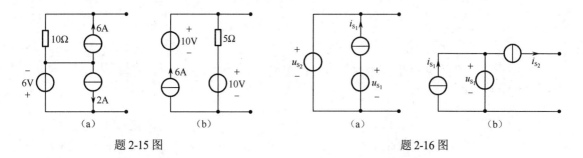

题 2-15 图　　　　　　　　　　题 2-16 图

2-17　求题 2-17 图所示二端网络的端口伏安特性。

2-18　已知题 2-18 图所示电路消耗的总功率为 200W，求 R 的值。

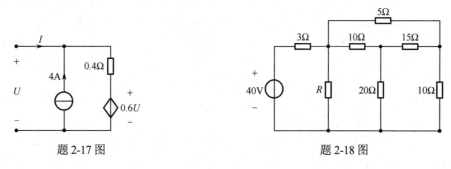

题 2-17 图　　　　　　　　　题 2-18 图

2-19　在题 2-19 图所示电路中，已知 $U_S = 8V$，$R_1 = 4\Omega$，$R_2 = 3\Omega$，$I_S = 3A$。试求电源输出的功率和电阻吸收的功率。

2-20　试求题 2-20 图所示电路中的电压 U。

2-21　电路如题 2-21 图所示，已知 $U_S = 10V$，$R_1 = 1k\Omega$，$R_2 = 3.3k\Omega$，$R_3 = 1k\Omega$，$R_4 = 2.2k\Omega$，若电压表 V 的读数为 5.24V，请判断哪个电阻发生了开路或短路故障。

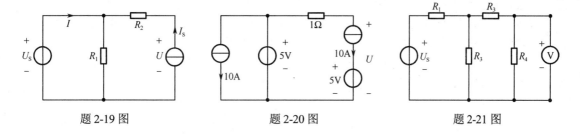

题 2-19 图　　　　　　　　题 2-20 图　　　　　　　　题 2-21 图

第 3 章　电阻电路的一般分析方法

第 1 章详细介绍了电路的基本规律包括电路的个体规律——元件性能和电路的整体规律——KCL、KVL，并运用基本规律解决了一些简单电路的分析问题。第 2 章详细讨论了电路的等效变换法，运用这种方法可以方便、快捷地求解电路中某一部分的电压、电流和功率。但是，电路的等效变换法在求解电路过程中改变了电路的结构。如果要求在不改变电路结构的情况下，对电路做一般性的分析；或者由于电路结构复杂、规模太大，不便于运用电路的等效变换法进行求解，那么，就希望有一种能够对一般电路都适用的分析方法，即电路的一般分析方法。

本章以线性电阻电路为对象，展开对电路的一般分析方法的研究，研究成果可以推广应用到任何集中参数的线性电路分析中，包括正弦稳态电路的相量分析及线性动态电路的复频域分析。

电路的一般分析方法的思路是：首先选择一组合适的电路变量，根据电路基本规律列写出该组变量的独立方程组（电路方程），然后从方程中求解出电路变量。对于线性电阻电路，电路方程是一组线性代数方程，可以用克莱姆法则或高斯消去法进行求解。

电路的一般分析方法的主要工作是列写电路方程并求解方程，故又将电路的一般分析方法称为电路的方程法。根据所选择的变量不同，可形成不同的分析方法，如支路法、支路电流法、支路电压法、网孔分析法、回路分析法、节点分析法及割集分析法等。

所有这些分析方法都有一个基本宗旨，就是力图减少求解电路所需的电路方程的数目，即通过选择合适的电路变量，根据电路的基本规律，建立一组数目最少的独立的电路方程。要达到这个目的，首先要解决 KCL 方程和 KVL 方程的独立性问题。为此本章首先介绍一些有关图论的初步知识，利用图论的研究方法来讨论电路的拓扑性质，从而得到独立节点、独立 KCL 方程、独立回路、独立 KVL 方程这四个重要的概念。

图论在电路分析中的应用又称为网络图论，网络图论为电路分析建立了严密的数学基础，并提供了系统化的表达方式，更为利用计算机辅助分析、设计大规模电路奠定了基础。

3.1　电路的图

由第 1 章可知，KCL 和 KVL 与支路的元件性质无关，这两个定律反映了电路结构对电路中的支路电流、支路电压的约束，这是一种拓扑约束。因此，在对电路列写 KCL、KVL 方程时，没有必要画出电路元件的具体内容，可暂时撇开元件的性质，将电路中的一条支路（简单支路或复合支路）用一条线段（直线或曲线）来表示，在图论中，称其为一条拓扑支路，简称支路。电路中两条及两条以上的支路的连接点以黑点表示，称为拓扑节点，简称节点。于是，可以使用线段和黑点画出与电路相对应的足以表示拓扑结构的支路与节点相互连接的线图，称为电路的拓扑图，简称电路的图，以符号 G 表示。这样，就可将图论引入电路分析中，为利用图论的相关理论讨论 KCL、KVL 方程的独立性创造了条件。

根据图论理论，一个图 G 是具有给定连接关系的支路与节点的集合，其中每条支路的两端都必须连接到相应的节点上；移去某条支路并不把与它相连的节点移去；而移去某节点则要把与该节点相连的所有支路同时移去。所以，图 G 中不会有不与节点相连的支路，但可以有孤立的节点，此节点表示一个与外界不发生联系的"事物"。图论中的支路和节点的概念与电路图中的支路和节点的概念是有差别的，在电路图中，支路是实体，节点是由两条及两条以上的支路相互连接而形成的连接点，没有了支路也就不存在节点，但这个差别不影响用图论理论来研究电路问题。

图 3-1（a）是一个具有 6 个电阻元件和 2 个独立电源的电路，如果按照简单支路处理，则该电路具有 8 条支路和 5 个节点，图 3-1（b）就是按照简单支路处理后的该电路的拓扑图。如果按照复合支路处理，则该电路具有 6 条支路和 4 个节点，相应的电路的拓扑图如图 3-1（c）所示。由此可见，用不同的元件结构定义电路的一条支路时，该电路的拓扑图以及它的支路数和节点数将随之不同。

在电路分析时，通常要指定每条支路的电压、电流的参考方向，且二者一般取一致（关联）参考方向。将这种方向赋予电路的图中的每条支路就得到了所谓的有向图，图 3-1（c）就是有向图，而图 3-1（b）是无向图。有向图中每条支路的方向代表了该支路电压、电流的参考方向，根据有向图可以简单明了地列写 KCL、KVL 方程，这也是将图论引入电路分析中的意义所在。

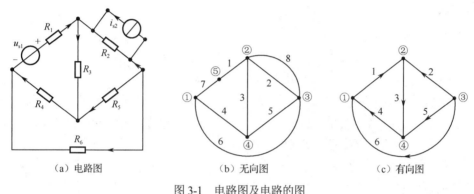

（a）电路图   （b）无向图   （c）有向图

图 3-1　电路图及电路的图

3.2　KCL 和 KVL 方程的独立性

3.2.1　KCL 方程的独立性

图 3-2 是一个电路的有向图，对图中节点①、②、③、④可列出 4 个 KCL 方程

$$
\left.
\begin{aligned}
&\text{节点①：} i_1 - i_4 - i_6 = 0 \\
&\text{节点②：} -i_1 - i_2 + i_3 = 0 \\
&\text{节点③：} i_2 + i_5 + i_6 = 0 \\
&\text{节点④：} -i_3 + i_4 - i_5 = 0
\end{aligned}
\right\}
\qquad (3\text{-}1)
$$

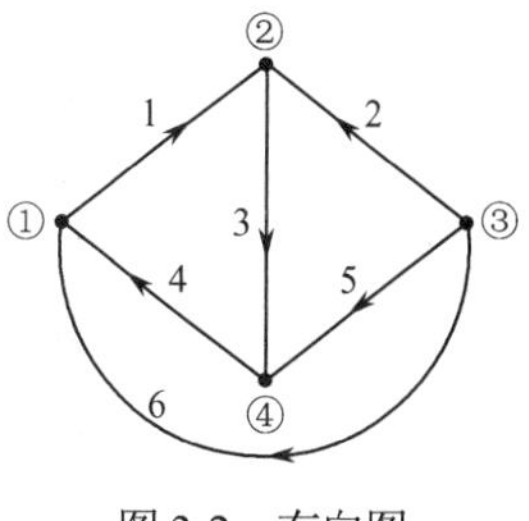

上述方程中，每一支路电流都只出现两次，一次为正，一次为负。这是必然的，因为在有向图中，每一条支路均连接在两个节点之间，这意味着每一个支路电流只能出现在相关的两个节点的 KCL 方程中，绝不可能出现在其他节点的 KCL 方程中，而且每一个支路电流对一个节点为流出（设为 $+i_j$）时，对另一个节点必定为流入（设为 $-i_j$）。所有 4 个节点的 KCL 方程之和为

图 3-2　有向图

$$
\sum_{k=1}^{4}\left(\sum i\right)_k = \sum_{j=1}^{6}\left[(+i_j) + (-i_j)\right] \equiv 0 \qquad (3\text{-}2)
$$

这一结果表明，这 4 个方程是非独立的（线性相关的）。

但是，如果从这 4 个方程中去掉任意一个方程，则余下的 3 个方程一定是相互独立的。因为去掉一个节点的 KCL 方程后，去掉的节点的 KCL 方程中的支路电流在余下的方程中就只可能出

现一次，这时若把余下的 3 个节点的 KCL 方程相加，就会出现支路电流不可能完全抵消，相加的结果不可能恒为零的情况，因此这 3 个节点的 KCL 方程是相互独立的。独立方程所对应的节点称为独立节点，而被去掉的那个节点的 KCL 方程是非独立的，故对应的节点称为非独立节点。当然，独立节点、非独立节点是可以任意选择的。

一般来说，对于一个具有 n 个节点的电路，可以任选其中 $(n-1)$ 个节点作为独立节点，对应地可列出 $(n-1)$ 个独立的 KCL 方程，而余下的那个非独立节点正好可以作为电路的参考节点或称为电路的"地"（零电位点）。

3.2.2　KVL 方程的独立性

根据回路的概念，可判断出图 3-2 共有 7 个回路，如图 3-3 所示。对于回路 l_1、l_2、l_3，可列出 KVL 方程为

$$\left.\begin{array}{l}\text{回路}l_1:\ u_1+u_3+u_4=0\\ \text{回路}l_2:\ -u_2-u_3+u_5=0\\ \text{回路}l_3:\ -u_4-u_5+u_6=0\end{array}\right\} \tag{3-3}$$

同样，还可以列出回路 l_4、l_5、l_6、l_7 的 KVL 方程。观察式（3-3）可发现，每个方程中均有一个支路电压在另外两个方程中未出现过。将这 3 个方程相加的结果不可能恒为零，因此这 3 个 KVL 方程是互相独立的，所对应的回路称为独立回路。

独立回路的特征是：至少包含一条其他回路所没有的新支路。例如，回路 l_1 中的支路 1、回路 l_2 中的支路 2、回路 l_3 中的支路 6 都是相对于其他两个回路所没有的新支路，回路 l_1、l_2、l_3 构成了一组独立回路。

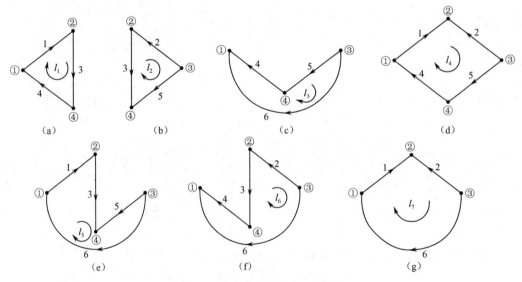

图 3-3　图 3-2 有向图的 7 个回路

一个电路的 KVL 独立方程数等于它的独立回路数。一般来说，一个电路的回路数很多，而独立回路数却远少于总的回路数。若电路图中有 b 条支路和 n 个节点，则独立回路数为 $l=b-n+1$ 个。如何确定电路的一组独立回路不是一件容易的事，必须寻求有效、可靠的方法。

借助于图论中"树"的概念，可以方便、快捷地确定一个图 G 的一组独立回路，从而得到一组独立的 KVL 方程。

当图 G 的任意两个节点之间至少存在一条路径时，则图 G 就称为连通图。例如，图 3-4（a）所示是连通图。从图 G 中去掉某些支路和某些节点所形成的图 G_1，称为图 G 的子图。显然子图 G_1 的所有支路和节点都包含在图 G 中。由子图的定义可知，一个图 G 可以有多个子图，如图 3-4 中 G_1、G_2、G_3、G_4、G_5 均为图 G 的子图。

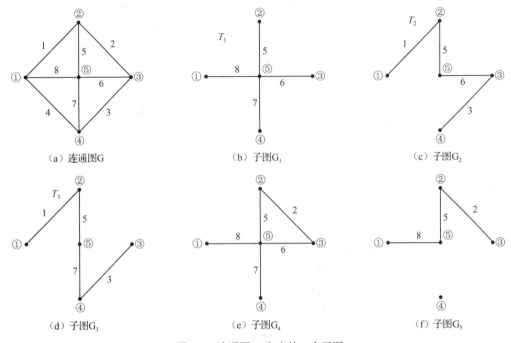

图 3-4 连通图 G 和它的 5 个子图

"树"是图论中常用到的重要概念，它的定义可叙述为：对于连通图 G，包含图 G 中所有节点，但不包含回路的连通子图，称为图 G 的树。一个连通图可以有多种树，图 3-4（b）、（c）、（d）就符合树的定义，是图 3-4（a）连通图 G 的三种树。图 3-4（e）中包含了回路，它只是子图而非树，图 3-4（f）是非连通的子图，同样也不是树。

对于连通图 G，当选定一种树后，树中的支路称为"树支"，连通图 G 中除树支之外的支路称为"连支"。不同的树有不同的树支，相应地也有不同的连支。如图 3-4（b）所示的树 T_1，它的树支支路为{5, 6, 7, 8}，相应的连支支路为{1, 2, 3, 4}；如图 3-4（c）所示的树 T_2，它的树支支路为{1, 3, 5, 6}，相应的连支支路为{2, 4, 7, 8}。观察发现支路 8 在 T_1 中是树支，而在 T_2 中却是连支。

一个具有 n 个节点和 b 条支路的连通图 G，其任何一种树的树支数（用符号 t 表示）一定为

$$t = n - 1 \tag{3-4}$$

这是因为，若把连通图 G 的 n 个节点连接成一种树时，第一条支路连接 2 个节点，此后每增加 1 条新支路就连接上一个新节点，直到把 n 个节点连接成树，所需的支路数恰好是(n-1)条。如图 3-5 所示，图中①、②、…、⑩为节点序号；1、2、…、(n-1)为支路序号。

显然，对应于任意一种树的连支数（用符号 $\bar{t}$ 表示）必为

$$\bar{t} = b - t = b - n + 1 \tag{3-5}$$

可以发现：(n-1) 条树支是连接连通图 G 中全部节点形成一种树所需要的最少的支路集合，如果少一条，子图不连通；如果多一条，子图就会出现回路，这都不符合树的定义。因此，对于连通图

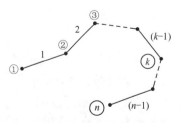

图 3-5 说明树支数与节点数关系用图

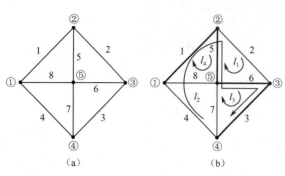

图 3-6　基本回路

G 的任意一种树，每加入（连接上）一条连支，就会有一个回路出现，并且此回路除所加入的一条连支外其他均为相应的树支，这种回路称为单连支回路或基本回路。对于图 3-6（a）所示的图 G，选取支路 {1, 5, 6, 3} 为树支，在图 3-6（b）中以粗实线表示，相应的连支为 {2, 4, 7, 8}，在图 3-6（b）中以细实线表示，对应于这种树的基本回路分别是 l_1、l_2、l_3、l_4。

以上每一个基本回路除相应树支外仅含一条连支，并且每条连支都只出现在各自的基本回路中，而不会出现在其他基本回路中，这样每条连支都是其他基本回路所没有的新支路，因此基本回路就是一种独立回路。由于连支数 $\overline{t} = b - n + 1 = l$ 恰好是一个图 G 的独立回路数，因此由图 G 的一种树的全部连支所确定的基本回路就构成了图 G 的一组独立回路。选择不同的树，可以得到不同的基本回路组。

根据一种树所对应的基本回路所列出的 KVL 方程是一组独立方程。以图 3-7 所示电路的有向图为例，选取支路 {2, 3, 6} 为树支，在图 3-7 中以粗实线表示，相应的连支为 {1, 4, 5}，在图 3-7 中以细实线表示。对应于这种树的基本回路分别是 l_1、l_2、l_3，选择回路的绕行方向与所在回路的单连支方向相同，按图中各支路电压的参考方向，可以列出 KVL 方程

$$\left.\begin{array}{ll}\text{回路}\,l_1\colon & u_1 - u_2 + u_6 = 0 \\ \text{回路}\,l_2\colon & u_2 + u_3 + u_4 - u_6 = 0 \\ \text{回路}\,l_3\colon & -u_2 - u_3 + u_5 = 0\end{array}\right\} \qquad (3\text{-}6)$$

这是一组独立的 KVL 方程。

在电路问题的分析中遇到的大多数电路都属于平面电路（画在平面上的电路中，除了节点，再没有任何支路互相交叉），例如，图 3-8（a）是一个平面图，而图 3-8（b）是一个非平面图。对于平面图，可以引入网孔的概念。

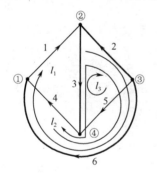

图 3-7　基本回路的 KVL 方程用图

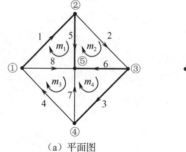

（a）平面图　　　　　　（b）非平面图

图 3-8　平面图与非平面图

平面图的一个网孔是它的一个自然"孔"，网孔所限定的区域内不再有支路。网孔用符号 m_k 表示，下标 k 是序号。对于图 3-8（a）所示的平面图，共有 4 个网孔，分别为 m_1、m_2、m_3、m_4。平面图的网孔数为 $m = b - n + 1 = l$，恰好等于独立回路数，所以，平面图的全部网孔是一组独立回路，按网孔所列写的 KVL 方程都是相互独立的。正因为如此，在分析平面电路时可以省去选树和确定连支及基本回路这一过程，直接按网孔列写出数量足够又相互独立的 KVL 方程即可。以图 3-8（a）所示的平面图为例，选择网孔的绕行方向一律为顺时针方向，按图中各支路电压的

参考方向，可以列出 KVL 方程

$$\left.\begin{array}{l} \text{网孔}\, m_1:\ u_1 + u_5 - u_8 = 0 \\ \text{网孔}\, m_2:\ u_2 - u_5 + u_6 = 0 \\ \text{网孔}\, m_3:\ u_4 - u_7 + u_8 = 0 \\ \text{网孔}\, m_4:\ u_3 - u_6 + u_7 = 0 \end{array}\right\} \tag{3-7}$$

这是一组独立的 KVL 方程。

3.3　支路法

以支路电压和/或支路电流为电路变量列写电路方程并进行求解的方法称为支路法。

3.3.1　2b 法

对于一个具有 b 条支路、n 个节点的电路，当选择支路电压和支路电流作为电路变量列写电路方程时，共有 $2b$ 个未知变量。从 3.2 节讨论的内容可以知道，根据 KCL 可以列写出 $(n-1)$ 个独立的节点电流方程，根据 KVL 可列写出 $(b-n+1)$ 个独立的回路电压方程，再根据元件的性能关系，又可列写出 b 个支路电压、支路电流关系方程（支路特性方程），因为 b 条支路各异，所以列写出的 b 个支路特性方程相互独立。这样，一共可以列写出 $2b$ 个以支路电压和支路电流为电路变量的数量足够、且相互独立的电路方程，联立求解这组方程可以得到 b 个支路电压和 b 个支路电流。这种求解电路的方法称为 2b 法，下面举例来说明用 2b 法求解电路的具体过程。

对于图 3-9（a）所示电路，设备支路电压与支路电流为关联参考方向，图 3-9（b）为图 3-9（a）的有向图，其中有 6 条支路（4 条简单支路、2 条复合支路）、4 个节点。选节点①、②、③为独立节点，可列写出 3 个独立的 KCL 方程

$$\left.\begin{array}{l} \text{节点}①:\ -i_1 + i_2 + i_6 = 0 \\ \text{节点}②:\ -i_2 + i_3 + i_4 = 0 \\ \text{节点}③:\ -i_4 + i_5 - i_6 = 0 \end{array}\right\} \tag{3-8}$$

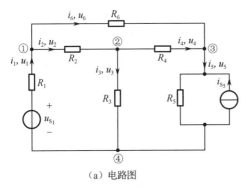

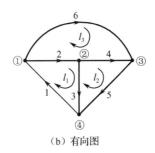

（a）电路图　　　　　　　　　　　　（b）有向图

图 3-9　2b 法示例

因本例电路为平面电路，可以省去选树、确定连支及基本回路这一过程。以平面图的网孔作为独立回路，且回路绕行方向一律为顺时针方向，分别标示在图 3-9（b）中，对回路 l_1、l_2、l_3 列写出 3 个独立的 KVL 方程

$$回路l_1:\quad u_1 + u_2 + u_3 = 0$$
$$回路l_2:\quad -u_3 + u_4 + u_5 = 0$$
$$回路l_3:\quad -u_2 - u_4 + u_6 = 0$$

$$(3\text{-}9)$$

根据图 3-9（a）所示电路中各支路具体的结构与元件参数值，可列写出各支路特性方程

$$
\left.
\begin{aligned}
u_1 &= R_1 i_1 - u_{S_1} \\
u_2 &= R_2 i_2 \\
u_3 &= R_3 i_3 \\
u_4 &= R_4 i_4 \\
u_5 &= R_5(i_5 + i_{S_5}) \\
u_6 &= R_6 i_6
\end{aligned}
\right\}
\quad
\begin{aligned}
u_k &= f_k(i_k) \\
k &= 1, 2, \cdots, 6
\end{aligned}
$$

$$(3\text{-}10)$$

或者

$$
\left.
\begin{aligned}
i_1 &= G_1(u_{S_1} + u_1) \\
i_2 &= G_2 u_2 \\
i_3 &= G_3 u_3 \\
i_4 &= G_4 u_4 \\
i_5 &= G_5 u_5 - i_{S_5} \\
i_6 &= G_6 u_6
\end{aligned}
\right\}
\quad
\begin{aligned}
i_k &= g_k(u_k) \\
k &= 1, 2, \cdots, 6
\end{aligned}
$$

$$(3\text{-}11)$$

联立式（3-8）、式（3-9）、式（3-10）或式（3-11）所表示的 12 个方程，就可以求解出各支路电压和支路电流。

在上述求解过程中，列写 KCL、KVL 方程相对容易些，而列写支路特性方程的难度要大。针对这一问题，将线性电阻电路分析中可能遇到的支路类型汇集在表 3-1 中，其中对于各种类型支路给出了两种形式的支路特性方程以供参考。

表 3-1　各种类型支路的特性方程

支 路 类 型	支路特性方程	
i_k　　$R_k(G_k)$　　　 $+$　　u_k　　$-$	$u_k = R_k i_k$	$i_k = G_k u_k$
$+\ u_{S_k}\ -$　i_k　 $+$　u_k　$-$　$-$　　$+$	$u_k = \pm u_{S_k}$　式中的±号取决于 u_k 的参考方向与 u_{S_k} 的方向是否一致	$i_k = ?$
$+\ u_{d_k}\ -$　i_k　 $+$　u_k　$-$　$-$　　$+$	$u_k = \pm u_{d_k} = \begin{cases} r_{kj} i_j \\ \mu_{kj} u_j \end{cases}$　式中的±号取决于 u_k 的参考方向与 u_{d_k} 的方向是否一致	$i_k = ?$
i_k　　　　 i_{S_k}　 $+$　u_k　$-$	$u_k = ?$	$i_k = \pm i_{S_k}$　式中的±号取决于 i_k 的参考方向与 i_{S_k} 的方向是否一致
i_k　　　　 i_{d_k}　 $+$　u_k　$-$	$u_k = ?$	$i_k = \pm i_{d_k} = \begin{cases} \beta_{kj} i_j \\ g_{kj} u_j \end{cases}$　式中的±号取决于 i_k 的参考方向与 i_{d_k} 的方向是否一致

续表

支 路 类 型	支路特性方程	
	$u_k = R_k i_k + u_{S_k}$	$i_k = G_k(u_k - u_{S_k})$
	$u_k = R_k i_k + u_{d_k}$	$i_k = G_k(u_k - u_{d_k})$
	$u_k = R_k(i_k + i_{S_k})$	$i_k = G_k u_k - i_{S_k}$
	$u_k = R_k(i_k + i_{d_k})$	$i_k = G_k u_k - i_{d_k}$

　　从概念上来说，2b 法是很重要的，它是各种电路分析方法的基础，可称为电路分析方法之源。在电路分析中，2b 法也是最通用的一种方法，它既不受电路结构的限制，又不受元件性质的限制，在建立方程和求解过程方面非常规范，而且解的结果也直观明了。这些优点使得 2b 法在计算机辅助分析大规模电路时备受重视。不过，从上面的示例也会发现，2b 法的方程数较多，手工解算 2b 个联立方程时会有些困难。为此，针对手工解算电路情况，需要寻求减少联立方程数目的其他电路分析方法。

3.3.2　b 法

　　在 2b 法中，不仅要列写出（n-1）个独立的 KCL 方程和（b-n+1）个独立的 KVL 方程，还要列写出 b 个支路特性方程 $u_k = f_k(i_k)$ 或 $i_k = g_k(u_k)$。

　　支路特性方程 $u_k = f_k(i_k)$ 或 $i_k = g_k(u_k)$ 表明：支路电压 u_k 与支路电流 i_k 可以相互表示，利用这一点，如果将 $u_k = f_k(i_k)$ 代入独立的 KVL 方程中，就能得到以支路电流来表示的 KVL 方程，称为支路特性与 KVL 相结合的方程。连同支路电流表示的 KCL 方程，可得到以支路电流为电路变量的 b 个电路方程，联立求解这 b 个方程即可先得到 b 个支路电流，再利用支路特性方程 $u_k = f_k(i_k)$，又可求出 b 个支路电压，将这样的方法称为支路电流法。

　　同理，如果将 $i_k = g_k(u_k)$ 代入独立的 KCL 方程中，就能得到以支路电压表示的 KCL 方程，称为支路特性与 KCL 相结合的方程。连同支路电压表示的 KVL 方程，可得到以支路电压为电路变量的 b 个电路方程，联立求解这 b 个方程即可先得到 b 个支路电压，再利用支路特性方程 $i_k = g_k(u_k)$，又可求出 b 个支路电流，将这样的方法称为支路电压法。

　　支路电流法及支路电压法统称为 b 法，它们都是在 2b 法的基础上改进得到的，这种改进使电路方程数目从 2b 个减少至 b 个。显然，手工解算 b 个方程比解算 2b 个方程要容易些，但 b 法将电路求解分成了两步进行，可以说利弊参半。

　　下面仍以图 3-9（a）所示电路为例，说明用支路电流法和支路电压法分析的过程。仍选节点①、②、③为独立节点，列写 KCL 方程；仍选网孔作为独立回路，列写 KVL 方程。

　　用支路电流法列写出的全部电路方程

$$
\left.\begin{aligned}
&\text{节点①：} -i_1 + i_2 + i_6 = 0 \\
&\text{节点②：} -i_2 + i_3 + i_4 = 0 \\
&\text{节点③：} -i_4 + i_5 - i_6 = 0 \\
&\text{回路}l_1\text{：} R_1 i_1 + R_2 i_2 + R_3 i_3 = u_{S_1} \\
&\text{回路}l_2\text{：} -R_3 i_3 + R_4 i_4 + R_5 i_5 = -R_5 i_{S_5} \\
&\text{回路}l_3\text{：} -R_2 i_2 - R_4 i_4 + R_6 i_6 = 0
\end{aligned}\right\} \tag{3-12}
$$

式（3-12）中的支路特性与 KVL 相结合的方程可归纳为

$$
\left.\begin{aligned}
&\sum_{l_j} R_k i_k = \sum_{l_j} u_{S_k}(R_k i_{S_k}) \\
&j = 1, 2, 3
\end{aligned}\right\} \tag{3-13}
$$

式中，$R_k i_k$ 是独立回路 l_j 中第 k 条支路电阻上的电压，且沿回路绕行方向，电压降为正，电压升为负；式中 $u_{S_k}(R_k i_{S_k})$ 是独立回路 l_j 中第 k 条支路电压源电压（或经含源支路等效变换将电流源与电阻并联变换成电压源与电阻串联所得到的等效电压源的电压），且沿回路绕行方向，电压升为正，电压降为负。因此，上式的物理意义是：对任意独立回路，沿回路绕行方向，电阻电压降的代数和等于电压源电压升的代数和。依据此规律，对电路中任意独立回路，可方便、快捷地列写出这种形式的回路电压平衡方程。

用支路电压法列出的全部电路方程

$$
\left.\begin{aligned}
&\text{回路}l_1\text{：} u_1 + u_2 + u_3 = 0 \\
&\text{回路}l_2\text{：} -u_3 + u_4 + u_5 = 0 \\
&\text{回路}l_3\text{：} -u_2 - u_4 + u_6 = 0 \\
&\text{节点①：} -G_1 u_1 + G_2 u_2 + G_6 u_6 = G_1 u_{S_1} \\
&\text{节点②：} -G_2 u_2 + G_3 u_3 + G_4 u_4 = 0 \\
&\text{节点③：} -G_4 u_4 + G_5 u_5 - G_6 u_6 = i_{S_5}
\end{aligned}\right\} \tag{3-14}
$$

式（3-14）中的支路特性与 KCL 相结合的方程可归纳为

$$
\left.\begin{aligned}
&\sum_{n_j} G_k u_k = \sum_{n_j} i_{S_k}(G_k u_{S_k}) \\
&j = 1, 2, 3
\end{aligned}\right\} \tag{3-15}
$$

式中，$G_k u_k$ 是与独立节点 n_j 相连的第 k 条支路中电阻上的电流，且流出为正，流入为负；$i_{S_k}(G_k u_{S_k})$ 是与独立节点 n_j 相连的第 k 条支路中电流源电流（或经含源支路等效变换将电压源与电阻串联变换成电流源与电阻并联所得到的等效电流源的电流），且流入为正，流出为负。因此，上式的物理意义是：对任意独立节点，电阻流出节点电流的代数和等于电流源流入节点电流的代数和。依据此规律，对电路中任意独立节点可方便、快捷地列写出这种形式的节点电流平衡方程。

在支路电流法中，支路特性方程必须是 $u_k = f_k(i_k)$ 的形式，才能够得到如式（3-13）所示的以支路电流来表示的 KVL 方程。如果电路中的第 k 条支路是单一电流源或单一受控电流源，如图 3-10（a）、（b）所示，由于支路电压 u_k 无法以支路电流 i_k 来表示，因此不能直接运用支路电流法列写电路方程，这时需在原支路电流法的基础上做一些相应的处理，从而产生改进的支路电流法。

处理方法如下：

（1）将 u_k 作为新增电路变量保留在相关独立回路的回路电压平衡方程的左边，且电压降为正，电压升为负；

（2）将 $i_k = i_{S_k}$ 或 $i_k = i_{d_k}$ 作为增补方程代入相关独立节点的 KCL 方程中。

在支路电压法中，支路特性方程必须是 $i_k = g_k(u_k)$ 的形式，才能够得到如式（3-15）所示的以支路电压来表示的 KCL 方程。如果电路中的第 k 条支路是单一电压源或单一受控电压源，如图 3-11（a）、（b）所示，由于支路电流 i_k 无法以支路电压 u_k 来表示，因此不能直接运用支路电压法列写电路方程，这时需在原支路电压法的基础上做一些相应的处理，从而产生改进的支路电压法。

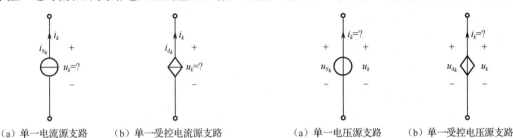

（a）单一电流源支路　　（b）单一受控电流源支路　　　　（a）单一电压源支路　　（b）单一受控电压源支路

图 3-10　单一电流源支路及单一受控电流源支路　　图 3-11　单一电压源支路及单一受控电压源支路

处理方法如下：

（1）将 i_k 作为新增电路变量保留在相关独立节点的节点电流平衡方程的左边，且流出为正，流入为负；

（2）将 $u_k = u_{S_k}$ 或 $u_k = u_{d_k}$ 作为增补方程代入相关独立回路 KVL 方程中。

例 3-1　试用支路电流法求解图 3-12（a）所示电路中的电压 u_1。

解： 电路中含有单一电流源支路及单一受控电流源支路，在运用支路电流法时要做一些相应的处理。处理方法是增设新的电路变量、再增补方程。具体操作如下：

KCL 方程为①：$i_2 + i_4 + i_6 = 0$

　　　　　　②：$i_1 - i_4 + i_5 = 0$

　　　　　　③：$i_3 - i_5 - i_6 = 0$

KVL 和支路特性相结合形成的回路电压平衡方程为

$$l_1: 32i_1 + 24i_4 = 20 \qquad l_2: -32i_1 + u_3 + 8i_5 = 0 \qquad l_3: -24i_4 - 8i_5 + u_6 = 0$$

增补方程：$i_6 = 0.15\text{A}$，$i_3 = 0.05u_1$

控制量用支路电流表示：$u_1 = 32i_1$

上述方程合并整理为

$$\begin{cases} i_2 + i_4 = -0.15 \\ i_1 - i_4 + i_5 = 0 \\ 1.6i_1 - i_5 = 0.15 \\ 32i_1 + 24i_4 = 20 \\ -32i_1 + u_3 + 8i_5 = 0 \\ -24i_4 - 8i_5 + u_6 = 0 \end{cases}$$

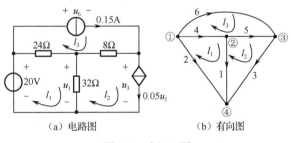

（a）电路图　　　　（b）有向图

图 3-12　例 3-1 图

进一步整理为

$$\begin{cases} 2.6i_1 - i_4 = 0.15 \\ 32i_1 + 24i_4 = 20 \end{cases}$$

最后联立求解得　　　　　　　　$i_1 = 0.25\text{A}$，　　　$u_1 = 32i_1 = 8\text{V}$

例 3-2　试用支路电压法求解图 3-13（a）所示电路中的电压 u_x。

解： 电路中含有单一电压源支路及单一受控电压源支路，在运用支路电压法时要做一些相应的处理。处理方法是增设新的电路变量、再增补方程。具体操作如下：

KVL 方程为 l_1：$u_1 - u_2 + u_4 = 0$　　l_2：$-u_1 + u_3 + u_5 = 0$　　l_3：$-u_4 - u_5 + u_6 = 0$

KCL 和支路特性相结合形成的节点电流平衡方程为

①：$\dfrac{u_2}{6} + \dfrac{u_4}{2} + i_6 = 0$　　②：$-\dfrac{u_4}{2} + i_1 + \dfrac{u_5}{3} = 0$　　③：$-\dfrac{u_5}{3} - i_6 = 2$

增补方程：$u_6 = 6\text{V}$，　$u_1 = -6u_x$

控制量用支路电压表示：$u_x = u_5$

上述方程合并整理为

$$\begin{cases} -u_2 + u_4 - 6u_5 = 0 \\ u_3 + 7u_5 = 0 \\ -u_4 - u_5 = -6 \\ \dfrac{u_2}{6} + \dfrac{u_4}{2} + i_6 = 0 \\ i_1 - \dfrac{u_4}{2} + \dfrac{u_5}{3} = 0 \\ -\dfrac{u_5}{3} - i_6 = 2 \end{cases}$$

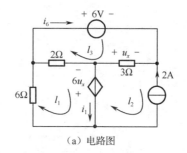

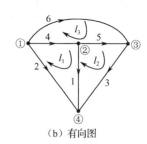

（a）电路图　　　　　　　（b）有向图

图 3-13　例 3-2 图

进一步整理为

$$\begin{cases} 4u_4 - 8u_5 = 12 \\ -u_4 - u_5 = -6 \end{cases}$$

最后联立求解得

$$u_5 = u_x = 1\text{V}$$

　　b 法需要求解 b 个联立方程，如果电路较复杂，支路数较多，则手工解算 b 个联立方程也会相当复杂。为了使求解电路的联立方程数目进一步减少，即使求解的未知量进一步减少，需要寻求一些新的电流变量或电压变量，其个数要比支路数少，而且必须是既独立又完备的，根据这些变量可以建立数目较少的联立方程并易于求解。下面将讨论的网孔分析法、回路分析法、节点分析法等方法正是基于这种想法而产生的。

3.4　网孔分析法和回路分析法

3.4.1　网孔分析法

　　对于一个具有 b 条支路、n 个节点的电路，b 个支路电流受 $(n-1)$ 个独立的 KCL 方程约束，这意味着独立的支路电流只有 $(b-n+1)$ 个，而且给定 $(b-n+1)$ 个支路电流即能确定余下的 $(n-1)$ 个支路电流，这为我们寻找新的电流变量提供了理论依据。

　　图 3-14（a）所示为平面电路，图 3-14（b）是该电路的有向图，该电路有 3 条支路、2 个节点及 2 个网孔，网孔的绕行方向一律取顺时针方向。

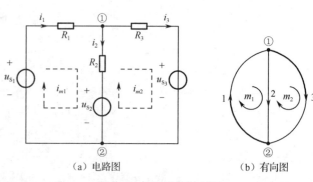

（a）电路图　　　　　　（b）有向图

图 3-14　网孔分析法用图

选节点①为独立节点，应用 KCL 有

$$-i_1 + i_2 + i_3 = 0$$

或

$$i_2 = i_1 - i_3$$

可见 i_2 不是独立的，它是 i_1、i_3 的线性组合。i_2 可看成是由两部分电流所组成的，一部分是 i_1，因与 i_2 的方向相同故在方程中为正项；另一部分是 i_3，因与 i_2 的方向相反故在方程中为负项。如果用（$i_1 - i_3$）来代替 i_2，则整个电路内就好像只存在两个电流，一个是 i_1，沿着网孔 1 的边界流动，经过支路 2；另一个是 i_3，沿着网孔 2 的边界流动，也经过支路 2。这种假想的沿着网孔的边界流动的电流称为网孔电流，即图 3-14（a）中用虚线标出的 i_{m1}、i_{m2}，网孔电流的方向一般取网孔的绕行方向。对于一个具有 b 条支路、n 个节点的平面电路来说，共有 $m = b - n + 1$ 个网孔，因此也有相同数目的网孔电流，它们用符号 i_{mk} 表示，下标 $k = 1, 2, \cdots, m$ 表示网孔电流的序号。显然，网孔电流的数目少于支路数，这就是要寻找的新的电流变量。

从图 3-14（a）不难看出，每一网孔电流沿着网孔的边界流动，当它流经某节点时，从该节点流入，同时又从该节点流出，它本身自动满足 KCL。例如对节点①，以网孔电流为变量列出的 KCL 方程为 $-i_{m1} + i_{m1} - i_{m2} + i_{m2} \equiv 0$，因此不能通过节点 KCL 方程将各网孔电流约束起来，就 KCL 而言，各网孔电流是线性无关的，因此网孔电流可作为电路的一组独立的电流变量。

从图 3-14（a）还可清楚地看出，电路中所有的支路电流都可以用网孔电流的线性组合来表示。这是因为电路中任何一条支路一定属于一个或两个网孔，如果某支路只属于某一网孔，那么这条支路上只有一个网孔电流流过，支路电流就等于该网孔电流，如 $i_1 = i_{m1}$，$i_3 = i_{m2}$；如果某支路属于两个网孔所共有，则根据 KCL，该支路上的电流就等于流经该支路的两个网孔电流的代数和，与支路电流方向相同的网孔电流取正号，反之取负号，如 $i_2 = i_{m1} - i_{m2}$。可见，一旦求得了网孔电流，所有支路电流就可随之而定，进而可以求得所有支路电压及功率。因此，网孔电流是一组完备的电流变量。

那么，如何建立求解网孔电流所需要的联立方程呢？首先对每一个网孔列写出 KVL 方程；然后对每一条支路列写出支路特性方程 $u_k = f_k(i_k)$，并将其中的支路电流 i_k 用相应的网孔电流的线性组合表示；最后将用网孔电流表示的支路电压 u_k 代入每一个网孔的 KVL 方程中，就得到了一组以网孔电流为变量的方程组，称为网孔电流方程。它们必然与待求的网孔电流变量数目相同而且是独立的，求解这组方程可得到各网孔电流，进而利用已求得的网孔电流可求出各支路电流、电压及功率，这种求解电路的方法称为网孔分析法（简称网孔法）。

应用网孔法分析电路的关键是如何简便、快捷、正确地列写出网孔电流方程，下面以图 3-14（a）所示电路为示例，列写网孔电流方程，并从中归纳总结出列写网孔电流方程的一般方法。

对于图 3-14（b）所示的有向图，列写出各网孔的 KVL 方程

$$\left.\begin{array}{l} \text{网孔} m_1: \ u_1 + u_2 = 0 \\ \text{网孔} m_2: \ -u_2 + u_3 = 0 \end{array}\right\} \tag{3-16}$$

再对图 3-14（a）所示电路列写出支路特性方程，并将其中的支路电流用相应的网孔电流的线性组合来表示，得到

$$\left.\begin{array}{l} u_1 = -u_{S_1} + R_1 i_1 = -u_{S_1} + R_1 i_{m1} \\ u_2 = u_{S_2} + R_2 i_2 = u_{S_2} + R_2(i_{m1} - i_{m2}) \\ u_3 = u_{S_3} + R_3 i_{m3} = u_{S_3} + R_3 i_{m2} \end{array}\right\} \tag{3-17}$$

最后将式（3-17）代入式（3-16）中，整理得

$$\left.\begin{array}{l}\text{网孔}m_1: \ (R_1+R_2)i_{m1}-R_2i_{m2}=u_{S_1}-u_{S_2}\\[4pt]\text{网孔}m_2: \ -R_2i_{m1}+(R_2+R_3)i_{m2}=u_{S_2}-u_{S_3}\end{array}\right\}\qquad(3\text{-}18)$$

式（3-18）就是以网孔电流为变量的网孔电流方程。此方程的物理意义是：在各网孔电流共同作用下，沿一个网孔的电阻电压降的代数和等于沿该网孔的电压源电压升的代数和。因此，网孔电流方程的实质是网孔电压平衡方程。

观察式（3-18），可从中发现一些规律。（R_1+R_2）恰好是网孔 m_1 内所有电阻之和，称为网孔 m_1 的自阻，以符号 R_{11} 表示；（R_2+R_3）恰好是网孔 m_2 内所有电阻之和，称为网孔 m_2 的自阻，以符号 R_{22} 表示。由于网孔电流的参考方向与网孔的绕行方向一致，网孔电流在自阻上产生的电压都是沿网孔的电压降，在网孔电压方程的左边总是正项，因此自阻 R_{11} 和 R_{22} 总是正值。（$-R_2$）是网孔 m_1 和网孔 m_2 公共支路上电阻的负值，称为网孔 m_1 和网孔 m_2 的互阻，以符号 R_{12}（或 R_{21}）表示，且 $R_{12}=R_{21}$。如果在公共支路电阻上的两网孔电流方向相同，意味着其中一网孔电流产生的电压沿另一网孔是电压降，那么这个电压在另一网孔电流方程的左边为正项；如果在公共支路电阻上的两网孔电流方向相反，意味着其中一网孔电流产生的电压沿另一网孔是电压升，那么这个电压在另一网孔电流方程的左边为负项。为了使方程形式整齐，把这类电压前的"＋"号或"－"号放在有关的互阻中。这样，当通过两个网孔公共支路电阻上的两个网孔电流方向相同时，互阻为正；反之为负。显然，如果两个网孔之间没有公共支路，或者公共支路上没有电阻（如公共支路是单一电压源），则互阻为零。（$u_{S_1}-u_{S_2}$）是沿网孔 m_1 所有电压源电压升的代数和（电压升为正，电压降为负），用符号 u_{S11} 表示；（$u_{S_2}-u_{S_3}$）是沿网孔 m_2 所有电压源电压升的代数和（电压升为正，电压降为负），用符号 u_{S22} 表示，即

$$R_{11}=R_1+R_2 \ , \quad R_{22}=R_2+R_3$$
$$R_{12}=R_{21}=-R_2$$
$$u_{S11}=u_{S_1}-u_{S_2} \ , \quad u_{S22}=u_{S_2}-u_{S_3}$$

由以上分析，可以归纳总结出具有 2 个网孔电路的网孔电流方程的通式（一般式）为

$$\left.\begin{array}{l}R_{11}i_{m1}+R_{12}i_{m2}=u_{S11}\\[4pt]R_{21}i_{m1}+R_{22}i_{m2}=u_{S22}\end{array}\right\}\qquad(3\text{-}19)$$

如果平面电路具有 $m=b-n+1$ 个网孔，并设各网孔电流分别为 i_{m1}，i_{m2}，$\cdots$，i_{mm}，不难推出网孔电流方程的通式为

$$\left.\begin{array}{l}R_{11}i_{m1}+R_{12}i_{m2}+\cdots+R_{1m}i_{mm}=u_{S11}\\[4pt]R_{21}i_{m1}+R_{22}i_{m2}+\cdots+R_{2m}i_{mm}=u_{S22}\\[4pt]\vdots\qquad\quad\vdots\qquad\qquad\vdots\qquad\qquad\vdots\\[4pt]R_{m1}i_{m1}+R_{m2}i_{m2}+\cdots+R_{mm}i_{mm}=u_{Smm}\end{array}\right\}\qquad(3\text{-}20)$$

式（3-20）中具有相同下标的电阻 R_{11}、R_{22}、$\cdots$、R_{kk}（$k=1,2,\cdots,m$）等是各网孔的自阻，且自阻总是正的；有不同下标的电阻 $R_{12}=R_{21}$、$\cdots$、$R_{kj}=R_{jk}$（$k=j=1,2,\cdots,m$）等是两个网孔的互阻，且互阻可以是正的、负的，或零。方程右边的 u_{S11}、u_{S22}、$\cdots$、u_{Skk}（$k=1,2,\cdots,m$）等分别为各网孔中所有电压源电压升的代数和，求和时各电压源电压升的方向与网孔电流的方向一致时，该电压源的电压前取"＋"号，反之取"－"号。

有了方程通式，只需标出网孔电流，观察电路，写出自阻、互阻及各网孔电压源电压升代数和并代入通式（3-20），即可迅速得到按网孔电流顺序排列的相互独立的方程组，具体电路各有不同，其区别只是各个自阻 R_{kk}、互阻 $R_{kj}(R_{jk})$ 及各网孔电压源电压升代数和 u_{Skk} 的具体内容不同。

下面通过具体例子，说明用网孔法分析电路的具体步聚。

例 3-3　如图 3-15（a）所示的平面电路，已知：$u_{S_1}=21\text{V}$，$u_{S_2}=14\text{V}$，$u_{S_3}=6\text{V}$，$u_{S_4}=2\text{V}$，$u_{S_5}=2\text{V}$，$R_1=3\Omega$，$R_2=2\Omega$，$R_3=3\Omega$，$R_4=6\Omega$，$R_5=2\Omega$，$R_6=1\Omega$，求各支路电流。

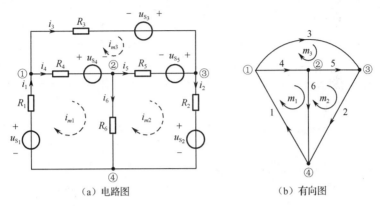

（a）电路图　　　　　　　　　（b）有向图

图 3-15　例 3-3 图

解： 该平面电路有 6 条支路、4 个节点及 3 个网孔，假定网孔电流的方向一律为顺时针方向，如图 3-15（a）所示。

观察电路，写出各自阻、互阻及网孔电压源电压升代数和如下：

$$R_{11}=R_1+R_4+R_6=3+6+1=10\Omega$$
$$R_{22}=R_2+R_5+R_6=2+2+1=5\Omega$$
$$R_{33}=R_3+R_4+R_5=3+6+2=11\Omega$$
$$R_{12}=R_{21}=-R_6=-1\Omega$$
$$R_{13}=R_{31}=-R_4=-6\Omega$$
$$R_{23}=R_{32}=-R_5=-2\Omega$$
$$u_{S11}=u_{S_1}-u_{S_4}=21-2=19\text{V}$$
$$u_{S22}=-u_{S_2}+u_{S_5}=-14+2=-12\text{V}$$
$$u_{S33}=u_{S_3}+u_{S_4}-u_{S_5}=6+2-2=6\text{V}$$

将上述数据代入网孔电流方程的通式，可得该电路的网孔电流方程为

$$10i_{m1}-i_{m2}-6i_{m3}=19$$
$$-i_{m1}+5i_{m2}-2i_{m3}=-12$$
$$-6i_{m1}-2i_{m2}+11i_{m3}=6$$

解方程组，求得各网孔电流分别为

$$i_{m1}=3\text{A}，\quad i_{m2}=-1\text{A}，\quad i_{m3}=2\text{A}$$

最后，由网孔电流求出各支路电流如下：

$$i_1=i_{m1}=3\text{A}\qquad\qquad i_4=i_{m1}-i_{m3}=1\text{A}$$
$$i_2=i_{m2}=-1\text{A}\qquad\qquad i_5=i_{m2}-i_{m3}=-3\text{A}$$
$$i_3=i_{m3}=2\text{A}\qquad\qquad i_6=i_{m1}-i_{m2}=4\text{A}$$

在求解中发现，对平面电路而言，两个网孔的公共支路至多一条，而且如果网孔电流的方向一律为顺时针方向，那么互阻全为负值，这是因为在两网孔的公共支路电阻上的两个网孔电流的方向恰好相反。

网孔分析法仅适用于平面电路，有其局限性，有必要将网孔分析法引申到回路分析法，从而产生一种适用性强、应用更为广泛的分析方法。

3.4.2　回路分析法

回路分析法（简称回路法）是一种以回路电流为变量列写电路方程求解电路的方法。在网孔电流这一概念的基础上，很容易构造出回路电流。回路电流是一种假想的沿着独立回路的边界流动的电流，其参考方向一般取独立回路的绕行方向。一个具有 b 条支路、n 个节点的电路共有 $l = b - n + 1$ 个独立回路，因此也有相同数目的回路电流，它们用符号 i_{lk} 表示，下标 $k = 1, 2, \cdots, l$ 表示回路电流的序号。显然，回路电流的数目少于支路数。

独立回路的选择有多种途径，对于连通的平面电路，可选择全部网孔作为一组独立回路，也可选择一种树所确定的基本回路作为一组独立回路；对非平面电路，可按独立回路的特征，找到一组独立回路。可见，回路电流的适用范围更广，它可以是平面电路的网孔电流，或者是基本回路的回路电流，也可以是非平面电路的一组独立回路的回路电流。实际上回路电流包含了网孔电流，网孔电流是回路电流的特殊情况，因此回路分析法包含了网孔分析法且更具一般性，它不仅适用于分析平面电路，而且适用于分析非平面电路。

下面以图 3-16（a）所示电路为例，说明回路电流的确定。图 3-16（b）为图 3-16（a）电路的有向图，如果选支路{4, 5, 6}为树支（在图中用粗实线表示），则支路{1, 2, 3}为连支（在图中用细实线表示），由这三条连支可确定三个基本回路，它们是一组独立回路。基本回路的绕行方向习惯上规定为单连支方向，如图 3-16（b）中所标出的 l_1、l_2、l_3，相应的回路电流如图 3-16（a）中用虚线标出的 i_{l1}、i_{l2}、i_{l3}。这种回路电流的参考方向一般取基本回路的绕行方向，这样各连支电流就是相应的基本回路的回路电流。

从图 3-16（a）不难看出，每个回路电流沿着回路的边界流动，对于流经的任意节点都有流入等于流出的关系，自动满足了 KCL。并且各回路电流之间不受 KCL 的约束，这是因为由树的定义可知，对连通图中任意一个节点，与它相连的所有支路中一定有一条树支，不可能全是连支。这样，想由节点的 KCL 方程把各连支电流的关系联系起来是不可能的。因此，就 KCL 而言，各回路电流线性无关、相互独立，回路电流是一组独立的电流变量。

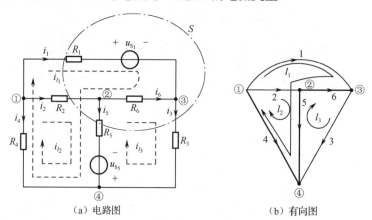

（a）电路图　　　　　　　　　　（b）有向图

图 3-16　回路分析法用图

从图 3-16（a）还可清楚地看出，电路中所有的支路电流都可以用回路电流的线性组合来表示。这是因为各连支电流就是相应的回路电流，如

$$i_1 = i_{l1}, \quad i_2 = i_{l2}, \quad i_3 = i_{l3}$$

而树支电流则通过节点或广义节点的 KCL 方程可由回路电流求得。对节点①应用 KCL 得

$$i_4 = -i_1 - i_2 = -i_{l1} - i_{l2}$$

对广义节点（用虚线表示的封闭曲面）S 应用 KCL 得

$$i_5 = i_1 + i_2 - i_3 = i_{l1} + i_{l2} - i_{l3}$$

对节点③应用 KCL 得
$$i_6 = -i_1 + i_3 = -i_{l1} + i_{l3}$$

可见，一旦求得了回路电流，所有支路电流就可根据 KCL 随之而定，进而可以求得所有支路电压及支路功率。因此，回路电流是一组完备的电流变量。

那么，如何建立求解回路电流所需的联立方程呢？以回路电流为变量的电路方程的形式又是怎样的呢？由于网孔分析法是回路分析法的特殊情况，借鉴网孔分析法列方程的过程以及以网孔电流为变量的网孔电流方程的通式，不难得到以回路电流为变量的回路电流方程的通式。

如果一个电路具有 $l = b - n + 1$ 个独立回路，并设各回路电流分别为 i_{l1}，i_{l2}，$\cdots$，i_{ll}，则回路电流方程的通式为

$$\left.\begin{array}{c} R_{11}i_{l1} + R_{12}i_{l2} + \cdots + R_{1l}i_{ll} = u_{S11} \\ R_{21}i_{l1} + R_{22}i_{l2} + \cdots + R_{2l}i_{ll} = u_{S22} \\ \vdots \qquad \vdots \qquad \qquad \vdots \qquad \vdots \\ R_{l1}i_{l1} + R_{l2}i_{l2} + \cdots + R_{ll}i_{ll} = u_{Sll} \end{array}\right\} \qquad (3\text{-}21)$$

式中具有相同下标的电阻 R_{11}、R_{22}、$\cdots$、R_{kk} $(k = 1, 2, \cdots, l)$ 等是各回路的自阻，即各回路所有电阻之和，且自阻总是正的；有不同下标的电阻 $R_{12} = R_{21}$、$\cdots$、$R_{kj} = R_{jk}$ $(k = j = 1, 2, \cdots, l)$ 等是两个回路的互阻，互阻取正还是取负，要由两个回路之间公共支路电阻上的两个回路电流的方向是否相同来决定，相同时取正，相反时取负。显然，若两个回路之间没有公共支路，或者公共支路上没有电阻（如公共支路是单一电压源），则相应的互阻为零。应当注意到，用回路分析法写互阻时，可能会遇到有些支路是多个独立回路的公共支路；两个独立回路的公共支路又是由多条支路组成的情况，这时写互阻要格外细心谨慎，既要注意到互阻取正还是取负，又不要缺项。方程右边的 u_{S11}、u_{S22}、$\cdots$、u_{Skk} $(k = 1, 2, \cdots, l)$ 等分别为各回路中所有电压源电压升的代数和，求和时各电压源电压升的方向与回路电流的方向一致时，该电压源的电压前取 "+" 号；反之取 "–" 号。

有了方程通式，只需设出回路电流，观察电路，写出自阻、互阻及各回路电压源电压升代数和，即可迅速得到按回路电流顺序排列的相互独立的方程组。由此可解得各回路电流，进而求得各支路电流、电压及功率。下面通过具体例子说明用回路法分析电路的具体步骤。

例 3-4　电路如图 3-16（a）所示，其中 $R_1 = R_2 = R_3 = 1\Omega$，$R_4 = R_5 = R_6 = 2\Omega$，$u_{S_1} = 4\text{V}$，$u_{S_5} = 2\text{V}$。试选择一组独立回路，并列出回路电流方程。

解：电路的有向图如图 3-16（b）所示，粗实线支路为树支，细实线支路为连支，3 个基本回路分别为 l_1、l_2、l_3，相应的回路电流 i_{l1}、i_{l2}、i_{l3}，在图 3-16（a）中用虚线标出。观察电路，写出各自阻、互阻及回路电压源电压升代数和如下：

$$R_{11} = R_1 + R_6 + R_5 + R_4 = 7\Omega \qquad\qquad R_{12} = R_{21} = R_4 + R_5 = 4\Omega$$

$$R_{22} = R_2 + R_5 + R_4 = 5\Omega \qquad\qquad R_{13} = R_{31} = -(R_5 + R_6) = -4\Omega$$

$$R_{33} = R_3 + R_5 + R_6 = 5\Omega \qquad\qquad R_{23} = R_{32} = -R_5 = -2\Omega$$

$$u_{S11} = -u_{S_1} + u_{S_5} = -2\text{V}$$

$$u_{S22} = u_{S_5} = 2\text{V}$$

$$u_{S33} = -u_{S_5} = -2\text{V}$$

将上述数据代入回路电流方程的通式，可得到该电路的一组回路电流方程为

$$\begin{cases} 7i_{l1} + 4i_{l2} - 4i_{l3} = -2 \\ 4i_{l1} + 5i_{l2} - 2i_{l3} = 2 \\ -4i_{l1} - 2i_{l2} + 5i_{l3} = -2 \end{cases}$$

回路分析法（包含网孔分析法）是在支路电流法的基础上演变发展而来的，其优点是电路变量由 b 个支路电流减少到 $(b-n+1)$ 个回路电流，列写电路方程的数目少了很多，求解更为容易。一旦求出了回路电流，根据 KCL 就能确定各支路电流，再根据支路特性方程可确定支路电压，进而确定支路功率。而且以回路电流为电路变量的回路电流方程的形式十分简单，各项物理意义极强，可以通过观察电路，按规律写出回路电流方程。这是因为在推导回路电流方程时，要求电路中所有的支路特性方程必须写成 $u_k = f_k(i_k)$ 的形式。实际上，对如图 3-17（a）～（d）所示的支路类型，可以写出 $u_k = f_k(i_k)$ 形式的支路特性方程。其中，图 3-17（d）表示的电流源和电阻的并联组合，可经等效变换成为图 3-17（c）表示的电压源和电阻的串联组合。当电路中仅含有这些类型的支路时，可以通过观察电路，按规律写出回路电流方程。

而对如图 3-18（a）～（c）所示的这样一些支路，却不能写出 $u_k = f_k(i_k)$ 形式的支路特性方程，因此也就无法按规律写出回路电流方程。这就是回路分析法所付出的代价，它以限制支路类型为代价换取方程数目的减少。如果电路中出现这样一些支路，就需要做一些相应的处理才能写出相应的回路电流方程，并且方程的形式与之前相比会稍有不同。

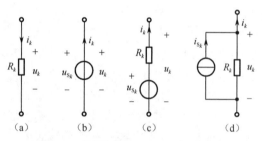

图 3-17 能够写出 $u_k = f_k(i_k)$ 的支路类型

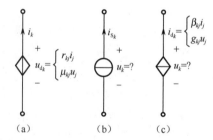

图 3-18 不能够写出 $u_k = f_k(i_k)$ 的支路类型

电路中出现如图 3-18（a）所示的受控电压源支路，在用回路分析法列写回路电流方程时，可对其做如下处理：

（1）暂将 CCVS（或 VCVS）当作独立电压源 u_{S_k}，按规律直接列写出初步的回路电流方程；

（2）控制量 i_j（或 u_j）用相应的回路电流表示；

（3）对初步的回路电流方程进行移项合并整理，得到最终的回路电流方程。

下面通过具体例子说明上述处理过程。

例 3-5 用回路分析法求图 3-19 所示电路中的电流 I_x 及电压 U_{ab}。

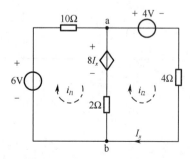

图 3-19 例 3-5 图

解： 选网孔作为独立回路，回路电流 i_{l1}、i_{l2} 的参考方向一律为顺时针方向，如图 3-19 所示。

暂将 CCVS 当作独立电压源，按规律直接列写出初步的回路电流方程为

$$(10+2)i_{l1} - 2i_{l2} = 6 - 8I_x$$
$$-2i_{l1} + (2+4)i_{l2} = 8I_x - 4$$

控制量 I_x 用回路电流表示为

$$I_x = i_{l2}$$

最后移项合并整理，得到最终的回路电流方程为

$$\begin{cases} 12i_{l1} + 6i_{l2} = 6 \\ -2i_{l1} - 2i_{l2} = -4 \end{cases}$$

解方程得

$$i_{l1} = -1\text{A} \ , \quad i_{l2} = 3\text{A}$$

$$I_x = i_{l2} = 3\text{A}$$

$$U_{ab} = 8I_x + 2(i_{l1} - i_{l2}) = 8 \times 3 + 2 \times (-4) = 16\text{V}$$

如果电路中出现如图 3-18（b）所示的单一电流源支路，该如何处理？根据电流源特性可知，它的端电压 u_k 与外电路有关，在电路未求解出之前是不知道的。而回路电流方程实质上是以回路电流表示的回路电压平衡方程，当单一电流源支路出现在某一独立回路中时，该独立回路的回路电流方程中应该具有其端电压 u_k 信息的表示，而电压 u_k 是未知的。如果选网孔作为独立回路，那么单一电流源支路有可能出现在一个独立回路中，当然也可能是两个独立回路的公共支路。针对这些情况，在对单一电流源支路所相关的独立回路写回路电流方程时，可将单一电流源的端电压 u_k 作为新增电路变量，放在方程的左边，且沿回路绕行方向的电压降为正项，电压升为负项。因为引入了单一电流源的端电压 u_k 这个未知量，必须增补一个方程，这个方程也是不难找到的，这就是单一电流源电流用相关的回路电流的线性组合来表示的方程。这样，方程数与变量数相等，联立求解得到回路电流及单一电流源的端电压。如果以基本回路作为独立回路，有意将单一电流源支路选为连支，这样单一电流源支路就只可能出现在一个独立回路中，而且这个独立回路的回路电流就是单一电流源电流（为已知的），这时不必再对这个独立回路写回路电流方程，从而回避了 u_k 是未知的问题。这是一种简便的方法，既减少了回路电流变量个数，也减少了列写方程个数。下面通过具体例子说明上述两种处理方法。

例 3-6　列写出图 3-20 所示电路的回路电流方程。

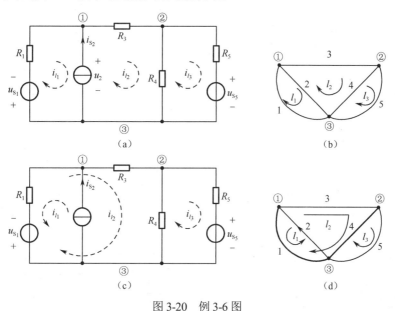

图 3-20　例 3-6 图

解：（1）处理方法一：选网孔作为独立回路，如图 3-20（b）所示，3 个回路电流 i_{l1}、i_{l2}、i_{l3} 如图 3-20（a）所示，设 u_2 为新增电路变量。列写出回路电流方程为

$$l_1: \quad R_1 i_{l1} + u_2 = -u_{s_1}$$

$$l_2: \quad (R_3 + R_4)i_{l2} - R_4 i_{l3} - u_2 = 0$$

$$l_3 : \quad -R_4 i_{l2} + (R_4 + R_5)i_{l3} = -u_{S_5}$$

增补一个方程： $-i_{l1} + i_{l2} = i_{S_2}$

（2）处理方法二：选基本回路作为独立回路，如图 3-20（d）所示，其中粗实线{1, 4}表示树支，细实线{2, 3, 5}表示连支，而且回路 l_1 的方向取连支 2 的方向。3 个回路电流 i_{l1}、i_{l2}、i_{l3} 如图 3-20（c）所示。列写出回路电流方程为

$$l_1 : \quad i_{l1} = i_{S_2}$$
$$l_2 : \quad -R_1 i_{l1} + (R_1 + R_3 + R_4)i_{l2} - R_4 i_{l3} = -u_{S_1}$$
$$l_3 : \quad -R_4 i_{l2} + (R_4 + R_5)i_{l3} = -u_{S_5}$$

如果电路中出现如图 3-18（c）所示的单一受控电流源支路，又该如何处理？这时可暂将受控电流源当作独立电流源，上述的两种处理方法都可用来列写初步的回路电流方程，同时将受控源的控制量 i_j（或 u_j）用相应的回路电流来表示，最后经移项合并整理得到最终的回路电流方程。

例 3-7   电路如图 3-21（a）所示，试求电流 I_1。

解：该电路有 5 条支路（其中 3 条复合支路、2 条简单支路）、3 个节点，故树支数为 2，连支数为 3。有意选控制量 I_1 所在支路、4A 电流源支路，1.5I_1 受控电流源支路为连支，如图 3-19（b）中细实线所示（粗实线表示树支，细实线表示连支），由此确定的 3 个基本回路 l_1、l_2、l_3 的绕行方向分别取相应连支方向。显然 3 个回路电流分别为 4A，1.5I_1 及 I_1 如图 3-19（a）所示，因此，实际上只有一个未知量 I_1。对 I_1 流经的回路 l_1 按规律写出回路电流方程为

$$(2+4)\times 4 - 4\times 1.5I_1 + (4+2+5)I_1 = -30 - 25 + 19$$

由方程解得 $I_1 = -12\text{A}$

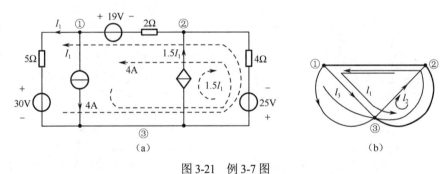

图 3-21   例 3-7 图

3.5   节点分析法

对于一个具有 b 条支路、n 个节点的电路，b 个支路电压受 $(b-n+1)$ 个独立的 KVL 方程约束，这意味着独立的支路电压只有 $(n-1)$ 个，而且给定 $(n-1)$ 个支路电压即能确定余下的 $(b-n+1)$ 个支路电压，这为寻找新的电压变量提供了理论依据。

图 3-22（a）所示电路有 6 条支路、4 个节点，图 3-22（b）是该电路的有向图。每个节点都有一个相对于某一基准点而言的电位，分别用 u_{n1}、u_{n2}、u_{n3}、u_{n4} 表示。在 4 个节点中，若选节点①、②、③为独立节点，则节点④就为非独立节点。如果令 $u_{n4}=0$，那么节点④就成为基准点或称为参考节点，用 ⓪ 表示。这时其他 3 个独立节点的电位就是它们与参考节点之间的电压，称为节点电压，节点电压的参考方向是由独立节点指向参考节点的。显然，一个具有 n 个节点的电路有 $(n-1)$ 个节点电压，用符号 u_{nk} 表示，下标 $k=1,2,\cdots,(n-1)$ 表示节点电压的序号。显然，

节点电压的数目少于支路数，这就是要寻找的新的电压变量。

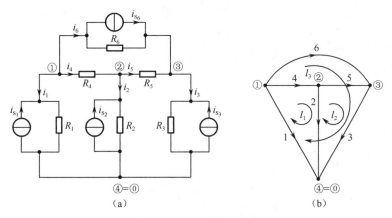

图 3-22　节点分析法用图

各节点电压不能用 KVL 相联系，这是因为，节点电压在同一个回路内会相互抵消。例如对回路 l_1，以节点电压为变量列出的 KVL 方程为 $u_{n1} - u_{n2} + u_{n2} - u_{n1} \equiv 0$，所以不能通过 KVL 方程把各节点电压间的关系联系起来。就 KVL 而言，各节点电压是线性无关的，因此节点电压可作为电路的一组独立的电压变量。

电路中所有支路电压都可以用节点电压的线性组合来表示。电路中的支路或接在独立节点与参考节点之间，或接在两独立节点之间。对前一种支路，其支路电压值就是相应的节点电压，如

$$u_1 = u_{n1}, \quad u_2 = u_{n2}, \quad u_3 = u_{n3}$$

而后一种支路，支路电压通过回路 KVL 方程由节点电压求得。例如，对回路 l_1 应用 KVL 得

$$u_4 = u_1 - u_2 = u_{n1} - u_{n2}$$

对回路 l_2 应用 KVL 得　　　　　　　$u_5 = u_2 - u_3 = u_{n2} - u_{n3}$

对回路 l_3 应用 KVL 得　　　　　　　$u_6 = u_1 - u_3 = u_{n1} - u_{n3}$

可见，一旦求得了节点电压，所有支路电压就可随之而定，进而可以求得所有支路电流及支路功率，因此节点电压是一组完备的电压变量。

当然，参考节点选择的不同，电路中各节点的节点电压（电位值）会有所不同，各节点电位的高低是相对于参考节点而言的。但是电路中任意两节点间的电压值却与参考节点的选择无关，不会因参考节点选择的不同而有所改变。

那么，如何建立求解节点电压所需的联立方程？首先对每一个独立节点列写出 KCL 方程；然后对每一条支路列写出支路特性方程 $i_k = g_k(u_k)$，并将其中的支路电压 u_k 用相应的节点电压的线性组合来表示；最后将用节点电压表示的支路电流 i_k 代入每一个独立节点的 KCL 方程中，就得到了一组以节点电压为变量的方程组，称为节点电压方程，它们必然与待求变量数目相同而且是独立的。求解这组方程可得到各节点电压，进而可求得各支路电压、电流及功率，这种求解电路的方法称为节点分析法（简称节点法）。

应用节点法分析电路的关键是如何简便、快捷、正确地列写出节点电压方程。下面以图 3-22（a）所示电路为例，列写节点电压方程，并从中归纳总结出列写节点电压方程的一般方法。

对图 3-22（b）所示的有向图列写出各独立节点的 KCL 方程

$$\left. \begin{array}{l} 节点①：\ i_1 + i_4 + i_6 = 0 \\ 节点②：\ i_2 - i_4 + i_5 = 0 \\ 节点③：\ i_3 - i_5 - i_6 = 0 \end{array} \right\} \tag{3-22}$$

再对图 3-22（a）所示电路列写出支路特性方程，并将其中的支路电压用相应的节点电压的线性组合来表示，得到

$$\left.\begin{aligned}
i_1 &= G_1 u_1 - i_{S_1} = G_1 u_{n1} - i_{S_1} \\
i_2 &= G_2 u_2 - i_{S_2} = G_2 u_{n2} - i_{S_2} \\
i_3 &= G_3 u_3 - i_{S_3} = G_3 u_{n3} - i_{S_3} \\
i_4 &= G_4 u_4 = G_4 (u_{n1} - u_{n2}) \\
i_5 &= G_5 u_5 = G_5 (u_{n2} - u_{n3}) \\
i_6 &= G_6 u_6 + i_{S_6} = G_6 (u_{n1} - u_{n3}) + i_{S_6}
\end{aligned}\right\} \tag{3-23}$$

最后将式（3-23）代入式（3-22）中，整理得

$$\left.\begin{aligned}
\text{节点①：} & (G_1 + G_4 + G_6) u_{n1} - G_4 u_{n2} - G_6 u_{n3} = i_{S_1} - i_{S_6} \\
\text{节点②：} & -G_4 u_{n1} + (G_2 + G_4 + G_5) u_{n2} - G_5 u_{n3} = i_{S_2} \\
\text{节点③：} & -G_6 u_{n1} - G_5 u_{n2} + (G_3 + G_5 + G_6) u_{n3} = i_{S_3} + i_{S_6}
\end{aligned}\right\} \tag{3-24}$$

式（3-24）就是以节点电压为变量的节点电压方程。此方程的物理意义是：在各节点电压共同作用下，由一个节点流出的电阻电流的代数和等于流入该节点的电流源电流的代数和。节点电压方程的实质是节点电流平衡方程。

观察式（3-24），从中可以发现一些规律。$(G_1 + G_4 + G_6)$ 恰好是与节点①相连的各支路电导之和，称为节点①的自导，以符号 G_{11} 表示；$(G_2 + G_4 + G_5)$ 恰好是与节点②相连的各支路电导之和，称为节点②的自导，以符号 G_{22} 表示；$(G_3 + G_5 + G_6)$ 恰好是与节点③相连的各支路电导之和，称为节点③的自导，以符号 G_{33} 表示。$(-G_4)$ 是节点①与节点②之间公共支路上电导的负值，称它为节点①与节点②的互导，以符号 G_{12}（或 G_{21}）表示，且 $G_{12} = G_{21}$；$(-G_6)$ 是节点①与节点③之间公共支路上电导的负值，称它为节点①与节点③的互导，以符号 G_{13}（或 G_{31}）表示，且 $G_{13} = G_{31}$；$(-G_5)$ 是节点②与节点③之间公共支路上电导的负值，称之为节点②与节点③的互导，以符号 G_{23}（或 G_{32}）表示，且 $G_{23} = G_{32}$。因为各节点电压的参考方向总是由独立节点指向参考节点的，各节点电压在与各节点相连的各支路电导上产生的电流总是流出节点的，这类电流在方程的左边为正项，因此自导总是正的。而各节点电压在公共支路电导上产生的电流总是流入另一节点，这类流入节点的电流在方程的左边为负项。为了使方程简单、整齐，将公共支路电导上电流的负号归入互导中，因此互导总是负的。如果两节点之间无公共电导支路，则互导为零。$(i_{S_1} - i_{S_6})$ 是流入节点①的电流源电流的代数和，以符号 i_{S11} 表示，(i_{S_2}) 是流入节点②的电流源电流的代数和，以符号 i_{S22} 表示；$(i_{S_3} + i_{S_6})$ 是流入节点③的电流源电流的代数和，以符号 i_{S33} 表示。即

$$G_{11} = G_1 + G_4 + G_6, \quad G_{22} = G_2 + G_4 + G_5, \quad G_{33} = G_3 + G_5 + G_6$$
$$G_{12} = G_{21} = -G_4, \quad G_{13} = G_{31} = -G_6, \quad G_{23} = G_{32} = -G_5$$
$$i_{S11} = i_{S_1} - i_{S_6}, \quad i_{S22} = i_{S_2}, \quad i_{S33} = i_{S_3} + i_{S_6}$$

由以上分析，可以归纳总结出具有 3 个独立节点电路的节点电压方程的通式（一般式）为

$$\left.\begin{aligned}
G_{11} u_{n1} + G_{12} u_{n2} + G_{13} u_{n3} &= i_{S11} \\
G_{21} u_{n1} + G_{22} u_{n2} + G_{23} u_{n3} &= i_{S22} \\
G_{31} u_{n1} + G_{32} u_{n2} + G_{33} u_{n3} &= i_{S33}
\end{aligned}\right\} \tag{3-25}$$

如果电路有 $(n-1)$ 独立节点，并设各节点电压分别为 $u_{n1}, u_{n2}, \cdots, u_{n(n-1)}$，不难推出相应的节点电压方程通式为

$$
\left.
\begin{array}{lllll}
G_{11}u_{n1} & +G_{12}u_{n2} & +\cdots & +G_{1(n-1)}u_{n(n-1)} & = i_{S11} \\
G_{21}u_{n1} & +G_{22}u_{n2} & +\cdots & +G_{2(n-1)}u_{n(n-1)} & = i_{S22} \\
\vdots & \vdots & \vdots & \vdots & \vdots \\
G_{(n-1)1}u_{n1} & +G_{(n-1)2}u_{n2} & +\cdots & +G_{(n-1)(n-1)}u_{n(n-1)} & = i_{S(n-1)(n-1)}
\end{array}
\right\}
\qquad (3\text{-}26)
$$

式中具有相同下标的电导 $G_{11},G_{22},\cdots,G_{kk}$ $(k=1,2,\cdots,n-1)$ 等是各独立节点的自导，且自导总是正的；具有不同下标的电导 $G_{12}=G_{21},\cdots,G_{kj}=G_{jk}$ $(k=j=1,2,\cdots,n-1)$ 等是两个独立节点间的互导，且互导总是负的或为零，方程右边的 $i_{S11},i_{S22},\cdots,i_{Skk}$ $(k=1,2,\cdots,n-1)$ 等分别为流入各节点的电流源电流的代数和，求和时各电流源电流的参考方向若为流入节点，则该电流源的电流前取"+"号；反之取"−"号。

有了方程通式，只需选定参考节点，设出各节点电压，观察电路，写出自导、互导及流入各节点电流源电流的代数和，并代入通式（3-26），即可迅速得到按节点电压顺序排列的相互独立的方程组。下面通过具体例子，说明用节点分析法求解电路的具体步骤。

例 3-8 电路如图 3-23（a）所示，用节点分析法求各支路功率。

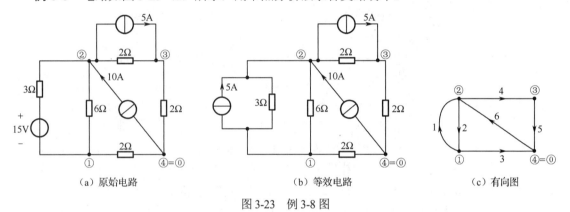

（a）原始电路   （b）等效电路   （c）有向图

图 3-23 例 3-8 图

解：本电路有 6 条支路、4 个节点。其中支路 1 为电压源与电阻的串联组合，在用节点分析法列写节点电压方程时，将其等效变换为电阻与电流源的并联组合，如图 3-23（b）所示，这样便于写自导、互导及流入节点电流源电流的代数和。图 3-23（c）为该电路的有向图，且假定各支路电压、电流取关联参考方向。

（1）选节点④为参考节点，设独立节点①、②、③的节点电压分别为 u_{n1}、u_{n2}、u_{n3}。

（2）观察电路，写出自导、互导和流入节点电流源电流的代数和，代入通式得到节点电压方程。

节点①：$\left(\dfrac{1}{3}+\dfrac{1}{6}+\dfrac{1}{2}\right)u_{n1}-\left(\dfrac{1}{3}+\dfrac{1}{6}\right)u_{n2}=-5$

节点②：$-\left(\dfrac{1}{3}+\dfrac{1}{6}\right)u_{n1}+\left(\dfrac{1}{3}+\dfrac{1}{6}+\dfrac{1}{2}\right)u_{n2}-\dfrac{1}{2}u_{n3}=5+10-5$

节点③：$-\dfrac{1}{2}u_{n2}+\left(\dfrac{1}{2}+\dfrac{1}{2}\right)u_{n3}=5$

将上述方程整理得

$$
u_{n1}-0.5u_{n2}=-5
$$
$$
-0.5u_{n1}+u_{n2}-0.5u_{n3}=10
$$
$$
-0.5u_{n2}+u_{n3}=5
$$

（3）解方程，求得各节点电压

$$u_{n1} = 5V, \quad u_{n2} = 20V, \quad u_{n3} = 15V$$

（4）根据 KVL 确定各支路电压

$$u_1 = u_{n1} - u_{n2} = 5 - 20 = -15V \qquad u_4 = u_{n2} - u_{n3} = 20 - 15 = 5V$$

$$u_2 = u_{n2} - u_{n1} = 20 - 5 = 15V \qquad u_5 = u_{n3} = 15V$$

$$u_3 = u_{n1} = 5V \qquad u_6 = -u_{n2} = -20V$$

（5）根据支路特性求出各支路电流

$$i_1 = \frac{u_1}{3} + 5 = \frac{-15}{3} + 5 = 0 \qquad i_4 = \frac{u_4}{2} + 5 = \frac{5}{2} + 5 = 7.5A$$

$$i_2 = \frac{u_2}{6} = \frac{15}{6} = 2.5A \qquad i_5 = \frac{u_5}{2} = \frac{15}{2} = 7.5A$$

$$i_3 = \frac{u_3}{2} = \frac{5}{2} = 2.5A \qquad i_6 = 10A$$

（6）根据计算功率的公式，得

$$p_1 = u_1 \times i_1 = (-15) \times 0 = 0 \qquad p_4 = u_4 \times i_4 = 5 \times 7.5 = 37.5W$$

$$p_2 = u_2 \times i_2 = 15 \times 2.5 = 37.5W \qquad u_5 = u_5 \times i_5 = 15 \times 7.5 = 112.5W$$

$$p_3 = u_3 \times i_3 = 5 \times 2.5 = 12.5W \qquad p_6 = u_6 \times i_6 = (-20) \times 10 = -200W$$

$$p_{吸收} = p_1 + p_2 + p_3 + p_4 + p_5 = 200W$$

$$p_{发出} = -p_6 = 200W$$

$$p_{吸收} = p_{发出}，整个电路功率平衡$$

　　节点分析法是在支路电压法的基础上演变发展而来的，其优点是电路变量由 b 个支路电压减少到 $(n-1)$ 个节点电压，列写电路方程的数目少了很多，求解更为容易。一旦求出了节点电压，根据 KVL 就能确定各支路电压，再根据支路特性方程确定支路电流，进而确定支路功率。而且以节点电压为电路变量的节点电压方程的形式十分简单，各项物理意义极强，可以通过观察电路按规律写出节点电压方程。这是因为在推导节点电压方程时，要求电路中所有的支路特性方程必须写成 $i_k = g_k(u_k)$ 的形式。实际上，对如图 3-24（a）～（d）所示的支路类型，可以写出这种形式的支路特性方程。其中，图 3-24（d）表示的电压源与电阻的串联组合，可经等效变换成为图 3-24（c）表示的电流源与电阻的并联组合。当电路中仅含有这些类型的支路时，可以通过观察电路按规律写出节点电压方程。

　　而对如图 3-25（a）～（c）所示的这类支路，却不能写出 $i_k = g_k(u_k)$ 形式的支路特性方程，因此也就无法按规律写出节点电压方程。这就是节点分析法所付出的代价，它以限制支路类型为代价换取方程数目的减少。如果电路中出现这些支路，需要做一些相应的处理，才能写出相应的节点电压方程，并且方程形式与之前相比会稍有不同。

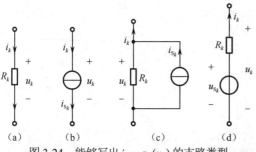

图 3-24　能够写出 $i_k = g_k(u_k)$ 的支路类型

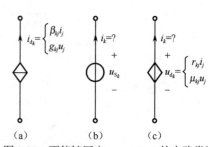

图 3-25　不能够写出 $i_k = g_k(u_k)$ 的支路类型

如果电路中出现如图 3-25（a）所示的受控电流源支路，在用节点分析法列写节点电压方程时，可对其做如下处理：

（1）暂将 CCCS（或 VCCS）当作独立电流源 i_{S_k}，按规律直接列写出初步的节点电压方程；

（2）将控制量 i_j（或 u_j）用相应的节点电压表示；

（3）对初步的节点电压方程进行移项合并整理，得到最终的节点电压方程。

下面通过具体例子说明上述处理过程。

例3-9　列写出如图 3-26（a）所示电路的节点电压方程。

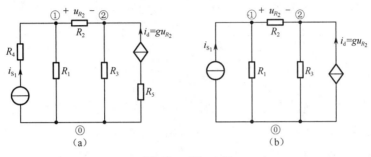

图 3-26　例 3-9 图

解：该电路有 5 条支路、3 个节点。可选择 3 个节点中的某一个作为参考节点。尽管从理论上讲参考节点的选择是任意的，但实际上常将较多支路相连的节点当作参考节点，如图 3-26（a）所示。设独立节点①、②的节点电压分别为 u_{n1}、u_{n2}。

在列写节点电压方程之前，需对电路进行适当的等效化简，即与电流源 i_{S_1} 串联的电阻 R_4 以及与受控电流源 i_d 串联的电阻 R_5 都属于外虚内实元件，它们对其端口以外的电路变量（如 u_{n1}、u_{n2}）而言都是多余的外虚元件，可以短接去除，因此图 3-26（a）可等效化简为图 3-26（b）。

对图 3-26（b）中出现的单一受控电流源 i_d，暂将其当作独立电流源，按规律直接列写出初步的节点电压方程为

$$\text{节点①：}\left(\frac{1}{R_1}+\frac{1}{R_2}\right)u_{n1}-\frac{1}{R_2}u_{n2}=i_{S_1}\qquad\text{节点②：}-\frac{1}{R_2}u_{n1}+\left(\frac{1}{R_2}+\frac{1}{R_3}\right)u_{n2}=gu_{R_2}$$

控制量用节点电压表示为

$$u_{R_2}=u_{n1}-u_{n2}$$

最后移项合并整理得最终的节点电压方程为

$$\text{节点①：}\left(\frac{1}{R_1}+\frac{1}{R_2}\right)u_{n1}-\frac{1}{R_2}u_{n2}=i_{S_1}\qquad\text{节点②：}-\left(\frac{1}{R_2}+g\right)u_{n1}+\left(\frac{1}{R_2}+\frac{1}{R_3}+g\right)u_{n2}=0$$

如果电路中出现如图 3-25（b）所示的单一电压源支路，该如何处理？根据电压源特性，它的电流 i_k 与外电路有关，在电路未求解出之前是不知道的。而节点电压方程的实质是以节点电压表示的节点电流平衡方程。如果单一电压源支路连接在两个独立节点之间，则这两个独立节点的节点电压方程中应该有其电流 i_k 信息的表示，而这个电流 i_k 是未知的。针对这种情况，在对单一电压源支路所相关的节点列写节点电压方程时，可将单一电压源的电流 i_k 作为新增电路变量放在方程的左边，且电流的参考方向以流出节点为正项，反之为负项。因为引入了单一电压源的电流 i_k 这个未知量，必须增补一个方程，这个方程也是不难找到的，这就是单一电压源电压用相关的两节点电压之差来表示的方程。这样方程数与变量数相等，联立求解得到节点电压及单一电压源的电流。如果有意选择单一电压源的负极性端作为参考节点，那么单一电压源就接在独立节点与参考节点之间，该独立节点的节点电压就是电压源电压（为已知的），这时不必再对这个节点列写节点

电压方程，从而回避了 i_k 是未知的问题。这是一个简便的方法，但由于参考节点只有一个，因此这种方法只能解决一个单一电压源支路问题。下面通过具体例子说明上述两种处理方法。

例 3-10 列写出图 3-27 所示电路的节点电压方程。

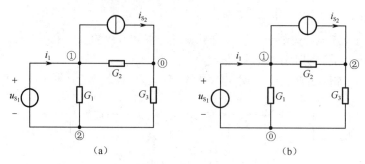

图 3-27   例 3-10 图

解：（1）处理方法一：若选图 3-27（a）所示的参考节点，必须考虑单一电压源 u_{S_1} 的电流 i_1 是未知的问题，设 i_1 为新增电路变量，列写出的节点电压方程为

节点①： $(G_1 + G_2)u_{n1} - G_1 u_{n2} - i_1 = -i_{S_2}$ 节点②： $-G_1 u_{n1} + (G_1 + G_3)u_{n2} + i_1 = 0$

增补一个方程： $\qquad\qquad\qquad\qquad u_{n1} - u_{n2} = u_{S_1}$

（2）处理方法二：若选图 3-27（b）所示的参考节点，不必考虑单一电压源 u_{S_1} 的电流 i_1 是未知的问题，列写出的节点电压方程为

节点①： $u_{n1} = u_{S_1}$ 节点②： $-G_2 u_{n1} + (G_2 + G_3)u_{n2} = i_{S_2}$

显然，方法二要优于方法一，既减少了节点电压变量的个数，也减少了列写方程的个数。另外注意到，与单一电压源 u_{S_1} 并联的电导 G_1 是一个外虚内实的元件，在处理方法一中，因要求 i_1 这个未知量，G_1 作为内实元件存在于方程中；而在处理方法二中，G_1 对节点电压 u_{n1}、u_{n2} 而言是多余的外虚元件，可以开路去除，因此方程中不会出现 G_1。

如果电路中出现如图 3-25（c）所示的单一受控电压源支路，又该如何处理？这时可暂将受控电压源当作独立电压源，上述的两种处理方法都可用来列写初步的节点电压方程；同时将受控源的控制量 i_j（或 u_j）用相应的节点电压表示，最后经移项合并整理得到最终的节点电压方程。

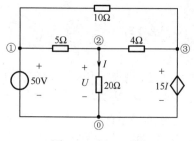

图 3-28   例 3-11 图

例 3-11   用节点分析法求解如图 3-28 所示电路中的电压 U。

解： 选电路中所示的参考节点，列出的节点电压方程为

节点①： $U_{n1} = 50$

节点②： $-\dfrac{1}{5}U_{n1} + \left(\dfrac{1}{5} + \dfrac{1}{20} + \dfrac{1}{4}\right)U_{n2} - \dfrac{1}{4}U_{n3} = 0$

节点③： $U_{n3} = 15I$

控制量用节点电压表示为

$$I = \frac{U_{n2}}{20}$$

联立上述方程组，求解得节点电压

$$U_{n2} = 32\text{V}, \ U_{n3} = 24\text{V}$$

再根据支路电压与节点电压关系得

$$U = U_{n2} = 32\text{V}$$

回路分析法和节点分析法相对于 b 法而言都能减少联立电路方程的个数，这是它们共同的优

点。从列写电路方程的个数的多少来看，当电路的独立回路数少于独立节点数时，用回路分析法比较方便。当电路的独立节点数比独立回路数少时，用节点分析法比较方便。其次，如果以求解电路中的电流为目的，可选择回路分析法，列写出回路电流方程，从中解出回路电流，再根据 KCL便可确定支路电流。如果以求解电路中的电压为目的，可选择节点分析法，列写出节点电压方程，从中解出节点电压，再根据 KVL 便可确定支路电压。因此，在进入求解过程之前，应当先考虑可供使用的各种不同的分析方法，在这些分析方法中选择更为有效的方法。

3.6　计算机仿真

例 3-12　支路电流法的仿真验证。利用支路电流法对如图 3-29 所示电路进行求解。图中共有6 条支路，其参考方向和回路绕行方向如图中箭头所示，联立方程如下（U 为 5A 电流源的端电压）：

$$I_1 + I_2 + I_3 = 0$$
$$I_4 - I_3 - I_5 = 0$$
$$I_6 - I_1 - I_4 = 0$$
$$-10I_1 + U + 5I_3 - 50 + 20I_4 = 0$$
$$20I_2 - 20 - 5I_3 - U = 0$$
$$-20I_4 + 50 + 20 - 10 - 20I_6 = 0$$

求解可得　$I_1 = -3.5A$，$I_2 = -1.5A$，$I_3 = 5A$，$I_4 = -3.25A$，$I_5 = 1.75A$，$I_6 = -0.25A$，$U = -75V$

下面利用虚拟电流表和测量探针（Probe）分别对图 3-29（a）中的各支路电流进行仿真测量，如图 3-29（b）、（c）所示，电流表与探针的方向均按图 3-29（a）所示的参考方向设置。测量结果与手工求解方程组得到的结果一致。

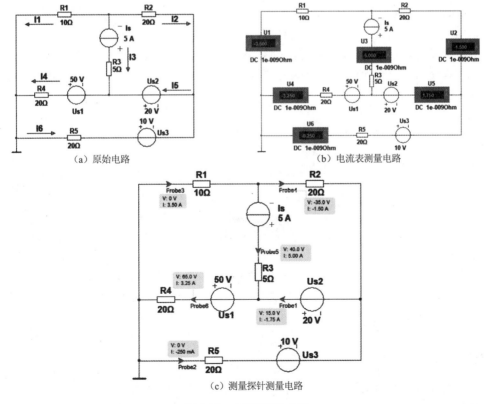

（a）原始电路　　　　　　　　　（b）电流表测量电路

（c）测量探针测量电路

图 3-29　支路电流法仿真

　　例 3-13　网孔电流法的仿真验证。如图 3-30（a）所示电路，选择网孔电流 I_{m1} 和 I_{m2}，其参考方向均为顺时针，则网孔电流方程如下：

　　网孔 1：$(R_1+R_2) I_{m1}- R_2 I_{m2} = U_{s1}- U_{s2}$

　　网孔 2：$-R_2 I_{m1}+ (R_2+R_3) I_{m2} = U_{s2}- U_{s3}$

　　解方程可得 $I_{m1} = 0.158A$，$I_{m2} = -0.368A$

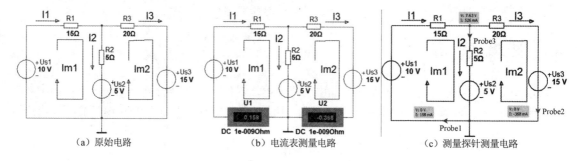

（a）原始电路　　　　　　　（b）电流表测量电路　　　　　　（c）测量探针测量电路

图 3-30　网孔电流法仿真

　　下面利用虚拟电流表和测量探针分别对图 3-30（a）中的各支路电流进行仿真测量，如图 3-30（b）、（c）所示，电流表与探针的方向均按图 3-30（a）所示的参考方向设置。测量结果与手工求解方程组得到的结果一致。

　　例 3-14　节点电压法的仿真验证。如图 3-31（a）所示电路，选择节点电压 U_a 和 U_b，则节点电压方程如下：

　　节点 a：$(1/R_1+1/R_2+1/R_3+1/R_4) U_a- (1/R_3+1/R_4) U_b = U_{s1}/R_1-U_{s2}/R_3$

　　节点 b：$-(1/R_3+1/R_4) U_a + (1/R_3+1/R_4+1/R_5) U_b = U_{s2}/R_3- I_s$

　　解方程可得 $U_a = 3.532V$，$U_b = 6.936V$

$$I_1 = 3.23A \qquad I_2 = -0.851A$$

　　下面利用虚拟电压表和测量探针分别对图 3-31（a）中的 a、b 节点电压及支路电流进行仿真测量，如图 3-31（b）、（c）所示，电压表与探针的方向均按图 3-31（a）所示的参考方向设置。测量结果与手工求解方程组得到的结果一致。

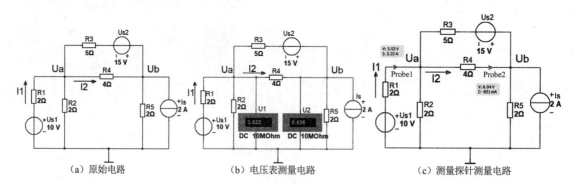

（a）原始电路　　　　　　　（b）电压表测量电路　　　　　　（c）测量探针测量电路

图 3-31　节点电压法仿真

思考题

　　3-1　如何由电路图得到电路的有向图？

3-2　什么是独立节点？如何确定独立节点？

3-3　什么是独立回路？如何确定独立回路？

3-4　网孔电流的概念是怎样引出来的？为什么说网孔电流是一组独立、完备的电流变量？

3-5　列写网孔电流方程的依据是什么？网孔电流方程的实质又是什么？

3-6　回路电流的概念是怎样引出来的？为什么说回路电流是一组独立、完备的电流变量？

3-7　回路电流方程中各项的物理含义是什么？为什么说自阻总是正的，而互阻可能为正，也可能为负，或者为零？

3-8　节点电压的概念是怎样引出来的？为什么说节点电压是一组独立、完备的电压变量？

3-9　列写节点电压方程的依据是什么？节点电压方程的实质又是什么？

3-10　节点电压方程中各项的物理含义是什么？为什么说自导总是正的，而互导总是负的？

3-11　如果电路中出现受控电压源时，应该做何处理来列写相应的回路电流方程？

3-12　如果电路中出现单一电流源支路或单一受控电流源支路时，应该做何处理来列写相应的回路电流方程？

3-13　如果电路中出现受控电流源时，应该做何处理来列写相应的节点电压方程？

3-14　如果电路中出现单一电压源支路或单一受控电压源支路时，应该做何处理来列写相应的节点电压方程？

习题

3-1　在以下两种情况下，画出题 3-1 图所示电路的图，并说明其节点数和支路数各为多少？KCL、KVL 独立方程数各为多少？

（1）每个元件作为一条支路处理；

（2）电压源（独立或受控）和电阻的串联组合，电流源和电阻的并联组合作为一条支路处理。

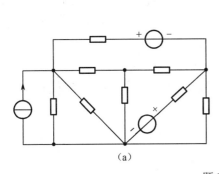 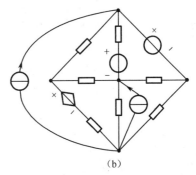

（a）　　　　　　　　　　　　　　　　（b）

题 3-1 图

3-2　试画出题 3-2 图所示 4 点全图的全部树。

3-3　如题 3-3 图所示的有向图，在以下两种情况下列出独立的 KVL 方程。

（1）任选一树并确定其基本回路组作为独立回路；

（2）选网孔作为独立回路。

3-4　题 3-4 图所示电路中，$R_1 = R_2 = 10\Omega$，$R_3 = 4\Omega$，$R_4 = R_5 = 8\Omega$，$R_6 = 2\Omega$，$u_{S_3} = 10V$，$i_{S_6} = 10A$，试列出支路法、支路电流法及支路电压法所需的方程。

3-5　电路如题 3-5 图所示，试用支路电流法求支路电流 I_1、I_2、I_3。

3-6　电路如题 3-6 图所示，试用网孔分析法求电流 I_3 及两个电压源的功率。

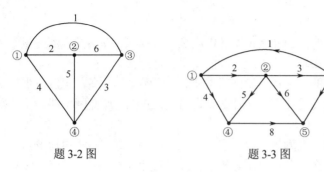

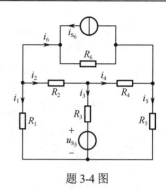

题 3-2 图   题 3-3 图   题 3-4 图

3-7 试用回路分析法求解题 3-7 图所示电路中的电流 I。

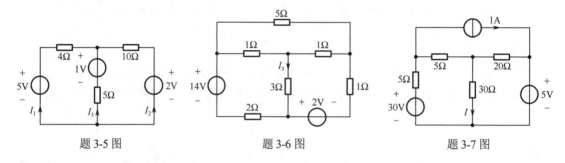

题 3-5 图   题 3-6 图   题 3-7 图

3-8 试按给定的回路电流方向，写出题 3-8 图所示电路的回路电流方程。

3-9 试用回路分析法求解题 3-9 图所示电路中的电流 I_1。

3-10 电路如题 3-10 图所示，试用回路分析法求电流 I_A，并求受控电流源的功率。

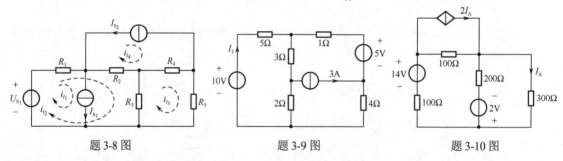

题 3-8 图   题 3-9 图   题 3-10 图

3-11 试按给定的回路电流方向，写出题 3-11 图所示电路的回路电流方程。

3-12 试用回路分析法求解：

（1）题 3-12 图（a）所示电路中的电压 U_1。

（2）题 3-12 图（b）所示电路中的电流 I_X。

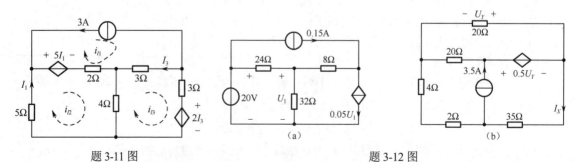

题 3-11 图   题 3-12 图

3-13 电路如题 3-13 图所示，（1）用网孔分析法求 i 和 u ；（2）用回路分析法求 i 和 u 。

3-14 试用节点分析法求题 3-14 图所示电路中的电压 U_{12} 。

3-15 按给定的节点序号，写出题 3-15 图所示电路的节点电压方程。

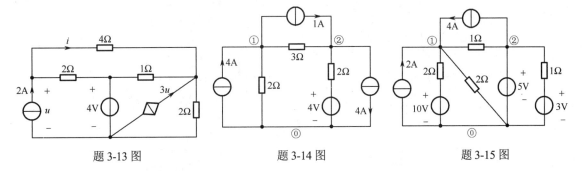

题 3-13 图   题 3-14 图   题 3-15 图

3-16 试用节点分析法求题 3-16 图所示电路中①、②两节点的节点电压，进而求出两电源的功率。

3-17 试用节点分析法求题 3-17 图所示电路中的电流 I_S 及 I_0 。

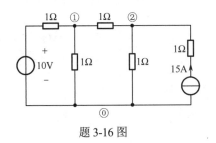   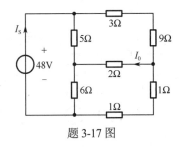

题 3-16 图   题 3-17 图

3-18 试用节点分析法求题 3-18 图所示电路中的电流 i 。

3-19 试用节点分析法求题 3-19 图所示电路中的电压 U_1 及电流 I_2 。

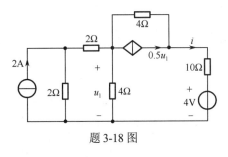   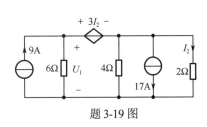

题 3-18 图   题 3-19 图

3-20 按给定的节点序号，写出题 3-20 图所示电路的节点电压方程。

3-21 试求题 3-21 图所示电路中的电压 u_x 。

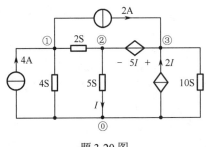   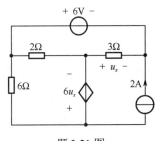

题 3-20 图   题 3-21 图

3-22　如题 3-22 图所示电路，试求电压 u_x、电流 i_x。

3-23　电路如题 3-23 图所示，已知其节点电压方程为 $\begin{cases} 11U_{n1} - 5U_{n2} = 3 \\ -U_{n1} + 4U_{n2} = 0 \end{cases}$，求 VCCS 的控制系数 g。

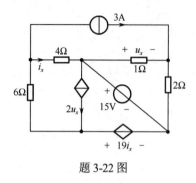

题 3-22 图

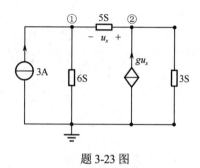

题 3-23 图

3-24　求题 3-24 图所示电路中的电流 I。

3-25　电路如题 3-25 图所示，欲使电流源的端电压 $U_{I_S} = 13\text{V}$，试确定电流源 I_S 的值。

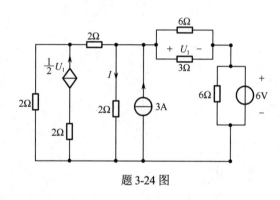

题 3-24 图

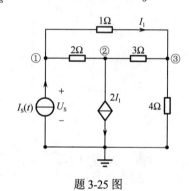

题 3-25 图

第4章　电路定理

本章以线性电阻电路为对象进行深入分析和研究，进而得出一些具有普遍适用性或在一定范围内适用的结论，这些结论称为电路定理。电路定理是电路基本性质的体现，学习电路定理不仅可以加深对电路内在规律的认识，而且还能把这些定理直接应用于电路的求解或对一些结论进行证明。在求解电路问题时，常常把电路的等效变换、电路的一般分析法及应用电路定理求解这三种类型的方法综合起来，灵活地运用，使电路问题得到最优、最简捷的求解，达到事半功倍的效果。

本章讨论的内容有叠加定理、替代定理、戴维宁定理和诺顿定理、最大功率传输定理、特勒根定理、互易定理、对偶原理。

4.1　叠加定理

由线性元件及独立电源组成的电路称为线性电路。线性电路中的独立电源（u_S、i_S）是电路的输入，对电路起着激励的作用，而线性电路中任意一处的电压、电流（u_k、i_k、u_{nk}、i_{lk}）则是由激励引起的响应（也称电路的输出）。在线性电路中，响应与激励之间将存在着线性关系，这个结论可通过下述具体例子予以说明。

图 4-1 所示为一单输入（激励）的线性电阻电路，若以 R_1 的电流 i_1 及 R_2 的电压 u_2 为输出（响应），则可求得

$$\left. \begin{array}{l} i_1 = \dfrac{U_S}{R_1 + \dfrac{R_2 \times R_3}{R_2 + R_3}} = \dfrac{R_2 + R_3}{R_1 R_2 + R_1 R_3 + R_2 R_3} U_S \\[4mm] u_2 = \dfrac{R_3}{R_2 + R_3} i_1 \times R_2 = \dfrac{R_2 R_3}{R_1 R_2 + R_1 R_3 + R_2 R_3} U_S \end{array} \right\} \tag{4-1}$$

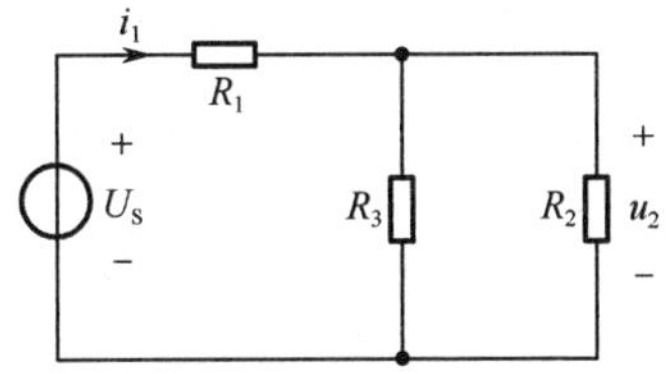

图 4-1　单激励线性电阻电路

若令

$$\left. \begin{array}{l} \alpha = \dfrac{R_2 + R_3}{R_1 R_2 + R_1 R_3 + R_2 R_3} \\[4mm] \beta = \dfrac{R_2 R_3}{R_1 R_2 + R_1 R_3 + R_2 R_3} \end{array} \right\} \tag{4-2}$$

由于 R_1、R_2、R_3 为常数，因此 α、β 是由电路结构、电阻元件参数及激励和响应的种类、位置决定的常数。于是式（4-1）可表示为如下线性关系：

$$\left. \begin{array}{l} i_1 = \alpha U_S \\ u_2 = \beta U_S \end{array} \right\} \tag{4-3}$$

显然，若 U_S 增大 K 倍，则 i_1、u_2 也随之增大 K 倍，即在单激励线性电路中响应与激励成正比。这样的性质，在数学中称为齐次性，在电路理论中称为"比例性"，它是线性电路中响应与激励之间存在着线性关系中的"线性"在单激励线性电路中的表现形式。比例性是线性电路的一个基本性质，利用这个性质可以简化电路的计算。

下面再以图 4-2（a）所示的双输入（激励）电路为例来讨论在多输入（激励）线性电路中，响应与激励的关系又是如何表示的。

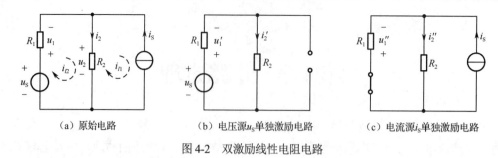

（a）原始电路　　　　　　　（b）电压源u_S单独激励电路　　　　　　（c）电流源i_S单独激励电路

图 4-2　双激励线性电阻电路

对图 4-2（a）所示电路采用回路分析法求解电压响应 u_1 及电流响应 i_2，设回路电流 i_{l1} 和 i_{l2} 如图 4-2（a）所示，列写出回路电流方程为

$$\left.\begin{aligned} l_1: & \quad i_{l1} = -i_S \\ l_2: & \quad -R_2 i_{l1} + (R_1 + R_2) i_{l2} = u_S \end{aligned}\right\} \tag{4-4}$$

求解得

$$\left.\begin{aligned} u_1 &= R_1 i_{l2} = \frac{R_1}{R_1 + R_2} u_S - \frac{R_1 R_2}{R_1 + R_2} i_S \\ i_2 &= -i_{l1} + i_{l2} = \frac{1}{R_1 + R_2} u_S + \frac{R_1}{R_1 + R_2} i_S \end{aligned}\right\} \tag{4-5}$$

式（4-5）就是响应 u_1 及 i_2 与两个激励 u_S、i_S 之间的关系式。若令

$$\left.\begin{aligned} \alpha_1 &= \frac{R_1}{R_1 + R_2} \\ \alpha_2 &= -\frac{R_1 R_2}{R_1 + R_2} \\ \alpha_3 &= \frac{1}{R_1 + R_2} \\ \alpha_4 &= \frac{R_1}{R_1 + R_2} \end{aligned}\right\} \tag{4-6}$$

由于 R_1、R_2 为常数，因此 α_1、α_2、α_3、α_4 是由电路结构、电阻元件参数及激励和响应的种类、位置决定的常数。于是式（4-5）可表示为如下线性组合关系：

$$\left.\begin{aligned} u_1 &= \alpha_1 u_S + \alpha_2 i_S \\ i_2 &= \alpha_3 u_S + \alpha_4 i_S \end{aligned}\right\} \tag{4-7}$$

从式（4-7）可以看出，每一个响应都由两项组成，而每一项又只与某一个激励成比例。若令

$$\left.\begin{aligned} u_1' &= \alpha_1 u_S \\ u_1'' &= \alpha_2 i_S \\ i_2' &= \alpha_3 u_S \\ i_2'' &= \alpha_4 i_S \end{aligned}\right\} \tag{4-8}$$

式中，u_1' 及 i_2' 正比于 u_S，可看作图 4-2（a）所示电路在 $i_S = 0$（电流源视为开路），仅由 u_S 单独作用时产生的响应，如图 4-2（b）所示；u_1'' 及 i_2'' 正比于 i_S，可看作图 4-2（a）所示电路在 $u_S = 0$（电压源视为短路），仅由 i_S 单独作用时产生的响应，如图 4-2（c）所示。于是式（4-7）又可写为

$$\left.\begin{array}{l} u_1 = u_1' + u_1'' \\ i_2 = i_2' + i_2'' \end{array}\right\} \tag{4-9}$$

式（4-9）表明：由两个激励共同作用于线性电路所产生的响应等于每一激励单独作用时产生的响应之和。这样的性质，在数学中称为"可加性"，在电路理论中称为"叠加性"，它是线性电路中响应与激励之间存在着线性关系中的"线性"在多激励线性电路中的表现形式，叠加性也是线性电路的一个基本性质，利用这个性质可以更进一步简化电路的计算。

线性电路的叠加性以叠加定理的形式来表达，其内容为：在任何由线性电阻、线性受控源及独立电源组成的电路中，每一元件的电流或电压可以看作每一个独立电源单独作用于电路时在该元件上所产生的电流或电压的代数和。

可以通过任意具有 b 条支路、n 个节点的电路来论述叠加定理的正确性。设电路各节点电压分别为 $u_{n1}, u_{n2}, \cdots, u_{n(n-1)}$，则该电路的节点电压方程为

$$\left.\begin{array}{lllll} G_{11}u_{n1} & +G_{12}u_{n2} & +\cdots+ & G_{1(n-1)}u_{n(n-1)} & = i_{S11} \\ G_{21}u_{n1} & +G_{22}u_{n2} & +\cdots+ & G_{2(n-1)}u_{n(n-1)} & = i_{S22} \\ \vdots & \vdots & \vdots & \vdots & \vdots \\ G_{(n-1)1}u_{n1} & +G_{(n-1)2}u_{n2} & +\cdots+ & G_{(n-1)(n-1)}u_{n(n-1)} & = i_{S(n-1)(n-1)} \end{array}\right\} \tag{4-10}$$

根据克莱姆法则，任一节点电压可表示为

$$u_{nj} = \frac{\Delta_{1j}}{\Delta}i_{S11} + \frac{\Delta_{2j}}{\Delta}i_{S22} + \cdots + \frac{\Delta_{ij}}{\Delta}i_{Sii} + \cdots + \frac{\Delta_{(n-1)j}}{\Delta}i_{S(n-1)(n-1)}, \quad j=1,2,\cdots,n-1 \tag{4-11}$$

式（4-11）中，Δ 为方程组的系数行列式，它仅取决于电路的结构和电阻元件的参数；Δ_{ij} 为 Δ 中第 i 行第 j 列元素对应的代数余子式，$i=1,2,\cdots,n-1$，$j=1,2,\cdots,n-1$，Δ_{ij}/Δ 是具有电阻量纲的常数。i_{Sii} 是流入节点 n_i 的电流源电流（包括等效电流源电流）的代数和，可表示为

$$i_{Sii} = \sum_{n_i} i_{Sk}(G_k u_{Sk}), \quad i=1,2,\cdots,n-1 \tag{4-12}$$

即 i_{Sii} 是与节点 n_i 相关的独立电源的线性组合，将式（4-12）代入式（4-11）中，就得到节点电压可表示为电路中所有激励源的线性组合。当电路中有 g 个电压源和 h 个电流源时，任一节点电压都可以写为以下形式：

$$\begin{aligned} u_{nj} &= k_{j1}u_{S1} + k_{j2}u_{S2} + \cdots + k_{jg}u_{Sg} + r_{j1}i_{S1} + r_{j2}i_{S2} + \cdots + r_{jh}i_{Sh} \\ &= \sum_{m=1}^{g} k_{jm}u_{Sm} + \sum_{m=1}^{h} r_{jm}i_{Sm}, \qquad j=1,2,\cdots,n-1 \end{aligned} \tag{4-13}$$

其中每一项又只与某一激励成比例，可看作该激励源单独作用于电路时产生的节点电压响应，故式（4-13）又可写为

$$u_{nj} = u_{nj}' + u_{nj}'' + \cdots + u_{nj}^{(g)} + u_{nj}^{(g+1)} + \cdots + u_{nj}^{(g+h)}, \qquad j=1,2,\cdots,n-1 \tag{4-14}$$

上式表明，每一节点电压都可以看作电路中各个激励源分别单独作用时所产生的节点电压的代数和。由于支路电压通过 KVL 这一线性约束与节点电压联系在一起，因此支路电压也具有以上规律性；又因为每一支路电流与支路电压线性相关，所以电路中的电压或电流响应都可表示为所有激励源的线性组合，或者电路中各激励源分别单独作用时所产生的电压或电流的代数和。由此可见，对于任意线性电路而言，叠加定理总是成立的。

叠加定理是分析线性电路的基础，可用它来简化电路的计算。如图 4-3 所示，在分析计算多激励的复杂电路时，可先将这个复杂电路分解为多个分电路的组合，其中每一个分电路对应于一个电源或一组电源单独起作用，分别计算各分电路中的电流响应 $i^{(k)}$ 或电压响应 $u^{(k)}$，最后对各分

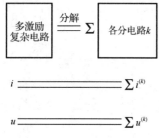

图4-3　叠加定理应用示意图

电路中的电流响应 $i^{(k)}$ 或电压响应 $u^{(k)}$ 求代数和，就得到原复杂电路中的电流响应 i 或电压响应 u。由于各分电路中不起作用的电压源置零短路，不起作用的电流源置零开路，因此分电路的结构可能会变得很简单，求解也容易得多，这样就可通过对多个简单电路的计算代替原本复杂电路的计算。

应用叠加定理求解电路，其实与科学研究中经常使用的分解与合成的方法是一致的。如高等数学中的泰勒级数、傅里叶级数等，其过程都是先分解后合成。分解是为了看清事物中每个单元的特点和作用，合成是为了表示每个单元共同作用后的总体特性。因此，将电路分解为各个分电路，从各个分电路的响应中可以看清各个电源单独作用时产生的响应情况，最后通过对各个分电路的响应求和进行合成，又可以得到所有电源共同作用时产生的响应情况。

在应用叠加定理时，应注意以下几点：

（1）叠加定理仅适用于线性电路，不适用于非线性电路。

（2）当令某一激励源单独作用时，其他激励源都不起作用，应置零，即不起作用的独立电压源置零用短路替代，不起作用的独立电流源置零用开路替代。

（3）电路中的受控源不能单独作用。因为受控源的电压或电流不是电路的激励，所以受控源与电阻元件一样要保留在各分电路中，并且要注意各分电路中控制量的变化情况。

（4）对各激励源单独作用产生的电流响应或电压响应叠加时要注意按参考方向求其代数和。

（5）在计算元件的功率时，应先用叠加定理计算出该元件上的总电压和总电流，再用 $p = ui$ 计算出总的功率。

下面以图4-2所示电路为例说明功率的计算。设流过 R_2 的电流为 i_2，其两端电压为 u_2，根据叠加定理可分别表示为

$$i_2 = i_2' + i_2'', \quad u_2 = u_2' + u_2''$$

R_2 上的功率应为

$$p_{R_2} = u_2 i_2 = (u_2' + u_2'')(i_2' + i_2'') = u_1' i_2' + u_1'' i_2'' + u_1' i_2'' + u_1'' i_2' \neq u_1' i_2' + u_1'' i_2''$$

由此可见，原电路的功率不等于按各分电路计算所得的功率的叠加。如果直接用叠加定理来计算，将失去"交叉乘积"项，即由一个电源所产生的电压与由另一个电源所产生的电流相互作用所产生的功率项。

例 4-1　如图4-4（a）所示电路，试用叠加定理求电压 U。

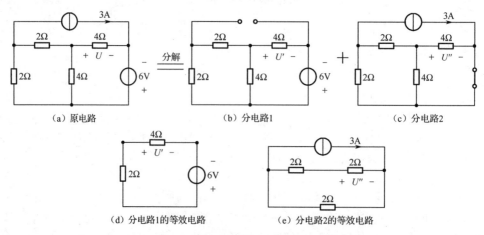

图4-4　例4-1图

解：当 6V 电压源单独作用于电路时，如图 4-4（b）分电路 1 所示，等效化简为图 4-4（d），求得

$$U' = \frac{4}{2+4} \times 6 = 4V$$

当 3A 电流源单独作用于电路时，如图 4-4（c）分电路 2 所示，等效化简为图 4-4（e），求得

$$U'' = -2 \times \frac{2}{(2+2)+2} \times 3 = -2V$$

根据叠加定理，可得　　　　　　　　　　$U = U' + U'' = 4 - 2 = 2V$

例 4-2　如图 4-5（a）所示的电路，求电流 i、电压 u 和 2Ω 电阻消耗的功率 $p_{2\Omega}$。

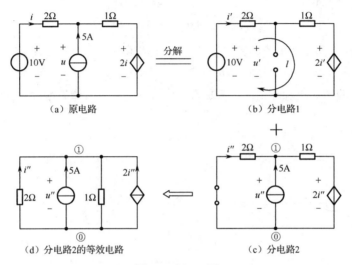

图 4-5　例 4-2 图

解：应用叠加定理求解 i 及 u。图 4-5（a）分解为两个分电路之和，如图 4-5（b）、（c）所示。

当 10V 电压源单独作用于电路时，如图 4-5（b）分电路 1 所示，对回路 l 列写出 KVL 方程有

$$(2+1)i' + 2i' = 10$$

解得　　　　　　　　　　$i' = 2A$，$u' = 1 \times i' + 2i' = 6V$

当 5A 电流源单独作用于电路时，如图 4-5（c）分电路 2 所示，经等效变换为图 4-5（d），应用节点分析法列写出节点电压方程有

$$\left(\frac{1}{2} + \frac{1}{1}\right)u_{n1} = 5 + 2i''$$

控制量用节点电压表示　　　　　　　　　　$i'' = -\frac{u_{n1}}{2}$

联立求解得　　　　　$u_{n1} = 2V$，$i'' = -1A$，$u'' = u_{n1} = 2V$

根据叠加定理，可得　　$i = i' + i'' = 2 - 1 = 1A$，$u = u' + u'' = 6 + 2 = 8V$

2Ω 电阻消耗的功率　　　　　　　　　$p_{2\Omega} = 2i^2 = 2W$

在求解过程中，既应用了叠加定理，又运用了含源支路等效变换及节点分析法，使电路问题的求解过程更加简捷。

例 4-3　如图 4-6（a）所示的电路，试用叠加定理求电流 i。

解：当 u_S 单独作用于电路时，如图 4-6（b）分电路 1 所示，求得

$$i_1' = \frac{u_S}{2} = \frac{2}{2} = 1A$，$i' = 5i_1' = 5 \times 1 = 5A$$

当 i_S 单独作用于电路时，如图 4-6（c）分电路 2 所示，求得

$$i_1'' = 0 ，\quad 5i_1'' = 0 ，\quad i'' = -i_S = -1\text{A}$$

根据叠加定理，可得

$$i = i' + i'' = 5 - 1 = 4\text{A}$$

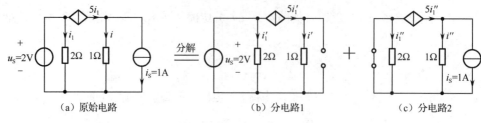

（a）原始电路　　　　　　　　（b）分电路1　　　　　　　（c）分电路2

图 4-6　例 4-3 图

例 4-4　如图 4-7 所示的电路，其中 N_0 为线性电阻网络。已知当 $u_S = 4\text{V}$，$i_S = 1\text{A}$ 时，$u = 0$；当 $u_S = 2\text{V}$，$i_S = 0$ 时，$u = 1\text{V}$。试求当 $u_S = 10\text{V}$，$i_S = 1.5\text{A}$ 时，u 为多少？

解：该电路中只有两个独立电源，根据叠加定理，响应是各激励源的线性组合，应有

$$u = \alpha_1 u_S + \alpha_2 i_S$$

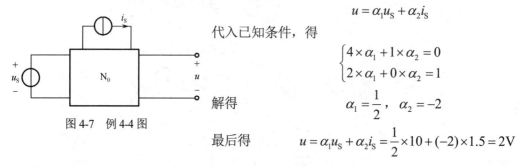

代入已知条件，得

$$\begin{cases} 4 \times \alpha_1 + 1 \times \alpha_2 = 0 \\ 2 \times \alpha_1 + 0 \times \alpha_2 = 1 \end{cases}$$

解得

$$\alpha_1 = \frac{1}{2} ，\quad \alpha_2 = -2$$

图 4-7　例 4-4 图

最后得

$$u = \alpha_1 u_S + \alpha_2 i_S = \frac{1}{2} \times 10 + (-2) \times 1.5 = 2\text{V}$$

4.2　替代定理

替代定理是集中参数电路理论中很重要的一个定理。从理论上讲，对具有唯一解的任何电路（线性或非线性），替代定理都是成立的，不过在线性电路的分析中，替代定理应用得更加普遍。

替代定理叙述如下：给定任意一个具有唯一解的线性电阻电路，若其中第 k 条支路的电压 u_k 和电流 i_k 已知，那么这条支路就可以用大小和方向与 u_k 相同的电压源替代，或用大小和方向与 i_k 相同的电流源替代，而对整个电路的各个电压、电流不产生影响，即替代后电路中全部电压和电流均将保持原值。

图 4-8 为替代定理示意图，其中第 k 条支路可以认为是一个广义支路，它可以是无源支路，也可以是含源支路（如电压源和电阻的串联支路，或电流源和电阻的并联支路），还可以是无源单口网络、含源单口网络，甚至还可以是非线性元件支路或动态元件支路。如果第 k 条支路是单口网络，其内部受控源的控制量应不在 N 内，同理，N 内受控源的控制量也应不在该单口网络内，即作为 k 条支路的单口网络与电路的其他部分不应有电耦合关系。

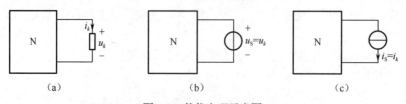

（a）　　　　　　　　　　（b）　　　　　　　　　　（c）

图 4-8　替代定理示意图

如果某支路的电压 u 和电流 i（设为关联参考方向）均已知，则该支路也可用电阻值 $R=u/i$ 的电阻替代。

替代定理的一般性证明较烦琐，可以用如图 4-9 所示的特性曲线给出直观性说明。如果第 k 条支路用 $u_S=u_k$ 电压替代，其特性曲线为一条平行于 i 轴的直线；如果第 k 条支路用 $i_S=i_k$ 电流源替代，其特性曲线为一条平行于 u 轴的直线。在 $u-i$ 平面上，两种替代元件的特性曲线都经过点 (i_k,u_k)，而 k 支路的特性曲线也必将通过这一点，因此，对特性曲线上这一特定的点 (i_k,u_k)，替代是有效的、正确的，它保证了第 k 条支路端口伏安特性在特定的点 (i_k,u_k) 上保持不变，从而保证了 N 内的电压、电流不变。

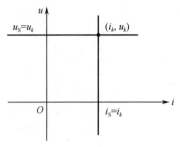

图 4-9　替代定理正确性的直观性说明图

替代定理的正确性还可以用以下简单的事实来说明。对给定的具有唯一解的线性电阻电路，可以列写出回路电流方程或节点电压方程，而第 k 条支路的电压或电流必然会以回路电流形式（或以节点电压形式）出现在电路方程中，现将第 k 条支路的已知电压或电流用电压源或电流源替代后，相当于将电路方程中某未知量用其解替代，这样肯定不会引起方程中其他未知量的解在数值上的改变。

图 4-10 为替代定理应用的实例。对图 4-10（a）所示电路，先应用节点分析法计算支路电压 u_3 和支路电流 i_1、i_2、i_3，列写出节点电压为

$$\left(\frac{1}{1}+\frac{1}{2}\right)u_{n1}=8-\frac{4}{2}$$

解得　　　　　　$u_3=u_{n1}=4\text{V}$，$i_1=8\text{A}$，$i_2=\frac{u_3}{1}=\frac{4}{1}=4\text{A}$，$i_3=i_1-i_2=4\text{A}$

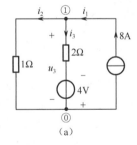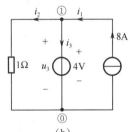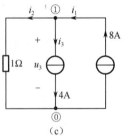

图 4-10　替代定理应用示例

（1）将 4V 与 2Ω 串联的支路用 4V 独立电压源替代，如图 4-10（b）所示，由该图可求得

$$u_3=4\text{V}，i_1=8\text{A}，i_2=\frac{u_3}{1}=\frac{4}{1}=4\text{A}，i_3=i_1-i_2=4\text{A}$$

（2）将 4V 与 2Ω 串联的支路用 4A 独立电流源替代，如图 4-10（c）所示，由该图可求得

$$i_1=8\text{A}，i_3=4\text{A}，i_2=i_1-i_3=4\text{A}，u_3=1\times i_2=4\text{V}$$

可见，在两种替代后的电路中，所计算出的支路电压 u_3 和支路电流 i_1、i_2、i_3 与替代前的原电路是完全相同的。

例 4-5　如图 4-11（a）所示电路，已知 $i=10\text{A}$，试求电压 u。

解： 根据替代定理，可将含源单口网络 N_S 用 10A 电流源替代，如图 4-11（b）所示，注意电流源的参考方向应与 i 给定方向相同。设定参考节点，列写出节点电压方程为

$$\left(\frac{1}{2}+\frac{1}{6}+\frac{1}{3}\right)u_{n1}=\frac{40}{2}-\frac{30}{3}+10$$

解得
$$u=u_{n1}=20\text{V}$$

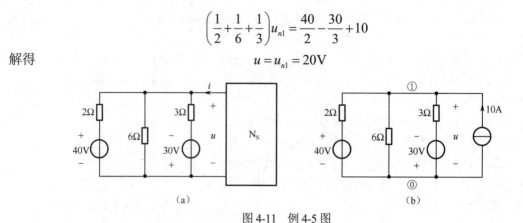

图 4-11　例 4-5 图

　　替代定理的用途很多，在推导其他线性电路定理时可能会用到，也可用它对电路进行化简，从而使电路易于分析或计算。在非线性电路分析中，若确定了非线性元件上的电压、电流响应，代之以电压源或电流源，则电路中其他的电压、电流响应的分析计算便可按线性电路处理。同理，在动态电路分析中，若确定了动态元件上的电压、电流响应，代之以电压源或电流源，则电路中其他的电压、电流响应的分析计算便可按线性电阻电路处理。

　　值得注意的是，虽然"替代"与第 2 章的"等效变换"都简化了电路分析，但它们是两个不同的概念。"替代"是在给定被替代部分以外的电路的情况下，用独立电源替代已知端口电压或电流的单口网络，如果被替代部分以外的电路发生变化，相应的被替代的单口网络的电压或电流也随之发生变化，这样，对于不同的外电路，替代单口网络的独立电源值是不同的。因此，替代的电压源或电流源是依赖于外电路的，它们只对特定已知的外电路有效；而"等效变换"是两个具有相同外特性的单口网络之间的相互置换，与变换以外的电路无关。等效电路对任意外电路都有效，而不是对某一特定的外电路有效。因此，等效电路是独立于外电路的。

4.3　戴维宁定理和诺顿定理

　　在第 2 章中描述了电阻电路的等效变换问题，通过求出单口网络的外特性方程，由等效的定义来构造其等效电路，并形成这样一个共识：对于任何一个含电阻和受控源的无源单口网络 N_0，其等效电路为一个电阻支路。那么对一个既含独立电源又含电阻和受控源的含源单口网络 N_s，它的最简等效电路是什么形式呢？用什么方法可以既方便又快捷地求出最简等效电路呢？下面介绍的戴维宁定理和诺顿定理圆满地回答了这些问题。

　　戴维宁定理是法国电报工程师 L. C. Thevenin 于 1883 年提出的，其内容为：任何一个含源单口网络 N_s，对外电路而言，可以用一个电压源和电阻串联的支路作为等效电路。其电压源电压等于含源单口网络 N_s 的开路电压 u_{oc}，其串联电阻等于将含源单口网络 N_s 内全部独立电源置零时所得的无源单口网络 N_0 的等效电阻 R_{eq}。戴维宁定理可用图 4-12 表示。

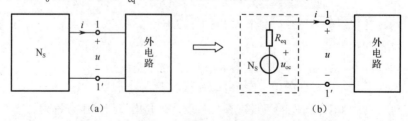

图 4-12　戴维宁定理示意图

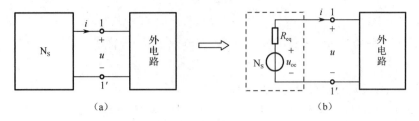

图 4-12　戴维宁定理示意图（续）

图 4-12（b）中的电压源 u_{oc} 与电阻 R_{eq} 串联支路被称为戴维宁等效电路。

诺顿定理是在戴维宁定理发表 50 年后由美国贝尔实验室工程师 E.L.Norton 提出的，其内容为：任何一个含源单口网络 N_S，对外电路而言，可以用一个电流源和电阻并联的支路作为等效电路。其电流源电流等于含源单口网络 N_S 的短路电流 i_{sc}，其并联电阻等于将含源单口网络 N_S 内全部独立电源置零时所得无源单口网络 N_0 的等效电阻 R_{eq}。诺顿定理可用图 4-13 表示。

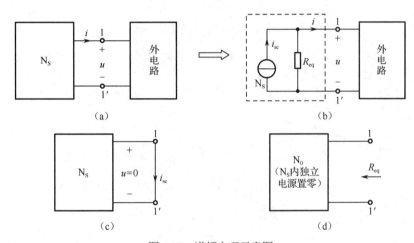

图 4-13　诺顿定理示意图

图 4-13（b）中的电流源 i_{sc} 与电阻 R_{eq} 并联支路被称为诺顿等效电路。

戴维宁定理和诺顿定理都可用替代定理和叠加定理来证明。

对图 4-12（b）的戴维宁等效电路而言，其端口 1–1′ 的外特性方程为

$$u = u_{oc} - R_{eq}i \tag{4-15}$$

因此，根据等效的概念，只需证明含源单口网络 N_S 端口 1–1′ 的外特性方程与式（4-15）完全相同，即可证明戴维宁定理是成立的。

对图 4-12（a）所示的电路，根据替代定理可将外电路用电流源 i 替代，得到图 4-14（a）所示电路。根据叠加定理，电压 u 可以看成仅由 N_S 内所有独立电源作用［电流源 i 置零用开路代替，见图 4-14（b）］产生的电压 u' 与电流源 i 单独作用［N_S 内所有独立电源置零，N_S 变为 N_0，见图 4-14（c）］产生的电压 u'' 之和，即

$$u = u' + u'' \tag{4-16}$$

由图 4-14（b）可见，u' 就是 N_S 的开路电压 u_{oc}，即

$$u' = u_{oc} \tag{4-17}$$

由图 4-14（c）可见，单口网络 N_0 可等效为一个电阻 R_{eq}，$i'' = i_S = i$ 且 u'' 与 i 对 N_0 而言取非关联参考方向，因此，根据欧姆定律，有

$$u'' = -R_{eq}i \tag{4-18}$$

将 u'、u'' 代入式（4-16）中，得含源单口网络 N_S 端口 $1-1'$ 的外特性方程为

$$u = u_{oc} - R_{eq}i \tag{4-19}$$

式（4-19）与式（4-15）完全相同，从而戴维宁定理得证。

诺顿定理的证明过程与戴维宁定理的证明过程相似，这里不再叙述。

一般而言，含源单口网络 N_S 的戴维宁等效电路和诺顿等效电路都存在。根据含源支路的等效变换，戴维宁等效电路与诺顿等效电路之间又可以进行等效变换，如图 4-15 所示。

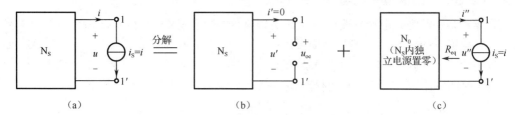

图 4-14　戴维宁定理的证明图示

开路电压 u_{oc}、短路电流 i_{sc} 和等效电阻 R_{eq} 三者之间的关系为

$$i_{sc} = \frac{u_{oc}}{R_{eq}} \tag{4-20}$$

或

$$u_{oc} = R_{eq}i_{sc} \tag{4-21}$$

从而

$$R_{eq} = \frac{u_{oc}}{i_{sc}} \tag{4-22}$$

式（4-22）给出了求 R_{eq} 的另一种方法，这种方法简称为开路短路法。

如果含源单口网络 N_S 内部仅有独立电源和电阻，没有受控源，则戴维宁等效电路或诺顿等效电路可由第 2 章所述的方法逐步等效化简得到。

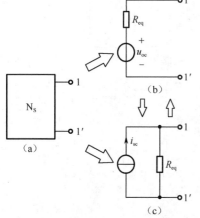

图 4-15　戴维宁等效电路与诺顿等效电路的等效变换

当含源单口网络 N_S 内部除独立电源和电阻外还含有受控源时，N_S 内部的独立电源置零后所得无源单口网络 N_0 的等效电阻 R_{eq} 有可能为零或无限大。如果 $R_{eq} = 0$ 而开路电压 u_{oc} 为有限值，此时含源单口网络 N_S 存在戴维宁等效电路且仅为单一电压源支路，但因 G_{eq} 与 i_{sc} 均趋于无限大，故不存在诺顿等效电路。如果求得 R_{eq} 为无限大（或 $G_{eq} = 0$）而短路电流 i_{sc} 为有限值，此时含源单口网络 N_S 存在诺顿等效电路且仅为单一电流源支路，但因 R_{eq} 与 u_{oc} 均趋于无限大，故不存在戴维宁等效电路。

应用戴维宁定理和诺顿定理的关键是求出含源单口网络 N_S 的开路电压 u_{oc}（或短路电流 i_{sc}）和等效电阻 R_{eq}。有很多方法可用来计算 u_{oc} 或 i_{sc}，而求解 R_{eq} 的方法灵活多样，下面对求 R_{eq} 的方法做以下归纳：

（1）等效变换法　若含源单口网络 N_S 中无受控源，当 N_S 内所有独立电源置零时所得到的 N_0 将是一个纯电阻电路，大多数情况下，利用电阻的串并联关系逐步等效化简，可非常方便地求出 R_{eq}。若遇到电阻的 Y、△形连接，可先进行 Y-△等效互换，再利用电阻的串并联关系求出 R_{eq}。

（2）外施电源法　若含源单口网络 N_S 中含受控源，当 N_S 内所有独立电源置零时所得到的 N_0 将含有受控源，这时只能用求输入电阻的方法（外施电源法）求其等效电阻，如图 4-16 所示。在

u 与 i 对 N_0 取关联参考方向的条件下，N_0 的输入电阻 R_{in} 为

$$R_{in} = \frac{u}{i} = R_{eq}$$

（3）开路短路法　求出 N_S 的开路电压 u_{oc} 和短路电流 i_{sc}（注意 u_{oc} 和 i_{sc} 参考方向的设定），根据式（4-22），有

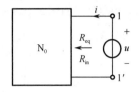

图 4-16　外施电源法求 R_{eq} 图示

$$R_{eq} = \frac{u_{oc}}{i_{sc}}$$

应用戴维宁定理和诺顿定理时还应注意以下问题：

（1）所要等效的含源单口网络 N_S 必须为线性电路，因为在证明戴维宁定理和诺顿定理时用到了叠加定理。至于外电路则没有限制，它甚至可以是非线性电路。

（2）在将整个电路分解为含源单口网络 N_S 与外电路两部分的组合时，要注意这两部分内的受控源的控制量可以是公共端上的电压或电流，但不能是相互内部的电压或电流。

在电路分析中，有时只需要分析求解电路中某一支路的电压、电流或功率。这时应用戴维宁定理（或诺顿定理）会很有效。具体操作方法是：将电路中除这条支路以外的其余部分看成一个含源单口网络 N_S，求出其戴维宁等效电路（或诺顿等效电路），最后由等效电路可方便快捷地得出待求支路的电压、电流和功率。下面举例进一步说明戴维宁定理和诺顿定理的应用。

例 4-6　如图 4-17（a）所示电路，试用诺顿定理求电流 i。

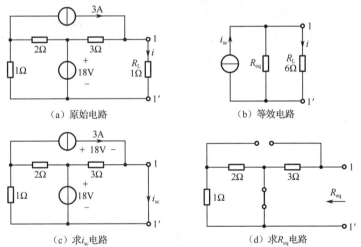

图 4-17　例 4-6 图

解：根据诺顿定理，图 4-17（a）所示电路中除 R_L 之外，其余部分所构成的含源单口网络 N_S 可以等效化简为诺顿等效电路，如图 4-17（b）所示。

为求得 i_{sc}，应将该含源单口网络 N_S 的 1—1′ 短路，如图 4-17（c）所示，显然，有

$$i_{sc} = 3 + 18/3 = 9A$$

为求得 R_{eq}，应将该含源单口网络 N_S 内部的独立电压源置零用短路替代，独立电流源置零用开路替代，得到无源单口网络 N_0 如图 4-17（d）所示。显然，有

$$R_{eq} = 3\Omega$$

最后，由图 4-17（b）可求得电流　　　$i = \dfrac{R_{eq}}{R_{eq} + R_L} i_{sc} = \dfrac{3}{3+6} \times 9 = 3A$

例4-7　如图4-18（a）所示电路，试用戴维宁定理求U_o。

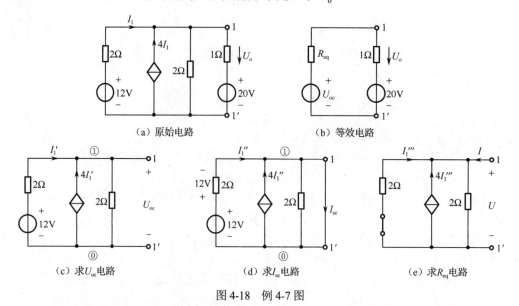

图4-18　例4-7图

解： 根据戴维宁定理，图4-18（a）所示电路中1—1′端口左边部分所构成的含源单口网络N_S可以化简为戴维宁等效电路，如图4-18（b）所示。

求u_{oc}的电路如图4-18（c）所示，列写出节点电压方程为

$$\left(\frac{1}{2}+\frac{1}{2}\right)U_{n1}=\frac{12}{2}+4I_1'$$

控制量用节点电压表示

$$I_1'=\frac{12-U_{n1}}{2}$$

联立求解得

$$U_{oc}=U_{n1}=10\text{V}$$

求I_{sc}的电路如图4-18（d）所示，显然有

$$I_1''=\frac{12}{2}=6\text{A}, \quad I_{sc}=I_1''+4I_1''=5I_1''=30\text{A}$$

根据开路短路法，可求得等效电阻R_{eq}为

$$R_{eq}=\frac{U_{oc}}{I_{sc}}=\frac{10}{30}=\frac{1}{3}\Omega$$

等效电阻R_{eq}还可以由图4-18（e），用外施电源法求出。对图4-18（e）列写出电路方程，有

$$\left. \begin{array}{c} I=-I_1'''-4I_1'''+\dfrac{U}{2} \\[2mm] I_1'''=-\dfrac{U}{2} \end{array} \right\}$$

联立求解得

$$R_{eq}=\frac{U}{I}=\frac{1}{3}\Omega$$

最后，由图4-18（b）可求得电压

$$U_o=\frac{U_{oc}-20}{R_{eq}+1}\times1=\frac{10-20}{\dfrac{1}{3}+1}\times1=-\frac{30}{4}\text{V}$$

4.4 最大功率传输定理

在实际电子电路中，常常要求负载电阻 R_L 从给定的线性含源单口网络 N_S 中获得最大功率，这就是最大功率传输问题。

如图 4-19（a）所示，给定的一线性含源单口网络 N_S，接在它两端的负载电阻 R_L 不同，从含源单口网络 N_S 传输给负载电阻 R_L 的功率也不同。在什么条件下，负载电阻 R_L 能得到的功率为最大呢？为了分析方便，应用戴维宁定理或诺顿定理对含源单口网络 N_S 进行等效化简，如图 4-19（b）、（c）所示。由于含源单口网络 N_S 内部的电路结构和元件参数是确定的，因此戴维宁等效电路（或诺顿等效电路）中的 u_{oc}（或 i_{sc}）和 R_{eq} 为定值。负载电阻 R_L 所吸收的功率 p_L 只随电阻 R_L 的变化而变化。

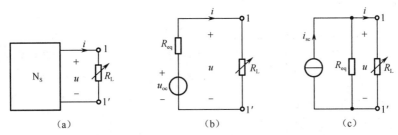

图 4-19 最大功率传输图示

由图 4-19（b），可写出 R_L 为任意值时的功率 p_L

$$p_L = R_L i^2 = R_L \left(\frac{u_{oc}}{R_{eq} + R_L} \right)^2 = f(R_L) \tag{4-23}$$

要使 p_L 为最大，应使 $\dfrac{\mathrm{d}p_L}{\mathrm{d}R_L} = 0$，即

$$\frac{\mathrm{d}p_L}{\mathrm{d}R_L} = u_{oc}^2 \left[\frac{(R_{eq} + R_L)^2 - 2(R_{eq} + R_L)R_L}{(R_{eq} + R_L)^4} \right] = u_{oc}^2 \frac{(R_{eq} - R_L)}{(R_{eq} + R_L)^3} = 0 \tag{4-24}$$

由此可得

$$R_L = R_{eq} \tag{4-25}$$

又由于

$$\left. \frac{\mathrm{d}^2 p_L}{\mathrm{d}R_L^2} \right|_{R_L = R_{eq}} = -\frac{u_{oc}^2}{8 R_{eq}^3} < 0 \tag{4-26}$$

因此，式（4-25）即为使 p_L 为最大的条件。因此，由线性含源单口网络 N_S 传输给可变负载电阻 R_L 的功率为最大的条件是：负载电阻 R_L 与戴维宁（或诺顿）等效电阻 R_{eq} 相等。此即最大功率传输定理。满足 $R_L = R_{eq}$ 时，称为最大功率匹配，此时负载电阻 R_L 所获得的最大功率为

$$p_{L\max} = \frac{u_{oc}^2}{4 R_{eq}} \tag{4-27}$$

如用诺顿等效电路，因 $u_{oc} = R_{eq} i_{sc}$，则

$$p_{L\max} = \frac{i_{sc}^2}{4} R_{eq} \tag{4-28}$$

在分析计算从给定电源向负载传输功率时，还有一个传输效率问题。对于通信系统和测量系统，往往着眼于传输功率的大小问题，即如何从给定的信号源（产生通信信号或测量信号的"源"）获得尽可能大的信号功率。而对于交、直流电力传输网络，传输的电功率巨大，使得传输引起的

损耗、传输效率成为首要考虑的问题。下面分别从含源单口网络 N_S 内部独立电源及戴维宁等效电路中等效电压源两种角度来定义在负载电阻获得最大功率时的传输效率。

由图 4-20（a），含源单口网络 N_S 内部独立电源发出的功率可表示为

$$p_S = p_R + p_{L\max} \tag{4-29}$$

式（4-29）中 p_R 表示 N_S 内部消耗的功率，这时传输效率为

$$\eta_S = \frac{p_{L\max}}{p_S} \times 100\% \tag{4-30}$$

由图 4-20（b），含源单口网络 N_S 的戴维宁等效电路中等效电压源 u_{oc} 发出的功率可表示为

$$p_{u_{oc}} = p_{R_{eq}} + p_{L\max} = 2p_{L\max} \tag{4-31}$$

这时传输效率为

$$\eta_{u_{oc}} = \frac{p_{L\max}}{p_{u_{oc}}} \times 100\% = 50\% \tag{4-32}$$

由于含源单口网络 N_S 和它的戴维宁等效电路就其内部功率而言是不等效的，即 $p_R \neq p_{R_{eq}}$，因此 $\eta_S \neq \eta_{u_{oc}}$。

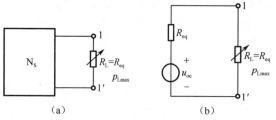

（a）　　　　　　　（b）

图 4-20　两种传输效率图示

例 4-8　如图 4-21（a）所示电路。

（1）求 R_L 获得最大功率时的值；

（2）当 R_L 获得最大功率时，求 9V 电压源传输给负载 R_L 的功率传输效率 η_S 为多少？

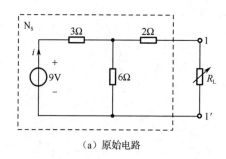
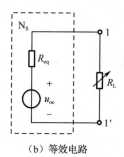

（a）原始电路　　　　　　　　（b）等效电路

图 4-21　例 4-8 图

解：（1）求 N_S 的戴维宁等效电路。由图 4-21（a），容易得

$$u_{oc} = \frac{6}{6+3} \times 9 = 6V，\quad R_{eq} = \frac{3 \times 6}{3+6} + 2 = 4\Omega$$

根据最大功率传输定理，当 $R_L = R_{eq} = 4\Omega$ 时，R_L 可获得最大功率，其最大功率为

$$p_{L\max} = \frac{u_{oc}^2}{4R_{eq}} = \frac{6^2}{4 \times 4} = \frac{9}{4}W$$

这时等效电压源 u_{oc} 传输给负载 R_L 的功率传输效率为

$$\eta_{u_{oc}} = \frac{p_{L\max}}{p_{u_{oc}}} \times 100\% = 50\%$$

（2）当 $R_L = R_{eq} = 4\Omega$ 时，由图 4-21（a），容易求出 9V 电压源上的电流为

$$i = \frac{9}{3 + \frac{6 \times (2+4)}{6 + (2+4)}} = \frac{3}{2}A$$

所以 9V 电压源发出的功率为
$$p_{\mathrm{S}} = 9 \times i = 9 \times \frac{3}{2} = \frac{27}{2}\,\mathrm{W}$$

这时 9V 电压源传输给负载 R_{L} 的功率传输效率为
$$\eta_{\mathrm{S}} = \frac{p_{\mathrm{L\,max}}}{p_{\mathrm{S}}} \times 100\% = \frac{9/4}{27/2} \times 100\% = 16.6\%$$

例 4-9　如图 4-22（a）所示电路，设负载 R_{L} 可变，问 R_{L} 为多大时，它可获得最大功率？此时最大功率 $p_{\mathrm{L\,max}}$ 为多少？

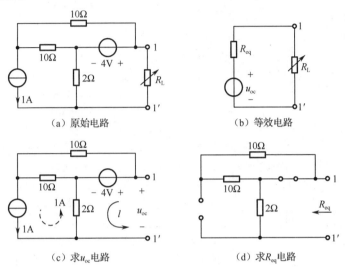

图 4-22　例 4-9 图

解： 将图 4-22（a）所示电路中除 R_{L} 以外的含源单口网络 $\mathrm{N_S}$ 等效化简为戴维宁等效电路，如图 4-22（b）所示。由图 4-22（c），容易得
$$u_{\mathrm{oc}} = 4 - 2 \times 1 = 2\mathrm{V}$$

由图 4-22（d），容易得
$$R_{\mathrm{eq}} = 2\Omega$$

根据最大功率传输定理，当 $R_{\mathrm{L}} = R_{\mathrm{eq}} = 2\Omega$ 时，R_{L} 可获得最大功率，其最大功率为
$$p_{\mathrm{L\,max}} = \frac{u_{\mathrm{oc}}^2}{4R_{\mathrm{eq}}} = \frac{2^2}{4 \times 2} = \frac{1}{2}\,\mathrm{W}$$

例 4-10　在图 4-23（a）所示的电路中，问 R_{L} 为何值时，它可获得最大功率，并求此最大功率。

解： 将图 4-23（a）所示电路中除 R_{L} 以外的含源单口网络 $\mathrm{N_S}$ 等效化简为戴维宁等效电路，如图 4-23（b）所示。为了方便求解，首先将 $\mathrm{N_S}$ 内 $4i_1$ 与 50Ω 电阻的并联支路等效变换为 $200i_1$ 与 50Ω 电阻的串联支路，如图 4-23（c）所示。

求 u_{oc} 电路如图 4-23（d）所示，对回路 l 应用 KVL，有
$$(50 + 50 + 100)i_1' = 40 - 200i_1'$$

解得
$$i_1' = 0.1\mathrm{A}\,,\quad u_{\mathrm{oc}} = 100i_1' = 10\mathrm{V}$$

求 i_{sc} 电路如图 4-23（e）所示，容易得
$$i_1'' = 0\,,\quad 200i_1'' = 0\,,\quad i_{\mathrm{sc}} = \frac{40}{50 + 50} = 0.4\mathrm{A}$$

利用开路短路法，求得等效电阻 R_{eq} 为

$$R_{\text{eq}} = \frac{u_{\text{oc}}}{i_{\text{sc}}} = \frac{10}{0.4} = 25\Omega$$

根据最大功率传输定理，当 $R_{\text{L}} = R_{\text{eq}} = 25\Omega$ 时，R_{L} 可获得最大功率，其最大功率为

$$p_{\text{Lmax}} = \frac{u_{\text{oc}}^2}{4R_{\text{eq}}} = \frac{10^2}{4 \times 25} = 1\text{W} \quad \text{或} \quad p_{\text{Lmax}} = \frac{i_{\text{sc}}^2}{4}R_{\text{eq}} = \frac{0.4^2}{4} \times 25 = 1\text{W}$$

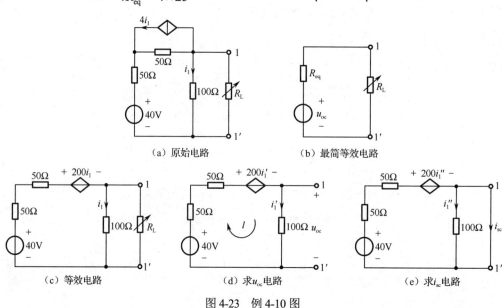

图 4-23　例 4-10 图

4.5　特勒根定理

特勒根定理是在基尔霍夫定律的基础上发展起来的一个重要的网络定理，它在电路理论、电路的灵敏度分析和计算机辅助设计中有着广泛的应用。特勒根定理有两种形式。

4.5.1　特勒根定理 I

特勒根定理 I：对于任意一个具有 b 条支路、n 个节点的集中参数电路 N，设各支路电压、电流分别为 u_k、i_k $(k = 1, 2, \cdots, b)$，且各支路电压与电流均取关联参考方向，则对任何时间 t，有

$$\sum_{k=1}^{b} u_k i_k = 0 \tag{4-33}$$

即

$$\sum_{k=1}^{b} p_k = 0 \tag{4-34}$$

特勒根定理 I 表明：电路中各支路吸收功率的代数和恒为零。显然，该定理是电路功率守恒的具体体现，故又称为功率守恒定理。

下面用图 4-24（a）所示的一个一般性电路来验证特勒根定理 I 的正确性。

由图 4-24（b），对独立节点①、②、③列写出 KCL 方程，有

$$\left.\begin{array}{l} i_1 + i_2 - i_4 = 0 \\ -i_2 + i_3 + i_5 = 0 \\ -i_3 + i_4 + i_6 = 0 \end{array}\right\} \tag{4-35}$$

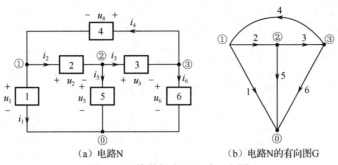

图 4-24　特勒根定理 I 验证之图

由图 4-24（a），应用 KVL 将各支路电压用相应的节点电压表示为

$$\left.\begin{aligned}
u_1 &= u_{n1} \\
u_2 &= u_{n1} - u_{n2} \\
u_3 &= u_{n2} - u_{n3} \\
u_4 &= u_{n3} - u_{n1} \\
u_5 &= u_{n2} \\
u_6 &= u_{n3}
\end{aligned}\right\} \tag{4-36}$$

将式（4-36）代入式（4-33），有

$$\sum_{k=1}^{6} u_k i_k = u_{n1} i_1 + (u_{n1} - u_{n2}) i_2 + (u_{n2} - u_{n3}) i_3 + (u_{n3} - u_{n1}) i_4 + u_{n2} i_5 + u_{n3} i_6$$

$$= u_{n1} (i_1 + i_2 - i_4) + u_{n2} (-i_2 + i_3 + i_5) + u_{n3} (-i_3 + i_4 + i_6)$$

再将式（4-35）代入上式，可得

$$\sum_{k=1}^{6} u_k i_k = 0$$

从而验证了式（4-33）。上述论证过程可推广到任意具有 b 条支路、n 个节点的电路。

在对特勒根定理 I 验证过程中，只对电路 N 的有向图应用了基尔霍夫定律，并不涉及各支路元件本身的性质，因此，该定理普遍适用于任何集中参数电路。

4.5.2　特勒根定理 II

特勒根定理 II：对于任意两个具有 b 条支路、n 个节点的集中参数电路 N 和 $\hat{N}$，它们各自的支路组成不同，但二者的拓扑结构完全相同。设 N 和 $\hat{N}$ 中各支路电压、电流分别为 u_k、i_k 和 $\hat{u}_k$、$\hat{i}_k$ $(k = 1, 2, \cdots, b)$，且各支路电压与电流均取关联参考方向，则对任何时间 t，有

$$\sum_{k=1}^{b} u_k \hat{i}_k = 0 \tag{4-37}$$

$$\sum_{k=1}^{b} \hat{u}_k i_k = 0 \tag{4-38}$$

以上两个求和式中的每一项是一个电路 N 的支路电压和另一个电路 $\hat{N}$ 相对应支路的支路电流的乘积。它虽具有功率的量纲，但并未形成真实的功率，称为似功率，故特勒根定理 II 有时也称为似功率守恒定理。

下面用两个一般性的电路来验证特勒根定理 II 的正确性。

如图 4-25（a）、（b）所示是两个不同的电路 N 和 $\hat{N}$，支路可由任意元件构成，但两个电路具有完全相同的拓扑结构，设定各支路电压与电流取关联参考方向。N 和 $\hat{N}$ 的有向图分别为 G 和 $\hat{G}$，如图 4-25（c）、（d）所示，显然 G 和 $\hat{G}$ 是完全相同的。

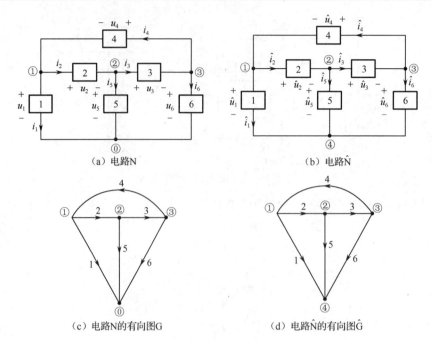

图 4-25　特勒根定理 II 验证之图

由图 4-25（c），应用 KVL 将各支路电压用相应的节点电压表示为

$$
\left.
\begin{aligned}
u_1 &= u_{n1} \\
u_2 &= u_{n1} - u_{n2} \\
u_3 &= u_{n2} - u_{n3} \\
u_4 &= u_{n3} - u_{n1} \\
u_5 &= u_{n2} \\
u_6 &= u_{n3}
\end{aligned}
\right\}
\tag{4-39}
$$

由图 4-25（d），对独立节点①，②，③列写出 KCL 方程，有

$$
\left.
\begin{aligned}
\hat{i}_1 + \hat{i}_2 - \hat{i}_4 &= 0 \\
-\hat{i}_2 + \hat{i}_3 + \hat{i}_5 &= 0 \\
-\hat{i}_3 + \hat{i}_4 + \hat{i}_6 &= 0
\end{aligned}
\right\}
\tag{4-40}
$$

将式（4-39）代入式（4-37），有

$$
\begin{aligned}
\sum_{k=1}^{6} u_k \hat{i}_k &= u_{n1}\hat{i}_1 + (u_{n1} - u_{n2})\hat{i}_2 + (u_{n2} - u_{n3})\hat{i}_3 + (u_{n3} - u_{n1})\hat{i}_4 + u_{n2}\hat{i}_5 + u_{n3}\hat{i}_6 \\
&= u_{n1}(\hat{i}_1 + \hat{i}_2 - \hat{i}_4) + u_{n2}(-\hat{i}_2 + \hat{i}_3 + \hat{i}_5) + u_{n3}(-\hat{i}_3 + \hat{i}_4 + \hat{i}_6)
\end{aligned}
$$

再将式（4-40）代入上式，可得

$$
\sum_{k=1}^{6} u_k \hat{i}_k = 0
$$

从而验证了式（4-37），同理也可验证式（4-38）。

　　显然，特勒根定理 I 是特勒根定理 II 在 N 和 N̂ 为同一电路条件下的特例。特勒根定理 II 比特勒根定理 I 更令人关注，这是因为特勒根定理 II 将原本看上去没有直接联系的两个电路联系到了一起，即只要它们的拓扑结构完全相同，且相应支路的电压、电流参考方向相同，则一个电路的支路电压与另一个电路的支路电流就可以用似功率守恒的数学式联系起来，这种联系导致了网络理论研究上的某些突破。

例 4-11　如图 4-26（a）、（b）所示是两个不同的电路 N 和 $\hat{N}$，但它们具有完全相同的拓扑结构，各支路电压、电流取关联参考方向，试验证特勒根定理 II 中的式（4-37）。

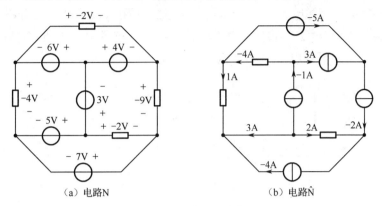

图 4-26　例 4-11 图

解：将电路 N 的各支路电压 $u_k(k=1,2,\cdots,9)$ 值和电路 $\hat{N}$ 的各支路电流 $\hat{i}_k(k=1,2,\cdots,9)$ 值列写成表 4-1，支路排序由上而下、从左到右。

表 4-1　N 的支路电压值和 $\hat{N}$ 的支路电流值

支路	1	2	3	4	5	6	7	8	9
N	−2V	6V	4V	−4V	3V	−9V	5V	−2V	7V
$\hat{N}$	−5A	−4A	3A	1A	−1A	−2A	3A	−2A	−4A

$$\sum_{k=1}^{9} u_k\hat{i}_k = u_1\hat{i}_1 + u_2\hat{i}_2 + u_3\hat{i}_3 + u_4\hat{i}_4 + u_5\hat{i}_5 + u_6\hat{i}_6 + u_7\hat{i}_7 + u_8\hat{i}_8 + u_9\hat{i}_9$$

$$= [(-2)\times(-5) + 6\times(-4) + 4\times 3 + (-4)\times 1 + 3\times(-1) + (-9)\times(-2) + 5\times 3 + (-2)\times(-2) + 7\times(-4)]$$

$$= 0$$

4.6　互易定理

互易定理的内容可概述如下：对于一个仅由线性电阻组成的无源（既无独立电源，又无受控源）的具有两个端口的网络 N_R，在单一激励情况下，当激励端口与响应端口相互易换位置而网络 N_R 内部的电路结构和元件参数不变时，同一数值的激励所产生的响应在数值上将不会改变。互易定理具有以下三种形式。

1. 第一种形式

如图 4-27 所示电路，N_R 是只含线性电阻的具有两个端口的网络。当电压源 u_S 接在 N_R 的 $1-1'$ 端口时，在 N_R 的 $2-2'$ 端口的响应为短路电流 i_2；若将电压源 u_S 移到 N_R 的 $2-2'$ 端口，而在 N_R 的 $1-1'$ 端口的响应为短路电流 $\hat{i}_1$，如图 4-27（b）所示，按照互易定理有 $\hat{i}_1 = \hat{i}_2$。

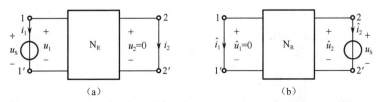

图 4-27　互易定理第一种形式

2．第二种形式

如图 4-28 所示电路，N_R 是只含线性电阻的具有两个端口的网络。图 4-28（a）中 $1-1'$ 端口接入电流源 $\hat{i}_S$（注意，电流源电流 i_S 的方向与 i_1 的参考方向相反），$2-2'$ 端口开路，其开路电压 u_2 为响应；图 4-28（b）中 $2-2'$ 端口接入电流源 $\hat{i}_S$（注意，电流源电流 i_S 的方向与 $\hat{i}_2$ 的参考方向相反），$1-1'$ 端口开路，其开路电压 $\hat{u}_1$ 为响应，按照互易定理有 $\hat{u}_1 = u_2$。

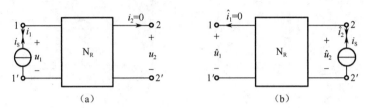

图 4-28　互易定理第二种形式

3．第三种形式

如图 4-29 所示电路，N_R 是只含线性电阻的具有两个端口的网络。图 4-29（a）中 $1-1'$ 端口接入电流源 i_S（注意，电流源电流 i_S 的方向与 i_1 的参考方向相反），$2-2'$ 端短路，其短路电流 i_2 为响应；图 4-29（b）中 $2-2'$ 端口接入电压源 u_S，$1-1'$ 端口开路，其开路电压 $\hat{u}_1$ 为响应；若数值上有 $u_S = i_S$，按照互易定理在数值上有 $\hat{u}_1 = i_2$。

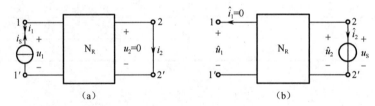

图 4-29　互易定理第三种形式

上述互易定理的三种形式可用特勒根定理 II 来证明。

设图 4-27（a）、（b）分别有 b 条支路，$1-1'$ 端口和 $2-2'$ 端口分别为支路 1 和支路 2，其余 $(b-2)$ 条支路在 N_R 内部。将互易前的电路看作电路 N，互易后的电路看作 $\hat{N}$，显然 N 与 $\hat{N}$ 具有完全相同的拓扑结构，设各支路电压和电流均取关联参考方向，根据特勒根定理 II，有

$$u_1\hat{i}_1 + u_2\hat{i}_2 + \sum_{k=3}^{b} u_k\hat{i}_k = 0, \quad \hat{u}_1 i_1 + \hat{u}_2 i_2 + \sum_{k=3}^{b} \hat{u}_k i_k = 0$$

由于 N_R 内部的 $(b-2)$ 条支路均为线性电阻，故有 $u_k = R_k i_k$，$\hat{u}_k = R_k \hat{i}_k$（$k = 3,4,\cdots,b$）。将它们分别代入以上两式后，有

$$u_1\hat{i}_1 + u_2\hat{i}_2 + \sum_{k=3}^{b} R_k i_k \hat{i}_k = 0, \quad \hat{u}_1 i_1 + \hat{u}_2 i_2 + \sum_{k=3}^{b} R_k \hat{i}_k i_k = 0$$

以上两式中，第三项相同，两式相减并移项整理，得

$$u_1\hat{i}_1 + u_2\hat{i}_2 = \hat{u}_1 i_1 + \hat{u}_2 i_2 \tag{4-41}$$

对于图 4-27（a），有 $u_1 = u_S$，$u_2 = 0$；对于图 4-27（b），有 $\hat{u}_1 = 0$，$\hat{u}_2 = u_S$；代入式（4-41）得 $\hat{i}_1 = i_2$。互易定理第一种形式得证。

同理，对于图 4-28（a），有 $i_1 = -i_S$，$i_2 = 0$；对于图 4-28（b），有 $\hat{i}_1 = 0$，$\hat{i}_2 = -i_S$；代入式（4-41）得 $\hat{u}_1 = u_2$。互易定理第二种形式得证。

同理，对于图 4-29（a），有 $i_1 = -i_S$，$u_2 = 0$；对于图 4-29（b），有 $\hat{i}_1 = 0$，$\hat{u}_2 = u_S$；代入式（4-41）

得 $\hat{u}_1 = i_2$ 。互易定理第三种形式得证。

应用互易定理可简化电路问题的求解过程，只是要注意，互易定理只适用于一个独立电源激励的无受控源的线性电阻电路。在激励端口与响应端口相互易换位置时，网络 N_R 内部的电路结构和元件参数应保持不变，而且网络 N_R 外部 $1-1'$ 端口和 $2-2'$ 端口上的激励与响应的参考方向是由互易定理给定的，不得擅自改动。对于多个独立电源激励的无受控源的线性电阻电路，可先应用叠加定理进行分解，再在单个电源激励的分电路中应用互易定理。

例 4-12　如图 4-30（a）所示电路，求电流 I 。

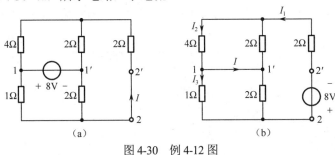

图 4-30　例 4-12 图

解： 本题可选用互易定理第一种形式进行求解。将 $1-1'$ 端口的 8V 电压源移到 $2-2'$ 端口，而将 $2-2'$ 端口上的短路电流 I 移到 $1-1'$ 端口，如图 4-30（b）所示。

对于图 4-30（b），容易得

$$I_1 = -\frac{8}{2+\dfrac{4\times 2}{4+2}+\dfrac{1\times 2}{1+2}} = -2A$$

再经分流得

$$I_2 = \frac{2}{4+2}I_1 = -\frac{2}{3}A, \quad I_3 = \frac{2}{1+2}I_1 = -\frac{4}{3}A$$

最后由 KCL 得

$$I = I_2 - I_3 = \frac{2}{3}A$$

例 4-13　如图 4-31（a）所示，网络 N_R 有一对输入端 $1-1'$ 和一对输出端 $2-2'$ 。当输入端电压为 9V 时，输入电流为 4.5A ，而输出端的短路电流为 1A 。如把电压源移到输出端，同时在输入端跨接 2Ω 电阻，如图 4-31（b）所示，求 2Ω 电阻上的电压 U_o 。

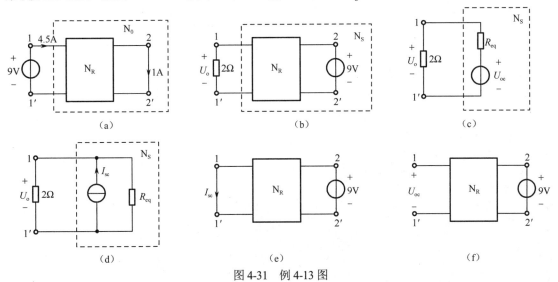

图 4-31　例 4-13 图

解： 图 4-31（b）电路中除 2Ω 电阻以外的部分可看成一个含源单口网络 N_S ，可应用戴维宁定理或诺顿定理化简为戴维宁等效电路或诺顿等效电路，如图 4-31（c）、（d）所示。这样，求 U_o 转变为求 U_{oc}（或 I_{sc}）和 R_{eq}，而求解 U_{oc}（或 I_{sc}）和 R_{eq} 的信息由图 4-31（a）提供。

图 4-31（a）电路中除 9V 电压源以外的部分可看成一个无源单口网络 N_0，这个 N_0 恰好是图 4-31（b）中 N_s 内部 9V 独立电压源置零时所得的无源单口网络。根据外施电源法，N_0 的等效电阻为

$$R_{eq} = \frac{U}{I} = \frac{9}{4.5} = 2\Omega$$

根据互易定理的第一种形式，对照图 4-31（a），容易求出图 4-31（e）中的短路电流为

$$I_{sc} = 1A$$

根据互易定理的第三种形式及线性电路的齐次性，对照图 4-31（a），容易求出图 4-31（f）中的开路电压为

$$U_{oc} = 2 \times 1 = 2V$$

最后由图 4-31（c）得

$$U_o = \frac{2}{2 + R_{eq}} \times U_{oc} = \frac{2}{2+2} \times 2 = 1V$$

或由图 4-31（d）得

$$U_o = \frac{R_{eq}}{2 + R_{eq}} \times I_{sc} \times 2 = \frac{2}{2+2} \times 1 \times 2 = 1V$$

4.7　对偶原理

自然界中许多物理现象都是以对偶形式出现的，在电路中也不例外。回顾前面的内容可以发现，从电路变量、电路元件、电路结构，到电路定律和电路定理及电路分析方法、电路方程都存在着相类似的一一对应关系，这种关系称为电路的对偶关系。例如，电阻 R 的电压和电流关系为 $u = Ri$，电导 G 的电流和电压关系为 $i = Gu$。在这两种关系中，如果把电压 u 与电流 i 互换，电阻 R 与电导 G 互换，则两个关系式可以相互转换，形成对偶关系式，这些互换元素就称为对偶元素。

图 4-32（a）为 n 个电阻的串联电路 N，图 4-32（b）为 n 个电导的并联电路 $\overline{\text{N}}$。根据第 2 章的分析，可得到一系列公式。

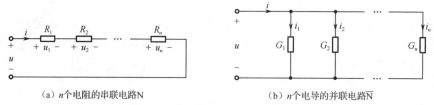

（a）n个电阻的串联电路N　　　　　　（b）n个电导的并联电路$\overline{\text{N}}$

图 4-32　电阻串联与电导并联的对偶

对电路 N，有

$$\left.\begin{aligned}
&\text{端口电压：} u = \sum_{k=1}^{n} u_k \\
&\text{等效电阻：} R_{eq} = \sum_{k=1}^{n} R_k \\
&\text{端口电流：} i = \frac{u}{R_{eq}} \\
&\text{分压公式：} u_k = \frac{R_k}{R_{eq}} u
\end{aligned}\right\} \tag{4-42}$$

对电路 $\overline{\text{N}}$，有

$$\left.\begin{array}{l} \text{端口电流：} i = \sum_{k=1}^{n} i_k \\[2mm] \text{等效电导：} G_{\text{eq}} = \sum_{k=1}^{n} G_k \\[2mm] \text{端口电压：} u = \dfrac{i}{G_{\text{eq}}} \\[2mm] \text{分流公式：} i_k = \dfrac{G_k}{G_{\text{eq}}} i \end{array}\right\} \tag{4-43}$$

可见，这两组公式存在类似的一一对应关系，只要将电压 u 与电流 i 互换，电阻 R 与电导 G 互换，就可由电路 N 中的公式得到电路 $\overline{\text{N}}$ 中的公式，反之亦然。串联与并联、电压与电流、电阻 R 与电导 G 都是对偶元素，式（4-42）与式（4-43）是对偶关系式，而电路 N 与电路 $\overline{\text{N}}$ 称为对偶电路。

图 4-33（a）、（b）所示的两个平面电路 N 和 $\overline{\text{N}}$，在给定网孔电流与节点电压的参考方向下，N 的网孔电流方程与 $\overline{\text{N}}$ 的节点电压方程分别为

$$\left.\begin{array}{l} (R_1 + R_2)i_{m1} - R_2 i_{m2} = u_{\text{S}_1} \\ -R_2 i_{m1} + (R_2 + R_3)i_{m2} = u_{\text{S}_2} \end{array}\right\} \tag{4-44}$$

$$\left.\begin{array}{l} (\overline{G}_1 + \overline{G}_2)\overline{u}_{n1} - \overline{G}_2 \overline{u}_{n2} = \overline{i_{\text{S}_1}} \\ -\overline{G}_2 \overline{u}_{n1} + (\overline{G}_2 + \overline{G}_3)\overline{u}_{n2} = \overline{i_{\text{S}_2}} \end{array}\right\} \tag{4-45}$$

可见，这两组方程也存在着类似的一一对应关系，只要将 R 与 $\overline{G}$ 互换，u_{S} 与 $\overline{i_{\text{S}}}$ 互换，i_m 与 $\overline{u}_n$ 互换，则上述两组方程也可以彼此相互转换。网孔与节点、网孔电流与节点电压都是对偶元素，式（4-44）与式（4-45）是对偶关系式，N 与 $\overline{\text{N}}$ 这两个平面电路称为对偶电路。

电路中某些元素之间的关系（或方程）用它们的对偶元素对应地互换后，所得新关系（或新方程）也一定存在，后者和前者互为对偶，这就是对偶原理。

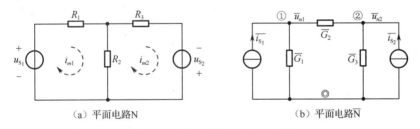

（a）平面电路N　　　　　　　（b）平面电路$\overline{\text{N}}$

图 4-33　互为对偶的两个平面电路

根据对偶原理，如果导出某一关系式和结论，就等于解决了和它对偶的另一个关系式和结论。在电路问题分析求解中，可以将对偶原理作为电路分析的新工具，若已知某一电路的结构、电路方程及电路解答，通过对偶元素的互换，可直接得到其对偶电路的结构、电路方程及电路解答，这就是对偶方法。对偶方法是非常重要的，它不但为电路分析和计算提供了新途径，使原有的电路计算公式、计算方法的记忆工作减少一半，而且为寻找新的电路开拓了广阔的道路，因为在寻找对偶电路、对偶电路特性时常会导致新的发现并预见到有用的新电路。对偶方法是值得提倡的一种科学思维方式，掌握了这种思维方式，可以达到事半功倍的效果。表 4-2 中列出了一部分电路分析中的对偶关系，以供参考使用。

表 4-2　电路分析中的对偶关系

电路变量对偶	
电压 u	电流 i
节点电压 u_{nk}	网孔电流 i_{mk}
电路元件对偶	
电阻元件 R	电导元件 G
独立电压源 u_S	独立电流源 i_S
短路	开路
电路结构对偶	
电阻串联	电导并联
节点	网孔
电路定律、电路定理及电路方程对偶	
KVL　$\sum u = 0$	KCL　$\sum i = 0$
戴维宁定理	诺顿定理
节点电压方程	网孔电流方程

4.8　计算机仿真

例 4-14　叠加定理的仿真

如图 4-34（a）所示的电路中有两个独立源，一个是电压源，另一个是电流源，试求各支路电流及两电源的功率。根据叠加定理，将图 4-34（a）转换为两个独立源单独作用的电路。

图 4-34（b）是 6A 电流源单独作用的电路，用电流表和电压表测量出各支路电流和电流源电压分别为：$I_1' = 3A$，$I_2' = 3A$，$I_3' = 4A$，$I_4' = 2A$，电压源电流 $I_5' = -1A$，电流源点电压 $U' = 15V$。

图 4-34（c）是电压源单独作用的电路，此时测量得到各支路电流和电流源电压分别为：$I_1'' = -9A$，$I_2'' = 9A$，$I_3'' = 2A$，$I_4'' = -2A$，电压源电流 $I_5'' = -11A$，电流源点电压 $U_1'' = -3V$。

图 4-34（b）和（c）中电流、电压的方向一致，可叠加得到：各支路电流为 $I_1 = I_1' + I_1'' = -6A$，$I_2 = I_2' + I_2'' = 12A$，$I_3 = I_3' + I_3'' = 6A$，$I_4 = I_4' + I_4'' = 0A$，电压源电流 $I_5 = I_5' + I_5'' = -12A$，电流源电压 $U = U_1' + U_1'' = 12V$，这与图 4-34（d）中电压源和电流源同时作用的结果完全相同。

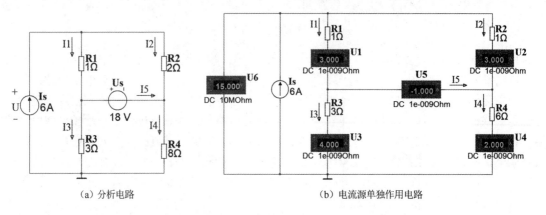

（a）分析电路　　　　　　　　　　（b）电流源单独作用电路

图 4-34　叠加定理验证仿真

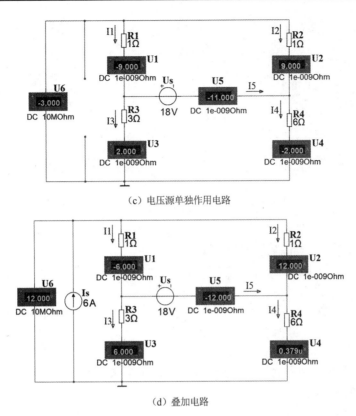

（c）电压源单独作用电路

（d）叠加电路

图 4-34 叠加定理验证仿真（续）

例 4-15 替代定理的仿真

如图 4-35（a）所示的电路，利用电路中放置的测量探针，测量出各支路的电流和电压，可得 $U_{AB} = 2.5V$，流过电阻 R1 的电流为 2.5A。

将电阻 R1 和电压源 Us 所在支路用 2.5V 独立电压源替代，如图 4-35（b）所示，其余各支路电流和电压均保持不变。

将电阻 R1 和电压源 Us 所在支路用 2.5A 独立电流源替代，如图 4-35（c）所示，其余各支路电流和电压均保持不变。

将电阻 R1 和电压源 Us 所在支路用 1Ω 电阻替代，如图 4-35（d）所示，其余各支路电流和电压均保持不变。

以上仿真验证了替代定理的正确性。

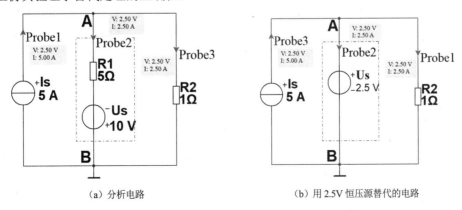

（a）分析电路 （b）用 2.5V 恒压源替代的电路

图 4-35 替代定理验证仿真

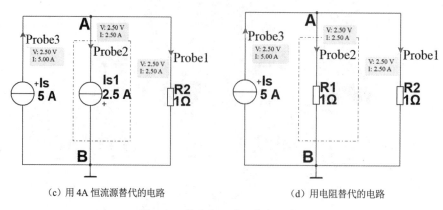

（c）用 4A 恒流源替代的电路　　　　　　　　　（d）用电阻替代的电路

图 4-35　替代定理验证仿真（续）

例 4-16　戴维宁定理和诺顿定理的仿真

如图 4-36（a）所示电路，按虚线框将电路划分为含源一端口和负载 R_L，A、B 为端口的两个端点。如图 4-36（b）所示，将负载 R_L 去掉，电压表测量 AB 端口的开路电压 $U_{oc}=13.75\text{V}$。接着利用图 4-36（c）测量戴维宁等效电阻，将图 4-36（a）中的电压源短接、电流源开路，用欧姆表接在 AB 端口上测量电阻，欧姆表读数为 2.25Ω。将 13.75V 电压源和 2.25Ω 电阻串联（电压源的极性由图 4-36（b）中的测量值确定，这里是正极在上、负极在下）得到含源一端口的戴维宁等效电路，如图 4-36（d）所示。最后，将戴维宁等效电路与负载 R_L 相连，测得流过负载的电流为 2.2A，与图 4-36（a）中的原电路一致。

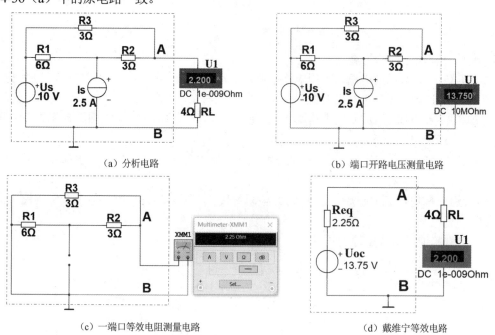

（a）分析电路　　　　　　　　　　　　　　（b）端口开路电压测量电路

（c）一端口等效电阻测量电路　　　　　　　　　（d）戴维宁等效电路

图 4-36　戴维宁定理验证仿真

接下来继续使用图 4-36（a）所示电路进行诺顿定理的验证仿真。如图 4-37（a）所示，将负载 RL 去掉，电流表测量 AB 端口的短路电流 $I_{SC}=6.111\text{A}$。接着利用图 4-37（b）测量等效电阻，将原图中的电压源短接、电流源开路，用欧姆表接在 AB 端口上测量电阻，欧姆表读数为 2.25Ω。将 6.111A 电流源和 2.25Ω 电阻并联得到含源一端口的诺顿等效电路，如图 4-37（c）所示。最后，将诺顿等效电路与负载 RL 相连，测得流过负载的电流为 2.2A，与图 4-36（a）中的原电路一致，如图 4-37（d）所示。

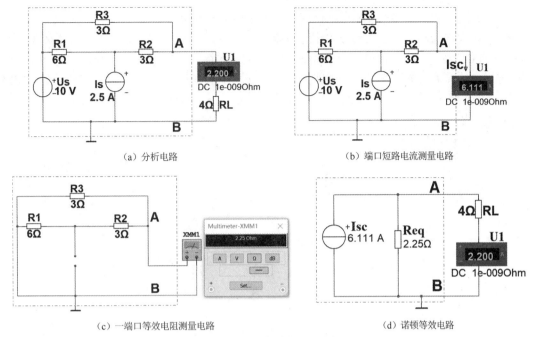

（a）分析电路　　　　　　　　　　　　　　　　（b）端口短路电流测量电路

（c）一端口等效电阻测量电路　　　　　　　　　　（d）诺顿等效电路

图 4-37　诺顿定理验证仿真

例 4-17　含受控源电路的戴维宁定理和诺顿定理的仿真

如图 4-38（a）所示电路，包含一个电流控制的电压源，受控源的电压为 V1，控制量为流过 3Ω 电阻的电流，转移电阻为 6Ω。按虚线框将电路划分为含源一端口和负载 RL，A、B 为端口的两个端点。如图 4-38（b）所示，将负载 RL 去掉，电流表测量 AB 端口的短路电流 $U_{oc}=9V$。接着利用图 4-38（c）测量等效电阻，将原图中的电压源短接，用欧姆表接在 AB 端口上测量电阻，欧姆表读数为 6Ω。将 9V 电压源和 6Ω 电阻串联得到含源一端口的戴维宁等效电路，如图 4-38（d）所示。最后，将戴维宁等效电路与负载 RL 相连，测得流过负载的电流为 0.9A，与图 4-38（a）中的原电路一致。

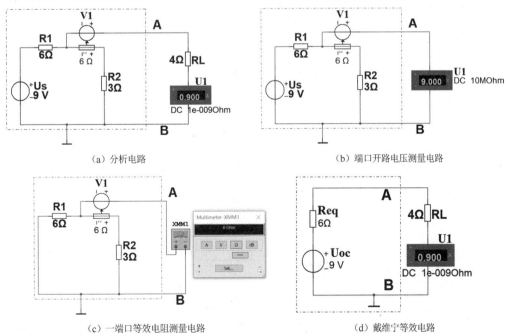

（a）分析电路　　　　　　　　　　　　　　　　（b）端口开路电压测量电路

（c）一端口等效电阻测量电路　　　　　　　　　　（d）戴维宁等效电路

图 4-38　含受控源电路的戴维宁定理验证仿真

接下来继续使用图 4-38（a）所示电路，进行诺顿定理的验证仿真。如图 4-39（a）所示，将负载 RL 去掉，电流表测量 AB 端口的短路电流 $I_{sc} = 1.5$A。接着利用图 4-39（b）测量等效电阻，将原图中的电压源短接，用欧姆表接在 AB 端口上测量电阻，欧姆表读数为 6Ω。将 1.5A 电流源和 6Ω 电阻并联得到含源一端口的诺顿等效电路，如图 4-39（c）所示。最后，将诺顿等效电路与负载 RL 相连，测得流过负载的电流为 0.9A，与图 4-38（a）中的原电路一致。

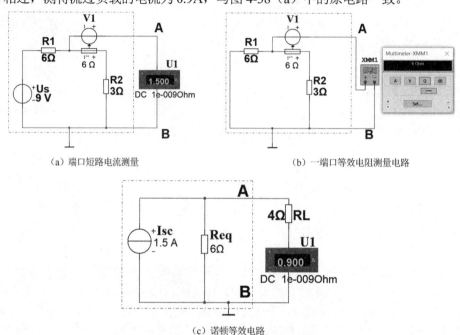

（a）端口短路电流测量　　　　　　　　　　　　（b）一端口等效电阻测量电路

（c）诺顿等效电路

图 4-39　含受控源电路的诺顿定理验证仿真

例 4-18　最大功率传输定理的仿真

最大功率传输问题可归结为含源一端口向负载传输最大功率的问题，在此，对例 4-8 进行最大功率传输仿真。根据例 4-8 的运算分析，含源一端口的戴维宁等效电路为 6V 电压源串联 4Ω 电阻。

如果用平面坐标系的横轴表示负载电阻的阻值，纵轴表示对应的负载电阻获得的功率，用描点法可以画出一条曲线，当 $R_L = R_{eq}$ 时曲线达到最高点。

下面对图 4-40（a）进行"参数扫描分析"，得到负载电阻的功率曲线。执行菜单命令 Simulate→Analysis→Parameter Sweep，在弹出的对话框中，选择负载电阻"RL"为扫描对象，选择扫描变换类型为 Linear，电阻的起始值为 1Ω，终止值为 30Ω，电阻的增量为 1Ω，最后确定扫描类型为 DC Operating Point（直流工作点分析），如图 4-40（b）所示。接着，单击 Output 标签，选择负载电阻的功率"P(RL)"为输出项，如图 4-40（c）所示。单击 Simulate 按钮，可以得到负载电阻的输出功率曲线如图 4-40（d）所示，拖动游标指针，当 $R_L = R_{eq}$ 时，输出功率为 2.2494W，该点为曲线的最高点。

通过仿真分析发现，在最大功率传输的情况下，电路中负载吸收的功率和电源内阻消耗的功率相等，即传输效率为 50%。对于通信网络，信号源的功率一般较小，为了从微弱的信号源中获得最大功率，一般选择负载电阻等于信号源内阻，即不看重电源的效率高低。但是在电力传输系统中，必须把效率放在首位，不允许电源内阻消耗太多的功率，即负载内阻必须远大于电源的内阻。

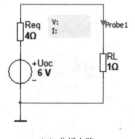

（a）分析电路

图 4-40　最大功率传输定理验证仿真

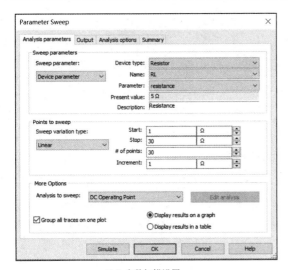 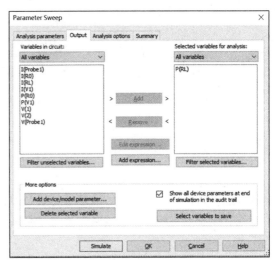

（b）参数扫描设置　　　　　　　　　　　　　　　（c）参数扫描输出设置

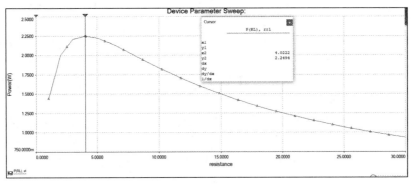

（d）输出功率曲线

图 4-40　最大功率传输定理验证仿真（续）

例 4-19　互易定理的仿真

图 4-41（a）、（b）的仿真实验结果可以表述为：在只含一个独立电压源的线性电阻电路中，如果 j 支路的电压源在 k 支路产生的电流为 I_k；则当电压源移至 k 支路，且电压源电压方向与原 I_k 方向一致（相反）时，其在 j 支路产生的电流 I_j 与原电流 I_k 相等，方向与原电压方向相同（相反）。

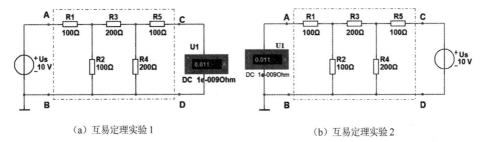

（a）互易定理实验 1　　　　　　　　　　　　　　　（b）互易定理实验 2

图 4-41　互易定理验证仿真 1

图 4-42（a）、（b）的仿真实验结果可以表述为：在只含一个独立电流源的线性电阻电路中，如果 A、B 两点间的电流源在 C、D 两点间产生的电压为 U_{CD}；则当电流源移至 C、D 两点间，且方向与原电压 U_{AB} 方向相反时，其在 A、B 两点间产生的电压与原 U_{CD} 相等。

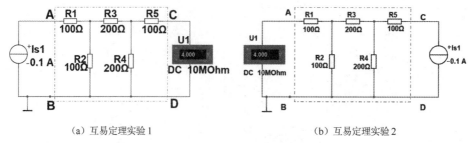

(a) 互易定理实验 1　　　　　　　　(b) 互易定理实验 2

图 4-42　互易定理验证仿真 2

线性电路的互易特性表明，从甲方向乙方传输信号的效果（电压源产生的电流，或电流源产生的电压）与从乙方向甲方传输信号的效果相同，这就是信号传递的双向性。在电路测量中，互易定理意味着电压源与内阻近似为零的电流表（如数字电流表）的连接位置互换后，电流表的读数不变。

思考题

4-1　对含有受控源的线性电阻电路，在应用叠加定理求解时，受控源应做什么处理？它能否像独立电源一样分别单独作用计算其分响应？

4-2　"替代"与第 2 章的"等效变换"都能简化电路分析，但它们是两个不同的概念，"替代"与"等效变换"的区别是什么？

4-3　什么是开路电压？如何求含源单口网络的开路电压？在求开路电压时要注意些什么？

4-4　什么是短路电流？如何求含源单口网络的短路电流？在求短路电流时要注意些什么？

4-5　在应用戴维宁定理或诺顿定理求等效电阻 R_{eq} 时要注意些什么？有哪些方法可用来求等效电阻 R_{eq}？

4-6　对含有受控源的含源单口网络，如何应用戴维宁定理或诺顿定理？应注意些什么问题？

4-7　含有受控源的含源单口网络若存在戴维宁（或诺顿）等效电路，则一定有诺顿（或戴维宁）等效电路吗？

4-8　在应用特勒根定理时，若电路中某一支路电压、电流取非关联参考方向，应做何处理？

4-9　在互易定理的三种形式中，网络 N_R 外部 $1-1'$ 端口和 $2-2'$ 端口上的激励与响应的参考方向是如何指定的？

4-10　对于多个独立电源激励的线性电阻电路，能否应用互易定理进行求解？

习题

4-1　试用叠加定理求题 4-1 图（a）、（b）所示电路中的电压 u 和电流 i。

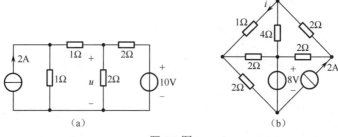

(a)　　　　　　　　　　　(b)

题 4-1 图

4-2 试用叠加定理求题 4-2 图所示电路中的电流 I_x。

4-3 如题 4-3 图所示电路，已知 $u_S = 9\text{V}$，$i_S = 3\text{A}$，试用叠加定理求电流 i。

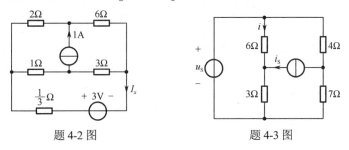

题 4-2 图   题 4-3 图

4-4 试用叠加定理求题 4-4 图所示电路中的电压 U。

4-5 试用叠加定理求题 4-5 图所示电路中的电压 U_x。

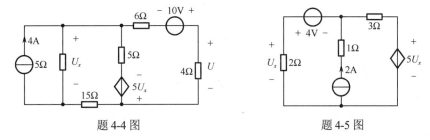

题 4-4 图   题 4-5 图

4-6 如题 4-6 图所示电路，试用叠加定理求电压源 U_S 取何值时，电阻 R_1 和 R_2 的功率比为 $P_{R_1}/P_{R_2} = 2$。

4-7 如题 4-7 图所示电路，试用叠加定理求当电压源 U_S 增加 2V 时，i 为多少？

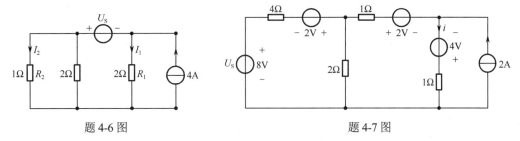

题 4-6 图   题 4-7 图

4-8 如题 4-8 图所示电路，N 为不含独立电源的线性电阻电路。已知：当 $u_S = 12\text{V}$，$i_S = 4\text{A}$ 时，$u = 0\text{V}$；当 $u_S = -12\text{V}$，$i_S = -2\text{A}$ 时，$u = -1\text{V}$；求当 $u_S = 9\text{V}$，$i_S = -1\text{A}$ 时的电压 u。

4-9 如题 4-9 图所示，N_S 为线性含源网络，已知 $U_S = 1\text{V}$，$I_S = 2\text{A}$ 时，$U_x = 9\text{V}$；$U_S = 6\text{V}$，$I_S = 4\text{A}$ 时，$U_x = 20\text{V}$；$U_S = 0\text{V}$，$I_S = 3\text{A}$ 时，$U_x = 11\text{V}$。求当 $U_S = 3\text{V}$，$I_S = 7\text{A}$ 时，$U_x = ?$

4-10 如题 4-10 图所示电路。（1）试求从 a、b 两端往右看的等效电阻 R_{ab} 及电压 U_{ab}；（2）试设法利用替代定理求解电压 U_o。

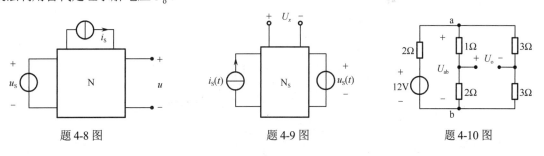

题 4-8 图   题 4-9 图   题 4-10 图

4-11　求题 4-11 图（a）、（b）所示各电路的戴维宁或诺顿等效电路。

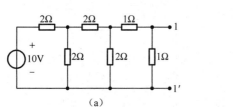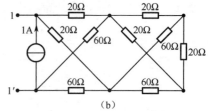

题 4-11 图

4-12　求题 4-12 图（a）、（b）所示各电路的戴维宁或诺顿等效电路。

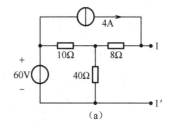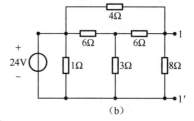

题 4-12 图

4-13　求题 4-13 图（a）、（b）所示各电路的戴维宁或诺顿等效电路。

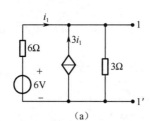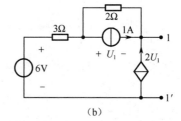

题 4-13 图

4-14　利用戴维宁定理求题 4-14 图所示电路中 6Ω 电阻上的电流 I。

4-15　利用诺顿定理求题 4-15 图所示电路中 20Ω 电阻上的电压 U。

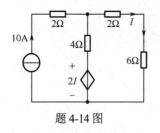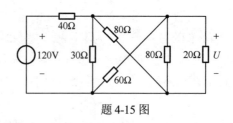

题 4-14 图　　　　　　　　　　题 4-15 图

4-16　题 4-16（a）图所示电路中的 N 为线性时不变含源网络，其端口伏安特性为 $u = 2i + 5$。将外电路与网络 N 相接后得题 4-13 图（b）所示电路，求题 4-13 图（b）中 N 的端口电压 U。

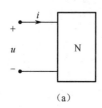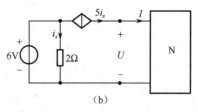

题 4-16 图

4-17 电路如题 4-17 图所示，负载 R_L 为何值时能获得最大功率？最大功率是多少？

4-18 电路如题 4-18 图所示，问 R_L 为何值时它能获得最大功率？最大功率是多少？

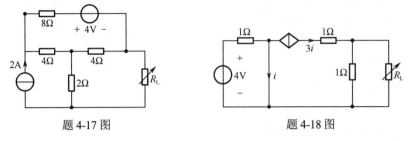

题 4-17 图 题 4-18 图

4-19 电路如题 4-19 图所示，负载 R_L 为何值时能获得最大功率？最大功率是多少？

4-20 电路如题 4-20 图所示，试求 R_L 为何值时可以获得最大功率，最大功率为多少？

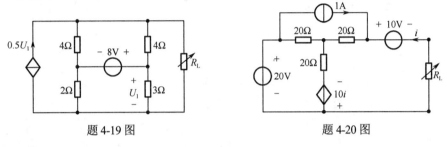

题 4-19 图 题 4-20 图

4-21 电路如题 4-21 图所示，负载电阻 R_L 可变，试问 R_L 为何值时它吸收的功率最大？最大功率 P_{Lmax} 等于多少？

4-22 如题 4-22 图所示电路 N_R 仅由线性电阻组成，已知当 $u_S = 6V$，$R_2 = 2\Omega$ 时，$i_1 = 2A$，$u_2 = 2V$；当 $u_S = 10V$，$R_2 = 4\Omega$ 时，$i_1 = 3A$，求此时的电压 u_2。

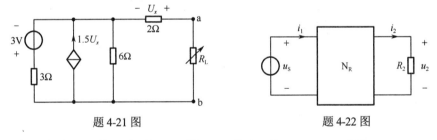

题 4-21 图 题 4-22 图

4-23 线性无源电阻网络 N 如题 4-23 图（a）所示，若 $u_S = 100V$ 时得 $u_2 = 20V$，求当电路改为题 4-23 图（b）所示时的 i。

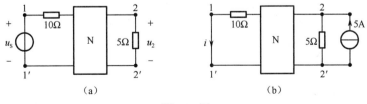

（a） （b）

题 4-23 图

4-24 题 4-24 图（a）所示电路为互易双口网络，当 $I_{S_1} = 1A$ 时，测得 $U_1 = 2V$，$U_2 = 1V$。若将电路改接为题 4-24 图（b），试求当 $U_{S_1} = 20V$，$I_{S_2} = 10A$ 时的电流 I_1。

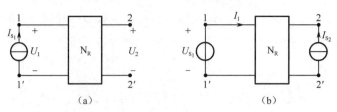

题 4-24 图

4-25　题 4-25 图（a）所示电路中，N_R 为线性无源电阻网络，当输入端 $1-1'$ 接 2A 电流源时，测得输入端电压为 10V，输出端 $2-2'$ 的开路电压为 5V；若把电流源接在输出端 $2-2'$，同时在输入端 $1-1'$ 接电阻 5Ω，如题 4-25 图（b）所示，求流过 5Ω 电阻的电流 $\hat{i}_1$ 为多少？

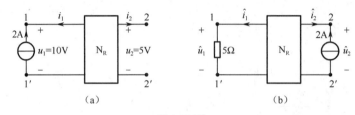

题 4-25 图

第5章 含有运算放大器的电阻电路

本章主要介绍运算放大器的图形符号、外特性及电路模型，运算放大器在理想条件下具有的特点，以及含有理想运算放大器的电阻电路的分析，为后续课程中有关运算放大器电路的分析打下初步基础。

5.1 运算放大器

运算放大器（简称运放）是用集成电路（IC）技术制作的一种多端器件，它包含一小片硅片，在其上制作了许多相连接的晶体管、电阻、二极管，封装后成为一个对外具有多个端子的电路器件。早期，将运放外接适当的其他电路元件，就可以完成对信号的加、减、微分、积分等多种运算，故称其为运算放大器。现在，运放的应用已远超出这一范围，可以用于对信号的处理，如信号幅度的比较和选择、信号的滤波、放大、整形等。目前，运算放大器已成为现代电子技术中应用广泛的一种电路器件。

运算放大器有各种各样的型号，其内部结构也不相同，但从电路分析的角度出发，只是把它作为一种电路元件看待，需要关注的是运算放大器的图形符号、外特性及电路模型，图 5-1（a）给出了运放的图形符号。运放有两个输入端 a、b 和一个输出端 o，电源端子 E^+ 和 E^- 连接直流偏置电压，以维持运放内部晶体管的正常工作。E^+ 电压相对地（参考节点）是正电压，E^- 电压相对地（参考节点）是负电压。在分析运放的输出与输入关系时，可以不考虑运放内部工作所需要的直流偏置电压，即图 5-1（a）可简单地描述为图 5-1（b），但实际上直流偏置电压是存在的。

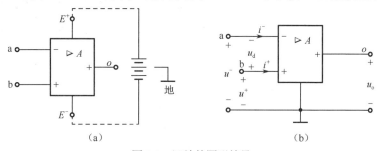

图 5-1　运放的图形符号

在图 5-1（b）中，i^-、i^+ 分别表示从 a、b 端子流入运放的电流，u^-、u^+、u_o 分别是运放相应端子对地（参考节点）的电压，A 表示运放的电压增益（电压放大倍数）。标注 "$-$" 号的输入端 a 称为反相输入端，这是因为当 u^- 单独施加于 a 端子时，b 端子接地（$u^+=0$），这时运放输入电压 $u_d=-u^-$，输出电压 $u_o=-Au^-$，即输出电压与输入电压相对地来说是反向（反相）的；标注 "$+$" 的输入端 b 称为同相输入端，这是因为当 u^+ 单独施加于 b 端子时，a 端子接地（$u^-=0$），这时运放输入电压 $u_d=u^+$，输出电压 $u_o=Au^+$，即输出电压与输入电压相对地来说是同向（同相）的；当 a、b 端子都有输入电压时，称为差动输入，这时运放的输入电压 $u_d=u^+-u^-$，输出电压 $u_o=A(u^+-u^-)$。符号 "▷" 表示运放是一种单向性器件，即它的输出电压受输入电压的控制，但输入电压却不受输出电压的影响。

运放的外特性即为运放输出电压 u_o 与输入电压 u_d 之间关系的特性，称为转移特性。以差动输

入为例，运放的转移特性曲线示于图 5-2。当 u_d 在 $[-\varepsilon,\varepsilon]$（$\varepsilon$ 是很小的）范围内变化时，$u_o = Au_d$，转移特性曲线是一条通过原点的直线。运算放大器作为一个线性元件，相当于一个电压放大器，它将输入电压放大 A 倍后输出；当 $|u_d| > \varepsilon$ 时，输出电压趋于饱和，其饱和值为 $\pm U_{sat}$，这时运算放大器是一个非线性元件。运算放大器由输入电压 u_d 的范围决定工作时是作为线性元件使用，还是作为非线性元件使用，这里主要考虑作为线性元件使用的情况。

图 5-3 表示线性运放的电路模型，它实际上是一个电压放大器。模型中 R_{in} 为运放的输入电阻，为 $10^6 \sim 10^{13}\Omega$，R_o 为运放的输出电阻，为 $10 \sim 100\Omega$。A 为运放的电压增益，为 $10^5 \sim 10^7$。因此，运算放大器是一种高增益、高输入电阻和低输出电阻的电压放大器。

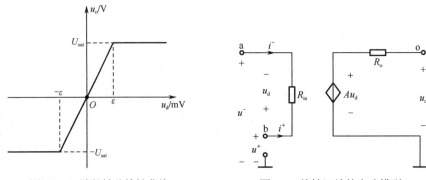

图 5-2　运放的转移特性曲线　　　　　图 5-3　线性运放的电路模型

5.2　理想运算放大器

理想运算放大器是实际运算放大器的理想化描述，即理想地认为运算放大器的电压增益 $A \to \infty$，输入电阻 $R_{in} \to \infty$，输出电阻 $R_o \to 0$。理想运算放大器无法用电路模型来描述，只能用

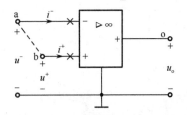

图 5-4　理想运算放大器的图形符号

图 5-4 所示的图形符号来表示。实际运放完全满足这三个条件是做不到的，但在一定的使用条件下，在允许的工程误差范围内，可以在进行电路分析时将实际运放当作理想运放对待，这给分析和计算会带来很大的方便。

下面来分析理想运算放大器具有什么特点。首先，当 $R_o \to 0$ 时，由图 5-3 得 $u_o = Au_d$，而运算放大器的输出电压为有限值，所以当 $A \to \infty$ 时，其输入电压 $u_d = u^+ - u^- \to 0$，即 $u^+ \doteq u^-$，即 u^+ 与 u^- 对地来说几乎相等，a、b 两端子几乎为等电位，a、b 两端子间可做"虚短路"（似短路又非真短路）处理，如图 5-4 中虚线所示。这样在列写有关 u_d 的 KVL 方程时，在数值上可舍弃 u_d 的作用。作为差动输入的两种特殊情况，反相输入（$u^+ = 0$）或同相输入（$u^- = 0$），上述的 a、b 端子间的"虚短路"将导致 a 端子为"虚地"（$u^- \doteq u^+ = 0$）或 b 端子为"虚地"（$u^+ \doteq u^- = 0$）。其次，当 $R_{in} \to \infty$ 及 $u_d \to 0$ 时，由图 5-3 可得 $i^+ = -i^- = u_d/R_{in} \to 0$，即从 a、b 两个端子流入运算放大器的电流非常小（几乎为零），a、b 两端子又可做"虚开路"（似开路又非真开路）处理，如图 5-4 中"×"号所示。这样在列写有关 i^-、i^+ 的 KCL 方程时，在数值上可舍弃 i^-、i^+ 的作用。以上分析结果可归纳为理想运算放大器的如下两个特点：

（1）输入电压 u_d 趋于零，$u^+ \doteq u^-$，可做"虚短路"（或"虚短"）、"虚地"处理；

（2）输入端子电流趋于零，$i^+ = -i^- \doteq 0$，可做"虚开路"（或"虚断"）处理。

这两个特点对一个理想运算放大器来说，必须同时满足，而且这两个特点对于分析含理想运算放大器的电路极为有用。

5.3 含有理想运算放大器的电阻电路分析

节点分析法特别适用于分析含运放的电路。在分析含理想运放的电路时，要注意以下两点：

（1）在理想运放的输出端应设一个节点电压，但不必为该节点列写节点电压方程，因此理想运放的输出电流在求解前是不明确的。

（2）在列写节点电压方程时，注意运用理想运放的"虚短"和"虚断"两个特点以减少未知量的数目。

例5-1 如图5-5（a）所示为反相比例器，试求输出电压u_o与输入电压u_{in}之间的关系。

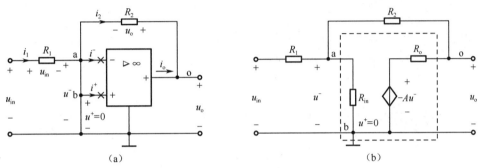

图 5-5 例 5-1 图

解：如果把如图5-5（a）所示电路中的运放当作一般实际运放，可画出如图5-5（b）所示的电路模型。该电路有两个独立节点a、o，分别列写出节点电压方程为

$$\left(\frac{1}{R_1}+\frac{1}{R_2}+\frac{1}{R_{in}}\right)u_{na}-\frac{1}{R_2}u_o=\frac{u_{in}}{R_1}$$

$$-\frac{1}{R_2}u_{na}+\left(\frac{1}{R_2}+\frac{1}{R_o}\right)u_o=\frac{-Au^-}{R_o}$$

控制量用节点电压表示为
$$u^-=u_{na}$$

联立求解上述方程，得
$$\frac{u_o}{u_{in}}=-\frac{R_2}{R_1}\cdot\cfrac{1}{1+\cfrac{\left(1+\dfrac{R_o}{R_2}\right)\left(1+\dfrac{R_2}{R_1}+\dfrac{R_2}{R_{in}}\right)}{A-\dfrac{R_o}{R_2}}}$$

将理想运放的条件$A\to\infty$，$R_{in}\to\infty$，$R_o\to 0$代入上式，则有

$$u_o/u_{in}=-R_2/R_1=K_u$$

从分析结果可以看出，利用如图5-5（a）所示电路可以使输出电压u_o与输入电压u_{in}之比按$-R_2/R_1$来确定，而不会由于理想运放的性能稍有改变而使u_o/u_{in}的比值受到影响。显然，选择不同的R_1和R_2值，就可获得不同的u_o/u_{in}值，所以图5-5（a）所示电路具有比例器的作用。又由于电路中理想运放的输出电压u_o通过电阻R_2反馈到反相输入端，输出电压u_o与输入电压u_{in}反向（反相），因此图5-5（a）所示电路又称为反相比例器，而比值$-R_2/R_1$称为运放的闭环增益，用K_u表示。

还可以直接应用节点分析法对图5-5（a）所示电路进行求解。节点a、o作为两个独立节点，由于运放的输出电流i_o在求解前是不明确的，故不必对节点o列写节点电压方程，只需对节点a列写节点电压方程，同时考虑到$i^- = 0$，即"虚开路"这一特点，有

$$\left(\frac{1}{R_1} + \frac{1}{R_2}\right)u_{na} - \frac{1}{R_2}u_o = \frac{u_{in}}{R_1}$$

还要考虑到$u^- \doteq u^+ = 0$，即"虚地"这一特点，有补充约束方程

$$u_{na} = u^- \doteq 0$$

最后整理得

$$-\frac{1}{R_2}u_o = \frac{u_{in}}{R_1}$$

即

$$\frac{u_o}{u_{in}} = -\frac{R_2}{R_1}$$

此题还有更简便的求解方法，在图5-5（a）所示电路上做"虚地""虚开路"处理，由$u^- \doteq u^+ = 0$，即"虚地"可知电阻R_1上的电压为u_{in}，而电阻R_2上的电压为u_o，根据电阻元件性能方程得

$$i_1 = \frac{u_{in}}{R_1}, \quad i_2 = -\frac{u_o}{R_2}$$

再由$i^- \doteq 0$，即"虚开路"，以及对节点a应用KCL，有

$$i_1 = i_2$$

这样也可以求得

$$\frac{u_o}{u_{in}} = -\frac{R_2}{R_1}$$

显然，这种方法最简捷。通过对此题的求解，发现对电路分析得越透彻，求解过程就越简单。

例5-2 如图5-6所示电路为加法器，试求输出电压u_o与输入电压u_1、u_2、u_3之间的关系。

解： 在如图5-6所示电路上做"虚地""虚开路"处理。由$u^- \doteq u^+ = 0$，即"虚地"得

$$i_1 = \frac{u_1}{R_1}, \quad i_2 = \frac{u_2}{R_2}, \quad i_3 = \frac{u_3}{R_3}, \quad i_f = -\frac{u_o}{R_f}$$

再由$i^- \doteq 0$，即"虚开路"，以及对节点a应用KCL，有

$$i_f = i_1 + i_2 + i_3$$

整理得

$$-\frac{u_o}{R_f} = \frac{u_1}{R_1} + \frac{u_2}{R_2} + \frac{u_3}{R_3}$$

即

$$u_o = -\left(\frac{R_f}{R_1}u_1 + \frac{R_f}{R_2}u_2 + \frac{R_f}{R_3}u_3\right)$$

令$R_1 = R_2 = R_3 = R_f$，有

$$u_o = -(u_1 + u_2 + u_3)$$

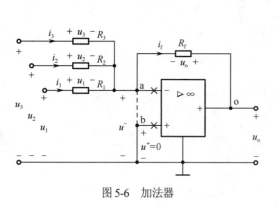

图5-6 加法器

上式表明，输出信号等于各路输入信号相加取负号，这就是加法器命名的依据。

例5-3 如图5-7所示电路为减法器，试求输出电压u_o与输入电压u_1、u_2之间的关系。

解： 在如图5-7所示电路上做"虚短路""虚开路"处理，应用节点分析法进行求解。节点a、b、o作为三个独立节点，由于运放的输出电流i_o在求解前是不明确的，故不必对节点o列写节点电压方程，只需对节点a、b列写节点电压方程，同时考虑到$i^- \doteq 0$、$i^+ \doteq 0$，即"虚开路"这一特点，有

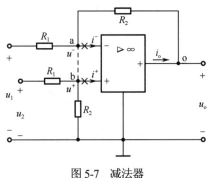

$$\left(\frac{1}{R_1}+\frac{1}{R_2}\right)u_{na}-\frac{1}{R_2}u_o=\frac{u_1}{R_1}$$

$$\left(\frac{1}{R_1}+\frac{1}{R_2}\right)u_{nb}=\frac{u_2}{R_1}$$

还要考虑到 $u^-\doteq u^+$，即"虚短路"这一特点，有补充约束方程

$$u_{na}\doteq u_{nb}$$

将上式代入节点电压方程中得

$$\frac{u_2}{R_1}-\frac{1}{R_2}u_o=\frac{u_1}{R_1}$$

整理得

$$u_o=\frac{R_2}{R_1}(u_2-u_1)$$

图 5-7　减法器

例5-4　如图 5-8（a）所示电路为同相放大器，试求输出电压 u_o 与输入电压 u_{in} 之间的关系。

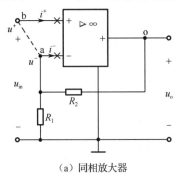

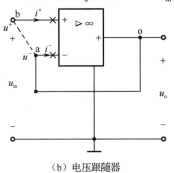

（a）同相放大器　　　　　　　　　　（b）电压跟随器

图 5-8　例 5-4 图

解：在如图 5-8（a）所示电路上做"虚短路""虚开路"处理。由 $u^-\doteq u^+$，即"虚短路"这一特点，得

$$u^-=u_{in}$$

再由 $i^-\doteq 0$，即"虚开路"这一特点，可将 R_1、R_2 视为串联，经分压得

$$u^-=\frac{R_1}{R_1+R_2}u_o$$

整理得

$$\frac{u_o}{u_{in}}=1+\frac{R_2}{R_1}$$

选择不同的 R_1 和 R_2，可以获得不同 u_o/u_{in} 值，而该值一定大于 1，同时又是正值，说明输出电压 u_o 与输入电压 u_{in} 同向（同相），故称为同相放大器。

如果 $R_1=\infty$（开路处理），$R_2=0$（短路处理），则图 5-8（a）变成图 5-8（b）。这时

$$\frac{u_o}{u_{in}}=1$$

即

$$u_o=u_{in}$$

输出电压 u_o 与输入电压 u_{in} 完全相同，故称为电压跟随器。而且由于 $i^-\doteq 0$，$i^+\doteq 0$，即"虚开路"（$R_{in}\to\infty$）这一特点，当它插入两电路之间时，可对两个电路起隔离作用，又不影响信号电压的传递。例如，在图 5-9（a）所示的分压电路中，当输出端没有接负载（空载）时，输出电压为

$$u_2=\frac{R_2}{R_1+R_2}u_1$$

但是，当输出端接上负载 R_L 后（用虚线表示），输出电压将变为

$$u_2' = \frac{\dfrac{R_2 R_L}{R_2 + R_L}}{R_1 + \dfrac{R_2 R_L}{R_2 + R_L}} u_1$$

显然 $u_2' < u_2$，这就是所谓的"负载效应"，负载 R_L 的接入影响了输出电压的大小。如果在负载 R_L 与分压电路之间插入一个电压跟随器，如图 5-9（b）所示，由于电压跟随器的输入电流为零，它的插入并不会影响分压电路的分压关系，只是将 R_L 与分压电路隔离开，这时 R_L 两端的电压仍为 $u_2 = \dfrac{R_2}{R_1 + R_2} u_1$。

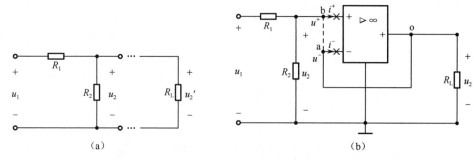

（a）   （b）

图 5-9   电压跟随器隔离作用说明图

例 5-5   如图 5-10 所示电路中含有两个理想运放，试求电压比值 u_o / u_{in}。

解：在如图 5-10 所示电路上做"虚地""虚短路"及"虚开路"处理。应用节点分析法进行求解，节点①、②、③、o' 及 o 作为 5 个独立节点，由于两个运放的输出电流 $i_{o'}$ 及 i_o 在求解前是不明确的，故不必对节点 o' 及 o 列写节点电压方程，只需对节点①、②、③列写节点电压方程，同时考虑到"虚开路"这一特点，有

$$\left.\begin{array}{l} \left(\dfrac{1}{R_1} + \dfrac{1}{2R_1} + \dfrac{1}{4R_1}\right) u_{n1} - \dfrac{1}{2R_1} u_{o'} - \dfrac{1}{4R_1} u_o = \dfrac{u_{in}}{R_1} \\[3mm] -\dfrac{1}{R_2} u_{o'} + \left(\dfrac{1}{R_2} + \dfrac{1}{2R_2}\right) u_{n2} = 0 \\[3mm] \left(\dfrac{1}{R_2} + \dfrac{1}{2R_2}\right) u_{n3} - \dfrac{1}{2R_2} u_o = 0 \end{array}\right\}$$

还要考虑到"虚地""虚短路"这些特点，有补充约束方程

$$u_{n1} = 0, \quad u_{n2} = u_{n3}$$

将上述两式代入节点电压方程中整理得

$$\left.\begin{array}{l} -\dfrac{1}{2R_1} u_{o'} - \dfrac{1}{4R_1} u_o = \dfrac{u_{in}}{R_1} \\[3mm] -\dfrac{1}{R_2} u_{o'} + \dfrac{1}{2R_2} u_o = 0 \end{array}\right\}$$

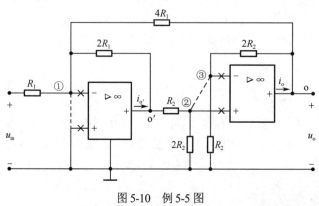

图 5-10   例 5-5 图

消去 $u_{o'}$ 得 $-\dfrac{u_o}{2} = u_{in}$ 即 $\dfrac{u_o}{u_{in}} = -2$

5.4　计算机仿真

例 5-6　由理想运算放大器组成的反相比例放大器

构建如图 5-11 所示的仿真电路，设置好元件参数，在运放的反相输入端放置万用表 XMM1，在运放输出端放置万用表 XMM2。

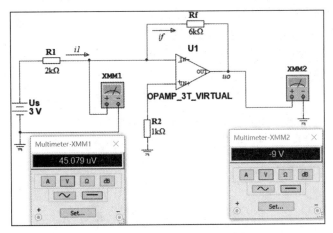

图 5-11　反相比例放大器仿真

根据理想运放的性质，有如下运算关系：

虚短：$u^- = u^+ = 0\text{V}$；

虚断：$i_1 = i_f$；可得 $u_o = -\dfrac{R_f}{R_1}U_s$。

运行仿真程序，测得反相输入端的电压为 $45.079\mu\text{V}$，此电压值可以近似视为 0V，运放的同相输入端接地，因此，运放的同相输入端与反相输入端的电位相等，说明"虚短"成立。运放输出端的万用表 XMM2 显示的电压值为-9V，仿真结果与理论计算结果一致，说明此电路达到了反相放大的效果。

例 5-7　由理想运算放大器组成的同相比例放大器

构建如图 5-12 所示的仿真电路，设置好元件参数，在运放的反相输入端放置万用表 XMM1，在同相输入端放置万用表 XMM2，在运放输出端放置万用表 XMM3。

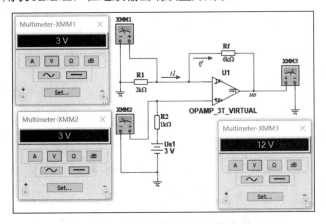

图 5-12　同相比例放大器仿真

根据理想运放的性质，有如下运算关系：

虚短：$u^- = u^+ = 3V$；

虚断：$i^- = i^+ = 0$，$i_1 = i_f$；可得 $u_o = \left(1 + \dfrac{R_f}{R_1}\right)U_S = (1+3)\times 3 = 12V$。

运行仿真程序，测得反相输入端的电压为 3V，运放的同相输入端的电压为 3V，因此，运放的同相输入端与反相输入端的电位相等，说明"虚短"成立。运放输出端的万用表 XMM3 显示的电压值为 12V，仿真结果与理论计算结果一致，说明此电路达到了同相放大的效果。

例 5-8　由理想运算放大器组成的模拟加法器

构建如图 5-13 所示的仿真电路，设置好元件参数，在运放的输出端放置万用表 XMM1。

根据理想运放的性质，有如下运算关系：

虚短：$u^- = u^+$；

虚断：$i^- = i^+ = 0$；$\dfrac{U_{S1} - u^+}{R_1} + \dfrac{U_{S2} - u^+}{R_2} + \dfrac{U_{S3} - u^+}{R_3} = \dfrac{u^+}{R_4}$

$i_1 = i_f$，即 $\dfrac{-u^-}{R_5} = \dfrac{u^- - u_o}{R_f}$，有

$$u_o = \left(1 + \frac{R_f}{R_5}\right)u^- = \left(1 + \frac{R_f}{R_5}\right)\frac{\dfrac{U_{S1}}{R_1} + \dfrac{U_{S2}}{R_2} + \dfrac{U_{S3}}{R_3}}{\dfrac{1}{R_1} + \dfrac{1}{R_2} + \dfrac{1}{R_3} + \dfrac{1}{R_4}}$$

若令

$$R_1 = R_2 = R_3 = R_4$$

则有

$$u_o = \frac{1}{4}\left(1 + \frac{R_f}{R_5}\right)(U_{S1} + U_{S2} + U_{S3})$$

按电路设定参数可以算出运放输出端电压为

$$u_o = \frac{1}{4} \times (1+2) \times (1+2+3) = 4.5\,V$$

运行仿真程序，测得运放输出端的电压值为 4.5V，仿真结果与理论计算结果一致，说明此电路达到了同相输入信号进行加法运算的效果。

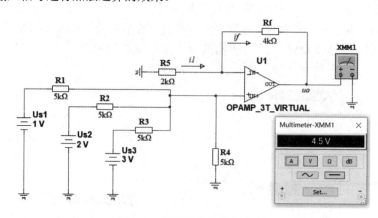

图 5-13　同相输入加法器仿真

例 5-9　由理想运算放大器组成的差分信号放大器

构建如图 5-14 所示的仿真电路，设置好元件参数，在运放的反相输入端放置万用表 XMM1，在同相输入端放置万用表 XMM3，在运放输出端放置万用表 XMM2。

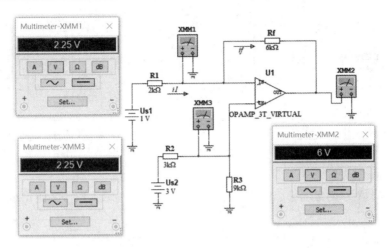

图 5-14 差分信号放大器仿真

根据理想运放的性质，有如下运算关系：

虚短： $u^- = u^+ = \dfrac{R_3}{R_2 + R_3} U_{S2} = \dfrac{3}{4} U_{S2}$ ；

虚断： $i_1 = i_f$ ；可得 $u_o = \dfrac{R_3}{R_2 + R_3}\left(1 + \dfrac{R_f}{R_1}\right) U_{S2} - \dfrac{R_f}{R_1} U_{S1} = 3(U_{S2} - U_{S1})$ 。

运行仿真程序，测得反相输入端的电压为 2.25V，运放的同相输入端的电压为 2.25V，因此，运放的同相输入端与反相输入端的电位相等，说明"虚短"成立。运放输出端的万用表 XMM2 显示的电压值为 6V，仿真结果与理论计算结果一致，说明此电路实现了对差分输入电压放大的效果。

思考题

5-1 在运放的图形符号中，为什么将标注"–"号的输入端 a 称为反相输入端？而将标注"+"号的输入端 b 称为同相输入端？

5-2 运放的外特性是如何描述的？什么物理量可以决定运算放大器工作时是作为线性元件使用，还是作为非线性元件使用？

5-3 为什么说运算放大器是一种高增益、高输入电阻和低输出电阻的电压放大器？

5-4 理想运放的三个条件是什么？

5-5 "虚短路"概念是怎样引出来的？在含理想运算放大器电路分析中如何运用？

5-6 "虚开路"概念是怎样引出来的？在含理想运算放大器电路分析中如何运用？

5-7 在用节点分析法对含理想运算放大器电路列写节点电压方程时，为什么不必对理想运放的输出端所在节点 o 列写节点电压方程？

5-8 为什么说电压跟随器具有隔离作用？

习题

5-1 题 5-1 图所示为含理想运放的电路，试求输出电压与输入电压之比 u_o / u_i 。

5-2 试求题 5-2 图所示含理想运放的电路的输出电压 u_o 。

5-3 题 5-3 图所示为含理想运放的电路，试求电流 i 。

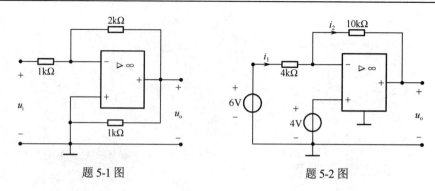

题 5-1 图　　　　　　　　　　题 5-2 图

5-4　题 5-4 图所示为含理想运放的电路，试求输出电压与输入电压之比 u_o/u_S。

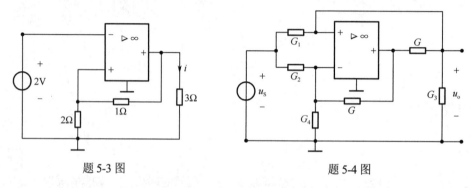

题 5-3 图　　　　　　　　　　题 5-4 图

5-5　题 5-5 图所示为含理想运放的电路，试求输入电阻 $R_{in} = u_1/i_1$ 为多少？

5-6　题 5-6 图所示为含理想运放的电路，试求输出电压与输入电压之比 u_2/u_1。

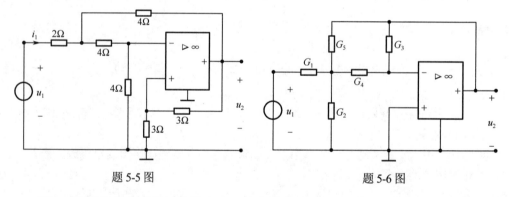

题 5-5 图　　　　　　　　　　题 5-6 图

5-7　题 5-7 图所示为含理想运放的电路，试求输出电压 u_o 与输入电压 u_{S_1}、u_{S_2} 之间的关系。

5-8　电路如题 5-8 图所示，当 $u_i = 3V$ 时，求负载电阻中的电流 i。

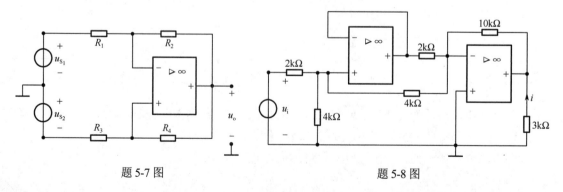

题 5-7 图　　　　　　　　　　题 5-8 图

5-9　题 5-9 图所示为含两个理想运放的电路，试求输出电压与输入电压之比 $u_\mathrm{o}/u_\mathrm{i}$。

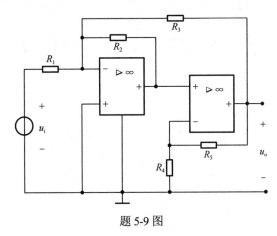

题 5-9 图

第6章 简单非线性电阻电路分析

严格地说，实际电路都是非线性的。只不过有些电路在一定的工作范围内其元件参数的非线性特征可以被忽略，可将其看成线性电路来分析。而有些电路，其某些元件参数的非线性特征不能被忽略，否则，就无法解释电路中发生的物理现象。非线性电路的分析要比线性电路的分析复杂得多，求得的解也不一定是唯一的。本章主要讨论含有非线性电阻的电路分析，为学习电子电路及进一步学习非线性电路理论提供基础。

分析非线性电阻电路的基本依据仍然是基尔霍夫定律与元件的伏安关系，但是，线性电路分析中的叠加定理、互易定理等均不成立，必须采用其他方法，常见的方法有解析法、图解法、折线近似法和小信号分析法等。

6.1 非线性元件与非线性电路的基本概念

本书前面各章所讨论的电路均为线性电路，其中的元件除独立源之外均为线性元件，这类元件的参数不随其端电压或电流（电路变量）而发生变化。当元件的参数值随其端电压或端电流的数值或方向发生变化时，这样的元件就是非线性元件，非线性元件的伏安特性不再是通过坐标原点的直线。具有非线性 $u-i$ 特性的电阻元件是非线性电阻元件，仅由非线性电阻元件、线性电阻元件、独立电源和受控源等组成的电路称为非线性电阻电路。非线性电阻电路在非线性电路中占有重要的地位，它不仅可以构成许多实际电路的合理模型，其分析方法也是研究含有非线性电容元件、非线性电感元件的非线性动态电路的基础。

严格地说，任何实际的电路元器件在一定程度上都是非线性的。在工程分析计算中，对于那些非线性程度较弱的元器件，在其电压和电流的一定工作范围内将它们作为线性元件来处理，既不会产生太大的误差，又可以简化电路的分析计算，是可行的。但是，大量的非线性元件实际上具有很强的非线性，这时，如果忽略其非线性特性来进行分析计算，则必然会使得计算结果与实际数据相差甚远，有时还会产生本质上的差异，以至于根本无法正确解释电路中所发生的物理现象。因此，对于这类非线性元件必须采用相应的分析方法，所以分析研究非线性元件和非线性电路具有重要的实际意义。

非线性元件也分为二端元件和多端元件，以及时变元件和时不变元件，本章仅讨论非线性时不变二端电阻元件及其所构成的电路。

6.2 非线性电阻

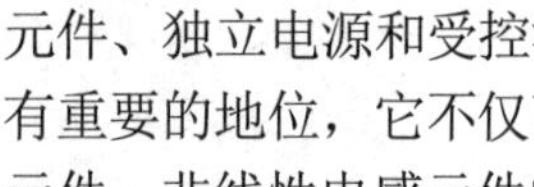

图 6-1 非线性电阻的电路符号

线性电阻的伏安特性可以用欧姆定律，即 $u=Ri$ 来表示，它在 $u-i$ 平面上是一条通过坐标原点的直线。不满足欧姆定律的电阻元件，即其伏安特性不能用通过坐标原点的直线来表示的电阻元件，称为非线性电阻元件，其电路符号如图 6-1 所示。

6.2.1 非线性电阻的分类

实际中的绝大多数非线性电阻的伏安特性由于其固有的复杂性，一般无法用数学解析式描述而只能用曲线或实验数据来表示。非线性电阻按其伏安特性可以分为三大类，即非单调型电阻、单调型电阻和多值电阻。

1. 非单调型电阻

顾名思义，所谓非单调型电阻就是其电压与电流的函数关系呈现非单调性，或者说其伏安特性在 $u-i$ 平面上表现为一条非单调曲线。按照其自变量的选取不同，非单调电阻又可以分为流控电阻（current-controlled resistor）和压控电阻（voltage-controlled resistor）两类。

（1）流控电阻。若非线性电阻的端电压 u 可以表示为其端电流 i 的单值函数，即

$$u = f(i)，单值函数 \tag{6-1}$$

则称为电流控制型非线性电阻，简称流控电阻。若以电压为横轴，电流为纵轴，则一种典型的流控电阻的伏安特性曲线如图 6-2 所示（图中只画出了 $u>0$，$i>0$ 的部分）。由该曲线可以看到：对于任一电流值 i，有且仅有一个电压值 u 与之相对应，如 i_1 对应 u_1，i_2 对应 u_2……即 u 为 i 的单值函数；而对于某一电压值 u，却可能有多个电流值 i 与之对应，如电压 u_2，有 i_2、i_4、i_5 这 3 个电流值与之对应，即端电流 i 不能表示为端电压 u 的单值函数。充气二极管就是具有流控电阻元件特性的一种典型器件，其伏安特性曲线如图 6-2 所示，这种曲线呈 S 形，在一段曲线内，电压随电流增加而下降 $\left(\dfrac{\mathrm{d}u}{\mathrm{d}i}<0\right)$，各点斜率均为负，称具有这类伏安特性的电阻为 S 形（微分）负阻，若需通过实验测得其全部伏安特性曲线，只能通过外加电流（自变量）测量电压（因变量）。

（2）压控电阻。若非线性电阻的端电流 i 可以表示为其端电压 u 的单值函数，即

$$i = g(u)，单值函数 \tag{6-2}$$

则称为电压控制型非线性电阻，简称压控电阻。一种典型的压控电阻的伏安特性曲线如图 6-3 所示（图中只画出了 $u>0$，$i>0$ 的部分）。由该曲线可以看到：对于任一电压值 u，有且只有一个电流值 i 与之相对应，如 u_1 对应 i_1，u_2 对应 i_2……即 i 为 u 的单值函数；而对于某一电流值 i，与之对应的电压值 u 却可能有多个，如电流 i_2，有 u_2、u_4、u_5 这 3 个电压值与之对应，因此，端电压 u 不能表示为端电流 i 的单值函数。隧道二极管就是具有压控电阻元件特性的一种典型器件，其伏安特性曲线如图 6-3 所示。这种曲线呈 N 形，在一段曲线内，电流随电压增加而下降，各点斜率均为负，称具有这类伏安特性的电阻为 N 形（微分）负阻，若需通过实验测得其全部伏安特性曲线，只能通过外加电压（自变量）来测量电流（因变量）。实际上，电压控制型的含义就是用连续地改变加在元件两端电压的方法来获得该元件的完整特性曲线。

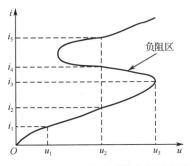　　　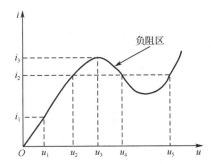

图 6-2　流控电阻的典型伏安特性曲线　　　　图 6-3　压控电阻的典型伏安特性曲线

2. 单调型电阻

若非线性电阻的端电压 u 可以表示为其端电流 i 的单值函数，端电流 i 又可以表示为其端电压 u 的单值函数，即

$$u = f(i)，单值函数 \tag{6-3a}$$

$$i = g(u)，\text{单值函数} \tag{6-3b}$$

同时成立，且 f 和 g 互为反函数，则可称为单调型电阻。这说明，单调型电阻既是流控电阻又是压控电阻，其伏安特性曲线为严格单调增或严格单调减的。PN 结二极管是最为典型的单调型电阻，其伏安特性方程为

$$i = I_{\mathrm{S}}(\mathrm{e}^{\frac{qu}{kT}} - 1) \tag{6-4}$$

式中，I_{S} 为一常数，称为反向饱和电流，q 是电子的电荷 $(1.6 \times 10^{-19}\mathrm{C})$，$k$ 是玻尔兹曼常数 $(1.38 \times 10^{-23}\mathrm{J/K})$，$T$ 为热力学温度。在 $T = 300\mathrm{K}$ （室温下）时，

$$\frac{q}{kT} = 40(\mathrm{J/C})^{-1} = 40\mathrm{V}^{-1}$$

因此，式（6-4）可以表示为

$$i = I_{\mathrm{S}}(\mathrm{e}^{40u} - 1)$$

由式（6-4）可以求出其反函数为

$$u = \frac{kT}{q}\ln\left(\frac{1}{I_{\mathrm{S}}}i + 1\right)$$

图 6-4（a）给出了 PN 结二极管的电路符号，图 6-4（b）中的粗实线定性地表示了 PN 结二极管的伏安特性曲线，图 6-4（c）为用折线分段替代曲线近似表示了 PN 结二极管的伏安特性曲线。

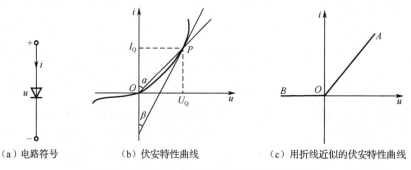

（a）电路符号   （b）伏安特性曲线   （c）用折线近似的伏安特性曲线

图 6-4   PN 结二极管的电路符号与伏安特性曲线

3. 多值电阻

若非线性电阻的某些端电流对应于多个端电压值，而某些电压又对应于多个端电流值，则称为多值电阻。理想二极管就是一种典型的多值电阻，其伏安特性为

$$\left.\begin{aligned} u = 0, \ i > 0 \ （导通）\\ i = 0, \ u < 0 \ （截止） \end{aligned}\right\}$$

与此式对应的伏安特性曲线如图 6-5 所示，它由 $u - i$ 平面上两条直线段组成，即电压负轴和电流正轴。这表明，当电压为正向（$i > 0$）时，理想二极管处于导通状态（实际二极管呈现的电阻很

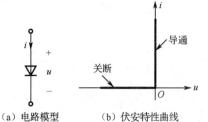

（a）电路模型   （b）伏安特性曲线

图 6-5   理想二极管的电路模型与伏安特性曲线

小，因而近似作短路处理），电压为零，相当于短路，此刻的伏安特性曲线为图 6-5（b）中的垂直部分；当电压为反向（$u < 0$）时，理想二极管处于截止状态（不导通，实际二极管呈现的电阻很大，因而近似作开路处理），电流为零，相当于开路，这时的伏安特性曲线为图 6-5（b）中的水平部分。图 6-5（b）中的坐标原点（$u = 0, i = 0$）称为转折点。

显然，多值电阻既不能将电压表示成电流的单值函数，也不能将电流表示成电压的单值函数，或者说，它既非流控电阻又非压控电阻。

由图 6-4（c）可知，一个实际二极管的伏安特性可以用其中的折线 $\overline{BOA}$ 近似逼近。因此，实

际二极管的模型可以用一个理想二极管和一个线性电阻串联组成。当对一个实际二极管外加正向电压时，由于其模型中理想二极管处于导通（开启）状态，电压为零（短路），因此实际二极管相当于一个线性电阻，其伏安特性可以用直线 $\overline{OA}$ 表示；当外加反向电压时，由于其模型中理想二极管处于截止（关断）状态，电流为零（开路），其伏安特性可以用直线 $\overline{BO}$ 表示。

电阻元件存在双向性和单向性的差异。伏安特性曲线对称于坐标原点的电阻，称为双向性电阻，所有线性电阻均为双向性电阻。伏安特性曲线非对称于坐标原点的电阻，称为单向性电阻。大多数非线性电阻都属于单向性电阻，如各种晶体二极管。对于单向性电阻，当加在其两端的电压方向不同时，流过它的电流完全不同，因而其特性曲线也就不对称于坐标原点。在工程实际中，非线性电阻的单向导电性可作整流之用。

6.2.2　静态电阻与动态电阻

由于非线性电阻的伏安特性曲线并非过坐标原点的直线，因此不能像线性电阻那样用常数表示其电阻值并应用欧姆定律进行分析。因此，需要引入静态工作点、静态电阻 R_Q 和动态电阻 R_d 的概念。所谓静态，是指非线性电阻电路在直流电源作用下的工作状态，此时非线性电阻上的电压值和电流值为 $u-i$ 平面上一个确定的点，该点即称为静态工作点，此点所对应的电压值和电流值称为静态电压和静态电流。

非线性电阻在某一工作状态下［如图 6-4（b）中 PN 结二极管特性曲线上某一工作点 $P(u,i)$］的静态电阻 R_Q 定义为该点电压 U_Q 与 I_Q 的比值，即

$$R_Q = \frac{U_Q}{I_Q}$$

由图 6-4（b）可见，R_Q 正比于 $\tan\alpha$，且随着静态工作点 P 的不同而相异，即随着加在该电阻上的电压或电流数值的不同而不同，显然，它对恒定的电压和电流才有意义。

非线性电阻在某一工作状态下［如图 6-4（b）中的曲线上某一工作点 $P(u,i)$］的动态电阻 R_d 定义为该点电压对电流的导数值，即

$$R_d = \left.\frac{\mathrm{d}u}{\mathrm{d}i}\right|_P$$

由图 6-4（b）可见，R_d 正比于 $\tan\beta$，为 P 点切线斜率的倒数，虽然它也随着工作点 P 的不同而不同，但它对 P 点附近变化的电压和电流才有意义。R_d 所表征的精确度与 P 点附近电压和电流的变化幅度及 P 点附近曲线的形状有关，是分析交流小信号电路的一个线性化参数。

例 6-1　一流控非线性电阻的伏安特性为 $u = f(i) = 3i - 4i^3$；（1）试分别求出 $i_1 = 0.05\text{A}$，$i_2 = 0.5\text{A}$，$i_3 = 5\text{A}$ 时对应的电压 u_1、u_2、u_3 的值；（2）试求 $i = \sin\omega t$ 时对应的电压 u 的值；（3）试求 $u_{12} = f(i_1 + i_2)$，并验证在一般情况下 $u_{12} \neq u_1 + u_2$。

解：（1）$i_1 = 0.05\text{A}$ 时，$u_1 = [3\times0.05 - 4\times(0.05)^3]\text{V} = (0.15 - 5\times10^{-4})\text{V}$，$i_2 = 0.5\text{A}$ 时，$u_2 = [3\times0.5 - 4\times(0.5)^3]\text{V} = 1\text{V}$，$u_3 = [3\times5 - 4\times(5)^3]\text{V} = (15 - 4\times125)\text{V} = -485\text{V}$，可见，若将该非线性电阻作为 3Ω 的线性电阻处理，不同的电流输入引起的输出电压误差是不同的，电流值较小时，产生的误差也小。

（2）$i = \sin\omega t$ 时，$u = 3\sin\omega t - 4(\sin\omega t)^3 = \sin3\omega t$，可见输出电压也是正弦波，但其频率却为输入频率的 3 倍，所以此流控非线性电阻实为一变频器。实际上，电阻元件的作用已经远超出了"将电能转化为热能"的范围。在现代电子技术中，非线性电阻和线性时变电阻被广泛地应用于整流、变频、调制、限幅等信号处理的众多方面。

（3）利用 $u = f(i) = 3i - 4i^3$，可以求出

$$u_{12} = f(i_1 + i_2) = 3(i_1 + i_2) - 4(i_1 + i_2)^3 = 3(i_1 + i_2) - 4(i_1^3 + i_2^3) - 12i_1i_2(i_1 + i_2)$$
$$= u_1 + u_2 - 12i_1i_2(i_1 + i_2)$$

由于在一般情况下，$(i_1 + i_2) \neq 0$，因此有 $u_{12} \neq u_1 + u_2$。

可见，叠加原理不适用于非线性电路。

6.3 非线性电阻电路方程的建立

非线性元件的参数不为常数这一特点决定了非线性电路与线性电路的一个根本区别，即前者不具有线性性质，因而不能应用依据线性性质推出的各种定理，如叠加原理、戴维宁定理、诺顿定理等。因此，分析非线性电路的基本依据是 KCL、KVL 及元件的 VCR（电压电流关系）。由于 KCL 和 KVL 与元件特性无关，因此将这两个定律应用于非线性电路与线性电路分析时不存在任何差异。但是，线性电阻满足欧姆定律，而非线性电阻的伏安关系一般为高次函数，故建立线性电阻电路方程与建立非线性电阻电路方程时的不同点来源于非线性电阻元件与线性电阻元件之间的上述差异。因此，在采用第 4 章介绍的各种建立电路方程的方法来建立非线性电阻电路方程时，需要根据非线性电阻元件伏安特性的不同情况而采用相应的方法，否则在应用某一方法来建立电路方程时会遇到困难，有时甚至得不出所要列写的电路方程。类似于线性电阻电路，本节所介绍的列写方程方法属于利用手工建立较为简单的非线性电阻电路方程时采用的"观察法"，对于复杂非线性电阻电路，一般采用适宜计算机分析的"系统法"。

6.3.1 节点法

对于简单的非线性电阻电路，可以先采用 2b 法，即直接列写独立的 KCL、KVL 及元件的 VCR，再通过将 VCR 方程代入 KCL、KVL 方程中消去尽可能多的电流、电压变量，从而最终得到方程数目最少的电路方程，这种方法称为代入消元法，可用于既有压控型又有流控型非线性电阻的非线性电路。

例 6-2 在如图 6-6 所示的非线性电路中，已知 $I_S = 2A$，$R_1 = 2\Omega$，$R_2 = 6\Omega$，$U_S = 7V$，非线性电阻是流控型的，有 $u_3 = (2i_3^2 + 1)V$，试求 u_{R_1} 的值。

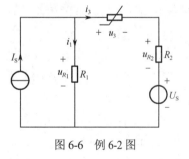

图 6-6 例 6-2 图

解：（1）电路元件（非线性电阻、线性电阻）的特性方程为

$$u_3 = 2i_3^2 + 1, \quad u_{R_1} = R_1 i_1 = 2i_1, \quad u_{R_2} = R_2 i_3 = 6i_3$$

（2）KCL 与 KVL 分别为

$$i_3 = I_S - i_1, \quad u_{R1} = u_3 + u_{R_2} + U_S$$

将电路元件方程代入所列 KCL 与 KVL 方程可得

$$i_3 = 2 - \frac{1}{2}u_{R_1} \tag{6-5}$$

$$u_{R_1} = 2i_3^2 + 6i_3 + 8 \tag{6-6}$$

将式（6-5）代入式（6-6）可得 $u_{R_1}^2 - 16u_{R_1} + 56 = 0$。解得 $u_{R_1} = 10.828V$ 或 $u_{R_1} = 5.172V$，由此可见，非线性电路的解不是唯一的，有时在某种情况下还可能出现无穷多组解。此外，若非线性电阻是压控型，例如此题中，如果 $i_3 = (2u_3^2 + 1)V$，则电路方程就要复杂些，而且求解也较困难。

若电路中的非线性电阻均为压控型电阻或单调电阻，则宜选用节点法列写非线性电阻电路方程。当电路中既有压控型电阻又有流控型电阻时，直接建立节点电压方程的过程就会比较复杂。

例 6-3　写出如图 6-7 所示电路的节点电压方程，假设各电路中非线性电阻的伏安特性为 $i_1 = u_1^3$，$i_2 = u_2^2$，$i_3 = u_3^{3/2}$。

解： 对节点①和②分别运用 KCL 可得

$$\left. \begin{array}{r} i_1 + i_2 = 12 \\ -i_2 + i_3 = 4 \end{array} \right\} \qquad (6\text{-}7)$$

应用 KVL 将非线性电阻支路的电压表示为节点电压的代数和，可得 $u_1 = u_{n1}$，$u_2 = u_{n1} - u_{n2}$，$u_3 = u_{n3}$，再将它们分别代入各非线性电阻的伏安特性方程得

$$i_1 = u_{n1}^3, \qquad i_2 = (u_{n1} - u_{n2})^2, \qquad i_3 = u_{n3}^{3/2} \qquad (6\text{-}8)$$

将式（6-8）代入式（6-7）可得

$$\begin{cases} u_{n1}^3 + (u_{n1} - u_{n2})^2 = 12 \\ -(u_{n1} - u_{n2})^2 + u_{n3}^{3/2} = 4 \end{cases}$$

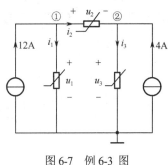

图 6-7　例 6-3 图

6.3.2　回路法

若电路中的非线性电阻均为流控型电阻或单调电阻，则宜选用回路法或网孔法列写非线性电阻电路方程。当电路中既有流控型电阻又有压控型电阻时，建立回路方程的过程就会比较复杂。

例 6-4　在图 6-8 所示的非线性电阻电路中，已知两非线性电阻的伏安特性分别为 $u_3 = a_3 i_3^{1/2}$，$u_4 = a_4 i_4^{1/3}$，试列出求解 i_3 和 i_4 的方程。

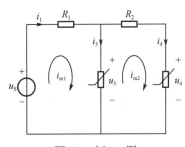

图 6-8　例 6-4 图

解： 设网孔电流分别为 i_{m1} 和 i_{m2}，列写网孔电流方程为

$$\left. \begin{array}{r} R_1 i_{m1} + u_3 = u_s \\ R_2 i_{m2} + u_4 = u_3 \end{array} \right\} \qquad (6\text{-}9)$$

将 $i_{m1} = i_3 + i_4$，$i_{m2} = i_4$，$u_3 = a_3 i_3^{1/2}$，$u_4 = a_4 i_4^{1/3}$ 代入式（6-9），可得关于 i_3 和 i_4 的方程，即

$$\begin{cases} a_3 i_3^{1/2} + R_1 i_3 + R_1 i_4 = u_s \\ -a_3 i_3^{1/2} + R_2 i_4 + a_4 i_4^{1/3} = 0 \end{cases}$$

可以看出，依据 KCL 和 KVL 两类基本约束对于非线性电阻电路所建立的方程是一个非线性代数方程组，其一般形式可以表示为

$$\left. \begin{array}{r} f_1(x_1, x_2, \cdots, x_n, t) = 0 \\ f_2(x_1, x_2, \cdots, x_n, t) = 0 \\ \vdots \\ f_n(x_1, x_2, \cdots, x_n, t) = 0 \end{array} \right\} \qquad (6\text{-}10)$$

式中，$x_1, x_2, \cdots, x_n$ 是 n 个独立的电压或/和电流变量。若讨论的电路中含有时变电源，则式（6-10）中就将显示含时间参变量 t，而当电路中仅含直流电源（为一直流非线性电阻电路）时，式（6-10）中将不含时间参变量 t。由于时变电阻电路在任一瞬时 t_k 可被看作一个直流电阻电路，因此若能求出后者的解，则必可求出前者的解，只是所需计算量要大一些。由于非线性电阻电路所建立的非线性代数方程组一般难以得到其解析解，因此需要在计算机上用数值方法求解。

6.4　非线性电阻电路的基本分析法

本节介绍分析非线性电阻电路时常用的基本方法，其依据依然是 KCL、KVL 和元件的 VCR。

由 KCL、KVL 所列写的拓扑方程与线性电阻电路中的一样仍为代数方程组，但是由于非线性电阻的 VCR 不同于线性电阻的 VCR，一般是高次函数关系，因此使得分析非线性电阻电路的方法有其特殊性，不能套用线性电阻电路的各种分析方法。

6.4.1　图解法

由于非线性电阻伏安关系的固有复杂性，在很多情况下无法获得这种伏安关系的解析表达式，只得借助于元件的伏安特性曲线来对其进行描述。因此，图解法就构成了分析计算非线性电阻电路的一种非常重要的常用方法，可运用图解法来求解非线性电阻电路的工作点、DP 图（驱动点图）和 TC 图（转移特性图）。下面介绍非线性电阻电路直流工作点和非线性电阻串联、并联所得网络的 DP 图。

1. 求非线性电阻电路直流工作点的图解法

（1）直流工作点。直流电阻电路的解称为该电路的直流工作点或静态工作点，简称工作点。对于直流非线性电阻电路来说，电路的解，即电路方程式（6-10）的解 $x_1, x_2, \cdots, x_n$ 称为该电路的直流工作点。从几何的角度而言，式（6-10）中的任意方程均是 n 个曲面的交点。由于这些曲面可能有一个、多个或无限多个交点甚至不存在交点，因此电路也就相应地可能有一个、多个或无限多个工作点或者没有工作点。这种工作点的多样性可以用图 6-9（b）加以说明。当 $U_S = U_{S_1}$ 时，U_S 和电阻 R 串联组成的一端口电路的伏安特性曲线 （$u = U_S - Ri$) 与压控型非线性电阻的伏安特性曲线 [$i = g(u)$] 只有一个交点，即电路只有一个工作点；当 $U_S = U_{S_3}$ 时，电路有两个工作点；当 $U_S = U_{S_2}$ 时，电路有三个工作点；当 $U_S = U_{S_4}$ 时，两条伏安特性无交点，此时电路无工作点。显然，两条伏安特性曲线具有多个交点，即电路同时具有多个工作点的现象是由非线性电阻的多值性造成的。但是，任何一个实际电路在任意时刻总可以有一个而且只能有一个工作点，因为一个电路不可能同时工作在两种不同状态。一个电路出现有多个、无限多个或者没有工作点的不合理情况在于电路理论所研究的对象是模型而不是实际装置，当模型取得过分简单或近似时就会造成图解结果与实际不符，但只要通过改善模型即可解决。

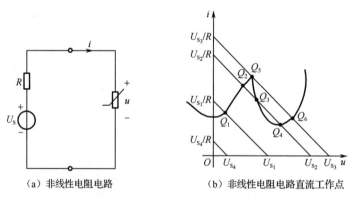

（a）非线性电阻电路　　　　（b）非线性电阻电路直流工作点

图 6-9　非线性电阻电路直流工作点多样性图示

（2）非线性电阻电路工作点的图解法。当非线性电阻的 VCR 可以表示为函数式时，一般可以利用上述列写电路方程的解析法建立方程，最终解出非线性电阻的端电压和端电流，即求得非线性电阻电路的工作点。而当非线性电阻的 VCR 无法表示为函数式时，解析法就无能为力了，这时通常采用图解法（曲线相交法或分段性线化解析法）来确定非线性电阻电路的工作点，这里仅介绍前者，如图 6-9（b）所示。

例 6-5　非线性电阻电路如图 6-10（a）所示，其中非线性电阻的伏安特性曲线如图 6-10（c）

所示，试用图解法求该电路的工作点。

解： 对于仅含有一个非线性电阻的电路，通常先将非线性电阻以外部分的线性一端口电路用戴维宁等效电路替代［见图 6-10（b）］。一般将端口伏安特性曲线较为简单地视为负载，相应的伏安特性曲线称为负载线。据此，将端口 a − a′ 以左部分视为一个非线性电阻负载，则负载线方程为

$$u = \frac{4}{3} - \frac{2}{3}i$$

在同一坐标系下绘出非线性电阻的伏安特性曲线和负载线，如图 6-10（c）所示，两条曲线有两个交点，即该电路共有两个工作点 Q_1 和 Q_2，其坐标分别为 $Q_1(0.64, 1.04)$，$Q_2(-3.1, 6.7)$。由于在正常工作条件下，负载线应限制于第一象限，因此在图 6-10（c）中，工作点 Q_1 是合理的，即电路将工作在该点，而工作点 Q_2 是不合理的。在电子线路中，图 6-10（b）中的线性电阻 R 通常表示负载，因此，图 6-10（c）中的直线在习惯上被称为负载线，故而这种求工作点的方法又称为负载线法。

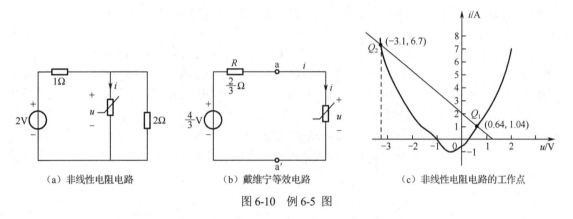

（a）非线性电阻电路　　　　　（b）戴维宁等效电路　　　　　（c）非线性电阻电路的工作点

图 6-10　例 6-5 图

例 6-5 表明，对于仅含有一个非线性电阻但结构较复杂的非线性电阻电路，可以自非线性电阻两端断开，所剩电路为一线性含源一端口电路，对它进行戴维宁等效，就得到与图 6-10（b）类似的单回路电路，再采用图解法（若非线性电阻的伏安关系可以表示为方程式，则可用解析法）即可求解出非线性电阻的端电压 u 或端电流 i，如果所求的不是非线性电阻的端电压或端电流，仍需通过上述过程先求得非线性电阻的端电压 u 值或端电流 i 值，再应用替代定理将原始电路中非线性电阻替代成数值为 u 的独立电压源或数值为 i 的独立电流源，替代后的电路为一线性电路，再用线性电路的各种分析方法求出欲求的电路变量，包括功率等。对于通常的非线性电路大都可以求出多个解，解的个数取决于非线性电阻的 VCR 函数的次数。

对于含有多个非线性电阻的一端口电路（其中还可以含有线性电阻），这时应用非线性电阻与线性电阻的串、并联等效及非线性电阻的串、并联等效，可将该一端口电路等效为一个非线性电阻，并将剩下的线性有源一端口电路应用戴维宁定理进行等效，即可得出类似于图 6-10（b）所示的电路，对此电路，按上述的方法便可求出所求电量。

2. 求 DP 图的图解法

表征任意一个含有电阻的一端口电路（单个电阻或仅由电阻构成的网络为其特例）的端口伏安特性曲线称为该一端口电路的驱动点特性图，简称 DP 图。下面讨论如何利用单个非线性电阻的 DP 图通过图解法得出由这些非线性电阻串联、并联与混联电路构成的非线性电阻一端口电路的 DP 图，即求出这种电路的非线性等效电阻的 DP 图。

（1）非线性电阻的串联、并联与混联等效概念。类似于线性无源一端口电路可以等效为一个电阻，非线性无源一端口电阻电路也可以等效为一个电阻，等效的定义仍然是两者在端口上具有

相同的电压电流关系。

　　非线性电阻串联、并联、混联所构成的一端口电路的等效不像线性电阻那样简单，也没有固定的公式可以套用。当非线性电阻串联或并联时，只有所有非线性电阻的控制类型相同时，才有可能得出其等效电阻伏安特性的解析表达式。但是，由于大多数的非线性电阻往往只知道它们的伏安特性曲线，而对有些曲线却难以写出或无法写出其具体的函数关系式，因此不可能应用两类基本约束解析得出非线性电阻串联、并联或混联时其等效电阻的伏安特性表达式。因此，在一般情况下，非线性电阻串联、并联与混联等效只能借助于图解法即利用 DP 图进行，这时需要利用两类基本约束。

　　（2）非线性电阻串联时的 DP 图。图 6-11（a）表示伏安特性分别为 $u_1 = f_1(i_1)$ 和 $u_2 = f_2(i_2)$ 的两个流控或单调型非线性电阻串联构成的一端口电路，各电压、电流的参考方向如图 6-11（a）所示。根据 KCL 可知

$$i = i_1 = i_2 \tag{6-11}$$

应用 KVL 及式（6-11），并将两个非线性电阻的伏安特性代入，可得

$$u = u_1 + u_2 = f_1(i_1) + f_2(i_2) = f_1(i) + f_2(i) = f(i) \tag{6-12}$$

　　式（6-12）表示了图 6-11（a）所示两串联非线性电阻的伏安特性方程与等效非线性电阻的伏安特性方程之间的关系。设两电阻的伏安特性曲线如图 6-11（b）所示，由式（6-12）可知，只要将同一电流值 i 所对应的曲线 $f_1(i_1)$、$f_2(i_2)$ 上的电压值 u_1 和 u_2 相加，即得该电流值所对应的等效电阻的电压值 u。取不同的 i 值便可逐点描绘出等效电阻的伏安特性曲线 $u = f(i)$，如图 6-11（b）所示。由此可以得出非线性电阻串联的等效电阻模型，如图 6-11（c）所示，该等效电阻也是流控或单调型非线性电阻。这表明，两个流控或单调型非线性电阻串联，其等效电阻也是一个流控或单调型非线性电阻。

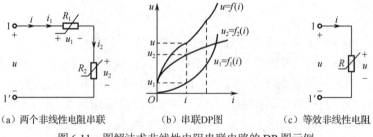

　　（a）两个非线性电阻串联　　　　（b）串联DP图　　　　（c）等效非线性电阻

图 6-11　图解法求非线性电阻串联电路的 DP 图示例

　　以上讨论均假定电阻是流控的或单调型的。若串联的电阻中有一个是压控电阻，由于在电流值的某范围内电压是多值的，因此式（6-12）所对应的解析形式的分析法就不便使用，难以写出其等效一端口电路的伏安特性 $u = f(i)$ 的解析式，但可使用图解法得到等效电阻的伏安特性曲线，这种方法可推广于多个非线性电阻串联的情况。

　　（3）非线性电阻并联时的 DP 图。非线性电阻的并联是非线性电阻串联的对偶情况。图 6-12（a）表示伏安特性分别为 $i_1 = g_1(u_1)$ 和 $i_2 = g_2(u_2)$ 的两个压控或单调型非线性电阻并联构成的一端口电路，各电压、电流的参考方向如图 6-12（a）所示。根据 KVL 有

$$u = u_1 = u_2 \tag{6-13}$$

应用 KCL 及式（6-13），并将两个非线性电阻的伏安特性代入，可得

$$i = i_1 + i_2 = g_1(u_1) + g_2(u_2) = g_1(u) + g_2(u) = g(u) \tag{6-14}$$

　　式（6-14）表示了图 6-12（a）所示两个并联非线性电阻的伏安特性方程与等效非线性电阻的伏安特性方程之间的关系。设两电阻的伏安特性曲线如图 6-12（b）所示，由式（6-14）可知，只

要将同一电压值 u 所对应的曲线 $g_1(u)$、$g_2(u)$ 上的电流值 i_1 和 i_2 相加，即得该电压值所对应的等效电阻的电流值 i。取不同的 u 值便可逐点描绘出等效电阻的伏安特性曲线 $i = g(u)$，如图 6-12（b）所示，该等效电阻也是压控或单调型非线性电阻，由此可以得出非线性电阻并联的等效电阻的模型，如图 6-12（c）所示。这表明，两个压控或单调型非线性电阻相并联，其等效电阻也是一个压控或单调型非线性电阻。

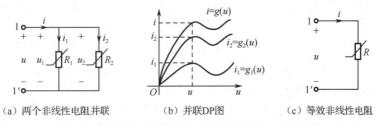

　　（a）两个非线性电阻并联　　　　　（b）并联 DP 图　　　　　　（c）等效非线性电阻

图 6-12　图解法求非线性电阻并联电路的 DP 图示例

　　与串联时的情况对偶，若相并联的电阻中有一个是流控电阻，则难以得到解析式 $i = f(u)$，但却可以使用图解法得到等效电阻的伏安特性曲线。

　　显然，上述方法可以推广到任意多个非线性电阻（其中可以有线性电阻）的串联或并联电路。对于由非线性电阻（其中可以有线性电阻）串联和并联形成的混联电路，也可以运用串联和并联相互之间的关系，根据连接情况，逐步用图解法进行等效得到混联等效电阻的伏安特性。例如，在一个非线性电路中，电路末端两个非线性电阻并联后再与靠近电路始端的第三个非线性电阻串联，可以按先求并联部分等效伏安特性曲线的方法，即取一系列不同的电压值，将同一电压值下两伏安特性曲线的电流坐标值相加从而得到并联部分端口（等效电阻）的伏安特性曲线，这时整个电路变为两个非线性电阻串联，再按求串联部分等效伏安特性曲线的方法，即取一系列不同的电流值，将同一电流值下两伏安特性曲线的电压坐标值相加从而得到整个电路端口（等效电阻）的伏安特性曲线。这种逐级等效的思想完全类似于由线性电阻构成的一端口电路，从离端口的最远处开始，逐级按串联或并联向端口处等效的过程。

　　应该指出的是，用图解法逐点描迹求等效非线性电阻的 DP 图（端口伏安特性）较复杂。在大多数实际场合，在允许存在一定工程误差的条件下，常对实际中非线性电阻的 DP 图使用折线作近似简化处理。

　　上面介绍的对非线性电阻串联、并联及混联作 DP 图的图解法称为曲线相加法。这种方法普遍适用于流控电阻、压控电阻及单调型电阻的串联、并联及混联，这些电阻连接的电路中也可以含有线性电阻，但最终等效电阻一般必为一非线性电阻。

　　TC 图是非线性电阻构成的二端口电路中两个端口的激励与响应之间的关系曲线，其求取方法除了图解法，还有分段线性化解析法。限于篇幅，本书不做介绍。

6.4.2　分段线性化解析法

　　分段线性化解析法又称折线近似法，是目前分析非线性电路的一种非常重要的解析法。其基本思想是，在允许一定工程误差的条件下，将非线性元件复杂的伏安特性曲线用若干直线段构成的折线近似替代，即所谓分段线性化。由于各直线段所对应的线性区段分别对应一个线性电路，因此可以采用线性电路的分析计算方法，将非线性电路的求解转化为若干（直线段的个数）结构和元件相同而参数各异的线性电路的求解。用分段线性函数表示强非线性函数具有很多优点，一是在线性段内，原电路变为一个线性电路，可以利用线性电路的分析方法求解；二是非线性特性通常由测量数据用拟合法求得，如果用分段线性逼近，则很容易写出分段线性函数。分段线性化解析法实质上是一种近似等效方法。

对于含有多个非线性电阻的电路，可以将其中每一非线性电阻元件的伏安特性曲线用若干直线段近似表示，而对每一条直线段总可以得出其对应的一个戴维宁等效电路或诺顿等效电路，因此可以在该直线段范围内，用所得到的戴维宁等效电路或诺顿等效电路替代对应的非线性电阻元件，在对每一非线性电阻元件都进行这样的替代后，原非线性电阻电路就变为线性电阻电路，对后者计算便可得到前者的解。由于每一非线性电阻的特性曲线都由若干条直线段组成，因此通常需要计算所有直线段组合所对应的电路才能确定电路的解。假设电路中共有 n 个非线性电阻元件，而每一个非线性电阻元件的伏安特性曲线由 m_k 条直线段组成，将所有这些非线性电阻特性曲线的各直线段进行组合，可以得出需要计算的线性电阻电路共有 $m_1 \cdot m_2 \cdots m_k \cdots m_n$ 个，即可求出每一个线性电路中对应于非线性电阻的每一条等效支路的电压和电流。

由于非线性电阻元件的工作状态（电压值和电流值）不能超过该替代直线段的范围，而在求解电路过程中，并没有考虑每一个非线性电阻元件确切的工作范围，因此，需要在得出计算结果后检验每一个线性电路计算结果的合理性。由于非线性电阻的每一条直线段都位于一个电压和电流的取值区间，因此当用一条直线段对应的戴维宁或诺顿等效电路来替代该非线性电阻时，即给定了该电阻的电压和电流的取值范围（直线段的电压和电流的取值区间），因此，若由此直线段对应的等效电路计算得出的电压值和电流值都落在所给定的电压和电流的取值范围内，则该计算结果就是正确的，即是电路的真实解；所计算出的电压值和电流值中只要有一个不在给定的电压和电流的取值范围内，则该计算结果就是不合理的，即不是电路的真实解，应剔除。这种检验过程对于含有单个非线性电阻元件或多个非线性电阻元件的电路都是必需的。一旦求得非线性电阻上的电压值或电流值，即可利用含戴维宁或诺顿等效电路的线性化电路求出原非线性电路中任意支路的电压值和电流值。

由于在整个计算过程中所用的任意线性电路的拓扑结构都是相同的，唯一改变的是戴维宁或诺顿等效电路中的参数，因此可以用迭代的方法进行计算，计算的工作量和准确程度取决于对曲线划分的折线段数的多少，段数越多，折线越接近原曲线，分析计算的准确度越高。

例 6-6　对图 6-13（a）中的非线性电阻 R_1、R_2 的伏安特性曲线分别用折线逼近，如图 6-13（b）和（c）所示。试求 I_1 和 U_2。

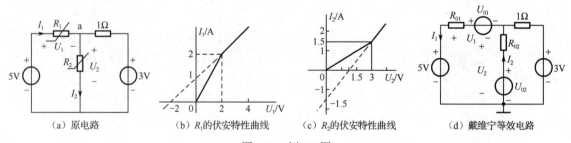

| （a）原电路 | （b）R_1 的伏安特性曲线 | （c）R_2 的伏安特性曲线 | （d）戴维宁等效电路 |

图 6-13　例 6-6 图

解： 由图 6-13（b）和（c）可知，R_1、R_2 在某一电压、电流区间可等效为一个线性电阻；在另一电压、电流区间可等效为一个戴维宁电路。为便于分析，分别用两个戴维宁电路替代图 6-13（a）中的非线性电阻元件 R_1、R_2，得到的等效电路如图 6-13（d）所示。

（1）首先分别根据 R_1、R_2 的伏安特性曲线讨论其对应的戴维宁电路中各元件的参数。由图 6-13（b）可知，对 R_1 而言，当 $0 < I_1 \leq 2\text{A}$ 时，R_1 为线性电阻，有

$$R_{01} = 1\Omega, \qquad U_{01} = 0 \qquad\qquad (6\text{-}15\text{a})$$

当 $I_1 \geq 2\text{A}$ 时，R_1 为戴维宁电路，有

$$R_{01} = 2\Omega, \qquad U_{01} = -2\text{V} \qquad\qquad (6\text{-}15\text{b})$$

由图 6-13（c）可知，对 R_2 而言，当 $0 < U_2 \leq 3\text{V}$ 时，R_2 为线性电阻，有

$$R_{02} = 2\Omega, \qquad U_{02} = 0 \qquad\qquad (6\text{-}15\text{c})$$

当 $U_3 \geq 3\text{V}$ 时，R_2 为戴维宁电路，有

$$R_{02} = 1\Omega, \qquad U_{02} = 1.5\text{V} \qquad\qquad (6\text{-}15\text{d})$$

（2）对图 6-13（d）中的电路分别列写节点方程和回路方程，有

$$U_2 = \frac{\dfrac{5 - U_{01}}{R_{01}} + \dfrac{U_{02}}{R_{02}} + \dfrac{3}{1}}{\dfrac{1}{R_{01}} + \dfrac{1}{R_{02}} + 1} \qquad\qquad (6\text{-}16)$$

$$I_1 = \frac{5 - U_{01} - U_2}{R_{01}} \qquad\qquad (6\text{-}17)$$

（3）分别对 R_1、R_2 伏安特性各直线段组合求解。首先将式（6-15a）代入式（6-16），将式（6-15c）代入式（6-17）中，求得

$$U_2 = \frac{\dfrac{5}{1} + \dfrac{3}{1}}{1 + \dfrac{1}{2} + 1} = 3.2\text{V}, \qquad I_1 = \frac{5 - 3.2}{1} = 1.8\text{A}$$

因为 U_2 超出了式（6-15c）成立的范围，所以不是解；再将式（6-15b）代入式（6-16），将式（6-15d）代入式（6-17）中，求得

$$U_2 = \frac{\dfrac{5}{1} + \dfrac{1.5}{1} + \dfrac{3}{1}}{1 + 1 + 1} \approx 3.17\text{V}, \quad I_1 = 1.83\text{A}$$

这两个值在式（6-15a）、式（6-15d）成立的范围内，故是所求解；又将式（6-15b）、式（6-15c）代入式（6-16）、式（6-17）中，求得

$$U_2 = \frac{\dfrac{7}{2} + \dfrac{3}{1}}{\dfrac{1}{2} + \dfrac{1}{2} + 1} = 3.25\text{V}, \quad I_1 = 1.875\text{A}$$

因为 U_2 超出了式（6-15c）成立的范围，所以不是解；最后将式（6-15b）、式（6-15d）代入式（6-16）、式（6-17）中，求得

$$U_2 = \frac{\dfrac{7}{2} + \dfrac{1.5}{1} + 3}{\dfrac{1}{2} + 1 + 1} = 3.2\text{V}, \quad I_1 = 1.9\text{A}$$

由于 I_1 不在式（6-15b）成立的范围内，因此不是解。

综上所述，可知所求解为 $I_1 = 1.83\text{A}$，$U_2 \approx 3.17\text{V}$。

6.4.3　小信号分析法

在分段线性化解析法中，输入信号变动的范围较大，因此必须考虑非线性元件特性曲线的全部。若电路中电压、电流变化范围较小，则可以采用小信号分析法，它所涉及的仅是非线性元件特性曲线的某个局部，即按照工作点附近局部线性化的概念，用非线性元件伏安特性在工作点处的切线（其斜率为动态电导）将非线性元件线性化，建立起局部的线性模型，并据此分析由小信

号引起的电流增量或电压增量。但是，这两种方法具有一个共同点，即在某一范围内，用一段直线来近似非线性元件特性曲线，以便使用熟知的线性电路的求解方法在工程实际允许的误差范围内近似地分析非线性电路问题。小信号分析法共有两种，即非线性电阻电路的小信号分析法和非线性动态电路的小信号分析法，其基本原理是完全相同的，这里仅讨论前者。

小信号分析法是分析非线性电路的重要的常用方法，特别是电子电路中有关放大器的分析、设计就是以小信号分析为基础的。

小信号是一个相对的概念，它通常是指电路中某一时变电量相对某一直流电量而言，其幅值很小。例如，图 6-14（a）所示为一非线性电阻电路，其中 U_s 为直流电压源（常称为偏置电源），输入电压源 $u_s(t)$ 是时变的（一般为正弦交流信号源），且满足 $|u_s(t)| \ll U_s$，即 $u_s(t)$ 的变化幅度很小（例如，U_s 为伏数量级，$u_s(t)$ 为微伏数量级），则称 $u_s(t)$ 为小信号电压源。R_s 为线性电阻，非线性电阻为压控型的，其伏安特性方程为 $i = g(u)$，伏安特性曲线如图 6-14（b）所示。下面利用小信号分析法求解非线性电阻的端电压 $u(t)$ 和端电流 $i(t)$。

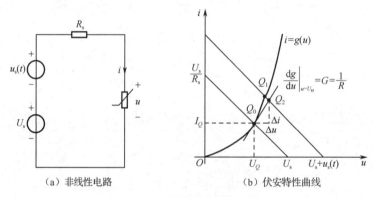

（a）非线性电路　　　　　（b）伏安特性曲线

图 6-14　小信号分析法原理图示

在图 6-14（a）所示电路中，应用 KVL 列写回路方程，可得

$$R_s i + u = U_s + u_s(t) \tag{6-18}$$

而

$$i = g(u) \tag{6-19}$$

首先设电路中并无时变电源，即 $u_s(t) = 0$，仅 U_s 单独作用。此时，式（6-18）变为

$$R_s i + u = U_s \tag{6-20}$$

根据式（6-20）在图 6-14（b）中画出负载线，采用图解法求出此时电路的静态工作点 $Q_0(U_Q, I_Q)$，该点满足式（6-19）和式（6-20），即有 $I_Q = g(U_Q)$ 和 $R_s I_Q + U_Q = U_s$。

若图 6-14（a）所示的电路中 $u_s(t) \ne 0$，即 U_s 和 $u_s(t)$ 共同作用于电路。这时在直流电源 U_s 上叠加了时变电源 $u_s(t)$，由于所加 $u_s(t)$ 的振幅非常小（$|u_s(t)| \ll U_s$），因此在任意时刻，电路中各支路的电压、电流的变化范围均在静态工作点 $Q_0(U_Q, I_Q)$ 附近。例如，在图 6-14（b）中，Q_1 即为直流电压源 U_s 和小信号电压源 $u_s(t)$ 共同作用下电路在时刻 t 的工作点，它位于 Q_0 点附近。由于 $u_s(t)$ 的变化幅度甚小，因此可以在静态工作点（直流工作点）$Q_0(U_Q, I_Q)$ 处作非线性电阻伏安特性曲线的切线，它将与同一时刻 t 的负载线相交于 Q_2 点。由于 $|u_s(t)|$ 足够小，Q_2 与 Q_1 之间相差极其细微，因此，可以用 Q_0 处的切线（直线段）来近似代替 $Q_0 \sim Q_1$ 的非线性电阻伏安特性曲线（$Q_0 Q_1$ 曲线段），即可以用 Q_2 处的电压和电流作为 Q_1 处电压和电流真值解的近似。由图 6-14（b）可知，Q_2 点的电压 u、电流 i 可以分别表示为 U_Q、I_Q 与增量 Δu、Δi 之和的形式，从而近似求出 Q_1 点的真解，即

$$u = U_Q + \Delta u \tag{6-21a}$$

$$i = I_Q + \Delta i \tag{6-21b}$$

式中的 U_Q、I_Q 分别是静态工作点 Q_0 对应的电压和电流，即 u 和 i 的直流分量；而 Δu、Δi 分别是在小信号 $u_s(t)$ 作用下在静态工作点 $Q(U_Q, I_Q)$ 附近所引起的电压增量与电流增量，它们在任意时刻相对于 U_Q 和 I_Q 均是很小的量，即 $|\Delta u| \ll U_Q$ 及 $|\Delta i| \ll I_Q$。

将式（6-21）代入式（6-19）可得

$$I_Q + \Delta i = g(U_Q + \Delta u) \tag{6-22}$$

由于 Δu 很小，可以将式（6-22）右边在 $Q_0(U_Q, I_Q)$ 点附近用泰勒级数展开，即

$$I_Q + \Delta i \approx g(U_Q) + \frac{\mathrm{d}g}{\mathrm{d}u}\bigg|_{u=U_Q} \cdot \Delta u + \frac{1}{2!}\frac{\mathrm{d}^2 g}{\mathrm{d}^2 u}(\Delta u)^2 + \cdots \tag{6-23}$$

式中，$\dfrac{\mathrm{d}g}{\mathrm{d}u}\bigg|_{u=U_Q}$ 是非线性电阻伏安特性曲线在静态工作点 $Q_0(U_Q, I_Q)$ 处切线的斜率，如图 6-14（b）所示。由于 Δu 足够小，因此可忽略式（6-23）中含 Δu 的大于或等于二次方的项（仅取其前两项作为近似表示），可得

$$I_Q + \Delta i \approx g(U_Q) + \frac{\mathrm{d}g}{\mathrm{d}u}\bigg|_{U_Q} \cdot \Delta u \tag{6-24}$$

由此可见，将式（6-22）的右边近似为式（6-24）的右边，实际上就是用静态工作点 $Q_0(U_Q, I_Q)$ 处非线性电阻伏安特性曲线的切线（直线）近似代表该点附近的曲线。在式（6-24）中考虑到 $I_Q = g(U_Q)$，可得

$$\Delta i = \frac{\mathrm{d}g}{\mathrm{d}u}\bigg|_{U_Q} \cdot \Delta u \tag{6-25}$$

式中，$\dfrac{\mathrm{d}g}{\mathrm{d}u}\bigg|_{U_Q}$ 可以表示为

$$\frac{\mathrm{d}g}{\mathrm{d}u}\bigg|_{U_Q} = \frac{\mathrm{d}i}{\mathrm{d}u}\bigg|_{U_Q} = G_d = \frac{1}{R_d} \tag{6-26}$$

根据动态电阻的定义可知，$\dfrac{\mathrm{d}g}{\mathrm{d}u}\bigg|_{U_Q}$ 为非线性电阻在静态工作点 $Q_0(U_Q, I_Q)$ 处的动态电导或动态电阻 R_d 的倒数。于是，式（6-25）可写为

$$\Delta i = G_d \Delta u \quad \text{或} \quad \Delta u = R_d \Delta i \tag{6-27}$$

式（6-27）表明，对于由小信号电压 $u_s(t)$ 作用而引起的电压增量 Δu 与电流增量 Δi 而言，非线性电阻可以用一个线性电导 G_d 或线性电阻 R_d 作为它的模型。将式（6-21）及 $R_s I_Q + U_Q = U_s$ 代入式（6-18）可得

$$R_s(I_Q + \Delta i) + U_Q + \Delta u = R_s I_Q + U_Q + u_s(t) \tag{6-28}$$

整理式（6-28）可得

$$R_s \Delta i + \Delta u = u_s(t) \tag{6-29}$$

将式（6-27）代入式（6-29）可得

$$R_s \Delta i + R_d \Delta i = u_s(t) \tag{6-30}$$

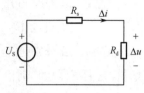

图 6-15　小信号等效电路

式（6-30）是一个线性代数方程，据此可以得出其电路模型（图 6-15 所示的线性电路），它是非线性电阻元件在静态工作点 $Q_0(U_Q, I_Q)$ 处的增量模型，由于从该电路中可以求出小信号电压源 $u_s(t)$ 对非线性电阻元件静态工作点在 $Q_0(U_Q, I_Q)$ 处所引起的电压增量 Δu 与电流增量 Δi，故称其为非线性电阻在静态工作点 $Q_0(U_Q, I_Q)$ 处的小信号等效电路，简称小信号等效电路。它是一个与原非线性电路具有相同拓扑结构的线性电路，区别仅在于将原电路中的直流电源置零并将非线性电阻用其在直流工作点处的动态电阻替代。显然，对于给定的非线性电路，仅改变其中直流电源就能得到不同的小信号等效电路。由图 6-15 所示的线性电路可以求得

$$\Delta i = \frac{u_s(t)}{R_s + R_d}, \qquad \Delta u = R_d \Delta i = \frac{R_d u_s(t)}{R_s + R_d}$$

因此，可以求出在图 6-14（a）所示非线性电路中由直流电源与小信号电源共同作用下，工作点 Q_2 处，即非线性电阻的端电压和端电流（工作点 Q_1 处的电压值与电流值）的近似值为

$$\left.\begin{array}{l} u = U_Q + \Delta u \\ i = I_Q + \Delta i \end{array}\right\} \qquad\qquad (6\text{-}31)$$

注意，式（6-31）并非是应用叠加原理的结果，因此非线性电路不满足叠加原理。以上分析方法也适用于非线性电阻为流控型的非线性电路。

例 6-7　在图 6-16（a）所示的电路中，已知非线性电阻的伏安特性为 $u = \begin{cases} i^2 + 2i, & i \geqslant 0 \\ 0, & i < 0 \end{cases}$，$R_1 = 0.4\Omega$，$R_2 = 0.6\Omega$，$i_s(t) = 4.5\sin(\omega t + 20°)\text{A}$，$U_s = 18\text{V}$，试求电路中电压 $u(t)$ 和电流 $i(t)$。

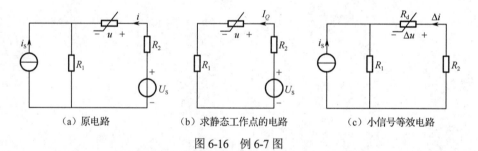

（a）原电路　　　　　（b）求静态工作点的电路　　　　　（c）小信号等效电路

图 6-16　例 6-7 图

解：（1）先求电路的静态工作点。设静态工作点为 $Q_0(U_Q, I_Q)$，令 $i_s(t) = 0$，求静态工作点的电路如图 6-16（b）所示，列出该电路的回路方程为

$$U_Q + (R_1 + R_2)I_Q = U_s$$

将 $U_Q = I_Q^2 + 2I_Q$ 及已知数据代入上式，可得 $I_Q^2 + 3I_Q - 18 = 0$。解之可得 $I_{Q1} = 3\text{A}$，$I_{Q2} = -6\text{A}$（不合题意故舍去），即 $U_Q = 15\text{V}$，$I_Q = 3\text{A}$。

（2）求 $Q_0(U_Q, I_Q)$ 处非线性电阻的动态电阻 R_d，有

$$R_d = \left.\frac{\mathrm{d}u}{\mathrm{d}i}\right|_{Q_0} = 2I_Q + 2 = 8\Omega$$

（3）画出小信号等效电路，如图 6-16（c）所示，由该电路求出小信号电源引起的电压增量 Δu 和电流增量 Δi 分别为

$$\Delta i = -\frac{R_1}{R_1 + R_2 + R_d} i_s = -0.2\sin(\omega t + 20°)\text{A}, \qquad \Delta u = R_d \Delta i = -1.6\sin(\omega t + 20°)\text{V}$$

（4）工作点处的解与小信号等效电路的解之和为所求解，即

$$i = I_Q + \Delta i = 3 - 0.2\sin(\omega t + 20°)\text{A}, \qquad u = U_Q + \Delta u = 15 - 1.6\sin(\omega t + 20°)\text{V}$$

6.5　计算机仿真

例 6-8　**半波整流电路。** 如图 6-17（a）所示为一个半波整流电路，其包含一个非线性元件二极管，是一个简单的非线性电路。从元件库中选择电阻、二极管、正弦波电压源、地、双踪示波器，按图 6-17（a）连接，二极管可以选择型号，也可以利用元件库中的理想二极管模型，不需要提供其他参数。计算机仿真分析后，由示波器输出的仿真波形如图 6-17（b）所示，图中连续的正弦波曲线是整流电路输入的正弦波电压波形，与正弦波正半周基本重合（略低）的曲线是电阻 R1 上的电压波形，可以看出，其分析结果与理论分析结果一致。半波整流是利用二极管单向导通特性，在输入为标准正弦波的情况下，在 R1 上获得正弦波的正半周波形，整流电路将正弦交流电信号转变为只有大小没有方向变化的单向信号，实现了半波整流。

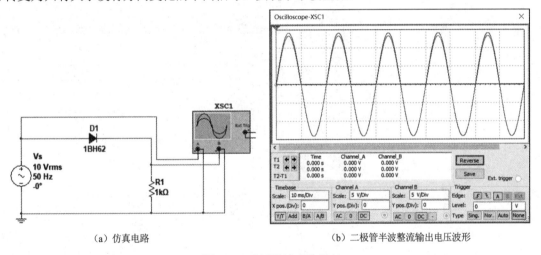

（a）仿真电路　　　　　　　　　　　　　　　（b）二极管半波整流输出电压波形

图 6-17　半波整流电路仿真

注意，从图 6-17（b）所示的仿真波形可以看出，输入电压正半周与输出电压的波形并不完全重合，存在少许差异。根据理论分析，如果是理想二极管，则正半周的两个波形应完全重合。如果在计算机仿真中没有选择理想二极管，而选择实际二极管，当二极管正向导通时，其具有一定的电阻不能用电阻为零的短路线替代，反向截止用"开路"替代。因此实际二极管在正向导通时，输出电阻上的电压略低于输入电压。

例 6-9　**全波整流电路。** 如图 6-18（a）所示为一个全波整流电路。例 6-8 分析的半波整流电路效率不高，失去了一半波形，因此在实际应用中，大多采用全波整流。全波整流的方式很多，常见的有图 6-18（a）所示的利用 2 个二极管构成的全波整流电路，也有如图 6-18（c）所示的由 4 个二极管构成的桥式整流电路。

在图 6-18（a）中，选取两个二极管、两个交流电压源、一个负载电阻、地和一台双踪示波器，按图所示进行连接并按图中标注的参数进行设置。该电路的工作原理如下：当输入为正弦波的正半周时，二极管 D1 正向导通，D2 反向截止，有电流流过 R1，R1 获得正半周电压。当输入为正弦波的负半周时，二极管 D2 正向导通，D1 反向截止，有电流流过 R1，R1 上获得负半周电压。

全波整流电路与半波整流电路不同，负载 R1 正负半周均有电流通过，只是一个将完整输入正弦波的负半周改变了电流方向，全波整流与半波整流后的波形有所不同，全波整流利用了交流的两个半波，这样提高了整流器的效率，输出脉动直流的脉动比半波小得多，这使得整流后的电流更平滑，获得的直流更加稳定，纹波更小。全波整流电路也是一个简单、典型、应用非常广泛的电路。整流后的波形如图 6-18（b）所示。

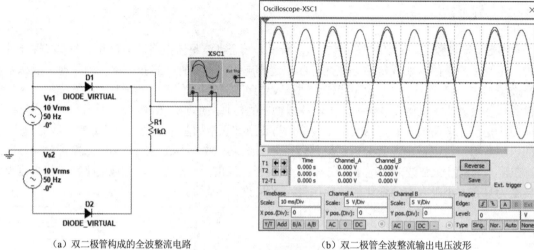

(a) 双二极管构成的全波整流电路　　　　　　　（b）双二极管全波整流输出电压波形

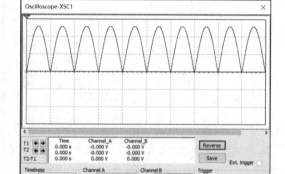

(c) 桥式整流电路　　　　　　　　　　　（d）桥式整流电路输出电压波形

图 6-18　全波整流电路仿真

　　双二极管构成的全波整流器需要两组电源，或者其电源变压器必须有中心抽头，而图 6-18（c）所示的由 4 个二极管构成的桥式整流电路可以克服这一缺点。由于桥式整流电路应用广泛，在 Multisim 软件元件库中有设计好的全桥，也称桥堆，可以直接选取使用。经过桥堆整流后的波形可以参见图 6-18（d）。

　　例 6-10　隧道二极管特性分析。隧道二极管是一种非线性器件，也称非线性电阻。其电压-电流曲线比较特殊，大致可以由图 6-19 所示的曲线来描述，可以看到其中有一段为负电阻率，负电阻基于电子的量子力学隧道效应，开关速度达皮秒量级，工作频率高达 100GHz。

　　隧道二极管具有开关特性好、速度快、工作频率高的优点。一般应用于低噪声高频放大器及高频振荡器中，也可以应用于高速开关电路中。

　　如果设计的电路中将隧道二极管的工作点设置在负电阻区（见图 6-20 中的 Q 点），在其工作点附近叠加一个小信号（如一个正弦波小信号），对于该正弦波小信号，隧道二极管就表现出负电阻特性。

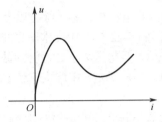

图 6-19　隧道二极管非线性电阻特性

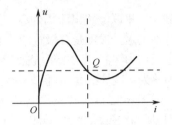

图 6-20　工作点选择在负电阻区

　　Multisim 软件中的 IV Analyzer 是一种专门用于分析元件伏安特性的虚拟仪器。直接将隧道二极管接入，如图 6-21（a）所示。可以得到隧道二极管的伏安特性曲线如图 6-21（b）所示。水平方向是电流，最大为 2mA，垂直方向是电压，最大为 0.6V。正向电压在 60～350mV 区间出现随电压增大电流减小的工作区间，该区间内交流等效电阻为负数，即隧道二极管呈现负阻效应。

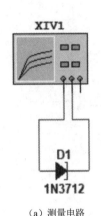

（a）测量电路

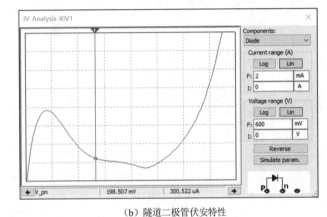

（b）隧道二极管伏安特性

图 6-21　工作点选择在负电阻区

　　例 6-11　含非线性元件单口网络特性分析。如果单口网络中包含非线性元件，则其端口的电压-电流关系将复杂得多。因为其端口特性一般不再是一条直线，无法用一个简单的电阻来等效，在工程应用中，也不能通过万用表的欧姆挡简单测量来获得一个单纯的电阻值，而是需要用端口 VCR 特性曲线来表示。

　　可以通过外加激励法来分析单口网络的伏安特性，采用独立直流电压源（或直流电流源）作为单口网络的激励，通过 DC Sweep 扫描不同端口电压情况下的端口电流得到单口网络的特性曲线，也可以使用 Multisim 软件中的 IV Analyzer 虚拟仪器分析。

　　1）电阻与二极管串联

　　如图 6-22（a）所示电路，先分析电阻与二极管各自的伏安特性，在 1Ω 电阻与二极管两端分别施加电压，得到特性曲线如图 6-22（b）、（c）所示。再分析电阻与二极管串联单口网络特性曲线。电阻与二极管串联后的单口网络特性曲线可以认为是电阻的特性曲线和二极管的特性曲线在电流相等处逐点叠加电压后得到的。由基尔霍夫定律可知，电阻和二极管串联支路电流相等，总电压是电阻端电压和二极管端电压之和。因此可在电流相等处，逐点令电压相加，得到总的伏安特性曲线，如图 6-22（d）所示，而电流不等处无意义。

　　电阻和二极管串联后的曲线是两段直线，通过简单分析可以证明曲线与实际工作情况是相吻合的。

　　当加到串联支路上的电压为负值时，二极管因施加反向电压而截止，串联支路电流为零，无论电阻大小，其电流均为零；当加到串联支路上的电压为正值，但电压小于二极管的截止电压时，二极管仍然截止，串联支路电流仍为零，无论电阻大小，其电流均为零。综合以上两种情况，串联支路伏安特性的这一段就是二极管的伏安特性曲线，即图 6-22（d）中的水平直线段（在其电压变化区间，电流均为零）。当加到串联支路上的电压为正值，且电压大于二极管的截止电压时，二极管导通（等效为一段导线），串联支路电流由电阻和电源电压决定，串联支路伏安特性就是电阻的伏安特性，即图 6-22（d）中的倾斜直线段。

　　因此，将电阻与二极管的特性叠加，就得到电阻和二极管串联单口网络的伏安特性，如图 6-22（d）所示，也即利用 DC Sweep 逐点扫描所得的仿真特性。

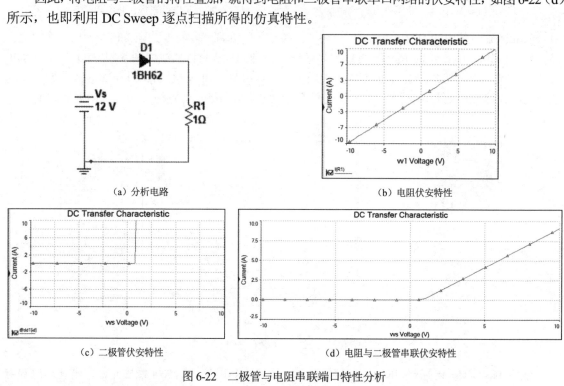

（a）分析电路　　　　　　　　　　　　　（b）电阻伏安特性

（c）二极管伏安特性　　　　　　　　　　（d）电阻与二极管串联伏安特性

图 6-22　二极管与电阻串联端口特性分析

2）电阻与二极管并联

　　电阻与二极管的并联电路如图 6-23（a）所示，由基尔霍夫定律可知，并联支路中的电阻和二极管端电压始终相等，端口总电流为电阻支路和二极管支路电流之和。故可在电压相等处，逐点令电流相加，得到电阻与二极管并联支路总的伏安特性曲线如图 6-23（b）所示，而电压不等处无意义。

　　电阻与二极管并联后的曲线也是两段直线，可以证明曲线与实际工作情况是相吻合的。

　　当加到并联支路上的电压为正值，且电压大于二极管的截止电压时，二极管导通，等效为一段导线，二极管将电源短路，二极管和电阻两端电压始终被钳制在截止电压，无论电阻值为多少，二极管等效"短路"，理论上电流可以为无穷大。因此，并联后的这一段曲线就是二极管的正向曲线，即图 6-23（b）中的垂直直线段。

　　当加到并联支路上的电压为负值时，二极管截止，相当于"开路"，并联支路电流由电阻和电源电压决定，故并联支路伏安特性就是电阻的伏安特性。

　　当加到并联支路上的电压为正值，但电压小于二极管的截止电压时，二极管仍然截止，并联支路总电流仍由电阻和电源电压决定。故这一小段并联支路的伏安特性也是电阻的伏安特性。综合可以得到图 6-23（b）中的倾斜直线段。

　　因此，将电阻和二极管的特性按电压相等逐点叠加，就得到电阻与二极管并联端口网络的伏安特性，如图 6-23（b）所示，也即利用 DC Sweep 逐点扫描所得的仿真特性。

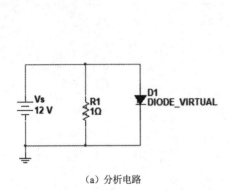

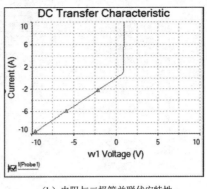

（a）分析电路　　　　　　　　　　（b）电阻与二极管并联伏安特性

图 6-23　二极管与电阻并联端口特性分析

如图 6-23 所示，在"DC Sweep Analysis"的状态下，设置电源、扫描电源的电压起始值、终值和扫描步长等参数。

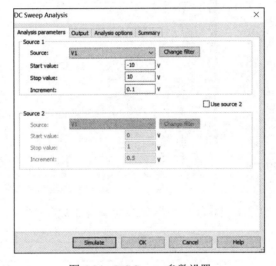

图 6-24　DC Sweep 参数设置

除了可以用 DC Sweep 仿真器，还可以利用 IV Analyzer 虚拟仪器来显示特性曲线。其仿真原理是一致的，都是利用端口的电压和电流关系来表达。虚拟仪器不需要外接电源，直接利用虚拟仪器内部的电源扫描来获得端口特性。以下利用 IV Analyzer 虚拟仪器再次获得电阻与二极管串联、并联的特性，分别如图 6-25～图 6-28 所示。

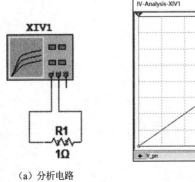

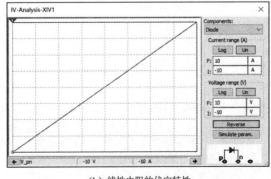

（a）分析电路　　　　　　　　　　（b）线性电阻的伏安特性

图 6-25　利用 IV Analyzer 仿真线性电阻特性

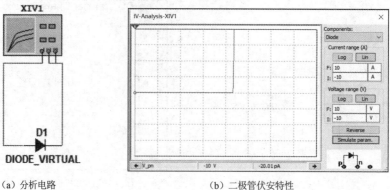

（a）分析电路　　　　　　　　　　（b）二极管伏安特性

图 6-26　利用 IV Analyzer 仿真二极管特性

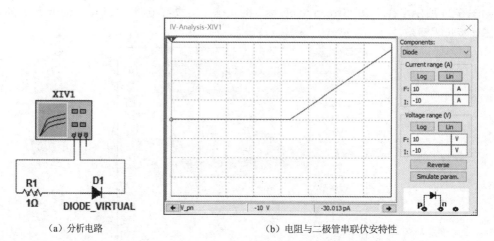

（a）分析电路　　　　　　　　　（b）电阻与二极管串联伏安特性

图 6-27　利用 IV Analyzer 仿真电阻与二极管串联特性

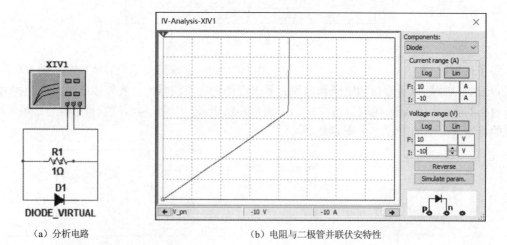

（a）分析电路　　　　　　　　　（b）电阻与二极管并联伏安特性

图 6-28　利用 IV Analyzer 仿真电阻与二极管并联特性

　　注意，无论采用哪一种方式进行单口网络特性分析，建议将界面的横、纵坐标轴设置为一样的，方便对各个曲线的图形进行观察和比较。

思考题

6-1　什么是非线性电阻元件？

6-2　线性电阻与非线性电阻的伏安特性的区别是什么？

6-3　非线性电阻按其伏安特性可以分为哪些类型？

6-4　什么是非线性电阻电路？

6-5　什么是静态电阻？什么是动态电阻？

6-6　分析非线性电路的基本依据是什么？

6-7　非线性电阻电路的直流工作点怎样确定？

6-8　分段线性化解析法的原理是什么？

6-9　小信号分析法的原理和适用情况是什么？

习题

6-1　已知非线性电阻的电流为 $\sin \omega t(\mathrm{A})$，要使该电阻两端电压的角频率为 2ω，电阻应具有什么样的伏安特性？

6-2　某非线性电阻的 $u-i$ 特性为 $u=i^3$，如果通过非线性电阻的电流为 $i=\cos \omega t(\mathrm{A})$，则该电阻的端电压中将含有哪些频率分量？

6-3　某非线性电阻的伏安特性为 $u=f(i)=30i+5i^3$（i、u 的单位分别为 A 和 V）。

（1）求 $i_1=1\mathrm{A}$，$i_2=2\mathrm{A}$ 时所对应的电压 u_1、u_2；

（2）求 $i=2\sin(100t)(\mathrm{A})$ 时所对应的电压 u；

（3）设 $u_{12}=f(i_1+i_2)$，试问 u_{12} 是否等于 (u_1+u_2)？

6-4　已知非线性电阻的 $u-i$ 关系为 $u=i+2i^3$，求：（1）$i=1$ 处的静态电阻和动态电阻；（2）$i=\sin \omega t(\mathrm{A})$ 时电阻两端的电压。

6-5　在题 6-5 图所示电路中，非线性电阻的伏安特性为

$$u=f(i)=\begin{cases} i^2, & i>0 \\ 0, & i<0 \end{cases}$$

试用分段线性化解析法求出电路的静态工作点，并求出工作点处的动态电阻 R_d。

6-6　如题 6-6 图所示的电路，若非线性电阻 R 的伏安特性为 $i_R=f(u_R)=u_R^2-3u_R+1$。

（1）求一端口电路 N 的伏安特性；

（2）若 $U_\mathrm{s}=3\mathrm{V}$，求 u 和 i_R。

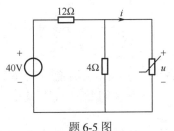

题 6-5 图

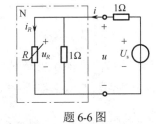

题 6-6 图

6-7　在题 6-7 图所示电路中，非线性电阻 R 的伏安特性为 $U=I^2-5I-3(I>0)$。试求（1）a-b 端口左侧电路的戴维宁等效电路；（2）通过非线性电阻 R 的电流 I。

6-8　在题 6-8 图所示电路中，非线性电阻的伏安特性为 $U = I^2 - 9I + 6(I > 0)$。求（1）除去非线性电阻 R 外，从 m-n 端口看进去的戴维宁等效电路；（2）通过非线性电阻 R 的电流 I。

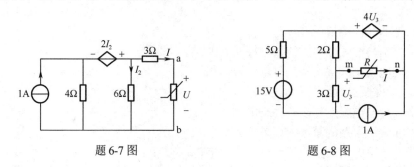

题 6-7 图　　　　　　　　　题 6-8 图

6-9　电路如题 6-9 图所示，非线性电阻 R_1 和 R_2 的伏安关系分别为 $i_1 = f_1(u_1)$，$i_2 = f_2(u_2)$，试列出非线性电路方程。

6-10　电路如题 6-10 图所示，其中非线性电阻的伏安特性为 $i = u^2 - u + 1.5$（i、u 的单位分别为 A、V），试求 u 和 i。

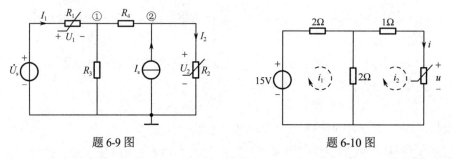

题 6-9 图　　　　　　　　　题 6-10 图

6-11　求题 6-11 图所示的电路中各节点电压和通过电压源的电流 I_3，其中非线性电阻元件的伏安特性为 $i = 0.1(e^{40u} - 1)$，其中 i、u 的单位分别为 A、V。

6-12　在题 6-12 图所示电路中，非线性电阻的伏安特性为 $i = \dfrac{5}{3}u^3$ A，用图解法求 u。

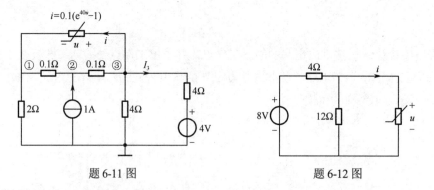

题 6-11 图　　　　　　　　　题 6-12 图

6-13　如题 6-13 图（a）所示电路中的非线性电阻具有方向性，其特性如题 6-13 图（b）所示，当正向连接（a 与 c 连接，b 与 d 连接）时，测得 $I = 2A$，求反向连接（a 与 d 连接，b 与 c 连接）时的电流 $I = ?$

6-14　非线性电阻的混联电路如题 6-14 图（a）所示，电路中 3 个非线性电阻的伏安特性分别为题 6-14 图（b）中的曲线 f_1、f_2 和 f_3，试画出端口的 DP 图。若端口电压 $u = U_0 = 5V$，求各非线性电阻的电压和电流。

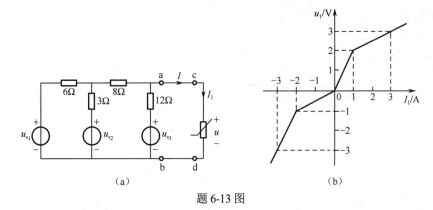

题 6-13 图

6-15　含理想二极管的电路如题 6-15 图所示。试画出 a-b 端口的伏安特性曲线。

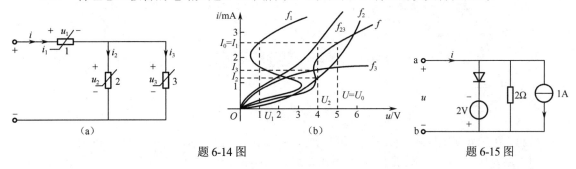

题 6-14 图　　　　　　　　　题 6-15 图

6-16　非线性电阻 R_1 和 R_2 串联[见题 6-16 图（a）]，它们各自的伏安特性分别如题 6-16 图（b）、（c）所示，求端口的伏安特性。

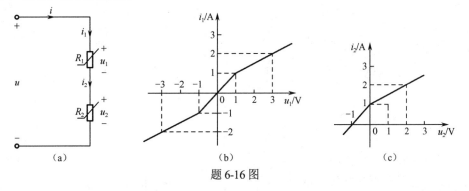

题 6-16 图

6-17　试用分段线性化解析法求解题 6-17 图（a）所示电路，其中非线性电阻的特性如题 6-17 图（b）所示。

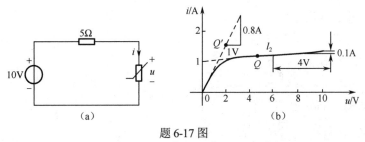

题 6-17 图

6-18　在题 6-18 图（a）所示电路中，非线性电阻 R 的伏安特性如题 6-18 图（b）所示。
（1）求 $u_s = 0V$、$2V$、$4V$ 时的 u 和 i；

（2）若输入信号 u_s 的波形如题 6-18 图（c）所示，求电流 i 和电压 u。

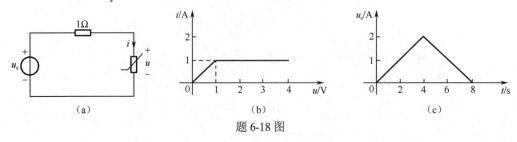

题 6-18 图

6-19　在题 6-19 图（a）所示电路中，其中两个非线性电阻的伏安特性如题 6-19 图（b）和（c）所示。求 u_1、i_1 和 u_2、i_2。

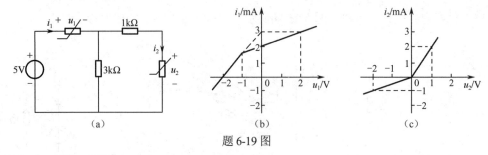

题 6-19 图

6-20　在题 6-20 图（a）所示电路中，非线性电阻的伏安特性如题 6-20 图（b）所示。

（1）若 $u_s(t) = 10\mathrm{V}$，求直流工作点及工作点处的动态电阻；

（2）若 $u_s(t) = 10 + \cos t(\mathrm{V})$，求工作点位于特性曲线中负斜率段时的电压 u。

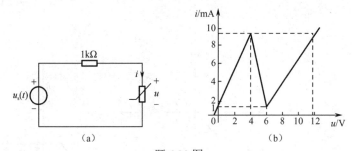

题 6-20 图

6-21　在题 6-21 图所示电路中，直流电源电流 $I_s = 10\mathrm{A}$，$R_s = 1/3\Omega$，小信号电源电流 $i_s(t) = 0.5\sin t(\mathrm{A})$，非线性电阻为电压控制型，其伏安特性的解析式为（$i$、$u$ 的单位分别为 A、V）

$$i = g(u) = \begin{cases} u^2, & u > 0 \\ 0, & u < 0 \end{cases}$$

试用小信号分析法求 $u(t)$ 和 $i(t)$。

6-22　在题 6-22 图所示电路中，已知 $I_0 = 5\mathrm{A}$，$R_s = 4\Omega$，$R_1 = 6\Omega$，$u_s = 0.02\sin(100t)(\mathrm{V})$，$i = 0.5u^2$（$u > 0$），用小信号分析法求电流 i。

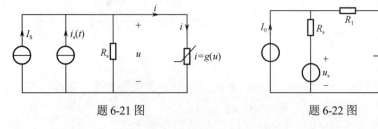

题 6-21 图　　　　　　　　　　题 6-22 图

第7章　储能元件

本章介绍电容、电感两种储能元件，并讨论其定义，以及元件的伏安关系、功率及能量表达式，同时引入初始时刻、动态、记忆等概念，为动态电路的分析奠定基础。

7.1　电容元件

7.1.1　电容器与电容元件

两片金属极板用电介质隔开，就可构成一个简单的电容器，如图7-1所示。在外电源作用下，两片金属极板上会分别聚集等量、异性的电荷，电荷聚集的过程伴随着电场的建立，电场中具有电场能量。如果撤走外电源，两片金属极板上的等量异性电荷依靠电场力的作用互相吸引，而又因电介质绝缘不能中和，所以极板上的电荷能长久地储存下去。因此，电容器是一种能够储存电荷，或者说能够储存电场能量的元件。如果忽略漏电等次要因素，则可用理想电容元件作为反映电容器储能特性的理想化电路模型。

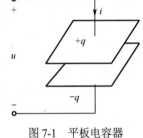

图7-1　平板电容器

电容元件分为线性和非线性的、时变的和时不变的，本书只讨论线性时不变电容元件（简称电容元件），其图形符号如图7-2（a）所示。电容元件的定义描述如下：它是一个二端元件，当电压参考极性与极板储存电荷的极性一致时，元件的特性为

$$q = Cu \tag{7-1}$$

式中，C 是电容元件的参数，称为电容，它是一个正实常数。在国际单位制中，当电荷和电压的单位分别为 C（库仑）和 V（伏特）时，电容的单位为 F（法拉，简称法）。但因 F（法）这个单位太大，所以通常采用 μF（微法）或 pF（皮法）作为电容的单位，并且

$$\left.\begin{array}{l} 1\mu F = 10^{-6}\,F \\ 1pF = 10^{-12}\,F \end{array}\right\} \tag{7-2}$$

线性时不变电容元件的特性曲线是 $q-u$ 平面上一条不随时间变化的通过原点的直线，直线的斜率就是电容 C，如图7-2（b）所示。

实际电容器除了具有储存电能的主要特性，还存在漏电现象，这是由于电介质不可能完全绝缘，或多或少存在导电而造成的。在这种情况下，电容器的电路模型中除了上述电容元件，还应增加电阻元件与之并联，如图7-3所示。

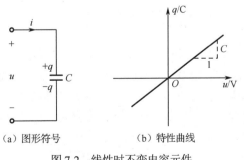

（a）图形符号　　　　（b）特性曲线

图7-2　线性时不变电容元件

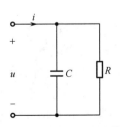

图7-3　实际电容器的电路模型

对一个电容器，除标出它的电容 C，还需标明它的额定工作电压，因为每个电容器允许承受的电压是有限度的，电压过高，电介质就会被击穿，从而丧失电容器的作用。因此，使用电容器时不应超过它的额定工作电压。

7.1.2 电容元件的伏安关系

在电路分析中，最关心的是电容元件的电压与电流之间的关系，即元件的伏安关系。

设电容元件的电压、电流取关联参考方向，如图 7-2（a）所示。当电容两端电压发生变化时，电容极板上的电荷 $q = Cu$ 也相应地发生变化，从而导致连接电容的引线上有电荷移动，形成传导电流，同时在电容极板间的电介质中，随时间变化的电场产生位移电流，可以证明，此位移电流恰好等于电容元件引线上的传导电流，从而保持了电容电路中电流的连续性。考虑到 $i = \dfrac{\mathrm{d}q}{\mathrm{d}t}$，故流过电容的电流为

$$i = C\frac{\mathrm{d}u}{\mathrm{d}t} \tag{7-3}$$

上式称为电容元件伏安关系的微分形式。它表明：流过电容的电流与其端电压的变化率成正比。如果电压不随时间变化，则 $\dfrac{\mathrm{d}u}{\mathrm{d}t}$ 为零，此时虽有电压，但电流为零。因此电容元件在直流稳态下因其两端电压恒定不变而相当于开路，这说明电容有隔断直流的作用。电容电压变化越快，即 $\dfrac{\mathrm{d}u}{\mathrm{d}t}$ 越大，电流也就越大。对电容而言，只有变动的电压才能产生电流，这一特性称为电容元件的动态特性，故电容元件属于动态元件。

还可以把电容元件的电压 u 表示为电流 i 的函数，对式（7-3）积分可得

$$u(t) = \frac{1}{C}\int_{-\infty}^{t} i(t')\mathrm{d}t' \tag{7-4}$$

上式称为电容元件伏安关系的积分形式。它表明：在某一时刻 t，电容的电压值取决于从 $-\infty$ 到 t 所有时刻的电流值，也就是说，电容电压与电流已往的全部历史有关。这是因为电容是聚集电荷的元件，电容电压的大小反映了电容聚集电荷的多少，而电荷的聚集是电流从 $-\infty$ 到 t 长期作用的结果。即使某一时刻电流变为零，但电容两端的电压依然存在，因为过去曾有电流作用过。电容能将已往每时每刻电流的作用点点滴滴地记忆下来，因此，电容元件又属于记忆元件。

研究电路问题的时间起点称为初始时刻 t_0，如果只想分析某一初始时刻 t_0（通常取 $t_0 = 0$）以后电容电压的情况，可将式（7-4）改写为

$$u(t) = \frac{1}{C}\int_{-\infty}^{t_0} i(t')\mathrm{d}t' + \frac{1}{C}\int_{t_0}^{t} i(t')\mathrm{d}t' \tag{7-5}$$

若令

$$u(t_0) = \frac{1}{C}\int_{-\infty}^{t_0} i(t')\mathrm{d}t' \tag{7-6}$$

则

$$u(t) = u(t_0) + \frac{1}{C}\int_{t_0}^{t} i(t')\mathrm{d}t', \quad t \geq t_0 \tag{7-7}$$

$u(t_0)$ 称为电容的初始电压，它反映了初始时刻 t_0 以前电流的全部历史情况对现在 t_0 以及未来 $t \geq t_0$ 的电压所产生的影响。如果已知电容的初始电压 $u(t_0)$ 以及从初始时刻 t_0 开始作用的电流 $i(t)$，就能由式（7-7）确定 $t \geq t_0$ 时的电容电压 $u(t)$。因此，在含有电容元件的动态电路分析中，电容的初始电压 $u(t_0)$ 是一个常需具备的已知条件。这样，对一个线性时不变电容元件，只有当它的电容值 C 和初始电压 $u(t_0)$ 给定时，才是一个确定的电路元件。

根据式（7-7），具有初始电压 $u(t_0)$ 的电容元件可以等效为一个电压等于该电容的初始电压 $u(t_0)$ 的电压源和初始电压等于零的相同电容值的电容元件相串联的电路，如图 7-4 所示。这一等效处理相当于使 $u(t_0)$ 对电路的作用"从幕后走向前台"，会对动态电路的分析带来方便。

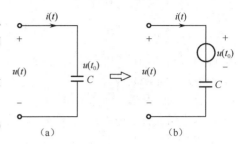

图 7-4 具有初始电压 $u(t_0)$ 的电容元件及其等效电路

应该注意，电容元件的伏安关系式（7-3）、式（7-4）和式（7-7）都要求电容元件的电压、电流取关联参考方向。若电容元件的电压、电流取非关联参考方向，如图 7-5 所示，则电容元件的伏安关系应为

$$
\left.
\begin{aligned}
& i = -C\frac{\mathrm{d}u}{\mathrm{d}t} \\
& u(t) = -\frac{1}{C}\int_{-\infty}^{t} i(t')\mathrm{d}t' \\
& u(t) = u(t_0) - \frac{1}{C}\int_{t_0}^{t} i(t')\mathrm{d}t', \quad t \geq t_0
\end{aligned}
\right\}
\tag{7-8}
$$

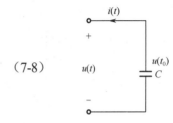

图 7-5 电容元件的电压、电流取非关联参考方向

7.1.3 电容元件的功率与能量

在电容元件的电压、电流取关联参考方向的情况下，任意时刻电容元件吸收的瞬时功率为

$$p(t) = u(t)i(t) \tag{7-9}$$

如果选用电容元件伏安关系的微分形式

$$i = C\frac{\mathrm{d}u}{\mathrm{d}t}$$

则电容元件吸收的瞬时功率又可表示为

$$p(t) = Cu(t)\frac{\mathrm{d}u}{\mathrm{d}t} \tag{7-10}$$

当 $p(t)$ 为正值时，表明电容元件从外电路吸收功率（作为电场能量储存起来），而当 $p(t)$ 为负值时，表明电容元件对外电路释放功率（将储存的电场能量释放出来送还给外电路），可见电容元件与外电路之间有能量的往返交换现象。

设在时间间隔 $[t_0, t]$ 内，电容电压由 $u(t_0)$ 变到 $u(t)$，电容元件吸收的能量可用定积分计算如下：

$$
\begin{aligned}
W_C[t_0, t] &= \int_{t_0}^{t} p(t')\mathrm{d}t' = \int_{t_0}^{t} Cu(t')\frac{\mathrm{d}u}{\mathrm{d}t'}\mathrm{d}t' = \int_{u(t_0)}^{u(t)} Cu\,\mathrm{d}u \\
&= \frac{1}{2}Cu^2(t) - \frac{1}{2}Cu^2(t_0) = W_C(t) - W_C(t_0)
\end{aligned}
\tag{7-11}
$$

由式（7-11）可知，在 t_0 到 t 期间，电容吸收的能量只与两个时间端点的电压值 $u(t_0)$ 和 $u(t)$ 有关，而与在此期间的其他电压值无关。式中，$W_C(t) = \frac{1}{2}Cu^2(t)$ 表示 t 时刻电容所储存的电场能量，而 $W_C(t_0) = \frac{1}{2}Cu^2(t_0)$ 表示 t_0 时刻电容所储存的电场能量，即从 t_0 到 t 期间电容吸收的能量是用来改变电容的储能状况的，这是由电容元件是一个储能元件的本质决定的。

如果电容元件在初始时刻 t_0 未曾充电，即 $u(t_0) = 0$，同时电场能量 $W_C(t_0) = 0$，则在任意瞬时 t，电场中储存的电场能量 $W_C(t)$ 就等于电容元件在时间间隔 $[t_0, t]$ 内吸收的能量 $W_C[t_0, t]$，即

$$W_C(t) = W_C[t_0, t] = \frac{1}{2}Cu^2(t) \tag{7-12}$$

此即电容储能公式。可见，电容电压决定了电容的储能状态，电容在任意时刻的储能总是非负的，故电容属于无源元件。

例 7-1　电路如图 7-6（a）所示，已知 $C = 1F$，且 $u_C(0) = 0$，若 $u(t)$ 的波形如图 7-6（b）所示，求电路元件上电流 $i(t)$、瞬时功率 $p(t)$，以及在 t 时刻的储能 $W_C(t)$。

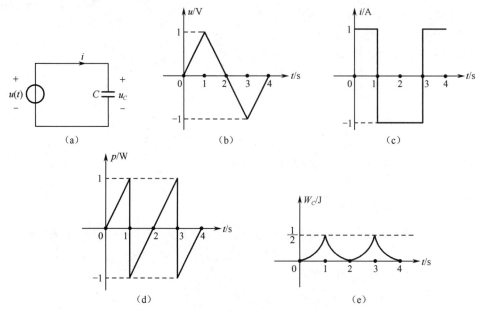

图 7-6　例 7-1 图

解：用分段的方式写出 $u(t)$ 的数学表达式

$$u(t) = \begin{cases} t, & 0 \leqslant t \leqslant 1 \\ -(t-2), & 1 \leqslant t \leqslant 3 \\ t-4, & 3 \leqslant t \leqslant 5 \end{cases}$$

由 $i = C\dfrac{\mathrm{d}u}{\mathrm{d}t}$ 得

$$i(t) = \begin{cases} 1, & 0 < t < 1 \\ -1, & 1 < t < 3 \\ 1, & 3 < t < 5 \end{cases}$$

电流 $i(t)$ 的波形如图 7-6（c）所示。在充电过程中，$\dfrac{\mathrm{d}u}{\mathrm{d}t} > 0$，$i(t) > 0$，即充电电流的实际方向与其参考方向相同；在放电过程中，$\dfrac{\mathrm{d}u}{\mathrm{d}t} < 0$，$i(t) < 0$，即放电电流的实际方向与其参考方向相反。

由 $p = u(t)i(t)$ 得

$$p(t) = \begin{cases} t, & 0 < t < 1 \\ t-2, & 1 < t < 3 \\ t-4, & 3 < t < 5 \end{cases}$$

功率 $p(t)$ 的波形如图 7-6（d）所示。可见，电容元件的功率有时为正，有时为负。当功率为正时，表明电容吸收能量，并以电场能量的形式储存在电容中；当功率为负时，表明电容释放原先储存的能量。在电压 $u(t)$ 变化的一个周期内，其平均功率 $P = \frac{1}{T}\int_0^T p(t)\mathrm{d}t$ 等于零。这说明电容元件在充电时吸收并储存起来的能量一定在放电完毕时全部释放出来，因此，电容元件仅是一个能量存储器，它既不能提供额外的能量，也不消耗能量，即电容元件是无损的无源元件。

由 $W_C(t) = \frac{1}{2}Cu^2(t)$ 得

$$W_C(t) = \begin{cases} \dfrac{1}{2}t^2, & 0 \le t \le 1 \\[2mm] \dfrac{1}{2}(t-2)^2, & 1 \le t \le 3 \\[2mm] \dfrac{1}{2}(t-4)^2, & 3 \le t \le 5 \end{cases}$$

储能 $W_C(t)$ 的波形如图 7-6（e）所示。电容上的储能总是非负的，而且在充电时，电容吸收能量导致储能增加；在放电时，电容释放能量导致储能减少。

7.2　电感元件

7.2.1　电感线圈与电感元件

在工程上，广泛应用各种电感线圈建立磁场，储存磁能。图 7-7 为实际电感线圈的示意图，当电流 $i(t)$ 流过电感线圈时，在线圈周围空间激发出磁场，产生磁通 $\Phi(t)$（其方向与电流方向符合右手螺旋法则），与线圈交链的总磁通称为磁链，记为 $\Psi(t)$。若线圈密绕且有 N 匝，则磁链 $\Psi(t) = N\Phi(t)$。由于该磁通和磁链是由线圈本身的电流所产生的，因此又称为自感磁通和自感磁链。磁场中具有磁场能量，因此，电感线圈是一种能够储存磁场能量的元件。如果忽略导线耗能等次要因素，则可用理想电感元件作为反映电感线圈储能特性的理想化电路模型。

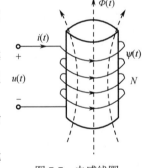

图 7-7　电感线圈

电感元件分为线性的和非线性的、时变的和时不变的，本书只讨论线性时不变电感元件（简称电感元件），其图形符号如图 7-8（a）所示。电感元件的定义描述如下：它是一个二端元件，当电流参考方向与自感磁链的方向符合右手螺旋法则时，元件的特性为

$$\Psi(t) = Li(t) \tag{7-13}$$

式中，L 是电感元件的参数，称为电感，它是一个正实常数。在国际单位制中，当磁链和电流的单位分别为 Wb（韦伯）和 A（安培）时，电感的单位为 H（亨利，简称亨），电感也常用 mH（毫亨）或 μH（微亨）作单位，并且

$$\left. \begin{aligned} 1\mathrm{mH} &= 10^{-3}\mathrm{H} \\ 1\mu\mathrm{H} &= 10^{-6}\mathrm{H} \end{aligned} \right\} \tag{7-14}$$

线性时不变电感元件的特性曲线是 $\Psi - i$ 平面上一条不随时间变化且通过原点的直线，直线的斜率就是电感 L，如图 7-8（b）所示。

实际电感线圈除具有储存磁能的主要特性外，还会有能量损耗，这是由于绕制线圈的导线或多或少存在电阻。因此，电感线圈的电路模型中除了上述电感元件，还应串联一个小电阻 R，如图 7-9 所示。

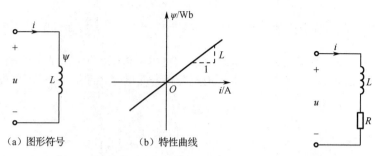

（a）图形符号　　　　　（b）特性曲线

图 7-8　线性时不变电感元件　　　　图 7-9　实际电感线圈的电路模型

对一个实际电感线圈，除标出它的电感值 L 外，还需标明它的额定工作电流值，因为线圈中的导线允许承受的电流是有限制的，电流过大，会使线圈过热，甚至烧毁线圈。

7.2.2　电感元件的伏安关系

在电路分析中，最关心的是电感元件的电压与电流之间的关系，即元件的伏安关系。

当流过电感的电流发生变化时，磁链 $\Psi(t) = Li(t)$ 也相应发生变化，且电流与磁链的参考方向符合右手螺旋法则。根据电磁感应定律，感应电压等于磁链的变化率。当感应电压参考方向与磁链的参考方向也符合右手螺旋法则时，可得 $u = \dfrac{\mathrm{d}\psi}{\mathrm{d}t}$，这样电感元件的电压与电流恰好为关联参考方向，且有

$$u = L\frac{\mathrm{d}i}{\mathrm{d}t} \tag{7-15}$$

上式称为电感元件伏安关系的微分形式。它表明：电感的端电压与其流过的电流的变化率成正比。如果电流不随时间变化，则 $\dfrac{\mathrm{d}i}{\mathrm{d}t}$ 为零，此时虽有电流，但电压为零，因此电感元件在直流稳态下因其流过的电流恒定不变而相当于短路。电感电流变化越快，即 $\dfrac{\mathrm{d}i}{\mathrm{d}t}$ 越大，电压也就越大。对电感而言，只有变动的电流才能产生电压，这一特性称为电感元件的动态特性，故电感元件属于动态元件。

还可以把电感元件的电流 i 表示为电压 u 的函数，对式（7-15）积分可得

$$i(t) = \frac{1}{L}\int_{-\infty}^{t} u(t')\mathrm{d}t' \tag{7-16}$$

上式称为电感元件伏安关系的积分形式。它表明：在某一时刻 t，电感的电流值取决于从 $-\infty$ 到 t 所有时刻的电压值，也就是说，与电压已往的全部历史有关。电感能将已往每时每刻电压的作用点点滴滴地记忆下来，因此，电感元件属于记忆元件。

在任意选取初始时刻 t_0 以后，式（7-16）可表示为

$$i(t) = \frac{1}{L}\int_{-\infty}^{t_0} u(t')\mathrm{d}t' + \frac{1}{L}\int_{t_0}^{t} u(t')\mathrm{d}t' \tag{7-17}$$

若令

$$i(t_0) = \frac{1}{L}\int_{-\infty}^{t_0} u(t')\mathrm{d}t' \tag{7-18}$$

则

$$i(t) = i(t_0) + \frac{1}{L}\int_{t_0}^{t} u(t')\mathrm{d}t', \quad t \geq t_0 \tag{7-19}$$

$i(t_0)$ 称为电感的初始电流，它反映了初始时刻 t_0 以前电压的全部历史情况对现在 t_0 以及未来 $t \geq t_0$ 的电流所产生的影响。如果已知电感的初始电流 $i(t_0)$ 及从初始时刻 t_0 开始作用的电压 $u(t)$，就能由式（7-19）确定 $t \geq t_0$ 时的电感电流 $i(t)$。因此，在含有电感元件的动态电路分析中，电感

的初始电流 $i(t_0)$ 是一个常需具备的已知条件。这样，对一个线性时不变电感元件，只有当它的电感值 L 和初始电流 $i(t_0)$ 给定时，才是一个确定的电路元件。

根据式（7-19），具有初始电流 $i(t_0)$ 的电感元件可以等效为一个电流等于该电感的初始电流 $i(t_0)$ 的电流源和初始电流等于零的相同电感值的电感元件相并联的电路，如图 7-10 所示。这一等效处理相当于使 $i(t_0)$ 对电路的作用"从幕后走向前台"，对动态电路的分析带来方便。

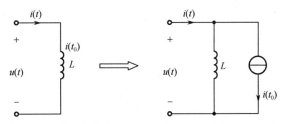

图 7-10　具有初始电流 $i(t_0)$ 的电感元件及其等效电路

应注意，电感元件的伏安关系式（7-15）、式（7-16）和式（7-19）都要求电感元件的电压、电流取关联参考方向。若电感元件的电压、电流取非关联参考方向，如图 7-11 所示，则电感元件的伏安关系应为

$$\left.\begin{aligned}
&u = -L\frac{\mathrm{d}i}{\mathrm{d}t} \\
&i(t) = -\frac{1}{L}\int_{-\infty}^{t} u(t')\mathrm{d}t' \\
&i(t) = i(t_0) - \frac{1}{L}\int_{t_0}^{t} u(t')\mathrm{d}t', \quad t \geqslant t_0
\end{aligned}\right\} \qquad (7\text{-}20)$$

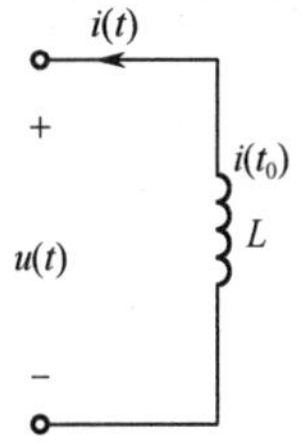

图 7-11　电感元件的电压、电流取非关联参考方向

7.2.3　电感元件的功率与能量

在电感元件的电压、电流取关联参考方向的情况下，任意时刻电感元件吸收的瞬时功率为

$$p(t) = u(t)i(t) \qquad (7\text{-}21)$$

如果选用电感元件伏安关系的微分形式

$$u = L\frac{\mathrm{d}i}{\mathrm{d}t}$$

则电感元件吸收的瞬时功率又可表示为

$$p(t) = Li(t)\frac{\mathrm{d}i}{\mathrm{d}t} \qquad (7\text{-}22)$$

当 $p(t)$ 为正值时，表明电感元件从外电路吸收能量并储存在磁场中；而当 $p(t)$ 为负值时，表明电感元件释放能量送还给外电路。可见，电感元件与外电路之间也有能量的往返交换现象。

设在时间间隔 $[t_0, t]$ 内，电感电流由 $i(t_0)$ 变到 $i(t)$，电感元件吸收的能量可用定积分计算如下：

$$\begin{aligned}
W_L[t_0, t] &= \int_{t_0}^{t} p(t')\mathrm{d}t' = \int_{t_0}^{t} Li(t')\frac{\mathrm{d}i}{\mathrm{d}t'}\mathrm{d}t' = \int_{i(t_0)}^{i(t)} Li\,\mathrm{d}i \\
&= \frac{1}{2}Li^2(t) - \frac{1}{2}Li^2(t_0) = W_L(t) - W_L(t_0)
\end{aligned} \qquad (7\text{-}23)$$

由式（7-23）可知，从 t_0 到 t 期间，电感吸收的能量是用来改变电感的储能状况的，电感元件也是一个储能元件。

如果电感元件在初始时刻 t_0 没有电流，即 $i(t_0) = 0$，同时磁场能量 $W_L(t_0) = 0$，则在任意瞬时 t，磁场中储存的磁场能量 $W_L(t)$ 就是电感元件在时间间隔 $[t_0, t]$ 内吸收的能量 $W_L[t_0, t]$，即

$$W_L(t) = W_L[t_0, t] = \frac{1}{2}Li^2(t) \qquad (7\text{-}24)$$

此即电感储能公式。可知，电感电流决定了电感的储能状态。电感在任意时刻的储能总是非负的，故电感也属于无源元件。

例 7-2 在如图 7-12 所示电路中，已知在初始时刻 $t_0 = 0$ 时，电容储存的电场能量为 1J，且 $i_C(t) = 2e^{-2t}A \quad (t \geq 0)$，求 $t \geq 0$ 时的电压 $u(t)$。

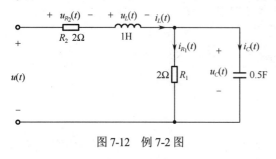

图 7-12　例 7-2 图

解： 由 $W_C(0) = \frac{1}{2}Cu_C^2(0) = 1J$，得 $u_C(0) = 2V$。

根据电容元件伏安关系的积分形式，得

$$u_C(t) = u_C(0) + \frac{1}{C}\int_0^t i_C(t')dt' = 2 + \frac{1}{0.5}\int_0^t 2e^{-2t'}dt'$$

$$= 2 - 2(e^{-2t} - 1) = 4 - 2e^{-2t} \text{(V)}$$

$$i_{R_1}(t) = \frac{u_C(t)}{R_1} = \frac{4 - 2e^{-2t}}{2} = 2 - e^{-2t} \text{(A)}$$

利用 KCL，求得电感电流

$$i_L(t) = i_{R_1}(t) + i_C(t) = (2 - e^{-2t}) + 2e^{-2t} = 2 + e^{-2t} \text{(A)}$$

根据电感元件伏安关系的微分形式，得

$$u_L(t) = L\frac{di_L}{dt} = -2e^{-2t} \text{(V)}$$

$$u_{R_2}(t) = R_2 i_L(t) = 2(2 + e^{-2t}) = 4 + 2e^{-2t} \text{(V)}$$

最后，利用 KVL 得

$$u(t) = u_{R_2}(t) + u_L(t) + u_C(t) = (4 + 2e^{-2t}) + (-2e^{-2t}) + (4 - 2e^{-2t}) = 8 - 2e^{-2t} \text{(V)}$$

7.3　电容、电感的串、并联等效

本节根据 KCL、KVL 以及电容和电感的伏安关系，讨论电容、电感的串、并联等效问题。

7.3.1　电容的串、并联等效

下面分别就初始电压为零和初始电压不为零两种情况进行讨论。

1. 初始电压为零的情况

图 7-13（a）为 n 个初始电压为零的电容的串联电路。端口 $1-1'$ 上电压 $u(t)$ 与 $i(t)$ 取关联参考方向，由 KCL、KVL 及电容元件伏安关系的积分形式，得

$$u(t) = u_1(t) + u_2(t) + \cdots + u_n(t)$$

$$= \frac{1}{C_1}\int_{t_0}^t i(t')dt' + \frac{1}{C_2}\int_{t_0}^t i(t')dt' + \cdots + \frac{1}{C_n}\int_{t_0}^t i(t')dt'$$

$$= \left(\frac{1}{C_1} + \frac{1}{C_2} + \cdots + \frac{1}{C_n}\right)\int_{t_0}^t i(t')dt' \qquad (7\text{-}25)$$

$$= \frac{1}{C_{eq}}\int_{t_0}^t i(t')dt'$$

式中，

$$\frac{1}{C_{eq}} = \left(\frac{1}{C_1} + \frac{1}{C_2} + \cdots + \frac{1}{C_n}\right) = \sum_{k=1}^n \frac{1}{C_k}$$

即
$$C_{\mathrm{eq}} = \frac{1}{\displaystyle\sum_{k=1}^{n} \frac{1}{C_k}} \tag{7-26}$$

C_{eq} 称为 n 个电容串联的等效电容。根据等效的概念，用 C_{eq} 构造的电路如图 7-13（b）所示，即为图 7-13（a）的等效电路。

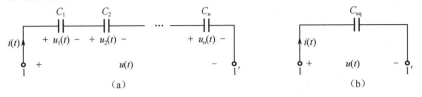

图 7-13　初始电压为零的电容串联及其等效电路

图 7-14（a）为 n 个初始电压为零的电容的并联电路。端口 $1-1'$ 上电压 $u(t)$ 与电流 $i(t)$ 取关联参考方向，由 KCL、KVL 及电容元件伏安关系的微分形式，得

$$i(t) = i_1(t) + i_2(t) + \cdots + i_n(t) = C_1 \frac{\mathrm{d}u}{\mathrm{d}t} + C_2 \frac{\mathrm{d}u}{\mathrm{d}t} + \cdots + C_n \frac{\mathrm{d}u}{\mathrm{d}t} = C_{\mathrm{eq}} \frac{\mathrm{d}u}{\mathrm{d}t} \tag{7-27}$$

式中，
$$C_{\mathrm{eq}} = C_1 + C_2 + \cdots + C_n = \sum_{k=1}^{n} C_k \tag{7-28}$$

C_{eq} 称为 n 个电容并联的等效电容。根据等效的概念，用 C_{eq} 构造的电路如图 7-14（b）所示，即为图 7-14（a）的等效电路。

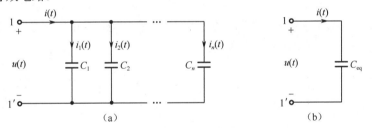

图 7-14　初始电压为零的电容并联及其等效电路

由以上分析结果不难发现，电容的串、并联等效电容的计算公式与电导的串、并联等效电导的计算公式相似。这样对照便于记忆。

2. 初始电压不为零的情况

图 7-15（a）为 n 个初始电压不为零的电容的串联电路。将每个具有初始电压的电容都等效成一个电压等于该电容的初始电压的电压源和初始电压为零的相同电容值的电容元件相串联，如图 7-15（b）所示。将各个串联的电压源合并成一个等效电压源，其电压为

$$U = \sum_{k=1}^{n} u_k(t_0)$$

将各个串联的初始电压为零的电容元件合并成一个等效电容元件，其等效电容为

$$C_{\mathrm{eq}} = \frac{1}{\displaystyle\sum_{k=1}^{n} \frac{1}{C_k}}$$

于是得到如图 7-15（c）所示的等效电路。图 7-15（c）所示电路还可以等效为一个初始电压为 U、电容值为 C_{eq} 的电容元件，如图 7-15（d）所示。

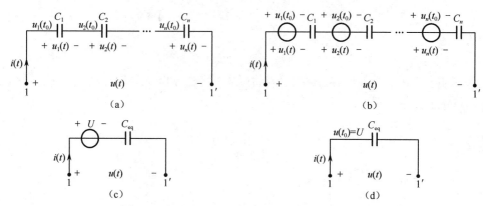

图 7-15　初始电压不为零的电容串联及其等效电路

图 7-16（a）为 n 个初始电压相同（但不为零）的电容的并联电路。将每个具有初始电压的电容都等效成一个电压等于该电容的初始电压的电压源和初始电压为零的相同电容值的电容元件相串联，如图 7-16（b）所示。由于图 7-16（b）中节点①、②、⋯、ⓝ各点是等电位的，故可把它们短接，如图 7-16（c）所示。在图 7-16（c）中，将各个并联的电压源合并成一个等效电压源，其电压为

$$U = u_1(t_0) = u_2(t_0) = \cdots = u_n(t_0)$$

将各个并联的初始电压为零的电容元件合并成一个等效电容元件，其等效电容为

$$C_{eq} = \sum_{k=1}^{n} C_k$$

于是得到如图 7-16（d）所示的等效电路。图 7-16（d）所示电路还可以等效为一个初始电压为 U、电容值为 C_{eq} 的电容元件，如图 7-16（e）所示。

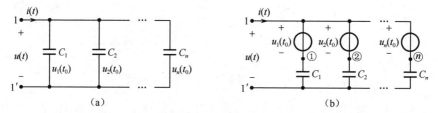

图 7-16　初始电压相同（但不为零）的电容并联及其等效电路

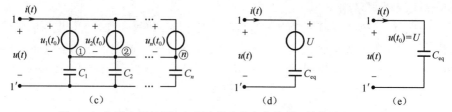

图 7-16　初始电压相同（但不为零）的电容并联及其等效电路（续）

7.3.2　电感的串、并联等效

下面分别就初始电流为零和初始电流不为零两种情况进行讨论。

1. 初始电流为零的情况

图 7-17（a）为 n 个初始电流为零的电感的串联电路。端口 $1-1'$ 上电压 $u(t)$ 与电流 $i(t)$ 取关联参考方向，由 KCL、KVL 及电感元件伏安关系的微分形式，得

$$u(t) = u_1(t) + u_2(t) + \cdots + u_n(t)$$

$$= L_1 \frac{\mathrm{d}i}{\mathrm{d}t} + L_2 \frac{\mathrm{d}i}{\mathrm{d}t} + \cdots + L_n \frac{\mathrm{d}i}{\mathrm{d}t} = (L_1 + L_2 + \cdots + L_n)\frac{\mathrm{d}i}{\mathrm{d}t} \qquad (7\text{-}29)$$

$$= L_{\mathrm{eq}} \frac{\mathrm{d}i}{\mathrm{d}t}$$

式中，
$$L_{\mathrm{eq}} = L_1 + L_2 + \cdots + L_n = \sum_{k=1}^{n} L_k \qquad (7\text{-}30)$$

L_{eq} 称为 n 个电感串联的等效电感，根据等效的概念，用 L_{eq} 构造的电路如图 7-17（b）所示，即为图 7-17（a）的等效电路。

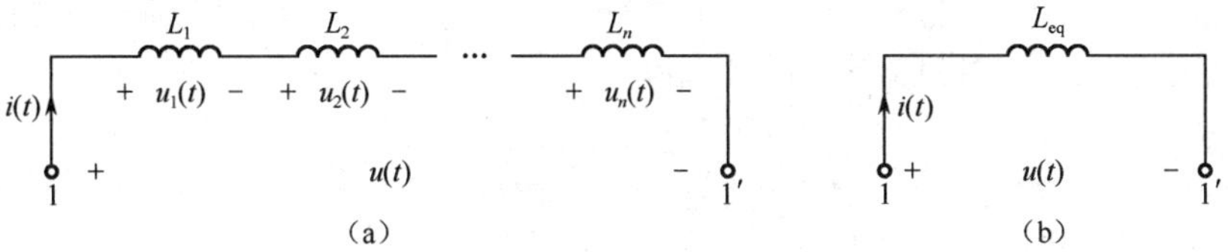

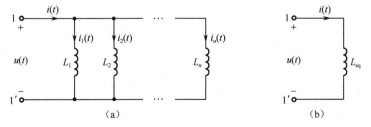

图 7-17　初始电流为零的电感串联及其等效电路

图 7-18（a）为 n 个初始电流为零的电感的并联电路。端口 $1-1'$ 电压 $u(t)$ 与电流 $i(t)$ 取关联参考方向，由 KCL、KVL 及电感元件伏安关系的积分形式，得

$$i(t) = i_1(t) + i_2(t) + \cdots + i_n(t)$$

$$= \frac{1}{L_1}\int_{t_0}^{t} u(t')\mathrm{d}t' + \frac{1}{L_2}\int_{t_0}^{t} u(t')\mathrm{d}t' + \cdots + \frac{1}{L_n}\int_{t_0}^{t} u(t')\mathrm{d}t'$$

$$= \left(\frac{1}{L_1} + \frac{1}{L_2} + \cdots + \frac{1}{L_n}\right)\int_{t_0}^{t} u(t')\mathrm{d}t' \qquad (7\text{-}31)$$

$$= \frac{1}{L_{\mathrm{eq}}}\int_{t_0}^{t} u(t')\mathrm{d}t'$$

式中，
$$\frac{1}{L_{\mathrm{eq}}} = \frac{1}{L_1} + \frac{1}{L_2} + \cdots + \frac{1}{L_n} = \sum_{k=1}^{n} \frac{1}{L_k}$$

即
$$L_{\mathrm{eq}} = \frac{1}{\displaystyle\sum_{k=1}^{n} \frac{1}{L_k}} \qquad (7\text{-}32)$$

L_{eq} 称为 n 个电感并联的等效电感。根据等效的概念，用 L_{eq} 构造的电路如图 7-18（b）所示，即为图 7-18（a）的等效电路。

图 7-18　初始电流为零的电感并联及其等效电路

由以上分析结果不难发现，电感的串、并联等效电感的计算公式与电阻的串、并联等效电阻的计算公式相似。这样对照便于记忆。

2. 初始电流不为零的情况

图 7-19（a）为 n 个初始电流相同（但不为零）的电感的串联电路。将每个具有初始电流的电感都等效成一个电流等于该电感的初始电流的电流源和初始电流为零的相同电感值的电感元件相并联，如图 7-19（b）所示。由于图 7-19（b）中各个电流源的大小和方向都相同，故图 7-19（b）又可等效为图 7-19（c）。在图 7-19（c）中，将各个串联的电流源合并成一个等效电流源，其电流为

$$I = i_1(t_0) = i_2(t_0) = \cdots = i_n(t_0)$$

将各个串联的初始电流为零的电感元件合并成一个等效电感元件，其等效电感为

$$L_{eq} = \sum_{k=1}^{n} L_k$$

于是得到如图 7-19（d）所示的等效电路。图 7-19（d）所示电路还可以等效为一个初始电流为 I、电感值为 L_{eq} 的电感元件，如图 7-19（e）所示。

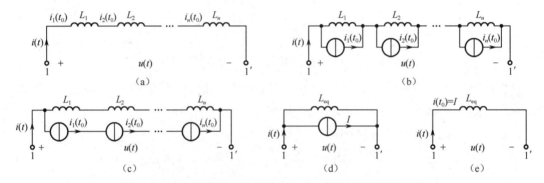

图 7-19　初始电流相同（但不为零）的电感串联及其等效电路

图 7-20（a）为 n 个初始电流不为零的电感的并联电路。将每个具有初始电流的电感都等效成一个电流等于该电感的初始电流的电流源和初始电流为零的相同电感值的电感元件相并联，如图 7-20（b）所示。在图 7-20（b）中，将各个并联的电流源合并成一个等效电流源，其电流为

$$I = \sum_{k=1}^{n} i_k(t_0)$$

将各个并联的初始电流为零的电感元件合并成一个等效电感元件，其等效电感为

$$L_{eq} = \frac{1}{\sum_{k=1}^{n} \frac{1}{L_k}}$$

于是得到如图 7-20（c）所示的等效电路。图 7-20（c）所示电路还可以等效为一个初始电流为 I、电感值为 L_{eq} 的电感元件，如图 7-20（d）所示。

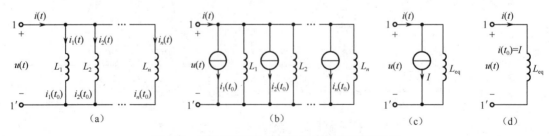

图 7-20　初始电流不为零的电感并联及其等效电路

7.4 计算机仿真

例 7-3 电容元件的 VCR。如图 7-21（a）所示，进入元件选择界面后，从 Group 组的下拉列表中选择 Sources，选中 SIGNAL_VOLTAGE_SOURCES，然后在右侧的 Component 区选择 TRIANGULAR_VOLTAGE，按照图 7-21（b）设置三角波电压源参数。

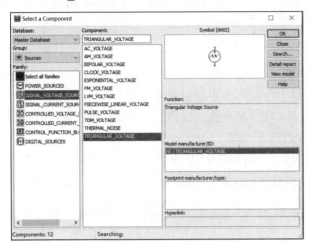 

（a）选择三角波电压源　　　　　　　　　　　（b）三角波电压源参数设置

图 7-21　三角波电压源设置

构建如图 7-22（a）所示电路，将三角波电压源作用于 0.5μF 的电容元件两端，分析流过电容元件的电流变化规律，并通过仿真加以验证。

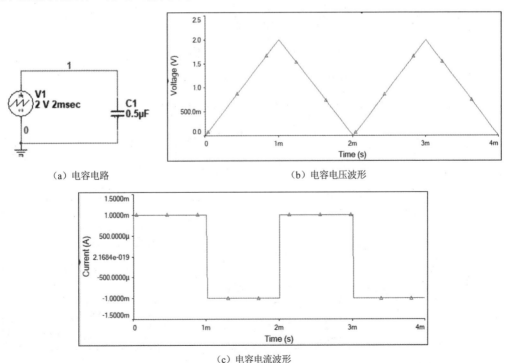

（a）电容电路　　　　　　　　　　　　（b）电容电压波形

（c）电容电流波形

图 7-22　电容元件 VCR 仿真

解：根据图 7-22（b），三角波电压 u 表示为

$$u(t) = \begin{cases} 2\times10^3 t, & 0 \leqslant t < 1\times10^{-3} \\ -2\times10^3 t + 4, & 1\times10^{-3} \leqslant t < 2\times10^{-3} \\ 2\times10^3 t - 4, & 2\times10^{-3} \leqslant t < 3\times10^{-3} \\ -2\times10^3 t + 8, & 3\times10^{-3} \leqslant t \leqslant 4\times10^{-3} \end{cases}$$

流过电容的电流 i_C：由图 7-22（a）可知，u、i_C 为关联参考方向，根据元件特性，有

$$i_C(t) = C\frac{\mathrm{d}u}{\mathrm{d}t} = \begin{cases} 1\times10^3 t, & 0 \leqslant t < 1\times10^{-3} \\ -1\times10^3 t, & 1\times10^{-3} \leqslant t < 2\times10^{-3} \\ 1\times10^3 t, & 2\times10^{-3} \leqslant t < 3\times10^{-3} \\ -1\times10^3, & 3\times10^{-3} \leqslant t \leqslant 4\times10^{-3} \end{cases}$$

利用 Multisim 中的瞬态仿真分析，观察电容的电压和电流，得到的仿真波形图分别如图 7-22（b）和图 7-22（c）所示，可以看出，与理论分析结果一致。

由电容元件的 VCR 可知，流过电容的电流 i_C 与其端电压 u 的变化率成正比。当电容电压的变化率 $\dfrac{\mathrm{d}u}{\mathrm{d}t}$ 恒定时，电容电流也恒定，所以在电容电压波形的 0～1ms 期间，i_C 为 1mA；在 1～2ms 期间，i_C 为 0mA；在 2～3ms 期间，i_C 为 1mA；在 3～4ms 期间，i_C 为 0mA。因此，得到电容电流 i_C 波形为方波。

例 7-4 电感元件的 VCR。构建如图 7-23（a）所示电路，将三角波电压源作用于 0.5mH 的电感元件两端，分析流过电感元件的电流变化规律，并通过仿真加以验证。

流过电感的电流 i：

$$i(t) = \frac{1}{L}\int_{-\infty}^{t} v(\xi)\mathrm{d}\xi = 2\times10^3 \xi \mathrm{d}\xi = 2\times10^6 t^2, \qquad 0 \leqslant t < 1\times10^{-3}$$

$$i(t) = i(1\times10^{-3}) + 2\times10^3\int_{1\times10^{-3}}^{t}(-2\times10^3 \xi + 4)\mathrm{d}\xi$$

$$= -2\times10^6 t^2 + 8\times10^3 t - 4, \qquad 1\times10^{-3} \leqslant t < 2\times10^{-3}$$

$$i(t) = i(2\times10^{-3}) + 2\times10^3\int_{2\times10^{-3}}^{t}(2\times10^3 \xi - 4)\mathrm{d}\xi$$

$$= 2\times10^6 t^2 - 8\times10^3 t + 12, \qquad 2\times10^{-3} \leqslant t < 3\times10^{-3}$$

$$i(t) = i(3\times10^{-3}) + 2\times10^3\int_{3\times10^{-3}}^{t}(-2\times10^3 \xi + 8)\mathrm{d}\xi$$

$$= -2\times10^6 t^2 + 16\times10^3 t - 24, \qquad 3\times10^{-3} \leqslant t < 4\times10^{-3}$$

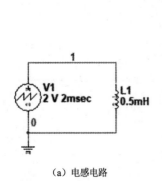

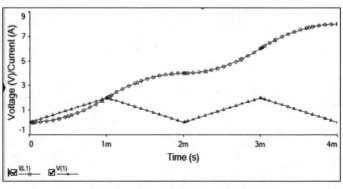

（a）电感电路   （b）电感电压与电流仿真波形

图 7-23   电感元件 VCR 仿真

利用 Multisim 中的瞬态仿真分析,观察电感的电压和电流,得到的仿真波形如图 7-23(b)所示,其中,圆圈标记的曲线为电感电流,三角形标记的折线为电感电压,可以看出,与理论分析结果一致。

由电感元件的 VCR 可知,流过电感的电流 i_L 与其端电压 u 对时间的积分成正比。当端电压随时间以三角波变化时,端电流 i_L 以时间二次函数的规律随之积累。可以看出,经过 4ms 的时间,端电流 i_L 的值从 0 增加到 8A。若 4ms 后 u 的波形延续,则端电流 i_L 的波形将按照之前的变化规律继续攀升;若 4ms 后 u 为零,则电感电流将保持 8A 不变。

思考题

7-1 为什么说电容、电感元件是动态元件?电容、电感在直流稳态时分别怎样处理?

7-2 为什么说电容、电感元件是记忆元件?电容的初始电压 $u(t_0)$、电感的初始电流 $i(t_0)$ 各具有什么意义?

7-3 当电容(或电感)元件的电压、电流取非关联参考方向时,元件的伏安关系应如何变动?

7-4 为什么说电容(或电感)元件与外电路之间有能量的往返交换现象,这种现象是由元件的什么性质决定的?

7-5 电容的串、并联等效电容的计算公式与电导的串、并联等效电导的计算公式相似,那么电容的分压、分流公式是否也是与电导的相似?

7-6 电感的串、并联等效电感的计算公式与电阻的串、并联等效电阻的计算公式相似,那么电感的分压、分流公式是否也是与电阻的相似?

7-7 将电容元件的定义式、伏安关系、储能公式、串并联等效电容的计算公式与电感元件的定义式、伏安关系、储能公式、串并联等效电感的计算公式进行比较,会发现什么规律?

习题

7-1 电容元件与电感元件的电压、电流参考方向如题 7-1 图所示,已知 $u_C(0)=0$,$i_L(0)=0$。
(1)写出电压用电流表示的性能方程;
(2)写出电流用电压表示的性能方程。

7-2 题 7-2 图(a)中 $C=2\text{F}$ 且 $u_C(0)=0$,电容电流 i_C 的波形如题 7-2 图(b)所示。试求 $t=1\text{s}$、$t=2\text{s}$ 和 $t=4\text{s}$ 时电容电压 u_C。

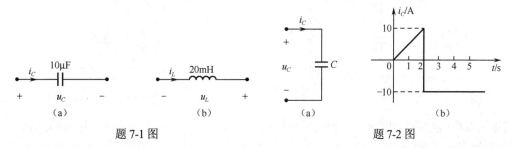

题 7-1 图   题 7-2 图

7-3 题 7-3 图(a)中 $C=2\text{F}$ 且 $u_C(0)=0$,电容电流 i_C 的波形如题 7-3 图(b)所示。
(1)求 $t \geqslant 0$ 时电容电压 $u_C(t)$,并画出其波形;
(2)计算 $t=2\text{s}$ 时电容吸收的功率 $p(2)$;
(3)计算 $t=2\text{s}$ 时电容的储能 $W_C(2)$。

7-4　有一电感元件如题 7-4 图（a）所示，已知 $L=10\text{mH}$，通过的电流 $i_L(t)$ 的波形如题 7-4 图（b）所示，求电感 L 两端的电压，并画出 $u_L(t)$ 的波形。

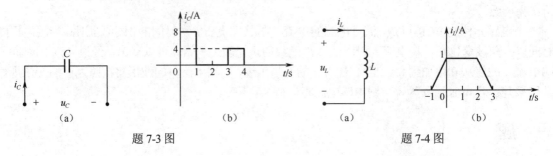

题 7-3 图　　　　　　　　　　　题 7-4 图

7-5　题 7-5 图（a）中 $L=4\text{H}$ 且 $i_L(0)=0$，电感电压 u_L 的波形如题 7-5 图（b）所示。试求 $t=1\text{s}$、$t=2\text{s}$、$t=3\text{s}$ 和 $t=4\text{s}$ 时电感电流 i_L。

7-6　题 7-6 图（a）中 $L=4\text{H}$ 且 $i_L(0)=0$，电感电压 u_L 的波形如题 7-6 图（b）所示。

（1）求 $t \geqslant 0$ 时电感电流 $i_L(t)$，并画出其波形；

（2）计算 $t=2\text{s}$ 时电感吸收的功率 $p(2)$；

（3）计算 $t=2\text{s}$ 时电感的储能 $W_L(2)$。

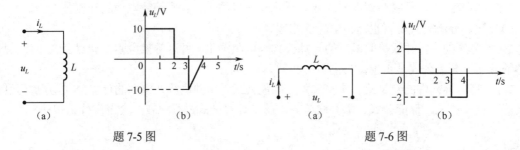

题 7-5 图　　　　　　　　　　　题 7-6 图

7-7　电路如题 7-7 图所示，已知 $i_L(t)=5(1-\text{e}^{-10t})\text{A}$（$t \geqslant 0$），求 $t \geqslant 0$ 时电容电流 $i_C(t)$ 和电压源电压 $u_S(t)$。

7-8　电路如题 7-8 图所示，其中 $L=1\text{H}$，$C_2=1\text{F}$。设 $u_S(t)=U_m\cos(\omega t)(\text{V})$，$i_S(t)=I\text{e}^{-\alpha t}(\text{A})$，试求 $u_L(t)$ 和 $i_{C_2}(t)$。

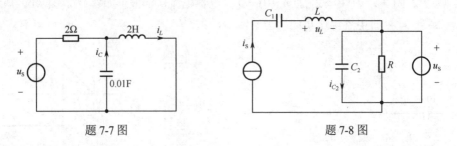

题 7-7 图　　　　　　　　　　　题 7-8 图

7-9　电路如题 7-9 图所示，已知电感电压 $u_L(t)=2\text{e}^{-t}(\text{V})$（$t \geqslant 0$），电感的初始电流 $i_L(0)=1\text{A}$，电容的初始电压 $u_C(0)=2\text{V}$。求 $t \geqslant 0$ 时电感电流 $i_L(t)$、电容电压 $u_C(t)$ 及电压源电压 $u_S(t)$。

7-10　电路如题 7-10 图（a）所示，若要求 $u_C(t)$ 的波形如题 7-10 图（b）所示，求所需电压源电压 $u_S(t)$ 的波形。

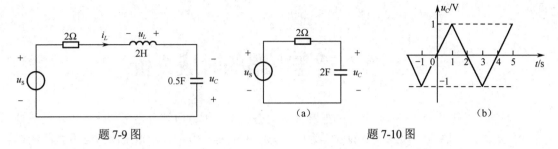

题 7-9 图　　　　　　　　　　　　　题 7-10 图

7-11　电路如题 7-11 图所示，已知 $u_S(t) = 6e^{-2t}$(V)，$R = 3\Omega$，$L = 2H$，设 $i_L(0) = 0A$。

（1）求 $i(t)$，$t \geqslant 0$；

（2）求 $t = 1s$、$t = 2s$ 及 $t = 3s$ 时电感的储能。

7-12　电路如题 7-12 图所示，求各电路 a-b 端的等效电容。

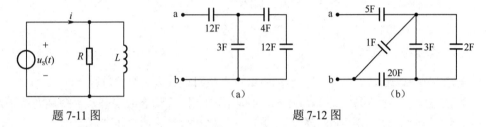

题 7-11 图　　　　　　　　　　　　题 7-12 图

7-13　电路如题 7-13 图所示，求各电路 a-b 端的等效电感。

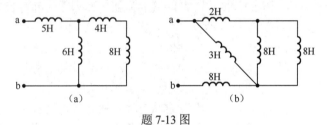

题 7-13 图

7-14　电路如题 7-14 图所示，设各电感的初始电流为零。

（1）求端口的等效电感；

（2）若端口电压 $u(t) = 8e^{-2t}$V（$t \geqslant 0$），求各电感电流及电压 u_2 和 u_3。

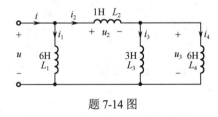

题 7-14 图

第8章 动态电路的时域分析

含有电容及电感这一类动态元件的电路称为动态电路。因为电容及电感的伏安关系是微分形式或积分形式，所以描述动态电路的方程为微分方程或微积分方程。本章采用微分方程的经典解法分析一阶动态电路响应随时间的变化规律，且整个分析过程都是在时间域进行的，故称其为时域分析。在分析中还将介绍过渡过程、换路、时间常数、零输入响应、零状态响应、全响应、自由分量、暂态分量、强制分量、稳态分量、阶跃响应、冲激响应等重要概念。

8.1 动态电路的方程及其初始条件

8.1.1 过渡过程与换路

动态电路的分析与过渡过程紧密联系，所以首先来研究什么是过渡过程。

一个变化的物理过程在每一时刻都处在一种不同的状况、形态或姿态，可统称为状态，所谓变化是指状态的变化，或用状态来表征。事物的变化和运动又可分为"稳定状态"和"过渡状态"。例如，启动发动机时，发动机的转速从零开始逐渐升高，经过一定的时间便达到某一额定数值，以后转速便保持在这个额定的数值上。发动机的最初转速为零（静态状态）和后来的转速为某一额定数值（额定运行状态）都是发动机的稳态状态，只是从时间上有旧、新之分。发动机由静止到额定转速之间所经历的过程，就是发动机运行的过渡过程。由此可见，过渡过程就是从一个稳定状态进入另一个稳定状态所经历的中间过程，而在过渡过程中每时每刻的状态即为过渡状态。过渡过程或过渡状态是一种物理现象，它广泛地存在于自然界的大量事物中。

动态电路也是一种物理系统，往往也有稳定状态和过渡状态这两种工作状态，动态电路的工作状态是用电路的各支路电压、电流来表示的。如果各支路电压、电流是恒定不变的（包括等于零的情况），则电路处于一种直流稳定状态；如果各支路电压、电流随时间按正弦函数的规律周期性地变化，则电路处在一种正弦稳定状态。动态电路从一种旧的稳定状态进入另一种新的稳定状态，常常也需要一个中间过程，这就是动态电路的过渡过程。

在图 8-1（a）所示的简单的 RC 串联电路中，开关 S 合上前，$t<0$ 时，$i=0$，由于电容 C 原先未充电，$u_C(0)=0$，这是一种旧的稳定状态。开关 S 合上后，$t \geq 0$ 时，直流电压源 U_S 通过电阻 R 向电容 C 充电。电容电压 u_C 由零逐渐上升，一直上升到等于电源的电压 U_S 为止，这时电流 $i=0$，电路进入另一个新的稳定状态。电容电压由零上升到 U_S 的过程（电容的充电过程）就是电路的过渡过程。

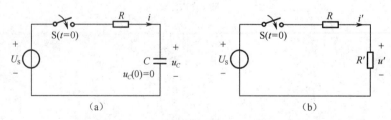

图 8-1 说明电路的过渡过程之图

　　动态电路的过渡过程是由电路条件的骤然改变引起的，在电路理论中，把电路条件的骤然改变称为换路，例如，电源的接入、切除，元件参数的骤然改变，以及电压源的电压或电流源的电流的骤然改变等都是换路。一般通过开关的闭合或打开来实现换路，在图 8-1（a）所示的电路中，开关 S 的闭合将电压源突然接入电路中就是一种换路。

　　换路是引起动态电路过渡过程的外因，而动态电路内部的储能元件（电容、电感）的存在是动态电路出现过渡过程的内因。这是因为在动态电路中，当电容元件两端有电压 u 时，储有 $\frac{1}{2}Cu^2$ 的电场能量；当电感元件上流过电流 i 时，储有 $\frac{1}{2}Li^2$ 磁场能量。这些能量都不能发生跃变，只能渐变。如果能量跃变，意味着 $p = \dfrac{\mathrm{d}W}{\mathrm{d}t} \to \infty$，这在实际中是不可能的。因此电容 C 上的电压在换路时是连续的，它不能从 0 立刻跃变为稳态值 U_S，而必须经历一个过渡过程，逐渐上升至 U_S。如果用电阻 R' 替换图 8-1（a）中的电容 C，即图 8-1（b）所示的线性电阻电路，那么，开关 S 合上后，电阻 R' 上的电压 u' 立刻从 0 跃变为稳态值 $\dfrac{R'}{R+R'}U_\mathrm{S}$，即换路后电路立即进入新的稳态而没有过渡过程。这是因为电阻是无记忆元件，电路中不具备能产生过渡过程的内因，此时，线性电阻电路中的响应与激励是一种即时关系。

　　在实际的动态电路中，过渡过程是一个很快的过程，其持续时间常常仅为十几分之一秒、几百分之一秒，甚至几万分之一秒。因此，常称为暂态过程（或瞬态过程），在电子技术中需要广泛利用动态电路瞬态过程的规律。但是，动态电路瞬态过程也会出现不利的情况，这就是在动态电路瞬态过程中，可能出现比稳态值高出很多的过电压或过电流现象，从而使电气设备或器件遭受损害。因此，分析动态电路瞬态过程具有十分重要的意义。动态电路的瞬态分析就是对从换路前电路旧的稳定状态至换路后电路新的稳定状态全过程的研究。

　　在电路及系统理论中，状态变量是指一组最少的变量，若已知它们在 t_0 时的数值以及所有在 $t \geqslant t_0$ 时的输入（激励），就能确定在 $t \geqslant t_0$ 时电路中的任何电路变量。状态变量在任何时刻的值构成了该时刻电路的状态，由于电容在某一时刻的电压反映了该时刻储存的电场能量，而电感在某一时刻的电流反映了该时刻储存的磁场能量，因此，电容电压 $u_C(t)$ 和电感电流 $i_L(t)$ 在动态电路分析中占有特别重要的地位，它们可作为电路的状态变量。在 t_0 时刻的电容电压 $u_C(t_0)$ 或/和电感电流 $i_L(t_0)$ 就构成了 t_0 时刻电路的状态，本章将在随后的动态电路瞬态分析中将电容电压和电感电流作为主要的分析对象进行研究。

　　在动态电路分析中，一般以换路发生的时刻作为计算时间的起点（初始时刻）。假设换路是在 $t = 0$ 时发生的，为了分析方便，把换路前的最后一个瞬时表示为 $t = 0_-$，即 t 为负值趋于零的极限；把换路后的第一个瞬时表示为 $t = 0_+$，即 t 为正值趋于零的极限，如图 8-2 所示。

　　在 $t = 0_-$ 时，电路处于原有的旧稳定状态，此时 $u_C(0_-)$ 或/和 $i_L(0_-)$ 构成了电路的原始状态，反映了动态元件的原始储能。原始状态为零的动态元件称为零状态元件，若电路中所有动态元件的原始状态均为零，则电路称为零状态电路。在 $t = 0_+$ 时，$u_C(0_+)$ 或/和 $i_L(0_+)$ 构成了电路的初始状态，反映了动态元件的初始储能，电路从 $t = 0_+$ 时开始经过过渡过程最终达到新的稳态。采用 0_- 和 0_+ 的表示，有助于理解换路的全过程，使换路前后电路的状态更明确，而且还可以准确地表达电路中某些变量在换路时刻 $t = 0$ 时发生跃变的情况，如图 8-3 所示的电压波形，其电压变化情况可表示为

$$\begin{cases} u(0_-) = 0\mathrm{V} \\ u(0_+) = 1\mathrm{V} \end{cases} \tag{8-1}$$

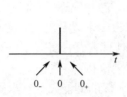

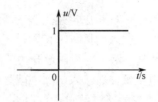

图 8-2　换路前与换路后时间概念的划分　　　图 8-3　$t=0$ 时发生跃变的电压波形

8.1.2　动态电路的方程及其解

建立动态电路方程的基本依据是基尔霍夫定律和元件的伏安关系，下面通过一个例子说明动态电路微分方程的建立过程。

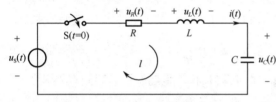

图 8-4　RLC 串联电路在 $t=0$ 时接入电压源 $u_S(t)$

图 8-4 表示一个 RLC 串联电路在 $t=0$ 时接入电压源 $u_s(t)$，当开关 S 在 $t=0$ 时闭合后，建立以 $u_C(t)$ 为响应的电路方程。

换路后 $t \geq 0_+$ 时，根据 KVL 列写出回路 l 的电压平衡方程，有

$$u_R(t) + u_L(t) + u_C(t) = u_s(t), \quad t \geq 0_+ \quad (8\text{-}2)$$

若选择 $u_C(t)$ 为响应变量，将元件的伏安关系

$$u_R = Ri, \quad u_L = L\frac{\mathrm{d}i}{\mathrm{d}t}, \quad i = C\frac{\mathrm{d}u_C}{\mathrm{d}t}$$

代入式（8-2）中，经整理得

$$LC\frac{\mathrm{d}^2 u_C(t)}{\mathrm{d}t^2} + RC\frac{\mathrm{d}u_C(t)}{\mathrm{d}t} + u_C(t) = u_s(t), \quad t \geq 0_+ \quad (8\text{-}3)$$

若选择 $i(t)$ 为响应变量，将元件的伏安关系

$$u_R = Ri, \quad u_L = L\frac{\mathrm{d}i}{\mathrm{d}t}, \quad u_C(t) = \frac{1}{C}\int_{-\infty}^{t} i(t')\mathrm{d}t'$$

代入式（8-2）中，经整理得

$$LC\frac{\mathrm{d}^2 i(t)}{\mathrm{d}t^2} + RC\frac{\mathrm{d}i(t)}{\mathrm{d}t} + i(t) = C\frac{\mathrm{d}u_s(t)}{\mathrm{d}t}, \quad t \geq 0_+ \quad (8\text{-}4)$$

可以看出，电路方程是线性常系数二阶微分方程，这是因为电路中含有两个动态元件，这类电路称为二阶电路。如果电路中只含一个动态元件，建立的电路方程将是一阶微分方程，相应的电路称为一阶电路。电路中所含动态元件越多，方程的阶数就越高。含有 n 个独立动态元件的电路称为 n 阶电路，若将响应变量（u 或 i）用 $y(t)$ 表示，n 阶电路的微分方程可写成下列一般形式：

$$a_n\frac{\mathrm{d}^n y(t)}{\mathrm{d}t^n} + a_{n-1}\frac{\mathrm{d}^{n-1} y(t)}{\mathrm{d}t^{n-1}} + \cdots + a_1\frac{\mathrm{d}y(t)}{\mathrm{d}t} + a_0 y(t) = f(t), \quad t \geq 0_+ \quad (8\text{-}5)$$

对于线性时不变动态电路，上式中的系数 $a_n, a_{n-1}, \cdots, a_1, a_0$ 都是取决于电路结构和元件参数的常数；$f(t)$ 称为激励函数，它与外施激励（u_s 或 i_s）及选择的响应变量有关。如上例中选择 u_C 或 i 作为响应变量，列写出的微分方程的右边项 $f(t)$ 是不同的。

由微分方程的经典解法可知，线性常系数微分方程的完全解由两部分组成，即

$$y(t) = y_h(t) + y_p(t) \quad (8\text{-}6)$$

式中，$y_h(t)$ 是相应齐次微分方程的通解，$y_p(t)$ 是非齐次微分方程的一个特解。对线性常系数微分方程完全解的求解过程包括以下三步。

1. 求相应齐次微分方程的通解

式（8-5）的相应齐次微分方程为

$$a_n \frac{\mathrm{d}^n y(t)}{\mathrm{d}t^n} + a_{n-1} \frac{\mathrm{d}^{n-1} y(t)}{\mathrm{d}t^{n-1}} + \cdots + a_1 \frac{\mathrm{d}y(t)}{\mathrm{d}t} + a_0 y(t) = 0 \qquad (8-7)$$

齐次线性常系数微分方程的通解可由指数函数构成，设

$$y_{\mathrm{h}}(t) = A\mathrm{e}^{st} \qquad (8-8)$$

把上式代入式（8-7），得到相应的特征方程为

$$a_n s^n + a_{n-1} s^{n-1} + \cdots + a_1 s + a_0 = 0 \qquad (8-9)$$

特征方程的特征根 $s_1, s_2, \cdots, s_n$ 称为式（8-7）所示的微分方程的特征根，若特征根均为单根，则式（8-7）的通解为

$$y_{\mathrm{h}}(t) = A_1 \mathrm{e}^{s_1 t} + A_2 \mathrm{e}^{s_2 t} + \cdots + A_n \mathrm{e}^{s_n t} \qquad (8-10)$$

式中，$A_1, A_2, \cdots, A_n$ 为待定积分常数，将在式（8-6）的完全解中由电路微分方程的初始条件确定。

由于相应齐次微分方程不包含激励函数 $f(t)$，因此它的通解 $y_{\mathrm{h}}(t)$ 的变化规律是由特征根决定的指数形式，与激励形式无关。而特征根是由电路的结构和元件参数决定的，反映了电路的固有特性。因此，通解 $y_{\mathrm{h}}(t)$ 又称为响应的自由分量。

2. 求非齐次微分方程的特解

特解的函数形式取决于激励的函数形式，可认为是在激励的"强迫"下电路所做出的响应，故特解也称为强迫响应，或称为响应的强制分量。表 8-1 中列出了常用激励形式所对应特解的形式。表中的 $Q_i(i = 0, 1, 2, \cdots, m)$ 为待定常数，将特解 $y_{\mathrm{p}}(t)$ 代入式（8-5），再对方程左右两边进行平衡，用比较系数法就可确定特解中的待定常数。

表 8-1　常用激励形式所对应特解的形式

激励 $f(t)$ 的形式	特解 $y_{\mathrm{p}}(t)$ 的形式
常数（直流）	Q_0
$B\cos(\omega t + \theta)$	$Q_1 \cos(\omega t + Q_0)$
$\mathrm{e}^{\alpha t}$	$Q_0 \mathrm{e}^{\alpha t}$　　　　（当 α 不等于特征根时）
	$(Q_1 t + Q_0)\mathrm{e}^{\alpha t}$　　　（当 α 等于特征单根时）
	$(Q_2 t^2 + Q_1 t + Q_0)\mathrm{e}^{\alpha t}$　　（当 α 等于特征重根时）
t^m	$Q_m t^m + Q_{m-1} t^{m-1} + \cdots + Q_i t^i + \cdots + Q_1 t + Q_0$

3. 求非齐次微分方程的完全解

将齐次微分方程的通解与非齐次微分方程的特解相加，即可得到非齐次微分方程的完全解，即

$$y(t) = y_{\mathrm{h}}(t) + y_{\mathrm{p}}(t) = A_1 \mathrm{e}^{s_1 t} + A_2 \mathrm{e}^{s_2 t} + \cdots + A_n \mathrm{e}^{s_n t} + y_{\mathrm{p}}(t) \qquad (8-11)$$

这里的积分常数 $A_1, A_2, \cdots, A_n$ 需要用电路微分方程的初始条件（简称电路的初始条件）来决定。电路的初始条件是电路中所求的响应变量及其 1 阶至 $(n-1)$ 阶导数在 $t = 0_+$ 时的值，也称为初始值，即

$$y(0_+), \frac{\mathrm{d}y}{\mathrm{d}t}\bigg|_{t=0_+}, \frac{\mathrm{d}^2 y}{\mathrm{d}t^2}\bigg|_{t=0_+}, \cdots, \frac{\mathrm{d}^{(n-1)} y}{\mathrm{d}t^{(n-1)}}\bigg|_{t=0_+}$$。其中电容电压 $u_C(0_+)$ 或/和电感电流 $i_L(0_+)$ 称为独立的初始条件；其余响应变量的初始值称为非独立的初始条件。下面要解决的问题是如何求出电路的初始条件。

8.1.3　换路定则与电路初始条件的求解

在对动态电路进行瞬态分析时，往往已知 $t = 0_-$ 时的电路条件及原有的旧稳态，根据这些信息

可以确定电路的原始状态，用 $u_C(0_-)$ 或/和 $i_L(0_-)$ 来表示，再根据换路定则便可确定独立的初始条件 $u_C(0_+)$ 或/和 $i_L(0_+)$。

　　换路定则包括下述两条内容：

　　① 在电容元件的电流为有限值的条件下，换路瞬间 $(0_-,0_+)$ 电容元件的端电压保持不变。

　　② 在电感元件的电压为有限值的条件下，换路瞬间 $(0_-,0_+)$ 电感元件的电流保持不变。

　　换路定则可用数学形式表示为

$$u_C(0_+) = u_C(0_-) \tag{8-12}$$

$$i_L(0_+) = i_L(0_-) \tag{8-13}$$

以上两式可以根据电容元件、电感元件伏安关系的积分形式推导而得到。

　　对于电容元件，有

$$u_C(t) = \frac{1}{C}\int_{-\infty}^{t} i_C(t')\mathrm{d}t' = \frac{1}{C}\int_{-\infty}^{0_-} i_C(t')\mathrm{d}t' + \frac{1}{C}\int_{0_-}^{t} i_C(t')\mathrm{d}t' = u_C(0_-) + \frac{1}{C}\int_{0_-}^{t} i_C(t')\mathrm{d}t' \tag{8-14}$$

根据上式，$t = 0_+$ 时刻的电容电压可表示为

$$u_C(0_+) = u_C(0_-) + \frac{1}{C}\int_{0_-}^{0_+} i_C(t')\mathrm{d}t' \tag{8-15}$$

在 $i_C(t')$ 为有限值的条件下，上式右端第二项积分为零，于是得到式（8-12）。

　　对于电感元件，有

$$i_L(t) = \frac{1}{L}\int_{-\infty}^{t} u_L(t')\mathrm{d}t' = \frac{1}{L}\int_{-\infty}^{0_-} u_L(t')\mathrm{d}t' + \frac{1}{L}\int_{0_-}^{t} u_L(t')\mathrm{d}t' = i_L(0_-) + \frac{1}{L}\int_{0_-}^{t} u_L(t')\mathrm{d}t' \tag{8-16}$$

根据上式，$t = 0_+$ 时刻的电感电流可表示为

$$i_L(0_+) = i_L(0_-) + \frac{1}{L}\int_{0_-}^{0_+} u_L(t')\mathrm{d}t' \tag{8-17}$$

在 $u_L(t')$ 为有限值的条件下，上式右端第二项积分为零，于是得到式（8-13）。

　　根据换路定则可知，电路的初始状态即为电路的原始状态，动态元件的初始储能即为动态元件的原始储能。

　　当求得独立的初始条件 $u_C(0_+)$ 或/和 $i_L(0_+)$ 之后，就可以着手求解其余的非独立的初始条件。由于在 $t = 0_+$ 时刻，电容电压或/和电感电流已知，根据替代定理，电容元件可用电压为 $u_C(0_+)$ 的电压源替代，电感元件可用电流为 $i_L(0_+)$ 的电流源替代，独立电源均取 $t = 0_+$ 时刻的值。因此，在 $t = 0_+$ 时刻的电路就变成一个直流的电阻电路，称为 $t = 0_+$ 时的等效电路，由该电路并利用电阻电路的分析方法就可方便地求出 $t = 0_+$ 时各元件电压和电流的初始值，这些初始值是由电路的外施激励在 $t = 0_+$ 时的值和储能元件的初始状态共同作用产生的。

　　例8-1　如图8-5（a）所示的零状态电路，设开关 S 在 $t = 0$ 时闭合。求在开关 S 闭合后，各电压和电流的初始值。

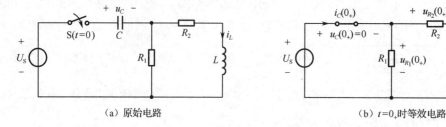

（a）原始电路　　　　　　　　　　　（b）$t = 0_+$ 时等效电路

图8-5　例8-1图

解：因为换路前的电路是零状态电路，即 $u_C(0_-)=0$ 和 $i_L(0_-)=0$。根据换路定则，有 $u_C(0_+)=u_C(0_-)=0$，所以在 $t=0_+$ 时刻电容相当于短路；又有 $i_L(0_+)=i_L(0_-)=0$，所以在 $t=0_+$ 时刻电感相当于开路。据此画出 $t=0_+$ 时的等效电路，如图 8-5（b）所示，然后由 $t=0_+$ 时等效电路求出各电压和电流的初始值。

$$i_C(0_+)=\frac{U_S}{R_1}, \quad u_L(0_+)=u_{R_1}(0_+)=U_S, \quad u_{R_2}(0_+)=0$$

例 8-2　电路如图 8-6（a）所示，开关 S 打开前，电路处于稳态。在 $t=0$ 时开关 S 打开，求初始值 $i_C(0_+)$、$u_L(0_+)$ 和 $i_{R_1}(0_+)$。

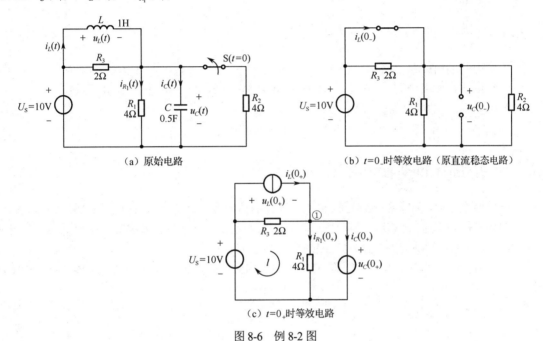

（a）原始电路　　　　　（b）$t=0_-$ 时等效电路（原直流稳态电路）

（c）$t=0_+$ 时等效电路

图 8-6　例 8-2 图

解：（1）计算 $u_C(0_-)$ 和 $i_L(0_-)$。由于 $t<0$ 时电路已达直流稳态，可将电容视为开路，将电感视为短路，由此画出 $t=0_-$ 时等效电路（原直流稳态电路），如图 8-6（b）所示。由该电路可求得

$$u_C(0_-)=U_S=10\text{V}, \quad i_L(0_-)=\frac{U_S}{\dfrac{R_1\times R_2}{R_1+R_2}}=\frac{10}{2}=5\text{A}$$

（2）根据换路定则，可得独立的初始条件为

$$u_C(0_+)=u_C(0_-)=10\text{V}, \quad i_L(0_+)=i_L(0_-)=5\text{A}$$

（3）计算非独立初始条件。开关 S 打开后 $t=0_+$ 时，将电容用电压值为 $u_C(0_+)=10\text{V}$ 的电压源替代，将电感用电流值为 $i_L(0_+)=5\text{A}$ 的电流源替代，得到如图 8-6（c）所示的 $t=0_+$ 时等效电路，由此可求得

$$i_{R_1}(0_+)=\frac{u_C(0_+)}{R_1}=\frac{10}{4}=2.5\text{A}$$

对节点①应用 KCL，得　　$i_C(0_+)=i_L(0_+)-i_{R_1}(0_+)=5-2.5=2.5\text{A}$

对回路 l 应用 KVL，得　　$u_L(0_+)=U_S-u_C(0_+)=10-10=0$

图 8-6（a）所示电路是一个二阶电路，描述电路的方程是线性常系数二阶微分方程。如果选

择 $u_C(t)$ 为响应变量，则电路微分方程的初始条件应为 $u_C(0_+)$ 和 $\dfrac{du_C}{dt}\Big|_{t=0_+}$；如果选择 $i_L(t)$ 为响应变量，则电路微分方程的初始条件应为 $i_L(0_+)$ 和 $\dfrac{di_L}{dt}\Big|_{t=0_+}$。在求出 $i_C(0_+)$、$u_L(0_+)$ 的基础上，根据电容元件和电感元件伏安关系的微分形式，可求出 $\dfrac{du_C}{dt}\Big|_{t=0_+}$ 及 $\dfrac{di_L}{dt}\Big|_{t=0_+}$。

由 $i_C = C\dfrac{du_C}{dt}$，得 $\qquad\qquad \dfrac{du_C}{dt}\Big|_{t=0_+} = \dfrac{i_C(0_+)}{C} = \dfrac{2.5}{0.5} = 5\text{V/s}$

由 $u_L = L\dfrac{di_L}{dt}$，得 $\qquad\qquad \dfrac{di_L}{dt}\Big|_{t=0_+} = \dfrac{u_L(0_+)}{L} = \dfrac{0}{1} = 0\text{A/s}$

由上例可归纳出计算电路初始条件的具体步骤如下：

（1）根据换路前电路的具体情况画出 $t = 0_-$ 时等效电路，求出 $u_C(0_-)$、$i_L(0_-)$；

（2）根据换路定则确定 $u_C(0_+)$、$i_L(0_+)$；

（3）画出 $t = 0_+$ 时等效电路，计算各电压、电流的初始值。

8.2　一阶电路的零输入响应

动态电路换路后，在无外施激励（输入为零）的情况下，仅由动态元件初始储能（初始状态）所产生的响应称为零输入响应，其变化规律仅由电路的结构和元件参数决定，反映了电路本身所具有的特性，所以零输入响应也称为电路的自然响应或固有响应。

图 8-7（a）所示为一种典型的一阶 RC 零输入响应电路，先从物理概念上对该电路进行定性分析。

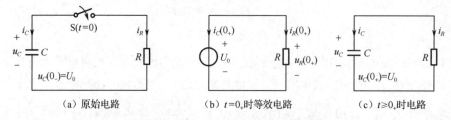

（a）原始电路　　　　　　　（b）$t=0_+$时等效电路　　　　　　　（c）$t \geqslant 0_+$时电路

图 8-7　一阶 RC 电路的零输入响应用图

开关 S 闭合前，电容 C 已具有电压 $u_C(0_-) = U_0$，构成电路的原始状态，反映出电容的原始储能为 $W_C(0_-) = \dfrac{1}{2}CU_0^2$。开关 S 闭合后，根据换路定则，有 $u_C(0_+) = u_C(0_-) = U_0$，构成电路的初始状态，反映出电容的初始储能为 $W_C(0_+) = \dfrac{1}{2}CU_0^2$。由图 8-7（b）所示的 $t = 0_+$ 时等效电路，得

$$u_R(0_+) = U_0 \qquad\qquad\qquad (8\text{-}18)$$

$$i_R(0_+) = \dfrac{U_0}{R} \qquad\qquad\qquad (8\text{-}19)$$

$$i_C(0_+) = -i_R(0_+) = -\dfrac{U_0}{R} \qquad\qquad\qquad (8\text{-}20)$$

且 $\qquad\qquad \dfrac{du_C}{dt}\Big|_{t=0_+} = \dfrac{i_C(0_+)}{C} = -\dfrac{U_0}{RC} < 0 \qquad\qquad\qquad (8\text{-}21)$

式（8-21）说明，换路后 $t \geq 0_+$ 时电压 u_C 要下降，即电容 C 通过电阻 R 放电，电压 u_C 从 U_0 值逐渐减小，最后降为零。放电电流 i_R 也相应地从 $\dfrac{U_0}{R}$ 值逐渐减小，最后也降为零。放电结束，电路进入新的稳态。也就是说，在 $t \geq 0_+$ 时电路中虽无外施激励，但在电容元件初始储能的作用下，仍可以有电压、电流存在，构成了电路的零输入响应。

下面通过数学分析来研究在 $t \geq 0_+$ 时电路的零输入响应情况，按图 8-7（c）所示的 $t \geq 0_+$ 时电路列写电路方程，根据基尔霍夫定律和元件的伏安关系容易列写出以 $u_C(t)$ 为响应变量的电路方程为

$$\begin{cases} RC\dfrac{\mathrm{d}u_C}{\mathrm{d}t} + u_C = 0, & t \geq 0_+ \\ u_C(0_+) = U_0 \end{cases} \tag{8-22}$$

这是一阶线性常系数齐次微分方程，其特征根为

$$s = -\frac{1}{RC}$$

方程的解为
$$u_C(t) = A\mathrm{e}^{st} = A\mathrm{e}^{-\frac{t}{RC}}$$

根据电路的初始条件 $u_C(0_+) = U_0$，确定上式中的待定积分常数 A，有

$$u_C(0_+) = A = U_0$$

故得 u_C 的零输入响应为

$$u_C(t) = u_C(0_+)\mathrm{e}^{-\frac{t}{RC}} = U_0\mathrm{e}^{-\frac{t}{RC}}, \quad t \geq 0_+ \tag{8-23}$$

在求得电容电压 $u_C(t)$ 后，电路中其他元件上的电压和电流可以根据换路后 $t \geq 0_+$ 时的电路直接求得，而不必再通过列写电路的微分方程来求解。

$$i_C(t) = C\frac{\mathrm{d}u_C}{\mathrm{d}t} = -\frac{U_0}{R}\mathrm{e}^{-\frac{t}{RC}} = i_C(0_+)\mathrm{e}^{-\frac{t}{RC}}, \quad t \geq 0_+ \tag{8-24}$$

$$u_R(t) = u_C(t) = U_0\mathrm{e}^{-\frac{t}{RC}} = u_R(0_+)\mathrm{e}^{-\frac{t}{RC}}, \quad t \geq 0_+ \tag{8-25}$$

$$i_R(t) = -i_C(t) = \frac{U_0}{R}\mathrm{e}^{-\frac{t}{RC}} = i_R(0_+)\mathrm{e}^{-\frac{t}{RC}}, \quad t \geq 0_+ \tag{8-26}$$

$u_C(t)$、$i_C(t)$ 的变化曲线如图 8-8 所示，从图中可以看出，电压 $u_C(t)$ 在换路前后是连续的，而电流 $i_C(t)$ 在换路时发生了跃变。换路后，随着时间 t 的增大，一阶 RC 电路的零输入响应均由各自的初始值开始按同样的指数规律逐渐衰减，$t \to \infty$ 时，它们衰减到零，达到新的稳定状态，这一变化过程称为一阶 RC 电路的过渡过程或暂态过程。一阶 RC 电路的零输入响应衰减快慢取决于指数式中的 RC 乘积常数，它具有时间的量纲 $[\Omega \cdot F = (V/A) \cdot (C/V) = C/(C/s) = s]$，称为一阶 RC 电路的时间常数，用 τ 表示，即

$$\tau = RC \tag{8-27}$$

特征根 s 与时间常数 τ 的关系为

$$s = -\frac{1}{RC} = -\frac{1}{\tau} \tag{8-28}$$

可见，特征根的量纲为 s^{-1}（Hz），故电路微分方程的特征根称为电路的固有频率。对于一阶 RC 电路而言，其固有频率是负实数，

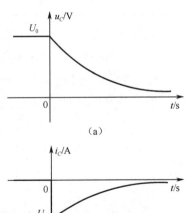

图 8-8　$u_C(t)$、$i_C(t)$ 零输入响应变化曲线

表明一阶 RC 电路的零输入响应总是按指数规律衰减到零。

在引入了 τ 后，一阶 RC 电路的零输入响应可以分别表示为

$$
\begin{cases}
u_C(t) = U_0 e^{-\frac{t}{\tau}} \\
i_C(t) = -\dfrac{U_0}{R} e^{-\frac{t}{\tau}} \\
u_R(t) = U_0 e^{-\frac{t}{\tau}} \\
i_R(t) = \dfrac{U_0}{R} e^{-\frac{t}{\tau}}
\end{cases}, \qquad t \geq 0_+ \tag{8-29}
$$

时间常数 τ 是反映一阶 RC 电路放电快慢的一个重要参数，时间常数越大，衰减越慢，放电过程越长；时间常数越小，衰减越快，放电过程越短。这从物理概念上容易理解，在同样的初始电压 U_0 下，C 越大，电容的电场所储存的初始能量就越大，放电过程就越长；R 越大，放电电流就越小，使得放电的过程相对减缓。图 8-9 中给出了 3 个不同时间常数 τ 下的 $u_C(t)$ 的变化曲线。

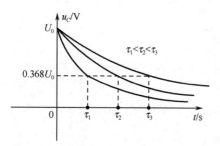

图 8-9　三种不同时间常数下的 $u_C(t)$ 的变化曲线

对于式（8-29）中的 $u_C(t)$，令 $t = \tau$，可得

$$
u_C(\tau) = U_0 e^{-\frac{\tau}{\tau}} = U_0 e^{-1} = 0.368 U_0
$$

即电容电压在 $t = \tau$ 时衰减到初始值的 $e^{-1} = 36.8\%$，所以电路的时间常数即为过渡过程中各零输入响应衰减到初始值的 36.8% 所需的时间，如图 8-9 所示。

表 8-2 给出了部分在 τ 的整数倍时刻上用 $\dfrac{u_C(t)}{U_0}$ 的值来表示 $u_C(t)$ 的衰减程度。

表 8-2　不同 t 时 $u_C(t)$ 的衰减程度

t	0	τ	2τ	3τ	4τ	5τ	$\cdots$	∞
$\dfrac{u_C(t)}{U_0}$	1	0.368	0.135	0.05	0.018	0.007	$\cdots$	0

由表 8-2 可见，在理论上要经过无限长的时间，u_C 才能衰减为零，但从实际工程应用的角度来看，当 $t = 5\tau$ 时，u_C 已衰减到初始值的 0.7%，可以近似地认为放电结束。因此，工程上一般认为，经过 3～5τ 的时间后，过渡过程结束。

时间常数 τ 还可以从 $u_C(t)$ 的变化曲线上用几何方法求得。将 $\tau = RC$ 代入式（8-22），得

$$
\tau \frac{du_C}{dt} + u_C = 0
$$

即

$$
\tau = -\frac{u_C}{\dfrac{du_C}{dt}} \tag{8-30}
$$

式（8-30）说明，由 $u_C(t)$ 曲线上的任意一点，以该点的斜率直线式地衰减，经过时间 τ 后就衰减到零，或者说，$u_C(t)$ 曲线上的任意一点的次切距长度就等于时间常数 τ，如图 8-10 所示。

在整个放电过程中，电阻 R 上消耗的能量为

$$W_R = \int_{0_+}^{\infty} R i_R^2(t) \mathrm{d}t = \int_{0_+}^{\infty} R \left(\frac{U_0}{R} \mathrm{e}^{-\frac{t}{\tau}} \right)^2 \mathrm{d}t$$

$$= \frac{U_0^2}{R} \int_{0_+}^{\infty} \mathrm{e}^{-\frac{2t}{\tau}} \mathrm{d}t = \frac{U_0^2}{R} \left(-\frac{\tau}{2} \right) \mathrm{e}^{-\frac{2t}{\tau}} \bigg|_{0_+}^{\infty} \qquad (8\text{-}31)$$

$$= \frac{U_0^2}{R} \cdot \frac{\tau}{2} = \frac{1}{2} C U_0^2$$

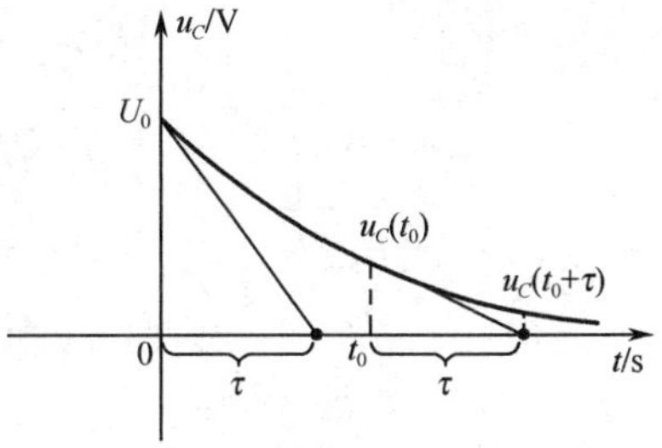

正好等于电容的初始储能，即在放电过程中，电容的初始储能
不断释放出来并以热能形式全部消耗在电阻上了。

图 8-10　时间常数 τ 的几何意义

图 8-11（a）所示为另一种典型的一阶 RL 零输入响应电路，下面来研究它的零输入响应。

换路前，开关 S 合于 1，且电路处于直流稳态，将电感视为短路，可画出 $t = 0_-$ 时等效电路，（原直流稳态电路）如图 8-11（b）所示，容易求得 $i_L(0_-) = U_S/R_0 = I_0$，构成电路的原始状态，反映出电感的原始储能为 $W_L(0_-) = LI_0^2/2$。在 $t = 0$ 时换路，开关 S 由 1 切换到 2，根据换路定则，有 $i_L(0_+) = i_L(0_-) = I_0$，构成电路的初始状态，反映出电感的初始储能为 $W_L(0_+) = LI_0^2/2$。由图 8-11（c）所示的 $t = 0_+$ 时等效电路，得

$$i_R(0_+) = -i_L(0_+) = -I_0 \qquad (8\text{-}32)$$

$$u_L(0_+) = u_R(0_+) = R i_R(0_+) = -R I_0 \qquad (8\text{-}33)$$

且

$$\frac{\mathrm{d}i_L}{\mathrm{d}t} \bigg|_{t=0_+} = \frac{u_L(0_+)}{L} = -\frac{R I_0}{L} < 0 \qquad (8\text{-}34)$$

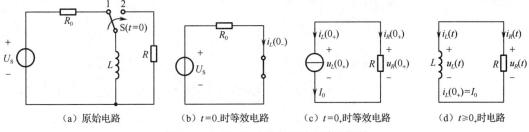

（a）原始电路　　　　（b）$t=0_-$时等效电路　　　（c）$t=0_+$时等效电路　　　（d）$t \geqslant 0_+$时电路

图 8-11　一阶 RL 电路的零输入响应用图

式（8-34）说明，换路后 $t \geqslant 0_+$ 时电流 i_L 要变小，即电感 L 通过电阻 R 放电，电流 i_L 从 I_0 值逐渐减小，直至为零。这就是在电感初始储能作用下，电路产生的零输入响应。由图 8-11（d）所示的 $t \geqslant 0_+$ 时电路，根据基尔霍夫定律和元件的伏安关系容易列写出以 $i_L(t)$ 为响应变量的电路方程为

$$\begin{cases} \dfrac{L}{R} \dfrac{\mathrm{d}i_L}{\mathrm{d}t} + i_L = 0, & t \geqslant 0_+ \\ i_L(0_+) = I_0 \end{cases} \qquad (8\text{-}35)$$

这也是一阶线性常系数齐次微分方程，与前面的求法相同，可求出方程的解为

$$i_L(t) = i_L(0_+) \mathrm{e}^{-\frac{R}{L}t} = I_0 \mathrm{e}^{-\frac{t}{\tau}}, \qquad t \geqslant 0_+ \qquad (8\text{-}36)$$

式中，

$$\tau = \frac{L}{R} \qquad (8\text{-}37)$$

称为一阶 RL 电路的时间常数，τ 的单位为秒 $[H/\Omega = (\mathrm{Wb/A})(\mathrm{V/A}) = \mathrm{Wb/V} = \mathrm{s}]$。

在求得电感电流 $i_L(t)$ 后，根据换路后 $t \geqslant 0_+$ 时电路，可以方便地求得电路中其他零输入响应 $u_L(t)$、$i_R(t)$ 及 $u_R(t)$ 分别为

$$
\begin{cases}
u_L(t) = L\dfrac{\mathrm{d}i_L}{\mathrm{d}t} = -RI_0\mathrm{e}^{-t/\tau} = u_L(0_+)\mathrm{e}^{-t/\tau} \\[2mm]
i_R(t) = -i_L(t) = -I_0\mathrm{e}^{-t/\tau} = i_R(0_+)\mathrm{e}^{-t/\tau}\,, \qquad t \geqslant 0_+ \\[2mm]
u_R(t) = u_L(t) = -RI_0\mathrm{e}^{-t/\tau} = u_R(0_+)\mathrm{e}^{-t/\tau}
\end{cases}
\tag{8-38}
$$

$i_L(t)$、$u_L(t)$ 的变化曲线如图 8-12 所示，从图中可以看出，电流 $i_L(t)$ 在换路前后是连续的，而电压 $u_L(t)$ 在换路时发生了跃变。换路后，随着时间 t 的增大，一阶 RL 电路的零输入响应均由各自的初始值开始按同样的指数规律衰减到零，过渡过程结束，达到新的稳定状态。

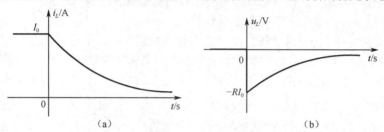

图 8-12　$i_L(t)$、$u_L(t)$ 零输入响应变化曲线

一阶 RL 电路的时间常数 $\tau = L/R$ 与一阶 RC 电路中的时间常数 $\tau = RC$ 具有相同的物理意义，时间常数 τ 越小，电流、电压衰减越快，反之则越慢。可以从物理概念上理解这一结论，对同样的初始电流 I_0，L 越小就意味着储能越小，放电过程就越短；R 越大，电阻的功率也越大，因此，储能也就较快地被电阻消耗掉。

在整个放电过程中，电阻上消耗的能量为

$$
\begin{aligned}
W_R &= \int_{0_+}^{\infty} Ri_R^2(t)\mathrm{d}t = \int_{0_+}^{\infty} R\left(-I_0\mathrm{e}^{-\frac{t}{\tau}}\right)^2 \mathrm{d}t \\[2mm]
&= RI_0^2 \int_{0_+}^{\infty} \mathrm{e}^{-\frac{2t}{\tau}}\mathrm{d}t = RI_0^2\left(-\frac{\tau}{2}\right)\mathrm{e}^{-\frac{2t}{\tau}}\bigg|_{0_+}^{\infty} \\[2mm]
&= RI_0^2 \cdot \frac{\tau}{2} = \frac{1}{2}LI_0^2
\end{aligned}
\tag{8-39}
$$

正好等于电感的初始储能，即在放电过程中，电感的初始储能不断释放出来并以热能形式全部消耗在电阻上了。

通过对以上两个典型的一阶电路的分析可知，电路的零输入响应是在换路后无外施激励（输入为零）情况下，仅由电路初始储能的释放引起的，并且随着时间 t 的增大，均从初始值开始按指数规律衰减到零，这是因为电路中的原有储能总是要被电阻逐渐耗尽。如果用 $y_{zi}(t)$ 表示电路的零输入响应（下标 zi 是英文 zero input 的缩写），其初始值为 $y_{zi}(0_+)$，则上述两个典型的一阶电路的零输入响应可统一表示为

$$
\begin{cases}
y_{zi}(t) = y_{zi}(0_+)\mathrm{e}^{-\frac{t}{\tau}}, \qquad t \geqslant 0_+ \\[3mm]
\tau = \begin{cases} RC \\[1mm] \dfrac{L}{R} \end{cases}
\end{cases}
\tag{8-40}
$$

由式（8-29）、式（8-36）及式（8-38）还可以看出，若初始状态 $[\,u_C(0_+) = U_0$ 或 $i_L(0_+) = I_0\,]$ 增大 K 倍，则电路的零输入响应也随之增大 K 倍，这表明一阶电路的零输入响应与初始状态满足

齐次性（比例性），这是线性动态电路响应与激励呈线性关系的体现，初始状态可以看作电路的内部激励。

对于一般的一阶零输入响应电路［见图 8-13（a）或（b）］，求解零输入响应的一般方法是，选择某一响应变量（u 或 i）用 $y_{zi}(t)$ 表示，根据基尔霍夫定律和元件的伏安关系列写出电路方程

$$\begin{cases} a_1 \dfrac{y_{zi}}{dt} + a_0 y_{zi} = 0, & t \geq 0_+ \\ y_{zi}(0_+) \end{cases} \tag{8-41}$$

式中，$y_{zi}(0_+)$ 为零输入响应变量的初始值，可由 $t = 0_+$ 时等效电路计算出，是由初始状态 $u_C(0_+)$ 或 $i_L(0_+)$ 产生的。

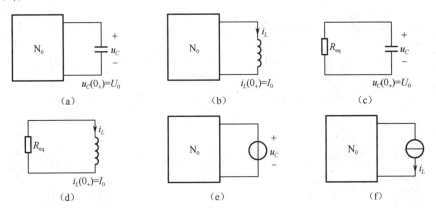

图 8-13　一般的一阶零输入响应电路求解用图

采用微分方程的经典解法，上述方程的解为

$$y_{zi}(t) = y_{zi}(0_+) e^{st} = y_{zi}(0_+) e^{-\frac{t}{\tau}} \tag{8-42}$$

式中，

$$\tau = -\frac{1}{s} = \frac{a_1}{a_0} \tag{8-43}$$

τ 为一阶电路的时间常数，它是由电路的结构和元件参数决定的体现电路特性的一个重要的电路参数。因此，可以认为电路的零输入响应取决于电路的初始状态和电路的特性。如果电路结构复杂，列写电路方程以及计算 $y_{zi}(0_+)$ 都是十分不容易的事，这时零输入响应的求解更倾向于先应用求无源单口网络等效电阻的方法将图 8-13（a）或（b）等效化简为如图 8-13（c）或（d）所示的典型的一阶电路。根据式（8-40），由图 8-13（c）可求得

$$\begin{cases} u_C(t) = u_C(0_+) e^{-\frac{t}{\tau}}, & t \geq 0_+ \\ \tau = R_{eq} C \end{cases} \tag{8-44}$$

同理，由图 8-13（d）可求得

$$\begin{cases} i_L(t) = i_L(0_+) e^{-\frac{t}{\tau}}, & t \geq 0_+ \\ \tau = \dfrac{L}{R_{eq}} \end{cases} \tag{8-45}$$

求得 $u_C(t)$ 或 $i_L(t)$ 后，再应用替代定理，可将图 8-13（a）中的电容用电压为 $u_C(t)$ 的电压源替代，如图 8-13（e）所示，或将图 8-13（b）中的电感用电流为 $i_L(t)$ 的电流源替代，如图 8-13（f）所示，这样只需用电阻电路分析方法即可求得 N_0 内部其他变量的零输入响应。这种方法免去了列写微分

方程及求解 $y_{zi}(0_+)$ 的繁杂工作量，充分利用电路的等效变换及现有规律求解出一般的一阶电路的零输入响应。

例 8-3　如图 8-14（a）所示的电路，换路前（开关未打开时）电路已工作了很长时间，求换路后（开关已打开）的零输入响应电流 $i(t)$ 和电压 $u_o(t)$。

解：（1）计算 $u_C(0_-)$。由于换路前电路已达直流稳态，将电容视为开路，可画出 $t = 0_-$ 时等效电路，如图 8-14（b）所示。由该电路求得

$$u_C(0_-) = \frac{60}{40 + 60} \times 200 = 120\text{V}$$

根据换路定则，有

$$u_C(0_+) = u_C(0_-) = 120\text{V}$$

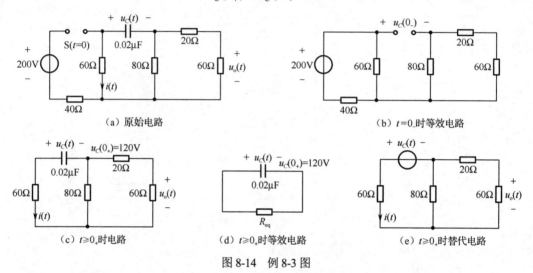

图 8-14　例 8-3 图

（2）画出 $t \geqslant 0_+$ 时的电路，如图 8-14（c）所示，应用求无源单口网络等效电阻的方法将其等效化简为如图 8-14（d）所示的电路，其中

$$R_{eq} = 60 + \frac{80 \times (20 + 60)}{80 + (20 + 60)} = 100\Omega$$

$$\tau = R_{eq}C = 100 \times 0.02 \times 10^{-6} = 2 \times 10^{-6}\text{s}$$

$$u_C(t) = u_C(0_+)e^{-\frac{t}{\tau}} = 120e^{-\frac{t}{2 \times 10^{-6}}}\text{(V)}, \quad t \geqslant 0_+$$

（3）画出 $t \geqslant 0_+$ 时的替代电路，如图 8-14（e）所示，容易求得

$$i(t) = \frac{u_C(t)}{60 + \dfrac{80 \times (20 + 60)}{80 + (20 + 60)}} = 1.2e^{-\frac{t}{2 \times 10^{-6}}}\text{(A)}, \quad t \geqslant 0_+$$

$$u_o(t) = -60 \times \frac{i(t)}{2} = -36e^{-\frac{t}{2 \times 10^{-6}}}\text{(V)}, \quad t \geqslant 0_+$$

8.3　一阶电路的零状态响应

电路在零原始状态下，仅由换路后 $t \geqslant 0_+$ 时外施激励产生的响应称为零状态响应，显然零状态响应与输入及电路本身的特性都有关。本节讨论在直流电源激励下，一阶电路的零状态响应。

图 8-15（a）所示为零状态 RC 串联电路在 $t = 0$ 时接通直流电压源，在求解此电路的零状态响

应之前，先从物理概念上定性阐述开关闭合后 u_C 变化的趋势。根据换路定则，有 $u_C(0_+) = u_C(0_-) = 0$，构成电路的零初始状态。由图 8-15（b）所示的 $t = 0_+$ 时等效电路，得

$$i(0_+) = \frac{U_S}{R} \tag{8-46}$$

且

$$\left. \frac{\mathrm{d}u_C}{\mathrm{d}t} \right|_{t=0_+} = \frac{i(0_+)}{C} = \frac{U_S}{RC} > 0 \tag{8-47}$$

式（8-47）说明，换路后 $t \geq 0_+$ 时电容电压 u_C 要增大，即在如图 8-15（c）所示的 $t \geq 0_+$ 时电路中，直流电压源通过电阻 R 向电容 C 充电。随着时间 t 的增大，电容电压 u_C 从零逐渐增大，电阻电压 u_R 相应地减小，其充电电流 i 也随之减小。当 $t \to \infty$ 时，$u_C(\infty) = U_S$，充电电流 $i(\infty) = 0$，电容视同开路，充电停止，电路进入了直流稳态，直流稳态电路如图 8-15（d）所示。

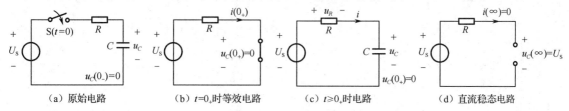

（a）原始电路　　　　（b）$t=0_+$时等效电路　　　　（c）$t \geq 0_+$时电路　　　　（d）直流稳态电路

图 8-15　一阶 RC 电路的零状态响应用图

下面通过数学分析来研究在 $t \geq 0_+$ 时电路的零状态响应情况，按图 8-15（c）所示的 $t \geq 0_+$ 时电路列写电路方程，根据基尔霍夫定律和元件的伏安关系容易列写出以 $u_C(t)$ 为响应变量的电路方程为

$$\begin{cases} RC \dfrac{\mathrm{d}u_C}{\mathrm{d}t} + u_C = U_S, & t \geq 0_+ \\ u_C(0_+) = 0 \end{cases} \tag{8-48}$$

这是一个线性常系数非齐次微分方程。采用微分方程的经典解法，其解为

$$u_C(t) = u_{Ch}(t) + u_{Cp}(t)$$

式中，$u_{Ch}(t)$ 为齐次微分方程的通解；$u_{Cp}(t)$ 为非齐次微分方程的特解。

齐次微分方程的通解为

$$u_{Ch}(t) = Ae^{st} = Ae^{-\frac{t}{RC}} = Ae^{-\frac{t}{\tau}}$$

式中，$\tau = RC$ 为该电路的时间常数，仍与零输入响应相同。

特解与激励具有相同的函数形式，当激励为直流时，特解就是电路的直流稳态响应，即

$$u_{Cp}(t) = u_C(\infty) = U_S$$

于是，方程的完全解为　　　　$u_C(t) = u_{Ch}(t) + u_{Cp}(t) = Ae^{-\frac{t}{\tau}} + U_S$

将电路的初始条件 $u_C(0_+) = 0$ 代入上式，得

$$u_C(0_+) = A + U_S = 0$$

解得　　　　　　　　　　　　　　$A = -U_S$

故　　　　　$u_C(t) = -U_S e^{-\frac{t}{\tau}} + U_S = U_S(1 - e^{-\frac{t}{\tau}}), \qquad t \geq 0_+ \tag{8-49}$

求得电容电压 $u_C(t)$ 后，根据换路后 $t \geq 0_+$ 时电路，可以方便地求得电路中其他零状态响应 $i(t)$ 及 $u_R(t)$ 分别为

$$i(t) = C\frac{\mathrm{d}u_C}{\mathrm{d}t} = \frac{U_S}{R}\mathrm{e}^{-\frac{t}{\tau}}, \qquad t \geq 0_+ \tag{8-50}$$

$$u_R(t) = Ri(t) = U_S\mathrm{e}^{-\frac{t}{\tau}}, \qquad t \geq 0_+ \tag{8-51}$$

$u_C(t)$ 的变化曲线如图 8-16 所示，电容电压 $u_C(t)$ 从零开始按指数规律上升至稳态值 U_S。其中，$u_{Cp}(t) = U_S$ 与外施激励的变化规律有关，所以又称为响应的强制分量。当外施激励为直流时，其强制分量也为直流，且强制分量在电路过渡过程结束后达到新稳态时，单独存在于电路中，所以又称为响应的稳态分量。而 $u_{Ch}(t) = -U_S\mathrm{e}^{-t/\tau}$ 由于其变化规律取决于特征根而与外施激励无关，因此称为响应的自由分量。自由分量按指数规律衰减，最终趋于零，所以又称为响应的暂态分量。

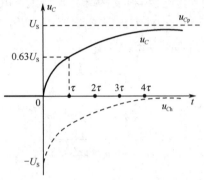

图 8-16　$u_C(t)$ 零状态响应变化曲线

在整个充电过程，直流电压源提供的能量为

$$\begin{aligned} W_{U_s} &= \int_{0_+}^{\infty} U_S i\,\mathrm{d}t = \int_{0_+}^{\infty} U_S \frac{U_S}{R}\mathrm{e}^{-\frac{t}{\tau}}\mathrm{d}t \\ &= \frac{U_S^2}{R}(-\tau)\mathrm{e}^{-\frac{t}{\tau}}\Big|_{0_+}^{\infty} = CU_S^2 \end{aligned} \tag{8-52}$$

电容储能从零不断增大，直到 $W_C = \frac{1}{2}CU_S^2$，电阻上消耗的能量为

$$\begin{aligned} W_R &= \int_{0_+}^{\infty} Ri^2\,\mathrm{d}t = \int_{0_+}^{\infty} R\left(\frac{U_S}{R}\mathrm{e}^{-\frac{t}{\tau}}\right)^2 \mathrm{d}t \\ &= \frac{U_S^2}{R}\int_{0_+}^{\infty}\mathrm{e}^{-\frac{2t}{\tau}}\mathrm{d}t = \frac{U_S^2}{R}\cdot\left(-\frac{\tau}{2}\right)\mathrm{e}^{-\frac{2t}{\tau}}\Big|_{0_+}^{\infty} = \frac{1}{2}CU_S^2 \end{aligned} \tag{8-53}$$

故有

$$W_{U_s} = W_C + W_R \tag{8-54}$$

式（8-54）表明，在充电过程中，不论 R、C 为何值，电源提供的能量只有一半转变成电场能量储存在电容中，而另一半则被电阻所消耗，充电效率只有 50%。

图 8-17（a）所示为零状态 RL 并联电路在 $t = 0$ 时接通直流电流源。在求解此电路的零状态响应之前，先从物理概念上定性地阐述开关打开后 i_L 变化的趋势。根据换路定则，有 $i_L(0_+) = i_L(0_-) = 0$，构成电路的零初始状态。由图 8-17（b）所示的 $t = 0_+$ 时等效电路，得

$$u_L(0_+) = RI_S \tag{8-55}$$

且

$$\frac{\mathrm{d}i_L}{\mathrm{d}t}\bigg|_{t=0_+} = \frac{u_L(0_+)}{L} = \frac{RI_S}{L} > 0 \tag{8-56}$$

式（8-56）说明，换路后 $t \geq 0_+$ 时电感电流 i_L 要增大，在如图 8-17（c）所示的 $t \geq 0_+$ 时电路中，随着电感电流 i_L 的逐渐增大，电阻电流 i_R 应逐渐减小。电阻电压 u_R 也相应地逐渐减小，意味着电感电流变化率 $\frac{\mathrm{d}i_L}{\mathrm{d}t}$ 也要减小，因此，电感电流 i_L 的增大将越来越缓慢，最后 $\frac{\mathrm{d}i_L}{\mathrm{d}t} = 0$，电感电压几乎为零，电感视同短路，这时，直流电流源的电流全部流过电感，电感电流为 $i_L(\infty) = I_S$，$u_L(\infty) = 0$，电路进入了直流稳态，直流稳态电路如图 8-17（d）所示。

对图 8-17（c）所示的 $t \geq 0_+$ 时电路应用类似前面一阶 RC 电路零状态响应的求解步骤，可得出

$$i_L(t) = -I_S\mathrm{e}^{-\frac{t}{\tau}} + I_S = I_S(1 - \mathrm{e}^{-\frac{t}{\tau}}), \qquad t \geq 0_+ \tag{8-57}$$

在求得电感电流 $i_L(t)$ 后，根据换路后 $t \geq 0_+$ 时电路，可以方便地求得电路中其他零状态响应

$u_L(t)$ 及 $i_R(t)$ 分别为

$$u_L = L\frac{\mathrm{d}i_L}{\mathrm{d}t} = RI_\mathrm{S}\mathrm{e}^{-\frac{t}{\tau}}, \qquad t \geqslant 0_+ \tag{8-58}$$

$$i_R = \frac{u_L}{R} = I_\mathrm{S}\mathrm{e}^{-\frac{t}{\tau}}, \qquad t \geqslant 0_+ \tag{8-59}$$

式中，$\tau = L/R$ 为该电路的时间常数，仍与零输入响应相同。

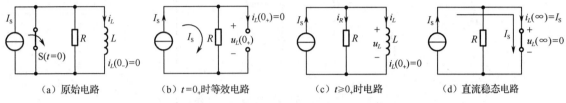

（a）原始电路　　　　（b）$t=0_+$时等效电路　　　（c）$t\geqslant 0_+$时电路　　　（d）直流稳态电路

图 8-17　一阶 RL 电路的零状态响应用图

　　$i_L(t)$ 的变化曲线如图 8-18 所示，电感电流 $i_L(t)$ 从零开始按指数规律上升至稳态值 I_S。其中 $i_{Lp}(t) = I_\mathrm{S}$ 称为响应的强制分量（稳态分量），$i_{Lh}(t) = -I_\mathrm{S}\mathrm{e}^{-t/\tau}$ 称为响应的自由分量（暂态分量）。

　　以上讨论了两个典型的一阶电路在直流激励下的零状态响应。这时电路中的物理过程实质上是电路中动态元件的储能从无到有的逐渐增长、建立的过程，表现为电容电压或电感电流从最初的零值按指数规律上升到其稳定值，上升的速度由时间常数 τ 决定。对于直流激励的一阶 RC 电路，电容电压零状态响应的一般形式可表示为

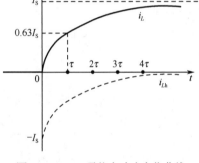

$$\begin{cases} u_C(t) = u_C(\infty)(1 - \mathrm{e}^{-\frac{t}{\tau}}), & t \geqslant 0_+ \\ \tau = RC \end{cases} \tag{8-60}$$

对于直流激励的一阶 RL 电路，电感电流零状态响应的一般形式可表示为

图 8-18　$i_L(t)$ 零状态响应变化曲线

$$\begin{cases} i_L(t) = i_L(\infty)(1 - \mathrm{e}^{-\frac{t}{\tau}}), & t \geqslant 0_+ \\ \tau = \dfrac{L}{R} \end{cases} \tag{8-61}$$

　　由式（8-49）～式（8-51）和式（8-57）～式（8-59）还可以看出，若外施激励 U_S 或 I_S 增大 K 倍，则电路的零状态响应也增大 K 倍，这表明一阶电路的零状态响应与外施激励满足齐次性（比例性），这也是线性动态电路响应与激励呈线性关系的体现。如果有多个独立电源共同作用于电路，可以运用叠加定理求出电路的零状态响应。

　　对于一般的一阶零状态响应电路，如图 8-19（a）或（b）所示，求解零状态响应的一般方法是选择某一响应变量（u 或 i）用 $y_{zs}(t)$（下标 zs 是英文 zero state 缩写）表示，根据基尔霍夫定律和元件的伏安关系列写出电路方程为

$$\begin{cases} a_1\dfrac{y_{zs}}{\mathrm{d}t} + a_0 y_{zs} = f(t), & t \geqslant 0_+ \\ y_{zs}(0_+) \end{cases} \tag{8-62}$$

式中，$y_{zs}(0_+)$ 是零状态响应变量的初始值，可由 $t = 0_+$ 时等效电路计算出，它是由外施激励（u_S 或 i_S）产生的。

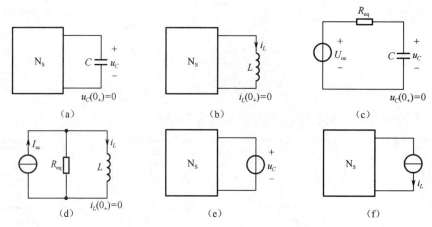

图 8-19　一般的一阶电路零状态响应求解用图

采用微分方程的经典解法，方程组（8-62）的解为

$$y_{zs}(t) = \underbrace{[y_{zs}(0_+) - y_p(0_+)]e^{-\frac{t}{\tau}}}_{} + \underbrace{y_p(t)}_{} \tag{8-63}$$

$$\begin{array}{cc} \text{通解} & \text{特解} \\ \text{自由分量} & \text{强制分量} \\ \text{暂态分量} & \text{稳态分量} \end{array}$$

式中，

$$\tau = -\frac{1}{s} = \frac{a_1}{a_0} \tag{8-64}$$

τ 仍为一阶电路的时间常数，它也是由电路的结构和元件参数决定的体现电路特性的一个重要的电路参数。因此，可以认为电路的零状态响应是由外施激励和电路的特性共同决定的。如果电路结构复杂，列写电路方程以及计算 $y_{zs}(0_+)$ 都是十分不容易的事，这时零状态响应的求解往往更倾向于先应用戴维宁定理或诺顿定理将图 8-19（a）或（b）等效化简为如图 8-19（c）或（d）所示的典型的一阶电路。根据式（8-60），由图 8-19（c）可求得

$$\begin{cases} u_C(t) = U_{oc}(1 - e^{-\frac{t}{\tau}}), & t \geq 0_+ \\ \tau = R_{eq}C \end{cases} \tag{8-65}$$

同理，根据式（8-61），由图 8-19（d）可求得

$$\begin{cases} i_L(t) = I_{sc}(1 - e^{-\frac{t}{\tau}}), & t \geq 0_+ \\ \tau = \dfrac{L}{R_{eq}} \end{cases} \tag{8-66}$$

在求得 $u_C(t)$ 或 $i_L(t)$ 后，再应用替代定理得到图 8-19（e）或（f），这时只需用电阻电路分析方法即可求得 N_s 内部其他变量的零状态响应。

　　例 8-4　电路如图 8-20（a）所示，在 $t = 0$ 时开关打开，打开前电路无原始储能，求 $t \geq 0_+$ 时的 $u_L(t)$ 和电压源发出的功率 $p_{10V}(t)$。

　　解：根据换路定则，有 $i_L(0_+) = i_L(0_-) = 0$。画出 $t \geq 0_+$ 时的电路如图 8-20（b）所示，应用诺顿定理将图 8-20（b）等效化简为如图 8-20（c）所示电路。由图 8-20（b）容易求得

$$U_{oc} = 10 + 2 \times 2 = 14V, \quad R_{eq} = 2 + 3 + 5 = 10\Omega$$

从而有

$$I_{sc} = \frac{U_{oc}}{R_{eq}} = \frac{14}{10} = 1.4\text{A} , \quad \tau = \frac{L}{R_{eq}} = \frac{0.2}{10} = \frac{1}{50}\text{s}$$

由图 8-20（c），根据式（8-66），可求得

$$i_L(t) = I_{sc}(1 - e^{-\frac{t}{\tau}}) = 1.4(1 - e^{-50t})\text{A}, \quad t \geq 0_+$$

$$u_L(t) = L\frac{di_L}{dt} = 14e^{-50t}\text{V}, \quad t \geq 0_+$$

在图 8-20（d）中，与 i_L 电流源相串联的两个电阻（3Ω 和 5Ω）对于计算 i 是外虚元件，可用短路处理将其去除（图中用虚线表示）。对节点①应用 KCL，得

$$i = -2 + i_L = -2 + 1.4(1 - e^{-50t}) = -(0.6 + 1.4e^{-50t})\text{A}, \quad t \geq 0_+$$

$$p_{10\text{V}} = 10 \times i = -(6 + 14e^{-50t})\text{W}, \quad t \geq 0_+$$

由于 $p_{10\text{V}}(t) < 0$，说明 10V 电压源始终在吸收功率。

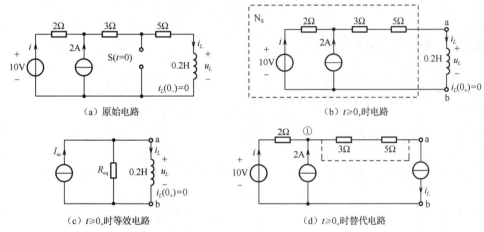

图 8-20　例 8-4 图

例 8-5　电路如图 8-21（a）所示，在 $t = 0$ 时开关 S 闭合，闭合前电路无原始储能，求 $t \geq 0_+$ 时电容电压 $u_C(t)$ 及受控电流源两端电压 $u(t)$。

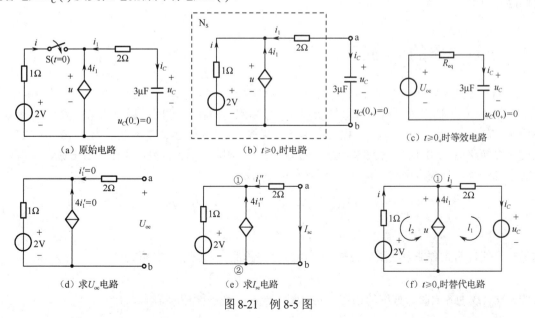

图 8-21　例 8-5 图

解：根据换路定则，有 $u_C(0_+) = u_C(0_-) = 0$。画出 $t \geq 0_+$ 时电路如图 8-21（b）所示，应用戴维宁定理将图 8-21（b）等效化简为图 8-21（c）所示电路。由图 8-21（d）容易求得

$$U_{oc} = 2V$$

由图 8-21（e），应用节点分析法列出节点电压方程为

$$\begin{cases} \left(\dfrac{1}{1} + \dfrac{1}{2} \right) u_{n1} = \dfrac{2}{1} + 4i_1'' \\ i_1'' = -\dfrac{u_{n1}}{2} \end{cases}$$

解得

$$I_{sc} = -i_1'' = \frac{2}{7} A$$

根据开路短路法得

$$R_{eq} = \frac{U_{oc}}{I_{sc}} = \frac{2}{\frac{2}{7}} = 7\Omega \ , \quad \tau = R_{eq}C = 7 \times 3 \times 10^{-6} = 21 \times 10^{-6} \text{s}$$

由图 8-21（c），根据式（8-65），可求得

$$u_C = U_{oc}(1 - e^{-\frac{t}{\tau}}) = 2(1 - e^{-\frac{10^6}{21}t}) V, \qquad t \geq 0_+$$

$$i_C = C\frac{du_C}{dt} = \frac{2}{7} e^{-\frac{10^6}{21}t} A, \qquad t \geq 0_+$$

由图 8-21（f），对回路 l_1 应用 KVL 得

$$u = 2i_C + u_C = 2 \times \frac{2}{7} e^{-\frac{10^6}{21}t} + 2(1 - e^{-\frac{10^6}{21}t}) = 2 - \frac{10}{7} e^{-\frac{10^6}{21}t} V, \ t \geq 0_+$$

或由图 8-21（f）得

$$i_1 = -i_C = -\frac{2}{7} e^{-\frac{10^6}{21}t} A, \qquad t \geq 0_+$$

对节点①应用 KCL 得

$$i = -i_1 - 4i_1 = -5i_1 = \frac{10}{7} e^{-\frac{10^6}{21}t} A, \qquad t \geq 0_+$$

对回路 l_2 应用 KVL 得

$$u = -1 \times i + 2 = 2 - \frac{10}{7} e^{-\frac{10^6}{21}t} V, \qquad t \geq 0_+$$

8.4　一阶电路的全响应

电路在外施激励和动态元件的初始储能（初始状态）共同作用下产生的响应称为全响应。

图 8-22（a）所示为具有非零原始状态的 RC 串联电路在 $t = 0$ 时接通直流电压源 U_s。根据换路定则，有 $u_C(0_+) = u_C(0_-) = U_0$，构成非零初始状态，反映出电容的初始储能为 $W_C(0_+) = CU_0^2/2$。因此，在换路后 $t \geq 0_+$ 时电路如图 8-22（b）所示，该电路中既有直流电压源外部激励，又有初始状态内部激励。为求得全响应 $u_C(t)$，可列写电路方程为

$$\begin{cases} RC\dfrac{du_C}{dt} + u_C = U_s, \qquad t \geq 0_+ \\ u_C(0_+) = U_0 \end{cases} \tag{8-67}$$

这是一个线性常系数非齐次微分方程，采用微分方程的经典解法，其解为

$$u_C(t) = u_{Ch}(t) + u_{Cp}(t)$$

式中，$u_{Ch}(t)$ 为齐次微分方程的通解；$u_{Cp}(t)$ 为非齐次微分方程的特解。

齐次微分方程的通解为

$$u_{Ch}(t) = Ae^{st} = Ae^{-\frac{t}{RC}} = Ae^{-\frac{t}{\tau}}$$

式中，$\tau = RC$ 为该电路的时间常数。

特解就是电路的直流稳态响应，即

$$u_{Cp}(t) = u_C(\infty) = U_S$$

于是，方程的完全解为　　　　　$u_C(t) = u_{Ch}(t) + u_{Cp}(t) = Ae^{-\frac{t}{\tau}} + U_S$

将电路的初始条件 $u_C(0_+) = U_0$ 代入上式，得

$$u_C(0_+) = A + U_S = U_0$$

解得　　　　　　　　　　　　　$A = U_0 - U_S$

故有　　　　　$\underbrace{u_C(t) = (U_0 - U_S)e^{-\frac{t}{\tau}}}_{\substack{\text{通解}u_{Ch}(t)\\ \text{自由分量}\\ \text{暂态分量}}} + \underbrace{U_S,}_{\substack{\text{特解}u_{Cp}(t)\\ \text{强制分量}\\ \text{稳态分量}}} \qquad t \geq 0_+$　　　　　（8-68）

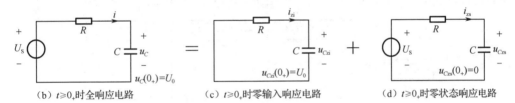

（a）原始电路

（b）$t \geq 0_+$时全响应电路　=　（c）$t \geq 0_+$时零输入响应电路　+　（d）$t \geq 0_+$时零状态响应电路

图 8-22　一阶 RC 全响应用图

从式（8-68）可以看出，一阶 RC 电路的全响应 $u_C(t)$ 可分解为两个分量。等式右边第一项对应的是电路微分方程的通解，它的变化规律取决于特征根，与外施激励无关，所以称为响应的自由分量，自由分量随着时间 t 的增长按指数规律逐渐衰减为零，一般可以认为在 $t = 4\tau$ 后消失，所以又称为响应的暂态分量；等式右边第二项对应的是电路微分方程的特解，其变化规律与外施激励形式相同，所以称为响应的强制分量。当激励为直流或正弦周期函数时，强制分量分别是直流稳态响应或正弦稳态响应，所以强制分量又称为响应的稳态分量。但当激励是一个衰减的指数函数时，强制分量将是以相同规律衰减的指数函数，这时强制分量就不能称为稳态分量了。因此，稳态分量的含义较窄，仅存在于直流稳态或正弦稳态情况。

如果将式（8-68）重新组合，改写为

$$u_C(t) = \underbrace{U_0 e^{-\frac{t}{\tau}}}_{\text{零输入响应}u_{Czi}(t)} + \underbrace{U_S(1 - e^{-\frac{t}{\tau}}),}_{\text{零状态响应}u_{Czs}(t)} \qquad t \geq 0_+ \qquad （8-69）$$

可得一阶 RC 电路全响应的另一种分解形式。等式右边第一项与式（8-23）相同，是电路在外施激励为零的情况下，仅由电路初始储能引起的零输入响应，如图 8-22（c）所示；等式右边第二项与

式（8-49）相同，是电路在零状态情况下，仅由外施激励引起的零状态响应，如图 8-22（d）所示。因此，线性动态电路的全响应是由来自初始状态内部激励和来自电源外施激励分别作用于电路时产生的响应之和，也就是说，全响应是零输入响应和零状态响应之和。这一结论源于线性电路的叠加性而又为动态电路所独有，称为线性动态电路的叠加定理。

通过上述分析可知，既可以将全响应分解为自由分量（暂态分量）与强制分量（稳态分量），也可以将全响应分解为零输入响应与零状态响应，即可从两种不同的角度来认识全响应。前一种分解着眼于看清电路从旧稳态到新稳态通常要经历一个过渡过程；后一种分解则着眼于看清电路中的因果关系，即线性动态电路的响应与激励之间具有可加性（叠加性）。u_C 的两种分解变化曲线如图 8-23（a）和（b）所示。

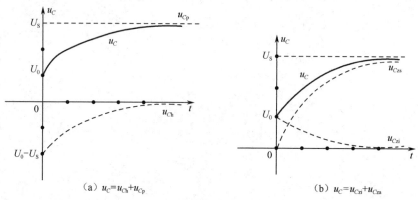

图 8-23　　u_C 的两种分解变化曲线

可将线性动态电路的各种响应之间的关系用如图 8-24 所示的框图表示。

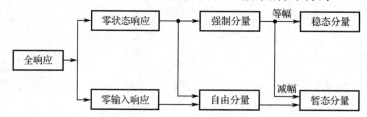

图 8-24　　线性动态电路的各种响应之间关系框图

对于一般的一阶全响应电路，如图 8-25（a）或（b）所示，求解全响应的一般方法是选择某一响应变量（u 或 i）用 $y(t)$ 表示，根据基尔霍夫定律和元件的伏安关系列写出电路方程

$$\begin{cases} a_1 \dfrac{\mathrm{d}y}{\mathrm{d}t} + a_0 y = f(t), & t \geqslant 0_+ \\ y(0_+) = y_{zi}(0_+) + y_{zs}(0_+) \end{cases} \tag{8-70}$$

式中，$y(0_+)$ 是全响应变量的初始值，可由 $t = 0_+$ 时等效电路计算出，是由初始状态和外施激励共同作用产生的。

采用微分方程的经典解法，上述方程的解为

$$y(t) = \underbrace{[y(0_+) - y_p(0_+)]\mathrm{e}^{-\frac{t}{\tau}}}_{\substack{\text{通解} \\ \text{自由分量} \\ \text{暂态分量}}} + \underbrace{y_p(t)}_{\substack{\text{特解} \\ \text{强制分量} \\ \text{稳态分量}}} \tag{8-71}$$

式中，

$$\tau = -\frac{1}{s} = \frac{a_1}{a_0} \tag{8-72}$$

将 $y(0_+) = y_{zi}(0_+) + y_{zs}(0_+)$ 代入式（8-71），整理得

$$y(t) = \underbrace{y_{zi}(0_+)e^{-\frac{t}{\tau}}}_{\text{零输入响应 } y_{zi}} + \underbrace{[y_{zs}(0_+) - y_p(0_+)]e^{-\frac{t}{\tau}} + y_p(t)}_{\text{零状态响应 } y_{zs}} \tag{8-73}$$

式（8-71）和式（8-72）分别表示了全响应的两种分解形式。注意到，在式（8-71）中，$y(t)$ 代表一阶电路的任意变量的响应（含零输入响应、零状态响应及全响应），τ 是电路的时间常数，$y(0_+)$ 是响应变量的初始值，$y_p(t)$ 是与激励形式相同的强制分量，且 $y_p(0_+) = y_p(t)\big|_{t=0_+}$。这表明，$\tau$、$y(0_+)$ 和 $y_p(t)$ 是求解一阶电路响应的三个要素，通过分析计算这三个要素就能确定一阶电路中任意响应的方法，称为三要素法。

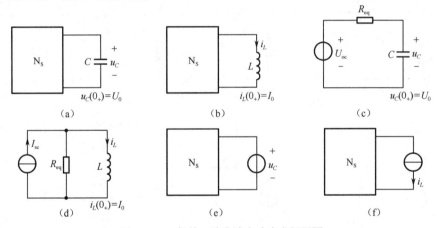

图 8-25　一般的一阶电路全响应求解用图

如果换路后电路的外施激励是直流电源，强制分量等于电路的直流稳态响应，即 $y_p(t) = y_p(0_+) = y(\infty)$，则式（8-71）又可简写为

$$y(t) = [y(0_+) - y(\infty)]e^{-\frac{t}{\tau}} + y(\infty) \tag{8-74}$$

式中，$y(0_+)$ 为响应变量的初始值，由 $t = 0_+$ 时等效电路求出；$y(\infty)$ 为直流稳态响应，由 $t \to \infty$ 时直流稳态电路求出，此时将电容视为开路，电感视为短路；τ 为电路的时间常数，一阶 RC 电路的时间常数 $\tau = R_{eq}C$；一阶 RL 电路的时间常数 $\tau = \dfrac{L}{R_{eq}}$。R_{eq} 是从电路中的动态元件两端看进去的戴维宁或诺顿等效电路的等效电阻。

式（8-74）称为三要素公式。只要分析计算出 $y(0_+)$、$y(\infty)$ 和 τ 这三个要素，就可以根据式（8-74）直接写出一阶电路在直流激励下的全响应，从而免去了在动态电路分析中建立微分方程、解微分方程、确定积分常数这一繁杂的演算过程。此外，三要素法不仅适用于一阶电路换路后在直流激励下的全响应或零状态响应的求解，还适用于一阶电路零输入响应的求解，因此，三要素法在瞬态分析中具有重要意义。

除了用三要素法求解一阶电路的全响应，还可以应用戴维宁定理或诺顿定理将图 8-25（a）或（b）等效化简为如图 8-25（c）或（d）所示的典型的一阶电路，根据动态电路叠加定理，对图 8-25（c）求

$$\begin{cases} u_C(t) = U_0 e^{-\frac{t}{\tau}} + U_{oc}(1 - e^{-\frac{t}{\tau}}), & t \geq 0_+ \\ \tau = R_{eq} C \end{cases} \tag{8-75}$$

对图 8-25（d）求

$$\begin{cases} i_L(t) = I_0 e^{-\frac{t}{\tau}} + I_{sc}(1 - e^{-\frac{t}{\tau}}), & t \geq 0_+ \\ \tau = \dfrac{L}{R_{eq}} \end{cases} \tag{8-76}$$

在求得 $u_C(t)$ 或 $i_L(t)$ 后，再应用替代定理得到图 8-25（e）或（f），这时只需用电阻电路方法即可求得 N_S 内部其他变量的全响应。

例 8-6 如图 8-26（a）所示电路，在 $t = 0$ 时开关 S 由 a 投向 b，试求 $t \geq 0_+$ 时电流 $i_L(t)$ 和 $i(t)$，并绘出 $i_L(t)$、$i(t)$ 的变化曲线。假定换路前电路处于稳态。

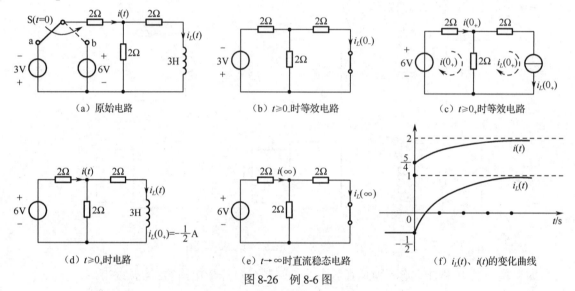

图 8-26 例 8-6 图

解： $t \geq 0_+$ 时电流 $i_L(t)$、$i(t)$ 属于一阶电路在直流激励下的全响应，选用三要素法进行求解。

（1）求 $i_L(0_+)$ 和 $i(0_+)$。换路前 $t = 0_-$ 时，电路处于直流稳态，将电感视为短路，画出 $t = 0_-$ 时等效电路，如图 8-26（b）所示，容易求得

$$i_L(0_-) = -\frac{3}{2 + \dfrac{2 \times 2}{2 + 2}} \times \frac{1}{2} = -\frac{1}{2} A$$

根据换路定则，有
$$i_L(0_+) = i_L(0_-) = -\frac{1}{2} A$$

画出 $t = 0_+$ 时等效电路，如图 8-26（c）所示，用回路分析法列写出电路方程为

$$\begin{cases} i_L(0_+) = -\dfrac{1}{2} \\ (2 + 2)i(0_+) - 2i_L(0_+) = 6 \end{cases}$$

解得
$$i(0_+) = \frac{5}{4} A$$

（2）求 τ。换路后 $t \geq 0_+$ 时电路如图 8-26（d）所示，从电感两端看进去的诺顿等效电路的等效电阻为

$$R_{eq} = \frac{2 \times 2}{2+2} + 2 = 3\Omega , \quad \tau = \frac{L}{R_{eq}} = \frac{3}{3} = 1s$$

（3）求 $i_L(\infty)$ 和 $i(\infty)$。当 $t \to \infty$ 时，电路再次达到直流稳态，电感视为短路，如图 8-26（e）所示，可求得

$$i(\infty) = \frac{6}{2 + \frac{2 \times 2}{2+2}} = 2A , \quad i_L(\infty) = \frac{1}{2}i(\infty) = 1A$$

（4）将以上三个要素代入式（8-74），得

$$i_L(t) = [i_L(0_+) - i_L(\infty)]e^{-\frac{t}{\tau}} + i_L(\infty) = \left[-\frac{1}{2} - 1\right]e^{-t} + 1 = 1 - \frac{3}{2}e^{-t}A , \quad t \geq 0_+$$

$$i(t) = [i(0_+) - i(\infty)]e^{-\frac{t}{\tau}} + i(\infty) = \left[\frac{5}{4} - 2\right]e^{-t} + 2 = 2 - \frac{3}{4}e^{-t}A , \quad t \geq 0_+$$

例 8-7　如图 8-27（a）所示电路，开关 S 闭合前电路已达稳态，在 $t = 0$ 时，开关 S 闭合，求 $t \geq 0_+$ 时电容电压 u_C。

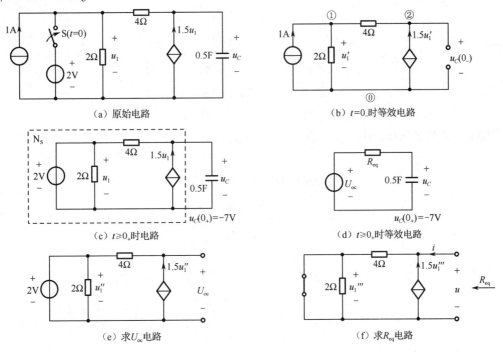

图 8-27　例 8-7 图

解： 换路前 $t = 0_-$ 时，电路处于直流稳态，将电容视为开路，画出 $t = 0_-$ 时等效电路，如图 8-27（b）所示，对该电路应用节点分析法列写出电路方程为

$$\begin{cases} \left(\frac{1}{2} + \frac{1}{4}\right)u_1' - \frac{1}{4}u_C(0_-) = 1 \\ -\frac{1}{4}u_1' + \frac{1}{4}u_C(0_-) = 1.5u_1' \end{cases}$$

解得　　　　　　　　　　　　　　　　$u_C(0_-) = -7V$

根据换路定则，有　　　　　　　　　　$u_C(0_+) = u_C(0_-) = -7V$

换路后 $t \geq 0_+$ 时电路如图 8-27（c）所示，注意到在原始电路中，当开关 S 闭合后，与 2V 电

压源并联的 1A 电流源作为外虚元件被开路去除了，而与 2V 电压源并联的 2Ω 电阻尽管也是外虚元件，但由于其电压 u_1 是控制量，必须保留。下面应用戴维宁定理将如图 8-27（c）所示电路等效化简为如图 8-27（d）所示电路。由图 8-27（e）可求得

$$u_1'' = 2\text{V} , \quad U_{oc} = 4 \times 1.5u_1'' + 2 = 14\text{V}$$

再由图 8-27（f）可求得

$$u_1''' = 0, \qquad 1.5u_1''' = 0$$

$$R_{eq} = \frac{u}{i} = 4\Omega , \quad \tau = R_{eq}C = 4 \times 0.5 = 2\text{s}$$

最后，由图 8-27（d）可求得

$$u_{Czi}(t) = u_C(0_+)\text{e}^{-\frac{t}{\tau}} = -7\text{e}^{-0.5t}\text{V}, \qquad t \geq 0_+$$

$$u_{Czs}(t) = U_{oc}(1 - \text{e}^{-\frac{t}{\tau}}) = 14(1 - \text{e}^{-0.5t})\text{V}, \qquad t \geq 0_+$$

再根据线性动态电路的叠加定理，可求得

$$u_C(t) = u_{Czi}(t) + u_{Czs}(t)$$
$$= -7\text{e}^{-0.5t} + 14(1 - \text{e}^{-0.5t})$$
$$= \underbrace{14}_{\substack{u_{Cp}\ \text{特解} \\ \text{强制分量} \\ \text{稳态分量}}} - \underbrace{21\text{e}^{-0.5t}}_{\substack{u_{Ch}\ \text{通解} \\ \text{自由分量} \\ \text{暂态分量}}}\text{V}, \qquad t \geq 0_+$$

例 8-8   如图 8-28（a）所示电路，在 $t < 0$ 时，电路已处于稳态，在 $t = 0$ 时开关 S 闭合，求 $t \geq 0_+$ 时开关上的电流 $i(t)$。

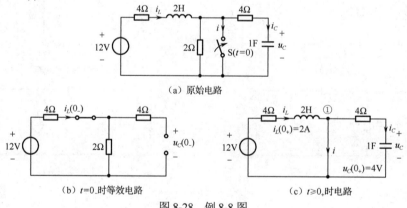

图 8-28   例 8-8 图

解： 换路前 $t = 0_-$ 时，电路处于直流稳态，将电容视为开路，电感视为短路，画出 $t = 0_-$ 时等效电路，如图 8-28（b）所示，容易求得

$$i_L(0_-) = \frac{12}{4+2} = 2\text{A} , \quad u_C(0_-) = \frac{2}{4+2} \times 12 = 4\text{V}$$

根据换路定则，有

$$i_L(0_+) = i_L(0_-) = 2\text{A} , \quad u_C(0_+) = u_C(0_-) = 4\text{V}$$

换路后 $t \geq 0_+$ 时电路如图 8-28（c）所示，电路中有电感和电容两个动态元件，似乎是二阶电路，但开关支路是短路支路（与其并联的 2Ω 电阻被去掉了），于是把电路分解为两个独立的一阶电路，开关支路左边为一阶 RL 全响应电路，右边是一阶 RC 零输入响应电路。

对左边一阶 RL 全响应电路，可求得

$$\tau_L = \frac{2}{4} = \frac{1}{2}\text{s}, \qquad i_L(\infty) = \frac{12}{4} = 3\text{A}$$

$$i_L(t) = [i_L(0_+) - i_L(\infty)]\text{e}^{-\frac{t}{\tau_L}} + i_L(\infty) = [2-3]\text{e}^{-2\tau} + 3 = 3 - \text{e}^{-2t}\text{A}, \qquad t \geq 0_+$$

对右边一阶 RC 零输入响应电路，可求得

$$\tau_C = 4 \times 1 = 4\text{s}$$

$$u_C(t) = u_C(0_+)\text{e}^{-\frac{t}{\tau_C}} = 4\text{e}^{-\frac{t}{4}}\text{V}, \qquad t \geq 0_+$$

$$i_C(t) = C\frac{\text{d}u_C}{\text{d}t} = -\text{e}^{-\frac{t}{4}}\text{A}, \qquad t \geq 0_+$$

最后对节点①应用 KCL，得

$$i(t) = i_L(t) - i_C(t) = (3 - \text{e}^{-2t} + \text{e}^{-\frac{t}{4}})\text{A}, \qquad t \geq 0_+$$

在动态电路分析中，常需引用两种很有用的单位奇异函数，即单位阶跃函数和单位冲激函数，应用这两个函数可以很方便地描述动态电路的激励和响应。当电路的激励（输入电压信号或输入电流信号）是具有任意波形的复杂函数时，可以把复杂的激励波形分解成若干个甚至无限多个单位奇异函数（主要是阶跃函数和冲激函数）的线性组合，分别计算这些奇异函数激励电路的零状态响应并将它们叠加，就可求得原来具有复杂激励波形的激励电路的零状态响应。因此，研究单位奇异函数激励电路的零状态响应是研究任意波形电信号激励电路所产生的零状态响应的基础，下面的内容主要研究一阶电路在单位阶跃函数激励下的零状态响应（阶跃响应）及在单位冲激函数激励下的零状态响应（冲激响应）。

8.5　一阶电路的阶跃响应

8.5.1　阶跃函数

单位阶跃函数是一种奇异函数，用符号 $\varepsilon(t)$ 表示，其定义式如下：

$$\varepsilon(t) = \begin{cases} 0, & t \leq 0_- \\ 1, & t \geq 0_+ \end{cases} \tag{8-77}$$

其波形如图 8-29（a）所示，它在 $t=0$ 处发生了单位阶跃，阶跃点的函数值可不给定义。

在 $t = t_0$ 处发生了单位阶跃的函数称为延迟的单位阶跃函数，记为 $\varepsilon(t - t_0)$，可表示为

$$\varepsilon(t - t_0) = \begin{cases} 0, & t \leq t_{0_-} \\ 1, & t \geq t_{0_+} \end{cases} \tag{8-78}$$

其波形如图 8-29（b）所示，$\varepsilon(t - t_0)$ 可看作是把 $\varepsilon(t)$ 在时间轴上向右平移（延时）t_0 后的结果。

同理，还可以定义阶跃函数 $K\varepsilon(t)$，如图 8-29（c）所示，以及延时的阶跃函数 $K\varepsilon(t - t_0)$，如图 8-29（d）所示。

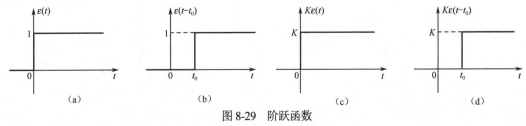

图 8-29　阶跃函数

单位阶跃函数可用来"起始"任意一个函数 $f(t)$，设给定如图 8-30（a）所示的电信号 $f(t)$，若要求 $f(t)$ 在 $t \geq 0_+$ 时刻开始起作用，可以用 $f(t)$ 乘以 $\varepsilon(t)$，如图 8-30（b）所示，$f(t)\varepsilon(t)$ 只存在于 $t \geq 0_+$ 的区间；若要求 $f(t)$ 在 $t \geq 0_+$ 时刻开始起作用，可以用 $f(t)$ 乘以 $\varepsilon(t-t_0)$，如图 8-30（c）所示，$f(t)\varepsilon(t-t_0)$ 只存在于 $t \geq 0_+$ 的区间。

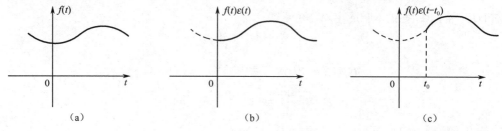

图 8-30　单位阶跃函数的起始作用

由于单位阶跃函数所具有的起始作用，阶跃函数的应用之一是描述动态电路中的开关动作。例如，在 $t=0$ 或 $t=t_0$ 时，将直流电压源或直流电流源接入电路，如图 8-31（a）和（c）所示，此时电路的输入电压或输入电流可方便地用阶跃函数或延时的阶跃函数来表示。图 8-31（a）所示电路的输入电压可表示为

$$u(t) = U_S \varepsilon(t) \tag{8-79}$$

$U_S \varepsilon(t)$ 称为阶跃电压，图 8-31（a）可等效为图 8-31（b）。图 8-31（c）所示电路的输入电流可表示为

$$i(t) = I_S \varepsilon(t-t_0) \tag{8-80}$$

$I_S \varepsilon(t-t_0)$ 称为延时的阶跃电流，图 8-30（c）可等效为图 8-30（d）。可见，单位阶跃函数可作为开关动作的数学模型，因此，$\varepsilon(t)$ 也称为开关函数。

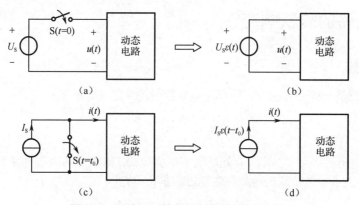

图 8-31　用阶跃函数表示直流电源接入电路

阶跃函数的另一个重要应用是可以方便地表示某些电信号。在电子技术问题中，电路中的激励常常是如图 8-32 所示的电信号，这类电信号称为分段常量信号。

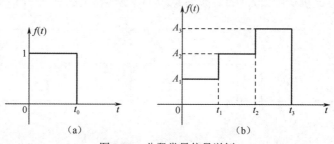

图 8-32　分段常量信号举例

应用阶跃函数和延时的阶跃函数，通过分解的方法，可将这些分段常量信号表示为一系列阶跃信号之和。例如，图 8-33（a）所示矩形脉冲信号可分解为两个阶跃信号之和，即

$$f(t) = A\varepsilon(t-t_1) - A\varepsilon(t-t_2) = A[\varepsilon(t-t_1) - \varepsilon(t-t_2)] \tag{8-81}$$

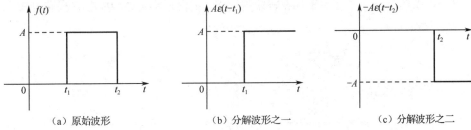

| （a）原始波形 | （b）分解波形之一 | （c）分解波形之二 |

图 8-33　用阶跃函数表示矩形脉冲信号

图 8-34 所示的分段常量信号可表示为

$$f(t) = 3[\varepsilon(t-1) - \varepsilon(t-3)] - 1[\varepsilon(t-3) - \varepsilon(t-4)] + 2[\varepsilon(t-4) - \varepsilon(t-6)]$$
$$= 3\varepsilon(t-1) - 4\varepsilon(t-3) + 3\varepsilon(t-4) - 2\varepsilon(t-6) \tag{8-82}$$

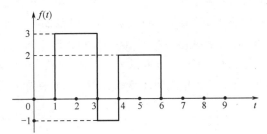

图 8-34　用阶跃函数表示分段常量信号

将分段常量信号分解为一系列阶跃信号之和称为信号分解，实质上是将复杂信号变成一系列简单信号的线性组合，这在线性时不变动态电路分析中具有十分重要的实际意义。分段常量信号激励于电路的零状态响应等同于一系列阶跃信号共同激励于电路的零状态响应，根据叠加定理，各阶跃信号单独激励于电路的零状态响应之和即为该分段常量信号激励于电路的零状态响应。如果电路的初始状态不为零，只需再叠加上电路的零输入响应，即可求得电路在分段常量信号激励下的全响应。

8.5.2　阶跃响应

电路在单位阶跃电压或单位阶跃电流激励下的零状态响应称为单位阶跃响应，简称阶跃响应，用 $s(t)$ 表示。

图 8-35（a）表示由单位阶跃电压激励的零状态 RC 串联电路，该电路与在 $t = 0$ 时将直流电压源接入零状态 RC 串联电路的情况一样，即与图 8-35（b）所示电路等效。根据先前的讨论可知，图 8-35（b）电路的零状态响应为

$$u_{Cb}(t) = (1 - \mathrm{e}^{-\frac{t}{RC}})\mathrm{V}, \qquad t \geqslant 0_+ \tag{8-83}$$

参照这个结果，可以容易地得到图 8-35（a）电路的阶跃响应

$$u_{Ca}(t) = s(t) = (1 - \mathrm{e}^{-\frac{t}{RC}})\varepsilon(t)\mathrm{V} \tag{8-84}$$

式（8-84）中用 $\varepsilon(t)$ 简明扼要地表示了阶跃响应的时间范围。

电路的阶跃响应相当于单位直流电源（1V 或 1A）在 $t = 0$ 时接入电路的零状态响应，因此，对于一阶电路，可用三要素法求解电路的阶跃响应。

对于线性动态电路，零状态响应与外施激励满足线性性质（齐次性、可加性）。即，若激励 $f_1(t)$ 单独作用于电路产生的零状态响应为 $y_{zs1}(t)$，激励 $f_2(t)$ 单独作用于电路产生的零状态响应为 $y_{zs2}(t)$，对任意常数 A_1、A_2，则激励 $A_1 f_1(t) + A_2 f_2(t)$ 作用于电路产生的零状态响应为 $A_1 y_{zs1}(t) + A_2 y_{zs2}(t)$。因此，若单位阶跃信号 $\varepsilon(t)$ 产生的零状态响应为 $s(t)$，则根据零状态响应的齐次性可知，$A\varepsilon(t)$ 产生的零状态响应为 $As(t)$。

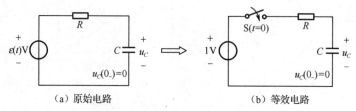

（a）原始电路　　　　　　　　（b）等效电路

图 8-35　一阶 RC 电路阶跃响应用图

如果电路结构和元件参数均不随时间变化，则称该电路为时不变电路。对于时不变电路，其零状态响应的变化规律与激励接入电路的时间无关，即激励 $f(t)$ 引起的零状态响应为 $y_{zs}(t)$，则激励 $f(t - t_0)$ 引起的零状态响应为 $y_{zs}(t - t_0)$，这一性质称为电路零状态响应的时不变性。因此，若电路在单位阶跃信号 $\varepsilon(t)$ 作用下的零状态响应为 $s(t)$，则根据时不变性，电路在延时的单位阶跃信号 $\varepsilon(t - t_0)$ 作用下的零状态响应为 $s(t - t_0)$。$s(t - t_0)$ 响应曲线的变化规律应与 $s(t)$ 响应曲线的完全相同，仅仅是在时间上延迟 t_0。图 8-35（a）所示电路的激励信号 $\varepsilon(t)$ 与阶跃响应 $u_C(t)$ 的曲线示于图 8-36（a）与图 8-36（b）中，根据时不变性，可得延迟的单位阶跃电压 $\varepsilon(t - t_0)$ 激励于同一电路的零状态响应为

$$u_C(t - t_0) = (1 - e^{-\frac{t - t_0}{RC}})\varepsilon(t - t_0)\,\mathrm{V} \tag{8-85}$$

$\varepsilon(t - t_0)$ 与 $u_C(t - t_0)$ 的曲线示于图 8-36（c）与图 8-36（d）中。

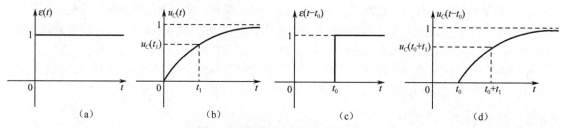

图 8-36　电路时不变性的应用示例

电路的阶跃响应反映了电路的基本动态特性。如果知道一个电路的阶跃响应，利用线性时不变动态电路零状态响应的线性、时不变性，就能很方便地求出各种分段常量信号激励电路所产生的零状态响应。阶跃响应的进一步应用示意框图如图 8-37 所示。

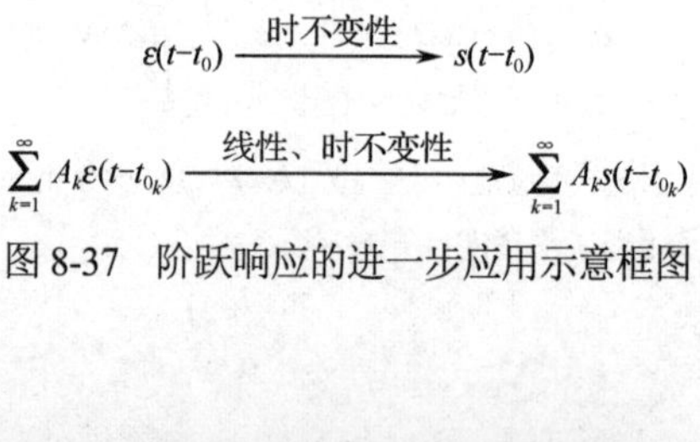

$$\varepsilon(t) \longrightarrow \boxed{\begin{array}{c}\text{线性时不变}\\\text{动态电路}\end{array}} \longrightarrow s(t)$$

$$A\varepsilon(t) \xrightarrow{\text{齐次性}} As(t)$$

$$\varepsilon(t - t_0) \xrightarrow{\text{时不变性}} s(t - t_0)$$

$$\sum_{k=1}^{\infty} A_k \varepsilon(t - t_{0k}) \xrightarrow{\text{线性、时不变性}} \sum_{k=1}^{\infty} A_k s(t - t_{0k})$$

图 8-37　阶跃响应的进一步应用示意框图

例8-9　求如图8-38(a)所示一阶RL电路在矩形脉冲电压$u_S(t)$作用下的零状态响应电流$i(t)$，并画出其波形图。已知$L = 1\mathrm{H}$，$R = 1\Omega$。

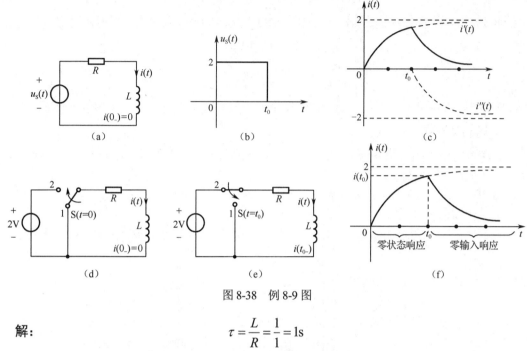

图 8-38　例 8-9 图

解：
$$\tau = \frac{L}{R} = \frac{1}{1} = 1\mathrm{s}$$

（1）方法一：从信号分解的角度利用线性、时不变性进行求解。

图 8-38（a）中电流$i(t)$的阶跃响应为

$$s_i(t) = \frac{1}{R}(1 - \mathrm{e}^{-\frac{t}{\tau}})\varepsilon(t) = (1 - \mathrm{e}^{-t})\varepsilon(t)\mathrm{A}$$

矩形脉冲电压$u_S(t)$可分解为两个阶跃电压之和，即

$$u_S(t) = 2\varepsilon(t) - 2\varepsilon(t - t_0)$$

根据零状态响应的可加性，$u_S(t)$产生的零状态响应是$2\varepsilon(t)$产生的零状态响应与$-2\varepsilon(t - t_0)$产生的零状态响应相叠加的结果。

根据零状态响应的齐次性，可得$2\varepsilon(t)$产生的零状态响应为

$$i'(t) = 2s_i(t) = 2(1 - \mathrm{e}^{-t})\varepsilon(t)\mathrm{A}$$

根据零状态响应的齐次性、时不变性，可得$-2\varepsilon(t - t_0)$产生的零状态响应为

$$i''(t) = -2s_i(t - t_0) = -2[1 - \mathrm{e}^{-(t - t_0)}]\varepsilon(t - t_0)\mathrm{A}$$

故待求的零状态响应$i(t)$的完整表达式为

$$i(t) = i'(t) + i''(t) = \{2(1 - \mathrm{e}^{-t})\varepsilon(t) - 2[1 - \mathrm{e}^{-(t - t_0)}]\varepsilon(t - t_0)\}\mathrm{A}$$

$i(t)$的波形如图 8-38（c）所示。$i'(t)$的存在区间是$[0_+, \infty)$；$i''(t)$的存在区间是$[t_{0_+}, \infty)$。这意味着在$[0_+, t_{0_-})$区间只有$i'(t)$存在；而在$[t_{0_+}, \infty)$区间，$i'(t)$与$i''(t)$同时存在。

（2）方法二：作为按序换路分区间进行求解。

设置一个双置开关来回转换，可以实现矩形脉冲电压$u_S(t)$对电路的作用。如图 8-38（d）和（e）所示，电路在$(0, \infty)$区间发生了两次换路，称为按序换路。对于按序换路分区间响应的求解有两个关键性问题，一是要明确每次换路时电路的原始状态，以确定换路后的初始状态；二是要明确每个时间段对应的电路是属于哪一种响应。

图 8-38（d）所示电路在 $0_+ \le t \le t_{0_-}$ 时为一阶 RL 电路的零状态响应，则

$$i(t) = \frac{2}{R}(1-\mathrm{e}^{-\frac{t}{\tau}}) = 2(1-\mathrm{e}^{-t})\mathrm{A} \ , \quad i(t_{0_-}) = 2(1-\mathrm{e}^{-t_0})\mathrm{A}$$

图 8-38（e）所示电路在 $t_{0_+} \le t < \infty$ 时为一阶 RL 电路的零输入响应，根据换路定则，有

$$i(t_{0_+}) = i(t_{0_-}) = 2(1-\mathrm{e}^{-t_0})\mathrm{A}$$

$$i(t) = i(t_{0_-})\mathrm{e}^{-\frac{(t-t_0)}{\tau}} = [2(1-\mathrm{e}^{-t_0})\mathrm{e}^{-(t-t_0)}]\mathrm{A}$$

$i(t)$ 的波形图如图 8-38（f）所示。波形由两段组成，前一段在 $[0_+, t_{0_-})$ 区间是零状态响应；后一段在 $[t_{0_+}, \infty)$ 区间是零输入响应。

对比两种方法可知，方法一较简单，且可推广到求解更为复杂的激励信号产生的零状态响应；方法二的物理意义更明确。

例 8-10 如图 8-39（a）所示电路，已知 $R_1 = 3\Omega$，$R_2 = 6\Omega$，$C = 0.5\mathrm{F}$，以 $u_C(t)$ 为输出。

（1）求电路的阶跃响应。

（2）若激励 u_S 的波形如图 8-39（b）所示，且 $u_C(0_-) = 4\mathrm{V}$，求 $u_C(t)$ 的全响应。

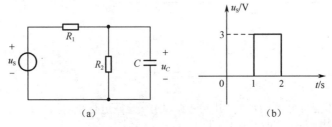

图 8-39 例 8-10 图

解：（1）应用三要素法求解一阶电路的阶跃响应 $s(t)$。

电路的阶跃响应相当于 1V 直流电压源在 $t = 0$ 时接入电路的零状态响应。这时 $u_C(t)$ 的稳态值为

$$u_C(\infty) = \frac{R_2}{R_1 + R_2} \times 1 = \frac{6}{3+6} = \frac{2}{3}\mathrm{V}$$

电路的时间常数为

$$\tau = \frac{R_1 \times R_2}{R_1 + R_2}C = \frac{3 \times 6}{3+6} \times 0.5 = 1\mathrm{s}$$

$$u_C(t) = u_C(\infty)\left(1-\mathrm{e}^{-\frac{t}{\tau}}\right) = \frac{2}{3}(1-\mathrm{e}^{-t})\mathrm{V}, \qquad t \ge 0_+$$

即

$$s(t) = \frac{2}{3}(1-\mathrm{e}^{-t})\varepsilon(t)\mathrm{V}$$

（2）利用线性动态电路叠加定理求全响应 u_C。

先求零输入响应 u_{Czi}。根据换路定则，有

$$u_C(0_+) = u_C(0_-) = 4\mathrm{V} \ , \quad u_{Czi}(t) = u_C(0_+)\mathrm{e}^{-\frac{t}{\tau}} = 4\mathrm{e}^{-t}\varepsilon(t)\mathrm{V}$$

再求零状态响应 u_{Czs}。将激励 u_S 用阶跃信号表示为

$$u_S = 3\varepsilon(t-1) - 3\varepsilon(t-2)$$

根据电路零状态响应的线性、时不变性，可求得 u_S 作用于电路所产生的零状态响应 u_{Czs} 为

$$u_{Czs}(t) = 3s(t-1) - 3s(t-2)$$
$$= \{2[1 - e^{-(t-1)}]\varepsilon(t-1) - 2[1 - e^{-(t-2)}]\varepsilon(t-2)\}V$$

最后得 $\quad u_C(t) = u_{Czi}(t) + u_{Czs}(t)$

$$= \{4e^{-t}\varepsilon(t) + 2[1 - e^{-(t-1)}]\varepsilon(t-1) - 2[1 - e^{-(t-2)}]\varepsilon(t-2)\}V$$

8.6 一阶电路的冲激响应

8.6.1 冲激函数

在介绍冲激函数之前，先来看一个普通函数演变的例子。

图 8-40（a）所示为一单位脉冲函数 $p_\Delta(t)$，它是宽度为 Δ、高度为 $\dfrac{1}{\Delta}$、面积 $A=1$ 的普通脉冲信号，可表示为

$$p_\Delta(t) = \frac{1}{\Delta}\left[\varepsilon\left(t + \frac{\Delta}{2}\right) - \varepsilon\left(t - \frac{\Delta}{2}\right)\right] \tag{8-86}$$

若单位脉冲的宽度减小为 $\Delta/2$，高度增大为 $2/\Delta$，其面积 A 仍为 1，如图 8-40（b）所示。极限情况下，当宽度 $\Delta \to 0$，高度 $1/\Delta \to \infty$，而面积 $A=1$，这时 $p_\Delta(t)$ 就变成一个宽度为无穷小、高度为无穷大、面积仍为 1 的极窄脉冲。为了研究方便，英国物理学家狄拉克（P. M. Dirac）把上述极限结果抽象为一个理想函数，并称其为单位冲激函数，记为 $\delta(t)$，定义式如下：

$$\begin{cases} \delta(t) = 0, & t \neq 0 \\ \displaystyle\int_{-\infty}^{\infty} \delta(t)\mathrm{d}t = 1 \end{cases} \tag{8-87}$$

$\delta(t)$ 的波形如图 8-40（c）所示。上述定义表明，$t=0$ 瞬间为 $\delta(t)$ 的出现时刻，在 $t \neq 0$ 处，它始终为零。而积分（面积）称为冲激函数的强度，单位冲激函数的含义是强度为 1 个单位的冲激函数。

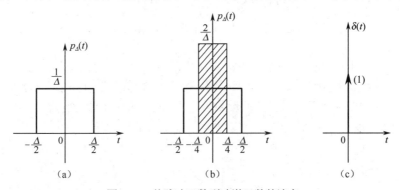

图 8-40 从脉冲函数到冲激函数的演变

如果单位冲激出现在 $t = t_0$ 时刻，则称为延时的单位冲激函数，记为 $\delta(t - t_0)$，表达式如下：

$$\begin{cases} \delta(t - t_0) = 0, & t \neq t_0 \\ \displaystyle\int_{-\infty}^{\infty} \delta(t - t_0)\mathrm{d}t = 1 \end{cases} \tag{8-88}$$

其波形如图 8-41（a）所示，$\delta(t - t_0)$ 可看作是把 $\delta(t)$ 在时间轴上向右平移（延时）t_0 后的结果。

同理，还可定义强度为 A 的冲激函数 $A\delta(t)$，如图 8-41（b）所示，以及延时的冲激函数 $A\delta(t - t_0)$，如图 8-41（c）所示。

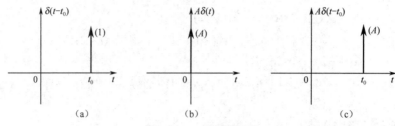

图 8-41　三种冲激函数

根据 $\delta(t)$ 的定义，可以建立单位阶跃函数与单位冲激函数之间的关系。因 $\delta(t)$ 只在 $t = 0$ 时存在，所以

$$\int_{-\infty}^{\infty} \delta(t)\mathrm{d}t = \int_{0_-}^{0_+} \delta(t)\mathrm{d}t = 1$$

故有

$$\int_{-\infty}^{t} \delta(t')\mathrm{d}t' = \begin{cases} 1, & t \geq 0_+ \\ 0, & t \leq 0_- \end{cases}$$

将上述结果与 $\varepsilon(t)$ 的定义对照，即有

$$\varepsilon(t) = \int_{-\infty}^{t} \delta(t')\mathrm{d}t' \tag{8-89}$$

上式表明，单位冲激函数的积分为单位阶跃函数；反过来，单位阶跃函数的导数应为单位冲激函数

$$\delta(t) = \frac{\mathrm{d}\varepsilon(t)}{\mathrm{d}t} \tag{8-90}$$

冲激函数具有筛分性质，这是因为由 $\delta(t)$ 的定义可知，$\delta(t)$ 除 $t = 0$ 外处处为零，故若将 $\delta(t)$ 与另一连续时间函数 $f(t)$ 相乘，则乘积 $f(t)\delta(t)$ 也必将是除 $t = 0$ 外处处为零。而在 $t = 0$ 时，有 $f(t) = f(0)$，故有

$$f(t)\delta(t) = f(0)\delta(t) \tag{8-91}$$

再将上式两边同时积分，有

$$\int_{-\infty}^{\infty} f(t)\delta(t)\mathrm{d}t = \int_{-\infty}^{\infty} f(0)\delta(t)\mathrm{d}t$$
$$= f(0)\int_{-\infty}^{\infty} \delta(t)\mathrm{d}t = f(0) \tag{8-92}$$

同理可得

$$\int_{-\infty}^{\infty} f(t)\delta(t - t_0)\mathrm{d}t = f(t_0) \tag{8-93}$$

这说明，冲激函数能把函数 $f(t)$ 在冲激出现时刻的函数值筛选分离出来，如图 8-42 所示。如果令 $f(t)$ 乘以一系列出现在不同时刻的冲激函数，再积分，就可以将 $f(t)$ 在各个时间点上的函数值筛选分离出来（也称采样值），这就是采样的基本原理。

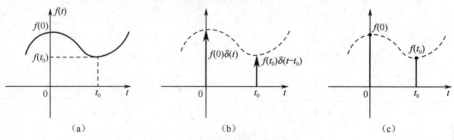

图 8-42　冲激函数的筛分性质图示

如果电路中的一个脉冲电信号的幅度非常大，持续时间与电路的时间常数相比又非常小，那么可以近似地用冲激函数来表示这个脉冲。

当一个线性动态电路的激励是冲激函数（冲激电流信号或冲激电压信号）时，冲激信号对电路的作用是用冲激的强度而不是用它的幅度来表示的，作用的效果相当于在极短的时间内对电路提供了能量，从而改变了动态元件的储能状况。

如图 8-43（a）所示电路为一个单位冲激电流 $\delta_i(t)$ 激励零状态且 $C = 1\text{F}$ 的电容，$\delta_i(t)$ 对电容的作用可通过电容电压 u_C 的变化来看。

$$u_C(0_-) = 0$$

$$u_C(0_+) = \underbrace{\frac{1}{C}\int_{0_-}^{0_+} \delta_i(t)\mathrm{d}t}_{\text{冲激电流的强度}} = \frac{1}{1\text{F}}\underbrace{1\text{A}\cdot\text{s}}_{1\text{C}} = 1\text{V} \tag{8-94}$$

这表明，单位冲激电流 $\delta_i(t)$ 在 $t = 0$ 的瞬间把强度为 1C 的电荷转移到 1F 的电容上，从而使电容电压从零跃变到 1V，因此对单位冲激电流的理解应为：在极短时间内存在、幅度为无穷大、强度为 1C 的冲激电流。

$\delta_i(t)$ 对电路提供的能量，即电容储存的电场能量为

$$W_C(0_+) = \frac{1}{2}Cu_C^2(0_+) = \frac{1}{2}\text{J} \tag{8-95}$$

同理，如图 8-44（a）所示电路是将一个单位冲激电压 $\delta_u(t)$ 施加到零状态且 $L = 1\text{H}$ 的电感上，$\delta_u(t)$ 对电感的作用可通过电感电流 i_L 的变化来看。

$$i_L(0_-) = 0$$

$$i_L(0_+) = \underbrace{\frac{1}{L}\int_{0_-}^{0_+} \delta_u(t)\mathrm{d}t}_{\text{冲激电压的强度}} = \frac{1}{1\text{H}}\underbrace{1\text{V}\cdot\text{s}}_{1\text{Wb}} = 1\text{A} \tag{8-96}$$

这表明单位冲激电压 $\delta_u(t)$ 在 $t = 0$ 的瞬间把强度为 1Wb 的磁通建立在 1H 的电感上，从而使电感电流从零跃变到 1A。因此对单位冲激电压的理解应为：在极短时间存在而幅度为无穷大，但强度为 1Wb 的冲激电压。

$\delta_u(t)$ 对电路提供的能量，即电感储存的磁场能量为

$$W_L(0_+) = \frac{1}{2}Li_L^2(0_+) = \frac{1}{2}\text{J} \tag{8-97}$$

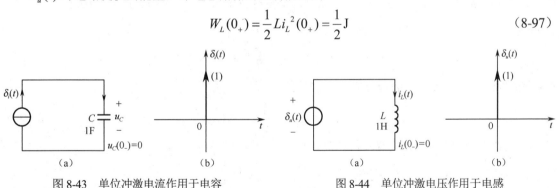

图 8-43　单位冲激电流作用于电容　　　　图 8-44　单位冲激电压作用于电感

通过这两个例子可以发现，若电容上有冲激电流流过时，则电容电压要发生跃变；若电感两端有冲激电压时，则电感电流也要发生跃变。

8.6.2　冲激响应

电路在单位冲激电压或单位冲激电流激励下的零状态响应称为单位冲激响应，简称冲激响应，用 $h(t)$ 表示。

因为 $\delta(t)$ 仅在 $t=0$ 瞬间起作用，而在 $t \ge 0_+$ 后为零（消失），所以在求冲激响应时，应将电路的动态过程分成两个阶段来研究。（1）在 $t=0_-$ 到 $t=0_+$ 瞬间，冲激信号对电路的作用是对电路中的储能元件提供能量，表现为电容电压、电感电流从零原始状态跃变到非零初始状态（具有一定的初始值）；（2）在 $t \ge 0_+$ 时，由于 $\delta(t)=0$，即外界输入为零，这时电路等效为一个具有非零初始状态的零输入电路，这一阶段的响应相当于由非零初始状态引起的零输入响应。因此求冲激响应的关键在于如何确定 $t=0_+$ 时电容电压及电感电流的初始值。

图 8-45（a）表示一个单位冲激电流激励下的一阶 RC 并联电路，下面将着重研究这个电路的冲激响应 u_C 和 i_C 的变化规律。

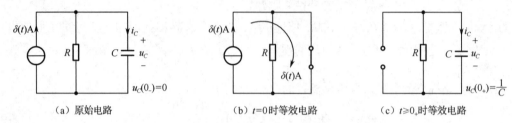

| | (a) 原始电路 | (b) $t=0$ 时等效电路 | (c) $t \ge 0_+$ 时等效电路 |

图 8-45　单位冲激电流激励下的一阶 RC 并联电路

（1）$t=0$（或者说 t 由 0_- 到 0_+）时，由于零状态电容元件相当于短路，可画出 $t=0$ 时的等效电路如图 8-45（b）所示，来自电流源的冲激电流全部流过电容。

对于冲激电流全部流过电容也可理解如下：如果冲激电流流过电阻，则在电阻两端必定产生冲激电压，从而在电容两端出现冲激电压，这样，电容电流将成为冲激偶电流，无法满足 KCL。因此，冲激电流不能流过电阻，只能全部流过电容。

单位冲激电流 $\delta(t)$ 流过电容支路，对电容充电，使电容电压发生跃变，充电结束（$t=0_+$）时，电容电压为

$$u_C(0_+) = \frac{1}{C}\int_{0_-}^{0_+} \delta(t)\mathrm{d}t = \frac{1}{C} \tag{8-98}$$

（2）$t \ge 0_+$ 时，$\delta(t)=0$，单位冲激电流源相当于开路，画出 $t \ge 0_+$ 时的等效电路如图 8-45（c）所示，已充电的电容通过电阻放电。这时电路的响应 $u_C(t)$ 是仅由非零初始状态 $u_C(0_+)$ 产生的零输入响应

$$u_C(t) = u_C(0_+)\mathrm{e}^{-\frac{t}{\tau}} = \frac{1}{C}\mathrm{e}^{-\frac{t}{RC}}, \qquad t \ge 0_+ \tag{8-99}$$

在整个时间域内电容电压的冲激响应为

$$h_u(t) = u_C(t) = \frac{1}{C}\mathrm{e}^{-\frac{t}{RC}}\varepsilon(t) \tag{8-100}$$

从电容电压的冲激响应 $h_u(t)$ 可以推出电容电流的冲激响应 $h_i(t)$ 为

$$h_i(t) = i_C(t) = C\frac{\mathrm{d}u_C}{\mathrm{d}t} = C\frac{\mathrm{d}}{\mathrm{d}t}\left[\frac{1}{C}\mathrm{e}^{-\frac{t}{RC}}\varepsilon(t)\right] = \mathrm{e}^{-\frac{t}{RC}}\delta(t) - \frac{1}{RC}\mathrm{e}^{-\frac{t}{RC}}\varepsilon(t)$$

因为

$$\mathrm{e}^{-\frac{t}{RC}}\delta(t) = \mathrm{e}^{-\frac{t}{RC}}\bigg|_{t=0} \times \delta(t) = \delta(t)$$

所以

$$h_i(t) = i_C(t) = \underbrace{\delta(t)}_{(0_-,0_+)\text{ 时充电电流}} - \underbrace{\frac{1}{RC}\mathrm{e}^{-\frac{t}{RC}}\varepsilon(t)}_{t \ge 0_+\text{ 时放电电流}} \tag{8-101}$$

电容电流在电容充电瞬间是一个单位冲激电流，随后变成绝对值按指数规律衰减的放电电流。电容电压和电容电流的冲激响应变化曲线如图 8-46（a）和（b）所示。

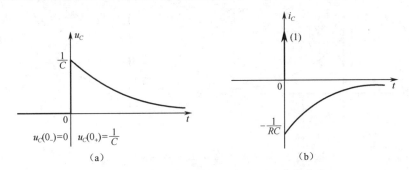

图 8-46　一阶 RC 并联电路的冲激响应变化曲线

图 8-47（a）表示一个单位冲激电压激励下的一阶 RL 串联电路，下面将着重研究这个电路的冲激响应 i_L 和 u_L 的变化规律。

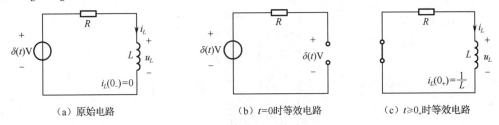

　（a）原始电路　　　　　　　　　（b）$t=0$时等效电路　　　　　　　（c）$t \geqslant 0_+$时等效电路

图 8-47　单位冲激电压激励下的一阶 RL 串联电路

（1）在 $t = 0$（或者说 t 由 0_- 到 0_+）时，由于零状态电感元件相当于开路，可画出 $t = 0$ 时等效电路如图 8-47（b）所示，电压源的冲激电压全部出现在电感两端。

对于冲激电压全部出现在电感两端也可理解如下：如果冲激电压出现在电阻上，则在电阻中将产生冲激电流，因而电感中也将有冲激电流，这样，电感电压将成为冲激偶电压，无法满足 KVL。因此，冲激电压不能出现在电阻上，只能出现在电感两端。

出现在电感两端的冲激电压使电感电流发生跃变。在 $t = 0_+$ 时，电感电流为

$$i_L(0_+) = \frac{1}{L}\int_{0_-}^{0_+} \delta(t)\mathrm{d}t = \frac{1}{L} \tag{8-102}$$

（2）在 $t \geqslant 0_+$ 时，$\delta(t) = 0$，单位冲激电压源相当于短路，画出 $t \geqslant 0_+$ 时等效电路如图 8-47（c）所示，这时电路的响应 $i_L(t)$ 是仅由非零初始状态 $i_L(0_+)$ 产生的零输入响应

$$i_L(t) = i_L(0_+)\mathrm{e}^{-\frac{t}{\tau}} = \frac{1}{L}\mathrm{e}^{-\frac{R}{L}t}, \qquad t \geqslant 0_+ \tag{8-103}$$

在整个时间域内电感电流的冲激响应为

$$h_i(t) = i_L(t) = \frac{1}{L}\mathrm{e}^{-\frac{R}{L}t}\varepsilon(t) \tag{8-104}$$

从电感电流的冲激响应 $h_i(t)$ 可以推出电感电压的冲激响应 $h_u(t)$ 为

$$h_u(t) = u_L(t) = L\frac{\mathrm{d}i_L}{\mathrm{d}t} = L\frac{\mathrm{d}}{\mathrm{d}t}\left[\frac{1}{L}\mathrm{e}^{-\frac{R}{L}t}\varepsilon(t)\right] = \delta(t) - \frac{R}{L}\mathrm{e}^{-\frac{R}{L}t}\varepsilon(t) \tag{8-105}$$

电感电流和电感电压的冲激响应变化曲线如图 8-48（a）和（b）所示。

根据对偶原理，单位冲激电流激励下的一阶 RC 并联电路与单位冲激电压激励下的一阶 RL

串联电路互为对偶电路，因而各对偶变量（u_C 与 i_L，i_C 与 u_L）的解式和曲线也分别互为对偶关系。

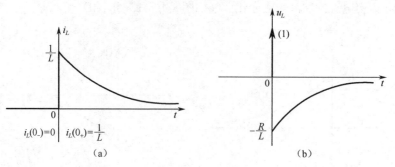

图 8-48   一阶 RL 串联电路的冲激响应变化曲线

8.6.3   冲激响应与阶跃响应之间的关系

单位冲激函数与单位阶跃函数之间存在如下关系：

$$\begin{cases} \delta(t) = \dfrac{\mathrm{d}\varepsilon(t)}{\mathrm{d}t} \\[2mm] \varepsilon(t) = \displaystyle\int_{-\infty}^{t} \delta(t')\mathrm{d}t' \end{cases} \tag{8-106}$$

一个线性时不变电路的冲激响应与阶跃响应之间也存在类似的依从关系，即

$$\begin{cases} h(t) = \dfrac{\mathrm{d}s(t)}{\mathrm{d}t} \\[2mm] s(t) = \displaystyle\int_{-\infty}^{t} h(t')\mathrm{d}t' \end{cases} \tag{8-107}$$

由此可以得到求冲激响应的另一种方法，即先求出阶跃响应 $s(t)$，再求出阶跃响应的导数，便可得到冲激响应 $h(t)$。例如，已知一阶 RC 并联电路电容电压 $u_C(t)$ 的阶跃响应为

$$u_C(t) = s_u(t) = R\left(1 - \mathrm{e}^{-\frac{t}{RC}}\right)\varepsilon(t) \tag{8-108}$$

则冲激响应为

$$\begin{aligned} h_u(t) = \frac{\mathrm{d}s_u(t)}{\mathrm{d}t} &= \frac{\mathrm{d}}{\mathrm{d}t}\left[R\left(1 - \mathrm{e}^{-\frac{t}{RC}}\right)\varepsilon(t)\right] \\ &= R\left(1 - \mathrm{e}^{-\frac{t}{RC}}\right)\delta(t) - R\left(-\frac{1}{RC}\mathrm{e}^{-\frac{t}{RC}}\right)\varepsilon(t) \\ &= \frac{1}{C}\mathrm{e}^{-\frac{t}{RC}}\varepsilon(t) \end{aligned} \tag{8-109}$$

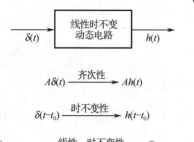

图 8-49   冲激响应的进一步应用示意框图

结果与式（8-100）相同，但求解过程要容易得多。

电路的冲激响应也反映了电路的基本动态特性。如果知道一个电路的冲激响应，利用线性时不变动态电路零状态响应的线性、时不变性，就能方便地求出各种复杂信号激励电路的零状态响应。冲激响应的进一步应用示意框图如图 8-49 所示。

例 8-11   在如图 8-50（a）所示的电路中，已知 $R_1 = 6\Omega$，$R_2 = 4\Omega$，$L = 100\mathrm{mH}$。求零状态响应 $i_L(t)$ 及 $i(t)$。

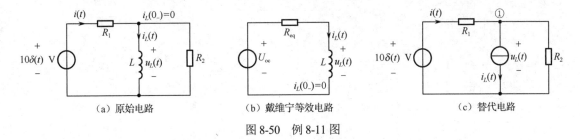

图 8-50　例 8-11 图

解：（1）应用戴维宁定理将图 8-50（a）等效化简为图 8-50（b）。

$$U_{oc} = \frac{R_2}{R_1 + R_2} \times 10\delta(t) = \frac{4}{6+4} \times 10\delta(t) = 4\delta(t)\text{V}$$

$$R_{eq} = \frac{R_1 \times R_2}{R_1 + R_2} = \frac{6 \times 4}{6+4} = 2.4\Omega$$

（2）应用三要素法求解图 8-50（b）所示电路中的 $i_L(t)$ 对应的阶跃响应 $s_i(t)$。

$$i_L(\infty) = \frac{1}{R_{eq}} = \frac{1}{2.4}\text{A}，\quad \tau = \frac{L}{R_{eq}} = \frac{0.1}{2.4} = \frac{1}{24}\text{s}$$

$$s_i(t) = i_L(t) = i_L(\infty)\left(1 - e^{-\frac{t}{\tau}}\right)\varepsilon(t) = \frac{1}{2.4}(1 - e^{-24t})\varepsilon(t)\text{A}$$

（3）利用冲激响应与阶跃响应之间的关系求出 $i_L(t)$ 的冲激响应 $h_i(t)$。

$$h_i(t) = \frac{\mathrm{d}s_i(t)}{\mathrm{d}t} = \frac{\mathrm{d}}{\mathrm{d}t}\left[\frac{1}{2.4}(1 - e^{-24t})\varepsilon(t)\right]$$

$$= \frac{1}{2.4}(1 - e^{-24t})\delta(t) - \frac{1}{2.4} \times (-24)e^{-24t}\varepsilon(t) = 10e^{-24t}\varepsilon(t)\text{A}$$

（4）利用线性性质求图 8-50（b）中 U_{oc} 激励下的零状态响应 $i_L(t)$ 及 $u_L(t)$。

$$U_{oc} = 4\delta(t) \xrightarrow{\text{齐次性}} i_L(t) = 4h_i(t) = 40e^{-24t}\varepsilon(t)\text{A}$$

$$u_L(t) = L\frac{\mathrm{d}i_L}{\mathrm{d}t} = 0.1\frac{\mathrm{d}}{\mathrm{d}t}[40e^{-24t}\varepsilon(t)] = 4e^{-24t}\delta(t) + 4 \times (-24)e^{-24t}\varepsilon(t)$$

$$= [4\delta(t) - 96e^{-24t}\varepsilon(t)]\text{V}$$

（5）利用替代定理得到图 8-50（c），对节点①应用 KCL，可求得 $i(t)$。

$$i(t) = i_L(t) + \frac{u_L(t)}{R_2} = 40e^{-24t}\varepsilon(t) + \frac{4\delta(t) - 96e^{-24t}\varepsilon(t)}{4}$$

$$= [\delta(t) + 16e^{-24t}\varepsilon(t)]\text{A}$$

8.7　正弦激励下一阶电路的全响应

实际电路中，除了直流电源，还有一类常用的电源——正弦电源。正弦电源激励电路的瞬态分析是有实际意义的，下面以一阶 RL 电路为例，分析在正弦电源激励下电路的全响应。

图 8-51（a）所示为具有非零原始状态的 RL 串联电路在 $t = 0$ 时接通正弦电压源 u_S。根据换路定则，有 $i_L(0_+) = i_L(0_-) = I_0$。正弦电压源的电压 $u_S = U_m \cos(\omega t + \psi_u)$，其中 ψ_u 为正弦电压源接通电路时的初相角，它取决于电路的接通时刻，所以又称为接入相位角或开关闭合时的合闸角。

在 $t \geq 0_+$ 时，根据基尔霍夫定律和元件的伏安关系，可列写出正弦电压源接通电路后以 $i_L(t)$ 为响应变量的电路方程

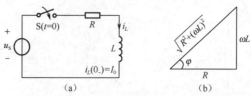

图 8-51　正弦电源激励下的一阶 RL 电路

$$\begin{cases} L\dfrac{\mathrm{d}i_L}{\mathrm{d}t} + Ri_L = U_m\cos(\omega t + \psi_u) \\ i_L(0_+) = I_0 \end{cases} \tag{8-110}$$

上述方程的解由通解和特解两部分组成，即

$$i_L(t) = i_{Lh}(t) + i_{Lp}(t)$$

通解为

$$i_{Lh}(t) = A\mathrm{e}^{st} = A\mathrm{e}^{-\frac{R}{L}t}$$

式中，A 为待定常数。其特解应为与外施激励的频率相同的正弦函数，即

$$i_{Lp}(t) = I_m\cos(\omega t + \psi_i) \tag{8-111}$$

式中，I_m 和 ψ_i 为待定常数。为了确定这两个常数，将式（8-111）代入式（8-110），有

$$L\frac{\mathrm{d}}{\mathrm{d}t}[I_m\cos(\omega t + \psi_i)] + R[I_m\cos(\omega t + \psi_i)] = U_m\cos(\omega t + \psi_u)$$

$$I_m[R\cos(\omega t + \psi_i) - \omega L\sin(\omega t + \psi_i)] = U_m\cos(\omega t + \psi_u)$$

$$I_m\sqrt{R^2 + (\omega L)^2}\left[\frac{R}{\sqrt{R^2 + (\omega L)^2}}\cos(\omega t + \psi_i) - \frac{\omega L}{\sqrt{R^2 + (\omega L)^2}}\sin(\omega t + \psi_i)\right] = U_m\cos(\omega t + \psi_u) \tag{8-112}$$

构造一个直角三角形，如图 8-51（b）所示，有

$$\begin{cases} \tan\varphi = \dfrac{\omega L}{R} \\[2mm] \sin\varphi = \dfrac{\omega L}{\sqrt{R^2 + (\omega L)^2}} \\[2mm] \cos\varphi = \dfrac{R}{\sqrt{R^2 + (\omega L)^2}} \end{cases} \tag{8-113}$$

将式（8-113）代入式（8-112），有

$$I_m\sqrt{R^2 + (\omega L)^2}[\cos\varphi\cos(\omega t + \psi_i) - \sin\varphi\sin(\omega t + \psi_i)] = U_m\cos(\omega t + \psi_u) \tag{8-114}$$

利用三角公式 $\cos\alpha\cos\beta - \sin\alpha\sin\beta = \cos(\alpha + \beta)$，式（8-114）可写为

$$I_m\sqrt{R^2 + (\omega L)^2}\cos(\omega t + \psi_i + \varphi) = U_m\cos(\omega t + \psi_u)$$

将上式左右两边平衡，可得到

$$I_m\sqrt{R^2 + (\omega L)^2} = U_m$$

$$\psi_i + \varphi = \psi_u$$

因此，可求得待定常数为

$$\begin{cases} I_m = \dfrac{U_m}{\sqrt{R^2 + (\omega L)^2}} \\[3mm] \psi_i = \psi_u - \varphi \end{cases} \tag{8-115}$$

从而有

$$i_{Lp}(t) = \frac{U_m}{\sqrt{R^2 + (\omega L)^2}} \cos(\omega t + \psi_u - \varphi) \tag{8-116}$$

$$i_L(t) = i_{Lh}(t) + i_{Lp}(t)$$

$$= A\mathrm{e}^{-\frac{R}{L}t} + \frac{U_m}{\sqrt{R^2 + (\omega L)^2}} \cos(\omega t + \psi_u - \varphi) \tag{8-117}$$

利用初始条件 $i_L(0_+) = I_0$ 确定待定常数 A，即

$$i_L(0_+) = A + \frac{U_m}{\sqrt{R^2 + (\omega L)^2}} \cos(\psi_u - \varphi) = I_0$$

解得

$$A = I_0 - \frac{U_m}{\sqrt{R^2 + (\omega L)^2}} \cos(\psi_u - \varphi)$$

将 A 代入式（8-117），得到全响应 $i_L(t)$ 为

$$i_L(t) = \underbrace{\left[I_0 - \frac{U_m}{\sqrt{R^2 + (\omega L)^2}} \cos(\psi_u - \varphi) \right] \mathrm{e}^{-\frac{R}{L}t}}_{\substack{\text{通解 } i_{Lh}(t) \\ \text{自由分量} \\ \text{暂态分量}}} + \underbrace{\frac{U_m}{\sqrt{R^2 + (\omega L)^2}} \cos(\omega t + \psi_u - \varphi)}_{\substack{\text{特解 } i_{Lp}(t) \\ \text{强制分量} \\ \text{稳态分量}}} \tag{8-118}$$

式（8-118）表明，自由分量随时间 t 的增长趋于零，一般认为经历 $3\tau \sim 5\tau$ 的时间，电路的过渡过程结束，电路进入正弦稳态，通常将工作在正弦稳态下的电路称为正弦稳态电路，这时电路的响应中只剩下强制分量，强制分量是与外施激励的频率相同的正弦函数，故又称为正弦稳态响应。

从式（8-118）还可看出自由分量与电感的初始状态和开关闭合（合闸）的时刻有关。

如果 $I_0 = \dfrac{U_m}{\sqrt{R^2 + (\omega L)^2}} \cos(\psi_u - \varphi)$，则自由分量为零，电路无过渡过程，直接进入正弦稳态。

如果 $i_L(0_+) = i_L(0_-) = I_0 = 0$，且在开关闭合时，$\psi_u - \varphi = \pm \pi/2$，即 $\psi_u = \varphi \pm \pi/2$，则自由分量也为零，电路也无过渡过程，直接进入正弦稳态。

如果 $i_L(0_+) = i_L(0_-) = I_0 = 0$，且在开关闭合时，$\psi_u - \varphi = \begin{cases} 0 \\ \pi \end{cases}$，则

$$i_L(t) = \mp \frac{U_m}{\sqrt{R^2 + (\omega L)^2}} \mathrm{e}^{-\frac{R}{L}t} + \frac{U_m}{\sqrt{R^2 + (\omega L)^2}} \cos\left(\omega t + \begin{cases} 0 \\ \pi \end{cases} \right)$$

这时，自由分量的幅值达到最大，其作用也最强烈，因而电路的过渡过程最明显。如果电路的时间常数 τ 很大，则 $i_{Lh}(t)$ 衰减会极其缓慢，在这种情况下，大约在换路后的半个周期时刻，电路中将会出现最大的瞬时电流，称为过电流，过电流在量值上可能接近但不会超过电感电流稳态分量振幅值的 2 倍，即 $i_{L\max} < 2I_m$。

当正弦电源激励一阶 RC 电路时，用相同的分析方法可得到与上述结论相对偶的结论。一阶 RC 电路也会在换路后的半周期时刻出现最大的瞬时电压，称为过电压。这种过电流、过电压是线性动态电路在正弦电源激励下的过渡过程中出现的一种物理现象，它将导致电路的工作状态不正常，甚至产生很大危害，在实际工程中要注意这个问题。

如果电路为二阶甚至高阶电路，采用微分方程的经典解法求解正弦稳态响应将十分烦琐，因此需要寻求一种求解正弦稳态响应的简便、快捷方法，这就是第 9 章将要介绍的相量法。

8.8　计算机仿真

例 8-12　一阶 RC 电路的零输入响应

（1）示波器法

一阶 RC 电路的零输入响应是指已经储存有电荷的电容器通过电阻放电的物理过程，如图 8-52（a）所示电路，开关 J1 原来接于触点 1，电源通过电阻 Rs 对电容充电，使其电压达到 10V。在 $t=0$ 时（注：实际仿真时，开关动作发生在 $t=20\text{ms}$ 时，为表述简洁，仍将开关动作的时刻表示为 $t=0$），开关由触点 1 切换到触点 2，已经充电的电容与电阻 R1 连接构成放电回路。

根据理论分析，换路前，$u_C(0_-)=10\text{V}$，换路后的瞬间，即 $t=0_+$ 时刻，电容电压仍为 10V，即没有发生跃变，但是电容上的电流由 0mA 跃变为 10mA。换路后，时间常数为 $\tau=10\text{ms}$，随着时间的增加，电容电压按指数规律衰减为 $u_C(t)=10\mathrm{e}^{-t/\tau}=10\mathrm{e}^{-100t}\text{V}$，经过一段时间，电容电压达到 0V。而电容电流的变换规律为 $i_C=0.01\mathrm{e}^{-100t}\text{A}$，由 10mA 按指数规律下降为 0mA，电路达到新的稳定状态。

图 8-52（b）为放电过程中电容电压随时间变化的曲线。为方便比对，图 8-52（c）给出了放电过程中电容电压和电容电流随时间变化的曲线，其中上半部分表示电容电压，下半部分表示电容电流。拖动示波器屏幕上的读数指针，可以读出不同时刻电容电压的数值和 RC 电路的时间常数 τ。$t=0$ 时，$u_C(0_-)=10\text{V}$；$t=\tau=10\text{ms}$ 时，$u_C(\tau)=3.36\text{V}$；$t=2\tau=20\text{ms}$ 时，$u_C(2\tau)=1.35\text{V}$；$t=3\tau=30\text{ms}$ 时，$u_C(3\tau)=0.5\text{V}$；$t=4\tau=40\text{ms}$ 时，$u_C(4\tau)=0.18\text{V}$；$t=5\tau=50\text{ms}$ 时，$u_C(5\tau)=0.068\text{V}$。一阶 RC 放电电路在经历了 5τ 后，电容电压近似为 0，流过电容器的电流也几乎为 0，放电过程基本结束。通过对 RC 放电过程的仿真实验，可以发现电容电压不能跃变，但是流过电容的电流可以跃变。

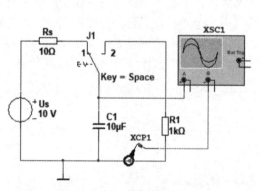

（a）一阶 RC 零输入电路

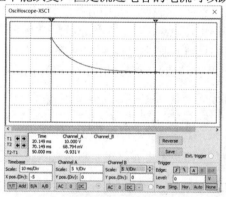

（b）一阶 RC 电路的零输入响应 u_C

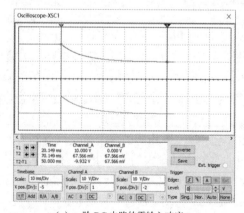

（c）一阶 RC 电路的零输入响应 i_C

图 8-52　示波器观察一阶 RC 电路的零输入响应

（2）瞬态分析法与参数扫描法

如图 8-53（a）所示为对 RC 放电过程进行瞬态分析的仿真电路，在电路中放置了一个"测量探针"（Probe 1）。双击电容的符号，在弹出的电容参数设置对话框中，选中 Initial conditions（初始条件），将电容端电压设置为 10V，如图 8-53（b）所示。执行菜单命令 Simulate→Analysis→Transient Analysis，在弹出的对话框中打开 Analysis parameters 选项卡，在初始条件中选择 Set to zero，分析的起始时间默认为 0s，分析的终止时间为 0.06s，如图 8-53（c）所示。接着弹出 Output 选项卡，选择 V（Probe 1）为输出变量，如图 8-53（d）所示，单击对话框下方的 Simulate 按钮，得到电容器端电压的零输入响应曲线，如图 8-53（e）所示。若在 Output 选项卡中选择 I（Probe 1）为输出变量，则会得到 RC 电路电流的零输入响应曲线，如图 8-53（f）所示。瞬态分析结果和用示波器测量的结果完全一致。

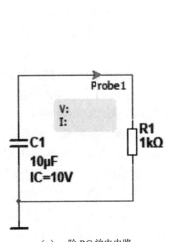

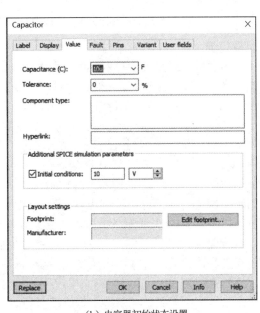

（a）一阶 RC 放电电路　　　　　　　　　　　（b）电容器初始状态设置

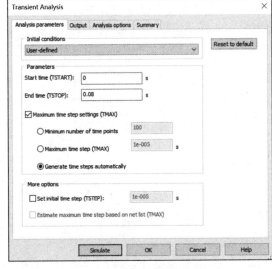

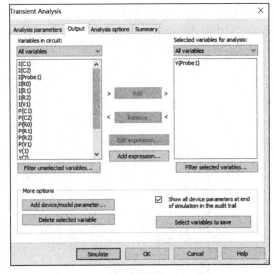

（c）瞬态分析参数设置　　　　　　　　　　　（d）输出项设置

图 8-53　瞬态分析法分析一阶 RC 电路的零输入响应

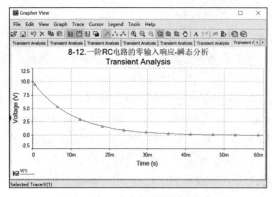
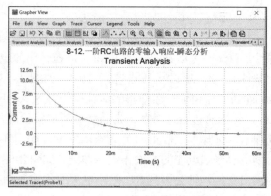

（e）一阶 RC 电路电压的零输入响应　　　　　（f）一阶 RC 电路电流的零输入响应

图 8-53　瞬态分析法分析一阶 RC 电路的零输入响应（续）

（3）参数扫描法

一阶 RC 电路放电过程的快慢取决于电路的时间常数 τ，在图 8-54（a）所示的仿真电路中，通过改变电容 C 的电容值来观察其对过渡过程快慢的影响。执行菜单命令 Simulate→Analysis→Parameter Sweep（参数扫描），在弹出的对话框中打开 Analysis parameters 选项卡，选择 Capacitor（电容）作为扫描对象，Sweep variation type（扫描参数变化类型）选择 List（列表）方式，在 Value list（数值列表）框中输入电容量分别为 10μF、20μF 和 30μF 三种情况。然后确定扫描分析类型（Analysis to sweep），在下拉列表中选择 Transient Analysis（瞬态分析），如图 8-54（b）所示。单击 Edit analysis 按钮，设置"瞬态分析"的初始条件，如图 8-54（c）所示。初始条件为 Set to zero，分析的起始时间默认为 0s，分析的终止时间为 0.15s。接着弹出 Output 选项卡，选择 V（Probe 1）为输出变量，如图 8-54（d）所示，单击对话框下方的 Simulate 按钮，得到不同电容值的电容器端电路零输入响应曲线，如图 8-54（e）所示。图中有三条曲线，自上而下分别为电容值为 10μF、20μF 和 30μF 三种情况的电容放电电压变化曲线，它们放电到 0V 的过渡过程分别为 50ms、100ms 和 150ms。该仿真结果说明，RC 电路充电过程的快慢取决于时间常数 τ，τ 只与电路参数 R 和 C 有关，与电源电压大小无关。在保持电容值不变的情况下，也可以通过改变 R 来改变时间常数 τ。

若在 Output 选项卡中选择 I（Probe 1）为输出变量，则会得到不同电容值的 RC 电路电流的零输入响应曲线，如图 8-54（f）所示。图中有三条曲线，自上而下分别为电容值为 10μF、20μF 和 30μF 三种情况的电容放电电流变化曲线，电容值越大，τ 越大，电流衰减越慢；电容值越小，τ 越小，电流衰减越快。

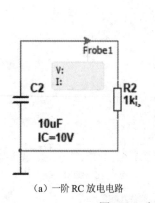
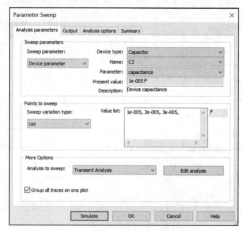

（a）一阶 RC 放电电路　　　　　　　　　　　（b）扫描参数设置

图 8-54　参数扫描法分析一阶 RC 电路的零输入响应

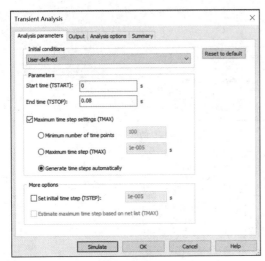

（c）瞬态分析参数设置　　　　　　　　　　（d）输出项设置

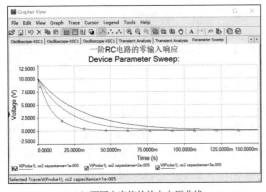

（e）不同电容值的放电电压曲线

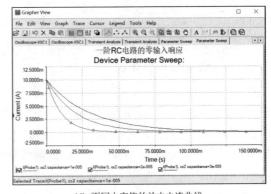

（f）不同电容值的放电电流曲线

图 8-54　参数扫描法分析一阶 RC 电路的零输入响应（续）

因工作需要，有时需要对电容进行人工放电。例如，电器中的开关电源都是直接将 220V 的交流电进行整流再经过电容滤波，获得 300V 的直流电压。滤波电容大多选用 100μF、耐压值为 450V 的电解电容。当电源不工作时，电容器仍然储存有电荷，当检修这种电源时，为防止人体不小心碰到电解电容器的电极而造成伤害，应事先对电容器进行人工放电。低电压小容量电容可以直接将两个电极短路放电。但是大容量或充电电压较高的电容器，直接将两极短路放电是不安全的，需要在短路线之间串联一个几十欧姆到几百欧姆的电阻，这样可以减小放电电流的初始值。

例 8-13　一阶 RL 电路的零输入响应

（1）示波器法

如图 8-55（a）所示的一阶 RL 电路，开关 J1 原来接于触点 1，电感线圈储存了一定的磁场能量，电感在此过程中达到稳态时的电流为 1A，电感的端电压为 0V。在 $t = 0$ 时，开关迅速由位置"1"拨到"2"，电感线圈与电阻 R1 串联，通过电阻 R1 释放其储存的磁场能量。

利用示波器观察一阶 RL 电路的零输入响应时，电感电压接示波器的 A 通道，电感电流由电流探针 XCP1 接入示波器的 B 通道。为了更好地显示电感电流，右键单击 XCP1，在弹出的快捷菜单中选择属性菜单，在如图 8-55（b）所示的设置界面中，设定探针的电压电流比，单击 Accept 按钮，然后双击示波器，弹出如图 8-55（c）所示的仿真界面，显示有放电过程中电感电流和电感电压随时间变化的曲线，横轴上方的曲线是电感电流，横轴下方的曲线是电感电压。示波器的波形还可以通过菜单 View→Grapher 得到，如图 8-55（d）所示。

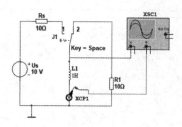

（a）一阶 RL 电路

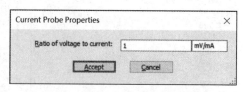

（b）设置电流探针的电压电流比

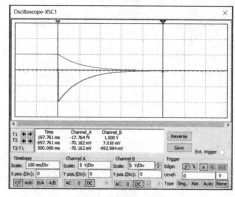

（c）一阶 RL 电路的零输入响应示波器

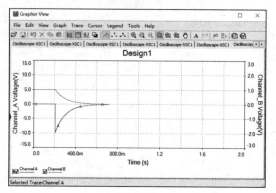

（d）一阶 RL 电路的零输入响应波形图

图 8-55　示波器观察一阶 RL 电路的零输入响应

换路前，$i_L(0_-) = 1A$，$u_L(0_-) = 0V$，换路后的瞬间，即 $t = 0_+$ 时刻，电感电流仍为 1A，即没有发生跃变，但是电感上的电压由 0V 跃变为-10V。换路后，随着时间的增加，电感电流按指数规律衰减，即 $i_L(t) = i_L(0_+)\mathrm{e}^{-t/\tau} = \mathrm{e}^{-10t}A$。根据理论分析，放电过程的时间常数为 $\tau = L/R = 0.1s$。经过 5τ，即 500ms，电感电流基本达到 0A，磁场能量释放完毕，电路达到新的稳定状态。

电感电压换路前，$u_L(0_-) = 0V$，$u_L(0_+) = -10V$，电感电压发生跃变，u_L 按指数规律变化，即 $u_L(t) = u_L(0_+)\mathrm{e}^{-t/\tau} = -10\mathrm{e}^{-10t}V$，经过 5τ，基本衰减为 0V，变化的快慢取决于时间常数 $\tau(\tau = L/R)$，τ 越大，电路变量衰减越慢，过渡过程就越长。

（2）瞬态分析法

用瞬态分析法对一阶 RL 电路的零输入响应进行分析。图 8-56（a）是被分析的电路，首先进行"瞬态分析"，各项设置如图 8-56（b）～（d）所示，分析结果如图 8-56（e）和（f）所示，测得的数据与用示波器测量的数据完全一致。

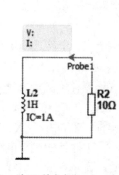

（a）一阶 RL 放电电路

（b）电感线圈初始状态设置

图 8-56　瞬态分析法分析一阶 RL 电路的零输入响应

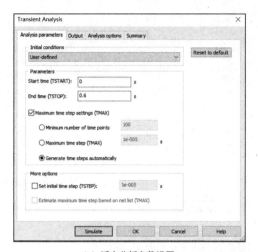 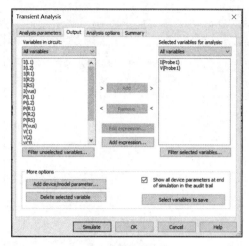

（c）瞬态分析参数设置　　　　　　　　　　　　（d）输出项设置

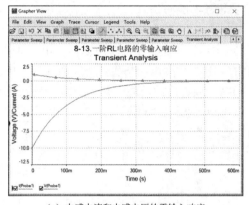

（e）电感电流和电感电压的零输入响应

图 8-56　瞬态分析法分析一阶 RL 电路的零输入响应（续）

（3）参数扫描法

图 8-57 是参数扫描法分析的过程，保持 R1 的阻值不变，改变电感参数，当电感分别为 1H、1.5H 和 2H 时，电流响应曲线明显不同，从中可以看出，电感量越大，时间常数越大，过渡过程需要的时间也越长。

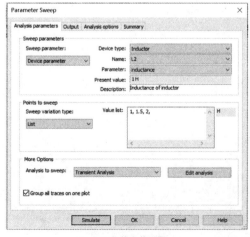 

（a）扫描参数设置　　　　　　　　　　　　（b）瞬态分析参数设置

图 8-57　参数扫描法分析一阶 RL 电路的零输入响应

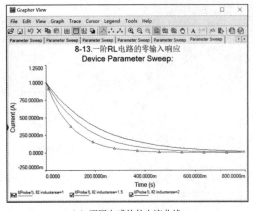
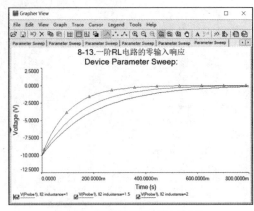

（c）不同电感值的电流曲线　　　　　　　　（d）不同电感值的电感电压曲线

图 8-57　参数扫描法分析一阶 RL 电路的零输入响应（续）

例 8-14　一阶 RC 电路的零状态响应仿真

（1）示波器法

如图 8-58（a）所示为直流电压源激励的 RC 充电电路，电容器的初始储能为零，在 $t = 0$ 时，开关迅速由位置"2"拨到"1"，RC 串联电路与直流电压源相连，电压源通过电阻向电容充电。换路前，$u_C(0_-) = 0\text{V}$，$i_C(0_-) = 0\text{A}$，换路后的瞬间，即 $t = 0_+$ 时刻，电容电压仍然为 0V，即没有发生跃变，但是电容上的电流由 0mA 跃变为 10mA。换路后，电路时间常数为 $\tau = RC = 10\text{ms}$，随着时间的增加，电容电压按指数规律增大 $u_C(t) = u_C(\infty)(1 - e^{-t/\tau}) = 10(1 - e^{-100t})\text{V}$，经过一段时间，电容电压达到 10V。而电流由 10mA 按指数规律 $i_C(t) = 0.01e^{-100t}\text{A}$，逐渐下降为 0mA，电路达到新的稳定状态。

图 8-58（b）所示为充电过程中，电容电压和电容电流随时间变化的曲线。拖动示波器屏幕上的读数指针，可以读出不同时刻电容电压的数值和 RC 电路的时间常数 τ。$t = 0$ 时，$u_C(0) = 0\text{V}$；$t = \tau = 10\text{ms}$ 时，$u_C(\tau) = 6.27\text{V}$；$t = 2\tau = 20\text{ms}$ 时，$u_C(2\tau) = 8.63\text{V}$；$t = 3\tau = 30\text{ms}$ 时，$u_C(3\tau) = 9.5\text{V}$；$t = 4\tau = 40\text{ms}$ 时，$u_C(4\tau) = 9.82\text{V}$；$t = 5\tau = 50\text{ms}$ 时，$u_C(5\tau) = 9.932\text{V}$；$t = 8\tau = 80\text{ms}$ 时，$u_C(8\tau) = 9.997\text{V}$；而此时充电电流 $i_C(8\tau) = 0.0034\text{mA}$。当 $t = \infty$ 时，$u_C(\infty) = 10\text{V}$，$i_C(\infty) = 0\text{A}$。一阶 RC 充电电路在经历了 5τ 后，电容电压近似等于 10V，流过电容器的电流也几乎为 0，电路呈现出另一种新的稳定状态，即 $u_C(\infty) = 10\text{V}$，$i_C(\infty) = 0\text{A}$。

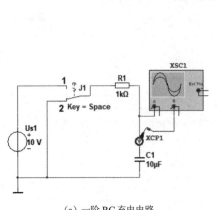
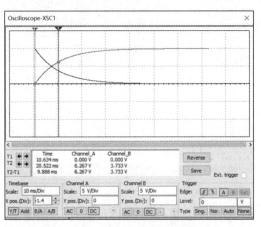

（a）一阶 RC 充电电路　　　　　　　　　（b）一阶 RC 电路的零状态响应

图 8-58　示波器观察一阶 RC 电路的零状态响应

（2）瞬态分析法

如图 8-59（a）所示为对 RC 电路充电过程进行瞬态分析的仿真电路，在电容前放置了一个"测量探针"（Probe 1）。双击电容的符号，在弹出的电容参数设置对话框中选中 Initial conditions（初始条件），将电容端电压设置为 0V，如图 8-59（b）所示。执行菜单命令 Simulate→Analysis→Transient Analysis，在弹出的对话框中打开 Analysis parameters 选项卡，在初始条件中选择 Set to zero，分析的起始时间默认为 0s，分析的终止时间为 0.08s，如图 8-59（c）所示。接着弹出 Output 选项卡，选择 V（Probe 1）为输出变量，如图 8-59（d）所示，单击对话框下方的 Simulate 按钮，得到电容器端电压的零状态响应曲线，如图 8-59（e）所示。若在 Output 选项卡中选择 I（Probe 1）为输出变量，则会得到 RC 电路电流的零状态响应曲线，如图 8-59（f）所示。瞬态分析结果和用示波器测量的结果完全一致。

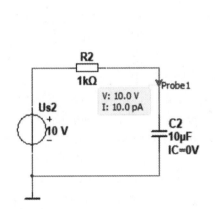

（a）一阶 RC 充电电路

（b）电容器初始状态设置

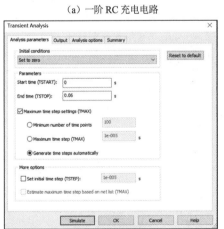

（c）瞬态分析参数设置

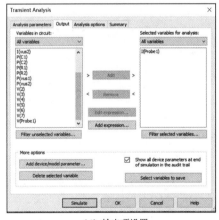

（d）输出项设置

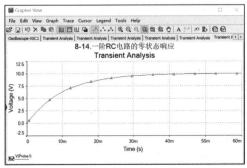

（e）一阶 RC 电路电压的零状态响应

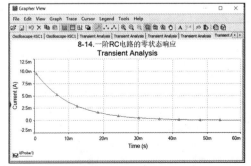

（f）一阶 RC 电路电流的零状态响应

图 8-59　瞬态分析法分析一阶 RC 电路的零状态响应

（3）参数扫描法

一阶 RC 电路充电过程的快慢取决于电路的时间常数 τ（$\tau = RC$），在图 8-60（a）所示的仿真电路中，通过改变电容 C 的电容值来观察其对过渡过程快慢的影响。执行菜单命令 Simulate→Analysis→Parameter Sweep（参数扫描），在弹出的对话框中打开 Analysis parameters 选项卡，选择 Capacitor（电容）作为扫描对象，Sweep variation type（扫描参数变化类型）可以选择 List（列表）方式，如图 8-60（b）所示，在 Value list（数值列表）框中输入电容量分别为 10μF、20μF、30μF 和 40μF 四种情况；也可以按图 8-60（c）所示选择 Linear（自动按线性增加）方式改变电容参数。然后确定扫描分析类型（Analysis to sweep），在下拉列表中选择 Transient Analysis（瞬态分析），如图 8-60（c）所示。单击 Edit analysis 按钮，设置"瞬态分析"的初始条件，如图 8-60（d）所示。初始条件为 Set to zero，分析的起始时间默认为 0s，终止时间为 0.2s。接着弹出 Output 选项卡，选择 V（Probe 1）为输出变量，如图 8-60（e）所示，单击对话框下方的 Simulate 按钮，得到不同电容值的电容器端电压零状态响应曲线，如图 8-60（f）所示。图中有 4 条曲线，自上而下分别为电容值为 10μF、20μF、30μF 和 40μF 四种情况的电容充电电压变化曲线，它们充电到 10V 的过渡过程分别为 50ms、100ms、150ms 和 200ms。该仿真结果说明，RC 电路充电过程的快慢取决于时间常数 τ，τ 只与电路参数 R 和 C 有关，与电源电压大小无关。在保持电容值不变的情况下，也可以通过改变 R 来改变时间常数 τ。

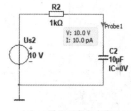

（a）一阶 RC 充电电路

若在 Output 选项卡中选择 I（Probe 1）为输出变量，则会得到不同电容值的 RC 电路电流的零状态响应曲线，如图 8-60（g）所示。图中有 4 条曲线，自上而下分别为电容值为 10μF、20μF、30μF 和 40μF 四种情况的电容充电电流变化曲线，电容值越大，τ 越大，电流衰减越慢；电容值越小，τ 越小，电流衰减越快。

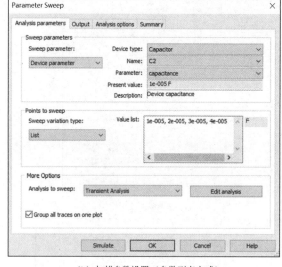

（b）扫描参数设置（参数列表方式）　　　　（c）扫描参数设置（自动按线性增加方式）

图 8-60　参数扫描法分析一阶 RC 电路的零状态响应

（d）瞬态分析参数设置　　　　　　　　　　　（e）输出项设置

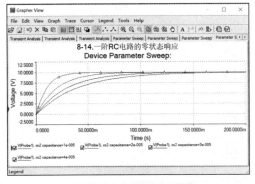

（f）不同电容值的充电电压曲线

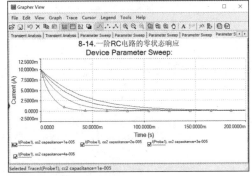

（g）不同电容值的充电电流曲线

图 8-60　参数扫描法分析一阶 RC 电路的零状态响应（续）

例 8-15　一阶 RL 电路的零状态响应

（1）示波器法

如图 8-61（a）所示为直流电压源激励的 RL 充电电路，电感线圈的初始储能为零，在 $t = 0$ 时，开关迅速由位置"2"拨到"1"，RL 串联电路与直流电压源相连，电压源通过电阻向电感线圈充电。由理论分析可知，换路前，$i_L(0_-) = 0A$，$u_L(0_-) = 0V$，换路后的瞬间，即 $t = 0_+$ 时刻，电感电流仍然为 0A，即没有发生跃变，但是电感上的电压由 0V 跃变为 10V。换路后，时间常数 $\tau = L/R = 0.1s$，随着时间的增加，电感电流按指数规律增大，即 $i_L(t) = i_L(\infty)(1 - e^{-t/\tau}) = 1 - e^{-10t}A$，经过一段时间，约为 5τ，即 0.5s，电感电流达到 1A。而电压由 10V 按指数规律 $u_L(t) = 10e^{-10t}V$ 下降为 0V，电路达到新的稳定状态。

图 8-61（b）所示为充电过程中，电感电流和电感电压随时间变化的曲线。拖动示波器屏幕上的读数指针，可以读出不同时刻电感电流和电感电压的数值。经计算，RL 电路的时间常数 $\tau = L/R = 1/10 = 0.1s = 100ms$。$t = 0$ 时，$i_L(0) = 0A$；$t = \tau = 100ms$ 时，$i_L(\tau) = 0.626mA$；$t = 2\tau = 200ms$ 时，$i_L(2\tau) = 0.861mA$；$t = 3\tau = 300ms$ 时，$i_L(3\tau) = 0.949mA$；$t = 4\tau = 40ms$ 时，$i_L(4\tau) = 0.981mA$；$t = 5\tau = 500ms$ 时，$i_L(5\tau) = 0.993mA$；$t = 8\tau = 80ms$ 时，$i_L(8\tau) = 0.999mA$。从上述数据可以看出，一阶 RL 电路在经历了 5τ 后，过渡过程基本结束，电感电流近似等于 1A，电感的电压也几乎为 0V，电路呈现出另一种新的稳定状态，即 $i_L(\infty) = 1A$，$u_L(\infty) = 0V$。

（2）瞬态分析法

用瞬态分析法对一阶 RL 电路的零状态响应进行分析。图 8-62（a）是被分析的电路，首先进行"瞬态分析"，各项设置如图 8-62（b）～（d）所示，分析结果如图 8-62（e）和（f）所示，测得的数据与用示波器测量的数据完全一致。

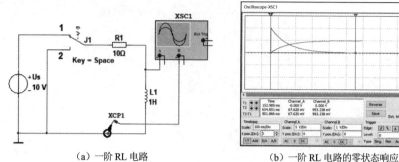

（a）一阶 RL 电路　　　　　　　　　　　　（b）一阶 RL 电路的零状态响应

图 8-61　示波器观察一阶 RL 电路的零状态响应

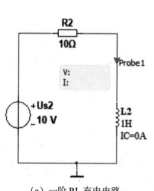

（a）一阶 RL 充电电路　　　　　　　　　　　（b）电感线圈初始状态设置

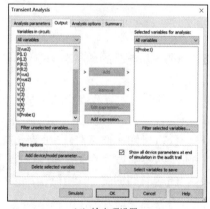

（c）瞬态分析参数设置　　　　　　　　　　　（d）输出项设置

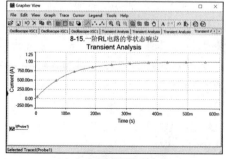

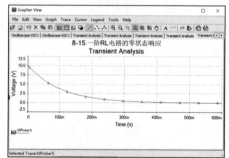

（e）电感电流的零状态响应　　　　　　　　　（f）电感电压的零状态响应

图 8-62　瞬态分析法分析一阶 RL 电路的零状态响应

（3）参数扫描法

图 8-63 所示为参数扫描法分析的过程，保持 R2 的阻值不变，按图 8-63（a）和（b）设置扫描参数，改变电感参数，当电感分别为 1H、2H、3H 和 4H 时，得到不同电感值的电流曲线，如图 8-63（c）所示，电流响应曲线自上而下分别对应 1H、2H、3H 和 4H 电感，4 条曲线明显不同，从中可以看出，电感量越大，时间常数越大，曲线越平缓，意味着过渡过程需要的时间也越长。图 8-63（d）中的电感电压响应曲线自下而上分别对应 1H、2H、3H 和 4H 电感，4 条曲线也明显不同，从中可以看出，电感量越大，时间常数越大，曲线越平缓，意味着过渡过程需要的时间也越长。

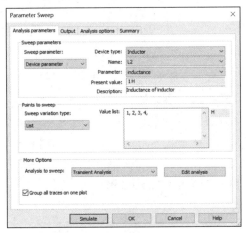

（a）扫描参数设置　　　　　　　　　　　　　　（b）瞬态分析参数设置

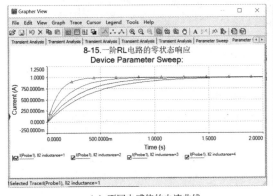 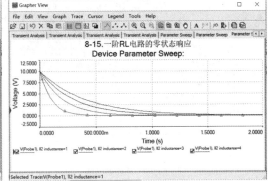

（c）不同电感值的电流曲线　　　　　　　　　　（d）不同电感值的电感电压曲线

图 8-63　参数扫描法分析一阶 RL 电路的零状态响应

例 8-16　一阶 RC 电路的全响应

（1）示波器法

① 电源电压大于电容器的初始电压。如图 8-64（a）所示，开关 J1 最初位于触点 1，即电容的初始稳态电压为 2V，电流为 0A。当 $t=0$ 时，开关由触点 1 切换到触点 2，电容的端电压由 2V 开始按指数规律增大，即 $u_C(t)=u_C(\infty)+[u_C(0_+)-u_C(\infty)]e^{-t/\tau}=10-8e^{-10t}$V，经过一段时间充电至 10V，示波器上显示电容的端电压没有发生跃变。充电电流 $i_C(0_-)=0$V，$i_C(0_+)=8$mA，电流发生跃变，随后充电电流按指数规律 $i_C(t)=0.008e^{-10t}$A 衰减至 0A，电容达到另一个稳定状态，$u_C(\infty)=10$V，$i_C(\infty)=0$A，如图 8-64（b）所示。

② 电源电压小于电容器的初始电压。如图 8-65（a）所示，开关 J1 最初位于触点 2，即电容的初始稳态电压为 10V，电流为 0A。当 $t=0$ 时，开关由触点 2 切换到触点 1，电容开始放电，其过渡过程可以在示波器上看到，端电压 $u_C(0_+)=u_C(0_-)=10$V，电容电压从 10V 开始按指数规律

$u_C(t) = u_C(\infty) + [u_C(0_+) - u_C(\infty)]e^{-t/\tau} = 2 + 8e^{-10t}$ V 下降到 2V，并维持 2V 不变。$i_C(0_-) = 0$V，$i_C(0_+) = -8$mA，电流发生跃变，电流按指数规律 $i_C(t) = -0.008e^{-10t}$A 衰减。电流为负，表明在过渡过程中始终在放电，当电容电压下降到 2V 时，电容电流也下降到 0A，过渡过程结束，这时，电路转换为另一个稳定状态，$u_C(\infty) = 5$V，$i_C(\infty) = 0$A，如图 8-65（b）所示。

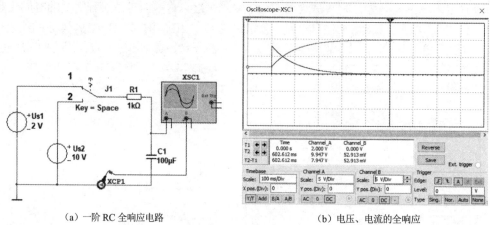

（a）一阶 RC 全响应电路　　　　　　　　　（b）电压、电流的全响应

图 8-64　示波器观察一阶 RC 电路的全响应 1

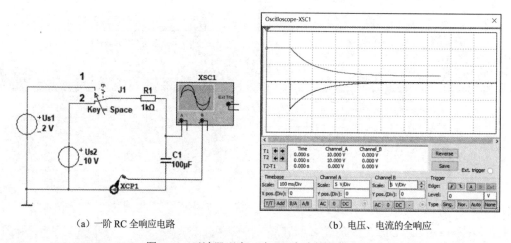

（a）一阶 RC 全响应电路　　　　　　　　　（b）电压、电流的全响应

图 8-65　示波器观察一阶 RC 电路的全响应 2

③ 电源电压等于电容器的初始电压。电容不存在充放电，不发生过渡过程，换路后立即进入稳定状态，其原因在于换路前后电容中的电场能量没有发生变化。

（2）瞬态分析法

图 8-66（a）是使用瞬态分析法对一阶 RC 电路进行分析的电路图，图 8-66（b）是瞬态分析的设置，在 output 标签页将变量设置为"V(Probe1)"，单击 Simulate 按钮后得到如图 8-66（c）所示的瞬态分析结果，电压由初始值 2V 按指数规律上升到 10V。在 output 标签页将变量设置为"I(Probe1)"，单击 Simulate 按钮后得到如图 8-66（d）所示的瞬态分析结果，电流由初始值 8mA 按指数规律下降到 0A，与示波器观察法中的图 8-64（b）所示全响应结果完全一致。

（3）参数扫描法

图 8-67（a）为"参数扫描"分析电路，电源电压为 10V。执行参数扫描分析命令，在弹出的对话框中选择电容器 C1 的初始储能 ic（Initial capacitor voltage）为分析对象，电容器 C1 的初始电压用线性增加的方法设置为 2V、6V、10V、14V、18V 五种情况，然后设置"分析类型"为"瞬态分析"，

如图 8-67（b）所示。单击 Edit analysis 按钮，设置"瞬态分析"的条件，初始条件选择 User-defined（用户自定义初始条件），开始时间为 0s，结束时间为 0.5s，如图 8-67（c）所示。单击 Output 标签，确定输出变量，这里既可以选择 V（Probe 1），也可以选择 I（Probe 1）为输出项，如图 8-67（d）所示。选择 V（Probe 1）为输出变量，得到如图 8-67（e）所示的 5 种情况下的电容电压全响应曲线。如果选择 I（Probe 1）为输出变量，则得到如图 8-67（f）所示的 5 种情况下的电容电流全响应曲线。

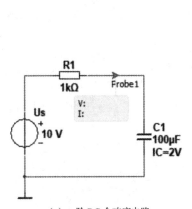

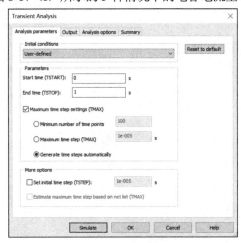

（a）一阶 RC 全响应电路　　　　　　　　　　（b）瞬态分析参数设置

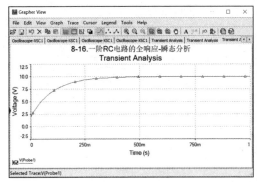

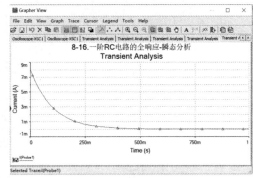

（c）电压的全响应　　　　　　　　　　　　　（d）电流的全响应

图 8-66　一阶 RC 电路全响应的瞬态分析

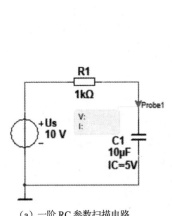

（a）一阶 RC 参数扫描电路　　　　　　　　　　（b）参数扫描设置

图 8-67　参数扫描法分析一阶 RC 电路的全响应

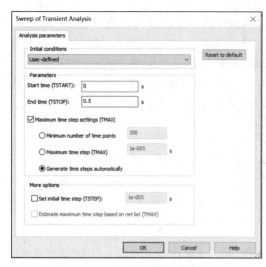

（c）瞬态分析参数设置 　　　　　　　　　　　　　　　　（d）输出项设置

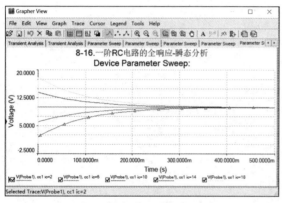
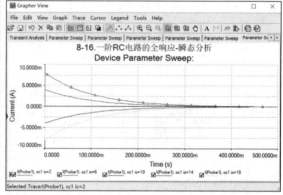

（e）不同初始状态下的电容电压曲线 　　　　　（f）不同初始状态下的电容电流曲线

图 8-67　参数扫描法分析一阶 RC 电路的全响应（续）

例 8-17　一阶 RL 电路的全响应

（1）示波器法

在如图 8-68（a）所示的电路中，电压源 Us1 的电压为 10V，电压源 Us2 的电压为 2V。换路前，开关 J1 位于触点 1，电路处于第一个稳定状态，电感具有初始储能，$i_L(0_-) = 1A$。当 $t = 0$ 时，将开关 J1 从触点 1 切换到触点 2，电感开始将储存的磁场能量释放回电路。换路后，通过电感的电流 i_L 及电感的端电压 u_L 是在独立源和电感的初始储能共同作用下产生，因此是全响应。

图 8-68（b）是用示波器观察到的 i_L 和 u_L 的全响应曲线，$i_L(0_-) = 1A$。换路后，电路的时间常数 $\tau = L/R = 0.1/10 = 0.01s$，$i_L$ 以 1A 为起点，按指数规律 $i_L(t) = i_L(\infty) + [i_L(0_+) - i_L(\infty)]e^{-t/\tau} = 0.2 + 0.8e^{-10t}A$ 逐渐减小至 $i_C(\infty) = 0.2A$。换路开始的一瞬间，u_L 由 0V 跃变为-8V，接着又从-8V 开始按指数规律 $u_L(t) = -0.8e^{-10t}V$ 增大至 $u_C(\infty) = 0V$，电路进入另一个新的稳定状态。

若在电路达到稳定状态后，再次将开关 J1 从触点 2 切换到触点 1，则电感又开始在电压源 Us1 的作用下储存磁场能量。图 8-68（c）是用示波器观察到的 i_L 和 u_L 的全响应曲线，$i_L(0_-) = 0.2A$，换路后电路的时间常数 $\tau = L/R = 0.1/10 = 0.01s$，$i_L$ 以 0.2A 为起点，按指数规律 $i_L(t) = i_L(\infty) + [i_L(0_+) - i_L(\infty)]e^{-t/\tau} = 1 - 0.8e^{-10t}A$ 逐渐增大至 $i_C(\infty) = 1A$。换路开始的一瞬间，u_L 由 0V 跃变为 8V，接着又从 8V 开始按指数规律 $u_L(t) = 0.8e^{-10t}V$ 减小至 $u_C(\infty) = 0V$，电路进入下一个新的稳定状态。

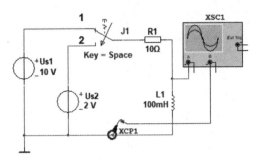

（a）一阶 RL 全响应电路

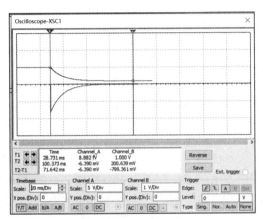

（b）第一次换路电压、电流的全响应

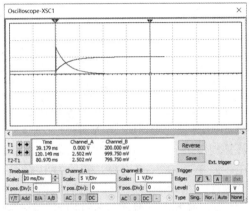

（c）第二次换路电压、电流的全响应

图 8-68 示波器观察一阶 RL 电路的全响应

（2）瞬态分析法

下面用瞬态分析法分析 RL 电路的全响应。图 8-69（a）为一阶 RL 瞬态分析电路，按图 8-69（b）设定电感的初始条件为电流 $i_L(0_-) = 0.2A$，图 8-69（c）是瞬态分析的条件设置。图 8-69（d）是电感电流 i_L 的全响应曲线，图 8-69（e）是电感电压 u_L 的全响应曲线，分析结果和用示波器观察图 8-68（b）的结果完全一致。

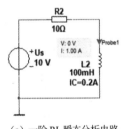

（a）一阶 RL 瞬态分析电路

（b）电感初始条件设置

（c）瞬态分析参数设置

图 8-69 瞬态分析法分析一阶 RL 电路的全响应

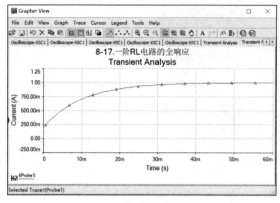
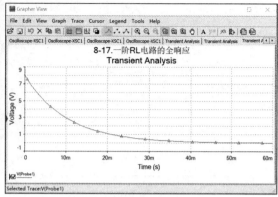

（d）电感电流全响应曲线   （e）电感电压全响应曲线

图 8-69   瞬态分析法分析一阶 RL 电路的全响应（续）

例 8-18   一阶电路的阶跃响应

电路在阶跃激励下的零状态响应称为阶跃响应。当电路的激励为 $\varepsilon(t)$V 或 $\varepsilon(t)$A 时，相当于将电路在 $t=0$ 时接通电压值为 1V 的直流电压源或电流值为 1A 的直流电流源。因此单位阶跃响应与直流激励作用下的零状态响应相同。图 8-70（a）为一阶 RC 电路，开关 J1 位于触点 1，此时电容的电压为 0V。在 $t=0$ 时刻，开关 J1 由触点 1 切换到触点 2，幅度为 10（V 或 A）的阶跃信号 $10\varepsilon(t)$ 开始通过 R1 对零状态的电容 C1 充电，图 8-70（b）是激励信号的波形和电容电压的响应曲线，电容端电压按指数规律 $u_C(t)=10(1-\mathrm{e}^{-100t})$V 上升。

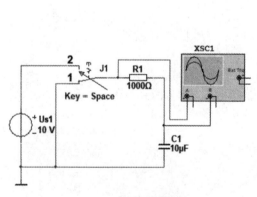

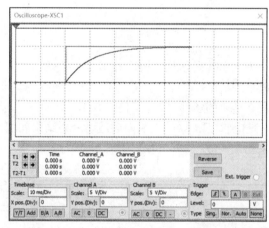

（a）一阶 RC 阶跃响应电路   （b）一阶 RC 阶跃响应波形

图 8-70   示波器观察一阶 RC 电路的阶跃响应

图 8-71（a）为单位阶跃信号作用下的 RL 零状态电路，阶跃函数设置如下：将方波信号的频率设置为 0.00005Hz，占空比为 100%，幅度为 1V。图 8-71（b）是单位阶跃激励信号的波形和电感电流的响应曲线，在 $t=0$ 时，输入电压由 0V 跃变为 1V，之后按指数规律 $u_L(t)=\mathrm{e}^{-10t}$V 逐渐下降到 0V，电感电流按指数规律 $i_L(t)=i_L(\infty)+[i_L(0_+)-i_L(\infty)]\mathrm{e}^{-t/\tau}=1-\mathrm{e}^{-10t}$A 上升，最后达到 1A 并保持不变。

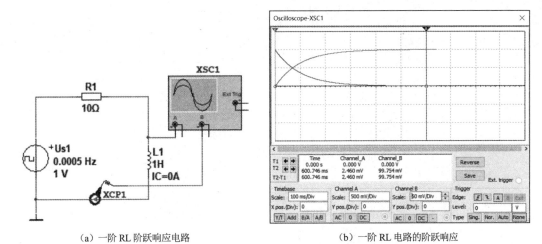

（a）一阶 RL 阶跃响应电路　　　　　　　　　　（b）一阶 RL 电路的阶跃响应

图 8-71　示波器观察一阶 RL 电路的阶跃响应

例 8-19　一阶电路的冲激响应

工程上把脉冲宽度趋于零、幅度趋于无穷大的电压或电流信号称为冲激信号。在冲激信号作用下的零状态响应称为冲激响应。

图 8-72（a）为 RC 电路的冲激响应仿真电路，信号源的参数设置如下：选择 CLOCK_VOLTAGE 作为冲激信号源，频率为 0.0001Hz，占空比为 0.00001%，幅度为 10V。将电容 C1 的初始状态设为 0V。示波器的 A 通道为电压源的电压波形，即冲激电压，电容电压接入示波器的 B 通道。图 8-72（b）所示为该冲激响应的波形，可以看出，在冲激电压作用下，电容端电压发生了跃变。

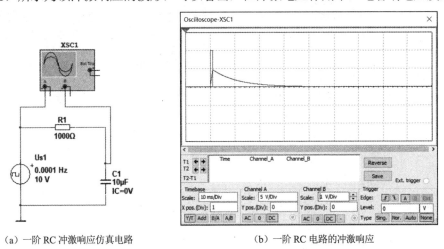

（a）一阶 RC 冲激响应仿真电路　　　　　　　　（b）一阶 RC 电路的冲激响应

图 8-72　示波器观察一阶 RC 电路的冲激响应

图 8-73（a）为 RL 电路的冲激响应仿真电路，冲激信号源的参数设置同上，并将电感 L1 的初始状态设为 0A。示波器的 A 通道为电压源的电压波形，即冲激电压，探针测得电感 L1 的电流接入示波器的 B 通道。图 8-73（b）为输入电压与电感电流的冲激响应波形，可以看出，在冲激电压的作用下，电感的电流发生了跃变。

大量的仪器仪表、通信系统、计算机、雷达系统等都采用脉冲信号来控制系统的运行、数据传输，脉冲信号在电子技术中起着非常重要的作用，下面来讨论在脉冲信号激励下的 RC 一阶电路响应问题。

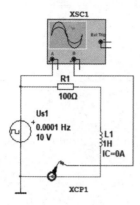

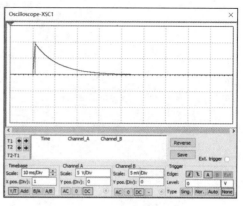

（a）一阶 RL 冲激响应仿真电路　　　　　　　（b）一阶 RL 电路的冲激响应

图 8-73　示波器观察一阶 RL 电路的冲激响应

例 8-20　一阶 RC 微分电路仿真

微分电路是一种波形变换电路，当输入为矩形脉冲时，输出为一对正负相间的指数形脉冲。此电路的输出波形只反映输入波形的突变部分，即只有输入波形发生突变的瞬间才有输出：在矩形脉冲上升沿，输出正尖脉冲波；在矩形脉冲下降沿，输出负尖脉冲波；而对恒定部分则没有输出。输出的尖脉冲波形的宽度与电路的时间常数 τ 有关，τ 越小，尖脉冲波形越尖，反之则宽。τ 必须小于输入波形的宽度，否则就失去了波形变换的作用，而变为一般的 RC 耦合电路。RC 电路作为微分电路有两个条件：（1）以电阻电压作为输出；（2）时间常数 τ 远小于脉冲持续时间 t_P（脉冲宽度）$\tau \ll t_P$，通常需要 $(5\sim10)\tau \leq t_P$。

如图 8-74（a）所示的微分电路，电阻电压作为输出，输入脉冲信号的幅度为 5V，频率为 1kHz，占空比为 50%，周期为 $T = 1/f = 1\text{ms}$，$t_P = T/2 = 0.5\text{ms}$。微分电路的时间常数 $\tau = 50 \times 1 \times 10^{-6} = 5 \times 10^{-2}\text{ms}$，$\dfrac{t_P}{\tau} = \dfrac{0.5}{0.05} = 10$，满足微分电路的条件。将脉冲信号接入示波器的 A 通道，电阻电压接入示波器的 B 通道，图 8-74（b）所示为示波器上观察到的输入与输出波形。

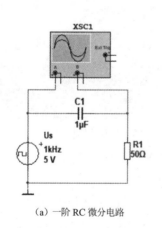

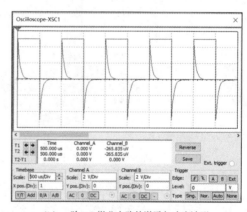

（a）一阶 RC 微分电路　　　　　　　　　（b）一阶 RC 微分电路的激励与响应波形

图 8-74　示波器观察一阶 RC 微分电路的响应

在输入脉冲上升沿到来的瞬间，因 C1 两端电压不能突变（此时充电电流最大，电压降落在电阻 R1 两端），输出电压接近输入信号峰值。因电路时间常数较小，在输入脉冲信号的前段，C1 已经充满电，R1 因无充电电流流过，电压降为 0V，输出信号快速衰减至零电位，直至输入脉冲信号下降沿时刻。脉冲下降沿到来时，C1 所充电荷经 R1 释放。此时 C1 左端相当于接地，因电容两端电压不能突变，其右端瞬间出现反向最大电平（其绝对值接近输入信号电压峰值）。C1 储存的电荷经 R1 很快释放完毕，R1 因无充电电流流过，电压降为 0V，输出反向电压快速升至零电位，直到下一个脉冲的上升沿再度到来。

在实际工程中，微分电路主要用于脉冲电路、模拟计算机和测量仪器中，以获取蕴含在脉冲前沿和后沿中的信息，如提取时基标准信号等。

例 8-21　一阶 RC 积分电路仿真

积分电路是使输出信号与输入信号的时间积分值成比例的电路。最简单的积分电路就是以 RC 串联电路的电容电压作为输出的电路。当输入为矩形脉冲时，输出为锯齿波。RC 电路作为积分电路有两个条件：（1）以电容电压作为输出；（2）时间常数远大于脉冲持续时间，即 $\tau \gg t_P$，通常需要 $\tau \geqslant (5\sim10)t_P$。

如图 8-75（a）所示的积分电路，电容电压作为输出，输入脉冲信号的幅度为 5V，频率为 1kHz，占空比为 50%，周期为 $T = 1/f = 1\text{ms}$，$t_P = T/2 = 0.5\text{ms}$。积分电路的时间常数 $\tau = 1\times10^3 \times 5\times10^{-6} = 5\text{ms}$，$\dfrac{t_P}{\tau} = \dfrac{0.5}{5} = 0.1$，满足积分电路的条件。将脉冲信号接入示波器的 A 通道，电阻电压接入示波器的 B 通道，图 8-75（b）所示为示波器上观察到的输入与输出波形。

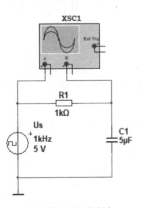

（a）一阶 RC 积分电路

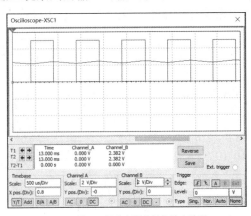

（b）一阶 RC 积分电路的输入输出波形

图 8-75　示波器观察一阶 RC 积分电路的响应

因 C1 两端电压不能突变，在输入脉冲持续阶段，输入信号通过 R1 对 C1 充电，C1 两端电压因充电电荷的逐渐积累而缓慢上升；在输入信号的下降沿及低电平时刻，C1 通过 R1 放电，电容电压逐渐降低。由于 RC 时间常数远大于脉冲持续时间，所以电容电压的变化较为迟缓，忽视了信号的突变部分，从而达到了波形变换的目的。

积分电路可用于产生精密锯齿波电压或线性增长电压，主要用于波形变换、放大电路失调电压的消除及反馈控制中的积分补偿等场合。其主要用途有：在电子开关中用于延迟、波形变换；在 A/D 转换中，将电压量变为时间量、移相。

思考题

8-1　动态电路与电阻电路有什么不同？

8-2　什么是换路？

8-3　根据换路前电路的具体情况画出 $t = 0_-$ 时等效电路，可求出 $u_C(0_-)$、$i_L(0_-)$，其他电路变量在 $t = 0_-$ 时的值是否有必要求？

8-4　采用 0_- 和 0_+ 表示有什么意义？

8-5　什么是电路的状态变量，为什么 $u_C(t)$、$i_L(t)$ 可作为电路的状态变量？

8-6　换路定则在什么情况下成立？

8-7　什么是电路的原始状态，什么是电路的初始状态，它们之间存在什么关系？

8-8　电路初始条件是如何定义的？怎样求解电路的初始条件？

8-9　时间常数 τ 与特征方程的特征根 s 之间是什么关系？它们是由什么决定的？时间常数 τ 对电路的过渡过程有什么影响？

8-10　电路的零输入响应是如何定义的？

8-11　电路的零状态响应是如何定义的？

8-12　电路的全响应是如何定义的？

8-13　为什么说自由分量是暂态分量？强制分量在什么情况下是稳态分量？

8-14　一阶电路的全响应有哪两种分解形式？每一种分解的意义是什么？

8-15　用三要素法能求一阶电路的哪些响应？如何求这些响应？

8-16　电路的阶跃响应和冲激响应是如何定义的？研究阶跃响应和冲激响应意义又是什么？

8-17　如何利用阶跃响应或/和冲激响应求电路在复杂信号激励下的零状态响应？

8-18　当电路接入阶跃或冲激电源时，如果电路的原始状态不为零，则电路的全响应如何求解？

习题

8-1　如题 8-1 图所示电路，$t < 0$ 时已处于稳态。当 $t = 0$ 时开关 S 打开，试求电路的初始值 $u_C(0_+)$ 和 $i_C(0_+)$。

8-2　如题 8-2 图所示电路，$t < 0$ 时已处于稳态。当 $t = 0$ 时开关 S 由 1 合向 2，试求电路的初始值 $i_L(0_+)$ 和 $u_L(0_+)$。

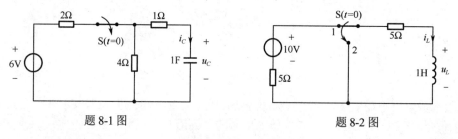

题 8-1 图　　　　　　　题 8-2 图

8-3　如题 8-3 图所示电路，$t < 0$ 时已处于稳态。当 $t = 0$ 时开关 S 闭合，试求电路的初始值 $u_L(0_+)$、$i_C(0_+)$ 和 $i(0_+)$。

8-4　如题 8-4 图所示电路，换路前电路已处于稳态，试求开关 S 由 1 合向 2 时的 $i(0_+)$。

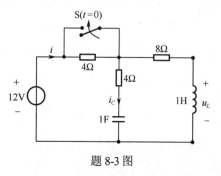

题 8-3 图

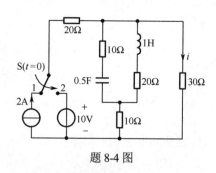

题 8-4 图

8-5 如题 8-5 图所示电路，$t<0$ 时已处于稳态。当 $t=0$ 时开关 S 由 1 合向 2，试求 $t \geq 0_+$ 时的 $i(t)$。

8-6 如题 8-6 图所示电路，$t<0$ 时已处于稳态。当 $t=0$ 时开关 S 由 1 合向 2，试求 $t \geq 0_+$ 时的 $i_L(t)$ 和 $u_L(t)$。

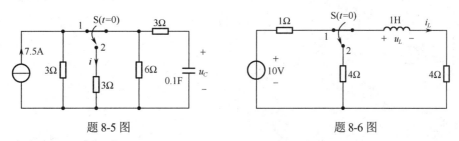

题 8-5 图   题 8-6 图

8-7 如题 8-7 图所示电路，$t<0$ 时已处于稳态。当 $t=0$ 时开关 S 闭合，试求 $t \geq 0_+$ 时的电流 $i(t)$。

8-8 如题 8-8 图所示电路，$t<0$ 时已处于稳态。当 $t=0$ 时开关 S 由 1 合向 2，试求 $t \geq 0_+$ 时的 $i_L(t)$ 和 $u_L(t)$。

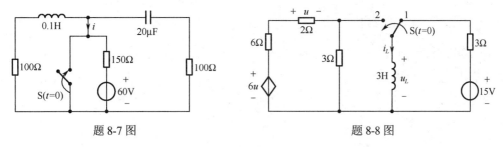

题 8-7 图   题 8-8 图

8-9 如题 8-9 图所示电路，电容的原始储能为零，当 $t=0$ 时开关 S 闭合，试求 $t \geq 0_+$ 时的 $u_C(t)$、$i_C(t)$ 和 $u(t)$。

8-10 如题 8-10 图所示电路，电感的原始储能为零，当 $t=0$ 时开关 S 闭合，试求 $t \geq 0_+$ 时的 $i_L(t)$。

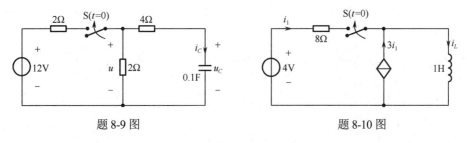

题 8-9 图   题 8-10 图

8-11 如题 8-11 图所示电路，电容的原始储能为零，当 $t=0$ 时开关 S 闭合，试求 $t \geq 0_+$ 时的电压 $u_C(t)$ 和电流 $i_C(t)$。

8-12 如题 8-12 图所示电路，已知 $i_L(0_-)=0$，当 $t=0$ 时开关 S 闭合，试求 $t \geq 0_+$ 时的电流 $i_L(t)$ 和电压 $u_L(t)$。

8-13 如题 8-13 图所示电路，$t<0$ 时已处于稳态。当 $t=0$ 时开关 S 闭合，试求 $t \geq 0_+$ 时的电压 $u_C(t)$ 和电流 $i(t)$，并区分零输入响应和零状态响应。

8-14 如题 8-14 图所示电路，$t<0$ 开关 S 位于 1，电路已处于稳态。当 $t=0$ 时开关 S 由 1

合向 2，试求 $t \geq 0_+$ 时的电流 $i_L(t)$ 和电压 $u(t)$，并区分零输入响应和零状态响应。

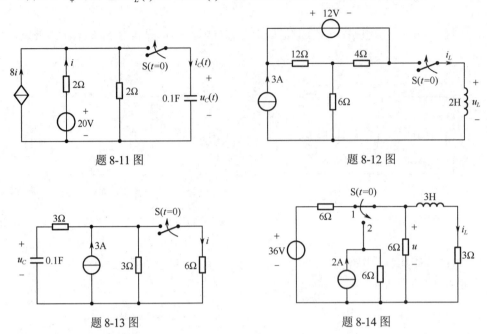

题 8-11 图　　　　　　　　　　　题 8-12 图

题 8-13 图　　　　　　　　　　　题 8-14 图

8-15　如题 8-15 图所示电路，$t < 0$ 时已处于稳态。当 $t = 0$ 时开关 S 打开，试求 $t \geq 0_+$ 时的电流 $i_L(t)$ 和电压 $u_L(t)$。

8-16　如题 8-16 图所示电路，$t < 0$ 时已处于稳态。当 $t = 0$ 时开关 S 闭合，试求 $t \geq 0_+$ 时的电流 $i(t)$。

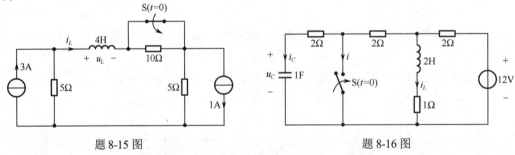

题 8-15 图　　　　　　　　　　　题 8-16 图

8-17　如题 8-17 图所示电路，$t < 0$ 时已处于稳态。当 $t = 0$ 时开关 S 打开，试求开关打开后的电压 $u(t)$。

8-18　如题 8-18 图所示电路，$t < 0$ 时开关 S 位于 1，电路已处于稳态。当 $t = 0$ 时开关 S 由 1 合向 2，试求 $t \geq 0_+$ 时的电压 $u_C(t)$。

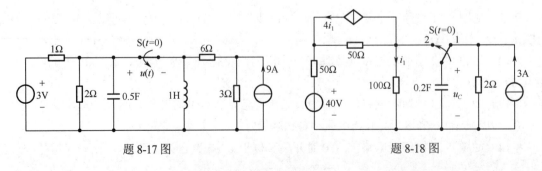

题 8-17 图　　　　　　　　　　　题 8-18 图

8-19 已知电流的波形如题 8-19 图所示，试用阶跃函数表示该电流。

8-20 如题 8-20 图（a）所示电路，已知 $i_L(0_-) = 0$，$u_S(t)$ 的波形如题 8-20 图（b）所示，试求电流 $i_L(t)$。

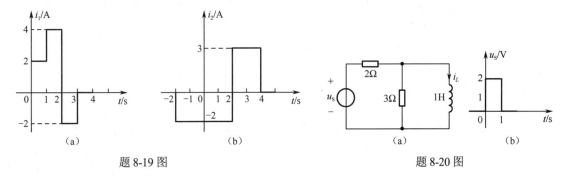

题 8-19 图   题 8-20 图

8-21 如题 8-21 图（a）所示 RC 电路，已知 $R = 1000\Omega$，$C = 10\mu F$，且 $u_C(0_-) = 0$。外施激励 u_S 的波形如题 8-21 图（b）所示，试求电容电压 $u_C(t)$，并用以下方式表示 $u_C(t)$：

（1）用分段形式写出；

（2）用一个表达式写出。

8-22 如题 8-22 图（a）所示电路，已知 $i_L(0_-) = 0$，u_S 的波形如题 8-22 图（b）所示，试求电流 $i(t)$。

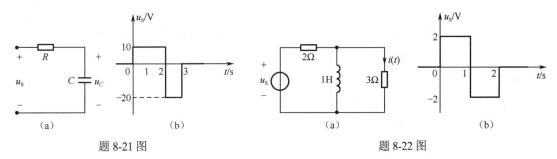

题 8-21 图   题 8-22 图

8-23 如题 8-23 图所示电路，已知 $u_C(0_-) = 2V$。试求 $t \geq 0_+$ 时的电压 $u_C(t)$。

8-24 电路如题 8-24 图（a）所示，已知 $L = 1H$，且 $i_L(0_-) = 2A$。试求在如题 8-24 图（b）所示 u_S 作用下 i_L 的全响应。

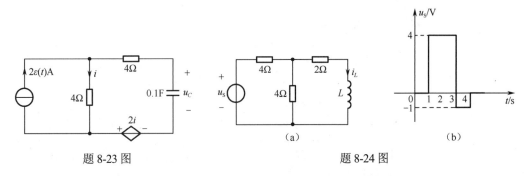

题 8-23 图   题 8-24 图

8-25 如题 8-25 图（a）所示电感，已知 $i_L(0_-) = 0$，u_L 的波形如题 8-25 图（b）所示，试画出 i_L 的波形。

8-26 电路如题 8-26 图所示，试求 $u_C(0_+)$ 和 $i_L(0_+)$。

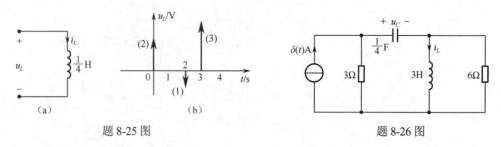

题 8-25 图　　　　　　　　　　　　　　题 8-26 图

8-27　如题 8-27 图所示电路，已知 $i_L(0_-) = 0$，外施激励 $u_S(t) = [50\varepsilon(t) + 2\delta(t)]\mathrm{V}$，试求 $t \geq 0_+$ 时的电流 $i_L(t)$。

8-28　电路如题 8-28 图所示，当 $i_S = [\varepsilon(t) + 3\delta(t-2)]\mathrm{A}$，$u_C(0_-) = 2\mathrm{V}$ 时，求电路响应 $u_C(t)$。

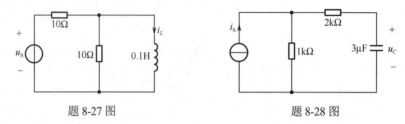

题 8-27 图　　　　　　　　　　　　　　题 8-28 图

8-29　如题 8-29 图所示为汽车点火电路，由汽车电池 U_s，开关 S，螺线管电阻 R、点火线圈电感 L 和火花塞组成。火花塞有一对电极，两电极间有一定的空气隙。若电极间产生一个高达几千伏的高电压，击穿火花塞两极间空气，产生电火花，则汽车气缸中的燃料空气混合体将被点燃，汽车发动机启动。若图中螺线管的电阻值为 4Ω，自感系数为 6mH，汽车电池供电电压为 12V，开关 S 在 $t = 0$ 时断开，断开时间为 $1\mu s$，断开前电路已处于稳态，试求：（1）开关断开前线圈完全充电所需时间；（2）线圈中存储的能量；（3）开关断开时火花塞的气隙电压值。

8-30　某电子闪光灯如题 8-30 图所示，高压直流电压源为 $U_S = 240\mathrm{V}$，限流电阻 $R_1 = 6\mathrm{k}\Omega$，电容 $C = 2000\mu\mathrm{F}$，放电电阻 $R_2 = 12\Omega$。当开关处于位置 1 时，电源通过限流电阻 R_1 为闪光灯电容充电，充电完成大约为 5 个时间常数。开关处于位置 2 时，闪光灯电容通过电阻 R_2 放电，放电也持续大约 5 个时间常数。若开关在 $t = 0$ 时刻拨到位置 1，之前闪光灯已放电完毕。试求：

（1）闪光灯电容充电时的电压 $u_C(t)$ 及充电电流 $i_C(t)$；

（2）电容完全充电需要的时间；

（3）充电完毕后，将开关置于位置 2，电容的放电电压 $u_C(t)$ 及放电电流 $i_C(t)$；

（4）电容完全放电需要的时间；

（5）闪光灯放电时的平均功率。

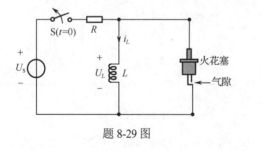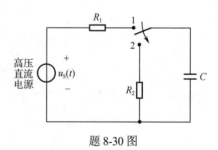

题 8-29 图　　　　　　　　　　　　　　题 8-30 图

第9章 正弦量与相量

正弦激励信号是由正弦交流电源发出的信号。正弦稳态电路分析就是研究和讨论线性时不变电路在某一特定频率的正弦交流信号激励下的稳态响应。

正弦稳态电路分析并不是直接进行时域分析，而是借助于相量进行间接分析。相量是一种复矢量，它是将时间域的正弦信号变换到频域后的一种表示。

本章将从正弦交流信号的基本概念入手，描述将正弦交流信号变换为相量的过程，并给出电路定律和电路元件的相量模型，引出相量法的概念。

9.1 正弦交流电的基本概念

9.1.1 正弦交流电

交流电（简称交流，用 AC 表示）一般指大小和方向随时间做周期性变化的电压或电流。在实际使用中，交流电用符号"~"表示。交流电随时间变化的形式可以是多种多样的，不同变化形式的交流电其应用范围和产生的效果也是不同的。

现代发电厂发出的都是正弦交流电，正弦交流电也是交流电最基本的形式，其他周期性变化的非正弦交流电一般都可以经过数学处理后转化成正弦交流电的叠加。

交流电变化 1 周所用的时间称为周期（用字母 T 表示），单位是 s（秒）。在 1s 内交流电变化的周数称为频率（用字母 f 表示），单位是 Hz（赫兹，简称赫），有时也用周/秒（俗称周波或周）表示频率的单位。我国、俄罗斯及欧洲各国交流电供电的标准频率（简称工频）规定为 50Hz，美国为 60Hz，日本的电力系统并用 50Hz 和 60Hz。频率 f 与周期 T 互为倒数，即

$$f=1/T \text{ 或 } T=1/f \tag{9-1}$$

交流电的角频率 ω 是角位移与所经历的时间之比，它表示交流电每秒所经过的电角度。交流电变化 1 周，相当于变化了 2π 弧度。角频率的单位是 rad/s（弧度/秒），它与周期、频率的关系为

$$\omega=2\pi/T = 2\pi f \tag{9-2}$$

9.1.2 正弦量的瞬时表达式

为了叙述方便，将正弦交流电压和正弦交流电流统称为正弦量。正弦量瞬时表达式的标准形式有 sin 和 cos 两种，目前，我国的相关教材基本都采用与欧美等国相一致的 cos 表述形式。例如，正弦电压和正弦电流的瞬时表达式为

$$u(t)=U_m \cos(\omega t + \varphi_u) \tag{9-3}$$

$$i(t)=I_m \cos(\omega t + \varphi_i) \tag{9-4}$$

正弦电流的波形如图 9-1 所示。

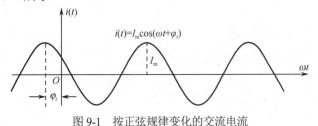

图 9-1 按正弦规律变化的交流电流

通常规定正弦量的瞬时值一律采用小写的英文字母表示，如 $u(t)$ 或 u。不同的电压、电流用下标加以区别，如 $u_1(t)$、$u_2(t)$ 或 u_1、u_2，以及 $i_1(t)$、$i_2(t)$ 或 i_1、i_2 等。

9.1.3 正弦量的三要素

在正弦量的瞬时表达式中出现的 U_m、ω 和 φ_u 三个量，称为正弦交流电压的三要素；或者 I_m、ω 和 φ_i 三个量，称为正弦交流电流的三要素；它们统称为正弦量的三要素。从正弦量的瞬时表达式可知，只要知道了正弦量的三要素，该正弦量就被唯一地确定了。

1．幅值

式（9-3）中，U_m 为正弦电压的振幅值或最大值，其单位为 V（伏），它表示正弦电压变化的范围为 $\pm U_m$。式（9-4）中，I_m 为正弦电流的振幅值或最大值，其单位为 A（安），它表示正弦电流变化的范围为 $\pm I_m$。

2．角频率

式（9-3）中，角频率 ω 反映了正弦电压变化的快慢，其单位为 rad/s（弧度/秒）。
式（9-4）中，角频率 ω 反映了正弦电流变化的快慢，其单位为 rad/s（弧度/秒）。

3．相位与初相位

式（9-3）中，$(\omega t + \varphi_u)$ 称为正弦电压的相位，它决定了正弦电压的状态，即正弦电压在交变过程中瞬时值的大小和正负。相位随时间的变化而变化，$t = 0$ 时的相位 φ_u 称为正弦电压的初相位，其大小取决于计时起点的位置。

式（9-4）中，$(\omega t + \varphi_i)$ 称为正弦电流的相位，它决定了正弦电流的状态，即正弦电流在交变过程中瞬时值的大小和正负。相位随时间的变化而变化，$t = 0$ 时的相位 φ_i 称为正弦电流的初相位，其大小取决于计时起点的位置。

对同一个正弦量，计时起点不同，初相位也就不同。相位或初相位的单位为 rad（弧度），有时为了方便，也用"度"作为相位或初相位的单位。

9.1.4 同频率正弦量的相位差及超前与滞后的概念

1．相位差

两个同频率正弦量的相位之差称为两个正弦量的相位差，只有同频率的两个正弦量之间的相位差才有意义，不同频率的两个正弦量之间无法比较相位。

设
$$u_1(t) = U_{m1} \cos(\omega t + \varphi_1) \tag{9-5}$$
$$u_2(t) = U_{m2} \cos(\omega t + \varphi_2) \tag{9-6}$$

即两个正弦量的相位分别为 $(\omega t + \varphi_1)$ 和 $(\omega t + \varphi_2)$，则这两个正弦量的相位差为

$$\varphi = (\omega t + \varphi_1) - (\omega t + \varphi_2) = \varphi_1 - \varphi_2$$

注意，在计算正弦量的相位差时，所有的正弦量都必须统一表述为 cos 形式，或者统一表述为 sin 形式。

2．超前与滞后

若两个同频率正弦量 $u_1(t)$ 和 $u_2(t)$ 的相位差 $\varphi = \varphi_1 - \varphi_2 > 0$，即 $\varphi_1 > \varphi_2$，则称 $u_1(t)$ 超前于 $u_2(t)$。其含义是：沿着瞬时值增大的方向，电压 $u_1(t)$ 比 $u_2(t)$ 先达到最大值。

若两个同频率正弦量 $u_1(t)$ 和 $u_2(t)$ 的相位差 $\varphi = \varphi_1 - \varphi_2 < 0$，即 $\varphi_1 < \varphi_2$，则称 $u_1(t)$ 滞后于 $u_2(t)$。
若两个同频率正弦量 $u_1(t)$ 和 $u_2(t)$ 的相位差 $\varphi = \varphi_1 - \varphi_2 = 0$，即 $\varphi_1 = \varphi_2$，则称 $u_1(t)$ 与 $u_2(t)$ 同相。
若两个同频率正弦量 $u_1(t)$ 和 $u_2(t)$ 的相位差 $\varphi = \varphi_1 - \varphi_2 = \pi/2$，即 $\varphi_1 = \varphi_2 + \pi/2$，则称 $u_1(t)$ 与 $u_2(t)$ 正交。

若两个同频率正弦量 $u_1(t)$ 和 $u_2(t)$ 的相位差 $\varphi = \varphi_1 - \varphi_2 = \pi$，即 $\varphi_1 = \varphi_2 + \pi$，则称 $u_1(t)$ 与 $u_2(t)$ 反相。

值得强调的是，两个同频率正弦量的相位差与计时起点的选择无关。

事实上，正弦量的超前与滞后具有一定的相对性，下面举例说明。

例 9-1　已知 $u_1(t) = U_{m1} \cos\left(\omega t + \dfrac{3\pi}{4}\right)$，$u_2(t) = U_{m2} \cos\left(\omega t - \dfrac{\pi}{2}\right)$，问哪一个电压超前？

解：按照定义，可知两个电压的相位差 $\varphi = \dfrac{3\pi}{4} - \left(-\dfrac{\pi}{2}\right) = \dfrac{5\pi}{4}$，即电压 $u_1(t)$ 超前于 $u_2(t)$ 的角度

为 $\dfrac{5\pi}{4}$ rad，波形如图 9-2 所示。

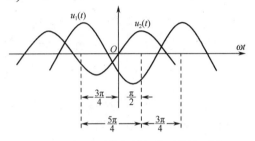

注意，从波形上看，似乎也可以说电压 $u_2(t)$ 超前于 $u_1(t)$ 的角度为 $\dfrac{3\pi}{4}$ rad。这两种说法到底取哪一种呢？通常，为了避免"超前"与"滞后"的含混，约定采用"主值" $|\varphi| \leqslant \pi$ 作为超前与滞后的比较范围，即在 $-\pi \leqslant \varphi \leqslant \pi$ 的主值范围内来描述正弦量的超前与滞后。按照这样的规定，$\dfrac{5\pi}{4}$ rad 显然不在主值范围内，所以，此例的答案应该是：电压 $u_2(t)$ 超前于 $u_1(t)$ $\dfrac{3\pi}{4}$ rad。

图 9-2　正弦量的超前与滞后的波形图

9.1.5　正弦量的有效值

1. 有效值的定义

正弦量随着时间不断变化，不同时刻其大小和方向都不同。因此，很难从整体上知道一个随时间不断变化的交流电到底有多大。为了解决这个问题，人们通过引入交流电在一个周期内流过一个电阻 R 产生的热量，与一个直流电在相同时间内在同一电阻上产生的热量相等的关系，即用后者作为一个参照物来描述这个交流电的大小。

一个周期为 T 的正弦电流 $i(t)$ 流过电阻 R 时，该电阻吸收的电能为

$$\int_0^T R i^2(t) \mathrm{d}t \tag{9-7}$$

若这些电能全部转化成为了热能 Q_1，则 $Q_1 = \int_0^T R i^2(t) \mathrm{d}t$。

而当一个量值为 I 的直流电流也流过这个电阻 R 时，在相同的时间 T 内，该电阻吸收的能量为 $R I^2 T$，假设这些电能也全部转化成为了热能 Q_2，则 $Q_2 = R I^2 T$。

如果令这两个热能相等，即 $Q_1 = Q_2$，则可得到

$$I = \sqrt{\frac{1}{T} \int_0^T i^2(t) \mathrm{d}t} \tag{9-8}$$

式中的电流 I 称为正弦交流电流 $i(t)$ 的有效值。式（9-8）表明，有效值等于瞬时值的方均根。这时，就找到了一个参照量，即用与一个与正弦量对应的有效值来从整体上描述这个正弦量的大小。

注意，在本章以下的表述中，采用小写字母表示正弦量的瞬时值，采用大写字母表示正弦量的有效值，采用大写字母加下标 m 表示正弦量的幅值，不要混用符号。

2. 正弦量的有效值与幅值的关系

设正弦电压 $u(t) = U_m \cos(\omega t + \varphi_u)$，则其有效值为

$$U = \sqrt{\frac{1}{T} \int_0^T U_m^2 \cos^2(\omega t + \varphi_u) \mathrm{d}t} = \frac{U_m}{\sqrt{2}} \tag{9-9}$$

结论：一个正弦量的幅值是其有效值的 $\sqrt{2}$ 倍。

在日常生活中，照明使用的 220V 电压就是指的有效值。在工程应用中，各种电气设备铭牌上的额定值、电压（流）表及万用表等仪表所显示的测量值均为有效值。

引入有效值的概念后，正弦电压和正弦电流的瞬时表达式就可以改写为

$$u(t) = U_{\mathrm{m}} \cos(\omega t + \varphi_u) = \sqrt{2} U \cos(\omega t + \varphi_u) \tag{9-10}$$

$$i(t) = I_{\mathrm{m}} \cos(\omega t + \varphi_i) = \sqrt{2} I \cos(\omega t + \varphi_i) \tag{9-11}$$

9.1.6 正弦量的叠加问题

在电路的分析计算中，理论依据是基尔霍夫电流定律和基尔霍夫电压定律。然而，当电压和电流均为正弦量时，在运用基尔霍夫定律时将会遇到若干正弦量叠加的问题，即

$$\sum_{k=1}^{n-1} i_k(t) = 0 , \qquad \sum_{l=1}^{m} u_l(t) = 0$$

采用三角函数中的和差化积是解决多个正弦量叠加计算的方法之一，但是，当叠加的项数较多时，这种方法并不可取。

还有一种方法称为图解法。在一个坐标系中描绘出各个正弦量的曲线，然后对应于不同时刻的点进行叠加。这种方法难以用来定量地计算多个正弦量的叠加，但是它提供了一种思路，即函数分析可以转化成图形分析。

沿着这样的思路，可以将正弦量 $i(t) = I_{\mathrm{m}} \cos(\omega t + \varphi_i)$ 用一个矢量进行图示，即用矢量的模表示正弦量的幅值，用矢量与横轴的夹角表示正弦量的相位角，如图 9-3 所示。

显然，随着时间的连续变化，这个矢量将逆时针旋转。或者说，它将以角速度 ω 逆时针旋转，矢量箭头的轨迹是一个以幅值 I_{m} 为半径的圆。

于是，可以将这个旋转矢量与正弦量对应起来，如图 9-4 所示。当正弦曲线上的一点沿着 ωt 的正方向向前行进时，左边对应的矢量将逆时针旋转。

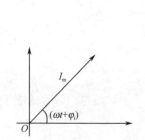

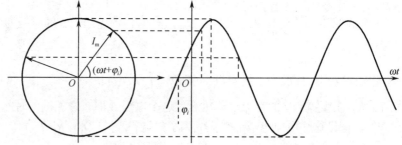

图 9-3 正弦量表示成为矢量　　　图 9-4 旋转矢量与正弦量的对应 $\left[i(t) = I_{\mathrm{m}} \sin(\omega t + \varphi_i) \right]$

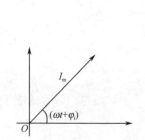

图 9-5 正弦量表示成矢量后的叠加

假设有两个频率相同的正弦量：$i_1(t) = I_{\mathrm{m}1} \cos(\omega t + \varphi_1)$ 和 $i_2(t) = I_{\mathrm{m}2} \cos(\omega t + \varphi_2)$，将它们在同一坐标系中表示为两个矢量后，在同一时刻将其叠加，矢量的叠加可按照平行四边形法则，如图 9-5 所示。在进行这种叠加时，利用了一个相关的数学知识：频率相同的正弦量叠加后频率不变。

在图 9-5 中，$\theta_1 = \omega t + \varphi_1$，$\theta_2 = \omega t + \varphi_2$，$\theta = \omega t + \varphi$，图中的叠加符合下列关系：

$$i(t) = i_1(t) + i_2(t) = I_{\mathrm{m}1} \cos(\omega t + \varphi_1) + I_{\mathrm{m}2} \cos(\omega t + \varphi_2) = I_{\mathrm{m}} \cos(\omega t + \varphi)$$

显然，直接使用矢量叠加法进行多个正弦量的叠加是得不偿失

的。那么，到底采用什么方法才能有效地计算多个正弦量的叠加？下面先来观察复数。

9.2　正弦量的相量表示

9.2.1　复数的表示与运算

一个复数 A 可以表示为

$$A = a + jb \tag{9-12}$$

式中，复数的实部 a 和虚部 b 均为实数，$j=\sqrt{-1}$ 是虚数单位。式（9-12）的表示形式称为复数的代数表达式，可在复坐标系中将其表示为一个矢量，如图 9-6 所示。

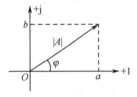

图 9-6　复数的矢量表示

从图 9-6 中可以发现，如果这个矢量与横轴的夹角为 φ，则

$$a=|A|\cos\varphi \qquad b=|A|\sin\varphi$$

将其代入式（9-12）可得

$$A = |A|(\cos\varphi + j\sin\varphi) \tag{9-13}$$

式（9-13）的表示形式称为复数的三角函数表达式。其中，复数 A 的模 $|A|$（或幅值）和夹角 φ（或幅角）与实部 a 和虚部 b 的关系为

$$\begin{cases} |A| = \sqrt{a^2 + b^2} \\ \varphi = \arctan\dfrac{b}{a} \end{cases} \tag{9-14}$$

根据欧拉公式

$$\cos\varphi + j\sin\varphi = e^{j\varphi} \tag{9-15}$$

可以将式（9-13）变为

$$A = |A|e^{j\varphi} \tag{9-16}$$

式（9-16）的这种表示形式称为复数的指数表达式。

此外，工程上还常常把复数的指数表达式简洁地表示为

$$A = |A|\angle\varphi \tag{9-17}$$

并且将这种表示形式称为复数的极坐标表达式。

利用复数的几种表达式的关系，可以很方便地进行复数的加减乘除运算。例如，有两个复数

$$A_1 = a_1 + jb_1, \qquad A_2 = a_2 + jb_2$$

则有

$$A_1 \pm A_2 = (a_1 + jb_1) \pm (a_2 + jb_2) = (a_1 \pm a_2) + j(b_1 \pm b_2)$$

$$A_1 \cdot A_2 = |A_1|e^{j\varphi_1} \cdot |A_2|e^{j\varphi_2} = |A_1| \cdot |A_2|e^{j(\varphi_1+\varphi_2)} = |A_1| \cdot |A_2|\angle(\varphi_1+\varphi_2)$$

$$\frac{A_1}{A_2} = \frac{|A_1|e^{j\varphi_1}}{|A_2|e^{j\varphi_2}} = \frac{|A_1|}{|A_2|}e^{j(\varphi_1-\varphi_2)} \quad \text{或} \quad \frac{A_1}{A_2} = \frac{|A_1|\angle\varphi_1}{|A_2|\angle\varphi_2} = \frac{|A_1|}{|A_2|}\angle(\varphi_1 - \varphi_2)$$

9.2.2　复数与相量

前面讲到，一个复数 $A = |A|e^{j\varphi}$ 可以在复坐标系中表示为一个矢量。从图 9-6 可以看出，当 φ 角从小到大连续变化时，该矢量也发生逆时针旋转。事实上，复数 $e^{j\varphi}$ 本身就是一个模为 1、幅角为 φ 的旋转因子，任意一个矢量乘以 $e^{j\varphi}$，就等于将该复数逆时针旋转了角度 φ。另外，由式（9-15）可知，当 $\varphi = \pm\dfrac{\pi}{2}$ 时，$e^{j(\pm\pi/2)} = \pm j$，即 $\pm j$ 是 $\pm 90°$ 的旋转因子；当 $\varphi = \pi$ 时，$e^{j(\pi)} = -1$，即 -1 是 $180°$ 的旋转因子。

那么，这个复数旋转矢量 $|A|\mathrm{e}^{\mathrm{j}\varphi}$ 与 9.2.1 节中用来表示正弦量的旋转矢量有何差异？

通过观察可发现，这两个旋转矢量的差别在于，表示正弦量的旋转矢量是随着 $(\omega t+\varphi)$ 的变化发生旋转的，它与时间和角频率有关；而表示复数的旋转矢量则是随着 φ 角的变化发生旋转的，它与时间和角频率无关。

但是，复数既然可以表示为旋转矢量，同时又具有简洁的加减乘除运算关系，可否很好地利用它呢？

试想，如果给复数矢量的 φ 角附加上一个 ωt，使其随着 $(\omega t+\varphi)$ 角的变化发生旋转，那么，上述两个旋转矢量的差异不就消除了吗！

观察两个复数 $A=|A|\mathrm{e}^{\mathrm{j}\varphi}$ 和 $\mathrm{e}^{\mathrm{j}\omega t}$，按照复数的乘法规则，可将复数 A 乘以一个旋转因子 $\mathrm{e}^{\mathrm{j}\omega t}$，即

$$A\mathrm{e}^{\mathrm{j}\omega t}=|A|\mathrm{e}^{\mathrm{j}\varphi}\mathrm{e}^{\mathrm{j}\omega t}=|A|\mathrm{e}^{\mathrm{j}(\omega t+\varphi)} \tag{9-18}$$

显然，这个新构造的复数可以表示成一个以 $|A|$ 为模、以 $(\omega t+\varphi)$ 为角度的旋转矢量。如果令模 $|A|$ 与正弦量的幅值相等，那么，矢量 $A\mathrm{e}^{\mathrm{j}\omega t}$ 就必定与前面用来描述正弦量的旋转矢量之间存在着密切的内在关系。

根据欧拉公式，展开复矢量 $A\mathrm{e}^{\mathrm{j}\omega t}$，可得

$$A\mathrm{e}^{\mathrm{j}\omega t}=|A|\mathrm{e}^{\mathrm{j}(\omega t+\varphi)}=|A|\cos(\omega t+\varphi)+\mathrm{j}|A|\sin(\omega t+\varphi) \tag{9-19}$$

这时可以发现，这个复矢量的实部就是正弦量。换句话说，正弦量可以用复矢量 $A\mathrm{e}^{\mathrm{j}\omega t}$ 来表示。例如，正弦量 $u_1(t)=100\cos(\omega t+60°)$ 可用复矢量表示为 $100\mathrm{e}^{\mathrm{j}(\omega t+60°)}$，正弦量 $u_2(t)=200\cos(\omega t-30°)$ 可用复矢量表示为 $200\mathrm{e}^{\mathrm{j}(\omega t-30°)}$。注意，这里仅仅是"表示"，二者并不相等，正弦量只是与复矢量的实部相等。

如果采用符号 $\mathrm{Re}[\cdot]$ 来表示"取实部"的意思，那么，正弦量与上述复矢量的关系可以用一个等式表示为

$$|A|\cos(\omega t+\varphi)=\mathrm{Re}[A\mathrm{e}^{\mathrm{j}\omega t}] \tag{9-20}$$

因为复数的实部与虚部之间被一条"分水岭"——j 相隔，在进行复数的叠加运算时其实部和虚部永远不会交叉。所以从应用的角度看，前面提出的多个同频率正弦量叠加的问题可以这样来解决：先将各正弦量表示为复矢量，再将这些复矢量转化为复数的代数表达形式，而后进行复矢量的叠加，即实部与实部相加，虚部与虚部相加。将所得叠加结果再从复数的代数表达式转换为三角函数表达形式，其实部即为正弦量叠加后的结果。

例 9-2 已知 $u_1(t)=100\cos(\omega t+60°)$，$u_2(t)=200\cos(\omega t-30°)$，求 $u_1(t)+u_2(t)$。

解：（1）将各正弦量表示为复矢量

$u_1(t)=100\cos(\omega t+60°)$ 用复矢量表示为

$$100\mathrm{e}^{\mathrm{j}(\omega t+60°)}=100\mathrm{e}^{\mathrm{j}60°}\mathrm{e}^{\mathrm{j}\omega t}$$

$u_2(t)=200\cos(\omega t-30°)$ 用复矢量表示为

$$200\mathrm{e}^{\mathrm{j}(\omega t-30°)}=200\mathrm{e}^{-\mathrm{j}30°}\mathrm{e}^{\mathrm{j}\omega t}$$

（2）转化为复数的代数表达形式，即

$$100\mathrm{e}^{\mathrm{j}(\omega t+60°)}=100\mathrm{e}^{\mathrm{j}60°}\mathrm{e}^{\mathrm{j}\omega t}=(50+\mathrm{j}86.6)\mathrm{e}^{\mathrm{j}\omega t}$$

$$200\mathrm{e}^{\mathrm{j}(\omega t-30°)}=200\mathrm{e}^{-\mathrm{j}30°}\mathrm{e}^{\mathrm{j}\omega t}=(173.2-\mathrm{j}100)\mathrm{e}^{\mathrm{j}\omega t}$$

（3）进行复矢量的叠加，即

$$100\mathrm{e}^{\mathrm{j}(\omega t+60°)}+200\mathrm{e}^{\mathrm{j}(\omega t-30°)}=(50+\mathrm{j}86.6)\mathrm{e}^{\mathrm{j}\omega t}+(173.2-\mathrm{j}100)\mathrm{e}^{\mathrm{j}\omega t}$$

$$=[(50+173.2)+\mathrm{j}(86.6-100)]\mathrm{e}^{\mathrm{j}\omega t}$$

$$= (223.2 - \mathrm{j}13.4)\mathrm{e}^{\mathrm{j}\omega t} = \sqrt{223.2^2 + 13.4^2} \angle \left(\arctan \frac{-13.4}{223.2} \right) \mathrm{e}^{\mathrm{j}\omega t}$$

$$= 223.6 \angle (-3.43^\circ) \mathrm{e}^{\mathrm{j}\omega t}$$

（4）根据欧拉公式，将其转换为三角函数形式，即

$$100\mathrm{e}^{\mathrm{j}(\omega t + 60^\circ)} + 200\mathrm{e}^{\mathrm{j}(\omega t - 30^\circ)} = 223.6 \angle (-3.43^\circ) \mathrm{e}^{\mathrm{j}\omega t} = 223.6\mathrm{e}^{-3.43^\circ}\mathrm{e}^{\mathrm{j}\omega t}$$

$$= 223.6\mathrm{e}^{\mathrm{j}(\omega t - 3.43^\circ)} = 223.6\cos(\omega t - 3.43^\circ) + \mathrm{j}223.6\sin(\omega t - 3.43^\circ)$$

取其实部可得

$$u_1(t) + u_2(t) = \mathrm{Re}[223.6\mathrm{e}^{\mathrm{j}(\omega t - 3.43^\circ)}] = 223.6\cos(\omega t - 3.43^\circ)$$

从此例可以看到，多个同频率正弦量叠加的问题转化成了复数的代数叠加问题，其有效性不言而喻。

但在例 9-2 的整个演算过程中会发现，复数 $\mathrm{e}^{\mathrm{j}\omega t}$ 并未参与运算，它只是在运算的开始和结束时用于描述，这其实正是因为"频率相同的正弦量叠加后频率不变"的缘故。而真正参与运算的实际上是复数 $A(|A|\mathrm{e}^{\mathrm{j}\varphi})$，因此，索性就用复数 $A = |A|\mathrm{e}^{\mathrm{j}\varphi}$ 来表示正弦量。但由于这个复数与普通复数并不一样，它背后还隐含了 $\mathrm{e}^{\mathrm{j}\omega t}$，因此，将这个特殊的复数称为"相量"，并在字母的上端加上一个圆点"·"，以表示此量为相量，而不是普通复数。例如，相量

$$\dot{A} = |A|\mathrm{e}^{\mathrm{j}\varphi} \tag{9-21}$$

对于正弦交流电压和正弦交流电流，由于它们存在式（9-10）和式（9-11）所描述的幅值表示法和有效值表示法，因此正弦交流电压和正弦交流电流在用相量表示时也有幅值相量（如 $\dot{I}_\mathrm{m}$、$\dot{U}_\mathrm{m}$）和有效值相量（如 $\dot{I}$、$\dot{U}$）的不同表示。例如，电流幅值相量写为 $\dot{I}_\mathrm{m} = I_\mathrm{m}\angle\varphi_i$，电压幅值相量写为 $\dot{U}_\mathrm{m} = U_\mathrm{m}\angle\varphi_u$；电流有效值相量写为 $\dot{I} = I\angle\varphi_i$，电压有效值相量写为 $\dot{U} = U\angle\varphi_u$。

9.2.3　相量的基本运算

相量的基本运算有加减运算、微分运算和积分运算等。

1. 加减运算

若正弦量
$$u_1(t) = U_{\mathrm{m}1}\cos(\omega t + \varphi_1) = \sqrt{2}U\cos(\omega t + \varphi_1)$$
$$u_2(t) = U_{\mathrm{m}2}\cos(\omega t + \varphi_2) = \sqrt{2}U\cos(\omega t + \varphi_2)$$

将它们表示为相量
$$\dot{U}_{\mathrm{m}1} = U_{\mathrm{m}1}\angle\varphi_1 \quad 或 \quad \dot{U}_1 = U_1\angle\varphi_1$$

及
$$\dot{U}_{\mathrm{m}2} = U_{\mathrm{m}2}\angle\varphi_2 \quad 或 \quad \dot{U}_2 = U_2\angle\varphi_2$$

则
$$u_1(t) = \mathrm{Re}[\dot{U}_{\mathrm{m}1}\mathrm{e}^{\mathrm{j}\omega t}] = \mathrm{Re}[\sqrt{2}\dot{U}_1\mathrm{e}^{\mathrm{j}\omega t}], \quad u_2(t) = \mathrm{Re}[\dot{U}_{\mathrm{m}2}\mathrm{e}^{\mathrm{j}\omega t}] = \mathrm{Re}[\sqrt{2}\dot{U}_2\mathrm{e}^{\mathrm{j}\omega t}]$$

所以
$$u_1(t) \pm u_2(t) = \mathrm{Re}[\dot{U}_{\mathrm{m}1}\mathrm{e}^{\mathrm{j}\omega t}] \pm \mathrm{Re}[\dot{U}_{\mathrm{m}2}\mathrm{e}^{\mathrm{j}\omega t}] = \mathrm{Re}[(\dot{U}_{\mathrm{m}1} \pm \dot{U}_{\mathrm{m}2})\mathrm{e}^{\mathrm{j}\omega t}]$$

或
$$u_1(t) \pm u_2(t) = \mathrm{Re}[\sqrt{2}\dot{U}_1\mathrm{e}^{\mathrm{j}\omega t}] \pm \mathrm{Re}[\sqrt{2}\dot{U}_2\mathrm{e}^{\mathrm{j}\omega t}] = \mathrm{Re}[\sqrt{2}(\dot{U}_1 \pm \dot{U}_2)\mathrm{e}^{\mathrm{j}\omega t}]$$

若令
$$u(t) = u_1(t) \pm u_2(t) = \mathrm{Re}[\dot{U}_\mathrm{m}\mathrm{e}^{\mathrm{j}\omega t}] = \mathrm{Re}[\sqrt{2}\dot{U}\mathrm{e}^{\mathrm{j}\omega t}]$$

于是，得
$$\dot{U}_\mathrm{m} = \dot{U}_{\mathrm{m}1} \pm \dot{U}_{\mathrm{m}2} \quad 或 \quad \dot{U} = \dot{U}_1 \pm \dot{U}_2$$

结论：同频率正弦量相加减可变换为其对应的相量之间相加减。

2. 微分运算

若正弦量
$$u(t) = U_\mathrm{m}\cos(\omega t + \varphi_u) = \sqrt{2}U\cos(\omega t + \varphi_u)$$
$$i(t) = I_\mathrm{m}\cos(\omega t + \varphi_i) = \sqrt{2}I\cos(\omega t + \varphi_i)$$

如果电压与电流满足微分关系，即
$$i(t) = \frac{\mathrm{d}u(t)}{\mathrm{d}t}$$

用相量表示其关系，因为 $\quad i(t) = \mathrm{Re}[\sqrt{2}\dot{I}\mathrm{e}^{\mathrm{j}\omega t}]$，$\quad u(t) = \mathrm{Re}[\sqrt{2}\dot{U}\mathrm{e}^{\mathrm{j}\omega t}]$

则 $\quad i(t) = \dfrac{\mathrm{d}u(t)}{\mathrm{d}t} = \dfrac{\mathrm{d}}{\mathrm{d}t}\{\mathrm{Re}[\sqrt{2}\dot{U}\mathrm{e}^{\mathrm{j}\omega t}]\} = \mathrm{Re}\left[\dfrac{\mathrm{d}}{\mathrm{d}t}(\sqrt{2}\dot{U}\mathrm{e}^{\mathrm{j}\omega t})\right] = \mathrm{Re}[\mathrm{j}\omega\sqrt{2}\dot{U}\mathrm{e}^{\mathrm{j}\omega t}]$

于是，得到电压与电流在相量形式下的微分关系为

$$\dot{I} = \mathrm{j}\omega\dot{U}$$

结论：在相量分析中，微分运算变成了乘法运算，时域的微分算子 $\dfrac{\mathrm{d}}{\mathrm{d}t}$ 在复数域变成了 $\mathrm{j}\omega$。

3. 积分运算

若正弦量 $\quad u(t) = U_{\mathrm{m}}\cos(\omega t + \varphi_u) = \sqrt{2}U\cos(\omega t + \varphi_u)$

$$i(t) = I_{\mathrm{m}}\cos(\omega t + \varphi_i) = \sqrt{2}I\cos(\omega t + \varphi_i)$$

如果电压与电流满足积分关系，即 $\quad u(t) = \int i(t)\mathrm{d}t$

用相量表示其关系，因为 $\quad i(t) = \mathrm{Re}[\sqrt{2}\dot{I}\mathrm{e}^{\mathrm{j}\omega t}]$，$\quad u(t) = \mathrm{Re}[\sqrt{2}\dot{U}\mathrm{e}^{\mathrm{j}\omega t}]$

则 $\quad u(t) = \int i(t)\mathrm{d}t = \int\{\mathrm{Re}[\sqrt{2}\dot{I}\mathrm{e}^{\mathrm{j}\omega t}]\}\mathrm{d}t = \mathrm{Re}[\int(\sqrt{2}\dot{I}\mathrm{e}^{\mathrm{j}\omega t})\mathrm{d}t] = \mathrm{Re}\left[\dfrac{1}{\mathrm{j}\omega}\sqrt{2}\dot{I}\mathrm{e}^{\mathrm{j}\omega t}\right]$

于是，得到电压与电流在相量形式下的积分关系为

$$\dot{U} = \dfrac{1}{\mathrm{j}\omega}\dot{I}$$

结论：在相量分析中，积分运算变成了除法运算，时域的积分算子 $\int\mathrm{d}t$ 在复数域变成了 $\dfrac{1}{\mathrm{j}\omega}$。

9.2.4 相量法

现在，若再遇到多个时间域的正弦量叠加问题，应先将这些正弦量变换为复数域的相量，通过相量进行计算，而后再将结果还原成时域的正弦量。将正弦量表示成相量后，运用相量进行分析相关计算的方法称为相量法。显然，相量只是正弦量的一种表示，或者是正弦量的一个符号。因此，相量法又称符号法。

例 9-3 已知 $u_1(t) = 100\sqrt{2}\cos(\omega t + 60°)$，$u_2(t) = 50\sqrt{2}\cos(\omega t - 45°)$，$u_3(t) = 16\sqrt{2}\sin(\omega t + 30°)$，$u(t) = u_1(t) + u_2(t) + u_3(t)$，用相量法求 $u(t)$。

解：（1）先将题中的 $u_3(t)$ 改写为 cos 形式的正弦量，即

$$u_3(t) = 16\sqrt{2}\sin(\omega t + 30°) = 16\sqrt{2}\cos(\omega t + 30° - 90°) = 16\sqrt{2}\cos(\omega t - 60°)$$

（2）将正弦量表示为有效值相量，即

$$u_1(t) = 100\sqrt{2}\cos(\omega t + 60°) \text{ 表示为 } \dot{U}_1 = 100\angle 60°$$
$$u_2(t) = 50\sqrt{2}\cos(\omega t - 45°) \text{ 表示为 } \dot{U}_2 = 50\angle -45°$$
$$u_3(t) = 16\sqrt{2}\cos(\omega t - 60°) \text{ 表示为 } \dot{U}_3 = 16\angle -60°$$

（3）求相量和，即

$$\dot{U} = \dot{U}_1 + \dot{U}_2 + \dot{U}_3 = 100\angle 60° + 50\angle -45° + 16\angle -60°$$
$$= (100\cos 60° + \mathrm{j}100\sin 60°) + [50\cos(-45°) + \mathrm{j}50\sin(-45°)] +$$
$$\quad [16\cos(-60°) + \mathrm{j}16\sin(-60°)]$$
$$= (50 + \mathrm{j}86.6) + (35.36 - \mathrm{j}35.36) + (8 - \mathrm{j}13.86)$$
$$= 93.36 + \mathrm{j}37.38 = 100.56\angle 21.82°$$

（4）写出瞬时值结果，即

$$u(t)=100.56\sqrt{2}\cos(\omega t + 21.82^\circ)$$

例 9-4　已知正弦电流相量 $\dot{I}_1=4-\mathrm{j}3$，$\dot{I}_2=-3-\mathrm{j}4$，试在复数坐标系中描绘出这两个相量。

解：（1）先将电流相量写成指数形式或极坐标形式，即

$$\dot{I}_1 = 4 - \mathrm{j}3 = \sqrt{4^2 + (-3)^2}\angle\left(\arctan\frac{-3}{4}\right) = 5\angle -36.9^\circ \quad\text{（在第四象限）}$$

$$\dot{I}_2 = -3 - \mathrm{j}4 = \sqrt{(-4)^2 + (-3)^2}\angle\left(\arctan\frac{-3}{-4}\right) = 5\angle -126.9^\circ\text{（在第三象限）}$$

注意，求相位角时，要将 $\varphi = \arctan\dfrac{b}{a}$ 中 a 和 b 的正负号分别保留在分母和分子中，以便确定相量所在的象限，而不宜先将符号消去。本例中若将 $\dot{I}_2$ 的相位角 $\angle\left(\arctan\dfrac{-3}{-4}\right)$ 消去符号，写成 $\angle\left(\arctan\dfrac{3}{4}\right)$，则将得出 $\varphi_2 = \arctan\dfrac{4}{3} = 53.1^\circ$（在第一象限）的错误结果。

（2）描绘相量，如图 9-7 所示。

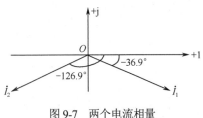

图 9-7　两个电流相量

9.3　电路元件与定律的相量模型

在运用相量法分析正弦交流电路之前，必须先得到相量形式的基本定律——基尔霍夫定律，以及电路基本元件 R、L、C 在相量形式下的电压与电流关系模型（Voltage Current Relationship，VCR）。

9.3.1　基尔霍夫定律的相量形式

时域形式的基尔霍夫电流定律和基尔霍夫电压定律分别为

$$\text{KCL:} \qquad \sum_{k=1}^{n-1} i_k(t) = 0$$

$$\text{KVL:} \qquad \sum_{l=1}^{m} u_l(t) = 0$$

对于任意一个具有 n 个节点、b 条支路的线性电路，因为各处电流都是频率相同的正弦量，所以，可将 KCL 方程表示为相量形式

$$\sum_{k=1}^{n-1} i_k(t) = \mathrm{Re}\left[\sum_{k=1}^{n-1}\sqrt{2}\dot{I}_k \mathrm{e}^{\mathrm{j}\omega t}\right] = 0$$

即

$$\sum_{k=1}^{n-1}\dot{I}_k = 0 \qquad\qquad\qquad (9\text{-}22)$$

同理，有

$$\sum_{l=1}^{m}\dot{U}_l = 0 \qquad\qquad\qquad (9\text{-}23)$$

式（9-22）和式（9-23）分别为相量形式的基尔霍夫电流定律和基尔霍夫电压定律。

9.3.2　线性时不变电阻元件的相量形式

设在线性时不变电阻上流过一个正弦电流

$$i_R(t) = \sqrt{2}I_R\cos(\omega t + \varphi_i)$$

在关联参考方向下，电阻上的电压为

$$u_R(t)=\sqrt{2}U_R\cos(\omega t+\varphi_u)=Ri_R(t)=\sqrt{2}RI_R\cos(\omega t+\varphi_i)$$

所以，电阻上的 VCR 相量形式为

$$U_R\angle\varphi_u=RI_R\angle\varphi_i\quad\text{或}\quad\dot{U}_R=R\dot{I}_R\qquad(9\text{-}24)$$

由式（9-24）可得

$$U_R=RI_R\quad\text{并且}\quad\angle\varphi_u=\angle\varphi_i\qquad(9\text{-}25)$$

式（9-25）表明，电阻上的电压有效值与电流有效值满足欧姆定律，电阻上的电压与电流同相位。电阻元件的相量模型如图 9-8 所示，电阻元件上电压与电流的相量图如图 9-9 所示。

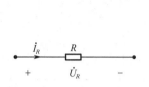

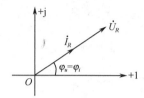

图 9-8　电阻元件的相量模型　　　　　　图 9-9　电阻元件上电压与电流的相量图

9.3.3　线性时不变电容元件的相量形式

设线性时不变电容两端的正弦电压

$$u_C(t)=\sqrt{2}U_C\cos(\omega t+\varphi_u)$$

在关联参考方向下，流过电容元件的电流为

$$i_C(t)=C\frac{\mathrm{d}u_C(t)}{\mathrm{d}t}=-\sqrt{2}\omega CU_C\sin(\omega t+\varphi_u)=\sqrt{2}\omega CU_C\cos\left(\omega t+\varphi_u+\frac{\pi}{2}\right)$$

$$=\sqrt{2}I_C\cos(\omega t+\varphi_i)$$

所以，电容上的 VCR 相量形式为

$$I_C\angle\varphi_i=\omega CU_C\angle\left(\varphi_u+\frac{\pi}{2}\right)\quad\text{或}\quad\dot{I}_C=\mathrm{j}\omega C\dot{U}_C\qquad(9\text{-}26)$$

由式（9-26）可得

$$I_C=\omega CU_C\quad\text{并且}\quad\angle\varphi_i=\angle\left(\varphi_u+\frac{\pi}{2}\right)\qquad(9\text{-}27)$$

式（9-27）表明，电容上的电压有效值与电流有效值满足欧姆定律，ωC 具有与导纳相同的性质和单位，电容上的电流超前于电压 90°。

通常，令 $\omega C=B_C$，称 B_C 为容纳，单位为 S（西门子）。显然，频率越高，容纳越大。令容纳的倒数为容抗 X_C，即 $X_C=1/\omega C$，容抗 X_C 的单位为 Ω。显然，频率越低，容抗越大，当 $\omega\to 0$（直流）时，$X_C\to\infty$，这说明电容在直流电路中表现为开路。

电容元件的容抗型相量模型如图 9-10 所示，电容元件上电压与电流的相量图如图 9-11 所示。

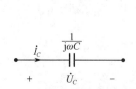

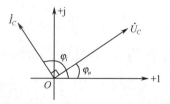

图 9-10　电容元件的容抗型相量模型　　　图 9-11　电容元件上电压与电流的相量图

9.3.4　线性时不变电感元件的相量形式

设线性时不变电感上流过一个正弦电流

$$i_L(t) = \sqrt{2}I_L\cos(\omega t + \varphi_i)$$

在关联参考方向下，电感上的电压为

$$u_L(t) = L\frac{\mathrm{d}i_L(t)}{\mathrm{d}t} = -\sqrt{2}\omega L I_L\sin(\omega t + \varphi_i) = \sqrt{2}\omega L I_L\cos\left(\omega t + \varphi_i + \frac{\pi}{2}\right)$$

$$= \sqrt{2}U_L\cos(\omega t + \varphi_u)$$

所以，电感上的 VCR 相量形式为

$$U_L\angle\varphi_u = \omega L I_L\angle\left(\varphi_i + \frac{\pi}{2}\right) \quad 或 \quad \dot{U}_L = \mathrm{j}\omega L\dot{I}_L \tag{9-28}$$

由式（9-28）可得

$$U_L = \omega L I_L \quad 并且 \quad \angle\varphi_u = \angle\left(\varphi_i + \frac{\pi}{2}\right) \tag{9-29}$$

式（9-29）表明，电感上的电压有效值与电流有效值满足欧姆定律，ωL 具有与电阻相同的性质和单位，电感上的电压超前于电流 90°。

通常，令 $\omega L = X_L$，称 X_L 为感抗，单位为 Ω。显然，频率越高，感抗越大。令感抗的倒数为感纳 B_L，即 $B_L = 1/\omega L$，感纳 B_L 的单位为 S（西门子）。显然，频率越低，感抗越小，当 $\omega \to 0$（直流）时，$X_L \to 0$，这说明电感在直流电路中表现为短路。

电感元件的感抗型相量模型如图 9-12 所示，电感元件上电压与电流的相量图如图 9-13 所示。

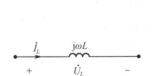

图 9-12　电感元件的感抗型相量模型

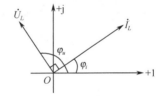

图 9-13　电感元件上电压与电流的相量图

以上 R、L、C 三种元件，在电压与电流取关联参考方向时，元件的阻抗型相量方程分别为

$$\left.\begin{array}{l} \dot{U}_R = R\dot{I}_R \\[2mm] \dot{U}_C = \dfrac{1}{\mathrm{j}\omega C}\dot{I}_C \\[2mm] \dot{U}_L = \mathrm{j}\omega L\dot{I}_L \end{array}\right\} \tag{9-30}$$

这些相量方程在形式上与电阻元件的欧姆定律相似，故它们描述了相量形式的欧姆定律。

9.4　计算机仿真

在进行交流电路的仿真实验前，需要对 Multisim 的参数进行设置。在菜单 Option 中选择 Global Preferences，在弹出的对话框中打开 Simulation 选项卡，如图 9-14 所示，在 Positive phase shift direction 选项组中，选择 Shift right 选项，图形曲线即向右移动。

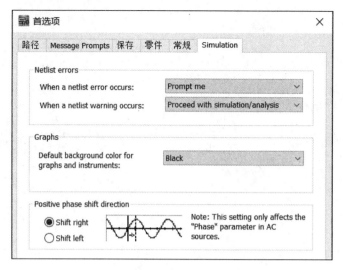

图 9-14　交流仿真参数设置

例 9-5　正弦量三要素的测量。

对于任一正弦量，振幅（有效值）、频率和初相角是其三要素，在 Multisim 中可以利用示波器对三要素进行测量观察。如图 9-15（a）所示，在元件库中选择 Sources 组中的 POWER_SOURCES，并在其中选择 AC_POWER。将交流电源放置到电路图上后，进行参数设置，包括电压源的有效值（振幅）、频率和相位（初相角）。在 Multisim 自带元件库中的交流电源的表达式为 sin 函数，如果需要表达式为 cos 函数，则需要使用三角函数公式设定好相应的初相角。按图 9-15（b）所示，将相位设定为 90°，按图 9-15（c）所示连接好示波器，得到如图 9-15（d）所示的余弦函数。

$$u_s(t) = 10\sqrt{2}\sin(100\pi t + 90°) = 10\sqrt{2}\cos 100\pi t\,(\text{V})。$$

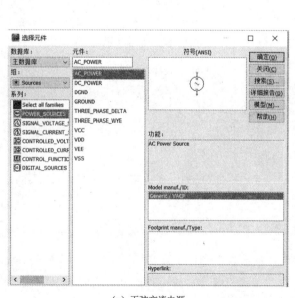

（a）正弦交流电源

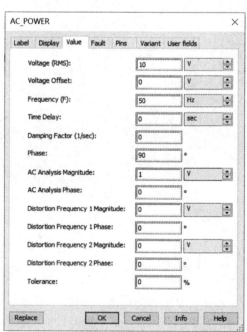

（b）正弦交流电源参数设置

图 9-15　正弦交流电源

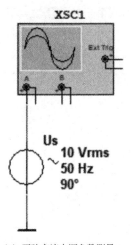

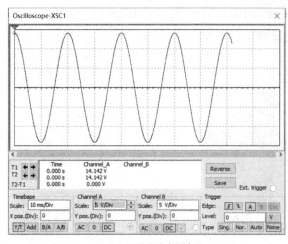

（c）正弦交流电源参数测量　　　　　　　　（d）正弦交流电源波形

图 9-15　正弦交流电源（续）

对图 9-15（c）中的电源按图 9-16（a）所示设置好参数，此时交流电压源的表达式为 $u(t)=100\sqrt{2}\cos(314t+60°)$(V)，接入示波器的输入端，仿真运行后，可以在示波器屏幕上观察到此正弦量的三要素。当 $t=0$ 时，瞬时电压为 70.71V，其初相角为60°；拖动屏幕上的滑动指针 2，将其移动到波峰处，可以测量出交流电压的最大值为 141.414V；将指针 2 向右移动一个周期，读取屏幕是 "T1-T2"，可以测量该电压的周期为 19.963ms，近似等于理论值 20ms。

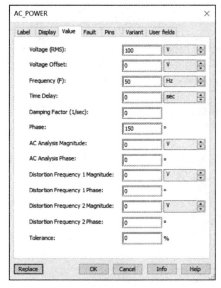

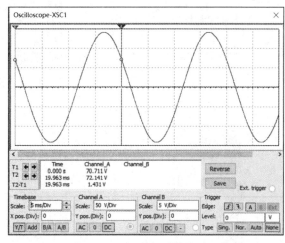

（a）测量电路　　　　　　　　　　　　　（b）电压源波形

图 9-16　正弦量三要素测量仿真

例 9-6　同频率正弦量相位差的测量

如图 9-17（a）所示，电压源 Us1 的初相角为90°（或 $\pi/2$），电压源 Us2 的初相角为180°，二者的相位差为90°，称二者正交。在示波器上，可以用时间游标测量出二者到峰值的时间差约为 5ms，折合成角度为90°。图 9-17（b）所示的两个正弦电压源，其中电压源 Us1 的初相角为90°，电压源 Us2 的初相角为-90°，相位差为180°，称为反相。示波器的时间游标可以测出二者到达峰值的时间差约为10ms，折合成角度为180°。图 9-17（c）所示的两个正弦电压源，其电压分别为 $u_{S1}(t)=10\sqrt{2}\cos(100\pi t)(\mathrm{V})$ ， $u_{S2}(t)=5\sqrt{2}\cos(100\pi t)(\mathrm{V})$ ，二者相位差为0°，称为同相。

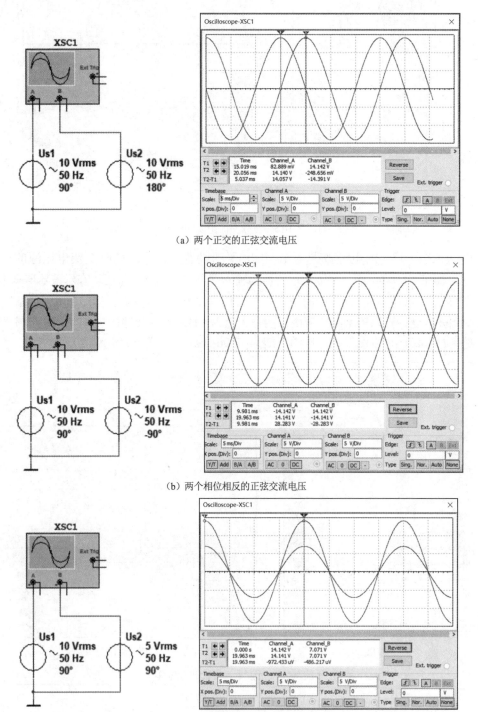

（a）两个正交的正弦交流电压

（b）两个相位相反的正弦交流电压

（c）两个相位相同的正弦交流电压

图 9-17　同频率正弦量相位差的测量

例 9-7　正弦交流电的有效值测量（周期信号的有效值测量）

图 9-18（a）所示为将 10Ω 的电阻接在 10V 的直流电压源上，图 9-18（b）所示为将 10Ω 的

电阻接在交流电压源上。仿真结果显示，两个功率表的读数一致，说明 10Ω 电阻在这两个电压源的作用下消耗的电能完全相等，因此该交流电压源的有效值等于直流电压源的电压值（10V）。

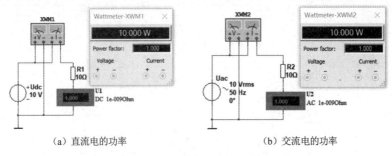

（a）直流电的功率　　　　　　　　　　（b）交流电的功率

图 9-18　正弦交流电的有效值测量

例 9-8　正弦交流电路仿真

（1）纯电阻电路

图 9-19（a）中的正弦交流电压源电压为 $u_s = 10\sqrt{2}\cos(314t)$(V)，用示波器和电流探针测量电阻两端的电压 u 和电阻上的电流 i 的相位关系。在图 9-19（b）中，示波器屏幕上显示 u 和 i 的相位相同。图 9-19（c）为测量纯电阻有功功率的电路，功率表 XWM1 测量 10Ω 电阻消耗的功率，功率表 XWM2 测量交流电源发出的功率，测量结果表明，电源发出的功率和电阻吸收的功率完全相等，电阻的功率因数 $\cos\varphi = 1$。对图 9-19（d）进行瞬态分析，执行菜单命令 Simulate→Analysis→Transient Analysis，设置参数如图 9-19（e）所示，选择探针电流、电压和电阻的功率作为输出变量，仿真执行后得到如图 9-19（f）所示的电阻瞬时功率波形图。图中，三条曲线分别是电阻的瞬时功率曲线、电压曲线和电流曲线。可以看出，在任意时刻，电阻的瞬时功率总是大于或等于 0 的，说明纯电阻是耗能元件。

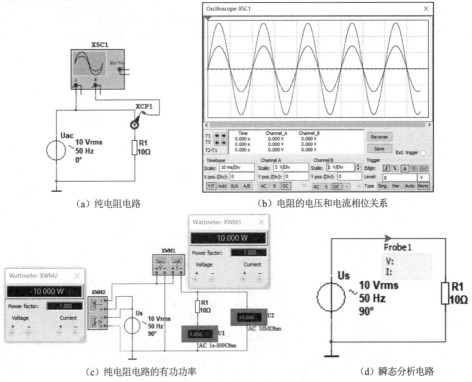

（a）纯电阻电路　　　　　　　　　　（b）电阻的电压和电流相位关系

（c）纯电阻电路的有功功率　　　　　　　　（d）瞬态分析电路

图 9-19　纯电阻电路的正弦稳态仿真

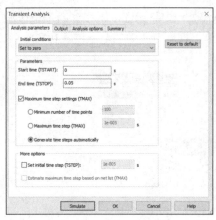
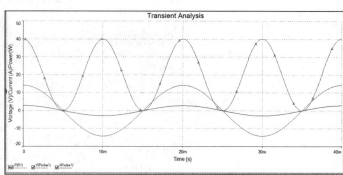

（e）瞬态分析参数设置　　　　　　　　（f）纯电阻瞬时功率波形图

图 9-19　纯电阻电路的正弦稳态仿真（续）

（2）纯电容电路

图 9-20（a）中的正弦交流电压源电压为 $u_s = 10\sqrt{2}\cos(314t)\,(\mathrm{V})$，用示波器和电流探针测量电容两端的电压 u 及其电流 i 的相位关系。在图 9-20（b）中，使用示波器的游标可以测得电容电流 i 与电压 u 达到最大值的时间差为 5ms，转换为相位是 90°，因此电容电流超前电容电压 90°。

接下来使用参数扫描功能观测电容的容抗对电流的阻碍作用。按图 9-20（c）设置电容值按线性从 1mF 增大到 3mF。按图 9-20（d）设置瞬态分析参数，将输出变量设置为电容电流，即探针电流 I（Probe1），单击 Simulate 按钮，即可得到如图 9-20（e）所示的电容电流随电容值变化的曲线。从图中可以发现，电流振幅随电容值的减小而减小，说明容抗与电容值成反比。

图 9-20（f）为测量纯电容有功功率的电路，功率表 XWM1 测量交流电源发出的有功功率，功率表 XWM2 测量电容 C1 消耗的功率，测量结果表明，电源发出的有功功率和电容吸收的有功功率都为零，电容的功率因数 $\cos\varphi = \cos(-90°)=0$，表明它不消耗电能，但是会占用电源设备的容量。此时，可以计算出电容的平均无功功率 $Q_{C1} = U_{C1}I_{C1}\sin\varphi \approx -3.14\,\mathrm{Var}$。

在图 9-20（a）中添加静态探针 Probe1，然后进行瞬态分析，执行菜单命令 Simulate→Analysis→Transient Analysis，仿真执行后得到如图 9-20（g）所示的电容瞬时功率波形图。图中的三条曲线分别是电容的瞬时功率曲线、电压曲线和电流曲线。电容的瞬时功率曲线是一个幅值为 3.14Var、角频率为 2ω 的交变量，一个周期内电容的平均功率为零。

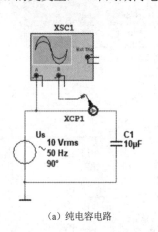
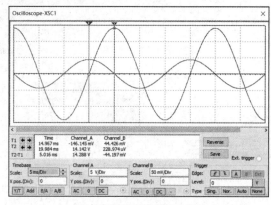

（a）纯电容电路　　　　　　　　　　　（b）电容的电压和电流相位关系

图 9-20　纯电容电路的正弦稳态仿真

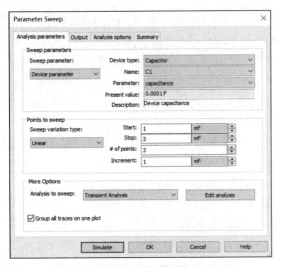

（c）电容参数扫描设置　　　　　　　　　　　　（d）电容参数扫描中的瞬态分析参数设置

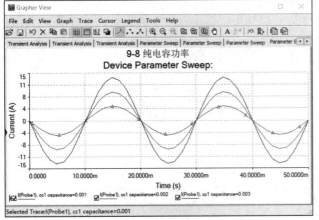

（e）电容的电流随容值的变化　　　　　　　　　　（f）纯电容电路的有功功率

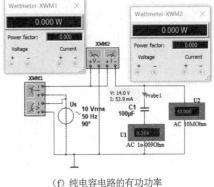

（g）纯电容瞬时功率波形图

图 9-20　纯电容电路的正弦稳态仿真（续）

（3）纯电感电路

图 9-21（a）中的正弦交流电压源电压为 $u_s = 10\sqrt{2}\cos(314t)\mathrm{(V)}$，用示波器和电流探针测量电

感两端的电压 u 及其电流 i 的相位关系。为了能更好地观察示波器波形，将电流探针 XCP1 的电压电流比例调节为 1，如图 9-21（b）所示。在图 9-21（c）中，使用示波器的游标可以测得电感电压 u 与电流 i 达到最大值的时间差约为 5ms，转换为相位是 90°，即电感电压超前电感电流 90°。

接下来使用参数扫描功能观测电感的感抗对电流的阻碍作用。按图 9-21（d）设置电感自感系数按线性从 10mH 增大到 30mH。按图 9-20（e）设置瞬态分析参数，将输出变量设置为电感电流，即探针电流 I（Probe1），单击 Simulate 按钮，即可得到如图 9-20（f）所示的电感电流随电感自感系数变化的曲线。从图中可以发现，电流振幅随电感自感系数的增大而减小，说明感抗与电感的自感系数成正比。

图 9-21（g）为测量纯电感有功功率的电路，功率表 XWM1 测量交流电源发出的有功功率，功率表 XWM2 测量电感 L1 消耗的功率。测量结果表明，电源发出的有功功率和电感吸收的有功功率都为零，电感的功率因数 $\cos\varphi = \cos 90° = 0$，表明它不消耗电能，但是会占用电源设备的容量。此时，可以计算出电容的平均无功功率 $Q_{L1} = U_{L1}I_{L1}\sin\varphi \approx 31.83\,\text{Var}$。

对图 9-21（g）进行瞬态分析，执行菜单命令 Simulate→Analysis→Transient Analysis，仿真执行后得到如图 9-21（h）所示的电感瞬时功率波形图。图中的三条曲线按幅度从大到小依次为电感的瞬时功率曲线、电压曲线和电流曲线。电感的瞬时功率曲线是一个幅值为 31.83Var、角频率为 2ω 的交变量，一个周期内电感的平均功率为零。

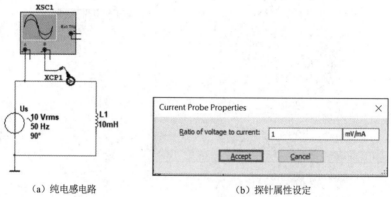

（a）纯电感电路	（b）探针属性设定

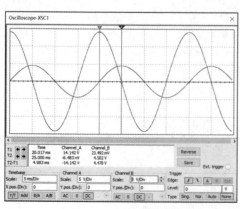

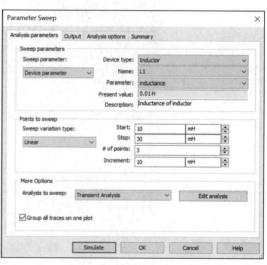

（c）电感的电压和电流相位关系	（d）电感参数扫描设置

图 9-21　纯电感电路的正弦稳态仿真

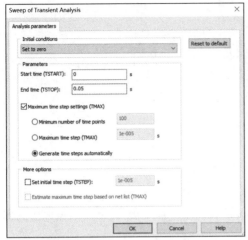

（e）电感参数扫描中的瞬态分析参数设置

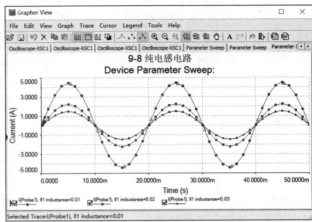

（f）电感的电流随电感自感系数的变化

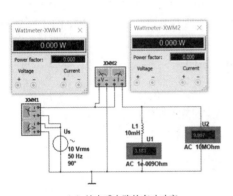

（g）纯电感电路的有功功率

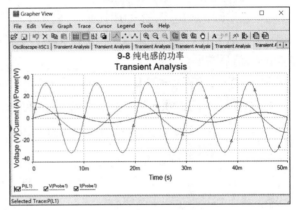

（h）纯电感瞬时功率曲线

图 9-21　纯电感电路的正弦稳态仿真（续）

思考题

9-1　直流电路与正弦交流电路有何区别？

9-2　何为正弦量的三要素？

9-3　在交流电路中，相位、初相位和相位差各表示什么？它们之间有什么不同？又有什么联系？初相位的大小与什么有关？

9-4　正弦量的有效值是如何定义的？

9-5　日常灯泡上的额定电压为 220V，实际上它承受的最大电压是多少？

9-6　两个正弦量之间的超前与滞后如何判定？

9-7　为什么电容器两端加直流电压时电路中没有电流，而当加交流电压时就有电流？

9-8　容抗表示什么？它与哪些因素有关？为什么 $X_C \neq u/i$ ？

9-9　下列各式中，哪些正确？哪些不正确？

（1） $i = \dfrac{u}{X_C}$ ；（2） $i = \dfrac{u}{\omega C}$ ；（3） $I = \dfrac{U}{\omega C}$ ；（4） $I = \dfrac{U}{C}$ ；（5） $I = \omega CU$

9-10　感抗表示什么？它与哪些因素有关？为什么 $X_L \neq u/i$ ？

9-11　下列各式中，哪些正确？哪些不正确？

（1）$i = \dfrac{u}{X_L}$ ；（2）$i = \dfrac{u}{\omega L}$ ；（3）$I = \dfrac{U}{\omega L}$ ；（4）$I = \dfrac{U}{L}$ ；（5）$I = \dfrac{U_m}{\omega L}$

9-12　什么是相量？为什么要用相量来表示正弦量？

9-13　什么是旋转因子？你所知道的旋转因子有哪些？它们的作用是什么？

9-14　相量与复数有何相同之处？有何不同之处？

9-15　什么是相量法？

习题

9-1　已知正弦电压的振幅 $U_m = 200\text{V}$ ，频率 $f = 50\text{Hz}$ ，初相位 $\varphi_u = 90^\circ$ ，试写出该电压的瞬时表达式，并画出其波形图。

9-2　已知正弦电流 $i(t) = 5\cos(\omega t + 30^\circ)$ ， $f = 50\text{Hz}$ ，问在 $t = 0.1\text{s}$ 时，电流的瞬时值为多少？

9-3　已知某正弦电流在 $t = 0$ 时的瞬时值 $i(0) = 5\text{A}$ ，其初相角为 30° ，试求其有效值。

9-4　指出下列各组正弦电压、电流的幅值、有效值、频率和初相，并说明每组两个正弦量之间的超前与滞后关系。

（1）$u_1(t) = 220\sqrt{2}\cos 314t$ ， $u_2(t) = 220\sqrt{2}\cos(314t - 30^\circ)$ ；

（2）$i_1(t) = \sqrt{2}\cos(200\pi t + \pi/3)$ ， $i_2(t) = \sin(200\pi t + \pi/3)$ ；

（3）$u_1(t) = 10\sqrt{2}\cos(100\pi t - 120^\circ)$ ， $u_2(t) = 20\sqrt{2}\cos(100\pi t + 120^\circ)$ ；

（4）$u(t) = 20\cos(50\pi t + 120^\circ)$ ， $i(t) = -10\sqrt{2}\cos(50\pi t - 60^\circ)$ ；

（5）$i_1(t) = 30\sqrt{2}\cos(\omega t - 30^\circ)$ ， $i_2(t) = 40\sqrt{2}\cos(3\omega t - 30^\circ)$ 。

9-5　将下列复数按照要求进行转换。

（1）转换成极坐标形式：

　　$3 - j4$ ， $6 + j3$ ， $-8 + j6$ ， $-5 - j10$ ， 10 ， $j10$

（2）转换成代数形式：

　　$5\angle 36.87^\circ$ ， $10\angle -53.13^\circ$ ， $8\angle 30^\circ$ ， $1\angle 120^\circ$ ， $15\angle 45^\circ$ ， $2\angle -90^\circ$ ， $3\angle 180^\circ$

9-6　写出下列各组正弦量的相量表达式，并画出各组的相量图。

（1）$u_1(t) = 220\sqrt{2}\cos 314t$ ， $u_2(t) = 220\sqrt{2}\cos(314t - 30^\circ)$ ；

（2）$i_1(t) = \sqrt{2}\cos(200\pi t + \pi/3)$ ， $i_2(t) = \sin(200\pi t + \pi/3)$ ；

（3）$u_1(t) = 10\sqrt{2}\cos(100\pi t - 120^\circ)$ ， $u_2(t) = 20\sqrt{2}\cos(100\pi t + 120^\circ)$ ；

（4）$u(t) = 20\cos(50\pi t + 120^\circ)$ ， $i(t) = -10\sqrt{2}\cos(50\pi t - 60^\circ)$ 。

9-7　写出下列各相量对应的正弦量的瞬时表达式，设正弦量的频率为 ω 。

（1）$\dot{U} = 220\angle 40^\circ$ ；（2）$\dot{U}_m = j100$ ；（3）$\dot{I}_m = -10$ ；（4）$\dot{I} = 4 - j3$ ；（5）$\dot{U} = 60e^{-j45^\circ}$ 。

9-8　用相量法求下列两个正弦电流的和与差： $i_1(t) = 15\sqrt{2}\cos(\omega t + 30^\circ)$ ， $i_2(t) = 8\sqrt{2}\cos(\omega t - 55^\circ)$ 。

9-9　在一个 $10\mu\text{F}$ 的电容器两端加上 $u(t) = 70.7\sqrt{2}\cos(314t - \pi/6)\,\text{V}$ 的正弦电压，求通过电容器的电流有效值及电流的瞬时值表达。若所加电压的有效值与初相角不变，而频率变为 100Hz，其结果又如何？

9-10　一个电感线圈， $L = 5\text{mH}$ ，现把它接到 $u(t) = 20\sqrt{2}\cos 10^6 t\,(\text{V})$ 的电源上，求电流的有效值和瞬时值表达式。

9-11　已知电感线圈的 $L=10\text{mH}$，现把它接到 $u(t)=100\cos\omega t(\text{V})$ 的电源上，求当频率为 50Hz 和 50kHz 时，电感线圈的感抗及电流各为多少？

9-12　在题 9-12 图所示的 RLC 串联电路中，已知 $R=20\Omega$，$L=0.5\text{H}$，$C=400\mu\text{F}$，若电阻电压 $u_R(t)=40\cos100t(\text{V})$，试用相量法求出电感电压 $u_L(t)$ 和电容电压 $u_C(t)$，并画出三个电压的相量图。

9-13　在题 9-13 图所示的 RLC 并联电路中，已知电流表 A、A_1、A_3 的读数分别为 5A、4A、8A，求电流表 A_2 的读数。

9-14　如题 9-14 图所示电路，已知电流表 A_1、A_2 和 A_3 的读数分别为 5A、20A 和 25A。求：（1）电流表 A 的读数；（2）维持电流表 A_1 的读数不变，把电源的频率提高 1 倍，再求其他各表的读数。

9-15　在题 9-15 图所示的 RLC 串联电路中，已知电压表 $U_R=20\text{V}$，$U_L=15\text{V}$，$U_C=30\text{V}$，求电压 $\dot U$ 的值。

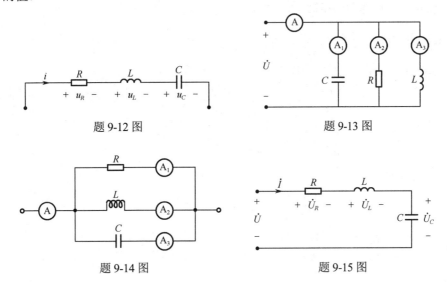

题 9-12 图　　　　　　　　　　题 9-13 图

　　　　题 9-14 图　　　　　　　　　　题 9-15 图

9-16　在如题 9-16 图所示电路中，已知 $R=40\Omega$，$\text{X}_L=30\Omega$，$\text{X}_C=20\Omega$，若 $\dot I_L=3\angle0°$，求总电压 u 和总电流 i 的表达式，并画出反映各电压、电流关系的相量图。

9-17　电路如题 9-17 图所示，$u_s=200\sqrt{2}\cos(314t+\pi/3)(\text{V})$，电流表 A_1 的读数为 2A，电压表 V_1、V_2 的读数为 200V。求参数 R、L、C，并画出该电路的相量图。

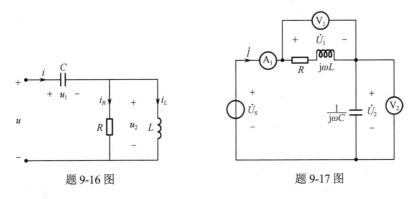

题 9-16 图　　　　　　　　　　题 9-17 图

第10章　正弦稳态电路分析

本章将从元件的复阻抗与复导纳入手，对 RLC 串/并联等简单电路进行分析。而后从概念上和方法上介绍如何使用相量法进行一般正弦稳态电路的分析，并引出关于有功功率、无功功率、视在功率和复功率的概念及其分析与计算。本章只讨论电路受到单一频率的正弦信号激励的情况。

10.1　运用相量法分析正弦稳态电路

对于线性电路，当激励是频率为 ω 的正弦信号时，电路中各处电压与电流的稳态响应均为相同频率的正弦量，该特性称为线性电路的频率不变性。

10.1.1　复阻抗与复导纳

用相量法分析电路时，电阻、电容、电感元件的 VCR 分别为

$$\frac{\dot{U}_R}{\dot{I}_R}=R \qquad \frac{\dot{U}_C}{\dot{I}_C}=\frac{1}{\mathrm{j}\omega C} \qquad \frac{\dot{U}_L}{\dot{I}_L}=\mathrm{j}\omega L$$

或

$$\frac{\dot{I}_R}{\dot{U}_R}=G \qquad \frac{\dot{I}_C}{\dot{U}_C}=\mathrm{j}\omega C \qquad \frac{\dot{I}_L}{\dot{U}_L}=\frac{1}{\mathrm{j}\omega L}$$

上述各式可以用统一的形式表示为

$$\frac{\dot{U}}{\dot{I}}=Z \quad \text{或} \quad \frac{\dot{I}}{\dot{U}}=Y \tag{10-1}$$

式中，Z 称为元件的复阻抗，单位为 Ω；Y 称为元件的复导纳，单位为 S；在式（10-1）中，当电压相量与电流相量相比时，它们所隐含的旋转因子 $\mathrm{e}^{\mathrm{j}\omega t}$ 可被约去，所以，Z 和 Y 是由两个相量相比后得到的纯复数，这表明：Z 和 Y 只是复数，而不是相量。

既然是复数，那么复阻抗 Z 的复数形式应为

$$Z = a + \mathrm{j}b = |Z|\angle\varphi_z \tag{10-2}$$

式中，a、b 均为实数，Z 的模 $|Z| = \sqrt{a^2+b^2}$，φ_z 称为阻抗角，并且 $\varphi_z = \arctan\dfrac{b}{a}$。

由式（10-1）描述 Z 的相量关系式可知

$$\varphi_z = \varphi_u - \varphi_i \tag{10-3}$$

同理，复导纳 Y 的复数形式应为

$$Y = c + \mathrm{j}d = |Y|\angle\varphi_y \tag{10-4}$$

式中，c、d 均为实数，复导纳 Y 的模 $|Y| = \sqrt{c^2+d^2}$，φ_y 称为导纳角，并且 $\varphi_y = \arctan\dfrac{d}{c}$。

由式（10-1）描述 Y 的相量关系式可知

$$\varphi_y = \varphi_i - \varphi_u \tag{10-5}$$

由式（10-1）可知，复阻抗与复导纳的关系为

$$Z=\frac{1}{Y} \quad \text{或} \quad Y=\frac{1}{Z}$$

所以，可将复阻抗等效为复导纳，即

$$Y = \frac{1}{Z} = \frac{1}{a + jb} = \frac{a - jb}{a^2 + b^2} = \frac{a}{a^2 + b^2} + j\frac{-b}{a^2 + b^2} = c + jd$$

也可将复导纳等效为复阻抗，即

$$Z = \frac{1}{Y} = \frac{1}{c + jd} = \frac{c - jd}{c^2 + d^2} = \frac{c}{c^2 + d^2} + j\frac{-d}{c^2 + d^2} = a + jb$$

10.1.2　RLC 串联电路的分析

1. RLC 串联电路的复阻抗

RLC 串联电路如图 10-1 所示，如果在串联电路两端加上一正弦电压

$$u(t) = \sqrt{2}U\cos(\omega t + \varphi_u)$$

设串联电路上的电流为 $i(t)$，则由 KVL 可得

$$u(t) = u_R(t) + u_L(t) + u_C(t) = Ri(t) + L\frac{di(t)}{dt} + \frac{1}{C}\int i(t)dt \tag{10-6}$$

将式（10-6）用相量表示，并与式（10-1）比较可得

$$\dot{U} = \dot{U}_R + \dot{U}_L + \dot{U}_C = R\dot{I} + j\omega L\dot{I} + \frac{1}{j\omega C}\dot{I} = \left(R + j\omega L + \frac{1}{j\omega C}\right)\dot{I} = Z\dot{I} \tag{10-7}$$

即可得到相应的相量电路模型，如图 10-2 所示。

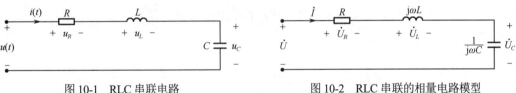

图 10-1　RLC 串联电路　　　　　　　　　　　图 10-2　RLC 串联的相量电路模型

式（10-7）中，串联电路的复阻抗

$$Z = R + j\omega L + \frac{1}{j\omega C} = R + j\left(\omega L - \frac{1}{\omega C}\right) = R + j(X_L - X_C) = R + jX = |Z|\angle\varphi_z \tag{10-8}$$

复阻抗 Z 的模 $|Z| = \sqrt{R^2 + X^2}$，φ_z 称为阻抗角，并且 $\varphi_z = \arctan\dfrac{X}{R}$，这里 $X(X = X_L - X_C)$ 为电抗，单位为 Ω。

2. 阻抗三角形与电压三角形

由欧拉公式可得，复阻抗

$$Z = |Z|\angle\varphi_z = |Z|\cos\varphi_z + j|Z|\sin\varphi_z \tag{10-9}$$

与式（10-8）比较可知

$$R = |Z|\cos\varphi_z, \quad X = |Z|\sin\varphi_z$$

于是可得到所谓的阻抗三角形，如图 10-3 所示。

由式（10-7）可得

$$\dot{U} = \dot{U}_R + \dot{U}_L + \dot{U}_C = R\dot{I} + j\omega L\dot{I} + \frac{1}{j\omega C}\dot{I} = R\dot{I} + \left(j\omega L + \frac{1}{j\omega C}\right)\dot{I}$$

$$= R\dot{I} + j\left(\omega L - \frac{1}{\omega C}\right)\dot{I} = R\dot{I} + jX\dot{I} = \dot{U}_R + \dot{U}_X$$

可见，总电压 $\dot{U}$ 与电阻电压 $\dot{U}_R$ 、电抗电压 $\dot{U}_X$ 也构成了一个直角三角形，该三角形反映了这三个电压相量之间的相位关系和有效值关系，称为电压三角形，如图 10-4 所示。

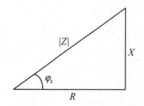

图 10-3　RLC 串联电路的阻抗三角形

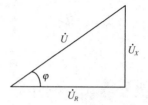

图 10-4　电压三角形

3. RLC 串联电路的性质与串联谐振

RLC 串联电路在端口所呈现的特性取决于感抗 X_L 和容抗 X_C 的大小。由于 $Z = R + \mathrm{j}(X_L - X_C) = R + \mathrm{j}X = |Z| \angle \varphi_z = |Z| \angle (\varphi_u - \varphi_i)$ ，因此有如下结论。

（1）若 $X_L = X_C$ ，则电抗 $X = 0$ ，阻抗角 $\varphi_z = 0$ ， $\varphi_u - \varphi_i = 0$ ，此时阻抗 $Z = R$ 。这表明，当 $X_L = X_C$ 时，RLC 串联电路在端口呈现纯阻性，端口电压相量与端口电流相量同相位。在电气技术领域中称：此时 RLC 串联电路发生了串联谐振。

（2）若 $X_L > X_C$ ，则电抗 $X > 0$ ，阻抗角 $\varphi_z > 0$ ， $\varphi_u - \varphi_i > 0$ ，此时端口电压相量超前于端口电流相量，RLC 串联电路在端口呈现感性阻抗，相量图如图 10-5 所示。

（3）若 $X_L < X_C$ ，则电抗 $X < 0$ ，阻抗角 $\varphi_z < 0$ ， $\varphi_u - \varphi_i < 0$ ，此时端口电压相量滞后于端口电流相量，RLC 串联电路在端口呈现容性阻抗，相量图如图 10-6 所示。

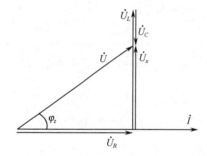

图 10-5　RLC 串联电路的感性相量图

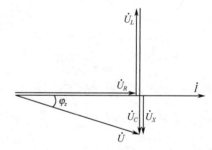

图 10-6　RLC 串联电路的容性相量图

10.1.3　RLC 并联电路的分析

1. RLC 并联电路的复导纳

RLC 并联电路如图 10-7 所示，如果在并联电路两端加上一正弦电压

$$u(t) = \sqrt{2}U \cos(\omega t + \varphi_u)$$

设并联电路端口的电流为 $i(t)$ ，则由 KCL 可得

$$i(t) = i_R(t) + i_L(t) + i_C(t) = \frac{u(t)}{R} + C\frac{\mathrm{d}u(t)}{\mathrm{d}t} + \frac{1}{L}\int u(t)\mathrm{d}t \qquad (10\text{-}10)$$

将式（10-10）用相量表示，并与式（10-1）比较可得

$$\dot{I} = \dot{I}_R + \dot{I}_L + \dot{I}_C = \frac{\dot{U}}{R} + \mathrm{j}\omega C\dot{U} + \frac{1}{\mathrm{j}\omega L}\dot{U} = \left(\frac{1}{R} + \mathrm{j}\omega C + \frac{1}{\mathrm{j}\omega L}\right)\dot{U} = Y\dot{U} \qquad (10\text{-}11)$$

即可得到相应的相量电路模型，如图 10-8 所示。

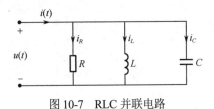

图 10-7　RLC 并联电路

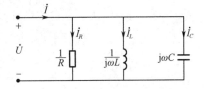

图 10-8　RLC 并联的相量电路模型

式（10-11）中，并联电路的复导纳

$$Y = \frac{1}{R} + j\omega C - j\frac{1}{\omega L} = G + j(B_C - B_L) = G + jB = |Y| \angle \varphi_y \qquad (10\text{-}12)$$

复导纳 Y 的模 $|Y| = \sqrt{G^2 + B^2}$，φ_y 称为导纳角，并且 $\varphi_y = \arctan\dfrac{B}{G}$，这里 B（$B = B_C - B_L$）为电纳，

单位为 S。

2. 导纳三角形与电流三角形

由欧拉公式可得，复导纳

$$Y = |Y| \angle \varphi_y = |Y|\cos\varphi_y + j|Y|\sin\varphi_y \qquad (10\text{-}13)$$

与式（10-12）比较可知

$$G = |Y|\cos\varphi_y , \quad B = |Y|\sin\varphi_y$$

于是可得到所谓的导纳三角形，如图 10-9 所示。

由式（10-11）可得

$$\dot{I} = \dot{I}_R + \dot{I}_L + \dot{I}_C = \frac{\dot{U}}{R} + j\omega C\dot{U} + \frac{1}{j\omega L}\dot{U} = G\dot{U} + j\left(\omega C + \frac{1}{j\omega L}\right)\dot{U}$$

$$= G\dot{U} + j\left(\omega C - \frac{1}{\omega L}\right)\dot{U} = G\dot{U} + jB\dot{U} = \dot{I}_R + \dot{I}_B$$

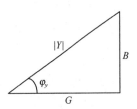

图 10-9　RLC 并联电路
的导纳三角形

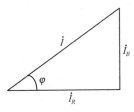

图 10-10　电流三角形

可见，总电流 $\dot{I}$ 与电导电流 $\dot{I}_R$、电纳电流 $\dot{I}_B$ 也构成了一个直角三角形，该三角形反映了这三个电流相量之间的相位关系和有效值关系，称为电流三角形，如图 10-10 所示。

3. RLC 并联电路的性质与并联谐振

RLC 并联电路在端口所呈现的特性取决于感纳和容纳的大小。由于 $Y = G + j(B_C - B_L) = G + jB = |Y| \angle \varphi_y = |Y| \angle (\varphi_i - \varphi_u)$，因此有如下结论。

（1）若 $B_C = B_L$，则电纳 $B = 0$，导纳角 $\varphi_y = 0$，$\varphi_i - \varphi_u = 0$，此时导纳 $Y = G = 1/R$。这表明，当 $B_C = B_L$ 时，RLC 并联电路在端口呈现纯阻性，端口电压相量与端口电流相量同相位。在电气技术领域中称：此时 RLC 并联电路发生了并联谐振。

（2）若 $B_C > B_L$，则电纳 $B > 0$，导纳角 $\varphi_y > 0$，$\varphi_i - \varphi_u > 0$，此时端口电流相量超前于端口电压相量，RLC 并联电路在端口呈现容性阻抗，相量图如图 10-11 所示。

（3）若 $B_C < B_L$，则电纳 $B < 0$，导纳角 $\varphi_y < 0$，$\varphi_i - \varphi_u < 0$，此时端口电流相量滞后于端口电压相量，RLC 并联电路在端口呈现感性阻抗，相量图如图 10-12 所示。

10.1.4　复阻抗与复导纳的串联、并联及混联电路的分析

1. 复阻抗的串联

图 10-13 所示为 n 个复阻抗串联的电路，根据 KVL 可得

$$\dot{U}=\dot{U}_1+\dot{U}_2+\dot{U}_3+\cdots+\dot{U}_n$$
$$=Z_1\dot{I}+Z_2\dot{I}+Z_3\dot{I}+\cdots+Z_n\dot{I}=(Z_1+Z_2+Z_3+\cdots+Z_n)\dot{I}=Z\dot{I}$$

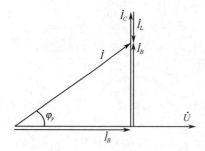

图 10-11　RLC 并联电路的容性相量图

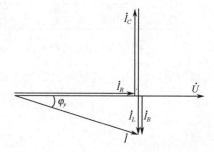

图 10-12　RLC 并联电路的感性相量图

串联总阻抗

$$Z=\sum_{k=1}^{n}Z_k \tag{10-14}$$

由式（10-14）可见，复阻抗串联电路的 VCR 关系与直流电路中电阻串联电路的 VCR 关系相仿。因此，类似的也有图 10-14 所示的两个复阻抗串联时的分压公式，即

$$\dot{U}_1=\frac{Z_1}{Z_1+Z_2}\dot{U},\quad \dot{U}_2=\frac{Z_2}{Z_1+Z_2}\dot{U} \tag{10-15}$$

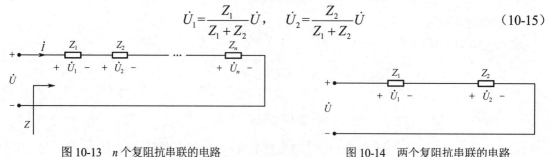

图 10-13　n 个复阻抗串联的电路

图 10-14　两个复阻抗串联的电路

2. 复导纳的并联

图 10-15 所示为 n 个复导纳并联的电路，根据 KCL 可得

$$\dot{I}=\dot{I}_1+\dot{I}_2+\dot{I}_3+\cdots+\dot{I}_n=Y_1\dot{U}+Y_2\dot{U}+Y_3\dot{U}+\cdots+Y_n\dot{U}$$
$$=(Y_1+Y_2+Y_3+\cdots+Y_n)\dot{U}=Y\dot{U}$$

并联总导纳

$$Y=\sum_{k=1}^{n}Y_k \tag{10-16}$$

由式（10-16）可见，复导纳并联电路的 VCR 关系与直流电路中电导并联电路的 VCR 关系相仿。因此，类似的也有图 10-16 所示的两个复阻抗并联时的分流公式，即

$$\dot{I}_1=\frac{Z_2}{Z_1+Z_2}\dot{I},\quad \dot{I}_2=\frac{Z_1}{Z_1+Z_2}\dot{I} \tag{10-17}$$

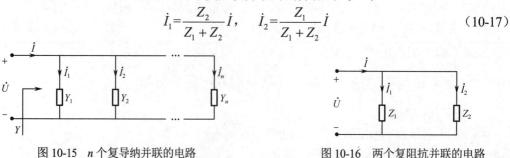

图 10-15　n 个复导纳并联的电路

图 10-16　两个复阻抗并联的电路

3. 复阻抗混联电路的分析

从上面的结论可以看出，复阻抗混联电路的分析也应该与直流电路中电阻的混联电路分析相类似，既有串联、并联、串并联的分析，也有 Y-△转换的分析，还有输入阻抗的化简分析等。

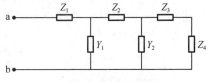

例如，在图 10-17 所示的复阻抗混联电路中，入端阻抗 Z_{ab} 为

$$Z_{ab}=Z_1+\cfrac{1}{Y_1+\cfrac{1}{Z_2+\cfrac{1}{Y_2+\cfrac{1}{Z_3+Z_4}}}}$$

图 10-17　复阻抗混联

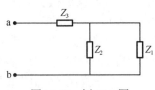

例 10-1　如图 10-18 的电路，已知 $Z_1=10+j6.28$，$Z_2=20-j31.9$，$Z_3=15+j15.7$，求 a-b 端的等值复阻抗 Z_{ab}。

图 10-18　例 10-1 图

解： $Z_{ab}=Z_3+\dfrac{Z_1Z_2}{Z_1+Z_2}=(15+j15.7)+\dfrac{(10+j6.28)(20-j31.9)}{(10+j6.28)+(20-j31.9)}$

$=(15+j15.7)+\dfrac{400.33-j193.4}{30-j25.62}=(15+j15.7)+\dfrac{444.6\angle-25.78°}{39.45\angle-40.49°}$

$=(15+j15.7)+11.27\angle14.7°=(15+j15.7)+(10.9+j2.86)$

$=25.9+j18.56=31.86\angle35.63°$

4. 交流电桥的平衡

如图 10-19 所示的桥式电路，当满足

$$Z_1Z_4=Z_2Z_3 \tag{10-18}$$

时，对于端口 AB 而言，桥支路 CD 平衡，即 C 点与 D 点为等电位点。

需要指出的是，式（10-18）描述的由复阻抗构成的交流电桥的平衡条件与电阻性电桥的平衡条件有所不同，这时的平衡条件如下：

$$\begin{cases} |Z_1|\cdot|Z_4|=|Z_2|\cdot|Z_3| \\ \angle\varphi_1+\angle\varphi_4=\angle\varphi_2+\angle\varphi_3 \end{cases} \tag{10-19}$$

一般情况下，若式（10-18）满足，则式（10-19）也就满足，但在特殊情况下却有例外。例如图 10-20 所示的电路，虽然有

$$Z_1Z_4=j\cdot j=-1,\qquad Z_2Z_3=(-j)(-j)=-1$$

但是

$$\angle\varphi_1+\angle\varphi_4=\pi,\qquad \angle\varphi_2+\angle\varphi_3=-\pi$$

所以，这个电桥并不平衡。利用 Y-△等效变换，再进行串并联化简，不难求得 $Z_{AB}=1\Omega$。

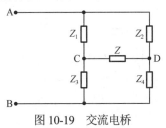

图 10-19　交流电桥

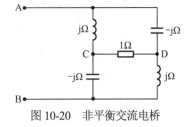

图 10-20　非平衡交流电桥

10.1.5　正弦稳态电路的相量分析法

通过前面章节的学习可知，电路的分析方法大体有以下三大类。

1. 等效变换法

等效变换法包括：无源支路的串并联等效化简、对称电路的等效化简、桥式电路的等效化简、星形与三角形电路的等效变换、含源电路的戴维宁等效或诺顿等效变换、理想电压源与理想电流源的串并联等效化简、理想电压源或理想电流源的转移变换等。

2. 方程分析法

方程分析法包括：支路法、回路法（网孔法）、节点法等。

3. 网络定理分析法

网络定理分析法包括：叠加定理、替代定理、戴维宁定理、诺顿定理、特勒根定理、互易定理、最大功率传输定理等。

对于一个被正弦信号激励的复杂电路，若要运用相量法进行分析计算，一般包括以下步骤。

（1）将电路转换为相量模型。即将电路中的所有元件都变换成阻抗或导纳，并将电路中各处的电压瞬时值变量和电流瞬时值变量都表示成相量，同时将激励源也表示成相量。

（2）选择某一个电压相量或电流相量为参考相量，一般情况下，参考相量的初相角可选择为0°。

（3）运用上述三大类方法进行复数域的电路分析与计算。值得强调的是，在运用相量法进行电路的分析计算过程中，有时借助相量图进行分析，往往能获得事半功倍的效果。

（4）如果有必要，可将相量形式的计算结果还原成瞬时值形式。

在运用相量法进行电路的分析计算时，还需注意以下几点。

（1）相量法只能用于正弦稳态电路的分析计算，对于正弦信号的非稳态过程（如接入过程）不能使用相量法。

（2）只能对确定的单一频率正弦信号使用相量法，如果信号由多个不同频率的时域正弦信号叠加而成，则应对每个频率信号逐个采用相量法分析，所得结果要利用叠加定理在时域求和。

（3）对于非正弦信号不能直接使用相量法。

（4）相量法只适用于激励为同频率正弦量的线性非时变电路的分析计算，不能用于非线性变换。

例 10-2　如图 10-21 所示的电路，已知 $R = 2R_3$，$C = C_3/2$，试证明：当 $\omega = 1/RC$ 时，$U_2 = 0$。

证明：先将两个 Y 形电路转换成两个△形电路，如图 10-22、图 10-23 所示。

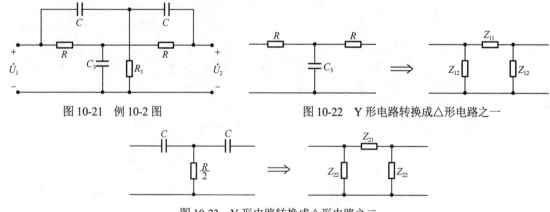

图 10-21　例 10-2 图　　　　　　　　图 10-22　Y 形电路转换成△形电路之一

图 10-23　Y 形电路转换成△形电路之二

在图 10-22 中，
$$Z_{11} = R + R + \frac{R \times R}{\dfrac{1}{\mathrm{j}\omega 2C}} = 2R(1 + \mathrm{j}\omega RC)$$

$$Z_{12} = R + \frac{1}{j\omega 2C} + \frac{R \times \frac{1}{j\omega 2C}}{R} = R + \frac{1}{j\omega C}$$

在图 10-23 中，
$$Z_{21} = \frac{1}{j\omega C} + \frac{1}{j\omega C} + \frac{\left(\frac{1}{j\omega C}\right)^2}{R/2} = \frac{2(1 + j\omega RC)}{(j\omega C)^2 R}$$

$$Z_{22} = \frac{1}{j\omega C} + \frac{R}{2} + \frac{\frac{R}{2} \times \frac{1}{j\omega C}}{1/j\omega C} = R + \frac{1}{j\omega C}$$

这时电路变成图 10-24 所示。

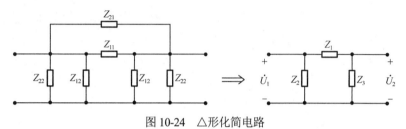

图 10-24　△形化简电路

在图 10-24 中，$Z_1 = \dfrac{Z_{11}Z_{21}}{Z_{11} + Z_{21}} = \dfrac{2R(1 + j\omega RC)}{1 - (\omega RC)^2}$，$\qquad Z_2 = Z_3 = \dfrac{R + \dfrac{1}{j\omega C}}{2} = \dfrac{1 + j\omega RC}{2j\omega C}$

由分压公式可得
$$\dot{U}_2 = \frac{Z_3}{Z_1 + Z_3}\dot{U}_1 = \frac{1 - (\omega RC)^2}{1 - (\omega RC)^2 + j4\omega RC}\dot{U}_1$$

所以，当 $\omega = \dfrac{1}{RC}$ 时，即 $RC\omega = 1$，此时 $U_2 = 0$。

例 10-3　如图 10-25 所示的电路，已知 $R_1 = 5\Omega$，$X_1 = 5\Omega$，$R = 8\Omega$，欲使 $\dot{I}_0$ 与电压 $\dot{U}$ 在相位上相差 $90°$，问 R_0 的值为多少？

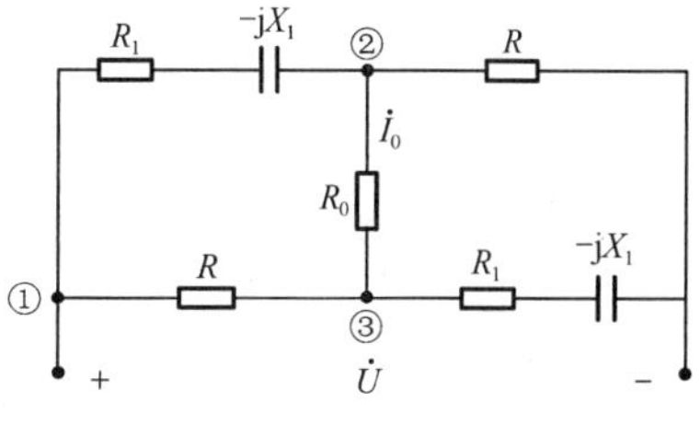

解： 设参考相量 $\dot{U}_1 = U\angle 0°$，列节点方程可得

$$\begin{cases} \left(\dfrac{1}{R_1 - jX_1} + \dfrac{1}{R} + \dfrac{1}{R_0}\right)\dot{U}_2 - \dfrac{1}{R_0}\dot{U}_3 - \dfrac{1}{R_1 - jX_1}\dot{U}_1 = 0 \\[2mm] -\dfrac{1}{R}\dot{U}_1 - \dfrac{1}{R_0}\dot{U}_2 + \left(\dfrac{1}{R} + \dfrac{1}{R_0} + \dfrac{1}{R_1 - jX_1}\right)\dot{U}_3 = 0 \end{cases}$$

图 10-25　例 10-3 图

两式相减后，将已知条件 $R_1 = 5\Omega$，$X_1 = 5\Omega$，$R = 8\Omega$ 代入，得

$$\left[\frac{1}{5 - j5} + \frac{1}{8} + \frac{1}{R_0}\right](\dot{U}_2 - \dot{U}_3) + \frac{1}{R_0}(\dot{U}_2 - \dot{U}_3) + \left(\frac{1}{8} - \frac{1}{5 - j5}\right)\dot{U}_1 = 0$$

$$\dot{I}_0 = \frac{\dot{U}_2 - \dot{U}_3}{R_0} = \frac{\left(\dfrac{1}{5 - j5} - \dfrac{1}{8}\right)U\angle 0°}{R_0\left(\dfrac{1}{5 - j5} + \dfrac{1}{8} + \dfrac{2}{R_0}\right)} = \frac{3 + j5}{13R_0 + 80 - j(5R_0 + 80)}U\angle 0°$$

要令 $\dot{I}_0$ 与 $\dot{U}$ 相差 $90°$，则有

$$\frac{(3+\mathrm{j}5)[(13R_0+80)+\mathrm{j}(5R_0+80)]}{(13R_0+80)^2+(5R_0+80)^2}=\frac{-160+14R_0+\mathrm{j}}{(13R_0+80)^2+(5R_0+80)^2}$$

令

$$-160+14R_0=0$$

可得

$$R_0=\frac{160}{14}=\frac{80}{7}\Omega$$

例 10-4　如图 10-26 所示电路，端口电压恒定，已知 $X_C=48\Omega$，开关 S 闭合后电流表读数不变，试求 X_L。

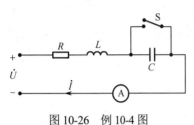

图 10-26　例 10-4 图

解：（1）方法 1。

S 未闭合时，电路阻抗为

$$Z=R+\mathrm{j}(X_L-X_C)=|Z|\angle\varphi$$

其中 $|Z|=\sqrt{R^2+(X_L-X_C)^2}$，电流表读数为 $U/|Z|$（U 为端口电压有效值）。

S 闭合后，电路阻抗变为

$$Z'=R+\mathrm{j}X_L=|Z'|\angle\varphi'$$

其中 $|Z'|=\sqrt{R^2+X_L^2}$，电流表读数为 $U/|Z'|$（U 为端口电压有效值）。

依题意可得　　　$|Z|=|Z'|$，即 $\sqrt{R^2+(X_L-X_C)^2}=\sqrt{R^2+X_L^2}$

所以

$$X_L=X_C/2=48/2=24\Omega$$

（2）方法 2。

根据 KVL，S 未闭合时应有　　　$\dot{U}=\dot{U}_R+\dot{U}_L+\dot{U}_C$

S 闭合后应有　　　$\dot{U}'=\dot{U}_R+\dot{U}_L$

依题意应有 $|\dot{U}|=|\dot{U}'|$，故电压相量图应为一等腰三角形，如图 10-27 所示。

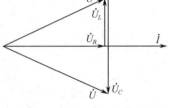

图 10-27　等腰三角形的相量图

所以有 $|\dot{U}_C|=2|\dot{U}_L|$，即 $X_C I=2X_L I$，得

$$X_L=X_C/2=48/2=24\Omega$$

例 10-5　如图 10-28 所示电路，已知 $R=1\mathrm{k}\Omega$，$f=50\mathrm{Hz}$，各电流表读数分别为 $A=0.04\mathrm{A}$，$A_1=0.035\mathrm{A}$，$A_2=0.01\mathrm{A}$，试求元件参数 r 和 L（电流表内阻忽略不计）。

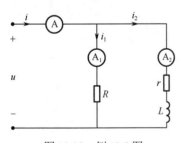

图 10-28　例 10-5 图

解：已知各电流表读数均为有效值，若以电流 $\dot{I}_1$ 为参考相量，即

$$\dot{I}_1=I_1\angle0^\circ=0.035\angle0^\circ$$

则电压　　　$\dot{U}=U\angle0^\circ=R\dot{I}_1\angle0^\circ=0.035\times10^3\angle0^\circ=35\angle0^\circ$

由于电路为感性（电压超前于电流），令 $Z_2=r+\mathrm{j}\omega L$，则其他电流为

$$\dot{I}=I\angle-\varphi=0.04\angle-\varphi,\quad\varphi>0$$

$$\dot{I}_2=I_2\angle-\varphi_2=0.01\angle-\varphi_2,\quad\varphi_2>0$$

由 KCL 有　　　$\dot{I}=\dot{I}_1+\dot{I}_2$

即　　　$0.04\angle-\varphi=0.035\angle0^\circ+0.01\angle-\varphi_2$　或　$4\angle-\varphi=3.5+1\angle-\varphi_2$

根据欧拉公式将等式两边展开，得

$$4\cos\varphi-\mathrm{j}4\sin\varphi=3.5+\cos\varphi_2-\mathrm{j}\sin\varphi_2$$

令实部、虚部分别相等，得

$$\begin{cases} 4\cos\varphi = 3.5 + \cos\varphi_2 \\ 4\sin\varphi = \sin\varphi_2 \end{cases}$$

对两式取平方后相加，得 $\quad\quad 4^2 = 3.5^2 + 7\cos\varphi_2 + 1$

即 $\quad\quad \cos\varphi_2 = 0.4 \quad 且 \quad \sin\varphi_2 = 0.916$

由于 $\quad\quad |Z_2| = \dfrac{U}{I_2} = \dfrac{35}{0.01} = 3500\Omega$

因此 $\quad\quad r = |Z_2|\cos\varphi_2 = 3500 \times 0.4 = 1400\Omega$

$$L = \frac{|Z_2|}{\omega}\sin\varphi_2 = \frac{3500 \times 0.916}{314} = 10.2\text{H}$$

例 10-6 如图 10-29 所示电路，已知 $U = 193\text{V}$，$U_r = 60\text{V}$，$U' = 180\text{V}$，$r = 20\Omega$，$f = 50\text{Hz}$，试求元件参数 R 和 C。

解： 以电压 $\dot{U}_r$ 为参考相量，即

$$\dot{U}_r = U_r\angle 0° = 60\angle 0°$$

则电流 $\quad\quad \dot{I} = \dfrac{\dot{U}_r}{r} = 3\angle 0°$

定性地看，该电路一定是呈容性的，即必定有 $\dot{U}$ 滞后于 $\dot{I}$，且 $\dot{U} = \dot{U}_r + \dot{U}'$，$\dot{I}_R$ 与 $\dot{U}'$ 同相位，$\dot{I}_C$ 超前于 $\dot{U}'$ 90°。据此先定性地描绘相量图，如图 10-30 所示。

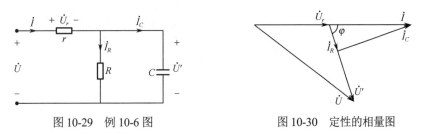

图 10-29　例 10-6 图　　　　　图 10-30　定性的相量图

根据图 10-30，使用余弦定理可得

$$\cos(180 - \varphi) = \frac{U^2 - U_r^2 - U'^2}{-2U_r U'}$$

即

$$\cos\varphi = \frac{U^2 - U_r^2 - U'^2}{2U_r U'} = \frac{193^2 - 60^2 - 180^2}{2 \times 60 \times 180} = 0.058$$

$$\varphi = 86.68°$$

因此有 $\quad\quad I_R = I\cos\varphi = 3 \times 0.058 = 0.174$

$$I_C = I\sin\varphi = 3 \times 0.998 = 2.99$$

可得 $\quad\quad R = \dfrac{U'}{I_R} = \dfrac{180}{0.174} = 1034\Omega$

$$C = \frac{I_C}{\omega U'} = \frac{2.99}{314 \times 180} = 53\mu\text{F}$$

（注：此题若不借助相量图法则较难求解。）

10.2　正弦稳态电路的功率

在正弦交流电路中，由于电感和电容的存在，使得电路中的功率表算比直流电阻电路要复杂

得多。特别是在使用相量法进行分析计算时，电路中的电压与电流转换成了相量，这时电压相量与电流相量的乘积是否还是一般意义上的功率？下面将围绕着运用相量法分析计算正弦稳态电路时的功率问题进行讨论。

10.2.1　瞬时功率

所谓瞬时功率，是指瞬时电压与瞬时电流的乘积。对于图 10-31 所示的无源一端口电路，如果电源所提供的端口电压和端口电流分别为

$$u(t)=\sqrt{2}U\cos(\omega t+\varphi_u)，\qquad i(t)=\sqrt{2}I\cos(\omega t+\varphi_i)$$

则在正弦稳态情况下，该无源电路消耗的瞬时功率为

$$p(t)=u(t)i(t)=2UI\cos(\omega t+\varphi_u)\cos(\omega t+\varphi_i)$$
$$=UI[\cos(\varphi_u-\varphi_i)+\cos(2\omega t+\varphi_u+\varphi_i)] \qquad (10\text{-}20)$$

瞬时功率的波形如图 10-32 所示。

由式（10-20）可知，瞬时功率中包含恒定分量 $UI\cos(\varphi_u-\varphi_i)$ 和正弦分量 $UI\cos(2\omega t+\varphi_u+\varphi_i)$。通常 $\varphi_u\neq\varphi_i$，所以瞬时功率中的恒定分量一般总是存在的，它表示了一个与时间无关的恒定量。另外，值得注意的是，瞬时功率中的正弦分量的频率是电压或电流频率的 2 倍。这表明，在电压或电流的一个周期内，瞬时功率中的正弦分量将出现两次 $p(t)<0$ 的情况。在这两个 $p(t)<0$ 的时间段内，电压 $u(t)$ 与电流 $i(t)$ 方向相反，电路将能量送回电源，这种情况是由于电路中存在储能元件造成的。

由于瞬时功率只反映了瞬时时刻的功率值，在实际应用中其实用意义并不大。

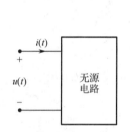

图 10-31　无源一端口电路

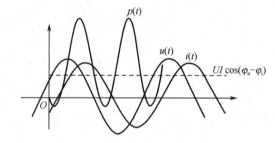

图 10-32　瞬时功率的波形

10.2.2　平均（有功）功率

在一个周期内对瞬时功率取平均，可得到正弦交流稳态电路的平均功率，即

$$P=\frac{1}{T}\int_0^T p(t)\mathrm{d}t=\frac{1}{T}\int_0^T UI[\cos(\varphi_u-\varphi_i)+\cos(2\omega t+\varphi_u+\varphi_i)]\mathrm{d}t \qquad (10\text{-}21)$$
$$=UI\cos(\varphi_u-\varphi_i)$$

显然，平均功率正是瞬时功率中的恒定分量，式中 U 和 I 分别为电压和电流的有效值，平均功率 P 的单位为 W（瓦特）。

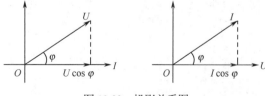

图 10-33　投影关系图

由于 $\cos(\varphi_u-\varphi_i)=\cos(\varphi_i-\varphi_u)$，因此可将上式写成

$$P=UI\cos\varphi \qquad (10\text{-}22)$$

从几何学的观点来看，式（10-22）表示 U 投影到了 I 上，或者 I 投影到了 U 上，如图 10-33 所示。而两个同相的量（图 10-33 中的 $U\cos\varphi$ 与

I 或 $I\cos\varphi$ 与 U）相乘类似于电阻上的电压与电流相乘（电阻上电压与电流的相位差为零），电阻又总是消耗功率的，这正说明了平均功率就是电路消耗的功率。因此，又将平均功率称为有功功率。

工程上常常将一个物理量乘以 $\cos\varphi$ 后的值称为这个物理量的有功分量。

由式（10-22）可知，电路消耗功率（即有功功率）的大小与 $\cos\varphi$ 密切相关，因此将 $\cos\varphi$ 称为功率因数，将角度 φ 称为功率因数角。

功率因数角 $\varphi = \pm(\varphi_u - \varphi_i)$ 是电路端口电压与电流的相位差，也是从电路端口看进去的等效阻抗的阻抗角。当图 10-31 所示的无源一端口电路为纯电阻时，$\varphi = 0$，$\cos\varphi = 1$，$P = UI$；当无源一端口电路为纯电感时，$\varphi = \pi/2$，$\cos\varphi = 0$，$P = 0$，即纯电感不消耗能量；当无源一端口电路为纯电容时，$\varphi = -\pi/2$，$\cos\varphi = 0$，$P = 0$，纯电容也不消耗能量；而当无源一端口电路既有电阻，又有电感和电容时，虽然电感和电容不消耗能量，但是电路的功率因数 $\cos\varphi < 1$，从而形成该无源电路与外电路的能量交换。显然，有功功率是一端口电路中全部电阻所消耗的功率。

10.2.3　无功功率

令 $\varphi = \varphi_u - \varphi_i$，有

$$\varphi_u + \varphi_i = \varphi_u - \varphi_i + 2\varphi_i = \varphi + 2\varphi_i$$

特殊地，可取 $\varphi_i = 0$，这时式（10-20）可展开为

$$
\begin{aligned}
p(t) &= UI[\cos(\varphi_u - \varphi_i) + \cos(2\omega t + \varphi_u + \varphi_i)] \\
&= UI\cos\varphi + UI[\cos(2\omega t + \varphi)] = UI\cos\varphi + UI[\cos 2\omega t\cos\varphi - \sin 2\omega t\sin\varphi] \\
&= UI\cos\varphi(1 + \cos 2\omega t) - UI\sin\varphi\sin 2\omega t \\
&= P(1 + \cos 2\omega t) - Q\sin 2\omega t
\end{aligned}
\tag{10-23}
$$

式中，$P = UI\cos\varphi$，并令 $Q = UI\sin\varphi$。式（10-23）中的第一项为功率的脉动分量，其传输方向总是从电源到负载；第二项表示在电源与负载之间往返流动的功率分量，其幅值为 $Q = UI\sin\varphi$。工程上将 $UI\sin\varphi$ 这样的在电源与负载之间往返流动的功率称为无功功率，用大写字母 Q 表示，即

$$Q = UI\sin\varphi \tag{10-24}$$

无功功率 Q 的单位为 Var（乏）。无功功率可正可负，当 $\varphi > 0$ 时，说明电压超前于电流，电路呈感性，而此时 $Q > 0$，说明电路在"吸收"无功功率；当 $\varphi < 0$ 时，说明电压滞后于电流，电路呈容性，而此时 $Q < 0$，说明电路在"发出"无功功率；当 $\varphi = 0$ 时，说明电压与电流同相位，电路呈阻性，而此时 $Q = 0$，说明电路既不"发出"无功功率，也不"吸收"无功功率。

从几何学的观点来看，式（10-24）表示 U 投影到了与 I 垂直的 90° 线上，或者 I 投影到了与 U 垂直的 90° 线上，如图 10-34 所示。而两个相互垂直的量（图 10-34 中的 $U\sin\varphi$ 与 I 或 $I\sin\varphi$ 与 U）相乘类似于电感或电容上的电压与电流相乘，而电感或电容是不消耗有功功率的，这也正符合了无功功率的含义。

与有功分量相对应的，工程上常常将一个物理量乘以 $\sin\varphi$ 后的值称为该物理量的无功分量。

将有功分量和无功分量的概念扩展，可以将一个相量 $\dot{I}$ 分解成为有功分量 $\dot{I}_P$ 和无功分量 $\dot{I}_Q$，如图 10-35 所示。

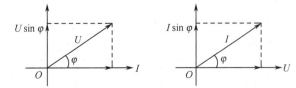
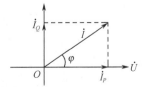

图 10-34　投影关系图　　　　　　图 10-35　一个相量分解成为有功分量和无功分量

根据平行四边形法则，有

$$\dot{I} = \dot{I}_P + \dot{I}_Q$$

并且

$$\dot{I}_P = \dot{I}\cos\varphi , \quad \dot{I}_Q = \dot{I}\sin\varphi$$

即电流相量 $\dot{I}$ 投影到电压相量 $\dot{U}$ 上时类似于电阻上的电压与电流相乘，故 $\dot{I}_P$ 为有功分量；电流相量 $\dot{I}$ 投影到与电压相量 $\dot{U}$ 垂直方向上时类似于电容（或电感）上的电压与电流相乘，故 $\dot{I}_Q$ 为无功分量。

10.2.4 视在功率

从前面所讨论的有功功率表达式和无功功率表达式来看，电压有效值 U 与电流有效值 I 的乘积就好像是一个最多可盛满容量为 UI 的功率容器，$\cos\varphi$ 好像是从容器中取用有功功率的"勺子"，而 $\sin\varphi$ 好像是从容器中取用无功功率的"勺子"。

因此，工程中将 UI 视为"容量"，专业术语称为视在功率（或表观功率），用大写字母 S 表示，即

$$S = UI \tag{10-25}$$

视在功率 S 的单位为 VA（伏安）。在实际应用中，视在功率这个概念具有实用意义，电机、变压器等电气设备的"容量"就是指视在功率。

10.2.5 功率三角形

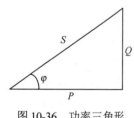

图 10-36 功率三角形

以上定义了三种形式的功率 P、Q、S，即

有功功率 $P = UI\cos\varphi$

无功功率 $Q = UI\sin\varphi$

视在功率 $S = UI$

如同阻抗三角形一样，这三种形式的功率构成了一个功率三角形，如图 10-36 所示。根据功率三角形，三种功率的相互关系为

$$S = \sqrt{P^2 + Q^2}, \quad \varphi = \arctan\frac{Q}{P}, \quad \cos\varphi = \frac{P}{S}$$

10.2.6 复功率

在具备了应用相量法求解正弦稳态电路的基本概念和知识后，现在面临一个问题——电压相量与电流相量的乘积是什么功率？下面就来回答这个问题。

设电压相量和电流相量分别为 $\dot{U} = Ue^{j\varphi_u}$ 和 $\dot{I} = Ie^{j\varphi_i}$，但是

$$\dot{U}\dot{I} = UIe^{j\varphi_u}e^{j\varphi_i} = UIe^{j(\varphi_u + \varphi_i)} = UI\cos(\varphi_u + \varphi_i) + jUI\sin(\varphi_u + \varphi_i)$$

此式显然与前面定义的三种形式的功率都无法一一对应，也就是说，电压相量与电流相量的乘积并不能用来表达已知的任何一种功率。但这个乘积却提供了一种思路：观察电压相量 $\dot{U} = Ue^{j\varphi_u}$ 与电流共轭相量 $\dot{I}^* = Ie^{-j\varphi_i}$ 的乘积

$$\dot{U}\dot{I}^* = UIe^{j\varphi_u}e^{-j\varphi_i} = UIe^{j(\varphi_u - \varphi_i)}$$

沿用前面的定义 $\varphi = \varphi_u - \varphi_i$，并根据欧拉公式可得

$$\begin{aligned}
\dot{U}\dot{I}^* &= UIe^{j(\varphi_u - \varphi_i)} = UIe^{j\varphi} = UI(\cos\varphi + j\sin\varphi) \\
&= UI\cos\varphi + jUI\sin\varphi = P + jQ
\end{aligned} \tag{10-26}$$

式（10-26）表明，电压相量 $\dot{U}$ 与电流共轭相量 $\dot{I}^*$ 的乘积是有意义的，可以用它来表达已知功率，例如，其实部为有功功率，虚部为无功功率，其模为视在功率，其相角为功率因数角。于是，将电压相量 $\dot{U}$ 与电流共轭相量 $\dot{I}^*$ 的乘积定义为复功率，用符号 $\tilde{S}$ 表示，即

$$\tilde{S} = \dot{U}\dot{I}^* \tag{10-27}$$

由式（10-26）可知

$$P = \mathrm{Re}[\tilde{S}] \tag{10-28}$$

$$Q = \mathrm{Im}[\tilde{S}] \tag{10-29}$$

$$S = \sqrt{P^2 + Q^2} = \left|\tilde{S}\right| \tag{10-30}$$

注意：复功率并不代表正弦量，引入复功率的目的是能用电压相量和电流相量来表达功率 P、Q、S。

当然，现在就可以下结论了：乘积 $\dot{U}\dot{I}$ 无意义。

例 10-7　如图 10-37 所示电路，已知 $\dot{U} = 240\angle 0°\mathrm{V}$，$\omega = 1000\mathrm{rad/s}$，试求电源供出的复功率。

解：电路阻抗为

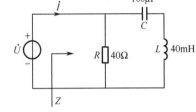

图 10-37　例 10-7 图

$$Z = \frac{R\left(\mathrm{j}\omega L + \dfrac{1}{\mathrm{j}\omega C}\right)}{R + \mathrm{j}\omega L + \dfrac{1}{\mathrm{j}\omega C}} = \frac{R(1-\omega^2 LC)}{1-\omega^2 LC + \mathrm{j}\omega RC} = 24\angle 53°\ \Omega$$

则电流

$$\dot{I} = \frac{\dot{U}}{Z} = \frac{240\angle 0°}{24\angle 53°} = 10\angle -53°$$

所以，电源供出的复功率为

$$\tilde{S} = \dot{U}\dot{I}^* = 240\angle 0° \times 10\angle 53° = 2400\angle 53°$$

$$= 1440 + \mathrm{j}1920$$

由此可知：视在功率为 2400VA，有功功率为 1440W，无功功率为 1920Var，电路的功率因数角 $\varphi = 53°$。

10.2.7　功率的可叠加性与守恒性

前面描述了瞬时功率、有功功率、无功功率、视在功率和复功率 5 种形式的功率，这些功率可以是图 10-31 所描述的一个无源一端口电路的端口所呈现的功率，也可以是电路中任何一个二端元件上的功率。于是，这里就产生了一个问题：整个电路的功率守恒性如何？一个无源一端口电路端口所呈现的功率是否等于电路中所有元件上的功率的叠加？即功率的可叠加性如何？

1. 复功率的可叠加性与守恒性

因为无源一端口电路端口的总复功率

$$\tilde{S} = \dot{U}\dot{I}^* \begin{cases} \overset{\Rightarrow(\text{由 KCL})}{=} \dot{U}(\dot{I}_1 + \dot{I}_2 + \cdots + \dot{I}_b)^* = \dot{U}\dot{I}_1^* + \dot{U}\dot{I}_2^* + \cdots + \dot{U}\dot{I}_b^* = \tilde{S}_1 + \tilde{S}_2 + \cdots + \tilde{S}_b \\[2mm] \overset{\Rightarrow(\text{由 KVL})}{=} (\dot{U}_1 + \dot{U}_2 + \cdots + \dot{U}_b)\dot{I}^* = \dot{U}_1\dot{I}^* + \dot{U}_2\dot{I}^* + \cdots + \dot{U}_b\dot{I}^* = \tilde{S}_1 + \tilde{S}_2 + \cdots + \tilde{S}_b \end{cases}$$

所以，电路中所有元件上的复功率的叠加等于电路端口所呈现的总的复功率，即

$$\tilde{S} = \sum_{k=1}^{b} \tilde{S}_k \tag{10-31}$$

结论：复功率满足可叠加性。

式（10-31）也表明，对于一个共有 b 条支路的完整电路，设 k 支路的电压和电流分别为 $\dot{U}_k$ 与 $\dot{I}_k$，在关联方向下，整个电路吸收的复功率的代数和等于零，该结论称为复功率守恒。

2. 有功功率的可叠加性与守恒性

根据式（10-28）描述的有功功率与复功率的关系，可得无源一端口电路端口的总有功功率与电路中各个元件上的有功功率的关系为

$$P = \mathrm{Re}[\tilde{S}] = \mathrm{Re}\left[\sum_{k=1}^{b}\tilde{S}_k\right] = \sum_{k=1}^{b}\mathrm{Re}[\tilde{S}_k] = \sum_{k=1}^{b}P_k \qquad (10\text{-}32)$$

结论：有功功率满足可叠加性。

式（10-32）也表明，对于一个有 b 条支路的完整电路，设 k 支路的电压和电流分别为 $\dot{U}_k$ 与 $\dot{I}_k$，在关联方向下，整个电路吸收的有功功率的代数和等于零，该结论称为有功功率守恒。

3. 无功功率的可叠加性与守恒性

根据式（10-29）描述的无功功率与复功率的关系，可得无源一端口电路端口的总无功功率与电路中各个元件上的无功功率的关系为

$$Q = \mathrm{Im}[\tilde{S}] = \mathrm{Im}\left[\sum_{k=1}^{b}\tilde{S}_k\right] = \sum_{k=1}^{b}\mathrm{Im}[\tilde{S}_k] = \sum_{k=1}^{b}Q_k \qquad (10\text{-}33)$$

结论：无功功率满足可叠加性。

式（10-33）也表明，对于一个有 b 条支路的完整电路，设 k 支路的电压和电流分别为 $\dot{U}_k$ 与 $\dot{I}_k$，在关联方向下，整个电路吸收的无功功率的代数和等于零，该结论称为无功功率守恒。

4. 视在功率的可叠加性与守恒性

根据式（10-30）描述的视在功率与复功率的关系，可得

$$S = UI = \left|\tilde{S}\right| = \left|\sum_{b=1}^{n}\tilde{S}_b\right| \neq \sum_{b=1}^{n}\left|\tilde{S}_b\right| = \sum_{b=1}^{n}S_b \qquad (10\text{-}34)$$

结论：视在功率一般不满足可叠加性，也不满足功率守恒。

例 10-8 如图 10-38 所示电路，已知 $Z_1 = 4 + \mathrm{j}13$，$Z_2 = 8 + \mathrm{j}4$，电源电压 $U = 120\mathrm{V}$，试求：（1）各支路电流和总电流；（2）各支路有功功率和总有功功率；（3）各支路无功功率和总无功功率；（4）各支路视在功率和总视在功率。

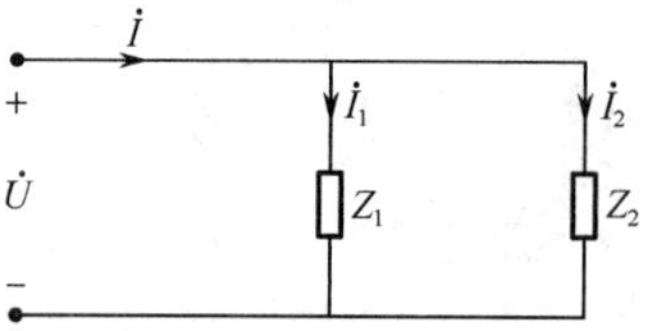

解：（1）以电压 $\dot{U}$ 为参考相量，即

$$\dot{U} = U\angle 0° = 120\angle 0°$$

则电流
$$\dot{I}_1 = \frac{\dot{U}}{Z_1} = \frac{120\angle 0°}{4 + \mathrm{j}13} = \frac{120\angle 0°}{13.6\angle 72.9°} = 8.82\angle -72.9°$$

图 10-38 例 10-8 图

$$\dot{I}_2 = \frac{\dot{U}}{Z_2} = \frac{120\angle 0°}{8 + \mathrm{j}4} = \frac{120\angle 0°}{8.944\angle 26.6°} = 13.42\angle -26.6°$$

$$\dot{I} = \dot{I}_1 + \dot{I}_2 = 8.82\angle -72.9° + 13.42\angle -26.6°$$
$$= 2.595 - \mathrm{j}8.432 + 12 - \mathrm{j}6 = 14.595 - \mathrm{j}14.432 = 20.53\angle -44.7°$$

（2）$P_1 = UI_1\cos\varphi_1 = 120 \times 8.82 \times \cos 72.9° = 311.35\mathrm{W}$

$P_2 = UI_2\cos\varphi_2 = 120 \times 13.42 \times \cos 26.6° = 1440\mathrm{W}$

$P = UI\cos\varphi = 120 \times 20.53 \times \cos 44.7° = 1751.35\mathrm{W}$

可知 $P = P_1 + P_2$

（3）$Q_1 = UI_1\sin\varphi_1 = 120 \times 8.82 \times \sin 72.9° = 1012\mathrm{Var}$

$Q_2 = UI_2\sin\varphi_2 = 120 \times 13.42 \times \sin 26.6° = 720\mathrm{Var}$

$Q = UI\sin\varphi = 120 \times 20.53 \times \sin 44.7° = 1732\mathrm{Var}$

可知 $Q = Q_1 + Q_2$

（4）$S_1 = UI_1 = 120 \times 8.82 = 1058.4\mathrm{VA}$

$S_2 = UI_2 = 120 \times 13.42 = 1610.4\mathrm{VA}$

$S = UI = 120 \times 20.53 = 2463.6\mathrm{VA}$

可知 $S \neq S_1 + S_2$

10.2.8　功率因数

前面已经定义了功率因数 $\cos\varphi$，并且知道负载从电源发出的功率容量 S 中能够获得多少有功功率 P 是由功率因数 $\cos\varphi$ 决定的，或者说是由负载的阻抗角 φ 决定的。

提高功率因数具有重要的经济意义。对于供电系统而言，要充分利用电源设备的容量，就必须提高功率因数 $\cos\varphi$，或者说减小功率因数角 φ。例如，一台供电变压器的容量 S 为 7500kVA，当 $\cos\varphi = 1$ 时，输出的有功功率为 $P = 7500\text{kW}$，而当 $\cos\varphi = 0.5$ 时，输出的有功功率为 $P = 3750\text{kW}$，显然，此时电源设备的容量没有得到充分利用，造成了浪费。其次，输电线路的传输效率 η 是负载接收到的功率 P_2 与输电线路始端的输入功率 P_1 之比，即

$$\eta = \frac{P_2}{P_1} \times 100\% = \frac{P_2}{P_2 + R_l I^2} \times 100\% \tag{10-35}$$

式中，R_l 为输电线的电阻，$R_l I^2$ 为线路的有功损耗。当 P_2 为定值时，要提高传输效率，就必须减小输电线路中的电流 I，而

$$I = \frac{P_2}{U_2 \cos\varphi} \tag{10-36}$$

如果负载端电压 U_2 保持恒定，那么，要减小 I，就必须提高 $\cos\varphi$，否则输电线路中的电流 I 就会变大，引起输电线路的损耗增大。为了降低线路损耗，供电部门要求用户必需采取一定的措施，将功率因数提高到规定的限度以上。

在日常生活和工业生产中，绝大多数电器都是感性负载，其上电压都是超前于电流的。在这种情况下，要提高功率因数 $\cos\varphi$（$\varphi = \varphi_u - \varphi_i$），即减小功率因数角 φ，就需要增大 φ_i，而增大 φ_i 的常用手段是在感性电路中并联电容。因为感性负载消耗无功功率，因此，需要使用电容来提供无功功率。之所以要并联电容，是因为采用并联方式后，电路中电流的无功分量可以得到补偿。这种方法称为静态补偿法，如图 10-39 所示。而在电力系统中，常采用同步补偿法，即安装调相机来增大 φ_i。

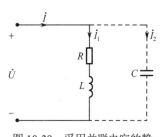

图 10-39　采用并联电容的静态补偿法

图 10-40 通过相量图描述了并联电容后功率因数角从 φ 减小到 φ' 的原理。在并联电容之前，电路中的总电流 $\dot{I} = \dot{I}_1$，并且

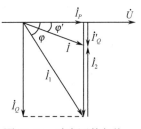

图 10-40　功率因数角从 φ 减小到 φ' 的原理

$$I_1 = \frac{P}{U\cos\varphi}$$

并联电容 C 之后，电路中的总电流 $\dot{I} = \dot{I}_1 + \dot{I}_2$。这时负载电流 $\dot{I}_1$ 的有功分量不变，而由于电容电流 $\dot{I}_2$ 超前于电压 90°，抵消了一部分负载电流 $\dot{I}_1$ 的无功分量，因此从图 10-40 可以看到，总电流 I 比并联电容之前的 I_1 减小了。

并联电容之前，总电流 $\dot{I}$ 的无功分量为 $\dot{I}_Q$，并且

$$I_Q = I_1 \sin\varphi = \frac{P}{U\cos\varphi}\sin\varphi = \frac{P}{U}\tan\varphi$$

并联电容之后，总电流 $\dot{I}$ 的无功分量为 $\dot{I}'_Q$，并且

$$I'_Q = I\sin\varphi' = \frac{P}{U\cos\varphi'}\sin\varphi' = \frac{P}{U}\tan\varphi'$$

而由于电容电流 $\dot{I}_2$ 的有效值为

$$I_2 = I_Q - I'_Q$$

由图 10-39 可知，电容电流 $I_2 = \omega CU$ ，因此，需并联的电容值为

$$C = \frac{I_2}{\omega U} = \frac{I_Q - I'_Q}{\omega U} = \frac{P(\tan\varphi - \tan\varphi')}{\omega U^2} \qquad （10\text{-}37）$$

例 10-9　如图 10-41 所示为一个日光灯支路，已知日光灯功率为 40W，电压 $U = 220\text{V}$，电流 $I = 0.41\text{A}$，试求：（1）日光灯支路的功率因数 $\cos\varphi$；（2）要使日光灯支路的功率因数提高到 1，需并联多大的电容？（3）功率因数提高到 1 时的总电流 $I =$ ？（4）一般 40W 日光灯并联的电容为 4.75μF，问此时的功率因数为多少？

解：（1）已知日光灯支路的 $P = 40\text{W}$，容量 $S = UI = 220 \times 0.41 = 90.2\text{VA}$ 所以，日光灯支路的功率因数

$$\cos\varphi = \frac{P}{S} = \frac{40}{90.2} = 0.4435$$

功率因数角　　　　　　　　　　　　　　$\varphi = \arccos 0.4435 = 63.67°$

（2）由式（10-37）可得，日光灯支路的功率因数提高到 1 时需并联的电容

$$C = \frac{P(\tan\varphi - \tan\varphi')}{\omega U^2} = \frac{40(\tan\varphi - \tan\varphi')}{2\pi \times 50 \times 220^2} = \frac{40(\tan 63.67° - 0)}{2\pi \times 50 \times 220^2} = 5.32\text{μF}$$

并联电容后的日光灯支路如图 10-42 所示。

图 10-41　例 10-9 图　　　　　　　　　　图 10-42　并联电容后的日光灯支路

（3）日光灯支路的功率因数提高到 1 时的总电流

$$I = \frac{P}{U\cos\varphi} = \frac{P}{U} = \frac{40}{220} = 0.182\text{A}$$

可见，总电流 I 比并联电容之前减小了。

（4）由式（10-37）可得

$$\tan\varphi' = \tan\varphi - \frac{\omega CU^2}{P} = 2.02 - \frac{314 \times 4.75 \times 10^{-6} \times 220^2}{40} = 0.2153$$

$$\varphi' = \arctan 0.2153 = 12.15°$$

所以，功率因数为　　　　　　　　　$\cos\varphi' = \cos 12.15° = 0.978$

10.2.9　正弦稳态电路中的最大功率传输

在直流电路分析中已经学习过最大功率传输定理，但在正弦稳态电路中，由于信号和负载发生了变化，因此，这时的最大功率传输定理也将随之也发生一些变化。根据戴维宁定理，这一问题可以归结为含源一端口网络向外电路（负载）传输最大功率的问题。如图 10-43 所示，左边为戴维宁等效支路，右边的 Z_L 为外接负载。

设戴维宁等效阻抗 $Z_{eq} = R_{eq} + jX_{eq}$，负载 $Z_L = R_L + jX_L$，则负载电流

$$\dot{I} = \frac{\dot{U}_{oc}}{Z_{eq} + Z_L} = \frac{\dot{U}_{oc}}{(R_{eq} + R_L) + j(X_{eq} + X_L)}$$

负载电流有效值

$$I = \frac{U_{oc}}{\sqrt{(R_{eq} + R_L)^2 + (X_{eq} + X_L)^2}}$$

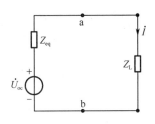

图 10-43　含源一端口网络与外电路（负载）相连

负载吸收的功率

$$P_L = R_L I^2 = \frac{R_L U_{oc}^2}{(R_{eq} + R_L)^2 + (X_{eq} + X_L)^2} \qquad (10\text{-}38)$$

从式（10-38）可知，负载获得最大功率的条件与 U_{oc}、R_{eq}、R_L、X_{eq}、X_L 5 个参数有关。但一般情况下，U_{oc}、R_{eq} 和 X_{eq} 常常是不变的，所以，只需考虑 R_L 和 X_L 这两个参数的影响。

（1）保持 R_L 不变，只改变 X_L 的情况

从式（10-38）可知，令 $\dfrac{\partial P_L}{\partial X_L} = 0$ 可得负载获得最大功率的条件为

$$X_L = -X_{eq}$$

这时，负载获得的最大功率为

$$P_{Lmax} = \frac{R_L U_{oc}^2}{(R_{eq} + R_L)^2}$$

并且，在图 10-43 所示的电路中发生了串联谐振。

（2）R_L 和 X_L 都可改变的情况

从式（10-38）可知，令 $\dfrac{\partial P_L}{\partial R_L} = 0$ 和 $\dfrac{\partial P_L}{\partial X_L} = 0$ 可得负载获得最大功率的条件为

$$\begin{cases} R_L = R_{eq} \\ X_L = -X_{eq} \end{cases}$$

这个条件也可写成

$$Z_L = R_L + jX_L = R_{eq} - jX_{eq} = Z_{eq}^* \qquad (10\text{-}39)$$

也就是说，当负载 Z_L 等于戴维宁等效阻抗 Z_{eq} 的共轭（Z_{eq}^*）时，负载可获得最大功率，并且，负载获得的最大功率为

$$P_{Lmax} = \frac{U_{oc}^2}{4R_{eq}}$$

满足式（10-39）这个条件称为最佳匹配或共轭匹配。

注意，在共轭匹配时，能量的传输效率

$$\eta = \frac{R_L I^2}{(R_{eq} + R_L) I^2} \times 100\% = 50\%$$

在电力工程中，输电电压较高，而电源的内阻很小。如果系统处于共轭匹配状态，则不仅能量的传输效率太低，而且输电电流也会很大，从而损坏电源和负载设备。因此，电力系统不允许在共轭匹配状态下工作。而在通信工程和电子技术应用方面，由于传输信号的电压低、电流小，以损失部分能量为代价，使负载与信号源之间达成共轭匹配，以求负载获得较强的信号则是合理的。

例 10-10　如图 10-44 所示电路，已知 $\dot{I}_S = 10\angle -90°$，$\dot{U}_S = 1 - j5$，问 Z 为何值时它吸收的有功功率最大，并求此最大功率。

解：（1）先将电路从 a、b 点断开，求从 a、b 点往左看的戴维宁等效支路。

这时，由节点方程

$$\begin{cases} \left(1+\dfrac{1}{-\mathrm{j}}\right)\dot{U}_\mathrm{d} = \dot{I}_\mathrm{S} - \dot{U} \\ \dot{U} = \dot{U}_\mathrm{d} \end{cases}$$

解得
$$\dot{U}_\mathrm{d} = 4.47\angle -116.6°$$

所以，开路电压
$$\dot{U}_{ab} = -(-\mathrm{j})\dot{U} + \dot{U}_\mathrm{d} = (1+\mathrm{j})\dot{U}_\mathrm{d} = 6.3\angle -71° = 2-\mathrm{j}6$$

如图 10-45 所示，在 a、b 端口加源 $\dot{U}_x$，求戴维宁等效阻抗 Z_{eq}。

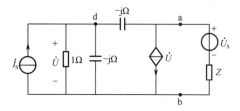

图 10-44　例 10-10 图

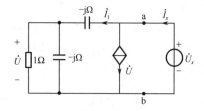

图 10-45　用端口加源法求等效阻抗

因为
$$\dot{U} = \frac{\dfrac{-\mathrm{j}}{1-\mathrm{j}}}{\dfrac{-\mathrm{j}}{1-\mathrm{j}} - \mathrm{j}}\dot{U}_x = \frac{1}{5}(2+\mathrm{j})\dot{U}_x , \quad \dot{I}_1 = \frac{\dot{U}_x}{\dfrac{-\mathrm{j}}{1-\mathrm{j}} - \mathrm{j}} = \frac{1}{5}(1+\mathrm{j}3)\dot{U}_x$$

$$\dot{I}_x = \dot{I}_1 + \dot{U} = \frac{1}{5}(3+\mathrm{j}4)\dot{U}_x$$

所以
$$Z_{eq} = \frac{\dot{U}_x}{\dot{I}_x} = \frac{1}{5}(3-\mathrm{j}4)$$

（2）根据最大功率传输的条件，当负载阻抗 $Z = Z_{eq}^* = \dfrac{1}{5}(3+\mathrm{j}4)$ 时，可获最大功率。将从 a、b 点断开的负载支路连接还原，如图 10-46 所示。

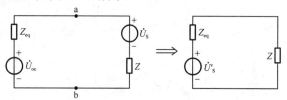

图 10-46　等效电路

等效电路中
$$\dot{U}_\mathrm{S}' = \dot{U}_{oc} - \dot{U}_\mathrm{S} = 2-\mathrm{j}6-1+\mathrm{j}5 = 1-\mathrm{j} = \sqrt{2}\angle -45°$$

所以，最大功率
$$P_{\max} = \frac{U_\mathrm{S}'^2}{4R_{eq}} = \frac{(\sqrt{2})^2}{4 \times \dfrac{3}{5}} = 0.83\mathrm{W}$$

10.3　计算机仿真

例 10-11　正弦交流电路仿真

（1）RLC 串联电路

RLC 串联电路如图 10-47（a）所示，正弦交流电压源为 $u_\mathrm{s} = 10\sqrt{2}\cos(314t)\,\mathrm{V}$，感抗值为

$X_L = \omega L = 2\pi f L = 2 \times 3.14 \times 50 \times 20 \times 10^{-3} = 6.28\Omega$，容抗值 $X_C = \dfrac{1}{\omega C} = \dfrac{1}{2\pi f C} = \dfrac{1}{2 \times 3.14 \times 50 \times 100 \times 10^{-6}} \approx$

31.85Ω，容抗值大于感抗值，RLC 串联电路的阻抗为 $Z = R + \mathrm{j}(X_L - X_C) = 10 - \mathrm{j}25.57 =$

$27.46\angle - 68.64°\Omega$，电压在相位上滞后于电流 $68.64°$。在图 10-47（b）中，用示波器和电流探针

测量 RLC 串联端口的电压 u 和电阻上的电流 i 的相位关系，示波器的波形显示端口电流 i（通道 B）

比端口电压 u（通道 A）先到达最大值，可以判定该电路为容性电路。利用示波器的时间游标，可

以读出电流 i 与电压 u 到达峰值的时间差为 3.825ms，转换成角度约为 $\dfrac{3.825}{20} \times 360° = 68.85°$，理论

计算和实际测量值基本相同。

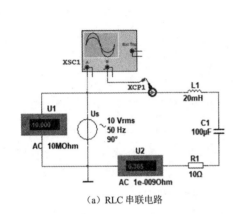

（a）RLC 串联电路

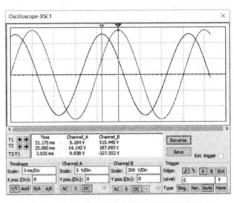

（b）RLC 串联电路的电压和电流相位关系

图 10-47　RLC 串联电路及其电压和电流相位关系仿真

在图 10-48（a）中，根据理论分析可得，该串联电路的电流为 $\dot{I} = \dfrac{\dot{U}_S}{Z} = \dfrac{10\angle 0°}{27.46\angle - 68.64°} =$

$0.364\angle 68.64°(\text{A})$，电阻的端电压为 $\dot{U}_R = \dfrac{R}{Z}\dot{U}_S = \dfrac{10 \times 10\angle 0°}{27.46\angle - 68.64°} = 3.64\angle 68.64°(\text{V})$，电感的端

电压为 $\dot{U}_L = \dfrac{\mathrm{j}X_L}{Z}\dot{U}_S = \dfrac{\mathrm{j}6.28 \times 10\angle 0°}{27.46\angle - 68.64°} = 2.29\angle 158.64°(\text{V})$，电容的端电压为 $\dot{U}_C = \dfrac{-\mathrm{j}X_C}{Z}\dot{U}_S =$

$\dfrac{-\mathrm{j}31.85 \times 10\angle 0°}{27.46\angle - 68.64°} = 11.6\angle - 21.36°(\text{V})$。现用电压表和电流表对理论分析结果进行验证，串联电路

的电流有效值为 0.364A，总电压有效值为 10V，电阻端电压有效值为 3.645V，电感的端电压有效

值为 2.29V，电容的端电压有效值为 11.6V。将图 10-48（a）中的电感电压和电容电压接入双踪示波

器的两个通道，得到图 10-48（b），利用游标可测得示波器中电感两端的电压和电容端电压在时间轴

上相差约为 10ms，转换成角度为 180°，电感端电压超前电容端电压为 180°，在进行电压合成时，

二者的电压是相减关系。电阻电压、电抗电压、电源电压满足直角三角形关系。理论计算可得

$$U_S = \sqrt{U_R^2 + (U_L - U_C)^2} = \sqrt{3.64^2 + (2.29 - 11.6)^2} = \sqrt{99.999} = 9.999 \approx 10\text{V}$$

表明理论计算值与仿真测量结果一致。

（2）RLC 并联电路

RLC 并联电路如图 10-49（a）所示，正弦交流电压源为 $u_s = 10\sqrt{2}\cos(314t)\text{V}$，感纳值为

$B_L = \dfrac{1}{\omega L} = \dfrac{1}{2\pi f L} = \dfrac{1}{2 \times 3.14 \times 50 \times 100 \times 10^{-3}} \approx 0.0318\text{S}$，电容 C1 = 100μF，容纳值 $B_C = \omega C = 2\pi f C =$

$2 \times 3.14 \times 50 \times 100 \times 10^{-6} = 0.0314\Omega$，感纳值大于容纳值，电路呈感性，此 RLC 并联电路的导纳为

$Y = G + j(B_C - B_L) = 0.1 - j0.0004 = 0.1\angle -0.229°S$。根据理论分析可知，电阻支路电流为 $\dot{I}_R =$
$\dfrac{\dot{U}_S}{R} = \dfrac{10\angle 0°}{10} = 1\angle 0°(A)$，电容支路电流为 $\dot{I}_C = \dot{U}_S j B_C = 10\angle 0° \times j0.0314 = 0.314\angle 90°(A)$，电感支路
电流为 $\dot{I}_L = \dot{U}_S(-jB_L) = 10\angle 0° \times (-j0.0318) = 0.318\angle -90°(A)$，电流源电流为 $\dot{I} = \dot{U}_S Y = 10\angle 0° \times$
$0.1\angle -0.229° \approx 1\angle -0.229°(A)$。在图 10-49（b）中，使用安培表测量各支路电流有效值。U1 显
示电路中总的电流有效值为 1.001A，U2 显示电阻支路的电流有效值为 1A，U3 显示电容支路的电
流有效值为 0.314A，U4 显示电感支路的电流有效值为 0.319A，与理论分析一致。

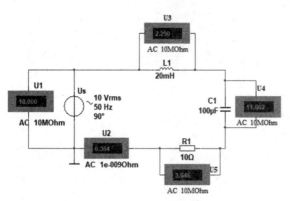
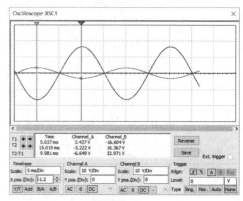

（a）RLC 串联电路电压电流的测量　　　　　（b）电感电压和电容电压的相位关系

图 10-48　RLC 串联电路的电压仿真

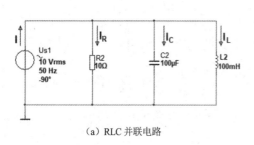
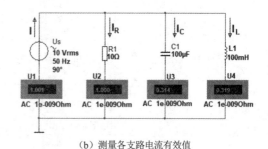

（a）RLC 并联电路　　　　　（b）测量各支路电流有效值

图 10-49　RLC 并联电路的电流仿真

如图 10-50（a）所示，在电容支路和电感支路中放置电流探针，然后将探针 XCP1 接入双踪示
波器 A 通道，将探针 XCP2 接入双踪示波器 B 通道。仿真开始后，得到如图 10-50（b）所示的
电流波形，利用游标可以观测电容电流和电感电流到达最大值的时间差约为 10ms，换算成相位角
为 180°，说明二者是反相关系，在电流合成时相减。理论计算可得电压源处总的电流为

$$I = \sqrt{I_R^2 + (I_C - I_L)^2} = \sqrt{1^2 + (0.314 - 0.318)^2} = \sqrt{1.0016} \approx 1A$$

表明理论计算值与仿真测量结果一致。

例 10-12　正弦交流电路功率仿真。

图 10-51 所示为 RLC 并联电路的功率测量仿真图。功率表 XWM1 测得电压源的有功功率为
−10.007W，电压源的电压和电流为关联参考，表明电压源发出有功功率，功率因数为 0.961；功率
表 XWM2 测得电阻的有功功率为 10W，功率因数为 1；功率表 XWM3 测得电容和电感的有功功
率为 0W，功率因数为 0；说明电阻是耗能元件，电路中的有功功率即为电阻的功率，而电容和电
感不耗能，有功功率为 0W。三个安培表：U1 测得电压源的电流有效值为 1.041A，U2 测得电阻
的电流有效值为 1A，U3 测得电容和电感总的电流有效值为 0.287A，满足电流三角形关系：

$$I = \sqrt{I_R^2 + (I_C - I_L)^2} = \sqrt{1 + 0.287^2} = 1.0404\text{A}$$

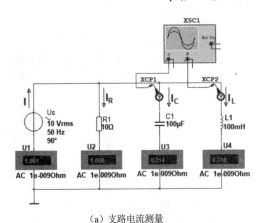

（a）支路电流测量

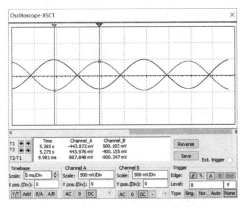

（b）电感电流和电容电流的相位关系

图 10-50　RLC 并联电路的电压电流相位关系仿真

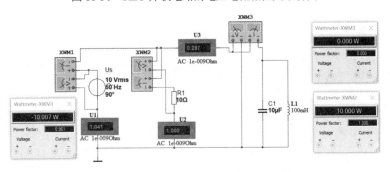

图 10-51　RLC 并联电路的功率测量仿真图

根据各元件参数可以计算出电压源的功率如下：

端口等效导纳　　$Y = G + \text{j}(B_C - B_L) = 0.1 + \text{j}\left(2\pi \times 50 \times 10 \times 10^{-6} - \dfrac{1}{2\pi \times 50 \times 100 \times 10^{-3}}\right)$

$$= 0.1 - \text{j}0.0287 = 0.104\angle -16.01^{\circ}(\text{S})$$

电压源电流　　　　　$I = UY = 10 \times 0.104 = 1.04\text{A}$

视在功率　　　　　$S = UI = U^2 \mid Y \mid = 10^2 \times 0.104 = 10.4\text{VA}$

有功功率　　　　　$P = UI\cos\varphi = I^2 R = 10\text{W}$

功率因数　　　　　$\cos\varphi = \dfrac{P}{S} = \dfrac{10}{10.4} \approx 0.961$

功率因数角　　　　　$\varphi \approx 16.05^{\circ}$

无功功率　　　　　$Q = UI\sin\varphi = 10 \times 1.04 \times 0.276 = 2.875\text{Var}$

说明仿真实验测量数据与理论计算结果相符。

例 10-13　正弦交流电路功率因数提高仿真

在实际工作中，大部分负载属于感性负载，可以采用在感性负载两端并联补偿电容的方法来提高电路的功率因数。

图 10-52（a）所示为感性负载电路，在未并联补偿电容前，电路的功率因数为 0.167，电流表显示电源向负载的输出电流为 3.601A。

将开关 J1 闭合，如图 10-52（b）所示，即将补偿电容并联到感性负载两侧，电路的功率因数提高到 0.984，电流表显示电源向负载的输出电流下降到 0.609A。无论是否对感性负载进行补偿，图 10-52（a）和（b）中功率表的读数几乎不变，表明并联电容不会影响感性负载的工作状态。

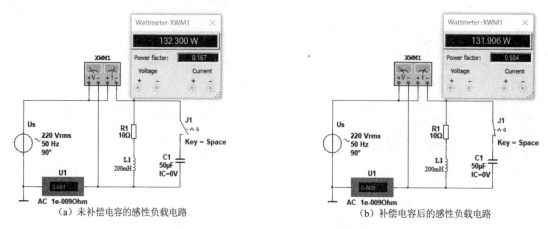

（a）未补偿电容的感性负载电路　　　　　　　（b）补偿电容后的感性负载电路

图 10-52　正弦交流电路功率因数提高仿真

例 10-14　电感式镇流器日光灯功率因数提高仿真

电感式镇流器日光灯正常工作时，可以等效为电阻（灯管）、电感（镇流器）串联电路。以 40W 日光灯为例，其供电电压是有效值为 220V、频率为 50Hz 的正弦交流电压，灯管的工作电压约为 110V。根据理论分析可以求得以下参数：

灯管的等效电阻
$$R = \frac{V_{灯}^2}{P} = \frac{110^2}{40} = 302.5\Omega$$

电路的功率因数
$$\cos\varphi = \frac{P}{S} = \frac{U_{灯管}}{U} = \frac{110}{220} = 0.5$$

镇流器的电感
$$\frac{\omega L}{R} = \tan\varphi \Rightarrow L = \frac{R\tan\varphi}{\omega} = \frac{302.5\sqrt{3}}{2\pi\times 50} \approx 1.67\text{H}$$

若将电路的功率因数提高到 0.95，则需要并联的电容
$$C = \frac{P}{\omega U^2}[\tan(\arccos 0.5) - \tan(\arccos 0.95)] = \frac{40}{2\pi\times 50\times 220^2}(1.732 - 0.329) = 3.69\mu\text{F}$$

并联电容之前的电流
$$I = \frac{P}{U\cos\varphi} = \frac{40}{220\times 0.5} = 0.364\text{A}$$

并联电容之后电路总的电流
$$I' = \frac{P}{U\cos\varphi'} = \frac{40}{220\times 0.95} = 0.191\text{A}$$

电感式镇流器日光灯仿真电路如图 10-53（a）所示，当开关 J1 打开，未接入补偿电容时，由功率表 XWM1 可以读出日光灯管的功率为 39.967W，功率因数为 0.5，电流表 U1 显示负载侧总的电流为 0.363A。在图 10-53（b）中，开关 J1 闭合，接入补偿电容，由功率表 XWM1 可以读出负载侧总的功率为 39.953W，负载侧总的功率因数提高到 0.95，负载侧总的电流降低至 0.191A。仿真结果与理论分析一致，说明在感性负载旁并联电容可以在不改变负载原有工作状态的情况下，提高负载侧的功率因数。

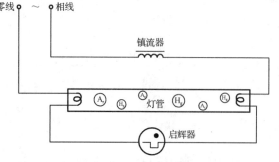

图 10-53　电感式镇流器日光灯功率因数提高仿真

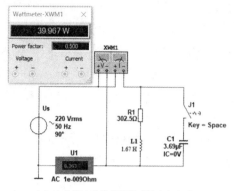
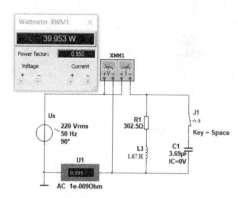

（a）未补偿电容的镇流器式日光灯电路　　　　　　（b）补偿电容后的镇流器式日光灯电路

图 10-53　电感式镇流器日光灯功率因数提高仿真（续）

例 10-15　正弦交流电路的最大功率传输定理仿真

（1）最佳匹配

正弦稳态电路中的瞬时功率包括有功功率和无功功率，负载从电源获得最大功率的条件是指负载获得最大有功功率的条件。图 10-54（a）所示电路中，含源一端口的输入阻抗为 $Z_{in} = R_S + j\omega L = 10 + j31.41\Omega$，负载阻抗为可变电阻 RL 串联可变电容 CL，两个功率表 XWM1 和 XWM2 分别测量电源输出的有功功率和负载从电源获得的有功功率。由于负载阻抗和一端口的输入阻抗不匹配，电源功率因数偏低。图 10-54（b）为负载的电阻部分和电抗部分均可变的情况，负载电阻部分为滑动变阻器，取值 10Ω，电抗部分为可变电容，取值 101.32μF，则负载阻抗为 $Z_L = R_L + j/\omega C = 10 - j31.41\Omega$，满足最佳匹配条件，此时电源的输出功率近似为-5W，连接在负载阻抗上的功率表显示负载获得的有功功率为 2.501W，电源的效率为 50%。

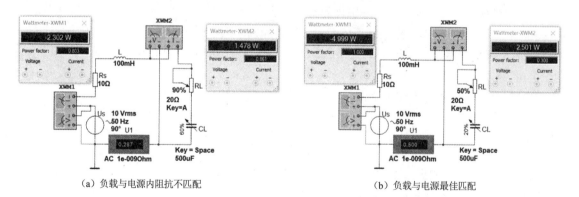

（a）负载与电源内阻抗不匹配　　　　　　　　（b）负载与电源最佳匹配

图 10-54　负载与含源一端口最佳匹配仿真

在仿真过程中，保持负载部分的电容不变，改变负载电阻 RL 的大小，观察功率表读数，会发现负载部分的有功功率只在 RL 等于 10Ω（即含源一端口内阻抗的电阻部分）时取得最大，其余有功功率值均小于 2.501W。同样，若保持 RL 等于 10Ω 不变，改变可变电容 CL 取值，也会发现只有在 CL 等于 101μF（20% 的位置）时，功率表读数取得最大值，其余的电容取值对应的有功功率均小于 2.501W。以上仿真证明了最大功率传输条件，即当负载与含源一端口的内阻抗共轭时，负载获得最大传输功率。

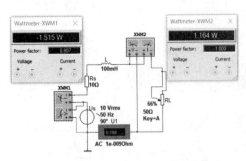

图 10-55　负载与含源一端口模匹配仿真

（2）模匹配

图 10-55 为模匹配的仿真电路，电源内阻抗 $Z_{\text{in}} = R_S + j\omega L = 10 + j31.41\Omega$，负载为可变电阻，为了实现模匹配，负载电阻的阻值应为 $|Z_L| = \sqrt{R_L^2 + X_L^2} = \sqrt{10^2 + 31.41^2} = 32.96\Omega$。启动仿真后，调节可变电阻的阻值，可以看到负载电阻为 33Ω 时，其获得的有功功率的最大值为 1.164W。负载电阻的阻值大于或小于 33Ω 时，其获得有功功率均小于 1.164W。因此，仿真实验验证了模匹配条件的正确性。

思考题

10-1　在 RLC 串联的正弦稳态电路中，各元件的电压有效值分别为 U_R、U_L、U_C，串联电路的总电压为 U，是否有 $U = U_R + U_L + U_C$？为什么？

10-2　在 RLC 并联的正弦稳态电路中，各元件的电流有效值分别为 I_R、I_L、I_C，并联电路的总电流为 I，是否有 $I = I_R + I_L + I_C$？为什么？

10-3　串联电路的阻抗三角形、电压三角形和功率三角形是否为相似三角形？为什么？

10-4　并联电路的导纳三角形、电流三角形和功率三角形是否为相似三角形？为什么？

10-5　何为串联谐振？发生串联谐振的条件是什么？串联谐振电路有哪些基本特点？

10-6　何为并联谐振？发生并联谐振的条件是什么？并联谐振电路有哪些基本特点？

10-7　为何有功功率只发生在电阻或电导上？

10-8　为何无功功率只发生在电抗或电纳上，即只存在于电感和电容中？

10-9　为什么视在功率不满足守恒性？

10-10　采用静态补偿法提高功率因数时，可否通过串联电容来完成？

10-11　本章的叙述中描述了电压与电流的相位差 φ、阻抗角 φ、功率因数角 φ，这三个 φ 是同一个角吗？为什么？

10-12　最大功率传输的条件是什么？何为共轭匹配？最大功率传输有何实用意义？

习题

10-1　在题 10-1 图所示电路中，已知 $R = 60\Omega$，$X_L = 30\Omega$，$X_C = 80\Omega$，求各串联电路的等效复阻抗和各并联电路的等效复导纳。

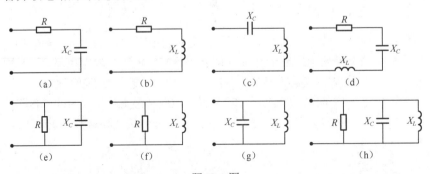

题 10-1 图

10-2　题 10-2 图所示电路中的参数为各元件的电阻、感抗和容抗，求各电路的端口等效复阻抗。

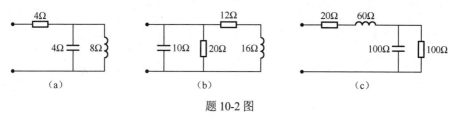

题 10-2 图

10-3　求题 10-3 图所示二端电路的输入端阻抗和导纳，并求其最简串联和并联等效电路的元件参数。

10-4　电路如题 10-4 图所示，已知 $R_1 = 60\Omega$，$R_2 = 100\Omega$，$L = 0.2\text{H}$，$C = 10\mu\text{F}$，若电流源的电流为 $i_s(t) = 0.2\sqrt{2}\cos(314t + 30°)(\text{A})$，试求电流 i_R、i_C 及电流源的电压 u。

10-5　电路如题 10-5 图所示，已知 $\dot{U}_S = 100\angle 0°(\text{V})$，$R_1 = 50\Omega$，$R_2 = 40\Omega$，$X_L = 60\Omega$，$X_C = 30\Omega$，求各支路电流。

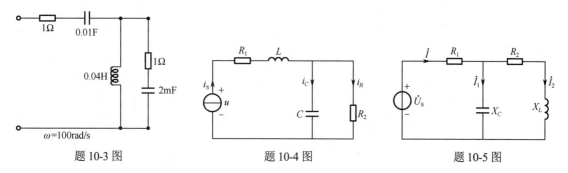

题 10-3 图　　　　题 10-4 图　　　　题 10-5 图

10-6　电路如题 10-6 图所示，已知 $R_1 = 2\text{k}\Omega$，$R_2 = 10\text{k}\Omega$，$L = 10\text{H}$，$C = 1\mu\text{F}$，电源频率 $f = 50\text{Hz}$，若 R_2 中的电流 $I_2 = 10\text{mA}$，求电源电压 U_S。

10-7　电路如题 10-7 图所示，已知 $L_1 = 63.7\text{mH}$，$L_2 = 31.85\text{mH}$，$R_2 = 100\Omega$，电路工作频率 $f = 500\text{Hz}$，欲使电流 $\dot{I}$ 与 $\dot{I}_2$ 的相位差分别为 $0°$、$45°$、$90°$，求相应的电容值 C 应各为多少？

10-8　电路如题 10-8 图所示，欲使 $\dot{U}_1$ 与 $\dot{U}$ 同相位，电路的角频率应为多少？

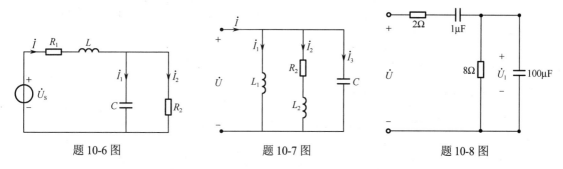

题 10-6 图　　　　题 10-7 图　　　　题 10-8 图

10-9　电路如题 10-9 图所示，已知 $U = 100\text{V}$，$I = I_1 = I_2 = 10\text{A}$，$\omega = 10^4\text{rad/s}$，求 R、L、C 的值。

10-10　电路如题 10-10 图所示，已知 $R = 5\Omega$，$X_L = 5\Omega$，$X_C = 10\Omega$，电压表 V_1 的读数为 100V，试求端口处的电压表 V 和电流表 A 的读数。

10-11　电路如题 10-11 图所示，已知两个电压表的读数分别为 $V_1 = 81.65\text{V}$，$V_2 = 111.54\text{V}$，

总电压 $U=100\text{V}$，$X_C=50\Omega$，求 R 和 X_L 的值。

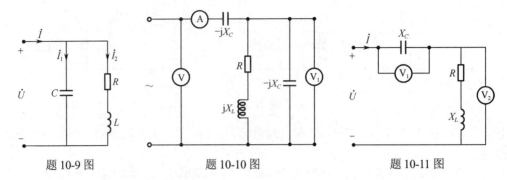

题 10-9 图   题 10-10 图   题 10-11 图

10-12   电路如题 10-12 图所示，已知 $R_1=50\Omega$，$R_2=25\Omega$，若 $\dot{U}=100\angle0°$，$\omega=10^3\text{rad/s}$，试求电容 C 为何值时电压 $\dot{U}$ 与电流 $\dot{I}$ 的相位差最大？最大相位差是多少？

10-13   试证明题 10-13 图所示的 RC 分压器中，当 $R_1C_1=R_2C_2$ 时，输出与输入电压之比是一个与频率无关的常数。

10-14   电路如题 10-14 图所示，已知 $R=X_L=X_C=1\Omega$，$\dot{U}_S=4\angle0°\text{V}$，$\dot{I}_S=4\angle0°\text{A}$，试求各支路电流。

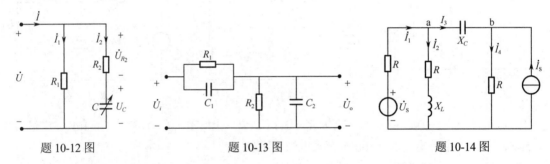

题 10-12 图   题 10-13 图   题 10-14 图

10-15   如题 10-15 图所示正弦稳态电路中，已知 $\dot{I}_S=5\angle0°\text{A}$，试求电流 $\dot{I}$。

10-16   电路如题 10-16 图所示，已知 $R_1=X_{L_2}=30\Omega$，$R_2=X_{L_1}=40\Omega$，$U_S=100\text{V}$，求：

（1）$Z=33.6\Omega$ 时，流经其中的电流；（2）Z 为何值时，流经其中的电流最大？

10-17   电路如题 10-17 图所示，已知有效值 $U=210\text{V}$，$I=3\text{A}$，且 $\dot{I}$ 与 $\dot{U}$ 同相，又知 $R_1=50\Omega$，$X_C=15\Omega$，试求 R_2 和 X_L。

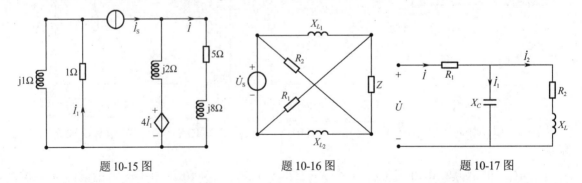

题 10-15 图   题 10-16 图   题 10-17 图

10-18   电路如题 10-18 图所示，已知 $R_1=X_C=5\Omega$，$R=8\Omega$，试确定 R_0 为何值时可使 $\dot{I}_0$ 与 $\dot{U}_S$ 的相位差为 90°。

10-19　电路如题 10-19 图所示，电压表 V 的读数为 220V，V_1 的读数为 $100\sqrt{2}$V，电流表 A_2 的读数为 30A，A_3 的读数为 20A，功率表 W 的读数为 1000W，试求电阻 R 和电抗 X_1、X_2、X_3 的值。

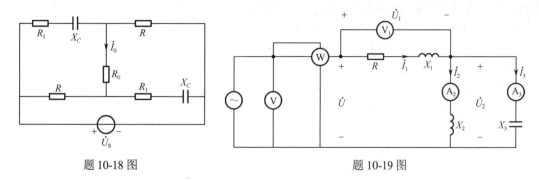

题 10-18 图　　　　　　　　　　　　　　　题 10-19 图

10-20　电路如题 10-20 图所示，已知各表的读数分别为 A = 2A ，$V_1 = 220$V ，$V_2 = 64$V ，$W_1 = 400$W ，$W_2 = 100$W ，求电路元件参数 R_1、X_{L_1}、R_2、X_{L_2}。

10-21　求题 10-4 中各支路的复功率和电流源发出的复功率。

10-22　正弦稳态电路如题 10-22 图所示，已知 $i_s(t) = 10\sqrt{2}\cos(100t)$ A ，$R_1 = R_2 = 1\Omega$ ，$C_1 = C_2 = 0.01$F，$L = 0.02$H。求电源的复功率及各动态元件上的无功功率。

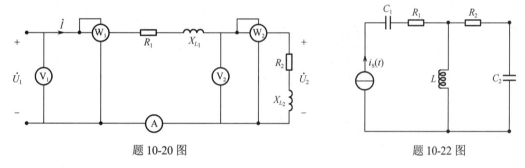

题 10-20 图　　　　　　　　　　　　　　　题 10-22 图

10-23　电路如题 10-23 图所示，已知 $R_1 = R_2 = 10\Omega$ ，$C = 10\mu$F ，$i_s(t) = 10\sqrt{2}\cos(5000t)$(A) ，试求各支路电流，并验证电路功率平衡。

10-24　在 50Hz、380V 的电路中，一感性负载吸收的功率 $P = 20$kW，功率因数 $\cos\varphi_1 = 0.6$ ，若要使功率因数提高到 0.9，则在负载的端口上应并联多大的电容？并比较并联前后的各功率。

10-25　已知 50kW 电机在 50Hz、220V 电源下工作，如题 10-25 图所示。电机的功率因数为 0.5，试求：（1）电机的工作电流和无功功率；（2）欲使电路的功率因数为 1，电机需并联多大电容？此时电源提供的电流是多少？

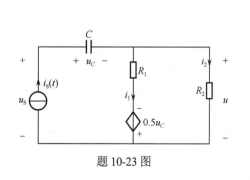
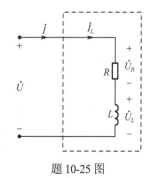

题 10-23 图　　　　　　　　　　　　　　　题 10-25 图

10-26 功率为40W的日光灯和白炽灯各100只并联在电压为220V的工频交流电源上，已知日光灯的功率因数为0.5（感性），求电路的总电流和总功率因数。若要将电路的总功率因数提高到0.9，需并联多大的电容？并联电容后的总电流是多少？

10-27 电路如题10-27图所示，已知$Z_1 = 3 + j6(\Omega)$，$Z_2 = 4 + j8(\Omega)$，试求：（1）Z_3为何值时，I_3最大？（2）Z_3为何值时，可获得最大功率？

10-28 电路如题10-28图所示，已知$i_S = 10\cos 500t\text{(mA)}$，求：（1）若A为1μF的电容，则$u = ?$（2）如果从电源可获得最大功率，A由什么元件组成，参数是多少？（3）若A为$L = 1\text{H}$的电感与$C = 4\mu\text{F}$的电容串联，则$u = ?$

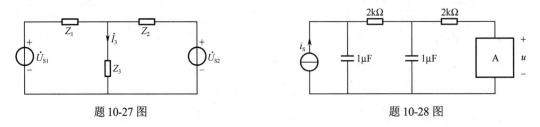

题 10-27 图   题 10-28 图

10-29 电路如题10-29图所示，已知$u_S(t) = 2\sqrt{2}\cos 2t\text{(V)}$，$i_S(t) = 2\sqrt{2}\cos 2t\text{(A)}$，$L = 1\text{H}$，$C = 0.25\text{F}$，试问负载$Z_L$为何值时可获得最大功率？最大功率为多少？

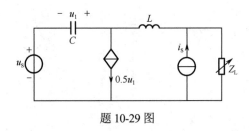

题 10-29 图

第 11 章　含有磁耦合元件的正弦稳态电路分析

磁耦合电路是指存在磁耦合电感器这种元件的电路，磁耦合电感器由两个或多个静止不动的存在磁耦合联系的线圈组成。组成磁耦合电感器的各个线圈上的电压除了与本线圈的电流有关，还与其他线圈的电流有关。在电工技术中，磁耦合电感器可用来传输能量和信号，变压器就是利用磁耦合原理工作的最典型的磁耦合器件。

本章将从磁耦合现象、同名端概念及磁耦合电感元件入手，展开对磁耦合电路的分析和计算。在此基础上，对空心变压器和理想变压器的电路模型及分析方法进行一般性的讨论。

11.1　磁耦合

两个或多个彼此靠近的线圈，各自通以时变电流后，每个线圈产生的磁通不仅与自身线圈交链，同时还与其他线圈交链，这种载流线圈之间通过磁场作用而相互联系的现象称为磁耦合。

11.1.1　磁耦合线圈

图 11-1 描述了两个匝数分别为 N_1 和 N_2 的具有磁耦合的线圈。

假设线圈 1 和线圈 2 的电压与电流均符合关联参考方向，并且各线圈上的电流所产生的磁通与该线圈电流符合右手螺旋定则。当线圈 1 中通以时变电流 $i_1(t)$ 时，产生自感磁通 $\Phi_{11}(t)$。磁通 $\Phi_{11}(t)$ 与 N_1 匝线圈（线圈 1 是密绕的）交链后产生自感磁通链 $\Psi_{11}(t)$，即

$$\Psi_{11}(t) = N_1\Phi_{11}(t) \tag{11-1}$$

自感磁通链 $\Psi_{11}(t)$ 与激励电流 $i_1(t)$ 的关系为

$$\Psi_{11}(t) = L_1 i_1(t) \tag{11-2}$$

式中，L_1 称为线圈 1 的自感系数，对于线性时不变电感线圈，L_1 为常数。

如图 11-1 所示，磁通 $\Phi_{11}(t)$ 除了与线圈 1 交链，还有一部分磁通 $\Phi_{21}(t)$ 要与线圈 2（线圈 2 是密绕的）交链，在线圈 2 中产生互感磁通链 $\Psi_{21}(t)$，即

$$\Psi_{21}(t) = N_2\Phi_{21}(t) \tag{11-3}$$

互感磁通链 $\Psi_{21}(t)$ 与激励电流 $i_1(t)$ 的关系为

$$\Psi_{21}(t) = M_{21} i_1(t) \tag{11-4}$$

式中，M_{21} 称为线圈 1 对线圈 2 的互感系数，对于线性时不变电感线圈，M_{21} 为常数。

同理，在图 11-2 所示的线圈 2 中，若通以时变电流 $i_2(t)$，将会产生自感磁通 $\Phi_{22}(t)$。

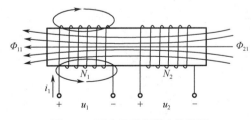

图 11-1　两个具有磁耦合的线圈

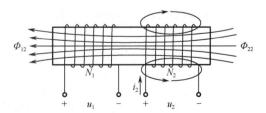

图 11-2　两个具有磁耦合的线圈

磁通 $\Phi_{22}(t)$ 与 N_2 匝线圈（线圈2是密绕的）交链后产生自感磁通链 $\Psi_{22}(t)$，即

$$\Psi_{22}(t) = N_2\Phi_{22}(t) \tag{11-5}$$

自感磁通链 $\Psi_{22}(t)$ 与激励电流 $i_2(t)$ 的关系为

$$\Psi_{22}(t) = L_2 i_2(t) \tag{11-6}$$

式中，L_2 称为线圈2的自感系数，对于线性时不变电感线圈，L_2 为常数。

如图11-2所示，磁通 $\Phi_{22}(t)$ 除了与线圈2交链，还有一部分磁通 $\Phi_{12}(t)$ 要与线圈1（线圈1是密绕的）交链，在线圈1中产生互感磁通链 $\Psi_{12}(t)$，即

$$\Psi_{12}(t) = N_1\Phi_{12}(t) \tag{11-7}$$

互感磁通链 $\Psi_{12}(t)$ 与激励电流 $i_2(t)$ 的关系为

$$\Psi_{12}(t) = M_{12} i_2(t) \tag{11-8}$$

式中，M_{12} 称为线圈2对线圈1的互感系数，对于线性时不变电感线圈，M_{12} 为常数。

对于线性时不变电感线圈，互感系数具有如下关系：

$$M_{12} = M_{21} \triangleq M \tag{11-9}$$

综上所述，如图11-3所示，若在线圈1中通以时变电流 $i_1(t)$，同时在线圈2中通以时变电流 $i_2(t)$，则在以上各种假设之下，线圈1中的总磁通链为

$$\Psi_1(t) = \Psi_{11}(t) \pm \Psi_{12}(t) = N_1\Phi_{11} \pm N_1\Phi_{12} = L_1 i_1(t) \pm M i_2(t) \tag{11-10}$$

而线圈2中的总磁通链则为

$$\Psi_2(t) = \Psi_{22}(t) \pm \Psi_{21}(t) = N_2\Phi_{22} \pm N_2\Phi_{21} = L_2 i_2(t) \pm M i_1(t) \tag{11-11}$$

上述两式中的"$\pm$"号的取法为：线圈上的电流方向与所产生的磁通方向符合右手螺旋定则时取"$+$"，否则取"$-$"。

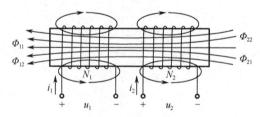

图11-3 两个具有磁耦合的线圈

根据法拉第电磁感应定律，各线圈上的电压与电流满足关联参考方向时，线圈1上的电压 $u_1(t)$ 和线圈2上的电压 $u_2(t)$ 分别为

$$\begin{cases} u_1(t) = \dfrac{\mathrm{d}\Psi_1(t)}{\mathrm{d}t} = L_1\dfrac{\mathrm{d}i_1(t)}{\mathrm{d}t} \pm M\dfrac{\mathrm{d}i_2(t)}{\mathrm{d}t} = u_{11}(t) \pm u_{12}(t) \\ u_2(t) = \dfrac{\mathrm{d}\Psi_2(t)}{\mathrm{d}t} = L_2\dfrac{\mathrm{d}i_2(t)}{\mathrm{d}t} \pm M\dfrac{\mathrm{d}i_1(t)}{\mathrm{d}t} = u_{22}(t) \pm u_{21}(t) \end{cases} \tag{11-12}$$

式中，$u_{11}(t)$ 和 $u_{22}(t)$ 分别称为线圈1和线圈2的自感电压，$u_{12}(t)$ 和 $u_{21}(t)$ 分别称为线圈1中和线圈2中的互感电压。

在正弦电流激励下，式（11-12）可写成相量形式

$$\begin{cases} \dot{U}_1 = \mathrm{j}\omega L_1 \dot{I}_1 \pm \mathrm{j}\omega M \dot{I}_2 \\ \dot{U}_2 = \mathrm{j}\omega L_2 \dot{I}_2 \pm \mathrm{j}\omega M \dot{I}_1 \end{cases} \tag{11-13}$$

11.1.2　磁耦合系数

从以上分析可知，磁耦合线圈的相互作用和联系是通过互感磁链来完成的，其相互作用的强弱显然与磁通 $\Phi_{21}(t)$ 交链于线圈 2 或磁通 $\Phi_{12}(t)$ 交链于线圈 1 的数量有关，通常采用耦合系数 k 来描述两个线圈之间耦合的紧密程度，并且定义耦合系数

$$k = \frac{M}{\sqrt{L_1 L_2}} \tag{11-14}$$

一般情况下，电流 $i_1(t)$ 产生的磁通 $\Phi_{11}(t)$ 并非全部都与线圈 2 交链，电流 $i_2(t)$ 产生的磁通 $\Phi_{22}(t)$ 也并非全部都与线圈 1 交链，未交链的部分称为漏磁通。

根据式（11-14）的定义可得

$$k^2 = \frac{M^2}{L_1 L_2} = \frac{M_{12} M_{21}}{L_1 L_2} = \frac{\left(\dfrac{N_1 \Phi_{12}}{i_2}\right)\left(\dfrac{N_2 \Phi_{21}}{i_1}\right)}{\left(\dfrac{N_1 \Phi_{11}}{i_1}\right)\left(\dfrac{N_2 \Phi_{22}}{i_2}\right)} = \frac{\Phi_{12} \Phi_{21}}{\Phi_{11} \Phi_{22}}$$

即

$$k = \sqrt{\frac{\Phi_{12} \Phi_{21}}{\Phi_{11} \Phi_{22}}}$$

因为总有 $\Phi_{12} \le \Phi_{22}$ 和 $\Phi_{21} \le \Phi_{11}$，所以 $k \le 1$。显然，k 值越大，漏磁通就越小。当 $k = 1$ 时，$\Phi_{12} = \Phi_{22}$ 和 $\Phi_{21} = \Phi_{11}$，无漏磁通，称其为全耦合；若 $0 < k \le 0.5$，称线圈为松耦合；若 $0.5 < k < 1$，则称线圈为紧耦合。

11.1.3　同名端的概念

显然，式（11-12）中互感电压的正负取值不仅与电流方向有关，还与线圈的相对位置和绕向有关。但是，实际的耦合电感器一般都封装有外壳，很难看到其内部结构。为了让使用者能够简便直观地确定互感电压的正负取值，通常采用在耦合电感器上标记同名端的方法。

同名端的标记规定：如果电流 $i_1(t)$ 和 $i_2(t)$ 分别从两耦合电感线圈的某端钮流入，使其互感磁链与自感磁链的参考方向相同，则这两个端钮就称为同名端。

同名端可用圆点"●"、星号"*"、三角形"△"等符号标记，对于多个分别具有耦合关系的电感线圈，不同的同名端应使用不同的标记符号，如图 11-4 所示。

另一种同名端的标记规定：两耦合电感线圈中，一个电感线圈上电流的流入端与电流在另一线圈上产生的互感电压的参考方向正极性端称为同名端。显然，这种规定适用于两耦合电感线圈中，有一个电感线圈开路的情况，如图 11-5 所示。

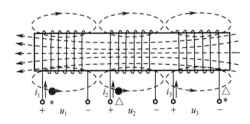

图 11-4　标记了同名端的耦合电感线圈

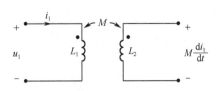

图 11-5　同名端的另一种标记规定

根据以上规定可知：如果电流 $i_1(t)$ 和 $i_2(t)$ 分别从两耦合电感线圈的同名端流入，则互感电压取正，否则取负。或者，一个电感线圈上电流的流入端与该电流在另一线圈上产生的互感电压的

参考方向正极性端处于同名端时，互感电压取正，否则取负。

11.2　含耦合电感电路的分析

本节将从两耦合电感线圈的串联和并联入手，解决耦合电感线圈的等效计算问题，然后对含有耦合电感线圈的电路进行分析。

11.2.1　两耦合电感线圈的串联

两耦合电感线圈的串联有两种方式，一种是顺接串联，即将两耦合电感线圈的异名端相接，如图 11-6 所示。

由图 11-6 所示电路可得

$$u(t) = u_1(t) + u_2(t) = \left[L_1 \frac{di(t)}{dt} + M \frac{di(t)}{dt} \right] + \left[L_2 \frac{di(t)}{dt} + M \frac{di(t)}{dt} \right]$$

$$= (L_1 + L_2 + 2M) \frac{di(t)}{dt} = L \frac{di(t)}{dt} \tag{11-15}$$

式中，$L = (L_1 + L_2 + 2M)$，称为顺接串联的等效电感。

另一种接法是反接串联，即将两耦合电感线圈的同名端相接，如图 11-7 所示。

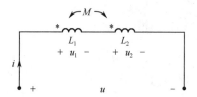

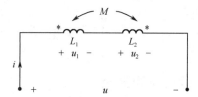

图 11-6　两耦合电感线圈的顺接串联　　　　　图 11-7　两耦合电感线圈的反接串联

由图 11-7 所示电路可得

$$u(t) = u_1(t) + u_2(t) = \left[L_1 \frac{di(t)}{dt} - M \frac{di(t)}{dt} \right] + \left[L_2 \frac{di(t)}{dt} - M \frac{di(t)}{dt} \right]$$

$$= (L_1 + L_2 - 2M) \frac{di(t)}{dt} = L' \frac{di(t)}{dt} \tag{11-16}$$

式中，$L' = (L_1 + L_2 - 2M)$，称为反接串联的等效电感。

对于实际的耦合电感元件来说，必定有 $(L_1 + L_2 - 2M) \geq 0$，即

$$M \leq \frac{L_1 + L_2}{2} \tag{11-17}$$

式（11-17）说明，两耦合电感线圈的互感应不大于两自感的算术平均值。

例 11-1　两互感线圈串联接在 220V、50Hz 的正弦电源上，当顺接时测得 $I = 2.5\text{A}$，$P = 62.5\text{W}$，反接时测得 $P' = 250\text{W}$，求互感 M。

解：如图 11-8 所示，当两互感线圈顺接串联时，由 $P = RI^2$，得 $R = P/I^2 = 62.5/2.5^2 = 10\Omega$。并且，由 $I = \dfrac{U}{\sqrt{R^2 + X^2}} = 2.5\text{A}$，得顺接时的感抗 $X = \sqrt{\dfrac{U^2}{I^2} - R^2} = \sqrt{88^2 - 10^2} = 87.4\Omega$。

如图 11-9 所示，当两互感线圈反接串联时，由 $P' = RI'^2$，得 $I' = \sqrt{P'/R} = \sqrt{250/10} = 5\text{A}$。并且，由 $I' = \dfrac{U}{\sqrt{R^2 + X'^2}} = 5\text{A}$ 得反接时的感抗 $X' = \sqrt{\dfrac{U^2}{I'^2} - R^2} = \sqrt{44^2 - 10^2} = 42.8\Omega$。

因为两互感线圈顺接时的感抗 $X = \omega(L_1 + L_2 + 2M)$ ，两互感线圈反接时的感抗 $X' = \omega(L_1 + L_2 - 2M)$ ，所以

$$X - X' = 4\omega M$$

故

$$M = \frac{X - X'}{4\omega} = \frac{87.4 - 42.8}{4 \times 314} = 35.5\text{mH}$$

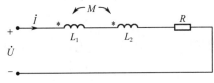

图 11-8　例 11-1 图之一

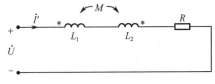

图 11-9　例 11-1 图之二

11.2.2　两耦合电感线圈的并联

两耦合电感线圈的并联也有两种方式，一种是同名端相接的并联，如图 11-10 所示。

由图 11-10 所示电路可得

$$\begin{cases} u(t) = L_1 \dfrac{\mathrm{d}i_1(t)}{\mathrm{d}t} + M \dfrac{\mathrm{d}i_2(t)}{\mathrm{d}t} \\ u(t) = L_2 \dfrac{\mathrm{d}i_2(t)}{\mathrm{d}t} + M \dfrac{\mathrm{d}i_1(t)}{\mathrm{d}t} \end{cases}$$

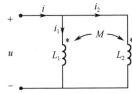

图 11-10　两耦合电感线圈的同名端相接的并联

将 $i_2 = i - i_1$ 代入上式，可得

$$\begin{cases} u(t) = (L_1 - M) \dfrac{\mathrm{d}i_1(t)}{\mathrm{d}t} + M \dfrac{\mathrm{d}i(t)}{\mathrm{d}t} \\ u(t) = -(L_2 - M) \dfrac{\mathrm{d}i_1(t)}{\mathrm{d}t} + L_2 \dfrac{\mathrm{d}i(t)}{\mathrm{d}t} \end{cases}$$

消去式中的 $\dfrac{\mathrm{d}i_1(t)}{\mathrm{d}t}$ ，可得　　$(L_1 + L_2 - 2M)u(t) = (L_1 L_2 - M^2) \dfrac{\mathrm{d}i(t)}{\mathrm{d}t}$

即

$$u(t) = \frac{L_1 L_2 - M^2}{L_1 + L_2 - 2M} \frac{\mathrm{d}i(t)}{\mathrm{d}t} = L \frac{\mathrm{d}i(t)}{\mathrm{d}t} \tag{11-18}$$

式中， $L = \dfrac{L_1 L_2 - M^2}{L_1 + L_2 - 2M}$ ，称为同名端相接并联的等效电感。对于实际的耦合电感元件，必定有 $(L_1 + L_2 - 2M) > 0$ 和 $L_1 L_2 \geqslant M^2$ ，即

$$M < \frac{L_1 + L_2}{2} \quad 并且 \quad M \leqslant \sqrt{L_1 L_2} \tag{11-19}$$

两耦合电感线圈的另一种并联方式是异名端相接的并联，如图 11-11 所示。

与上述推导相同，由图 11-11 所示电路可得

$$u(t) = \frac{L_1 L_2 - M^2}{L_1 + L_2 + 2M} \frac{\mathrm{d}i(t)}{\mathrm{d}t} = L' \frac{\mathrm{d}i(t)}{\mathrm{d}t} \tag{11-20}$$

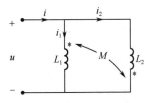

图 11-11　两耦合电感线圈的异名端相接的并联

式中， $L' = \dfrac{L_1 L_2 - M^2}{L_1 + L_2 + 2M}$ ，称为异名端相接并联的等效电感。对于实际的耦合电感元件，必定有 $L_1 L_2 \geqslant M^2$ ，即

$$M \leqslant \sqrt{L_1 L_2} \tag{11-21}$$

很容易证明：$\dfrac{L_1+L_2}{2} > \sqrt{L_1L_2}$ 。因此，综合式（11-17）、式（11-19）和式（11-21）可知，当 $M \leqslant \sqrt{L_1L_2}$ 时，必定有 $M < \dfrac{L_1+L_2}{2}$ 。即，两耦合电感线圈的互感应不大于两自感的几何平均值。耦合系数 k 的定义正是出于此，即定义互感 M 与其最大极限值 $\sqrt{L_1L_2}$ 之比为耦合系数 k 。

11.2.3　两耦合电感线圈的受控源等效去耦

在含有耦合电感元件的电路中，为了简化分析，常常将耦合电感元件等效为无互感的元件，这种做法称为耦合电感元件的等效去耦，使用受控电压源进行两耦合电感线圈的等效去耦是其中的方法之一。

（1）如图 11-12 所示，设电流从同名端流入耦合电感线圈。

线圈两端的电压分别为

$$\left.\begin{aligned} u_1(t) &= L_1 \frac{\mathrm{d}i_1(t)}{\mathrm{d}t} + M \frac{\mathrm{d}i_2(t)}{\mathrm{d}t} \\ u_2(t) &= L_2 \frac{\mathrm{d}i_2(t)}{\mathrm{d}t} + M \frac{\mathrm{d}i_1(t)}{\mathrm{d}t} \end{aligned}\right\} \tag{11-22}$$

等式右边第二项可视为受控电压源，于是可得到使用受控电压源的等效去耦电路，如图 11-13 所示。

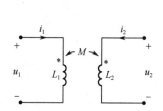

图 11-12　电流从同名端流入耦合电感线圈

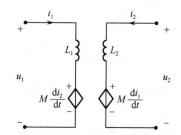

图 11-13　使用受控电压源的等效去耦

（2）如图 11-14 所示，设电流从异名端流入耦合电感线圈。

线圈两端的电压分别为

$$\left.\begin{aligned} u_1(t) &= L_1 \frac{\mathrm{d}i_1(t)}{\mathrm{d}t} - M \frac{\mathrm{d}i_2(t)}{\mathrm{d}t} \\ u_2(t) &= L_2 \frac{\mathrm{d}i_2(t)}{\mathrm{d}t} - M \frac{\mathrm{d}i_1(t)}{\mathrm{d}t} \end{aligned}\right\} \tag{11-23}$$

等式右的第二项可视为受控电压源，于是可得到使用受控电压源的等效去耦电路，如图 11-15 所示。

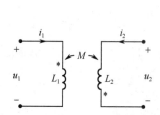

图 11-14　电流从异名端流入耦合电感线圈

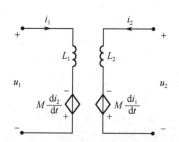

图 11-15　使用受控电压源的等效去耦

11.2.4　两耦合电感线圈的 T 形等效去耦

如果两耦合电感线圈具有一个相连接的公共端子，这样的两耦合电感元件可以等效为 T 形无互感元件。

（1）如图 11-16 所示，设两耦合电感线圈具有同名端相连接的公共端子。

线圈两端的电压分别为

$$u_1(t) = L_1 \frac{di_1(t)}{dt} + M \frac{di_2(t)}{dt} = L_1 \frac{di_1(t)}{dt} + M \frac{di_1(t)}{dt} + M \frac{di_2(t)}{dt} - M \frac{di_1(t)}{dt} \quad (11\text{-}24)$$

$$= (L_1 - M)\frac{di_1(t)}{dt} + M \frac{d[i_1(t) + i_2(t)]}{dt}$$

$$u_2(t) = L_2 \frac{di_2(t)}{dt} + M \frac{di_1(t)}{dt} = L_2 \frac{di_2(t)}{dt} + M \frac{di_2(t)}{dt} + M \frac{di_1(t)}{dt} - M \frac{di_2(t)}{dt} \quad (11\text{-}25)$$

$$= (L_2 - M)\frac{di_2(t)}{dt} + M \frac{d[i_1(t) + i_2(t)]}{dt}$$

根据上述两式的电压与电流关系，图 11-16 所示的电路可等效为图 11-17 所示的 T 形等效去耦电路。

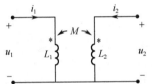

图 11-16　同名端相连接的耦合电感线圈

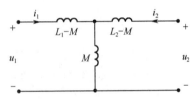

图 11-17　T 形等效去耦电路之一

（2）如图 11-18 所示，设两耦合电感线圈具有异名端相连接的公共端子。

线圈两端的电压分别为

$$u_1(t) = L_1 \frac{di_1(t)}{dt} - M \frac{di_2(t)}{dt} = L_1 \frac{di_1(t)}{dt} + M \frac{di_1(t)}{dt} - M \frac{di_2(t)}{dt} - M \frac{di_1(t)}{dt} \quad (11\text{-}26)$$

$$= (L_1 + M)\frac{di_1(t)}{dt} - M \frac{d[i_1(t) + i_2(t)]}{dt}$$

$$u_2(t) = L_2 \frac{di_2(t)}{dt} - M \frac{di_1(t)}{dt} = L_2 \frac{di_2(t)}{dt} + M \frac{di_2(t)}{dt} - M \frac{di_1(t)}{dt} - M \frac{di_2(t)}{dt} \quad (11\text{-}27)$$

$$= (L_2 + M)\frac{di_2(t)}{dt} - M \frac{d[i_1(t) + i_2(t)]}{dt}$$

根据上述两式的电压与电流关系，图 11-18 所示的电路可等效为图 11-19 所示的 T 形等效去耦电路。

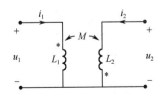

图 11-18　异名端相连接的耦合电感线圈

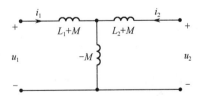

图 11-19　T 形等效去耦电路之二

例 11-2　电路如图 11-20 所示，已知 $R_1 = 10\Omega$，$R_2 = 6\Omega$，$\omega L_1 = 15\Omega$，$\omega L_2 = 12\Omega$，$\omega M = 8\Omega$，$1/\omega C = 9\Omega$，正弦电压有效值 $U = 120\text{V}$，求各支路电流。

解： 对电路进行 T 形等效去耦，如图 11-21 所示。

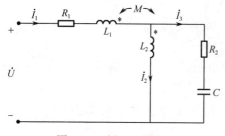

图 11-20　例 11-2 图之一

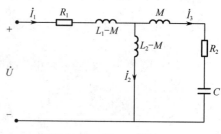

图 11-21　例 11-2 图之二

令电压 $\dot{U}$ 为参考相量，即 $\dot{U} = 120\angle 0°$，可得 KCL 方程

$$\dot{I}_1 = \dot{I}_2 + \dot{I}_3$$

和 KVL 方程

$$[R_1 + j\omega(L_1 - M)]\dot{I}_1 + j\omega(L_2 - M)\dot{I}_2 = \dot{U}$$

$$\left(R_2 + j\omega M + \frac{1}{j\omega C}\right)\dot{I}_3 - j\omega(L_2 - M)\dot{I}_2 = 0$$

联立求解上述方程，可得 $\dot{I}_1 = 7.67\angle -39.3°(\text{A})$，$\dot{I}_2 = 6.92\angle -75.4°(\text{A})$，$\dot{I}_3 = 4.58\angle 23.7°(\text{A})$。

11.2.5　含有耦合电感线圈的电路分析

对于含有耦合电感线圈的电路，一般可采用支路法、回路法等系统方法进行分析计算，值得注意的是，在分析计算含有耦合电感线圈的电路时，不宜使用节点法。

例 11-3　图 11-22 所示为利用交流电桥测量互感 M 的原理图，调节 R_2、R_4 使电桥平衡，求证此时有 $M = \dfrac{L_1}{1 + R_2/R_4}$。

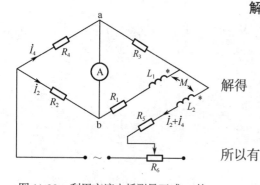

图 11-22　利用交流电桥测量互感 M 的原理图

解： 电桥平衡时，a 点与 b 点等电位，于是有

$$R_4\dot{I}_4 = R_2\dot{I}_2$$

$$(R_1 + j\omega L_1)\dot{I}_2 - j\omega M(\dot{I}_2 + \dot{I}_4) = R_3\dot{I}_4$$

解得

$$\left\{R_1 + j\left[\omega L_1 - \omega M\left(1 + \frac{R_2}{R_4}\right)\right]\right\}\dot{I}_2 = \frac{R_2 R_3}{R_4}\dot{I}_2$$

所以有

$$\begin{cases} R_1 = \dfrac{R_2 R_3}{R_4} \\ \omega L_1 - \omega M\left(1 + \dfrac{R_2}{R_4}\right) = 0 \end{cases}$$

即

$$M = \frac{L_1}{1 + R_2/R_4}$$

例 11-4　电路如图 11-23 所示，已知 $R_1 = 5\Omega$，$X_1 = 40\Omega$，$R_2 = 10\Omega$，$X_2 = 90\Omega$，$R_3 = 20\Omega$，$X_3 = 80\Omega$，耦合系数 $k = 33.3\%$，当开关 S 不闭合时，电压表为 100V，试求：

（1）电流表读数和外加电压的有效值；

（2）开关 S 闭合后，电压表和电流表读数。

解： （1）开关 S 不闭合时，因为 $M = k\sqrt{L_1 L_2}$，$\omega M = k\sqrt{\omega L_1 \omega L_2}$，即

$$X_M = k\sqrt{X_1 X_2}$$

所以　　　$X_M = 33.3\% \times \sqrt{40 \times 90} = 20\Omega$

由 $\dot{U}_2 = jX_M\dot{I}_1$，可得 $U_2 = X_M I_1$，所以，电流表读数为

$$I_1 = \frac{U_2}{X_M} = \frac{100}{20} = 5\text{A}$$

又因为此时 $\dot{U}_1 = (R + j\omega L_1)\dot{I}_1$，所以，外加电压为

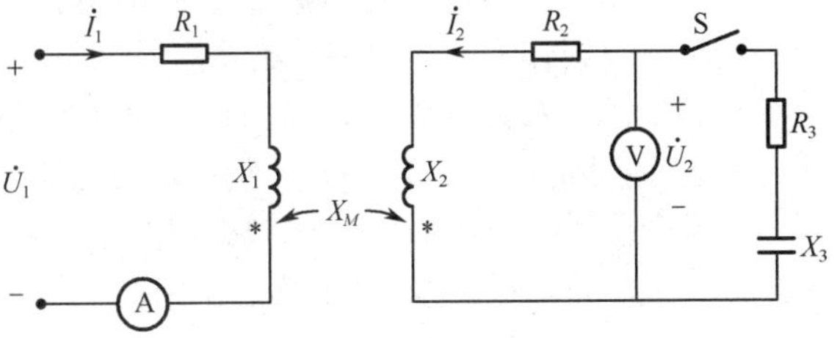

$$U_1 = I_1\sqrt{R_1^2 + X_1^2} = 5 \times \sqrt{5^2 + 40^2} = 201.6\text{V}$$

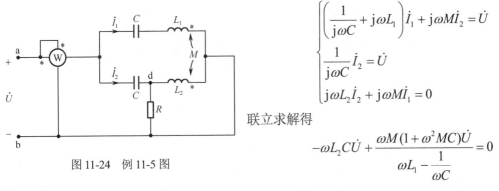

图 11-23　例 11-4 图

（2）开关 S 闭合后，若以电压 $\dot{U}_1$ 为参考相量，可得下列方程：

$$\begin{cases} (R_1 + jX_1)\dot{I}_1 + jX_M\dot{I}_2 = \dot{U}_1 \\ (R_2 + R_3 + jX_2 - jX_3)\dot{I}_2 + jX_M\dot{I}_1 = 0 \end{cases}$$

即

$$\begin{cases} (5 + j40)\dot{I}_1 + j20\dot{I}_2 = 201.6\angle 0° \\ (30 + j10)\dot{I}_2 + j20\dot{I}_1 = 0 \end{cases}$$

解得　　　$\dot{I}_1 = 5.06\angle -64.8°(\text{A})$，$\dot{I}_2 = 3.2\angle -173.15°(\text{A})$

并且　　　$U_2 = I_2\sqrt{R_3^2 + X_3^2} = 3.2 \times \sqrt{20^2 + 80^2} = 263.9\text{V}$

因此，电流表读数为 $I_1 = 5.06\text{A}$，电压表读数为 $U_2 = 263.9\text{V}$。

例 11-5　电路如图 11-24 所示，试求电源角频率 ω 为何值时，电路中的功率表读数为零。

解：因为功率表的读数应是 a-b 端口的有功功率，即电路中电阻消耗的功率。由功率表读数为零可知，电路中电阻上的电流为零，即图中的 d、b 两点等电位，于是有

$$\begin{cases} \left(\dfrac{1}{j\omega C} + j\omega L_1\right)\dot{I}_1 + j\omega M\dot{I}_2 = \dot{U} \\ \dfrac{1}{j\omega C}\dot{I}_2 = \dot{U} \\ j\omega L_2\dot{I}_2 + j\omega M\dot{I}_1 = 0 \end{cases}$$

联立求解得

$$-\omega L_2 C\dot{U} + \frac{\omega M(1 + \omega^2 MC)\dot{U}}{\omega L_1 - \dfrac{1}{\omega C}} = 0$$

图 11-24　例 11-5 图

即

$$\omega = \sqrt{\frac{L_2 + M}{L_1 L_2 C - M^2 C}}$$

注意：此式中的分母应满足 $L_1 L_2 - M^2 \neq 0$，这表明图 11-24 中的两个耦合电感线圈不能全耦合。

11.3　空心变压器

变压器是由两个（或两个以上）具有磁耦合的线圈构成，实现能量（或信号）从一个电路传输到另一个电路的器件。能量（或信号）的输入端线圈称为变压器的一次线圈（俗称原边线圈或初级线圈），能量（或信号）的输出端线圈称为变压器的二次线圈（俗称副边线圈或次级线圈）。

所谓空心变压器是相对于铁心变压器而言的。用具有高磁导率的铁磁材料作为心子而制成的变压器就是铁心变压器，这类变压器的耦合系数很高，属于紧耦合，常用来进行电力或能量传输。而以非铁磁材料作为心子制成的变压器称为空心变压器，这类变压器的耦合系数较小，属于松耦合，广泛应用在高频电路或测量仪器中。空心变压器的电路模型如图 11-25 所示。

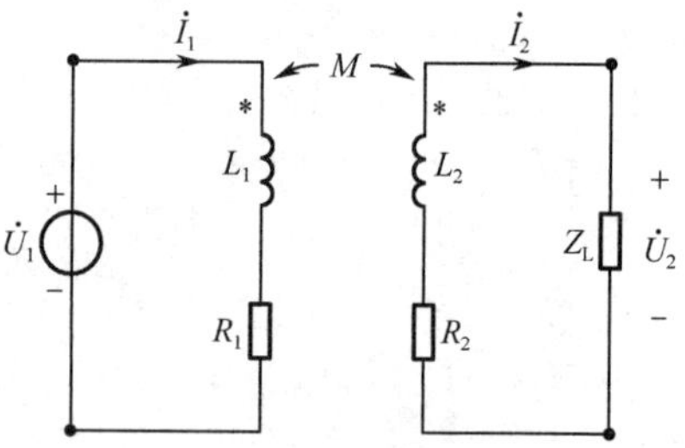

图 11-25　空心变压器的电路模型

11.3.1　空心变压器的一次侧等效电路

由图 11-25 所示电路可得方程

$$\begin{cases} (R_1 + j\omega L_1)\dot{I}_1 - j\omega M\dot{I}_2 = \dot{U}_1 \\ (R_2 + j\omega L_2)\dot{I}_2 + Z_L\dot{I}_2 - j\omega M\dot{I}_1 = 0 \end{cases}$$

令 $Z_L = R_L + jX_L$，$Z_{11} = R_1 + jX_1$，$Z_M = j\omega M = jX_M$，$Z_{22} = R_2 + j\omega L_2 + R_L + jX_L = (R_2 + R_L) + j(X_2 + X_L) \triangleq R_{22} + jX_{22}$，则上式可写成

$$\begin{cases} Z_{11}\dot{I}_1 - Z_M\dot{I}_2 = \dot{U}_1 \\ Z_{22}\dot{I}_2 - Z_M\dot{I}_1 = 0 \end{cases} \tag{11-28}$$

求解式（11-28）可得

$$\dot{I}_1 = \frac{\dot{U}_1}{Z_{11} - \dfrac{Z_M^2}{Z_{22}}} = \frac{\dot{U}_1}{Z_{11} + \dfrac{X_M^2}{Z_{22}}} \tag{11-29}$$

$$\dot{I}_2 = \frac{Z_M\dot{U}_1}{Z_{11}} \times \frac{1}{Z_{22} - \dfrac{Z_M^2}{Z_{11}}} = \frac{Z_M\dot{U}_1}{Z_{11}} \times \frac{1}{Z_{22} + \dfrac{X_M^2}{Z_{11}}} \tag{11-30}$$

由式（11-29）可知：空心变压器的二次侧对一次侧的影响，是在一次侧增加了一个串联复阻抗 $\left(-\dfrac{Z_M^2}{Z_{22}}\right)$，由于

$$-\frac{Z_M^2}{Z_{22}} = \frac{X_M^2}{Z_{22}} = \frac{X_M^2}{R_{22} + jX_{22}} = \frac{X_M^2 R_{22}}{R_{22}^2 + X_{22}^2} - j\frac{X_M^2 X_{22}}{R_{22}^2 + X_{22}^2} \triangleq R_1' + jX_1' = Z_1' \tag{11-31}$$

为此，将 Z_1' 称为一次侧的引入阻抗（或反映阻抗），并将 R_1' 称为一次侧的引入电阻（或反映电阻），将 X_1' 称为一次侧的引入电抗（或反映电抗）。由于引入电阻 R_1' 恒为正值，说明空心变压器所吸收的功率是一次侧通过磁耦合向二次侧输送的功率。而由于引入电抗 X_1' 为负值，说明引入电抗的性质与二次侧电抗的性质相反。

根据式（11-29），可得出空心变压器从一次侧看进去的等效电路，如图 11-26 所示。

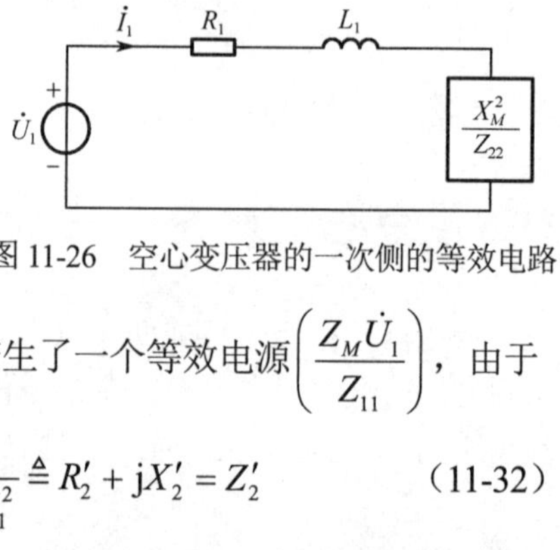

11.3.2　空心变压器的二次侧等效电路

由式（11-30）可以得知：空心变压器的一次侧对二次

图 11-26　空心变压器的一次侧的等效电路

侧的影响，是在二次侧增加了一个串联复阻抗 $\left(-\dfrac{Z_M^2}{Z_{11}}\right)$，并产生了一个等效电源 $\left(\dfrac{Z_M\dot{U}_1}{Z_{11}}\right)$，由于

$$-\frac{Z_M^2}{Z_{11}} = \frac{X_M^2}{Z_{11}} = \frac{X_M^2}{R_1 + jX_1} = \frac{X_M^2 R_1}{R_1^2 + X_1^2} - j\frac{X_M^2 X_1}{R_1^2 + X_1^2} \triangleq R_2' + jX_2' = Z_2' \tag{11-32}$$

类似地，也可得到二次侧的引入阻抗（或反映阻抗）Z'_2，以及二次侧的引入电阻（或反映电阻）R'_2 和二次侧的引入电抗（或反映电抗）X'_2。同时，根据式（11-30），可得出空心变压器从二次侧看进去的等效电路，如图 11-27 所示。

例 11-6　电路如图 11-28 所示，已知 $R_1 = 2\Omega$，$R_2 = 1\Omega$，$L_1 = 2\mathrm{H}$，$L_2 = 1\mathrm{H}$，$M = 0.5\mathrm{H}$，$u_1 = \sqrt{2}\cos t$，试问 a、b 端负载 Z_L 为何值时可获最大功率，最大功率为多少？

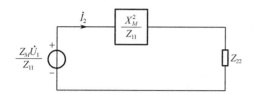

图 11-27　空心变压器的二次侧的等效电路

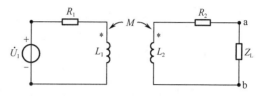

图 11-28　例 11-6 图之一

解： 根据空心变压器的二次侧等效电路，可将图 11-28 所示电路等效为图 11-29 所示电路，再进一步简化为图 11-30 所示电路。在图 11-30 所示电路中，

$$\dot{U}_{oc} = \frac{Z_M \dot{U}_1}{Z_1} = 0.177\angle 45°$$

$$Z_i = Z_2 + \frac{X_M^2}{Z_1} = (R_2 + j\omega L_2) + \frac{(\omega M)^2}{R_1 + j\omega L_1} = (1 + j) + \frac{0.25}{2 + j2} = 1.0625 + j0.9375$$

所以，将图 11-30 所示电路与戴维宁等效电路进行比较可知，当 $Z_L = Z_i^* = 1.0625 - j0.9375$ 时，负载 Z_L 可获最大功率（最佳匹配）。

最大功率

$$P_{L\max} = \frac{U_{oc}^2}{4R_i} = \frac{0.177^2}{4 \times 1.0625} = 7.37\mathrm{mW}$$

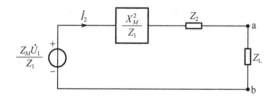

图 11-29　例 11-6 图之二

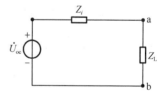

图 11-30　例 11-6 图之三

例 11-7　空心变压器电路如图 11-31 所示，已知 $R_1 = 5\Omega$，$R_2 = 15\Omega$，$\omega L_1 = 30\Omega$，$\omega L_2 = 120\Omega$，$\omega M = 50\Omega$，$\dot{U}_1 = 10\angle 0°$，负载 $R_L = 100\Omega$，试求 $\dot{U}_2$ 和此空心变压器的效率 η，并分析变压器二次侧消耗的有功功率 P_2 的构成。

解： 由图 11-31 所示电路可知

$$Z_{11} = R_1 + j\omega L_1 = 5 + j30 = 30.4\angle 80.54°$$

$$Z_{22} = R_2 + j\omega L_2 + R_L = 115 + j120 = 166.2\angle 46.2°$$

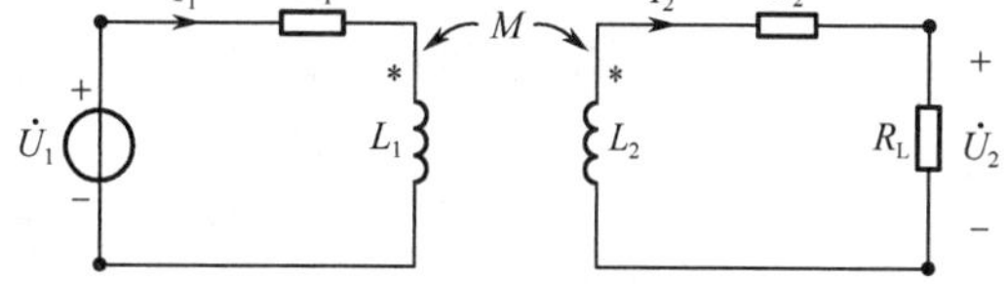

于是可得一次侧的引入阻抗

图 11-31　例 11-7 图

$$Z'_1 = \frac{X_M^2}{Z_{22}} = \frac{(\omega M)^2}{Z_{22}} = \frac{2500}{166.2\angle 46.2°} = 15.04\angle -46.2° = 10.409 - j10.86$$

由此可见，二次侧的感性阻抗反映到一次侧成为容性阻抗（$-j10.86$）。

因为

$$\dot{I}_1 = \frac{\dot{U}_1}{Z_{11} + Z_1'} = \frac{10}{(5 + j30) + (10.409 - j10.86)} = \frac{10}{24.57\angle 51.2^\circ} = 0.407\angle -51.2^\circ$$

$$\dot{I}_2 = \frac{Z_M \dot{U}_1}{Z_{11}} \times \frac{1}{Z_{22} + \dfrac{X_M^2}{Z_{11}}} = \frac{500\angle 90^\circ}{4082\angle 97.4^\circ} = 0.122\angle -7.4^\circ$$

所以

$$\dot{U}_2 = R_L \dot{I}_2 = 12.2\angle -7.4^\circ$$

$$\eta = \frac{P_L}{P_1} = \frac{R_L I_2^2}{(R_1 + R_1')I_1^2} \quad \frac{100 \times 0.122^2}{(5 + 10.409) \times 0.407^2} = 58.3\%$$

变压器二次侧消耗的有功功率

$$P_2 = (R_2 + R_L)I_2^2 = (R_2 + R_L)\frac{(\omega M)^2 I_1^2}{(R_2 + R_L)^2 + (\omega L_2)^2} = \frac{X_M^2 R_{22}}{R_{22}^2 + X_{22}^2}I_1^2 = R_1' I_1^2$$

可见，变压器二次侧消耗的有功功率实际上是一次侧的引入电阻 R_1' 通过磁耦合传到二次侧的。也就是说，一次侧的引入电阻 R_1' 吸收的功率并未损耗在一次侧，而是通过磁耦合传到二次侧后被二次侧所消耗。

11.4 理想变压器

从实际的变压器器件来看，变压器耦合的紧密程度取决于如下几方面因素：

（1）变压器中铁心的磁性能；

（2）组成变压器的各个线圈的匝数；

（3）组成变压器的各个线圈之间的相对位置和实际尺寸。

空心变压器是典型的松耦合变压器，而铁心变压器一般都是紧耦合变压器。

11.4.1 理想变压器的定义

考察如图 11-32 所示的全耦合变压器。

从图 11-32 所示电路可以看到，假设一次线圈和二次线圈的电阻为零，可得方程

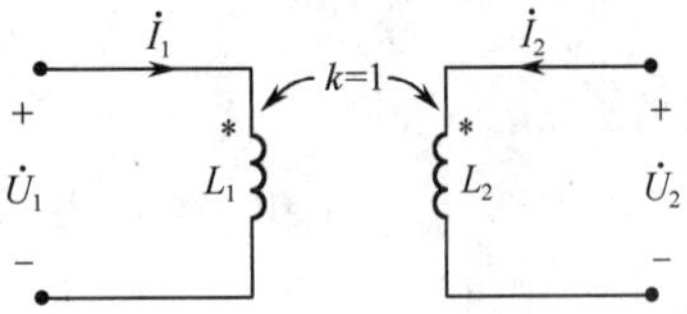

图 11-32 全耦合变压器

$$\left.\begin{array}{l} \dot{U}_1 = j\omega L_1 \dot{I}_1 + j\omega M \dot{I}_2 \\ \dot{U}_2 = j\omega L_2 \dot{I}_2 + j\omega M \dot{I}_1 \end{array}\right\} \tag{11-33}$$

由式（11-33）可得

$$\dot{I}_1 = \frac{\dot{U}_1 - j\omega M \dot{I}_2}{j\omega L_1} \tag{11-34}$$

$$\dot{U}_2 = j\omega L_2 \dot{I}_2 + j\omega M \frac{\dot{U}_1 - j\omega M \dot{I}_2}{j\omega L_1} = \frac{M}{L_1}\dot{U}_1 + j\omega L_2 \dot{I}_2 - j\omega M^2 \frac{\dot{I}_2}{L_1} \tag{11-35}$$

在全耦合的情况下，耦合系数 $k = \dfrac{M}{\sqrt{L_1 L_2}} = 1$，即 $M = \sqrt{L_1 L_2}$，因此，式（11-35）可写成

$$\dot{U}_2 = \frac{\sqrt{L_1 L_2}}{L_1}\dot{U}_1 + j\omega L_2 \dot{I}_2 - j\omega \frac{L_1 L_2}{L_1}\dot{I}_2 = \frac{\sqrt{L_1 L_2}}{L_1}\dot{U}_1 = \sqrt{\frac{L_2}{L_1}}\dot{U}_1 \tag{11-36}$$

由式（11-1）和式（11-2）可知，当线圈 1 中通以交变电流 $i_1(t)$ 时，产生的自感磁通链 $\Psi_{11}(t) = N_1 \Phi_{11}(t) = L_1 i_1(t)$，产生的互感磁通链 $\Psi_{21}(t) = N_2 \Phi_{21}(t) = M i_1(t)$。

同样，由式（11-5）和式（11-6）可知，当线圈 2 中通以交变电流 $i_2(t)$ 时，产生的自感磁通链 $\Psi_{22}(t) = N_2\Phi_{22}(t) = L_2 i_2(t)$，产生的互感磁通链 $\Psi_{12}(t) = N_1\Phi_{12}(t) = M i_2(t)$。

于是，可得

$$L_1 = \frac{N_1\Phi_{11}(t)}{i_1(t)} = M\frac{N_1\Phi_{11}(t)}{N_2\Phi_{21}(t)} = M\frac{N_1}{N_2} \quad [\text{注：全耦合时 } \Phi_{11}(t) = \Phi_{21}(t)] \quad (11\text{-}37)$$

$$L_2 = \frac{N_2\Phi_{22}(t)}{i_2(t)} = M\frac{N_2\Phi_{22}(t)}{N_1\Phi_{12}(t)} = M\frac{N_2}{N_1} \quad [\text{注：全耦合时 } \Phi_{22}(t) = \Phi_{12}(t)] \quad (11\text{-}38)$$

式（11-36）可写成

$$\dot{U}_2 = \sqrt{\frac{L_2}{L_1}}\dot{U}_1 = \frac{N_2}{N_1}\dot{U}_1 \quad (11\text{-}39)$$

式（11-39）说明：忽略线圈电阻的全耦合变压器的输入电压与输出电压之比（$\dot{U}_1/\dot{U}_2$）等于相应的两个耦合线圈的匝数之比（N_1/N_2）。

若用 n 表示变压器的匝数比，即定义 $n = N_1/N_2$，则式（11-39）可写成

$$\dot{U}_1 = n\dot{U}_2 \quad (11\text{-}40)$$

式（11-40）描述了在忽略线圈电阻并且假设变压器为全耦合的理想化条件下，变压器的输入电压与输出电压之间的关系。对于电路分析来说，还希望知道变压器的输入电流与输出电流之间的关系。

再看式（11-34），在全耦合的情况下，该式可写成

$$\dot{I}_1 = \frac{\dot{U}_1 - j\omega M\dot{I}_2}{j\omega L_1} = \frac{\dot{U}_1}{j\omega L_1} - \frac{M}{L_1}\dot{I}_2 = \frac{\dot{U}_1}{j\omega L_1} - \frac{\sqrt{L_1 L_2}}{L_1}\dot{I}_2 = \frac{\dot{U}_1}{j\omega L_1} - \sqrt{\frac{L_2}{L_1}}\dot{I}_2$$

这时，如果假设 L_1 和 L_2 满足理想化条件：$L_1 \to \infty$，$L_2 \to \infty$，且 $L_1/L_2 =$ 常数。再运用式（11-37）和式（11-38）的结论，则有

$$\dot{I}_1 = -\sqrt{\frac{L_2}{L_1}}\dot{I}_2 = -\frac{N_2}{N_1}\dot{I}_2 = -\frac{1}{n}\dot{I}_2 \quad (11\text{-}41)$$

式（11-41）是添加了理想化条件后得到的变压器输入电流与输出电流之间的关系。

综上所述，在获得变压器的电压关系和电流关系时，引入了下列理想化条件：

（1）变压器本身无损耗（线圈电阻为零）；

（2）变压器为全耦合状态（耦合系数 $k = 1$）；

（3）变压器的自感系数 L_1 和 L_2 均为无穷大，但 L_1/L_2 为常数。

将满足上述理想化条件，电压与电流关系符合式（11-40）和式（11-41）的变压器称为理想变压器。

理想变压器的模型符号如图 11-33 所示。

在时域中，理想变压器的电压方程与电流方程为

$$u_1(t) = n u_2(t) \quad (11\text{-}42)$$

$$i_1(t) = -\frac{1}{n}i_2(t) \quad (11\text{-}43)$$

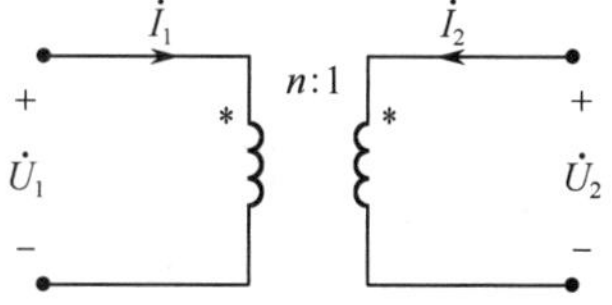

图 11-33　理想变压器

11.4.2　理想变压器的特性

前面所描述的理想变压器的电压和电流关系是在图 11-32 所示的规定参考方向下得出的，一般情况下，理想变压器的电压和电流关系应为

$$u_1(t) = \pm n u_2(t) \quad (11\text{-}44)$$

$$i_1(t) = \mp \frac{1}{n} i_2(t) \qquad (11\text{-}45)$$

式中的正、负号取决于电压、电流的参考方向与同名端的关系：如果 $\dot{U}_1$、$\dot{U}_2$ 的参考方向的极性与同名端相同，则电压特性方程取"+"号，反之取"-"号；如果 $\dot{I}_1$、$\dot{I}_2$ 的参考方向同时流入（或流出）同名端，则电流特性方程取"-"号，反之取"+"号。

理想变压器的特性方程适用于时变电压和时变电流，且与频率无关，但对直流却不适用，这是因为用于模拟理想变压器的实际变压器的工作原理是电磁感应定律。

由式（11-44）和式（11-45）可知，理想变压器的一次线圈和二次线圈消耗的瞬时功率之和为

$$p = u_1 i_1 + u_2 i_2 = n u_2 \left(-\frac{1}{n} i_2 \right) + u_2 i_2 = 0 \qquad (11\text{-}46)$$

并且，理想变压器在任意时刻所存储的能量为

$$W = \int_{-\infty}^{t} p(\xi)\mathrm{d}\xi = 0 \qquad (11\text{-}47)$$

因此，理想变压器既不消耗能量也不存储能量，纯为信号变换器。

例 11-8 电路如图 11-34 所示，已知理想变压器的匝数比 $n = 3$，$\dot{I}_{s1}$、$\dot{I}_{s2}$ 为同频率电流源，$\dot{I}_{s1} = 1\mathrm{A}$，$\dot{I}_{s2} = \mathrm{j}4\mathrm{A}$，$R_1 = 3\Omega$，$R_2 = 0.5\Omega$，问两个电流源发出的有功功率各为多少？

解：列写节点 a 和节点 b 的节点方程，并代入理想变压器的特性方程，可得

$$\frac{1}{R_1}\dot{U}_a = \dot{I}_{s1} - \dot{I}_1 = \dot{I}_{s1} + \frac{\dot{I}_2}{n}, \quad \frac{1}{R_2}\dot{U}_b = \frac{1}{nR_2}\dot{U}_a = \dot{I}_{s2} - \dot{I}_2$$

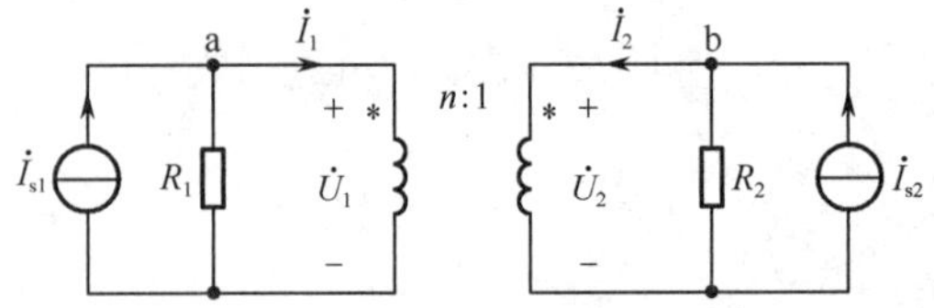

解得

$$\left(\frac{1}{R_1} + \frac{1}{n^2 R_2} \right)\dot{U}_a = \dot{I}_{s1} + \frac{\dot{I}_{s2}}{n}$$

图 11-34 例 11-8 图

即 $\dot{U}_a = 3\angle 53.1°$，$\dot{U}_b = \dfrac{\dot{U}_a}{n} = 1\angle 53.1°$，所以 $\dot{I}_{s1}$ 发出的有功功率为

$$P_{s1} = \mathrm{Re}[\dot{U}_a \dot{I}_{s1}^*] = \mathrm{Re}[3\angle 53.1°] = 1.8\mathrm{W}$$

$\dot{I}_{s2}$ 发出的有功功率为 $P_{s2} = \mathrm{Re}[\dot{U}_b \dot{I}_{s2}^*] = \mathrm{Re}[1\angle 53.1° \times (-\mathrm{j}4)] = 3.2\mathrm{W}$

于是可知，两个电流源发出的总的有功功率为 5W，全部被两个电阻消耗。

一次侧电阻 R_1 消耗的有功功率为 $P_1 = \dfrac{U_a^2}{R_1} = \dfrac{9}{3} = 3\mathrm{W}$

二次侧电阻 R_2 消耗的有功功率为 $P_2 = \dfrac{U_b^2}{R_2} = \dfrac{1}{0.5} = 2\mathrm{W}$

这说明，变压器将二次侧的 $\dot{I}_{s2}$ 发出的一部分有功功率（1.2W）通过磁耦合传给了一次侧供电阻 R_1 消耗。

11.4.3 理想变压器的阻抗变换性质

如图 11-35 所示，如果在理想变压器的二次侧接上阻抗 Z_L，则从一次侧看进去的入端阻抗为

$$Z_i = \frac{\dot{U}_1}{\dot{I}_1} = \frac{n\dot{U}_2}{-\frac{1}{n}\dot{I}_2} = n^2 \frac{\dot{U}_2}{-\dot{I}_2} = n^2 Z_L \qquad (11\text{-}48)$$

可见，理想变压器具有阻抗变换的功能，它将负载阻抗的模扩大了 n^2 倍，而阻抗角不变。阻抗 Z_i

称为二次侧折合到一次侧的折合阻抗，在电子技术中，常使用折合阻抗来实现最大功率传输时所要求的共模匹配。

同理，如图 11-36 所示，如果在理想变压器的一次侧接上阻抗 Z_1，则从二次侧看进去的入端阻抗为

$$Z_{\mathrm{o}} = \frac{\dot{U}_2}{\dot{I}_2} = \frac{\dfrac{1}{n}\dot{U}_1}{-n\dot{I}_1} = \frac{1}{n^2}\frac{\dot{U}_1}{-\dot{I}_1} = \frac{Z_1}{n^2} \tag{11-49}$$

可见，理想变压器所具有的阻抗变换功能将输入端负载阻抗的模变成了 $1/n^2$ 倍，而阻抗角不变。阻抗 Z_{o} 称为一次侧折合到二次侧的折合阻抗。

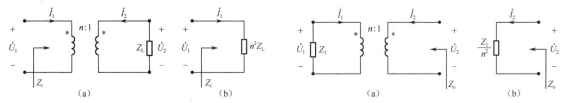

图 11-35　理想变压器从二次侧折合到一次侧的阻抗变换　　　图 11-36　理想变压器从一次侧折合到二次侧的阻抗变换

例 11-9　电路如图 11-37 所示，为使 10Ω 负载电阻获得最大功率，试确定理想变压器的变比 n 为多少？

解： 对图 11-37 所示电路进行等效变换，可得图 11-38、图 11-39 所示电路。然后将二次侧电阻折合到一次侧，可得图 11-40 所示电路。

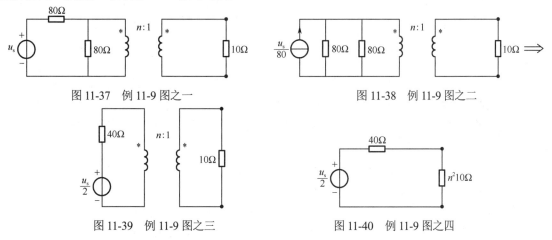

图 11-37　例 11-9 图之一　　　　　　　　图 11-38　例 11-9 图之二

图 11-39　例 11-9 图之三　　　　　　　　图 11-40　例 11-9 图之四

当 $10n^2 = 40$ 时，负载电阻可获最大功率，所以理想变压器的变比 $n = 2$。

更进一步，如图 11-41（a）所示，如果在理想变压器的一次侧接上阻抗 Z_1 和激励源 $\dot{U}_{\mathrm{S}}$，则从二次侧看进去的折合等效电路如图 11-41（b）所示。

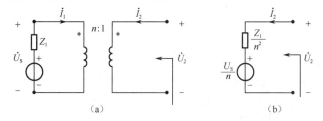

图 11-41　理想变压器从一次侧折合到二次侧的等效电路

请读者自行推导论证。

11.5　计算机仿真

例 11-10　等效电感法测定耦合电感线圈的同名端

两个绕组顺接串联时的等效电感值为 $L_{顺接}=L_1+L_2+2M$，两个绕组反接串联时的等效电感值为 $L_{反接}=L_1+L_2-2M$。顺接串联时的电流 $I_{顺接}=U/X_{L_{顺接}}$，反接串联时的电流 $I_{反接}=U/X_{L_{反接}}$，由于 $L_{顺接}>L_{反接}$，因此 $I_{顺接}<I_{反接}$。根据此原理，可以用试验法测定耦合电感线圈的同名端。

为了方便验证，耦合电感线圈选取已经标注好同名端的非线性变压器 NLT_PQ_4_10，图 11-42（a）中的原、副边两个绕组为顺接串联，图 11-42（b）为反接串联，连接同样的电压源，观察电流表中电流的读数。测量结果表明，图（a）中的电流读数小于图（b）中的电流读数，说明图（a）中的线圈为正向串联，即 1、3（2、4）为同名端，图（b）中的线圈为反向串联，即 1、4（2、3）为同名端。

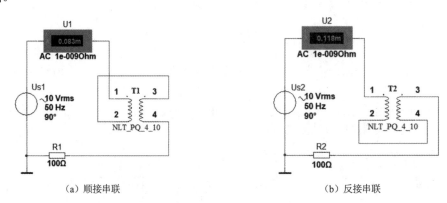

（a）顺接串联　　　　　　　　　　　（b）反接串联

图 11-42　等效电感法判断同名端

例 11-11　互感系数 M 和耦合系数 k 的测量

耦合电感两绕组顺接串联时的等效电感值为 $L_{顺接}=L_1+L_2+2M$，反接串联时的等效电感值为 $L_{反接}=L_1+L_2-2M$，可推导出 $M=(L_{顺接}-L_{反接})/4$。

如图 11-43（a）所示，在参数对话框中设置 T1 的参数如下：初级线圈电感自感系数为 50mH，次级线圈电感自感系数为 10mH，耦合系数为 0.5。

图 11-43（b）、（c）分别为测量顺接串联和反接串联的耦合电感线圈互感系数的仿真电路，仿真运行后，根据电流表的度数可知 $I_{顺接}=0.386A$，$I_{反接}=0.846A$，由此可算出

互感系数：$M=\left(\dfrac{10}{0.386}-\dfrac{10}{0.846}\right)/(4\times100\pi)\approx11.21\text{mH}$

耦合系数：$k=M/\sqrt{L_1L_2}=11.21\times10^{-3}/\sqrt{10\times10^{-3}\times50\times10^{-3}}=0.5013\approx0.5$

此结果与最初的耦合电感线圈参数设置是一致的。

例 11-12　理想变压器的仿真实验

（1）电压比与电流比

图 11-44（a）是对理想变压器进行变压的仿真电路，图中理想变压器 T1 的匝数比 $n=10$，初级线圈接 220V、50Hz 交流电，次级线圈上的负载电阻为 10Ω。理想变压器的参数设置如下：初级线圈的自感系数为 100H，次级线圈的自感系数为 1H，耦合系数为 1。

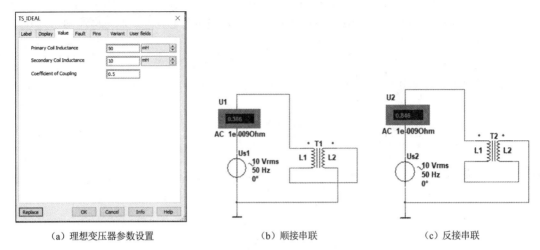

（a）理想变压器参数设置 　　　　（b）顺接串联 　　　　（c）反接串联

图 11-43　互感系数和耦合系数的测量

由于理想变压器的匝数比 $n=\sqrt{L_1/L_2}=\sqrt{100/1}=10$。仿真运行后，由电压表和电流表的读数可以看出，初级电压为 220V，次级电压为 22V，初级电流为 0.22A。初级线圈阻抗 $Z_1=U_1/I_1=220/0.22=1000\Omega$，次级线圈阻抗 $Z_2=U_2/I_2=22/2.2=10\Omega$。仿真实验结果和理想变压器特性相符，即 $U_1/U_2=N_1/N_2=10$，$I_1/I_2=N_2/N_1=1/10$。变压器本身不耗能，理想变压器初级侧的输入功率等于次级侧的输出功率。功率 $P_1=U_1I_1=220\times0.22=48.4\text{W}$；次级功率 $P_2=U_2I_2=22\times2.2=48.4\text{W}$，与图 11-44（b）所示的测量结果一致。

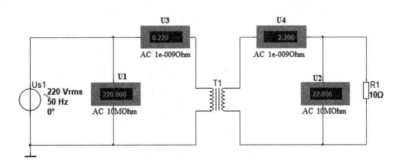

（a）理想变压器的变压、变流关系

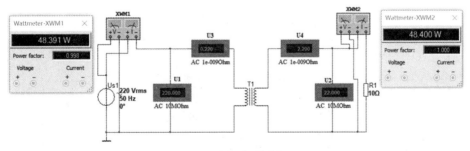

（b）理想变压器的功率

图 11-44　互感系数和耦合系数的测量

（2）阻抗变换

设置变压器的初级电感和次级电感分别为 100H 和 1H，使变压器的匝数比 $n=10$，图 11-45（a）中，变压器次级连接一个 10Ω 负载。用电流表测得初级电流为 0.22A。次级负载电阻折算到

初级的电阻为 $10 \times 10^2 = 1000\,\Omega$，将 $1000\,\Omega$ 电阻直接接在初级电源 Us2 上，测得电流同样为 0.22A，如图 11-45（b）所示。

说明通过理想变压器连接负载 R_L，相当于初级连接一个 $n^2 R_L$ 的负载。在电子线路中常常利用变压器的阻抗变换作用实现阻抗匹配，使负载获得最大功率。

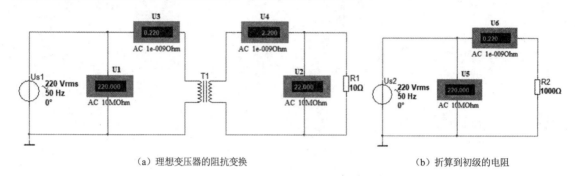

（a）理想变压器的阻抗变换　　　　　　　　　　　　（b）折算到初级的电阻

图 11-45　理想变压器的阻抗变换

思考题

11-1　什么是互感的同名端？怎样按同名端符号分析电路？

11-2　如何测量互感 M，试举例说明测量方法。

11-3　为什么要将磁耦合系数 k 定义为 M 与 $\sqrt{L_1 L_2}$ 之比？这样定义的耦合系数反映了线圈耦合的紧密程度吗？

11-4　图 11-19 所示电路中出现了 "$-M$"，这是否说明可以获得负电感？

11-5　图 11-16 和图 11-18 所示电路中，如果将电流 i_2 反向，会得出什么样的 T 形等效电路？

11-6　含有耦合电感线圈的电路可以采用节点法进行分析吗？为什么？

11-7　电子技术中采用的磁耦合器件（互感线圈或变压器）与电力系统中采用的变压器在作用上有何不同？

11-8　空心变压器和理想变压器都是由耦合电感组成的，两者有什么区别？

11-9　如图 11-46（a）、（b）所示电路中有两种 n 的标示，其含义有何不同？

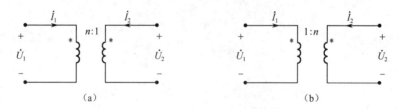

（a）　　　　　　　　　　　　　　　　（b）

图 11-46　不同标示的两种理想变压器

11-10　在图 11-32 所示电路中，将电流 $\dot{i}_2$ 反向，式（11-40）和式（11-41）所描述的理想变压器的电压关系和电流关系会发生什么变化？

习题

11-1　电路如题 11-1 图所示，（1）试确定题 11-1 图（a）中两线圈的同名端；（2）若已知互

感 $M = 0.04\text{H}$，流经 L_1 的电流 i_1 的波形如题 11-1 图（b）所示，试画出 L_2 两端的互感电压 u_{21} 的波形；（3）如题 11-1 图（c）所示的两耦合线圈，已知 $M = 0.0125\text{H}$，L_1 中通过的电流 $i_1 = 10\cos 800t$ (A)，求 L_2 两端的互感电压 u_{21}。

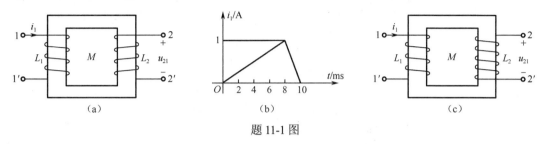

题 11-1 图

11-2　有两组线圈，一组的参数为 $L_1 = 0.01\text{H}$，$L_2 = 0.04\text{H}$，$M = 0.01\text{H}$；另一组的参数为 $L_1' = 0.04\text{H}$，$L_2' = 0.06\text{H}$，$M' = 0.02\text{H}$。分别计算每组线圈的耦合系数，通过比较说明，是否互感大者耦合必紧？为什么？

11-3　题 11-3 图所示电路为测定耦合线圈同名端的一种实验电路，图中 U_S 为直流电源，如果在开关 S 闭合瞬间，电压表指针反向偏转，试确定两线圈的同名端，并说明理由。

11-4　将两个互相耦合的线圈串联起来接到 220V、50Hz 正弦电源上，顺接时测得 $I = 2.7\text{A}$，$P = 218.7\text{W}$，反接时测得 $I' = 7\text{A}$，求两线圈的互感 M。

11-5　求题 11-5 图所示两个电路的输入端复阻抗。

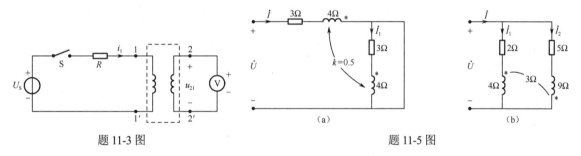

题 11-3 图　　　　　　　　　　　　　题 11-5 图

11-6　电路如题 11-6 图所示，已知 $R_1 = 10\Omega$，$R_2 = 6\Omega$，$\omega L_1 = 15\Omega$，$\omega L_2 = 12\Omega$，$\omega M = 8\Omega$，$1/\omega C = 9\Omega$，$U_S = 120\text{V}$，求各支路电流。

11-7　电路如题 11-7 图所示，已知 $R_1 = R_2 = 3\Omega$，$\omega L_1 = \omega L_2 = 4\Omega$，$\omega M = 2\Omega$，$R = 5\Omega$，$U_S = 10\text{V}$，求 U_O。

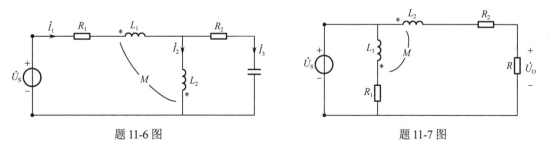

题 11-6 图　　　　　　　　　　　　题 11-7 图

11-8　求题 11-8 图所示电路的戴维宁等效参数。

11-9　电路如题 11-9 图所示，三个串联线圈的电感为 $L_1 = L_2 = L_3 = 10\text{mH}$，它们两两之间都存在互感，数值为 $M_{12} = M_{23} = M_{31} = 2\text{mH}$，试求电路的等效电感为多少？

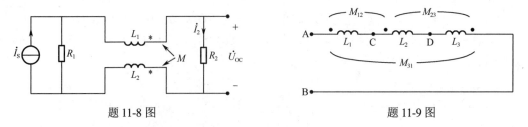

题 11-8 图　　　　　　　　　　　　　题 11-9 图

11-10 电路如题 11-10 图所示，试求该电路的输入阻抗 Z_{AB}。

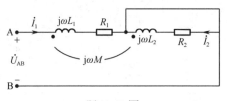

题 11-10 图

11-11 如题 11-11 图所示两正弦稳态电路，求：（a）图中的端口等效电感；（b）图中的端口等效阻抗。

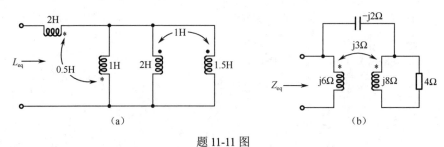

(a)　　　　　　　　　　　　　(b)

题 11-11 图

11-12 空心变压器处于题 11-12 图所示的正弦稳态电路中，已知 $R_1=5\Omega$，$R_2=10\Omega$，$R_3=20\Omega$，$X_1=40\Omega$，$X_2=90\Omega$，$X_3=80\Omega$，$\omega M=20\Omega$，当开关 S 处于打开状态时，电压表读数为 100V，试求：（1）电流表的读数和外加电压有效值 U_1；（2）开关 S 闭合后，电压表和电流表的读数。

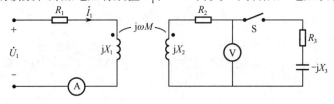

题 11-12 图

11-13 空心变压器如题 11-13 图所示，已知 $R_1=10\Omega$，$R_2=40\Omega$，$U_1=10V$，$\omega=10^6\,\text{rad/s}$，$L_1=L_2=1\text{mH}$，$1/\omega C_1=1/\omega C_2=1\text{k}\Omega$，为使 R_2 获得最大功率，试求所需的 M 值、负载 R_2 上的功率和 C_2 上的电压。

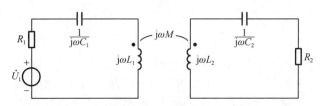

题 11-13 图

11-14　电路如题 11-14 图所示，已知功率表的读数为 24W，$u_s = 2\sqrt{2}\cos 10t\text{(V)}$，求互感 M 的值。

11-15　电路如题 11-15 图所示，已知 $R_1 = 60\Omega$，$\omega L = 30\Omega$，$1/\omega C = 8\Omega$，$R_L = 5\Omega$，$\dot{U}_S = 20\angle 0°\text{(V)}$，试求：当负载 R_L 获得最大功率时，理想变压器的变比 n 应为多大？最大功率为多少？

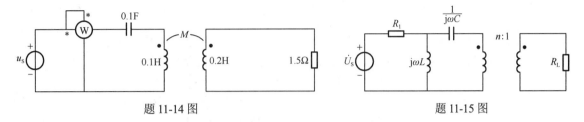

题 11-14 图　　　　　　　　　　　　　题 11-15 图

11-16　求题 11-16 图所示电路的输入阻抗 Z_{ab}。

11-17　求题 11-17 图所示电路的输入阻抗 Z_{ab}。

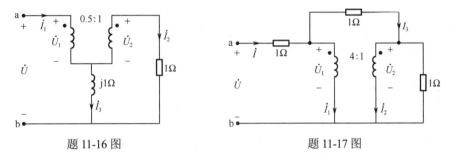

题 11-16 图　　　　　　　　　　　题 11-17 图

11-18　电路如题 11-18 图所示，已知 $\dot{U}_S = 10\angle 0°\text{V}$，$Z_1 = (4 - j5)\Omega$，$Z_2 = j3\Omega$，负载电阻 $R_L = 2\Omega$，要使负载 R_L 获得最大功率，试确定理想变压器的变比 n 和 Z_C 值为多大？最大功率为多少？

11-19　电路如题 11-19 图所示，已知 $i_S = 1.414\cos 100t\text{(A)}$，问负载阻抗 Z_L 为何值时可获得最大功率？最大功率是多少？

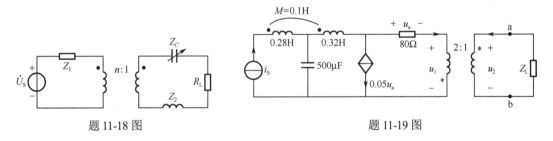

题 11-18 图　　　　　　　　　　　题 11-19 图

11-20　电路如题 11-20 图所示，已知 $u_S = 200\sqrt{2}\cos 10^6 t\text{(V)}$，试求电流 $i(t)$、电压 $u_2(t)$ 及电路消耗的功率 P。

11-21　电路如题 11-21 图所示，已知 $\dot{U}_S = 10\angle 0°\text{V}$，$R_1 = 1\Omega$，$R_2 = 3\Omega$，$\omega L = 4\Omega$，$1/\omega C = 6\Omega$，$n = 2$，求 $\dot{U}_2$ 的值和 $\dot{U}_S$ 发出的复功率。

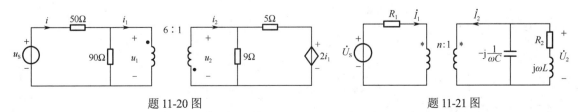

题 11-20 图　　　　　　　　　　　题 11-21 图

第12章 三相电路分析

电力系统广泛采用的供电方式是三相制。所谓三相制，是指由三个频率相同、相位不同的电源构成的供电系统。三相供电系统与单相供电系统相比具有更多的优越性。例如，在发电方面，相同尺寸的三相发电机比单相发电机发出的功率大；输电方面，在相同的输电电压和相同的线路功率损耗下，三相供电系统中三根输电线的导线截面积只是单相输电导线截面积的1/2，即可节约25%的导线材料；在用电方面，三相电动机比单相电动机运行更平稳、维护更方便、价格更低廉。

现代发电厂发出的都是正弦交流电，即构成三相供电系统的三个电源都是按正弦变化的，它们构成了正弦三相电源。而与正弦三相电源配套的负载和正弦三相电源一起构成了正弦三相电路（以下简称三相电路）。

本章将对三相电路的概念进行简要描述，并分别对正弦三相电源和三相负载的构成和特性进行分析，在此基础上，重点对正弦三相电源激励下的对称三相电路进行分析和计算。

12.1 三相电路的基本概念

12.1.1 对称三相电源

1. 对称三相电源的定义

对称三相电源是由三个频率相同、幅值相同、相位互差120°的正弦电源组合而成的，这样的三相电源可用三相发电机制成。

三相发电机由定子（电枢）、转子、电枢绕组和励磁线圈等组成，定子的槽中间隔120°放置了三个各自独立的电枢绕组，如图12-1所示。这三个绕组的始端分别标记为 A、B、C，三个绕组的末端分别标记为 X、Y、Z。

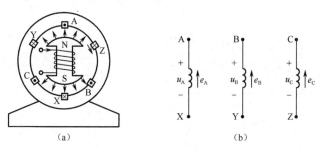

图 12-1 三个独立的电枢绕组

励磁线圈绕在转子上，并通以直流电励磁以产生一个恒定磁场。当转子旋转时，在三个电枢绕组中均感生出正弦电动势（e_A, e_B, e_C），一般规定感应电动势的方向从末端指向始端。由于定子和电枢绕组的结构对称，所以，三个电动势的振幅相等，角频率也相等，只是相位互差120°，即

$$\left.\begin{array}{c} e_A = E_m \cos\omega t \\ e_B = E_m \cos(\omega t - 120°) \\ e_C = E_m \cos(\omega t - 240°) = E_m \cos(\omega t + 120°) \end{array}\right\} \tag{12-1}$$

于是可得三相电压为

$$\left.\begin{array}{l} u_A = U_m \cos \omega t \\ u_B = U_m \cos(\omega t - 120^\circ) \\ u_C = U_m \cos(\omega t - 240^\circ) = U_m \cos(\omega t + 120^\circ) \end{array}\right\} \qquad (12\text{-}2)$$

其波形如图 12-2 所示。

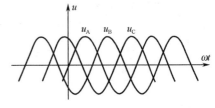

图 12-2　对称三相电压的波形图

用相量表示的三相电压则为

$$\left.\begin{array}{l} \dot{U}_A = U \angle 0^\circ \\ \dot{U}_B = U \angle -120^\circ \\ \dot{U}_C = U \angle 120^\circ \end{array}\right\} \qquad (12\text{-}3)$$

矢量图如图 12-3 所示。

从上述电压关系可知

$$u_A + u_B + u_C = 0 \qquad (12\text{-}4)$$

或

$$\dot{U}_A + \dot{U}_B + \dot{U}_C = 0 \qquad (12\text{-}5)$$

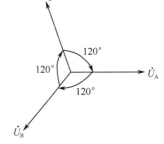

图 12-3　对称三相电压的矢量图

2．对称三相电源的相序

对称三相电源的相序就是三相电压和电流达到最大值的先后次序。如式（12-2）所描述的对称三相电源，若 A 相的电压和电流超前于 B 相的电压和电流120°，而 B 相的电压和电流超前于 C 相的电压和电流120°，且 C 相的电压和电流又超前于 A 相的电压和电流120°，即电压和电流达到最大值的先后次序为 A → B → C → A，则将遵守这样次序的三相电源称为顺序（正序）三相电源。

如果 A 相的电压和电流滞后于 B 相的电压和电流120°，而 B 相的电压和电流滞后于 C 相的电压和电流120°，且 C 相的电压和电流又滞后于 A 相的电压和电流120°，即电压和电流达到最大值的先后次序为 C → B → A → C，则将这样的三相电源称为逆序（负序）三相电源。这时的电压表达式为

$$\left\{\begin{array}{l} \dot{U}_A = U \angle 0^\circ \\ \dot{U}_B = U \angle 120^\circ = U \angle -240^\circ \\ \dot{U}_C = U \angle 240^\circ = U \angle -120^\circ \end{array}\right. \qquad (12\text{-}6)$$

在三相电路的分析和应用中，相序的概念是非常重要的。在实际工作中不能把相序搞错，为此，工业应用中常用油漆把 A 相母线涂成红色，B 相母线涂成绿色，C 相母线涂成黄色，以强调它们的相序。一般情况下，如无特别说明，三相电源电压的相序均指顺序（正序）。

3．对称三相电源的连接

（1）对称三相电源的星形（Y）连接

将三个电源的末端 X、Y、Z 连接在一起，形成一个节点 O（通常将这个节点称为三相电源的中性点或中点），同时从三个电源的始端 A、B、C 向外引出三条线与输电线相联向负载供电，这样就构成了星形（Y）连接的三相电源，如图 12-4 所示。

连接成图 12-4 所示的三相电源称为三相三线制的星形（Y 形）三相电源，通常将始端 A、B、C 向外引出的三条线称为三相电源的端线（俗称火线）。如果从中性点也向外引出的一条线，就成为了三相四线制的星形（Y₀ 形）三相电源。通常将中性点向外引出的这条线称为三相电源的中线或零线（俗称地线），如图 12-5 所示。

（2）对称三相电源的三角形（△）连接

将三个电源依次首尾相串接，形成一个封闭的三角形（闭合回路），同时从三角形的三个顶点向外引出三条线与输电线相联向负载供电，这样就构成了三角形（△形）连接的三相电源，如图 12-6 所示。

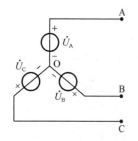

图 12-4　三相三线制的星形
（Y）三相电源

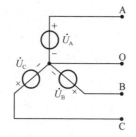

图 12-5　三相四线制的星形
（Y_0）三相电源

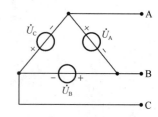

图 12-6　三角形（△）连接
的三相电源

　　显然，三角形连接的三相电源只能引出去三条线（火线），属于无零线的三相电源。并且，虽然三个电源所构成的三角形形成了一个闭合回路，但由于三相电源对称，根据 KVL 有 $\dot{U}_A + \dot{U}_B + \dot{U}_C = 0$，所以在闭合回路中没有环流电流。由此可知，如果三角形连接的三个电源中有一个接反了，那么，闭合回路中将会出现很大的环流电流。此时，这三个电源不仅不能构成对称三相电源，而且还可能会因巨大的环流电流而烧坏电源设备。

12.1.2　三相负载

　　与三相电源相配套，可接成星形或三角形的三个阻抗 Z_A、Z_B、Z_C（或三个导纳）构成了一组三相负载，如图 12-7 所示。当这三个阻抗（或导纳）完全相等时，即 $Z_A = Z_B = Z_C$，称其为对称三相负载。当然，为了与电源相匹配使用，三相星形负载也有三相三线制和三相四线制之分。

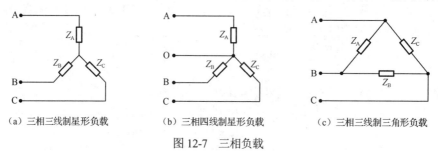

（a）三相三线制星形负载　　　　　（b）三相四线制星形负载　　　　　（c）三相三线制三角形负载

图 12-7　三相负载

12.1.3　三相电路

1．三相电路的基本接法

　　将三相电源与三相负载用输电线连接起来，就构成了三相电路。根据电源和负载所采用的连接方式，三相电路的连接方式有 Y/Y、Y_0/Y_0、Y/△、△/Y、△/△ 五种基本接法，如图 12-8 所示。

2．三相电路的相变量与线变量

（1）相变量与线变量的定义

　　三相电源是由三个电源所组成的，每个电源上的电压称为相电压，每个电源上的电流称为相电流。同样，三相负载是由三个阻抗所组成的，每个阻抗上的电压也称为相电压，每个阻抗上的电流也称为相电流，可以把所有的相电压和相电流统称为相变量。

　　在对称三相电路中，除了三相四线制的 Y_0/Y_0 系统多了一条中线外，不管电源和负载如何连接，它们之间均有从端点引出的三条输电线，输电线上的电流称为线电流，而输电线之间的电压则称为线电压。同样，也可以把所有的线电压和线电流统称为线变量。

　　对于三相四线制的 Y_0/Y_0 系统，若中线上有电流通过，则称为中线电流，电源中性点与负载中性点之间的电压称为中性点间电压。

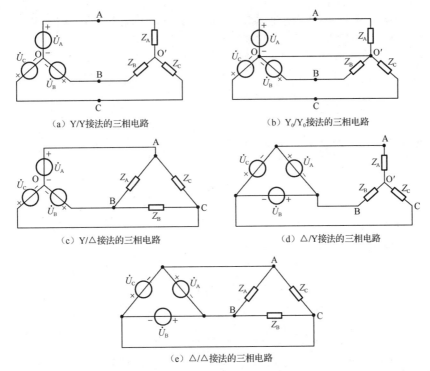

（a）Y/Y接法的三相电路　　　　　（b）Y_0/Y_0接法的三相电路

（c）Y/△接法的三相电路　　　　　（d）△/Y接法的三相电路

（e）△/△接法的三相电路

图 12-8　三相电路的五种基本接法

（2）星形连接的对称三相电路中线变量与相变量的关系

如图 12-9 所示为星形连接的对称三相电路，设电源上的相电压分别为 $\dot{U}_A$、$\dot{U}_B$、$\dot{U}_C$，电源上的相电流分别为 $\dot{I}_{OA}$、$\dot{I}_{OB}$、$\dot{I}_{OC}$；设负载上的相电压分别为 $\dot{U}_{A'O'}$、$\dot{U}_{B'O'}$、$\dot{U}_{C'O'}$；负载上的相电流分别为 $\dot{I}_{A'O'}$、$\dot{I}_{B'O'}$、$\dot{I}_{C'O'}$；设线电压分别为 $\dot{U}_{AB}$、$\dot{U}_{BC}$、$\dot{U}_{CA}$，线电流分别为 $\dot{I}_A$、$\dot{I}_B$、$\dot{I}_C$。

由电路可知

$$\dot{I}_A = \dot{I}_{OA} = \dot{I}_{A'O'}, \quad \dot{I}_B = \dot{I}_{OB} = \dot{I}_{B'O'}, \quad \dot{I}_C = \dot{I}_{OC} = \dot{I}_{C'O'} \tag{12-7}$$

这说明：星形连接的对称三相电路中，线电流等于相电流。

对于星形连接的三相三线制对称三相电路，根据 KCL 定律可知

$$\dot{I}_A + \dot{I}_B + \dot{I}_C = 0 \tag{12-8}$$

对于星形连接的三相四线制对称三相电路，由于 O、O' 等电位，根据 KCL 定律可知

$$\dot{I}_A + \dot{I}_B + \dot{I}_C = \dot{I}_0 = 0 \tag{12-9}$$

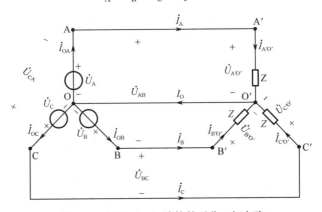

图 12-9　星形（Y_0）连接的对称三相电路

也就是说，星形连接的三相四线制对称三相电路的中线电流等于零。同时也说明，星形连接的对称三相电路中，三个线电流之和等于零。

其次，由图 12-9 的电路可得，线电压

$$
\begin{aligned}
\dot{U}_{AB} &= \dot{U}_{A} - \dot{U}_{B} = U\angle 0° - U\angle -120° = \left(\frac{3}{2} + j\frac{\sqrt{3}}{2}\right)\dot{U}_{A} = \sqrt{3}\angle 30°\dot{U}_{A} \\
\dot{U}_{BC} &= \dot{U}_{B} - \dot{U}_{C} = U\angle -120° - U\angle 120° = \left(\frac{3}{2} + j\frac{\sqrt{3}}{2}\right)\dot{U}_{B} = \sqrt{3}\angle 30°\dot{U}_{B} \\
\dot{U}_{CA} &= \dot{U}_{C} - \dot{U}_{A} = U\angle 120° - U\angle 0° = \left(\frac{3}{2} + j\frac{\sqrt{3}}{2}\right)\dot{U}_{C} = \sqrt{3}\angle 30°\dot{U}_{C}
\end{aligned} \tag{12-10}
$$

于是可知：星形连接的对称三相电路中，各线电压超前于其相应的相电压30°，各线电压的有效值是其相应的相电压有效值的$\sqrt{3}$倍。

又因为

$$
\begin{aligned}
\dot{U}_{AB} &= \sqrt{3}\angle 30°\dot{U}_{A} = \sqrt{3}\angle 30° \times U\angle 0° = \sqrt{3}U\angle 30° \\
\dot{U}_{BC} &= \sqrt{3}\angle 30°\dot{U}_{B} = \sqrt{3}\angle 30° \times U\angle -120° = \sqrt{3}U\angle -90° \\
\dot{U}_{CA} &= \sqrt{3}\angle 30°\dot{U}_{C} = \sqrt{3}\angle 30° \times U\angle 120° = \sqrt{3}U\angle 150°
\end{aligned} \tag{12-11}
$$

所以还可得知：星形连接的对称三相电路中，各线电压的幅值相等，各线电压之间的相位差为120°。

根据对称性的定义，可以说，星形连接的对称三相电路中，各线电压是对称的。图 12-10 描述了各线电压与相电压的矢量关系。

由式（12-10）可得，相电压

$$
\begin{aligned}
\dot{U}_{A} &= \frac{\dot{U}_{AB}}{\sqrt{3}}\angle -30° \\
\dot{U}_{B} &= \frac{\dot{U}_{BC}}{\sqrt{3}}\angle -30° \\
\dot{U}_{C} &= \frac{\dot{U}_{CA}}{\sqrt{3}}\angle -30°
\end{aligned} \tag{12-12}
$$

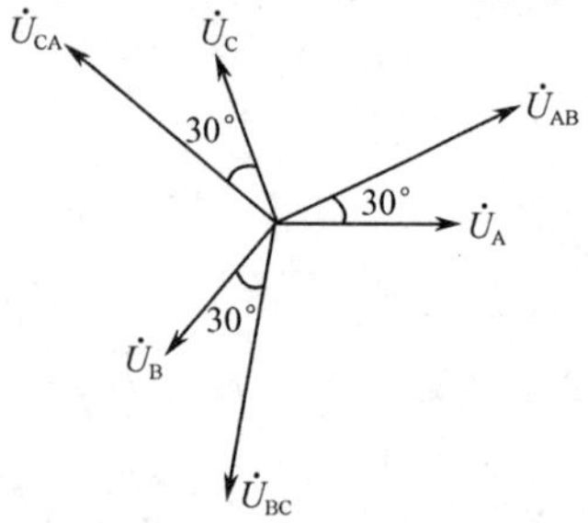

图 12-10 星形连接的对称三相
电路中，线电压与相电压的矢量
关系图

图 12-9 中，负载上的相电压$\dot{U}_{A'O'}$、$\dot{U}_{B'O'}$、$\dot{U}_{C'O'}$的推导类似于上述过程，结论是相同的。

（3）三角形连接的对称三相电路中线变量与相变量的关系

如图 12-11 所示为三角形连接的对称三相电路，设电源上的相电压分别为$\dot{U}_{A}$、$\dot{U}_{B}$、$\dot{U}_{C}$，电源上的相电流分别为$\dot{I}_{BA}$、$\dot{I}_{CB}$、$\dot{I}_{AC}$；负载上的相电压分别为$\dot{U}_{A'B'}$、$\dot{U}_{B'C'}$、$\dot{U}_{C'A'}$，负载上的相电流分别为$\dot{I}_{A'B'}$、$\dot{I}_{B'C'}$、$\dot{I}_{C'A'}$；设线电压分别为$\dot{U}_{AB}$、$\dot{U}_{BC}$、$\dot{U}_{CA}$，线电流分别为$\dot{I}_{A}$、$\dot{I}_{B}$、$\dot{I}_{C}$。

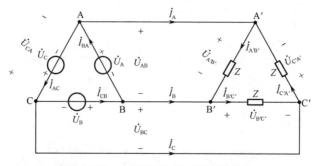

图 12-11 三角形连接的对称三相电路

由电路可知

$$\dot{U}_{AB} = \dot{U}_A = \dot{U}_{A'B'}, \quad \dot{U}_{BC} = \dot{U}_B = \dot{U}_{B'C'}, \quad \dot{U}_{CA} = \dot{U}_C = \dot{U}_{C'A'} \tag{12-13}$$

这说明：三角形连接的对称三相电路中，线电压等于相电压。

由式（12-5）已知 $\dot{U}_A + \dot{U}_B + \dot{U}_C = 0$，所以有

$$\dot{U}_{AB} + \dot{U}_{BC} + \dot{U}_{CA} = 0 \tag{12-14}$$

这也就是说，三角形连接的对称三相电路中，三个线电压之和等于零。

其次，由图 12-11 的电路可得，线电流

$$\left. \begin{aligned} \dot{I}_A &= \dot{I}_{BA} - \dot{I}_{AC} \\ \dot{I}_B &= \dot{I}_{CB} - \dot{I}_{BA} \\ \dot{I}_C &= \dot{I}_{AC} - \dot{I}_{CB} \end{aligned} \right\} \tag{12-15}$$

在对称三相电源中，当相电压对称时，相电流也对称。于是设 $\dot{I}_{BA} = I\angle 0°$，则 $\dot{I}_{CB} = I\angle -120°$，$\dot{I}_{AC} = I\angle 120°$，所以有

$$\left. \begin{aligned} \dot{I}_A &= \dot{I}_{BA} - \dot{I}_{AC} = I\angle 0° - I\angle 120° = \sqrt{3}\angle -30° \dot{I}_{BA} \\ \dot{I}_B &= \dot{I}_{CB} - \dot{I}_{BA} = I\angle -120° - I\angle 0° = \sqrt{3}\angle -30° \dot{I}_{CB} \\ \dot{I}_C &= \dot{I}_{AC} - \dot{I}_{CB} = I\angle 120° - I\angle -120° = \sqrt{3}\angle -30° \dot{I}_{AC} \end{aligned} \right\} \tag{12-16}$$

于是可知：三角形连接的对称三相电路中，各线电流滞后于其相应的相电流30°，各线电流的有效值是其相应的相电流有效值的 $\sqrt{3}$ 倍。

又因为

$$\left\{ \begin{aligned} \dot{I}_A &= \sqrt{3}\angle -30° \dot{I}_{BA} = \sqrt{3}\angle -30° \times I\angle 0° = \sqrt{3}I\angle -30° \\ \dot{I}_B &= \sqrt{3}\angle -30° \dot{I}_{CB} = \sqrt{3}\angle -30° \times I\angle -120° = \sqrt{3}I\angle -150° \\ \dot{I}_C &= \sqrt{3}\angle -30° \dot{I}_{AC} = \sqrt{3}\angle -30° \times I\angle 120° = \sqrt{3}I\angle 90° \end{aligned} \right. \tag{12-17}$$

所以，还可得知：三角形连接的对称三相电路中，各线电流的幅值相等，各线电流之间的相位差为120°。根据对称性的定义，可以说，三角形连接的对称三相电路中，各线电流是对称的。图 12-12 描述了各线电流与相电流的矢量关系。

由式（12-16）可得，相电流

$$\left. \begin{aligned} \dot{I}_{BA} &= \frac{\dot{I}_A}{\sqrt{3}} \angle 30° \\ \dot{I}_{CB} &= \frac{\dot{I}_B}{\sqrt{3}} \angle 30° \\ \dot{I}_{AC} &= \frac{\dot{I}_C}{\sqrt{3}} \angle 30° \end{aligned} \right\} \tag{12-18}$$

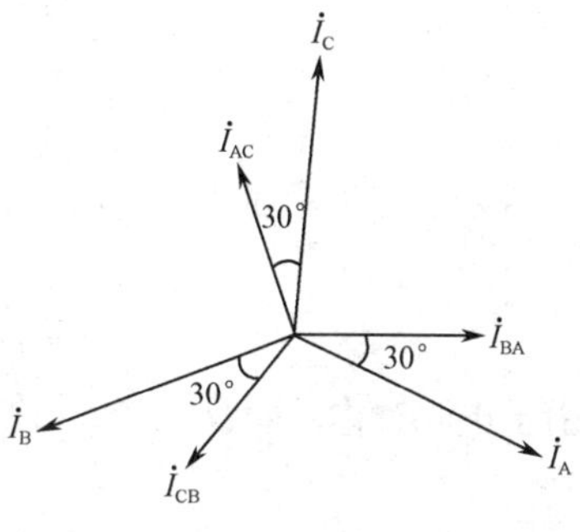

图 12-12　三角形连接的对称三相电路中，线电流与相电流的矢量关系图

图 12-11 中，负载上的相电流 $\dot{I}_{A'B'}$、$\dot{I}_{B'C'}$、$\dot{I}_{C'A'}$ 的推导类似上述过程，结论是相同的。

最后需要强调的是，关于对称三相电路的线变量和相变量的关系，不管已知量是线变量还是相变量，一般都应从相变量去推得相应的线变量，而不必死记公式。此外，对于三角形连接的对称三相负载或电源，总可以将其化成等效的星形连接形式。

12.2 对称三相电路的分析与计算

关于三相对称电路的分析和计算，要紧紧抓住电路对称这一特点，并利用这一特点使电路的分析得到简化。同时，在分析和计算三相对称电路时，要善于利用前面已经获得的结论，这些结论可归纳如下。

1. 对于星形连接的三相对称电路

（1）线电流等于相电流；

（2）各线电压超前于其相应的相电压 $30°$；

（3）各线电压的有效值是其相应的相电压有效值的 $\sqrt{3}$ 倍；

（4）各线电压是对称的。

2. 对于三角形连接的三相对称电路

（1）线电压等于相电压；

（2）各线电流滞后于其相应的相电流 $30°$；

（3）各线电流的有效值是其相应的相电流有效值的 $\sqrt{3}$ 倍；

（4）各线电流是对称的。

12.2.1 对称三相四线制（Y_0/Y_0）系统的分析

图 12-13 所示为三相四线制系统，图中 Z_l 为输电线阻抗，Z_N 为中线阻抗。

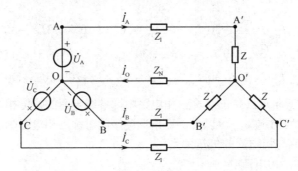

图 12-13   对称三相四线制 Y_0/Y_0 系统

以 O 点为参考点列写节点方程，可得

$$\left(\frac{3}{Z+Z_l}+\frac{1}{Z_N}\right)\dot{U}_{O'O}=\frac{1}{Z+Z_l}(\dot{U}_A+\dot{U}_B+\dot{U}_C) \tag{12-19}$$

由于电源对称，即 $\dot{U}_A+\dot{U}_B+\dot{U}_C=0$，上式解得 $\dot{U}_{O'O}=0$，即 $\dot{I}_O=0$，因此，各相（线）电流为

$$\dot{I}_A=\frac{\dot{U}_A}{Z+Z_l}, \quad \dot{I}_B=\frac{\dot{U}_B}{Z+Z_l}, \quad \dot{I}_C=\frac{\dot{U}_C}{Z+Z_l} \tag{12-20}$$

各相电压为 $$\dot{U}_{A'O'}=Z\dot{I}_A, \quad \dot{U}_{B'O'}=Z\dot{I}_B, \quad \dot{U}_{C'O'}=Z\dot{I}_C \tag{12-21}$$

从式（12-20）可以发现，由于电源的相电压是对称的，所以系统的线电流对称，并且负载上的各相电压也对称。

因此，对于 Y_0/Y_0 这样的对称三相电路系统，计算电压或电流时只需求出三相中的一相，然后根据电压或电流的对称关系就可写出其余两相的结果。同时，对于这样的对称三相电路系统，可将中线去掉变成三相三线制，计算的结果应该与前相同。

例 12-1　如图 12-14 为对称三相电路，已知 $U_A = 220V$，$f = 50Hz$，$R = 100\Omega$，$L = 0.618H$，$M = 0.3H$，求电路中的线电流？

解：电路是 Y/Y 对称三相电路，所以，只需先求出三相中的一相，设 $\dot{U}_A = 220\angle 0°V$。

此题的关键是处理互感，在 A 相中，线圈上的电压为

$$\dot{U}_{LA} = j\omega L\dot{I}_A + j\omega M\dot{I}_B + j\omega M\dot{I}_C$$

由对称性知 $\dot{I}_A + \dot{I}_B + \dot{I}_C = 0$，所以，上式变为

$$\dot{U}_{LA} = j\omega L\dot{I}_A + j\omega M(\dot{I}_B + \dot{I}_C) = j\omega(L - M)\dot{I}_A$$

因此，A 相的去耦电路如图 12-15 所示。

由图 12-15 可得　　　$\dot{I}_A = \dfrac{\dot{U}_A}{R + j\omega(L - M)} = \dfrac{220\angle 0°}{100 + j314 \times 0.318} = 1.556\angle -45°$

然后根据对称性写出其余两相，可得

$$\dot{I}_B = \dot{I}_A\angle -120° = 1.556\angle -165°，\quad \dot{I}_C = \dot{I}_A\angle 120° = 1.556\angle 75°$$

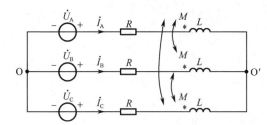
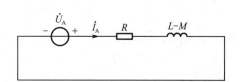

图 12-14　例 12-1 图之一　　　　　　　图 12-15　例 12-1 图之二

12.2.2　复杂对称三相电路的分析

所谓复杂对称三相电路，无非是负载和电源有多组相联的情况，而且有的还出现星形与三角形混联，或者出现输电线阻抗不为零等情况，但不管多么复杂，所依据的基本原理是不变的。

在方法上，复杂对称三相电路的分析有其一定的特点。一般的思路是将电源和负载通过 Y/△ 等效变换统统变化成 Y/Y 连接的对称三相电路，然后将所有电源的中点和负载的中点短接起来，抽出一相（如 A 相）进行分析计算，再根据线变量与相变量的关系及对称性写出其余两相的结果。

例 12-2　如图 12-16 为对称三相电路，已知电源线电压为 $380V$，$Z_1 = 30\Omega$，$Z_2 = 12 + j16(\Omega)$，求 $Z_l = 0$ 或 $Z_l = 1 + j2(\Omega)$ 时，各负载上的相电流和输电线中的电流为多少？

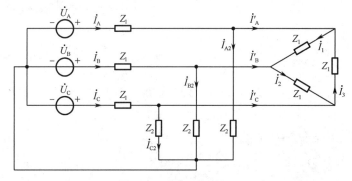

图 12-16　例 12-2 图之一

解：设 $\dot{U}_{AB} = 380\angle 0°V$，由图 12-16 可得

（1）当 $Z_1 = 0$ 时，三角形负载的相电流为

$$\dot{I}_1 = \frac{\dot{U}_{AB}}{Z_1} = \frac{380\angle 0^\circ}{30} = 12.67\angle 0^\circ$$

根据对称性有

$$\dot{I}_2 = \dot{I}_1\angle -120^\circ = 12.67\angle -120^\circ$$

$$\dot{I}_3 = \dot{I}_1\angle 120^\circ = 12.67\angle 120^\circ$$

所以，三角形负载的线电流为

$$\dot{I}'_A = \sqrt{3}\dot{I}_1\angle -30^\circ = 21.94\angle -30^\circ$$

$$\dot{I}'_B = \dot{I}_A\angle -120^\circ = 21.94\angle -150^\circ$$

$$\dot{I}'_C = \dot{I}_A\angle 120^\circ = 21.94\angle 90^\circ$$

因为，星形电源的相电压 $\dot{U}_A = \frac{\dot{U}_{AB}}{\sqrt{3}}\angle -30^\circ = \frac{380}{\sqrt{3}}\angle -30^\circ = 220\angle -30^\circ$

所以，星形负载的相电流 $\dot{I}_{A2} = \frac{\dot{U}_A}{Z_2} = \frac{220\angle -30^\circ}{12 + j16} = \frac{220\angle -30^\circ}{20\angle 53.1^\circ} = 11\angle -83.1^\circ$

根据对称性有

$$\dot{I}_{B2} = \dot{I}_{A2}\angle -120^\circ = 11\angle -203.1^\circ$$

$$\dot{I}_{C2} = \dot{I}_{A2}\angle 120^\circ = 11\angle 36.9^\circ$$

于是可得输电线上的电流为

$$\dot{I}_A = \dot{I}'_A + \dot{I}_{A2} = (19 - j10.97) + (1.32 - j10.92) = 29.87\angle -47.1^\circ$$

根据对称性有

$$\dot{I}_B = \dot{I}_A\angle -120^\circ = 29.87\angle -167.1^\circ$$

$$\dot{I}_C = \dot{I}_A\angle 120^\circ = 29.87\angle 72.9^\circ$$

（2）当 $Z_1 = 1 + j2$ 时，先将三角形负载化成的星形负载，则等效的每相阻抗 $Z_{Y1} = 30/3 = 10\Omega$，这时，A 相如图 12-17 所示。

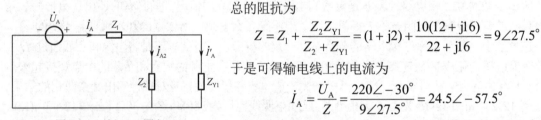

图 12-17　例 12-2 图之二

总的阻抗为

$$Z = Z_1 + \frac{Z_2 Z_{Y1}}{Z_2 + Z_{Y1}} = (1 + j2) + \frac{10(12 + j16)}{22 + j16} = 9\angle 27.5^\circ$$

于是可得输电线上的电流为

$$\dot{I}_A = \frac{\dot{U}_A}{Z} = \frac{220\angle -30^\circ}{9\angle 27.5^\circ} = 24.5\angle -57.5^\circ$$

根据对称性有 $\dot{I}_B = \dot{I}_A\angle -120^\circ = 24.5\angle -177.5^\circ$

$$\dot{I}_C = \dot{I}_A\angle 120^\circ = 24.5\angle 62.5^\circ$$

由分流公式可得星形负载的相电流为

$$\dot{I}_{A2} = \frac{Z_{Y1}}{Z_2 + Z_{Y1}}\dot{I}_A = \frac{10}{22 + j16}\times 24.5\angle -57.5^\circ = \frac{245\angle -57.5^\circ}{27.2\angle 36^\circ} = 9\angle -93.5^\circ$$

根据对称性有

$$\dot{I}_{B2} = \dot{I}_{A2}\angle -120^\circ = 9\angle -213.5^\circ$$

$$\dot{I}_{C2} = \dot{I}_{A2}\angle 120^\circ = 9\angle 26.5^\circ$$

再由分流公式可得三角形负载的线电流为

$$\dot{I}'_A = \frac{Z_2}{Z_2 + Z_{Y1}}\dot{I}_A = \frac{12 + j16}{22 + j16}\times 24.5\angle -57.5^\circ = 18\angle -40.4^\circ$$

根据对称性有

$$\dot{I}'_B = \dot{I}_A\angle -120^\circ = 18\angle -160.4^\circ$$

$$\dot{I}'_C = \dot{I}_A\angle 120^\circ = 18\angle 79.6^\circ$$

现在，再将等效的星形负载还原成原来的三角形负载，则三角形负载的相电流为

$$\dot{I}_1 = \frac{\dot{I}_A'}{\sqrt{3}} \angle 30° = 10.4 \angle -10.4°$$

根据对称性有

$$\dot{I}_2 = \dot{I}_1 \angle -120° = 10.4 \angle -130.4°$$

$$\dot{I}_3 = \dot{I}_1 \angle 120° = 10.4 \angle 109.6°$$

12.3　不对称三相电路概述

在三相电路中，当三相电源或三相负载不对称时就构成了不对称三相电路。所谓的三相电源不对称，是指三相电源不满足"频率相同、幅值相同、相位互差120°"的条件；所谓的三相负载不对称是指三相负载不满足"三个负载阻抗（或导纳）完全相等"的条件。

一般情况下，在电力系统中，由于发电机制造工艺的保证，三相电源可以认为是对称的。因此，所谓的不对称三相电路，常常是指负载不对称的情况。而且在日常生活中，要使 A、B、C 三相负载严格相等的确是太过于理想了。也就是说，在日常生活中，三相电路系统的表现其实总是不对称的，下面所描述的不对称三相电路仅针对电源对称而负载不对称的系统。

目前，供给居民生活用电的三相系统均属于三相四线制星形（Y_0/Y_0）不对称三相电路系统。在这样的不对称三相电路中，如果中线连接正常，并且在忽略中线阻抗的情况下，不论三相负载是否对称，其相电压总是对称的。当然，若三相负载不对称，其相电流就是不对称的。不过，在中线的强制作用下，三相电源的中点与三相负载的中点之间总是等电位的。这时尽管负载不对称，其各相也是独立的，同样可以分相计算。如果中线连接不正常，比如中线断开了，这时电源的中点与负载的中点之间将出现中点位移，从而产生中点之间的电位差，那么由于负载的不对称将会引起相电压也不对称，如图 12-18 所示，这时候三相电路的计算不能简化为单相电路的计算。

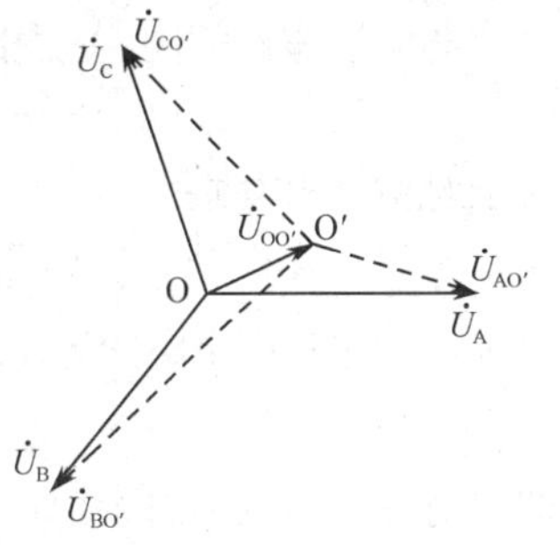

电源的中点 O 与负载的中点 O′ 之间发生偏移的程度取决于三相负载不对称的程度，严重时会使三相负载工作不正常。

从以上描述可知，Y_0/Y_0 系统中的中线异常重要，必须选用电阻小、机械强度高的导线做中线，并且，在中线上不允许安装保险装置和任何开关。

图 12-18　电源的中点 O 与负载的中点 O′ 之间出现中点位移

12.4　三相电路的功率及其测量

三相电路的功率是指三相电源发出的有功功率、无功功率和视在功率，或者是指一组三相负载消耗的有功功率、无功功率和视在功率。

12.4.1　对称三相电路的功率

1. 对称三相电路的有功功率

在对称三相电路中，假设 A、B、C 三相负载的相电压有效值分别为 U_A、U_B、U_C，三相负载的相电流有效值分别为 I_A、I_B、I_C，三相负载的相电压与相电流的相位差分别为 φ_A、φ_B、φ_C，则三相电路的有功功率

$$P = P_A + P_B + P_C = U_A I_A \cos\varphi_A + U_B I_B \cos\varphi_B + U_C I_C \cos\varphi_C \tag{12-22}$$

对于对称三相电路，有

$$U_A = U_B = U_C \triangleq U_p, \quad I_A = I_B = I_C \triangleq I_p, \quad \varphi_A = \varphi_B = \varphi_C \triangleq \varphi_p$$

这里的下标"p"表示"phase（相）"，U_p 和 I_p 为相电压和相电流的统称。

于是，对称三相电路的有功功率为

$$P = P_A + P_B + P_C = 3U_p I_p \cos\varphi_p \tag{12-23}$$

即，对称三相电路的有功功率等于其一相有功功率的 3 倍。

使用 U_1 和 I_1 作为线电压和线电流的统称，这里的下标"1"表示"line（线）"。如果三相负载是星形接法，则 $U_1 = \sqrt{3}U_p$，$I_1 = I_p$，于是星形连接的对称三相电路的有功功率为

$$P_Y = 3U_p I_p \cos\varphi_p = 3\frac{1}{\sqrt{3}}U_1 I_1 \cos\varphi_p = \sqrt{3}U_1 I_1 \cos\varphi_p \tag{12-24}$$

如果三相负载是三角形接法，则 $U_1 = U_p$，$I_1 = \sqrt{3}I_p$，于是三角形连接的对称三相电路的有功功率为

$$P_\triangle = 3U_p I_p \cos\varphi_p = 3\frac{1}{\sqrt{3}}U_1 I_1 \cos\varphi_p = \sqrt{3}U_1 I_1 \cos\varphi_p \tag{12-25}$$

这表明，无论对称三相电路是星形连接的还是三角形连接的，其有功功率都可写成

$$P = \sqrt{3}U_1 I_1 \cos\varphi_p \tag{12-26}$$

因此，对称三相电路的有功功率可以用式（12-23）求解，也可用式（12-26）求解。

2. 对称三相电路的无功功率

与上述假设相同，三相电路的无功功率

$$Q = Q_A + Q_B + Q_C = U_A I_A \sin\varphi_A + U_B I_B \sin\varphi_B + U_C I_C \sin\varphi_C \tag{12-27}$$

对于对称三相电路，有

$$U_A = U_B = U_C \triangleq U_p, \quad I_A = I_B = I_C \triangleq I_p, \quad \varphi_A = \varphi_B = \varphi_C \triangleq \varphi_p$$

于是，对称三相电路的无功功率为

$$Q = Q_A + Q_B + Q_C = 3U_p I_p \sin\varphi_p \tag{12-28}$$

即，对称三相电路的无功功率等于其一相无功功率的 3 倍。

如果三相负载是星形接法，则 $U_1 = \sqrt{3}U_p$，$I_1 = I_p$，于是星形连接的对称三相电路的无功功率为

$$Q_Y = 3U_p I_p \sin\varphi_p = 3\frac{1}{\sqrt{3}}U_1 I_1 \sin\varphi_p = \sqrt{3}U_1 I_1 \sin\varphi_p \tag{12-29}$$

如果三相负载是三角形接法，则 $U_1 = U_p$，$I_1 = \sqrt{3}I_p$，于是三角形连接的对称三相电路的无功功率为

$$Q_\triangle = 3U_p I_p \sin\varphi_p = 3\frac{1}{\sqrt{3}}U_1 I_1 \sin\varphi_p = \sqrt{3}U_1 I_1 \sin\varphi_p \tag{12-30}$$

这表明，无论对称三相电路是星形连接的还是三角形连接的，其无功功率都可写成

$$Q = \sqrt{3}U_1 I_1 \sin\varphi_p \tag{12-31}$$

因此，对称三相电路的无功功率可以用式（12-28）求解，也可用式（12-31）求解。

3. 对称三相电路的视在功率

与上述假设相同，三相电路的视在功率

$$S = S_A + S_B + S_C = U_A I_A + U_B I_B + U_C I_C \tag{12-32}$$

对于对称三相电路，有

$$U_A = U_B = U_C \triangleq U_p, \quad I_A = I_B = I_C \triangleq I_p$$

于是，对称三相电路的视在功率为

$$S = S_A + S_B + S_C = 3U_p I_p \tag{12-33}$$

即，对称三相电路的视在功率等于其一相视在功率的 3 倍。

如果三相负载是星形接法，则 $U_l = \sqrt{3}U_p$，$I_l = I_p$，于是星形连接的对称三相电路的视在功率为

$$S_Y = 3U_p I_p = 3\frac{1}{\sqrt{3}}U_l I_l = \sqrt{3}U_l I_l \tag{12-34}$$

如果三相负载是三角形接法，则 $U_l = U_p$，$I_l = \sqrt{3}I_p$，于是三角形连接的对称三相电路的视在功率为

$$S_\triangle = 3U_p I_p = 3\frac{1}{\sqrt{3}}U_l I_l = \sqrt{3}U_l I_l \tag{12-35}$$

这表明，无论对称三相电路是星形连接的还是三角形连接的，其视在功率都可写成

$$S = \sqrt{3}U_l I_l \tag{12-36}$$

因此，对称三相电路的视在功率可以用式（12-33）求解，也可用式（12-36）求解。

4. 对称三相电路的功率因数

对称三相电路的功率因数等于每一相的功率因数，即

$$\cos\varphi = \frac{P}{S} = \cos\varphi_p \tag{12-37}$$

注意：对于不对称三相电路，功率因数这个指标无实际意义。

5. 对称三相电路的瞬时功率

假设对称三相电路的 A 相瞬时电压和瞬时电流分别为

$$u_{pA} = \sqrt{2}U_p \cos\omega t，\quad i_{pA} = \sqrt{2}I_p \cos(\omega t - \varphi_p)$$

则 A 相的瞬时功率为

$$\begin{aligned} p_A &= u_{pA}i_{pA} = \sqrt{2}U_p \cos\omega t \times \sqrt{2}I_p \cos(\omega t - \varphi_p) \\ &= U_p I_p[\cos\varphi_p + \cos(2\omega t - \varphi_p)] \end{aligned}$$

同理可得，B 相的瞬时功率为

$$\begin{aligned} p_B &= u_{pB}i_{pB} = \sqrt{2}U_p \cos(\omega t - 120°) \times \sqrt{2}I_p \cos(\omega t - 120° - \varphi_p) \\ &= U_p I_p[\cos\varphi_p + \cos(2\omega t - 240° - \varphi_p)] \end{aligned}$$

C 相的瞬时功率为

$$\begin{aligned} p_C &= u_{pC}i_{pC} = \sqrt{2}U_p \cos(\omega t + 120°) \times \sqrt{2}I_p \cos(\omega t + 120° - \varphi_p) \\ &= U_p I_p[\cos\varphi_p + \cos(2\omega t - 120° - \varphi_p)] \end{aligned}$$

因此，三相瞬时功率之和为

$$p = p_A + p_B + p_C = 3U_p I_p \cos\varphi_p \tag{12-38}$$

此式表明：对称三相电路的总的瞬时功率是个常数，其值等于对称三相电路的总的有功功率。这正是三相制的优点之一，因为不管是三相发电机还是三相电动机，它的瞬时功率是个常数，这就意味着它们的机械转矩是恒定的，从而运行平稳。

问题提示：从上面的分析可知，无论对称三相负载接成星形还是三角形，其有功功率均为

$$P = \sqrt{3}U_l I_l \cos\varphi_p$$

但要注意：对于同样的三相负载，从星形连接改成三角形连接后，若保持线电压不变，则星形接法的有功功率 P_Y 与三角形接法的有功功率 $P_\triangle$ 在数值上的关系应该是

$$P_\triangle = 3P_Y \tag{12-39}$$

对于有功功率和视在功率也有同样的结论。

例 12-3　设对称三相电路中，其每相负载均为电阻 $R = 8.68\Omega$，试问：（1）在 380V 线电压下，接成三角形负载和接成星形负载时各吸收了多少功率？（2）在 220V 线电压下，接成三角形负载时吸收了多少功率？

解：（1）将三个 8.68Ω 的电阻接成三角形负载

此时，相电压 = 线电压 = 380V，线电流是相电流的 $\sqrt{3}$ 倍，所以

相电流　　　　　　　　$I_p = \dfrac{U_p}{R} = \dfrac{U_1}{R} = \dfrac{380}{8.68} = 43.8\text{A}$

线电流　　　　　　　　$I_1 = \sqrt{3}I_p = 43.8\sqrt{3} = 75.8\text{A}$

有功功率　　　　　$P_\triangle = \sqrt{3}U_1 I_1 \cos\varphi_p = \sqrt{3} \times 380 \times 75.8 \times 1 = 50\text{kW}$

又将三个 8.68Ω 的电阻接成星形负载

此时，相电流 = 线电流，线电压是相电压的 $\sqrt{3}$ 倍，即

相电压　　　　　　$U_p = \dfrac{U_1}{\sqrt{3}} = \dfrac{380}{\sqrt{3}} = 220\text{V}$（注意：保持线电压不变）

线电流　　　　　　　$I_1 = I_p = \dfrac{U_p}{R} = \dfrac{220}{8.68} = 25.3\text{A}$

有功功率　　　　$P_Y = \sqrt{3}U_1 I_1 \cos\varphi_p = \sqrt{3} \times 380 \times 25.3 \times 1 = 16.7\text{kW}$

可见，这时就有 $P_\triangle = 3P_Y$。

（2）当线电压 $U_1 = 220\text{V}$，则

相电流　　　　　　　$I_p = \dfrac{U_p}{R} = \dfrac{U_1}{R} = \dfrac{220}{8.68} = 25.3\text{A}$

线电流　　　　　　　$I_1 = \sqrt{3}I_p = 25.3\sqrt{3} = 43.8\text{A}$

有功功率　　　　$P_\triangle = \sqrt{3}U_1 I_1 \cos\varphi_p = \sqrt{3} \times 380 \times 43.8 \times 1 = 16.7\text{kW}$

与（1）中的结论比较可知，只要每相负载所承受的相电压相同，则不管这个负载接成三角形还是星形，其相电流和功率均相等。在实际应用中，有些三相用电器的铭牌上标示着 220V/380V—△/Y，就是指这个用电器可在线电压 220V 下接成三角形，或者在线电压 380V 下接成星形，两者功率相等。

12.4.2　三相电路的功率测量

针对不同情况，三相电路的有功功率测量分别有一瓦特计法、二瓦特计法和三瓦特计法等几种测量方法。

1. 三相四线制电路的有功功率测量

在三相四线制电路中，当负载不对称时，需要用三个单相功率表测量三相负载的功率，如图 12-19 所示。这种测量方法称为三瓦特计法，此时三相电路的有功功率

$$P = P_A + P_B + P_C$$

在三相四线制电路中，当负载对称时，只需要用一个单相功率表测量三相负载的功率，如在图 12-19 中，保留任何一个表都可以，这时

$$P = 3P_A = 3P_B = 3P_C$$

即任何一个表的读数乘以 3 就是三相负载的功率，这种测量方法称为一瓦特计法。

2. 三相三线制电路的功率测量

对于三相三线制电路，无论负载对称还是不对称，也无论负载是接成三角形还是星形，都可以用两个单相功率表来测量三相负载的功率，如图 12-20 所示。这种测量方法称为二瓦特计法。

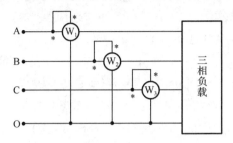

图 12-19　三相四线制电路的功率测量

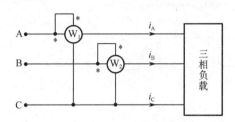

图 12-20　三相三线制电路的功率测量

使用二瓦特计法的前提条件是：三个线电流之和等于零，即

$$i_A + i_B + i_C = 0$$

假设负载是星形连接（对三角形连接的负载，可以通过等效变换变成星形），三相负载的瞬时功率为

$$p = p_A + p_B + p_C = u_{AO'}i_A + u_{BO'}i_B + u_{CO'}i_C$$

式中下标 O′ 是星形负载的中点，由 KCL 可知

$$i_A + i_B + i_C = 0$$

即 $i_C = -i_A - i_B$，代入上式有

$$\begin{aligned} p &= p_A + p_B + p_C = u_{AO'}i_A + u_{BO'}i_B + u_{CO'}(-i_A - i_B) \\ &= (u_{AO'} - u_{CO'})i_A + (u_{BO'} - u_{CO'})i_B = u_{AC}i_A + u_{BC}i_B \end{aligned} \tag{12-40}$$

则三相负载的有功功率

$$P = \frac{1}{T}\int_0^T p\,dt = \frac{1}{T}\int_0^T (u_{AC}i_A + u_{BC}i_B)dt = U_{AC}I_A\cos\varphi_A + U_{BC}I_B\cos\varphi_B = P_1 + P_2 \tag{12-41}$$

式中，φ_A 是 $\dot{U}_{AC}$ 与 $\dot{I}_A$ 之间的相位差，φ_B 是 $\dot{U}_{BC}$ 与 $\dot{I}_B$ 之间的相位差。式（12-41）说明：只要将一个功率表的电流线圈接入 A 线电流，其电压线圈接在 AC 线电压上；另一个功率表的电流线圈接入 B 线电流，其电压线圈接在 BC 线电压上，则两功率表的读数之和就是该三相电路的有功功率。

可以证明，若三相电路对称，则有

$$\begin{cases} P_1 = U_{AC}I_A\cos(30° - \varphi_p) \\ P_2 = U_{BC}I_B\cos(30° + \varphi_p) \end{cases} \tag{12-42}$$

式中，φ_p 是相电压与相电流之间的相位差，也称作负载的阻抗角。当 $\varphi_p > 60°$ 时，功率表 W_2 会出现反转，可将功率表 W_2 的"极性旋钮"旋至"−"的位置，此时功率表 W_2 的读数应取负值，即

$$P = P_1 - P_2$$

例 12-4　测量对称三相电路功率的接线图如图 12-20 所示，已知电路线电压为 380V，线电流为 5.5A，功率因数角为 79°，求功率表 W_1 和 W_2 的读数，以及电路的总有功功率 P。

解：相电压 $\dot{U}_A = \dfrac{380}{\sqrt{3}}\angle 0° = 220\angle 0°$，根据式（12-43）可得

$$P_1 = U_{AC}I_A\cos(30° - \varphi_p) = 380 \times 5.5 \times \cos(30° - 79°) = 1370\text{W}$$

$$P_2 = U_{BC}I_B\cos(30° + \varphi_p) = 380 \times 5.5 \times \cos(30° + 79°) = -680\text{W}$$

功率表 W_2 出现反转，将功率表 W_2 的"极性旋钮"旋至"−"的位置，此时功率表 W_2 的读数应取负值，即

$$P = P_1 - P_2 = 1370 - 680 = 690\text{W}$$

例 12-5　测量对称三相电路功率的接线图如图 12-21 所示，已知 $\dot{U}_{AB} = 380\angle 0°(V)$，$\dot{I}_A = 1\angle -60°$，求功率表 W_1 和 W_2 的读数。

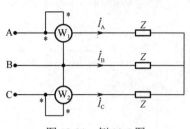

图 12-21　例 12-5 图

解：从所给图看，功率表 W_1 的电流线圈接入 A 线电流，其电压线圈接在 AB 线电压上；功率表 W_2 的电流线圈接入 C 线电流，其电压线圈接在 CB 线电压上。

已知 $\dot{U}_{AB} = 380\angle 0°(V)$，$\dot{I}_A = 1\angle -60°$，则功率表 W_1 的读数为

$$P_1 = \mathrm{Re}[\dot{U}_{AB}\dot{I}_A^*] = \mathrm{Re}[380\angle 60°] = 380\cos 60° = 190\mathrm{W}$$

又根据对称性知 $\dot{U}_{BC} = 380\angle -120°(V)$，$\dot{I}_C = 1\angle 60°$ 所以

$$\dot{U}_{CB} = -\dot{U}_{BC} = 380\angle 180° - 120° = 380\angle 60°(V)$$

则功率表 W_2 的读数为

$$P_2 = \mathrm{Re}[\dot{U}_{CB}\dot{I}_C^*] = \mathrm{Re}[380\angle 60° \times 1\angle -60°] = 380\cos 0° = 380\mathrm{W}$$

3. 对称三相电路的无功功率测量

对称三相电路的无功功率也可以采用功率表进行测量。由式（12-31）可知，对称三相电路的无功功率为

$$Q = \sqrt{3}U_l I_l \sin\varphi_p$$

由图 12-22（a）所示的矢量图可知，$\dot{I}_B$ 与 $\dot{U}_{CA}$ 的相位差为 $90° - \varphi_p$。因此，可以将功率表的电流线圈接入 B 线电流，电压线圈接在 CA 线电压上，如图 12-22（b）所示。

于是　　　　　　　　$$W = U_l I_l \cos(90° - \varphi_p) = U_l I_l \sin\varphi_p$$

即，对称三相电路的无功功率为　$Q = \sqrt{3}U_l I_l \sin\varphi_p = \sqrt{3}W(\mathrm{Var})$

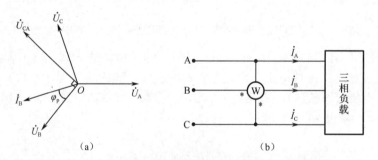

（a）　　　　　　　　　　　　　（b）

图 12-22　用功率表测量对称三相电路的无功功率

从以上分析可以再一次认识到：功率表的读数等于该表电压线圈所接电压的有效值、电流线圈所通过电流的有效值及电压与电流相位差的余弦这三者的乘积。分析计算功率表的读数时，弄清楚电压线圈所接电压和电流线圈所通过电流是至关重要的。

12.5　计算机仿真

例 12-6　对称三相电源仿真

三相电源的瞬时值表达式分别为：$u_A = 220\cos 100\pi t(V)$，$u_B = 220\cos(100\pi t - 120°)(V)$，$u_C = 220\cos(100\pi t + 120°)(V)$，如图 12-23（a）所示为该对称三相电源的星形连接方式，负极性端 X、Y、Z 连接到一起成为一个节点，三相电源的正极性端 A、B、C 三端向外引出三条线，称为端线。A、B、C 三相的端线分别接入四通道示波器的 A、B、C 三个通道，并将三条端线颜色设置成

不同的颜色，便于观察波形。Multisim 的元件库中也提供对称的星形电源，元件符号如图 12-23（b）所示。仿真运行后，可以观察示波器波形如图 12-23（c）所示。三相电源的电压波形幅度、频率均一致，拖动时间游标，可以测出 A 相与邻近的 B 相波峰时间差为 6.701ms，换算成相位为 $120°$。

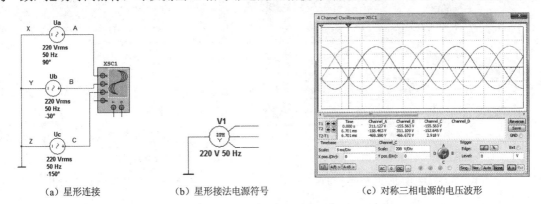

(a) 星形连接　　　　　　(b) 星形接法电源符号　　　　　　(c) 对称三相电源的电压波形

图 12-23　对称三相电源的星形连接仿真

如图 12-24（a）所示，将对称三相电源的 X 与 B 连接在一起，Y 与 C 连接在一起，Z 与 A 连接在一起，再从 A、B、C 三端引出三条端线，即构成三相电源的三角形连接。Multisim 的元件库中提供对称三角形电源，元件符号如图 12-24（b）所示。

三角形连接时要注意接线的正确性，当三相电源连接正确时，在三角形闭合回路中总的电压为零，这样才能保证在没有输出的情况下，电源内部没有环形电流，如图 12-24（c）所示。但是，若将一相电源（如 A 相）反接，则三角形回路电压在闭合前为一相电压的两倍，如图 12-24（d）所示，电压表测得 A、Z 两点间电压为 440V。由于电压源的内阻抗很小，在三角形回路内会产生较大的环路电流，造成电压源的损坏。

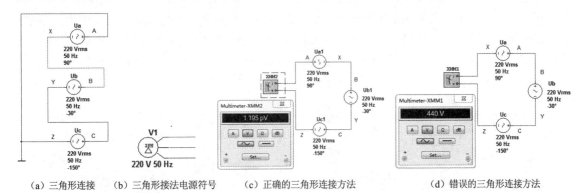

(a) 三角形连接　　(b) 三角形接法电源符号　　(c) 正确的三角形连接方法　　(d) 错误的三角形连接方法

图 12-24　对称三相电源的三角形连接仿真

例 12-7　对称三相负载仿真

（1）Y-Y 连接

如图 12-25 所示，电路中的电源为对称的星形连接，负载为对称的星形连接。仿真启动后，可以看出该电路有如下特点。

① 线电压的有效值是相电压有效值的 $\sqrt{3}$ 倍。由双踪示波器测量出线电压为 381V，相电压为 220V。线电压超前各自相应的相电压 $30°$，如图 12-26 所示，图中线电压与相电压邻近的两个波峰之间的时间差约为 1.67ms，换算成角度为 $30°$。

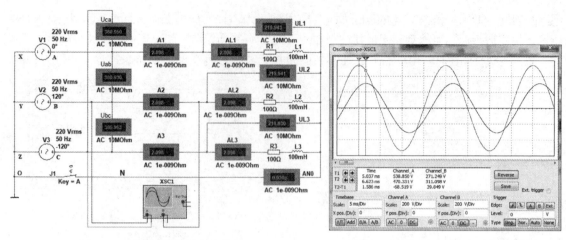

图 12-25　星形对称负载电路仿真　　　　　　图 12-26　线电压和相电压的相位差

② 线电流等于相电流。线电流即为负载的相电流。

③ 中性线上的电流等于零。接通或断开中心线上的开关，对电路没有影响。所以，图 12-26 也可以称为三相三线制电路。

（2）Y-Y 连接（负载不对称）

图 12-27（a）所示电路中，为对称的星形三相电源，负载为不对称的星形接法。中性线上有一个开关，处于闭合状态。运行仿真电路，三个线电压均为 380V，三个相电压均为 220V，尽管负载不对称，但是三个相电压是对称的。线电流等于相电流，由于三个相上的负载不对称，所以三个相电流彼此不相等，任何瞬间三个相电流的相量和都不等于零，所以中性线上的电流表读数不为零。

如果将中性线上的开关断开，如图 12-27（b）所示电路中，三相负载上的相电压不再相等，有的相电压会低于用电器的额定工作电压，用电器不能正常工作；有的相电压会高于用电器的额定工作电压，造成用电器的损坏。因此，在三相负载不对称的情况下，中性线是必不可少的，它的存在保证了不对称的三相负载获得对称的三相电压。所以，在三相四线制供电线路中，中性线不能去掉，也不能在中性线上安装保险丝或开关，要用机械强度较好的钢丝作为中性线。

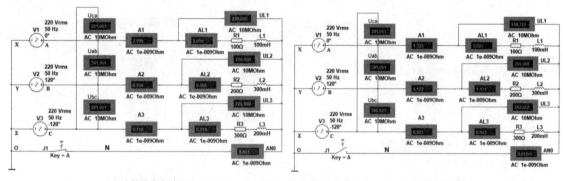

（a）中性线存在时　　　　　　　　　　　　（b）中性线断开时

图 12-27　不对称三相负载连接仿真

（3）负载的三角形连接

如图 12-28 所示，电源为星形连接，负载为对称的三角形连接。仿真运行后，观察测量结果，可以发现该电路具有以下特点。

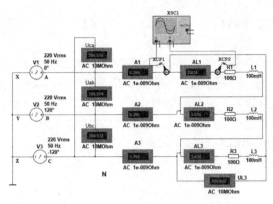

图 12-28　对称三角形负载连接仿真

① 线电压等于相电压。途中三个线电压和每一相负载的电压均为 381V。

② 三相负载电流对称，所以三条相线上的线电流也是对称的，线电流有效值的大小为相电流的 $\sqrt{3}$ 倍。将电流探针安置在电源 A 端线与对应的 A 相负载上，分别接入双踪示波器的 A、B 通道，线电流与对应相电流的波形如图 12-29 所示，图中线电流与相电流邻近的两个波峰之间的时间差约为 1.766ms，换算成角度约为 30°。

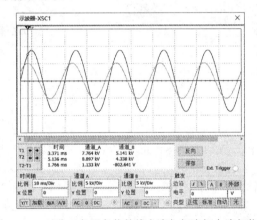

图 12-29　对称三角形负载的线电流与相应相电流相位差

③ 三相负载上的相电流的瞬时值之和为零，图 12-30（a）为测量三相负载相电流的电路，图 12-30（b）为测量结果，从测量数据可以看出，任意瞬间三个相电流的相位差为 120°，瞬时值之和为零。

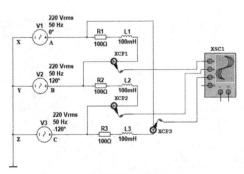

（a）三角形负载电流测量电路

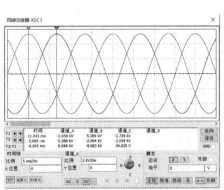

（b）三角形负载相电流瞬时波形

图 12-30　三角形负载电流测量仿真

例 12-8　三相电路的功率仿真

（1）三相四线制星形接法

对于三相四线制的星形连接电路，无论对称与否，可以采用三只功率表分别测量三相负载的功率，这种测量方法称为三表法。三相负载吸收的总功率等于各相负载吸收的功率之和。如图 12-31 所示，电源为星形接法，负载为不对称的星形接法，三个功率表 XWM1、XWM2 和 XWM3 分别测量 A 相、B 相和 C 相负载的有功功率。每一相负载上的电压表和电流表读数的乘积为视在功率。将三个功率表上的读数加起来就是三相负载消耗的总的有功功率，即 $P_{总}=P_A+P_B+P_C=440.509+220.259+146.836=807.6\text{W}$。

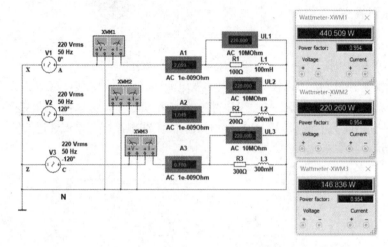

图 12-31　三相四线制总功率的测量

（2）三相三线制接法

① Y-Y 连接。对于三相三线制电路，无论对称与否，都可以用两只功率表进行测量，这种测量方法称为二表法。图 12-32（a）、（b）均为对称的 Y-Y 连接形式，图 13-32（a）所示为用三表法测量各项负载的功率，测得功率为 $P_{总}=P_A+P_B+P_C=440.514+440.514+440.514=1321.542\text{W}$。

图 12-32（b）为使用二表法测量负载功率，将两个功率表的电流线圈分别串连接入任意两相的端线中（图中所示为 A 线和 B 线），电压线圈的负极性端"−"共同接到第三条端线上（图中所示为 C 线）。负载消耗的总功率等于这两只功率表的读数之和，即 $P_{总}=P_{AC}+P_{BC}=780.579+540.647=1321.226\text{W}$，与图 12-32（a）的测量结果一致。

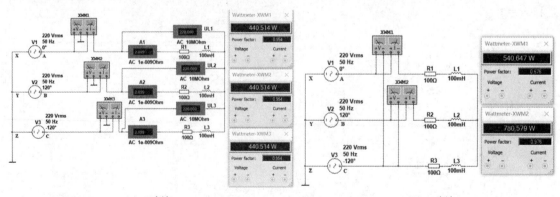

（a）三表法　　　　　　　　　　　　　　　（b）二表法

图 12-32　对称的 Y-Y 连接功率测量仿真

② Y-△连接。如图 12-33（a）、（b）所示，电源为星形连接，负载为对称的三角形连接。图 12-33（a）所示为用三表法测量各项负载的功率，测得功率为 $P_{总}=P_{A}+P_{B}+P_{C}=1.322+1.322+1.322=3.966\,\text{kW}$。图 12-33（b）为使用二表法测量负载功率，将两个功率表的电流线圈分别串连接入任意两相的端线中（图中所示为 A 线和 B 线），电压线圈的负极性端"–"共同接到第三条端线上（图中所示为 C 线）。负载消耗的总功率等于这两只功率表的读数之和，即 $P_{总}=P_{AC}+P_{BC}=2.342+1.622=3.964\,\text{kW}$，与图 12-33（a）的测量结果一致。

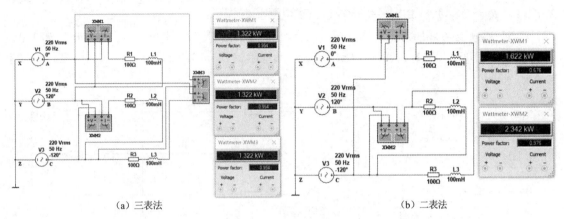

（a）三表法　　　　　　　　　　　　　　　（b）二表法

图 12-33　对称的 Y-△连接功率测量仿真

思考题

12-1　三相电源有哪两种基本连接方式？三相负载有哪两种基本连接方式？

12-2　三相电源的相和相序是指什么？有哪两种相序？

12-3　发电机发出三相电压的相序受哪些因素影响？

12-4　一台电动机的相序接错了会出现什么问题？

12-5　什么是对称三相电源？什么是对称三相负载？什么是对称三相电路？

12-6　三相电路有哪些连接方式？

12-7　星形（Y）连接的对称三相电路中，线电压与相电压有什么关系？线电流与相电流有什么关系？

12-8　三角形（△）连接的对称三相电路中，线电压与相电压有什么关系？线电流与相电流有什么关系？

12-9　星形（Y）连接的对称三相电路如何计算？

12-10　三角形（△）连接的对称三相电路如何计算？

12-11　居民生活用电为什么要采用三相四线制？三相四线制系统中，中线断开会出现什么问题？

12-12　对称三相电路的有功功率、无功功率、视在功率如何计算？

12-13　对称三相电路瞬时功率等于什么？它说明了什么？

12-14　三相电路的有功功率如何测量？

12-15　对称三相电路的无功功率如何测量？

习题

12-1　已知某对称星形三相电源的 A 相电压 $\dot{U}_{AN}=220\angle30°(\text{V})$，求各线电压 $\dot{U}_{AB}$、$\dot{U}_{BC}$ 和 $\dot{U}_{CA}$。

12-2　一个对称星形负载与对称三相电源相接，若已知线电压 $\dot{U}_{AB}=380\angle0°$(V)，线电流 $\dot{I}_{A}=10\angle-60°$(A)，求每相负载阻抗 Z 等于多少？

12-3　某对称三相负载，每相阻抗为 $Z=40+j30$(Ω)，接于线电压 $\dot{U}_{1}=380V$ 的对称星形三相电源上，（1）若负载为星形连接，求负载相电压和相电流，并画出电压、电流相量图；（2）若负载为三角形连接，求负载相电流和线电流，并画出相电流和线电流的相量图。

12-4　如题 12-4 图所示电路为对称三相电路，已知负载阻抗 $Z_{L}=150+j150$(Ω)，传输线参数 $X_{1}=2Ω$，$R_{1}=2Ω$，负载线电压为 380V，试求电源端线电压。

12-5　如题 12-5 图所示为对称三相电源向两组星形并联负载供电电路，已知线电压为 380V，负载阻抗 $Z_{1}=100\angle30°$(Ω)，$Z_{2}=50\angle60°$(Ω)，端线阻抗 $Z_{1}=10\angle45°$(Ω)，试求线电流 $\dot{I}_{A}$、负载电流 $\dot{I}_{1A}$ 和 $\dot{I}_{2A}$。

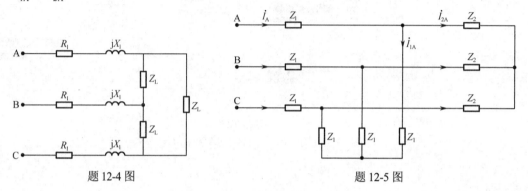

题 12-4 图　　　　　　　　　　　　　题 12-5 图

12-6　如题 12-6 图所示电路可由单相电源得到对称三相电压，作为小功率三相电路的电源。若所加单相电源的频率为 50Hz，负载每相电阻 $R=20Ω$，试确定电感 L 和电容 C 之值。

12-7　如题 12-7 图所示的电路接于对称三相电源上，已知电源线电压为 $U_{1}=380V$，电路中 $R=380Ω$，$Z=220\angle-30°Ω$，求各线电流。

12-8　如题 12-8 图所示，有一个三角形负载，每相阻抗为 $Z=15+j20$(Ω)，接在线电压为 380V 的对称三相电源上，（1）求负载相电流和线电流；（2）设 AB 相负载开路，重求负载相电流和线电流；（3）设 A 线断开，再求负载相电流和线电流。

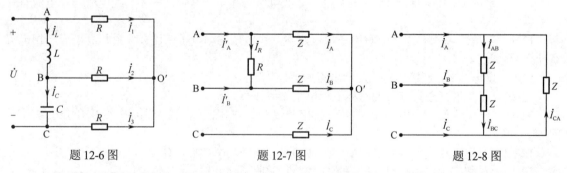

题 12-6 图　　　　　　　　题 12-7 图　　　　　　　　题 12-8 图

12-9　在如题 12-9 图对称三相电路中，已知电源线电压为 $U_{1}=380V$，端线阻抗为 $Z_{1}=1+j2$(Ω)，负载阻抗 $Z_{1}=30+j20$(Ω)，$Z_{2}=30+j30$(Ω)，中线阻抗 $Z_{O}=2+j4$(Ω)，求总的线电流和负载各相的电流。

12-10　两组对称负载（均为感性）同时连接在电源的输出线上，如题 12-10 图所示。其中一组接成三角形，负载功率为 10kW，功率因数为 0.8；另一组接成星形，负载功率也为 10kW，功率因数为 0.855；端线阻抗为 $Z_{1}=0.1+j0.2$(Ω)，欲使负载端线电压保持为 380V，求电源端线电压应为多少?

12-11 如题 12-11 图所示用二表法测三相电路的功率。已知线电压 $U_1 = 380\text{V}$，线电流 $I_1 = 5.5\text{A}$，负载各相阻抗角为 $\varphi = 79°$，求两只功率表的读数和电路的总功率。

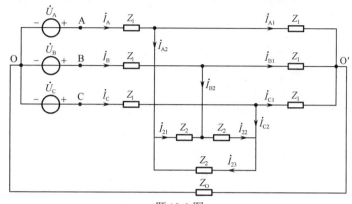

题 12-9 图

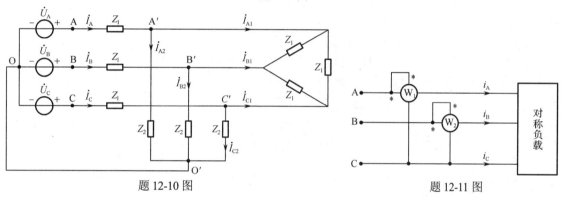

题 12-10 图

题 12-11 图

12-12 将三个复阻抗均为 Z 的负载分别接成星形和三角形，连接到同一对称三相电源的三条端线上，问哪一组负载吸收的功率大?两组负载功率在数值上有什么关系?

12-13 证明在对称三相制中，如题 12-11 图所示两只功率表的读数分别为

$$P_1 = U_1 I_1 \cos(\varphi - 30°)$$
$$P_2 = U_1 I_1 \cos(\varphi + 30°)$$

式中 P_1 和 P_2 分别为功率表 W_1 和 W_2 的读数，φ 为负载阻抗角。

12-14 如题 12-14 图所示，在对称三相制中，把功率表的电流线圈串接在 A 线中，把电压线圈跨接在 B、C 两条端线间，若功率表的读数为 P，试证明：三相负载吸收的无功功率为 $Q = \sqrt{3}P$。

12-15 如题 12-15 图所示为对称三相电路，已知 $\dot{U}_{AB} = 380\angle 0°(\text{V})$，$\dot{I}_A = 1\angle -60°(\text{A})$，问功率表读数各为多少?

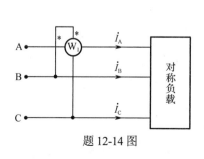

题 12-14 图

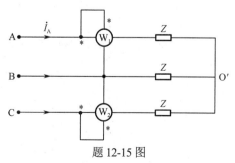

题 12-15 图

第13章　非正弦周期信号激励下的稳态电路分析

在实际生产中存在着大量的非正弦信号，如方波信号、三角波信号、锯齿波信号等。这些非正弦信号中，有的本身就是由非正弦信号源产生的，而有的是由正弦信号通过非线性元件后所产生的，所有这些非正弦信号根据其变化情况分为周期变化的非正弦信号和非周期变化的非正弦信号。

对于周期变化的非正弦信号，可以用傅里叶级数将其分解成一系列不同频率的简谐分量（正弦量），这些简谐分量各有一定的频率、振幅和初相，讨论它们的振幅和初相随角频率变化的分布情况，就构成了振幅频谱和相位频谱，即可构成所谓的信号频谱图。

周期变化的非正弦信号作用于线性电路时，其稳态响应可以看成由组成激励信号的各简谐分量分别作用于电路时所产生的响应的叠加。每一简谐分量都是正弦量，针对每一简谐分量作用于电路的稳态响应的求解，都可分别使用正弦稳态分析中的相量法。也就是说，叠加原理是非正弦周期信号激励下电路分析的理论基础，相量法是非正弦周期信号激励下电路分析的基本方法。通常，将建立在该理论基础之上的分析方法称为谐波分析法，本章将围绕着这一主题来展开讨论。

对于非周期变化的非正弦信号激励下的电路，在分析时可借助傅里叶积分变换，先将激励信号看成由无穷多个频率连续变化的简谐分量的叠加，再按照叠加关系进行计算。本书不讨论这方面的内容。

13.1　非正弦周期信号的简谐分量分解

13.1.1　周期信号的分解

一个周期信号可用一个周期函数 $f(t)$ 表示，即如果 $f(t)$ 满足
$$f(t) = f(t + kT)$$
则 $f(t)$ 为周期函数。式中，T 为周期函数的周期，$k = 0,1,2,\cdots$。

如果周期函数 $f(t)$ 满足狄里克雷条件，可将周期函数 $f(t)$ 展开成为傅里叶级数。所谓狄里克雷条件如下：

（1）在任一周期内，函数 $f(t)$ 连续或只有有限个第一类间断点；

（2）在任一周期内，函数 $f(t)$ 只有有限个极值。

第一类间断点：若 t_0 是 $f(t)$ 的间断点，且左极限 $f(t_0 - 0)$ 和右极限 $f(t_0 + 0)$ 都存在，则 t_0 为第一类间断点。

根据数学知识可知，周期函数 $f(t)$ 满足狄里克雷条件时，可展开为傅里叶级数，有三角函数形式和指数形式两种表示法。

1. 周期函数 $f(t)$ 展开为三角函数形式的傅里叶级数

$$f(t) = a_0 + \sum_{k=1}^{\infty} (a_k \cos k\omega_1 t + b_k \sin k\omega_1 t) \tag{13-1}$$

式中，$\omega_1 = 2\pi/T$，为周期函数的角频率，$k = 1,2,\cdots$；a_0、a_k、b_k 称为傅里叶系数，并且

$$a_0 = \frac{1}{T} \int_0^T f(t)\mathrm{d}t = \frac{1}{T} \int_{-T/2}^{T/2} f(t)\mathrm{d}t$$

$$a_k = \frac{2}{T}\int_0^T f(t)\cos k\omega_1 t\,\mathrm{d}t = \frac{1}{\pi}\int_0^{2\pi} f(t)\cos k\omega_1 t\,\mathrm{d}(\omega_1 t) = \frac{1}{\pi}\int_{-\pi}^{\pi} f(t)\cos k\omega_1 t\,\mathrm{d}(\omega_1 t)$$

$$b_k = \frac{2}{T}\int_0^T f(t)\sin k\omega_1 t\,\mathrm{d}t = \frac{1}{\pi}\int_0^{2\pi} f(t)\sin k\omega_1 t\,\mathrm{d}(\omega_1 t) = \frac{1}{\pi}\int_{-\pi}^{\pi} f(t)\sin k\omega_1 t\,\mathrm{d}(\omega_1 t)$$

对于式（13-1），将同频率的正弦项与余弦项合并，并以余弦项为参考，可写成

$$f(t) = A_0 + \sum_{k=1}^{\infty} A_{km}\cos(k\omega_1 t + \psi_k) \tag{13-2}$$

式中的恒定分量 A_0 也称为直流分量，$k=1$ 时的简谐分量 $A_{1m}\cos(\omega_1 t + \psi_1)$ 称为周期函数 $f(t)$ 的一次谐波，或称为基波；$k=2$ 时的简谐分量 $A_{2m}\cos(2\omega_1 t + \psi_2)$ 称为周期函数 $f(t)$ 的二次谐波；$\cdots$；$k=n$ 时的简谐分量 $A_{nm}\cos(n\omega_1 t + \psi_n)$ 称为周期函数 $f(t)$ 的 n 次谐波。

式（13-1）和式（13-2）中的参数关系为

$$\begin{cases} A_0 = a_0 \\ A_{km} = \sqrt{a_k^2 + b_k^2} \\ \psi_k = \arctan^{-1}\left(-\dfrac{b_k}{a_k}\right) \end{cases} \qquad \begin{cases} a_k = A_{km}\cos\psi_k \\ b_k = A_{km}\sin\psi_k \end{cases} \tag{13-3}$$

将一个周期函数 $f(t)$ 分解为谐波的主要工作就是计算傅里叶系数。

例 13-1　试求图 13-1 所示锯齿波的傅里叶级数。

解：电压 $u(t)$ 在一个周期内的表达式为

$$u = 5 \times 10^3 t$$

锯齿波的周期 $T = 10^{-3}\,\mathrm{s}$，基波角频率 $\omega = \dfrac{2\pi}{T} = 2000\pi\,\mathrm{rad}$。

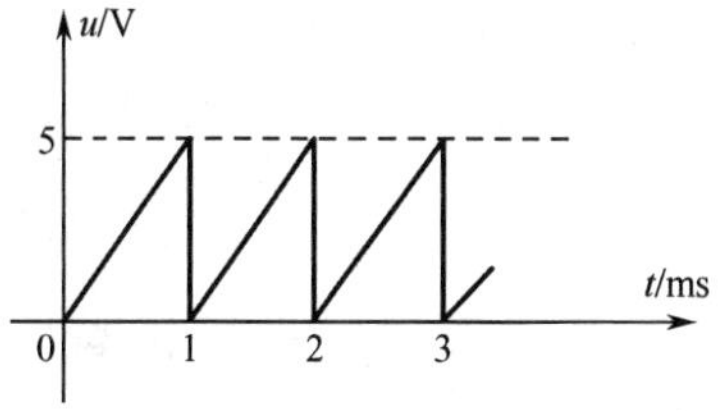

图 13-1　例 13-1 图

各傅里叶系数分别为

$$a_0 = \frac{1}{T}\int_0^T u(t)\,\mathrm{d}t = \frac{1}{T}\int_0^T 5000t\,\mathrm{d}t = 2.5$$

$$a_k = \frac{2}{T}\int_0^T u(t)\cos k\omega_1 t\,\mathrm{d}t = \frac{2}{T}\int_0^T 5000t\cos k\omega_1 t\,\mathrm{d}t = 0$$

$$b_k = \frac{2}{T}\int_0^T u(t)\sin k\omega_1 t\,\mathrm{d}t = \frac{2}{T}\int_0^T 5000t\sin k\omega_1 t\,\mathrm{d}t = -5/k\pi$$

所以，$u(t)$ 的傅里叶级数展开式为

$$u(t) = 2.5 - \frac{5}{\pi}\left(\sin\omega t + \frac{1}{2}\sin 2\omega t + \frac{1}{3}\sin 3\omega t + \cdots\right)$$

2. 周期函数 $f(t)$ 展开成为指数形式的傅里叶级数

将一个周期函数 $f(t)$ 分解成三角函数形式的傅里叶级数时，虽然含义很清楚，但其表达并不简洁。于是，可利用指数形式的傅里叶级数来描述周期函数 $f(t)$。

根据欧拉公式

$$\begin{cases} \mathrm{e}^{\mathrm{j}\omega} = \cos\omega + \mathrm{j}\sin\omega \\ \mathrm{e}^{-\mathrm{j}\omega} = \cos\omega - \mathrm{j}\sin\omega \end{cases}$$

可将式（13-1）写成

$$f(t) = a_0 + \sum_{k=1}^{\infty}\left(a_k\frac{\mathrm{e}^{\mathrm{j}k\omega_1 t} + \mathrm{e}^{-\mathrm{j}k\omega_1 t}}{2} + b_k\frac{\mathrm{e}^{\mathrm{j}k\omega_1 t} - \mathrm{e}^{-\mathrm{j}k\omega_1 t}}{2\mathrm{j}}\right)$$

$$= a_0 + \sum_{k=1}^{\infty}\left(\frac{a_k - jb_k}{2}e^{jk\omega_1 t} + \frac{a_k + jb_k}{2}e^{-jk\omega_1 t}\right)$$

令 $k = -k'$，可得 $f(t) = a_0 + \sum_{k=1}^{\infty}\left(\frac{a_k - jb_k}{2}e^{jk\omega_1 t} + \frac{a_{-k'} + jb_{-k'}}{2}e^{jk'\omega_1 t}\right)$

因为 $a_{-k'} = \frac{2}{T}\int_0^T f(t)\cos(-k')\omega_1 t dt = \frac{2}{T}\int_0^T f(t)\cos k'\omega_1 t dt = a_{k'}$

$$b_{-k'} = \frac{2}{T}\int_0^T f(t)\sin(-k')\omega_1 t dt = -\frac{2}{T}\int_0^T f(t)\sin k'\omega_1 t dt = -b_{k'}$$

所以 $f(t) = a_0 + \sum_{k=1}^{\infty}\left(\frac{a_k - jb_k}{2}e^{jk\omega_1 t} + \frac{a_{-k'} + jb_{-k'}}{2}e^{jk'\omega_1 t}\right)$

$$= a_0 + \sum_{k=1}^{\infty}\left(\frac{a_k - jb_k}{2}\right)e^{jk\omega_1 t} + \sum_{k'=-1}^{-\infty}\left(\frac{a_{k'} - jb_{k'}}{2}\right)e^{jk'\omega_1 t}$$

$$= a_0 + \sum_{\substack{k=-\infty \\ k\neq 0}}^{\infty}\left(\frac{a_k - jb_k}{2}\right)e^{jk\omega_1 t} = \sum_{k=-\infty}^{\infty} c_k e^{jk\omega_1 t}$$

即 $$f(t) = \sum_{k=-\infty}^{\infty} c_k e^{jk\omega_1 t} \tag{13-4}$$

式（13-4）称为指数形式的傅里叶级数，式中的傅里叶系数为

$$\begin{cases} c_0 = a_0 = \dfrac{1}{T}\int_0^T f(t)dt, & \text{当} k = 0 \text{时} \\[3mm] c_k = \dfrac{a_k - jb_k}{2} = \dfrac{1}{T}\int_0^T f(t)(\cos k\omega_1 t - j\sin k\omega_1 t)dt = \dfrac{1}{T}\int_0^T f(t)e^{-jk\omega_1 t}dt, & \text{当} k \neq 0 \text{时} \end{cases}$$

13.1.2 周期信号的频谱

使用频谱图可以直观地了解周期信号分解为傅里叶级数后包含哪些谐波分量，各谐波分量所占的比重和相互关系。频谱图分为振幅频谱和相位频谱。

1. 振幅频谱

将周期信号中各次谐波的振幅大小按其角频率依次排列的分布图称为振幅频谱，其纵坐标表示振幅，横坐标表示角频率。

2. 相位频谱

将周期信号中各次谐波的初相角按其角频率依次排列的分布图称为相位频谱，其纵坐标表示相位，横坐标表示角频率。

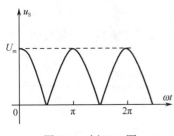

图 13-2   例 13-2 图

注意，当振幅相量为正实数时，初相角记为 0；当振幅相量为负实数时，初相角记为 π。

例 13-2   如图 13-2 中所示的 u_S 是一个全波整流电压，其中 $U_m = 157\text{V}$，$\omega = 314\text{rad/s}$，试将 u_S 展开成三角函数形式和指数形式的傅里叶级数，并画出频谱图。

解：（1）因为 $u_S(t)$ 对称于纵轴，为偶函数，所以系数 $b_k = 0$，只存在 a_0 和 a_k；又因为 $u_S(t) = u_S(t \pm T/2)$，波形为半波对称，所以系数 a_k 中只含偶数项。即

$$a_0 = \frac{1}{T}\int_{-T/2}^{T/2} u_S(t)dt = \frac{4}{T}\int_0^{T/4} U_m \cos\omega_1 t dt = \frac{4U_m}{T\omega_1}\int_0^{\pi/2} \cos\omega_1 t d(\omega_1 t)$$

$$= \frac{4U_\mathrm{m}}{T\omega_1}\sin\omega_1 t\Big|_0^{\frac{\pi}{2}} = \frac{2U_\mathrm{m}}{\pi} = 100\mathrm{V}$$

$$a_k = \frac{1}{T}\int_{-T/2}^{T/2} u_\mathrm{S}(t)\cos k\omega_1 t\,\mathrm{d}t = \frac{8}{T}\int_0^{T/4} U_\mathrm{m}\cos\omega_1 t\cos k\omega_1 t\,\mathrm{d}t = \frac{4U_\mathrm{m}}{\pi}\int_0^{\pi/2}\cos\omega_1 t\cos k\omega_1 t\,\mathrm{d}(\omega_1 t)$$

$$= \frac{2U_\mathrm{m}}{\pi}\left[\frac{\sin(k+1)\omega_1 t}{k+1} + \frac{\sin(k-1)\omega_1 t}{k-1}\right]\Bigg|_0^{\frac{\pi}{2}} = \frac{2U_\mathrm{m}}{\pi}\left[\frac{(k-1)\sin(k+1)\dfrac{\pi}{2} + (k+1)\sin(k-1)\dfrac{\pi}{2}}{k^2-1}\right]$$

$$= \begin{cases} 0, & k = 1,3,5,\cdots \\ -\dfrac{200}{k^2-1}\cos k\dfrac{\pi}{2}, & k = 2,4,6,\cdots \end{cases}$$

所以，三角函数形式的傅里叶级数展开式为

$$u_\mathrm{S}(t) = 100 + \sum_{k=1}^{\infty} a_k\cos k\omega_1 t = 100 + \sum_{k=1}^{\infty}\left(-\frac{200}{k^2-1}\cos k\frac{\pi}{2}\right)\cos k\omega_1 t$$

$$= 100 + 66.67\cos 2\omega_1 t - 13.33\cos 4\omega_1 t + \cdots$$

（2）又知

$$C_k = \frac{1}{T}\int_0^T u_\mathrm{S}(t)\mathrm{e}^{-jk\omega_1 t}\,\mathrm{d}t = \frac{1}{T}\int_{-T/2}^{T/2} u_\mathrm{S}(t)\mathrm{e}^{-jk\omega_1 t}\,\mathrm{d}t = \frac{1}{\omega_1 T}\int_{-\pi}^{\pi} u_\mathrm{S}(t)\mathrm{e}^{-jk\omega_1 t}\,\mathrm{d}(\omega_1 t)$$

$$= \frac{1}{2\pi}\int_{-\pi}^{\pi} u_\mathrm{S}(t)\mathrm{e}^{-jk\omega_1 t}\,\mathrm{d}(\omega_1 t)$$

因为 $u_\mathrm{S}(t)$ 可用分段函数描述为

$$u_\mathrm{S}(t) = \begin{cases} -\cos\omega t, & -\pi \leqslant \omega_1 t \leqslant -\pi/2 \\ \cos\omega t, & -\pi/2 \leqslant \omega_1 t \leqslant \pi/2 \\ -\cos\omega t, & \pi/2 \leqslant \omega_1 t \leqslant \pi \end{cases}$$

对 C_k 进行分段积分，并利用积分式 $\displaystyle\int\cos px\,\mathrm{e}^{ax}\,\mathrm{d}x = \frac{\mathrm{e}^{ax}(a\cos px + p\sin px)}{a^2 + p^2}$ ，可得

$$C_k = \begin{cases} 0, & k\text{为奇数} \\ -\dfrac{100}{k^2-1}\cos k\dfrac{\pi}{2}, & k\text{为偶数} \end{cases}$$

所以，指数形式的傅里叶级数展开式为

$$u_\mathrm{S}(t) = \sum_{k=-\infty}^{\infty} C_k\mathrm{e}^{jk\omega_1 t} = -100\sum_{k=-\infty}^{\infty}\frac{\cos k\dfrac{\pi}{2}}{k^2-1}\mathrm{e}^{jk\omega_1 t}, \quad k\text{为偶数}$$

（3）描绘频谱图

由三角函数形式的傅里叶级数展开式可得幅值

$$a_2 = \frac{200}{k^2-1} = 66.67, \quad a_4 = -13.33, \quad a_6 = 5.71, \quad a_8 = -3.17\cdots\cdots$$

由于 $u_\mathrm{S}(t) = 100 + \sum\limits_{k=1}^{\infty} a_k\cos k\omega_1 t = 100 + \sum\limits_{k=1}^{\infty}\left(-\dfrac{200}{k^2-1}\cos k\dfrac{\pi}{2}\right)\cos k\omega_1 t$ ，因此

① 当 $k=2$ 时，振幅相量 $\left(-\dfrac{200}{k^2-1}\cos k\dfrac{\pi}{2}\right)$ 为正实数，故取初相为 0；

② 当 $k=4$ 时，振幅相量 $\left(-\dfrac{200}{k^2-1}\cos k\dfrac{\pi}{2}\right)$ 为负实数，故取初相为 π；

③ 当 $k=6$ 时，振幅相量 $\left(-\dfrac{200}{k^2-1}\cos k\dfrac{\pi}{2}\right)$ 为正实数，故取初相为 0；

④ 当 $k=8$ 时，振幅相量 $\left(-\dfrac{200}{k^2-1}\cos k\dfrac{\pi}{2}\right)$ 为负实数，故取初相为 π；

于是，可描绘出振幅频谱和相位频谱如图 13-3 所示。

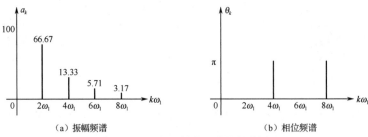

（a）振幅频谱   （b）相位频谱

图 13-3   三角函数展开式的频谱图

由指数函数形式的傅里叶级数展开式可得幅值

$$c_2=\frac{100}{k^2-1}=33.33，\quad c_4=-6.67，\quad c_6=2.86，\quad c_8=-1.58，\quad\cdots$$

由于 $u_S(t)=\displaystyle\sum_{k=-\infty}^{\infty}C_k\mathrm{e}^{jk\omega_1 t}=-100\sum_{k=-\infty}^{\infty}\dfrac{\cos k\dfrac{\pi}{2}}{k^2-1}\mathrm{e}^{jk\omega_1 t}$ ，因此，

① 当 $k=2$ 时，振幅相量 $\left(-\dfrac{100}{k^2-1}\cos k\dfrac{\pi}{2}\right)$ 为正实数，故取初相为 0；

② 当 $k=4$ 时，振幅相量 $\left(-\dfrac{100}{k^2-1}\cos k\dfrac{\pi}{2}\right)$ 为负实数，故取初相为 π；

③ 当 $k=6$ 时，振幅相量 $\left(-\dfrac{100}{k^2-1}\cos k\dfrac{\pi}{2}\right)$ 为正实数，故取初相为 0；

④ 当 $k=8$ 时，振幅相量 $\left(-\dfrac{100}{k^2-1}\cos k\dfrac{\pi}{2}\right)$ 为负实数，故取初相为 π；

于是，可描绘出振幅频谱和相位频谱如图 13-4 所示。

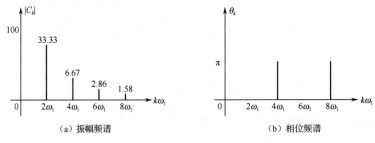

（a）振幅频谱   （b）相位频谱

图 13-4   指数函数展开式的频谱图

注意，从本例可以看出，指数形式下的振幅频谱中谱线的高度（模）只是三角函数展开式的振幅频谱的一半。

13.2 非正弦周期信号的有效值、平均值和平均功率

13.2.1 非正弦周期信号的有效值

第 9 章曾给出了正弦信号有效值的定义。对于任意非正弦周期信号 $f(t)$，仍然可沿用前面的定义，即任意非正弦周期信号 $f(t)$ 的有效值定义为

$$F = \sqrt{\frac{1}{T}\int_0^T f^2(t)\mathrm{d}t} \tag{13-5}$$

根据式（13-2），设非正弦周期电流 $i(t)$ 的傅里叶展开式为

$$i(t) = I_0 + \sum_{k=1}^{\infty} I_{km}\cos(k\omega_1 t + \psi_k) \tag{13-6}$$

则其有效值为

$$I = \sqrt{\frac{1}{T}\int_0^T i^2(t)\mathrm{d}t} = \sqrt{\frac{1}{T}\int_0^T [I_0 + \sum_{k=1}^{\infty} I_{km}\cos(k\omega_1 t + \psi_k)]^2\,\mathrm{d}t}$$

式中的平方项展开得

$$\frac{1}{T}\int_0^T I_0^2\mathrm{d}t + \frac{1}{T}\int_0^T I_{km}^2\cos^2(k\omega_1 t + \psi_k)\mathrm{d}t + \frac{1}{T}\int_0^T 2I_0 I_{km}\cos(k\omega_1 t + \psi_k)\mathrm{d}t +$$

$$+ \frac{1}{T}\int_0^T 2I_{km}\cos(k\omega_1 t + \psi_k)I_{qm}\cos(q\omega_1 t + \psi_q)\mathrm{d}t \,\Big|_{(k\neq q)}$$

后两项在一个周期内的积分为零，故上式为

$$I = \sqrt{\frac{1}{T}\int_0^T i^2(t)\mathrm{d}t} = \sqrt{\frac{1}{T}\int_0^T I_0^2\mathrm{d}t + \frac{1}{T}\int_0^T I_{km}^2\cos^2(k\omega_1 t + \psi_k)\mathrm{d}t}$$

$$= \sqrt{I_0^2 + \left(\frac{I_{1m}}{\sqrt{2}}\right)^2 + \left(\frac{I_{2m}}{\sqrt{2}}\right)^2 + \cdots + \left(\frac{I_{km}}{\sqrt{2}}\right)^2} = \sqrt{I_0^2 + I_1^2 + I_2^2 + \cdots + I_k^2} \tag{13-7}$$

同理，若非正弦周期电压 $u(t)$ 的傅里叶展开式为

$$u(t) = U_0 + \sum_{k=1}^{\infty} U_{km}\cos(k\omega_1 t + \psi_k) \tag{13-8}$$

则其有效值为

$$U = \sqrt{U_0^2 + U_1^2 + U_2^2 + \cdots + U_k^2} \tag{13-9}$$

式中，$U_k = U_{km}/\sqrt{2}$。

综上所述，可以得出结论：非正弦周期信号的有效值等于其恒定分量的平方与各次谐波分量有效值的平方和的正平方根。

例 13-3 求下列非正弦周期信号的有效值：

（1）$i(t) = 1 + 2\sqrt{2}\cos 100t + \sqrt{2}\cos 200t$

（2）$u(t) = 220\sqrt{2}\cos(\omega t - 120°) + 50\sqrt{2}\cos 3\omega t + 10\sqrt{2}(5\omega t + 120°)$

解：（1）由题知，非正弦周期电流各次谐波分量的有效值分别为 $I_0 = 1\text{A}$，$I_1 = 2\text{A}$，$I_2 = 1\text{A}$，根据式（13-7）可得

$$I = \sqrt{I_0^2 + I_1^2 + I_2^2} = \sqrt{1 + 4 + 1} = \sqrt{6} = 2.45\text{A}$$

（2）由题知，非正弦周期电压各次谐波分量的有效值分别为 $U_1 = 220\text{V}$，$U_3 = 50\text{V}$，$U_5 = 10\text{V}$，根据式（13-9）可得

$$U = \sqrt{U_1^2 + U_3^2 + U_5^2} = \sqrt{220^2 + 50^2 + 10^2} = 225.83\text{V}$$

13.2.2　非正弦周期信号的平均值

根据数学知识可知，一个函数 $f(t)$ 的平均值 F_{av} 的计算如下：

$$F_{av} = \frac{1}{T}\int_0^T f(t)\mathrm{d}t \tag{13-10}$$

显然，按照式（13-10）计算任意非正弦周期信号 $f(t)$ 的平均值时，由于各次谐波都是频率不同的正弦波，它们关于横轴对称，因此，计算所得结果应为 $f(t)$ 中的恒定分量（直流分量）F_0，即

$$\left.\begin{aligned} I_0 &= \frac{1}{T}\int_0^T i(t)\mathrm{d}t \\ U_0 &= \frac{1}{T}\int_0^T u(t)\mathrm{d}t \end{aligned}\right\} \tag{13-11}$$

那么，如果要计算包含各次谐波的平均值，则必须采用绝对值的平均值，即所谓的"均绝值"进行计算，定义为

$$F_{aa} = \frac{1}{T}\int_0^T |f(t)|\mathrm{d}t \tag{13-12}$$

对于任意非正弦周期信号 $f(t)$ 的均绝值，由于各次谐波都关于横轴对称，故可只取半个周期计算，即

$$F_{aa} = \frac{2}{T}\int_0^{T/2} |f(t)|\mathrm{d}t \tag{13-13}$$

在电子技术应用中，整流电路的输出波形就是均绝值。比如正弦电流的均绝值为

$$I_{aa} = \frac{2}{T}\int_0^{T/2} |I_m\cos\omega t|\mathrm{d}t = \frac{2I_m}{\pi} = 0.637I_m = 0.898I \tag{13-14}$$

例 13-4　电路如图 13-5（a）所示，$u(t)$ 为矩形方波，如图 13-5（b）所示，试求其端口电流 $i(t)$ 的有效值、平均值和均绝值。

解：根据理想二极管 VD 的导通和截止状况，可得端口电流的波形如图 13-6 所示。

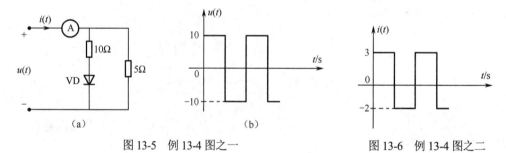

图 13-5　例 13-4 图之一　　　　　　　　　　图 13-6　例 13-4 图之二

于是可得

有效值　　　$I = \sqrt{\dfrac{1}{T}\int_0^T i^2(t)\mathrm{d}t} = \sqrt{\dfrac{1}{T}\left(9\times\dfrac{T}{2} + 4\times\dfrac{T}{2}\right)} = 2.55\mathrm{A}$

平均值　　　$I_0 = \dfrac{1}{T}\int_0^T i(t)\mathrm{d}t = \dfrac{1}{T}\left(3\times\dfrac{T}{2} - 2\times\dfrac{T}{2}\right) = 0.5\mathrm{A}$

均绝值　　　$I_a = \dfrac{1}{T}\int_0^T |i(t)|\mathrm{d}t = \dfrac{1}{T}\left(3\times\dfrac{T}{2} + 2\times\dfrac{T}{2}\right) = 2.5\mathrm{A}$

13.2.3 非正弦周期信号的平均功率

设电路输入端口的电压和电流分别为

$$\begin{cases} u(t) = U_0 + \sum_{k=1}^{\infty} U_{km} \cos(k\omega_1 t + \psi_{uk}) \\ i(t) = I_0 + \sum_{k=1}^{\infty} I_{km} \cos(k\omega_1 t + \psi_{ik}) \end{cases}$$

若 $u(t)$、$i(t)$ 取关联参考方向，则其平均功率为

$$P = \frac{1}{T} \int_0^T u(t)i(t)\mathrm{d}t = U_0 I_0 + \sum_{k=1}^{\infty} U_k I_k \cos\psi_k = P_0 + P_1 + P_2 + \cdots + P_k + \cdots \qquad (13\text{-}15)$$

上式所得结果运用了三角函数的正交性，即不同频率的电压与电流的乘积在一个周期内的积分等于零。式中，$U_k = U_{km}/\sqrt{2}$，$I_k = I_{km}/\sqrt{2}$，$\psi_k = \psi_{uk} - \psi_{ik}$。

从式（13-15）可得出结论：非正弦周期信号电路的平均功率等于恒定分量构成的功率与各次谐波构成的平均功率之和。

注意，只有频率相同的电压和电流才能构成平均功率，频率不同的电压和电流只构成瞬时功率。

例 13-5　已知某电路的激励为 $u_s(t) = 50 + 50\cos 500t + 30\cos 1000t + 20\cos 1500t$，电路的响应为 $i(t) = 1.663\cos(500t + 86.19°) + 15\cos 1000t + 1.191\cos(1500t - 83.16°)$，试求：（1）激励和响应的有效值；（2）电路消耗的平均功率。

解：（1）激励的有效值为

$$U_s = \sqrt{U_0^2 + U_1^2 + U_2^2 + U_3^2} = \sqrt{50^2 + \left(\frac{50}{\sqrt{2}}\right)^2 + \left(\frac{30}{\sqrt{2}}\right)^2 + \left(\frac{20}{\sqrt{2}}\right)^2} = \sqrt{4400} = 66.33\text{V}$$

响应的有效值为　$I = \sqrt{I_1^2 + I_2^2 + I_3^2} = \sqrt{\left(\frac{1.663}{\sqrt{2}}\right)^2 + \left(\frac{15}{\sqrt{2}}\right)^2 + \left(\frac{1.191}{\sqrt{2}}\right)^2} = 10.7\text{A}$

（2）电路消耗的平均功率为
$$P = P_0 + P_1 + P_2 + P_3$$
$$= 50 \times 0 + \frac{50}{\sqrt{2}} \times \frac{1.663}{\sqrt{2}} \cos(0° - 86.19°) + \frac{30}{\sqrt{2}} \times \frac{15}{\sqrt{2}} \cos(0° - 0°) + \frac{20}{\sqrt{2}} \times \frac{1.191}{\sqrt{2}} \cos(0° + 83.16°)$$
$$= 229.18\text{W}$$

13.3　非正弦周期信号激励下的稳态电路分析

当电路的激励是非正弦周期电源，或者电路的激励由几个不同频率的独立电源构成时，这样的电路就属于非正弦周期信号激励的电路。对这样的电路进行稳态分析时必须依据叠加原理，利用相量法分别计算各个谐波分量所产生的响应，最后再将所有结果在时域内进行叠加。

具体的分析步骤如下：

（1）将时域中给定的周期函数按照傅里叶级数展开，得到一系列不同频率的谐波分量。注意，这一步完成了从时域到频域的变换，但由于傅里叶级数是一个无穷级数，因此，变换后的谐波取到哪一项为止，要由所需的精度确定。

（2）若激励为电压源，则分解后的各次谐波电压源视为相串联；若激励为电流源，则分解后的各次谐波电流源视为相并联。

（3）对于恒定分量激励（直流激励），运用直流电路的分析方法进行求解；对于各次谐波激励，运用正弦交流电路的相量法分别计算电路对各次谐波激励的响应。

注意，在计算各次谐波激励的响应时，应注意容抗和感抗是频率的函数，即第 k 次谐波的容抗为 $X_{Ck}=\dfrac{1}{k\omega_1 C}=\dfrac{1}{k}X_C$（ $X_C=\dfrac{1}{\omega_1 C}$ 为基波容抗），第 k 次谐波的感抗为 $X_{Lk}=k\omega_1 L=kX_L$（ $X_L=\omega_1 L$ 为基波感抗）。

（4）将各次谐波激励的响应写成时域形式后，再根据叠加定理在时域内将各响应进行叠加，即得电路总的稳态响应。

注意，不能在频域内进行各次谐波相量的叠加，因为各次谐波相量所隐含的频率不同。

例 13-6 电路如图 13-7 所示，已知 $u_s(t)=100+276\cos\omega_1 t+100\cos 3\omega_1 t+50\cos 9\omega_1 t$ ， $R=20\Omega$ ， $\omega_1 L_1=0.625\Omega$ ， $\omega_1 L_2=5\Omega$ ， $1/\omega_1 C=45\Omega$ ，求电流 $i(t)$ 。

解：题目所给非正弦周期信号已分解成傅里叶级数，其中恒定分量 $U_0=100\text{V}$ ，基波分量 $u_1=276\cos\omega_1 t(\text{V})$ ，三次谐波分量 $u_3=100\cos 3\omega_1 t(\text{V})$ ，九次谐波分量 $u_9=50\cos 9\omega_1 t(\text{V})$ ，根据叠加原理，可将电路视为图 13-8 所示的电路。

下面分别计算各次谐波激励的响应。

（1）直流激励 $U_0=100\text{V}$ ，此时电路如图 13-9 所示，故 $I_0=U_0/R=100/20=5\text{A}$ 。

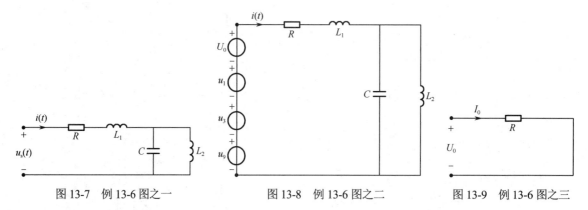

图 13-7 例 13-6 图之一   图 13-8 例 13-6 图之二   图 13-9 例 13-6 图之三

（2）基波激励 $u_1=276\cos\omega_1 t(\text{V})$ ， $\dot{U}_{1m}=276\angle 0^\circ$ ，此时电路如图 13-10 所示。

因为

$$Z_1(\omega_1)=R+\text{j}\omega_1 L_1+\left(\text{j}\omega_1 L_2 /\!/ \frac{1}{\text{j}\omega_1 C}\right)=20+\text{j}6.25=20.95\angle 17.4^\circ$$

故

$$\dot{I}_{1m}=\frac{\dot{U}_{1m}}{Z_1(\omega_1)}=\frac{276\angle 0^\circ}{20.95\angle 17.4^\circ}=13.17\angle -17.4^\circ(\text{A})$$

（3）三次谐波激励 $u_3=100\cos 3\omega_1 t(\text{V})$ ， $\dot{U}_{3m}=100\angle 0^\circ$ ，此时电路如图 13-11 所示。

因为 $\text{j}3\omega_1 L_2=\text{j}15$ ， $\dfrac{1}{\text{j}3\omega_1 C}=-\text{j}15$ ，故 L_2 与 C 发生并联谐振，有 $Z_3(3\omega_1)=\infty$ ，故 $\dot{I}_{3m}=0$ 。

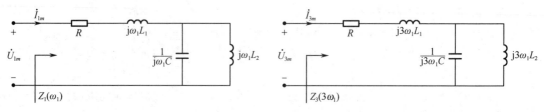

图 13-10 例 13-6 图之四   图 13-11 例 13-6 图之五

（4）九次谐波激励 $u_9 = 50\cos 9\omega_1 t(\text{V})$，$\dot{U}_{9m} = 50\angle 0°$，此时电路如图 13-12 所示。

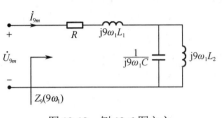

因为
$$Z_9(9\omega_1) = R + j9\omega_1 L_1 + \left(j9\omega_1 L_2 // \frac{1}{j9\omega_1 C} \right)$$
$$= 20 + j5.625 - j5.625 = 20\Omega$$

故此时电路发生了串联谐振，有
$$\dot{I}_{9m} = \frac{\dot{U}_{9m}}{Z_9(9\omega_1)} = \frac{50\angle 0°}{20} = 2.5\angle 0°(\text{A})$$

图 13-12　例 13-6 图之六

最后将各次谐波激励的响应写成时域形式后，再根据叠加定理在时域内将各响应进行叠加，即得电流 $i(t)$ 为

$$i(t) = I_0 + i_1(t) + i_3(t) + i_9(t) = 5 + 13.17\cos(\omega_1 t - 17.4°) + 2.5\cos 9\omega_1 t(\text{A})$$

例 13-7　如图 13-13 所示为一滤波电路，已知 $u_1(t) = U_{m1}\cos\omega_1 t + U_{m3}\cos 3\omega_1 t$，若要求输出 $u_2(t) = U_{m1}\cos\omega_1 t$，问 C_1、C_2 应满足什么条件？

解： 由图 13-13 所示电路可知 $u_2 = Ri_2$，本题要求 u_2 中无三次谐波，其实是要使 i_2 中无三次谐波。要达到滤掉三次谐波的目的，必须有 $Z(3\omega_1) = \infty$，即让 L_1 和 C_1 对三次谐波发生并联谐振，这时

$$3\omega_1 L_1 = \frac{1}{3\omega_1 C_1} \tag{13-16}$$

题目还要求，当一次谐波作用时信号直通，即 $u_2 = u_{1(1)} = U_{m1}\cos\omega_1 t$，$Z(\omega_1) = R$，这时应有 L_1、C_1 和 C_2 对一次谐波发生串联谐振，即

$$\frac{j\omega_1 L_1 \times \frac{1}{j\omega_1 C_1}}{j\omega_1 L_1 + \frac{1}{j\omega_1 C_1}} + \frac{1}{j\omega_1 C_2} = 0$$

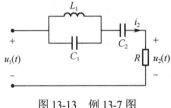

整理得

$$1 - \omega_1^2 L_1 (C_1 + C_2) = 0 \tag{13-17}$$

图 13-13　例 13-7 图

将式（13-16）代入式（13-17）可得

$$C_2 = 8C_1$$

例 13-8　电路如图 13-14 所示，已知 u_s 为非正弦周期电压源，I_{s1} 和 I_{s2} 均为直流源，当 $R_1 = 1\Omega$ 时，$i = 3.6 + 2.4\cos 500t$，若将 R_1 改为 2Ω，试求电压 u 和 R_1 消耗的平均功率。

解： 先用戴维宁定理求 a、b 端口的等效电路，从 a、b 端口看进去的电路如图 13-15 所示。再用 Y/△ 转换可求得 $R_{ab} = 4\Omega$，电路可化简为图 13-16 所示。

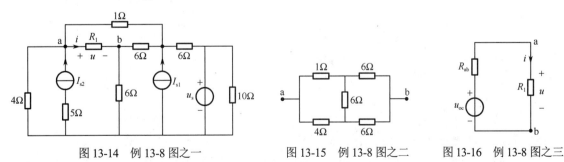

图 13-14　例 13-8 图之一　　　　图 13-15　例 13-8 图之二　　　　图 13-16　例 13-8 图之三

由题意，当 $R_1 = 1\Omega$ 时，$i = 3.6 + 2.4\cos 500t$，所以 $u_{oc} = R_{ab}i + u = 18 + 12\cos 500t$。

当 $R_1 = 2\Omega$ 时，$i = \dfrac{u_{oc}}{R_{ab} + R_1} = 3 + 2\cos 500t$，所以

$$u = R_1 i = 6 + 4\cos 500t$$

R_1 消耗的平均功率为

$$P = R_1 I_0^2 + R_1 I_{(1)}^2 = 2\left[3^2 + \left(\frac{2}{\sqrt{2}}\right)^2\right] = 22\text{W}$$

例 13-9　电路如图 13-17 所示，已知 $u(t) = 10 + 80\cos(\omega_1 t + 30^\circ) + 18\cos 3\omega_1 t$，$R = 6\Omega$，$\omega_1 L = 2\Omega$，$1/\omega_1 C = 18\Omega$，试求电流 $i(t)$ 和各电表的读数。

解：由叠加原理，当 $u(t)$ 中的直流分量作用于电路时，电容开路，所以 $I_0 = 0$；

当 $u(t)$ 中的基波分量作用于电路时，$\dot{U}_{(1)} = \dfrac{80}{\sqrt{2}}$

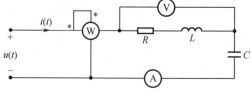

图 13-17　例 12-9 图

$\angle 30^\circ$，所以

$$\dot{I}_{(1)} = \frac{\dot{U}_{(1)}}{R + j\left(\omega_1 L - \dfrac{1}{\omega_1 C}\right)} = \frac{\dfrac{80}{\sqrt{2}}\angle 30^\circ}{6 + j(2-18)} = \frac{4.68}{\sqrt{2}}\angle 99.4^\circ$$

有

$$\dot{U}_{RL(1)} = (R + j\omega_1 L)\dot{I}_{(1)} = (6 + j2)\frac{4.68}{\sqrt{2}}\angle 99.4^\circ = \frac{29.6}{\sqrt{2}}\angle 117.8^\circ$$

当 $u(t)$ 中的三次谐波分量作用于电路时，$\dot{U}_{(3)} = \dfrac{18}{\sqrt{2}}\angle 0^\circ$，而由于 $3\omega_1 L = 6$，并且 $\dfrac{1}{3\omega_1 C} = 6$，即电路发生串联谐振，因此

$$\dot{I}_{(3)} = \frac{\dot{U}_{(3)}}{R} = \frac{3}{\sqrt{2}}\angle 0^\circ$$

有

$$\dot{U}_{RL(3)} = (R + j3\omega_1 L)\dot{I}_{(3)} = (6 + j6)\frac{3}{\sqrt{2}}\angle 0^\circ = 18\angle 45^\circ$$

所以

$$i = I_0 + i_{(1)} + i_{(3)} = 0 + 4.68\cos(\omega_1 t + 99.4^\circ) + 3\cos 3\omega_1 t$$

电压表的读数为 u_{RL} 的有效值，即

$$U_{RL} = \sqrt{U_{RL(1)}^2 + U_{RL(3)}^2} = \sqrt{\left(\frac{29.6}{\sqrt{2}}\right)^2 + 18^2} = 27.6\text{V}$$

电流表的读数为 i 的有效值，即

$$I = \sqrt{I_{(1)}^2 + I_{(3)}^2} = \sqrt{\left(\frac{4.68}{\sqrt{2}}\right)^2 + \left(\frac{3}{\sqrt{2}}\right)^2} = 3.93\text{A}$$

功率表的读数为

$$P = RI^2 = 6 \times 3.93^2 = 92.6\text{W}$$

13.4　计算机仿真

例 13-10　方波信号的傅里叶分析

图 13-18（a）是单极性方波仿真电路。单极性方波信号可以使用函数信号发生器产生，按图 13-18（b）设置好参数，可以获得频率为 1kHz、占空比为 50%、幅值为 10V 的单极性方波，图 13-18（c）是单极性方波的波形图。

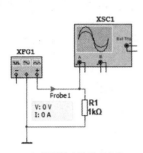
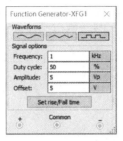
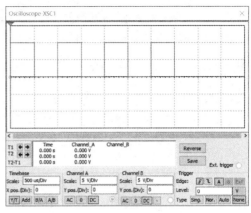

（a）单极性方波仿真电路　　　（b）函数信号发生器设置　　　　　　（c）单极性方波波形

图 13-18 单极性方波的测量

　　函数信号发生器在使用时需要注意两点：（1）函数信号发生器产生的方波默认是双极性的，参数设置界面的幅值是正的最大值，若要获得单极性方波，需要设置偏置电压"Offset"。（2）函数信号发生器有三个输出端子，函数发生器接线时若将"+"与"Common"端接入电路，则输出正极性信号，信号幅度与设置值相同；函数信号发生器接线时若将"–"与"Common"端接入电路，则输出负极性信号，信号幅度与设置值相同；若只将"+"与"–"端接入电路，"Common"端悬空，则输出信号幅度为设置值的两倍；若将"+"与"–"端接入电路，"Common"端接地，则输出两路幅值相等、相位相反的信号，每路信号的幅度为设置值。

　　此外，本例中的单极性方波信号的发生还可以使用 Multisim 元件库来获得，具体为 Sources→SIGNAL_VOLTAGE_SOURCE→CLOCK_VOLTAGE；参数设置为：幅值（Voltage）= 10V，频率（Frequency）= 1kHz。

　　方波信号的傅里叶级数展开式为 $f(t)=\dfrac{A_\mathrm{m}}{2}+\dfrac{2A_\mathrm{m}}{\pi}\left(\sin\omega t+\dfrac{1}{3}\sin 3\omega t+\dfrac{1}{5}\sin 5\omega t+\cdots\right)$，$A_\mathrm{m}=$ 10V，根据傅里叶级数展开式可以算出信号平均幅值为 5V，基波幅值为 6.368V，三次谐波最大幅值为 2.1232V，五次谐波幅值为 1.2738V 等。对图 13-18（a）产生的方波信号进行傅里叶分析，执行菜单命令 Simulate→Analysis→Fourier，弹出傅里叶分析对话框，设置好分析参数后，可以得到如图 13-19 所示的分析结果。信号均值、基波、各次谐波的幅值与理论计算值一致。

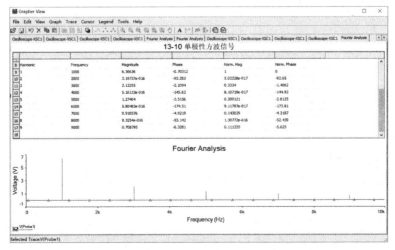

图 13-19 单极性方波的傅里叶分析

例 13-11 三角波信号的傅里叶分析

图 13-20（a）是三角波信号仿真电路，图 13-20（b）是三角波的波形图。三角波的幅度为 5V，

傅里叶展开式为 $f(t)=\dfrac{8A_m}{\pi^2}\left(\sin\omega t-\dfrac{1}{9}\sin 3\omega t+\dfrac{1}{25}\sin 5\omega t-\cdots\right)$。由于三角波在横轴上下部分包围的

面积相等，因此其直流分量为零。设 $A_m=5\text{V}$，可以计算出基波幅值为 4.057V，三次谐波最大幅值为 0.4507V，五次谐波幅值为 0.1622V 等。

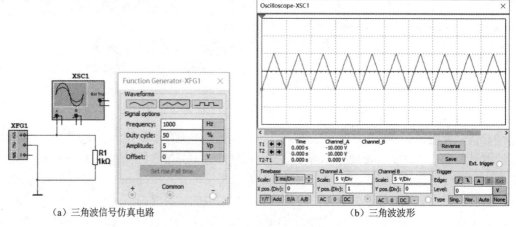

（a）三角波信号仿真电路　　　　　　　　　　　（b）三角波波形

图 13-20　三角波的测量

对图 13-20（a）产生的三角波信号进行傅里叶分析，可以得到如图 13-21 所示的分析结果。信号均值为 0、基波幅值为 4.053V、三次谐波幅值为 0.4505V、五次谐波幅值为 0.1623V，偶次谐波幅值几乎为零，可以忽略不计，其余的高次谐波幅值衰减得很快，与理论计算值一致。

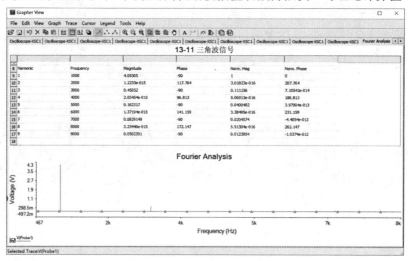

图 13-21　三角波的傅里叶分析

例 13-12 非正弦周期电流信号的有效值

流过 10Ω 电阻的电流为 $i(t)=5+10\sqrt{2}\cos 200\pi t+5\sqrt{2}\cos 400\pi t(\text{A})$，根据非正弦周期电流有效值的计算公式，可以计算出电流有效值为

$$I=\sqrt{5^2+\left(\frac{10\sqrt{2}}{\sqrt{2}}\right)^2+\left(\frac{5\sqrt{2}}{\sqrt{2}}\right)^2}\approx 12.247\text{A}$$

如图 13-22（a）所示，用功率表 XWM1 测量三个电流同时作用产生的功率为 1.5kW，图 13-22（b）所示是用功率表 XWM2 测量电流为 12.247A 的直流电流源作用于 10Ω 电阻上产生的功率为 1.5kW，结果相同。

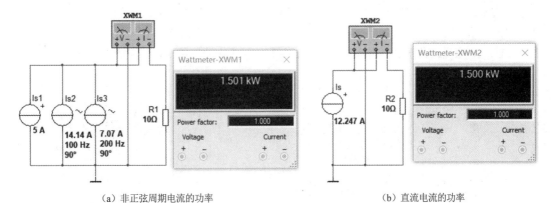

（a）非正弦周期电流的功率　　　　　　　　　　　　（b）直流电流的功率

图 13-22　非正弦周期电流的有效值

例 13-13　非正弦周期电压信号的有效值

10kΩ 电阻的端电压为 $u(t)=50+110\cos 200\pi t+50\cos(400\pi t+30°)(\text{V})$，根据非正弦周期电压有效值的计算公式，可以计算出电压有效值为

$$U=\sqrt{50^2+\left(\frac{110}{\sqrt{2}}\right)^2+\left(\frac{50}{\sqrt{2}}\right)^2}\approx 99\text{V}$$

如图 13-23（a）所示，用功率表 XWM1 测量三个电流同时作用产生的功率为 19.612W，图 13-23（b）所示是用功率表 XWM2 测量电压为 140V 的直流电流源作用于 10kΩ 电阻上输出的功率为 19.6W，结果相同。

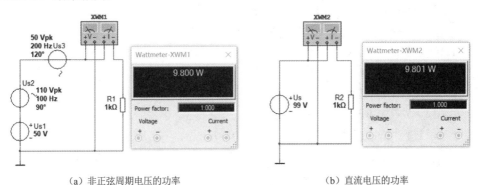

（a）非正弦周期电压的功率　　　　　　　　　　　　（b）直流电压的功率

图 13-23　非正弦周期电压的有效值

例 13-14　非正弦周期电压信号的平均功率

加在 10Ω 电阻上的电压为 $u(t)=5+10\sqrt{2}\cos(200\pi t+30°)+5\sqrt{2}\cos(400\pi t-30°)(\text{V})$，根据非正弦周期电路平均功率的计算公式，可以计算出各分量的平均功率：

直流分量　　　　　　　　$$P_0=\frac{U_{S0}^2}{R}=\frac{5^2}{10}=2.5\text{W}$$

基波功率　　　　　　　　$$P_1=\frac{U_{S1}^2}{R}\cos 0°=\frac{10^2}{10}=10\text{W}$$

二次谐波功率 $\qquad P_2 = \dfrac{U_{S2}^2}{R} \cos 0° = \dfrac{5^2}{10} = 2.5\text{W}$

总的平均功率为 $\qquad P_{总} = P_0 + P_1 + P_2 = 2.5 + 10 + 2.5 = 15\text{W}$

图 13-24（a）为非正弦周期电压的平均功率（15W），图 13-24（b）为直流分量产生的平均功率（2.5W），图 13-24（c）为基波产生的平均功率（10W），图 13-24（d）为二次谐波产生的平均功率（2.5W）。测量结果表明，电路总平均功率等于直流分量与各次谐波的平均功率之和。

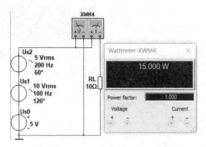

（a）非正弦周期电压的平均功率

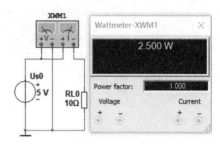

（b）直流分量的功率

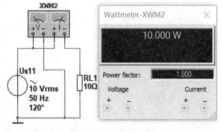

（c）基波的平均功率

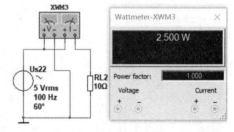

（d）二次谐波的平均功率

图 13-24　非正弦周期电压的平均功率

例 13-15　非正弦周期电流电路的稳态分析

如图 13-25（a）所示为 RLC 串联电路，已知 $R = 50\Omega$，$L = 10\text{mH}$，$C = 100\mu\text{F}$，外加电压为 $u_S(t) = 20 + 120\cos 628t + 60\cos(1256t - 30°)(\text{V})$，试求电路中的电流 i 和电路消耗的功率。

非正弦周期电压 u_S 的傅里叶级数已经给出，分别求出直流分量、基波和二次谐波分电路中的 i 和功率。直流分量单独作用时的电路如图 13-25（b）所示，此时电感相当于短路，电容相当于开路，电流 $I_0 = 0\text{A}$，$P_0 = 0\text{W}$。

基波分量单独作用时的电路如图 13-25（c）所示，有

$$Z_1 = 50 + \text{j}628 \times 0.01 - \text{j}\frac{1}{628 \times 100 \times 10^{-6}} = 50 - \text{j}9.64 \approx 50.92\angle -10.91°(\Omega)$$

$$\dot{U}_1 = \frac{120}{\sqrt{2}} \approx 84.85\angle 0°(\text{V})$$

$$\dot{I}_1 = \frac{\dot{U}_1}{Z_1} = \frac{84.85\angle 0°}{50.92\angle -10.91°} \approx 1.67\angle 10.91°(\text{A})$$

$$i_1 = 1.67\sqrt{2}\cos(628t + 10.91°)\,(\text{A})$$

$$P_1 = U_1 I_1 \cos\varphi_1 = 84.85 \times 1.67\cos 10.91° \approx 139.14\text{W}$$

由图 13-25（c）所示的仿真结果可知，电流有效值为 1.666A，功率表测出此时电流消耗的功率为 138.855W，功率因数 $\cos\varphi_1 = 0.982$，对应的功率因数角 $\varphi_1 = 10.89°$。

二次谐波分量单独作用时的电路如图 13-25（d）所示，有

$$Z_2 = 50 + j1256 \times 0.01 - j\frac{1}{1256 \times 100 \times 10^{-6}} = 50 + j4.6 \approx 50.21\angle 5.26°(\Omega)$$

$$\dot{U}_2 = \frac{60}{\sqrt{2}}\angle -30° \approx 42.43\angle -30°(V)$$

$$\dot{I}_2 = \frac{\dot{U}_2}{Z_2} = \frac{42.43\angle -30°}{50.21\angle 5.26°} \approx 0.85\angle -35.26°(A)$$

$$i_2 = 0.85\sqrt{2}\cos(1256t - 35.26°)(A)$$

$$P_2 = U_2 I_2 \cos\varphi_2 = 42.43 \times 0.85\cos(-30°+35.26°) \approx 35.91W$$

由图 13-25（d）所示的仿真结果可知，电流有效值为 0.845A，功率表测出此时电流消耗的功率为 35.705W，功率因数 $\cos\varphi_2 = 0.996$，对应的功率因数角 $\varphi_2 = 5.13°$。

因此 13-25（a）所示电路中的电流为

$$i = i_1 + i_2 = 1.67\sqrt{2}\cos(628t + 10.91°) + 0.85\sqrt{2}\cos(1256t - 35.26°)(A)$$

电路消耗的功率为　　$P = P_0 + P_1 + P_2 = 0 + 139.14 + 35.91 = 175.05W$

与图 13-25（a）中功率表测得的消耗功率一致。

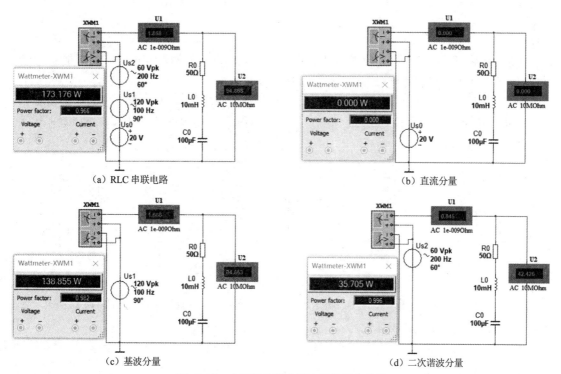

（a）RLC 串联电路　　　　　　　　　　　　　（b）直流分量

（c）基波分量　　　　　　　　　　　　　（d）二次谐波分量

图 13-25　非正弦周期电流电路的稳态分析

思考题

13-1　什么是谐波分析法？谐波分析法的理论依据是什么？

13-2　狄里克雷条件的内容和含义是什么？

13-3　非正弦周期函数 $f(t)$ 在什么情况下可以分解成傅里叶级数？所分解的傅里叶级数具有什么形式？

13-4　在一个非正弦周期函数 $f(t)$ 分解成傅里叶级数时，函数的奇偶性与计时起点有关吗？

13-5 指数形式下的振幅频谱中谱线的高度（模）只是三角函数展开式的振幅频谱的一半，为什么？

13-6 什么是三角函数的正交性？

13-7 如何获得非正弦周期信号电路的无功功率？

13-8 对信号激励的电路进行稳态分析时，可否使用相量法？如何使用？

习题

13-1 求如题 13-1 图所示方波的傅里叶级数展开式。

13-2 求如题 13-2 图所示方波的傅里叶级数展开式，并画出频谱图。

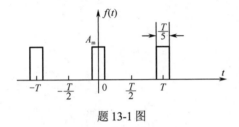

题 13-1 图

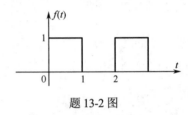

题 13-2 图

13-3 如题 13-3 图所示的矩形脉冲波，高度为 U，脉冲宽度为 τ，脉冲重复周期为 T，并且 $T = 4\tau$，试将此矩形脉冲分解为傅里叶级数的指数形式。

13-4 题 13-4 图所示为两个电压源串联，各电压源的电压分别为

$$u_a(t) = 30\sqrt{2}\cos\omega t + 20\sqrt{2}\cos(3\omega t + 60°)，\quad u_b(t) = 10\sqrt{2}\cos(3\omega t + 45°) + 10\sqrt{2}\cos(5\omega t + 30°)$$

求端电压 $u(t)$ 的有效值。

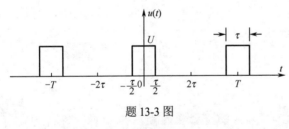

题 13-3 图

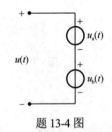

题 13-4 图

13-5 电路如题 13-5 图所示，已知 $u = 10 + 80\cos(\omega t + 30°) + 18\cos 3\omega t$，$R = 6\Omega$，$\omega L = 2\Omega$，$1/\omega C = 18\Omega$，求电流 i 及各表读数。

13-6 如题 13-6 图所示电路，已知 $i_s(t) = 1 + 2\sqrt{2}\cos 2t (A)$。求稳态电流 $i(t)$ 及电路消耗的功率。

13-7 如题 13-7 图所示电路，已知直流电压源 $U_{S1} = 2V$，电压源 $u_{S2}(t) = 2 + 3\sqrt{2}\cos 2t (V)$，$L = 0.5H$，$C = 1F$，$R = 1\Omega$，求 u_0 和 i。

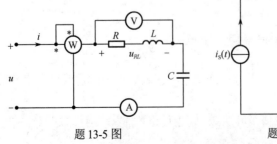

题 13-5 图

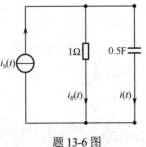

题 13-6 图

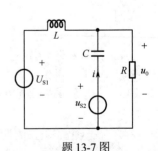

题 13-7 图

13-8　若 RC 串联电路的电流为 $i = 2\cos 1000t + \cos 3000t (\text{A})$，总电压的有效值为 155V，且总电压不含直流分量，电流消耗的平均功率为 120W，求 R 和 C。

13-9　电路如题 13-9 图所示，已知 $u_\text{S} = 20 + 200\sqrt{2}\cos\omega t + 100\sqrt{2}\cos(2\omega t + 30°)(\text{V})$，$R = 100\Omega$，$\omega L = 1/\omega C = 200\Omega$，求各支路电流 i_1、i_2、i_3 及电路消耗的平均功率 P。

13-10　电路如题 13-10 图所示，已知 $R = 10\Omega$，$L = 0.1\text{H}$，$C_1 = 500\mu\text{F}$，当 $u_\text{S} = 10\sqrt{2}\cos 100t(\text{V})$，$i_\text{S} = 1\text{A}$ 时，安培表 A_2 的读数为 1.414A，问当 i_S 保持不变，u_S 改为 $u_\text{S} = 10\sqrt{2}\cos 200t(\text{V})$ 时，两个安培表的读数各为多少？

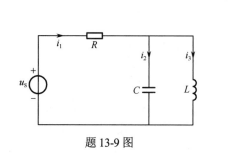
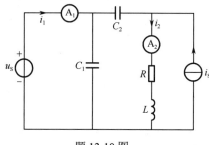

题 13-9 图　　　　　　　　　　　　题 13-10 图

13-11　电路如题 13-11 图所示，已知 $R_1 = 20\Omega$，$R_2 = 10\Omega$，$\omega L_1 = 6\Omega$，$\omega L_2 = 4\Omega$，$\omega M = 2\Omega$，$1/\omega C = 16\Omega$，$u_\text{S} = 100 + 50\cos(2\omega t + 10°)(\text{V})$，求两个安培表的读数及电源发出的平均功率。

13-12　如题 13-12 图所示电路，端口电压 $u_\text{S}(t) = 6 + 10\sqrt{2}\cos 100t + 6\sqrt{2}\cos 200t(\text{V})$，$L_1 = L_2 = 4\text{H}$，$M = 1\text{H}$，$C = 25\mu\text{F}$，$R = 600\Omega$。求：（1）电阻电压的有效值 U_R；（2）电容电压的瞬时值 $u_C(t)$。

13-13　电路如题 13-13 图所示，已知 $R = 1\Omega$，$L = 1\text{H}$，$C = 1\text{F}$，$i_\text{S} = 1\text{A}$，$u_\text{S} = \cos t(\text{V})$，求 i_L。

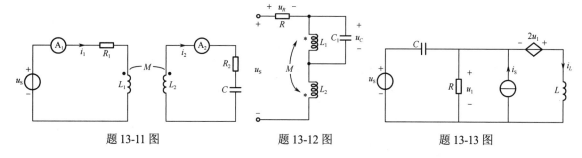

题 13-11 图　　　　　　　题 13-12 图　　　　　　　题 13-13 图

13-14　电路如题 13-14 图所示，已知 $L = 0.1\text{H}$，C_1、C_2 可调，R_L 为负载，输入电压信号 $u_i = U_{1m}\cos 1000t + U_{3m}\cos 3000t(\text{V})$，欲使基波毫无衰减地传输给负载，而将三次谐波全部滤除，求电容 C_1 和 C_2 的值。

13-15　电路如题 13-15 图所示，电压 $u(t)$ 含有基波和三次谐波分量，已知基波频率 $\omega = 10^4\,\text{rad/s}$，若要求电容电压 $u_C(t)$ 中不含基波，仅含与 $u(t)$ 完全相同的三次谐波分量，且已知 $R = 1\text{k}\Omega$，$L = 1\text{mH}$，求电容 C_1 和 C_2 的值。

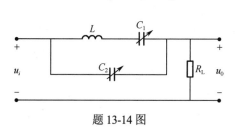
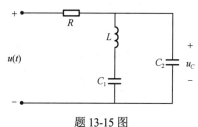

题 13-14 图　　　　　　　　　　　　题 13-15 图

第14章 正弦交流电路的频率特性

在第 9 章中引用相量时曾经发现，复数 $e^{j\omega t}$ 并未参与电路的运算，因此，当使用相量 $\dot{A} = |A|e^{j\varphi}$ 来表示正弦量，并借助相量进行电路分析时，其中隐含了复数 $e^{j\omega t}$，或者说是隐含了频率 ω。

从那时开始，采用相量法对电路所进行的各种分析和计算都基于一个大家共同遵守的约定：一个给定的线性电路中频率 ω 是固定不变的。在此约定下，可以很方便地用相量法来计算在频率为 ω 的正弦信号激励下电路中各处的电压、电流等变量。

本章所要讨论的内容是上述问题的另一面，即当正弦激励信号的频率 ω 发生变化时，电路的状态会随之发生什么样的变化。

电路的工作状态随频率的变化而发生变化的现象称为电路的频率特性，又称频率响应。电路的频率特性一般是通过电路的输入（激励）与输出（响应）之间所建立的函数关系来进行分析的，这样的函数关系称为电路的网络函数，网络函数的频率特性实质上就是电路的频率特性。

本章将对正弦信号激励下电路的频率特性进行初步分析，并且只考虑单输入、单输出的情况。第 15 章还将进一步对其进行研究和探讨。

14.1 网络函数

14.1.1 网络函数的定义

正弦激励信号的频率 ω 发生变化时，会引起电路中的阻抗 $j\omega L$ 和 $1/j\omega C$ 发生变化，从而使电路的状态发生变化。也就是说，除了元件参数 L 和 C，还有一个参量 $j\omega$ 需要关注。

在正弦稳态电路中，激励和响应都可表示为相量形式。同时，单输入、单输出电路可以形象地描述为图 14-1 所示的二端口电路。

于是定义：线性时不变电路中，响应（输出）相量与激励（输入）相量之比为电路的网络函数，用 $H(j\omega)$ 表示，即

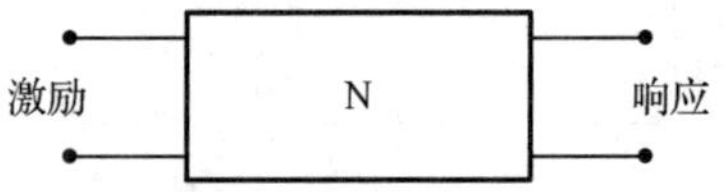

图 14-1 单输入、单输出的二端口电路

$$H(j\omega) = \frac{\text{响应（相量）}}{\text{激励（相量）}} \qquad (14\text{-}1)$$

式中，响应（相量）既可以是线性时不变电路中某处的电压 $\dot{U}(j\omega)$，也可以是电路中某处的电流 $\dot{I}(j\omega)$，为了表达方便，用统一的符号 $\dot{R}(j\omega)$ 来表示；同样，激励（相量）可以是电路中某处的电压源 $\dot{U}_s(j\omega)$，或电路中某处的电流源 $\dot{I}_s(j\omega)$，为了表达方便，也用统一的符号 $\dot{E}_s(j\omega)$ 来表示。于是，网络函数的定义式可写成

$$H(j\omega) = \frac{\dot{R}(j\omega)}{\dot{E}_s(j\omega)} \qquad (14\text{-}2)$$

通过网络函数，可以研究电路（系统）的特性，即激励一定而频率可变时，频率 ω 从零到无穷大的整个频域内，网络函数随频率改变所呈现的规律。而后，对于给定激励，就可以很容易地确定电路（系统）的输出。利用网络函数可以进行信号变换，如选频、滤波等。

14.1.2　网络函数的分类

在定义的网络函数中，如果激励 $\dot{E}_S(\mathrm{j}\omega)$ 与响应 $\dot{R}(\mathrm{j}\omega)$ 在电路的同一端口，如图 14-2 所示，则网络函数称为驱动（策动）点网络函数。

由于激励和响应既可以是电压，也可以是电流，因此驱动点网络函数有如下两种类型：

$$\text{驱动点阻抗}\qquad H(\mathrm{j}\omega)=Z_{11}(\mathrm{j}\omega)=\frac{\dot{U}_1(\mathrm{j}\omega)}{\dot{I}_1(\mathrm{j}\omega)}\tag{14-3}$$

$$\text{驱动点导纳}\qquad H(\mathrm{j}\omega)=Y_{11}(\mathrm{j}\omega)=\frac{\dot{I}_1(\mathrm{j}\omega)}{\dot{U}_1(\mathrm{j}\omega)}\tag{14-4}$$

如果激励 $\dot{E}_S(\mathrm{j}\omega)$ 与响应 $\dot{R}(\mathrm{j}\omega)$ 处在电路的不同端口，如图 14-3 所示，则网络函数称为转移（传输）网络函数。

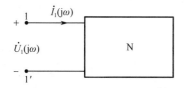

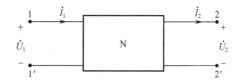

图 14-2　激励与响应处于同一端口的电路　　　　图 14-3　激励与响应处于不同端口的电路

由于激励和响应既可以是电压，也可以是电流，因此转移网络函数有如下四种类型：

$$\text{转移阻抗}\qquad H(\mathrm{j}\omega)=Z_{21}(\mathrm{j}\omega)=\frac{\dot{U}_2(\mathrm{j}\omega)}{\dot{I}_1(\mathrm{j}\omega)}\tag{14-5}$$

$$\text{转移导纳}\qquad H(\mathrm{j}\omega)=Y_{21}(\mathrm{j}\omega)=\frac{\dot{I}_2(\mathrm{j}\omega)}{\dot{U}_1(\mathrm{j}\omega)}\tag{14-6}$$

$$\text{转移电压比}\qquad H_U(\mathrm{j}\omega)=\frac{\dot{U}_2(\mathrm{j}\omega)}{\dot{U}_1(\mathrm{j}\omega)}\tag{14-7}$$

$$\text{转移电流比}\qquad H_I(\mathrm{j}\omega)=\frac{\dot{I}_2(\mathrm{j}\omega)}{\dot{I}_1(\mathrm{j}\omega)}\tag{14-8}$$

例 14-1　求如图 14-4 所示电路的转移导纳 $\dot{I}_2/\dot{U}_S$ 和转移电压比 $\dot{U}_L/\dot{U}_S$。

解： 由电路图列写回路电流方程

$$\begin{cases}(\mathrm{j}\omega L_1+R_1)\dot{I}_1(\mathrm{j}\omega)-R_1\dot{I}_2(\mathrm{j}\omega)=\dot{U}_S\\(\mathrm{j}\omega L_2+R_1+R_2)\dot{I}_2(\mathrm{j}\omega)-R_1\dot{I}_1(\mathrm{j}\omega)=0\end{cases}$$

所以，转移导纳　　$$H(\mathrm{j}\omega)=\frac{\dot{I}_2(\mathrm{j}\omega)}{\dot{U}_S(\mathrm{j}\omega)}=\frac{R_1}{\mathrm{j}\omega(R_1L_1+R_2L_1+R_1L_2)-\omega^2L_1L_2+R_1R_2}$$

转移电压比　　$$H(\mathrm{j}\omega)=\frac{\dot{U}_L(\mathrm{j}\omega)}{\dot{U}_S(\mathrm{j}\omega)}=\frac{\mathrm{j}\omega R_1L_2}{\mathrm{j}\omega(R_1L_1+R_2L_1+R_1L_2)-\omega^2L_1L_2+R_1R_2}$$

例 14-2　求如图 14-5 所示电路的转移电压比 $\dot{U}_2/\dot{U}_1$ 和驱动点导纳 $\dot{I}_1/\dot{U}_1$。

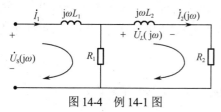

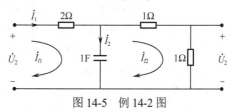

图 14-4　例 14-1 图　　　　　　　　　　　　图 14-5　例 14-2 图

解： 设 $\dot{I}_{l1}$ 和 $\dot{I}_{l2}$ 是两个回路电流，由电路图列写回路电流方程

$$\begin{cases} \left(2 - j\dfrac{1}{\omega}\right)\dot{I}_{l1} - \left(-j\dfrac{1}{\omega}\right)\dot{I}_{l2} = \dot{U}_1 \\[3mm] \left(2 - j\dfrac{1}{\omega}\right)\dot{I}_{l2} - \left(-j\dfrac{1}{\omega}\right)\dot{I}_{l1} = 0 \end{cases}$$

因为 $\dot{I}_{l1} = \dot{I}_1$，$\dot{I}_{l2} \times 1 = \dot{U}_2$，所以

转移电压比为
$$H(\mathrm{j}\omega) = \frac{\dot{U}_2}{\dot{U}_1} = \frac{1}{4(1 + \mathrm{j}\omega)}$$

驱动点导纳为
$$H(\mathrm{j}\omega) = \frac{\dot{I}_1}{\dot{U}_1} = \frac{1 + \mathrm{j}2\omega}{4(1 + \mathrm{j}\omega)}$$

14.1.3　网络函数的频率特性表示方法

常见的网络函数的频率特性表示方法有如下几种。

1. 幅频特性图、相频特性图表示法

由于网络函数 $H(\mathrm{j}\omega)$ 是一个复数，要研究网络函数随频率改变所呈现的规律，就必须从网络函数的模和相位角两方面来进行研究。根据复数的表达方式，可将 $H(\mathrm{j}\omega)$ 表示成模和相位角的形式

$$H(\mathrm{j}\omega) = |H(\mathrm{j}\omega)| \angle \theta(\mathrm{j}\omega) \tag{14-9}$$

式中，随频率变化的 $H(\mathrm{j}\omega)$ 的模 $|H(\mathrm{j}\omega)|$ 称为幅频特性，随频率变化的 $H(\mathrm{j}\omega)$ 的相角 $\theta(\mathrm{j}\omega)$ 称为相频特性。通常，对于幅频特性和相频特性，用横坐标表示频率、纵坐标表示幅值或相位的图形，即用幅频特性图和相频特性图来表示网络函数的频率特性。

例 14-3　求如图 14-6 所示电路的转移阻抗 $H(\mathrm{j}\omega) = \dot{U}_2 / \dot{I}_{\mathrm{S}}$ 的频率特性。

解： 由电路图可得

$$H(\mathrm{j}\omega) = \frac{\dot{U}_2}{\dot{I}_{\mathrm{S}}} = \frac{R_1 R_2}{R_1 + R_2 + \dfrac{1}{\mathrm{j}\omega C}} = \frac{R_1 R_2}{R_1 + R_2} \times \frac{1}{1 + \dfrac{1}{\mathrm{j}\omega C(R_1 + R_2)}}$$

设
$$R = \frac{R_1 R_2}{R_1 + R_2}, \quad \omega_0 = \frac{1}{C(R_1 + R_2)}$$

则
$$H(\mathrm{j}\omega) = \frac{\dot{U}_2}{\dot{I}_{\mathrm{S}}} = R \times \frac{1}{1 + \omega_0 / \mathrm{j}\omega}$$

可得幅频特性
$$|H(\mathrm{j}\omega)| = \left|\frac{\dot{U}_2}{\dot{I}_{\mathrm{S}}}\right| = \frac{R}{\sqrt{1 + (\omega_0 / \omega)^2}}$$

相频特性
$$\theta(\mathrm{j}\omega) = \arctan \frac{\omega_0}{\omega}$$

幅频和相频随频率变化的曲线如图 14-7 所示。

2. 伯德（Bode）图表示法

在使用幅频特性曲线和相频特性曲线来描述电路的频率特性时，如果采用对数坐标，这些特性曲线就变成了近似的折线。这种以对数为标尺，用折线绘制的幅频特性曲线和相频特性曲线称为伯德（Bode）图，或称为对数坐标图。（本书不讨论。）

3. 极坐标图（奈奎斯特图）表示法

极坐标图表示法是将幅度和相角关系图形表示在极坐标上（本书不讨论）。

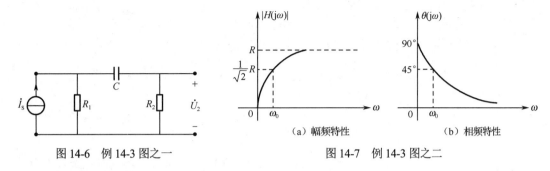

图 14-6　例 14-3 图之一

（a）幅频特性　　　　　（b）相频特性

图 14-7　例 14-3 图之二

4．对数幅相图（尼柯尔斯图）表示法

对数幅相图表示法是在直角坐标系中，以对数振幅作为相位的函数来描绘图形（本书不讨论）。

5．零、极点分布图表示法

零、极点分布图表示法是将幅度和相角关系图形表示在极坐标上（将在第 15 章中讨论）。

14.2　谐振电路的频率特性

由第 10 章可知，电路发生谐振时一定存在电感和电容，于是，谐振电路的基本模型有串联谐振电路和并联谐振电路两种，如图 14-8（a）、（b）所示。

在实际问题中，还要考虑信号源的内阻 R_S、负载电阻 R_L，以及电感元件、电容元件的损耗电阻。设串联电路中电感元件的损耗电阻为 r_{HL}，电容元件的损耗电阻为 r_{HC}，并联电路中电感元件的损耗电阻为 R_{HL}，电容元件的损耗电阻为 R_{HC}。这时，电路的模型如图 14-8（c）、（d）所示。显然，将各电阻合并后，可得图 14-8（e）、（f）所示的 RLC 串联电路模型和 RLC 并联电路模型。因此，以下的分析将围绕着 RLC 串联电路和 RLC 并联电路来展开。

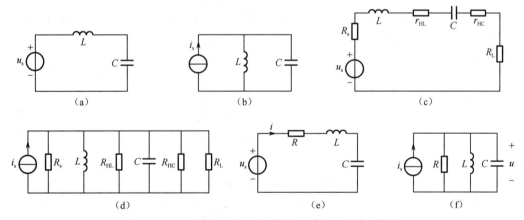

图 14-8　串联谐振电路和并联谐振电路的两种基本模型

14.2.1　RLC 串联谐振电路的频率特性

1．RLC 串联谐振的特点

第 10 章中已指出，在 RLC 串联复阻抗 $Z = R + j(\omega L - 1/\omega C)$ 中，当 $\omega L = 1/\omega C$ 时，RLC 串联电路在端口呈现纯阻性。端口电压相量与端口电流相量同相位，此时 RLC 串联电路发生串联谐振。

在图 14-8（e）中，假定信号源为 $u_S = \sqrt{2}U_S \cos \omega t$，写成相量为 $\dot{U}_S = U_S \angle 0°$，则图中电流相量为

$$\dot{I} = \dot{U}_S / Z$$

式中，$Z = R + \mathrm{j}\left(\omega L - 1/\omega C\right)$，解得 $\dot{I} = I \mathrm{e}^{\mathrm{j}\theta_i}$，并且

$$I = \frac{U_S}{\sqrt{R^2 + \left(\omega L - 1/\omega C\right)^2}}, \quad \theta_i = -\arctan\left(\frac{\omega L - 1/\omega C}{R}\right)$$

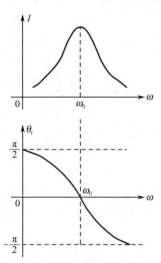

所以，当 $\omega L - 1/\omega C = 0$ 时，电路发生串联谐振，谐振频率为

$$\omega_0 = 1/\sqrt{LC} \tag{14-10}$$

式（14-10）就是电路发生串联谐振的条件。这时电流取得最大值 $I_{\max} = U_S/R$，并且相位 $\theta_i = 0$。

以 ω 为横坐标，可画出发生串联谐振的电路中 $I(\mathrm{j}\omega)$ 和 $\theta_i(\mathrm{j}\omega)$ 的频率特性曲线，如图 14-9 所示。

另外，对图 14-8（e）列写 KVL 方程，可得

$$\dot{U}_S = \dot{U}_R + \dot{U}_L + \dot{U}_C$$

当电路发生串联谐振时，电路在端口呈现纯阻性，有 $\dot{U}_S = \dot{U}_R$，即 $\dot{U}_L + \dot{U}_C = 0$。这说明，此时电感和电容的串联支路对外电路而言相当于短路。同时，已知电感从电路吸收的瞬时功率 $p_L = u_L i$，电容从电路吸收的瞬时功率 $p_C = u_C i$，当电路发生串联谐振时，$u_L = -u_C$，所以，$p_L + p_C = 0$。可见，从电感和电容串联的总体来讲，此时它们既不从外电路吸收能量，也不向外电路释放能量。它们的能量传递和转换只在电感和电容之间进行，这种现象在工程中称为电磁振荡。

图 14-9　串联谐振电路中 $I(\mathrm{j}\omega)$ 和 $\theta_i(\mathrm{j}\omega)$ 的频率特性曲线

2．RLC 串联谐振的特性阻抗和品质因数

（1）特性阻抗

从前面的叙述可知，电路发生谐振时的谐振频率 $\omega_0 = 1/\sqrt{LC}$，此时电路中的感抗为 $X_L(\omega_0) = \omega_0 L$，容抗为 $X_C(\omega_0) = 1/\omega_0 C$，将 $\omega_0 = 1/\sqrt{LC}$ 代入，得

$$\begin{cases} X_L(\omega_0) = \omega_0 L = L/\sqrt{LC} = \sqrt{L/C} \\ X_C(\omega_0) = 1/\omega_0 C = \sqrt{LC}/C = \sqrt{L/C} \end{cases}$$

令

$$\rho = \sqrt{L/C} = X_L(\omega_0) = X_C(\omega_0) \tag{14-11}$$

显然，ρ 的单位也是欧姆，故将 ρ 称为谐振电路的特性阻抗。

（2）通频带

电路发生串联谐振时，若 U_S 一定，则电流取得最大值 $I_{\max} = U_S/R$。

在电子技术中，通常将信号从最大值下降到最大值的 $1/\sqrt{2}$ 处的两个点 ω_1 和 ω_2 称为下半功率点频率和上半功率点频率，如图 14-10 所示。再通过 ω_1 和 ω_2 来给定谐振电路的带宽（通频带）B，即

$$B = \omega_2 - \omega_1 = \Delta\omega \tag{14-12}$$

显然，B 越小，谐振电路的幅值曲线就越尖锐。

（3）品质因数

反映谐振电路幅值曲线尖锐程度的另一个量是品质因数 Q。品质因数定义为

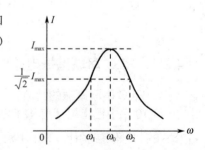

图 14-10　串联谐振电路的通频带

$$Q = 2\pi \frac{\text{谐振条件下电路存储的电磁能量总和}}{\text{谐振条件下电路在一个周期内消耗的能量总和}} \qquad (14\text{-}13)$$

设发生谐振时，电路的电压 $u = U_m \cos \omega_0 t$，电路阻抗 $Z = R$，电流 $i = I_m \cos \omega_0 t$，即 $\dot{I}_m = I_m \angle 0° = \dfrac{U_m}{R} \angle 0°$。所以，电感储存的能量为

$$W_L = \frac{1}{2} Li^2 = \frac{L U_m^2}{2R^2} \cos^2 \omega_0 t$$

电容两端的电压为 $\dot{U}_{Cm} = \dfrac{\dot{I}_m}{j\omega_0 C} = \dfrac{U_m}{\omega_0 RC} \angle -90°$，即 $u_C = \dfrac{U_m}{\omega_0 RC} \cos(\omega_0 t - 90°)$，则电容储存的能量为

$$W_C = \frac{1}{2} C u_C^2 = \frac{L U_m^2}{2R^2} \sin^2 \omega_0 t$$

所以，谐振条件下电路储存的电磁能量总和为

$$W_L + W_C = \frac{L U_m^2}{2R^2}$$

谐振条件下，电路在一个周期 T_0 内消耗的能量应是电阻在一个周期 T_0 内消耗的能量，即

$$P_R T_0 = R I^2 T_0 = R \left(\frac{I_m}{\sqrt{2}} \right)^2 \left(\frac{2\pi}{\omega_0} \right) = \frac{\pi U_m^2}{R \omega_0}$$

所以，根据式（14-13）的定义，可得品质因数

$$Q = 2\pi \frac{W_L + W_C}{P_R T_0} = \frac{\omega_0 L}{R} = \frac{1}{\omega_0 RC} = \frac{1}{R} \sqrt{\frac{L}{C}} = \frac{\rho}{R} \qquad (14\text{-}14)$$

由此可知，品质因数 Q 是一个只与电路参数 R、L、C 有关的量，其大小可以反映谐振电路的特征。式（14-14）还表明：RLC 串联支路的品质因数 Q 等于谐振时感抗或容抗与电阻之比，或等于特性阻抗与电阻之比。

在电路发生串联谐振时，各元件上的电压分别为

$$\dot{U}_R = R\dot{I} = R \frac{\dot{U}}{R} = \dot{U}$$

$$\dot{U}_L = j\omega_0 L\dot{I} = j\omega_0 L \frac{\dot{U}}{R} = jQ\dot{U}$$

$$\dot{U}_C = -j \frac{1}{\omega_0 C} \dot{I} = -j \frac{\dot{U}}{\omega_0 RC} = -jQ\dot{U}$$

因为 $\dot{U}_L + \dot{U}_C = 0$，所以又将串联谐振称为电压谐振。另外，上式表明，电路谐振时电感和电容上将出现超过外加电压 Q 倍的高电压，它对电路是否会造成破坏是值得注意的。

当串联电路端口的外加电压有效值不变时，电路中电流的幅值为

$$I(\omega) = \frac{U}{|Z(\omega)|}$$

电流有效值 $I(\omega)$ 的变化曲线如图 14-9 所示。由曲线可知，当 ω 偏离 ω_0 时，$I(\omega)$ 将从最大值下降。这说明在偏离 ω_0 处，电路对电流信号有抑制作用，偏离得越远，抑制越强。从而使串联谐振电路具有选择最接近 ω_0 附近的电流信号的性能，在无线电技术中，这种性能称为"选择性"。

电路对电流信号的抑制能力用下面的相对抑制比 $I(\omega)/I(\omega_0)$ 来表示，即

$$\frac{I(\omega)}{I(\omega_0)} = \frac{U}{|Z(\omega)|} \times \frac{|Z(\omega_0)|}{U} = \frac{R}{|Z(\omega)|} = \frac{R}{\sqrt{R^2 + \left(\omega L - \dfrac{1}{\omega C}\right)^2}}$$

$$= \frac{1}{\sqrt{1 + \left(\dfrac{\omega L}{R} - \dfrac{1}{\omega RC}\right)^2}} = \frac{1}{\sqrt{1 + \left(\dfrac{\omega_0 L}{R} \cdot \dfrac{\omega}{\omega_0} - \dfrac{1}{\omega_0 RC} \cdot \dfrac{\omega_0}{\omega}\right)^2}}$$

已知，$Q = \dfrac{\omega_0 L}{R} = \dfrac{1}{\omega_0 RC}$，并且令 $\eta = \omega/\omega_0$，表示 ω 偏离 ω_0 的程度。则上式为

$$\frac{I(\omega)}{I(\omega_0)} = \frac{1}{\sqrt{1 + \left(\dfrac{\omega_0 L}{R} \cdot \dfrac{\omega}{\omega_0} - \dfrac{1}{\omega_0 RC} \cdot \dfrac{\omega_0}{\omega}\right)^2}} = \frac{1}{\sqrt{1 + Q^2 \left(\eta - \dfrac{1}{\eta}\right)^2}} \tag{14-15}$$

式（14-15）表明，相对抑制比 $I(\omega)/I(\omega_0)$ 的大小由谐振电路的 Q 值决定，Q 值越大，当 ω 偏离 ω_0 时，抑制能力越强（$I(\omega)/I(\omega_0)$ 曲线急剧下降），选择性就越好，如图 14-11 所示。图中，$\eta = \omega/\omega_0$，$\eta_1 = \omega_1/\omega_0$，$\eta_2 = \omega_2/\omega_0$。

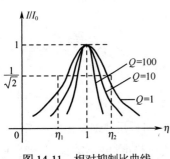

图 14-11　相对抑制比曲线

从图 14-11 可见，当 $\dfrac{I(\omega)}{I(\omega_0)} = \dfrac{1}{\sqrt{2}}$ 时，对应的 ω_1 和 ω_2 之间的宽度就是通频带，它表明了谐振电路允许通过的信号的频率范围。这时

$$\frac{I(\omega)}{I(\omega_0)} = \frac{1}{\sqrt{1 + Q^2 \left(\dfrac{\omega}{\omega_0} - \dfrac{\omega_0}{\omega}\right)^2}} = \frac{1}{\sqrt{2}}$$

所以，$Q\left(\dfrac{\omega}{\omega_0} - \dfrac{\omega_0}{\omega}\right) = \pm 1$。

当等号右边取 "+" 号时，可得　$\eta_2 = \dfrac{\omega_2}{\omega_0} = \dfrac{1 + \sqrt{1 + 4Q^2}}{2Q}$

当等号右边取 "–" 号时，可得　$\eta_1 = \dfrac{\omega_1}{\omega_0} = \dfrac{-1 + \sqrt{1 + 4Q^2}}{2Q}$

所以，通频带为　　　　$B = \omega_2 - \omega_1 = \Delta\omega = \omega_0\left(\dfrac{\omega_2}{\omega_0} - \dfrac{\omega_1}{\omega_0}\right) = \dfrac{\omega_0}{Q} \tag{14-16}$

显然，式（14-16）描述的是绝对通频带。可将

$$\frac{\Delta\omega}{\omega_0} = \frac{1}{Q} \tag{14-17}$$

称为相对通频带，即相对通频带与品质因数 Q 成反比。

可见，Q 值越大，通频带 B 越窄，选择性越好。因此，品质因数 Q 是反映谐振电路幅值曲线尖锐程度的一个重要参量。

另外，还可得知绝对通频带的另一种表达形式为

$$B = \frac{\omega_0}{Q} = \frac{\omega_0}{\omega_0 L/R} = \frac{R}{L} \tag{14-18}$$

3. RLC 串联电路中 $U_L(\omega)$ 与 $U_C(\omega)$ 的频率特性

已知
$$U_L(\omega) = \omega L I(\omega) = \frac{\omega L U}{\sqrt{R^2 + \left(\omega L - \dfrac{1}{\omega C}\right)^2}} = \frac{\dfrac{\omega L}{R} U}{\sqrt{1 + \left(\dfrac{\omega L}{R} - \dfrac{1}{\omega R C}\right)^2}}$$

$$= \frac{\dfrac{\omega_0 L}{R} \cdot \dfrac{\omega}{\omega_0} U}{\sqrt{1 + Q^2 \left(\dfrac{\omega}{\omega_0} - \dfrac{\omega_0}{\omega}\right)^2}} = \frac{QU}{\sqrt{\left(\dfrac{\omega_0}{\omega}\right)^2 + Q^2 \left[1 - \left(\dfrac{\omega_0}{\omega}\right)^2\right]^2}} = \frac{QU}{\sqrt{\dfrac{1}{\eta^2} + Q^2 \left(1 - \dfrac{1}{\eta^2}\right)^2}} \tag{14-19}$$

$$U_C(\omega) = \frac{1}{\omega C} I(\omega) = \frac{U}{\omega C \sqrt{R^2 + \left(\omega L - \dfrac{1}{\omega C}\right)^2}} = \frac{QU}{\sqrt{\eta^2 + Q^2(\eta^2 - 1)^2}} \tag{14-20}$$

由式（14-19）和式（14-20）可知：

① 当 $\eta = 0$，即 $\omega/\omega_0 = 0$ 时，$U_L(\omega) = 0$（直流）；当 $\eta = 1$，即 $\omega = \omega_0$ 时，$U_L(\omega) = QU$；当 $\eta > 1$，即 $\omega > \omega_0$ 时，$U_L(\omega)$ 上升；当 $\eta \to \infty$，即 $\omega \to \infty$ 时，$U_L(\omega) \to U$。

② 当 $\eta = 0$，即 $\omega/\omega_0 = 0$ 时，$U_C(\omega) = U$（直流）；当 $\eta = 1$，即 $\omega = \omega_0$ 时，$U_C(\omega) = QU$；当 $\eta > 1$，即 $\omega > \omega_0$ 时，$U_C(\omega)$ 下降；当 $\eta \to \infty$，即 $\omega \to \infty$ 时，$U_C(\omega) \to 0$。

可以证明，当 $Q > 1/\sqrt{2}$ 时，$U_L(\omega)$ 和 $U_C(\omega)$ 的峰值相等，但不出现在 ω_0 处。Q 值越大，两个峰值就越靠近 ω_0，同时，峰值电压也增大，如图 14-12 所示。于是，可以用串联谐振电路来选择 ω_0 附近的电压，而对 ω_0 以外的电压加以抑制。

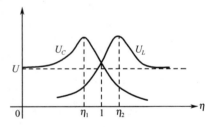

图 14-12　$U_L(\omega)$ 和 $U_C(\omega)$ 的频率特性曲线

例 14-4　电路如图 14-13 所示，已知电源电压 $U = 10\text{V}$，$\omega = 5000\text{rad/s}$，调节电容 C 使电路中的电流最大时为 200mA，此时电容电压为 600V，求 R、L、C 的值及回路的品质因数 Q。

解： 当电流最大时，电路发生串联谐振，电阻电压等于电源电压，即

$$U = U_R = RI = 10\text{V}$$

所以 $R = U_R/I = 10/0.2 = 50\Omega$。

发生串联谐振时，电容电压是电源电压的 Q 倍，即

$$U_C = QU = 600\text{V}$$

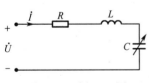

图 14-13　例 14-4 图

所以 $Q = U_C/U = 600/10 = 60$。

谐振时的电容电流　$I_C = \omega C U_C$，则 $C = \dfrac{I_C}{\omega U_C} = \dfrac{0.2}{5000 \times 600} = 0.0667\mu\text{F}$

电感电流　$I_L = \dfrac{U_L}{\omega L}$，则 $L = \dfrac{U_L}{\omega I_L} = \dfrac{600}{5000 \times 0.2} = 0.6\text{H}$

14.2.2　RLC 并联谐振电路的频率特性

1. RLC 并联谐振电路的特点

在图 14-8（f）中，假定信号源为 $i_S = \sqrt{2} I_S \cos \omega t$，写成相量为 $\dot{I}_S = I_S \angle 0°$，则图中电压相量为

$$\dot{U} = \frac{\dot{I}_{\mathrm{S}}}{Y}$$

其中，$Y = G + \mathrm{j}(\omega C - 1/\omega L)$，解得 $\dot{U} = U\mathrm{e}^{\mathrm{j}\theta_u}$，其中

$$U = \frac{I_s}{\sqrt{G^2 + (\omega C - 1/\omega L)^2}}, \quad \theta_u = -\arctan\left(\frac{\omega C - 1/\omega L}{G}\right)$$

所以，当 $\omega C - 1/\omega L = 0$ 时，电路发生并联谐振，谐振频率为

$$\omega_0 = 1/\sqrt{LC} \tag{14-21}$$

这时输出电压取得最大值 $U_{\max} = I_{\mathrm{S}}/G = I_S R$，并且相位为零，即 $\theta_u = 0$。

以 ω 为横坐标，可画出发生并联谐振的电路中 $U(\mathrm{j}\omega)$ 和 $\theta_u(\mathrm{j}\omega)$ 的频率特性曲线，此曲线与串联谐振电路中 $I(\mathrm{j}\omega)$ 和 $\theta_i(\mathrm{j}\omega)$ 的频率特性曲线类似，故此处从略。

2. RLC 并联谐振的特性导纳和品质因数

与串联谐振电路相类似，由于并联谐振频率 $\omega_0 = 1/\sqrt{LC}$，故电路中的感纳为 $B_L(\omega_0) = 1/\omega_0 L$，容纳为 $B_C(\omega_0) = \omega_0 C$，将 $\omega_0 = 1/\sqrt{LC}$ 代入，得

$$\begin{cases} B_L(\omega_0) = \dfrac{1}{\omega_0 L} = \dfrac{\sqrt{LC}}{L} = \sqrt{\dfrac{C}{L}} \\[2mm] B_C(\omega_0) = \omega_0 C = \dfrac{C}{\sqrt{LC}} = \sqrt{\dfrac{C}{L}} \end{cases}$$

令

$$\gamma = \sqrt{\frac{C}{L}} = B_L(\omega_0) = B_C(\omega_0) = \frac{1}{\rho} \tag{14-22}$$

将 γ 称为并联谐振电路的特性导纳，它与串联谐振电路的特性阻抗 ρ 互为倒数。

RLC 并联支路的品质因数 Q 等于谐振时感纳或容纳与电导之比，或特性导纳与电导之比，即

$$Q_\text{并} = \frac{\omega_0 C}{G} = \frac{1}{\omega_0 LG} = \frac{1}{G}\sqrt{\frac{C}{L}} \tag{14-23}$$

与 RLC 串联谐振电路一样，RLC 并联谐振时的电场与磁场能量之和为常数，等于电场能量的最大值或磁场能量的最大值，它在端口处不发生能量交换。

$$W = W_L + W_C = LI_{Lm}^2/2 = CU_{Cm}^2/2 \tag{14-24}$$

品质因数 Q 与电磁场能量及电导上消耗的功率之间的关系与式（14-14）相似，即

$$Q_\text{并} = \frac{\omega_0 C}{G} = \frac{0.5\omega_0 C U_\mathrm{m}^2}{0.5 G U_\mathrm{m}^2} = \omega_0 \frac{W}{P} = 2\pi \frac{W}{T_0 P} \tag{14-25}$$

需要指出的是，同样的 R、L、C 三个元件，把它们串联起来用电压源激励，以及把它们并联起来用电流源激励，两者的品质因数互为倒数，即

$$Q_\text{串} = 1/Q_\text{并} \tag{14-26}$$

因为并联谐振时 $\mathrm{Im}[\dot{I}_L + \dot{I}_C] = 0$，所以，又将并联谐振称为电流谐振。

并联谐振电路的其他特性都与串联谐振电路的特性相类似，不再赘述。

例 14-5　已知一个电阻为 10Ω 的电感线圈，品质因数 $Q = 100$，与电容 C 并联成为谐振电路。如果再并联一个 $100\mathrm{k}\Omega$ 的电阻，则电路的品质因数为多少？

解： 根据题意，原电路如图 14-14（a）所示。

由图 14-14（a）可得并联电路的复导纳为

$$Y = \frac{1}{R + j\omega L} + j\omega C = \frac{R}{R^2 + (\omega L)^2} + j\left(\omega C - \frac{\omega L}{R^2 + (\omega L)^2}\right)$$

$$= G_{eq} + j(B_C - B_{Leq}) = G_{eq} + jB_{eq}$$

式中，$G_{eq} = \dfrac{R}{R^2 + (\omega L)^2}$，故等效电阻 $R_{eq} = \dfrac{1}{G_{eq}} = \dfrac{R^2 + (\omega L)^2}{R}$，$B_{eq} = B_C - B_{Leq}$，$B_C = \omega C$，

$B_{Leq} = \dfrac{1}{\omega L_{eq}} = \dfrac{\omega L}{R^2 + (\omega L)^2}$，故等效电感 $L_{eq} = \dfrac{R^2 + (\omega L)^2}{\omega^2 L}$。

于是，可将图 14-14（a）所示电路等效为图 14-14（b）所示电路，从而可按照 RLC 并联电路的关系来计算。

电路谐振时，线圈的感抗为

$$\omega_0 L = QR = 100 \times 10 = 1000\Omega$$

则

$$R_{eq} = \frac{R^2 + (\omega L)^2}{R} = \frac{10^2 + 1000^2}{10} \approx 100\text{k}\Omega$$

如果再并联一个 $100\text{k}\Omega$ 的电阻，则电路中的电阻为

$$R'_{eq} = 50\text{k}\Omega$$

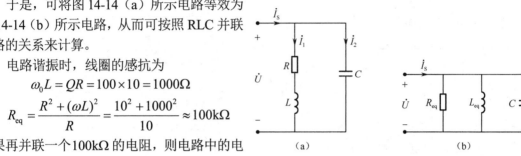

图 14-14　例 14-5 图

这时，电路的品质因数为

$$Q' = \frac{R'_{eq}}{\omega_0 L} = \frac{50 \times 10^3}{1000} = 50$$

14.3　基本滤波器电路及其频率特性

滤波器是基于谐波阻抗而建立的电路，滤波器电路具有这样的功能：抑制不需要的频率分量，而让所需要的频率分量顺利通过。允许通过滤波器电路的频率范围称为通带，被抑制的频率范围称为阻带。根据通带和阻带在频率范围中的相对位置，将滤波器分为低通滤波器、高通滤波器、带通滤波器、带阻滤波器、截止滤波器和选频滤波器等。根据组成元件的性质又可将滤波器分为有源滤波器和无源滤波器，由电阻、电感、电容等无源元件构成的滤波器是无源滤波器；如果构成元件中含有晶体管、运算放大器等有源元件，则是有源滤波器。

14.3.1　低通滤波器

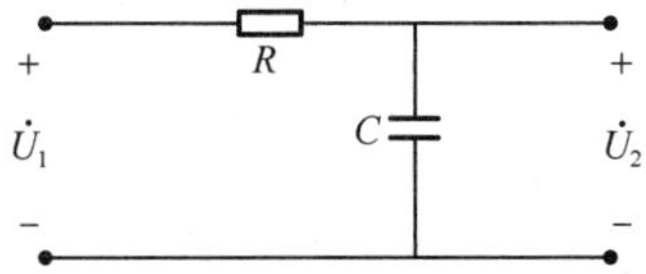

RC 低通滤波器电路如图 14-15 所示，由图可得电路的网络函数为

$$H(j\omega) = \frac{\dot{U}_2(j\omega)}{\dot{U}_1(j\omega)} = \frac{1/j\omega C}{R + 1/j\omega C} = \frac{1}{1 + j\omega RC}$$

图 14-15　RC 低通滤波器电路

其幅频特性为

$$|H(j\omega)| = \frac{1}{\sqrt{1 + (\omega RC)^2}} = \frac{1}{\sqrt{1 + (\omega/\omega_H)^2}}$$

其相频特性为

$$\theta(j\omega) = -\arctan \omega RC = -\arctan(\omega/\omega_H)$$

式中，$\omega_H = 1/RC$。从上式可以看出，高频被抑制，所以该电路为低通滤波器，频率特性曲线如图 14-16 所示。

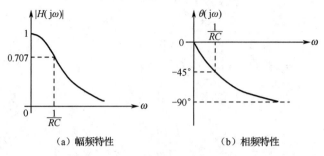

（a）幅频特性　　　　　　　（b）相频特性

图 14-16　RC 低通滤波器的特性曲线

　　RL 低通滤波器电路如图 14-17 所示，由图可得电路的网络函数为

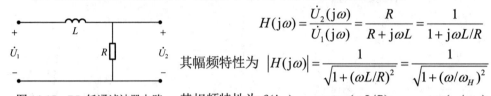

$$H(\mathrm{j}\omega)=\frac{\dot{U}_2(\mathrm{j}\omega)}{\dot{U}_1(\mathrm{j}\omega)}=\frac{R}{R+\mathrm{j}\omega L}=\frac{1}{1+\mathrm{j}\omega L/R}$$

其幅频特性为 $\left|H(\mathrm{j}\omega)\right|=\dfrac{1}{\sqrt{1+(\omega L/R)^2}}=\dfrac{1}{\sqrt{1+(\omega/\omega_H)^2}}$

图 14-17　RL 低通滤波器电路　　其相频特性为 $\theta(\mathrm{j}\omega)=-\arctan(\omega L/R)=-\arctan(\omega/\omega_H)$

式中，$\omega_H=R/L$。同样，高频被抑制，所以该电路为低通滤波器，频率特性曲线如图 14-18 所示。

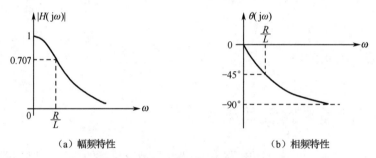

（a）幅频特性　　　　　　　　　（b）相频特性

图 14-18　RL 低通滤波器的特性曲线

　　如图 14-19 所示的几种电路也属于低通滤波器。

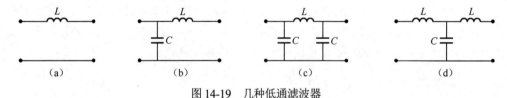

（a）　　　　　　　（b）　　　　　　　（c）　　　　　　　（d）

图 14-19　几种低通滤波器

14.3.2　高通滤波器

　　RC 高通滤波器电路如图 14-20 所示，由图可得电路的网络函数为

$$H(\mathrm{j}\omega)=\frac{\dot{U}_2(\mathrm{j}\omega)}{\dot{U}_1(\mathrm{j}\omega)}=\frac{R}{R+1/\mathrm{j}\omega C}=\frac{1}{1+1/\mathrm{j}\omega RC}$$

其幅频特性为 $\quad\left|H(\mathrm{j}\omega)\right|=\dfrac{1}{\sqrt{1+(1/\omega RC)^2}}=\dfrac{1}{\sqrt{1+(\omega_H/\omega)^2}}$

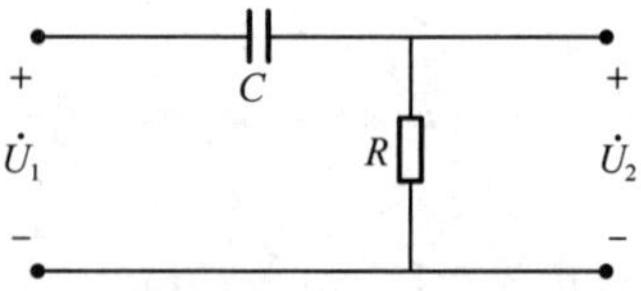

图 14-20　RC 高通滤波器电路

其相频特性为 $\quad\theta(\mathrm{j}\omega)=\arctan(1/\omega RC)=\arctan(\omega_H/\omega)$

式中，$\omega_H=1/RC$。可以看出低频段被抑制，所以该电路为高通滤波器，频率特性曲线如图 14-21 所示。

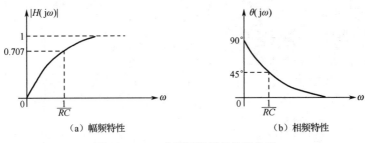

（a）幅频特性　　　　　　　　（b）相频特性

图 14-21　RC 高通滤波器的特性曲线

RL 高通滤波器电路如图 14-22 所示，由图可得电路的网络函数为

$$H(\mathrm{j}\omega) = \frac{\dot{U}_2(\mathrm{j}\omega)}{\dot{U}_1(\mathrm{j}\omega)} = \frac{\mathrm{j}\omega L}{R + \mathrm{j}\omega L} = \frac{1}{1 + R/\mathrm{j}\omega L}$$

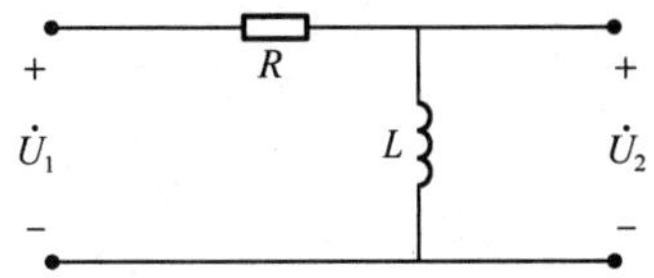

其幅频特性为　$|H(\mathrm{j}\omega)| = \dfrac{1}{\sqrt{1 + (R/\omega L)^2}} = \dfrac{1}{\sqrt{1 + (\omega_H/\omega)^2}}$

其相频特性为　$\theta(\mathrm{j}\omega) = \arctan(R/\omega L) = \arctan(\omega_H/\omega)$

图 14-22　RL 高通滤波器电路

式中，$\omega_H = R/L$。同样，低频段被抑制，所以该电路为高通滤波器，频率特性曲线如图 14-23 所示。

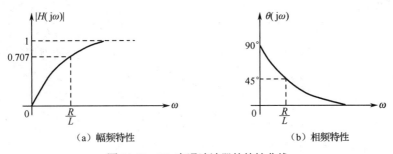

（a）幅频特性　　　　　　　　（b）相频特性

图 14-23　RL 高通滤波器的特性曲线

如图 14-24 所示的几种电路也属于高通滤波器。

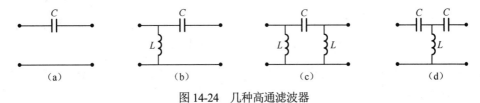

（a）　　　　　　（b）　　　　　　（c）　　　　　　（d）

图 14-24　几种高通滤波器

14.3.3　带通滤波器

RLC 串联带通滤波器电路如图 14-25 所示，由图可得电路的网络函数为

$$H(\mathrm{j}\omega) = \frac{\dot{I}(\mathrm{j}\omega)}{\dot{U}_\mathrm{s}(\mathrm{j}\omega)} = \frac{1}{R + \mathrm{j}(\omega L - 1/\omega C)}$$

其幅频特性为　$|H(\mathrm{j}\omega)| = \dfrac{1}{\sqrt{R^2 + (\omega L - 1/\omega C)^2}}$

其相频特性为　$\theta(\mathrm{j}\omega) = -\arctan\dfrac{\omega L - 1/\omega C}{R}$

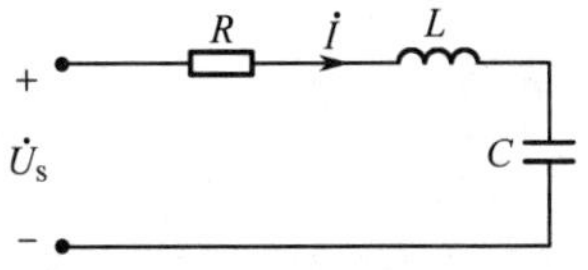

图 14-25　RLC 串联带通滤波器电路

从上式可知，$\omega < \omega_1$ 和 $\omega > \omega_2$ 的频段被抑制，所以该电路为带通滤波器，频率特性曲线如图 14-26 所示。

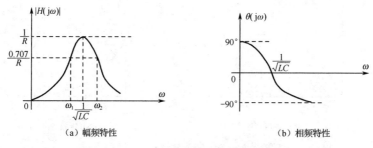

（a）幅频特性　　　　　　　　　　　（b）相频特性

图 14-26　RLC 串联高通滤波器的特性曲线

RLC 并联带通滤波器电路如图 14-27 所示，由图可得电路的网络函数为

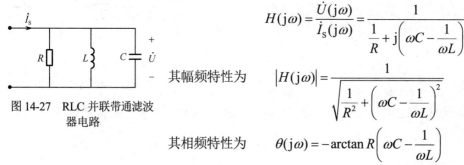

图 14-27　RLC 并联带通滤波器电路

$$H(\mathrm{j}\omega) = \frac{\dot{U}(\mathrm{j}\omega)}{\dot{I}_\mathrm{S}(\mathrm{j}\omega)} = \frac{1}{\dfrac{1}{R} + \mathrm{j}\left(\omega C - \dfrac{1}{\omega L}\right)}$$

其幅频特性为

$$|H(\mathrm{j}\omega)| = \frac{1}{\sqrt{\dfrac{1}{R^2} + \left(\omega C - \dfrac{1}{\omega L}\right)^2}}$$

其相频特性为

$$\theta(\mathrm{j}\omega) = -\arctan R\left(\omega C - \frac{1}{\omega L}\right)$$

从上式可知，$\omega < \omega_1$ 和 $\omega > \omega_2$ 的频段被抑制，所以该电路为带通滤波器，频率特性曲线如图 14-28 所示。

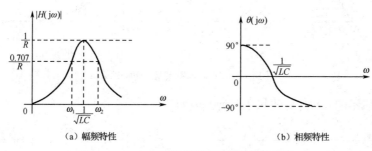

（a）幅频特性　　　　　　　　　　　（b）相频特性

图 14-28　RLC 并联带通滤波器的特性曲线

例 14-6　如图 14-29 所示为文氏电桥电路，求网络函数 $H(\mathrm{j}\omega) = \dot{U}_2 / \dot{U}_1$ 及其频率响应；$\dot{U}_2 / \dot{U}_1$ 在哪个频率值上最大？

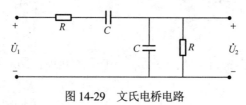

图 14-29　文氏电桥电路

解：由串并联分压关系可得

$$H(\mathrm{j}\omega) = \frac{\dot{U}_2}{\dot{U}_1} = \frac{\dfrac{R \times 1/\mathrm{j}\omega C}{R + 1/\mathrm{j}\omega C}}{(R + 1/\mathrm{j}\omega C) + \dfrac{R \times 1/\mathrm{j}\omega C}{R + 1/\mathrm{j}\omega C}} = \frac{1}{3 + \mathrm{j}(\omega RC - 1/\omega RC)}$$

所以，幅频特性为

$$|H(\mathrm{j}\omega)| = \frac{1}{\sqrt{3^2 + \mathrm{j}(\omega RC - 1/\omega RC)^2}}$$

当 $\omega RC - 1/\omega RC = 0$ 时，$|H(\mathrm{j}\omega)|$ 最大，为 $1/3$，此时 $\omega = \omega_H = 1/RC$；可画出幅频特性曲线，如图 14-30（a）所示。

相频特性为

$$\theta(\mathrm{j}\omega) = -\arctan\frac{\omega RC - 1/\omega RC}{3}$$

当 $\omega = \omega_H$ 时，$\theta(\mathrm{j}\omega) = 0$；当 $\omega > \omega_H$ 时，$\theta(\mathrm{j}\omega) < 0$；当 $\omega < \omega_H$ 时，$\theta(\mathrm{j}\omega) > 0$；当 $\omega \to \infty$ 时，$\theta(\mathrm{j}\omega) \to -\pi/2$；当 $\omega \to 0$ 时，$\theta(\mathrm{j}\omega) \to \pi/2$。于是可画出相频特性曲线，如图 14-30（b）所示。

如图 14-31 所示，将两个滤波器级联起来，并且使低通滤波器的截止频率 f_2 大于高通滤波器的截止频率 f_1，它们就构成了带通滤波器，可使 $f_1 < f < f_2$ 这一频带的谐波分量通过。

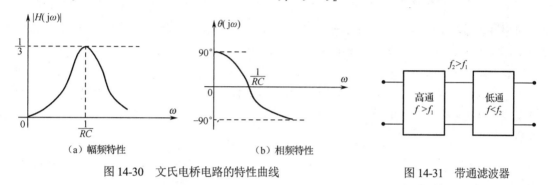

（a）幅频特性　　　　　　（b）相频特性

图 14-30　文氏电桥电路的特性曲线　　　　图 14-31　带通滤波器

14.3.4　其他形式的滤波器简介

1．截止滤波器

截止滤波器是利用谐振的方法，使输出端不出现某次谐波分量。如图 14-32 所示的两种电路都是截止滤波器，当 $k\omega = 1/\sqrt{LC}$ 时，k 次谐波分量通不过，即在输出端没有 k 次谐波分量。

2．选频滤波器

选频滤波器也是利用谐振的办法，使输出端对某次谐波分量不衰减。如图 14-33 所示的两种电路都是选频滤波器，当 $k\omega = 1/\sqrt{LC}$ 时，k 次谐波分量不衰减，直接传输到输出端。

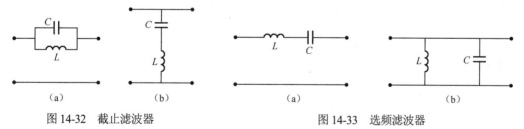

（a）　　　　　　（b）　　　　　　　　　　（a）　　　　　　（b）

图 14-32　截止滤波器　　　　　　　　图 14-33　选频滤波器

3．带阻滤波器

如图 14-34 所示，将两个滤波器并联起来，并且使低通滤波器的截止频率 f_2 小于高通滤波器的截止频率 f_1，它们就构成了带阻滤波器，可使 $f_1 < f < f_2$ 这一频带的谐波分量不能通过。

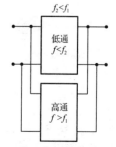

图 14-34　带阻滤波器

14.4   计算机仿真

例 14-7   串联谐振电路的仿真

如图 14-35（a）所示的 RLC 串联电路，当元件参数不变而外加激励频率可变时，在某一频率处，端口电压电流同相位，电路呈纯电阻特性，则称电路发生了串联谐振。

根据理论分析可知，图 14-35（a）中的串联谐振频率为 $f_0 = \dfrac{1}{2\pi\sqrt{LC}} = \dfrac{1}{2\pi\sqrt{10\times10^{-3}\times100\times10^{-9}}} \approx$

5033Hz，设置电压源的频率为电路的谐振频率 5033Hz。图 14-35（b）所示为示波器显示的端口电压和电流瞬时波形，是谐振时的同相位关系。电路的品质因数为 $Q = \dfrac{\omega_0 L}{R} = \dfrac{L}{R\sqrt{LC}} = \dfrac{1}{R}\sqrt{\dfrac{L}{C}} \approx 6.3$，

谐振时电容电压和电感电压为端口电压的 Q 倍，$U_C = U_L = QU_S = 6.3\text{V}$，电阻电压等于激励电压 $U_R = U_S = 1\text{V}$，串联电路的电流为激励电压除以电阻值 $I_0 = U_S/R = 0.02\text{A}$。利用图 14-35（c）所示电路对上述各元件电压和电流进行测量，与理论分析一致。注意，串联谐振时电容电压和电感电压大小相等，相位相反，二者代数和为零，因此可以串联等效为短路。利用图 14-35（d）所示的电路测量电容和电感电压的瞬时值，可以得到图 14-35（e）所示的电容和电感瞬时电压波形，与理论分析相同。

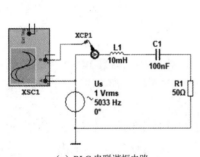
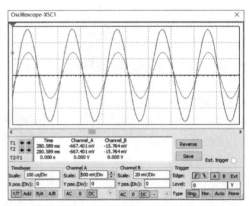

（a）RLC 串联谐振电路   （b）RLC 串联谐振电路的端口电压和电流瞬时波形

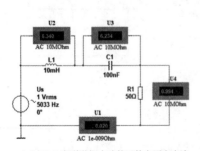
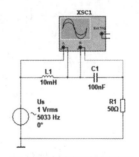
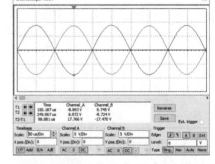

（c）RLC 串联谐振电路的元件电压和电流   （d）RLC 串联谐振电路电容和   （e）RLC 串联谐振电路中电容和电感瞬时电压波形

                                  电感电压瞬时值

图 14-35   RLC 串联谐振仿真

例 14-8   RLC 并联谐振电路的仿真

如图 14-36（a）所示的 RLC 并联电路，当元件参数不变而外加激励频率可变时，在某一频率

处，端口电压电流同相位，电路呈纯电阻特性，则称电路发生了并联谐振。

根据理论分析可知,图 14-36(a)中的并联谐振频率为 $f_0 = \dfrac{1}{2\pi\sqrt{LC}} = \dfrac{1}{2\pi\sqrt{10\times10^{-3}\times100\times10^{-9}}} \approx$

5033Hz，设置电流源的频率为电路的谐振频率 5033Hz，图 14-36（b）所示为示波器显示的端口电压和电流瞬时波形，是谐振时的同相位关系。电路的品质因数为 $Q = 1/\omega_0 LG = \approx 3.2$，谐振时电容流和电感电流为端口电流的 Q 倍 $I_C = I_L = QI_S = 22.6\text{mA}$，电阻电流等于激励电流 $I_R = I_S = 7.07\text{mA}$，并联电路的电压为激励电流乘以电阻值 $U_0 = I_S R = 7.07\text{V}$。利用图 14-36（c）所示电路对上述各元件电压和电流进行测量，与理论分析一致。注意，并联谐振时电容电流和电感电流大小相等，相位相反，二者代数和为零，因此可以并联等效为开路。利用图 14-36（d）所示的电路测量电容和电感电流的瞬时值，可以得到图 14-36（e）所示的电容和电感瞬时电流波形，与理论分析相同。

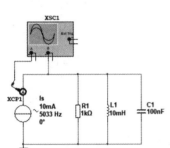

（a）RLC 并联谐振电路

（b）RLC 并联谐振电路的端口电压和电流瞬时波形

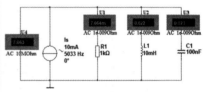

（c）RLC 并联谐振电路的元件电压和电流

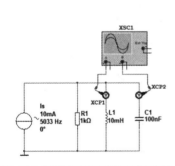

（d）RLC 并联谐振电路电容和电感电流瞬时值

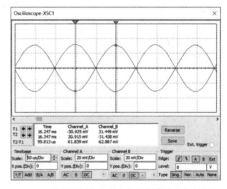

（e）RLC 并联谐振电路中电容和电感瞬时电流波形

图 14-36　RLC 并联谐振仿真

例 14-9　实际电感线圈与电容并联谐振电路的仿真

在实际电路中更常见的并联谐振结构是如图 14-37（a）所示的实际电感线圈与电容并联电路，其中 R1 是线圈 L1 的阻值，该电路也会发生并联谐振。

根据理论分析可知，图 14-37（a）中的等效导纳为 $Y = j\omega C + \dfrac{1}{R + j\omega L} = \dfrac{R}{R^2 + (\omega L)^2} +$

$j\left[\omega C - \dfrac{\omega L}{R^2 + (\omega L)^2}\right]$，当 $R < \sqrt{\dfrac{L}{C}}$ 时可以发生并联谐振，一般线圈电阻 $R \ll \omega L$，则等效导纳可近似

为 $Y = \dfrac{R}{R^2 + (\omega L)^2} + j\left[\omega C - \dfrac{\omega L}{R^2 + (\omega L)^2}\right] \approx \dfrac{R}{(\omega L)^2} + j\left(\omega C - \dfrac{1}{\omega L}\right)$，谐振时等效导纳为纯电导，电纳

部分为零，可以推出谐振角频率为 $\omega_0 = \dfrac{1}{\sqrt{LC}}$ ，谐振频率为 $f_0 = \dfrac{1}{2\pi\sqrt{LC}} = \dfrac{1}{2\pi\sqrt{1\times10^{-3}\times10\times10^{-6}}} \approx$ 1591Hz，谐振时的等效导纳最小，等效阻抗最大，谐振时的等效阻抗为纯电阻，大小为 $Z_0 = 1/Y_0 = L/RC$ 。设置电流源的频率为电路的谐振频率1591Hz，图14-37（b）所示为示波器显示的端口电压和电流瞬时波形，是谐振时的同相位关系。电路的品质因数为 $Q = \dfrac{1}{\omega_0 LG} = = \dfrac{\omega_0 C}{G} =$

$\dfrac{\omega_0 L}{R}\left[\text{此时}\ G \approx \dfrac{R}{(\omega_0 L)^2}\right]$ ，可算出图14-37（a）电路的 $Q = 10$ 。谐振时电容电流和电感线圈电流近似为端口电流的 Q 倍 $I_C = I_L = QI_S = 70.7\text{mA}$ ，电阻电流等于激励电流 $I_R = I_S = 7.07\text{mA}$ ，并联电路的电压为激励电流乘以电阻值 $U_0 = I_S Z_0 = 0.707\text{V}$ 。利用图14-37（c）所示电路对上述各元件电压和电流进行测量，与理论分析一致。并联谐振时电容电流和电感支路电流大小相等，相位相反。利用图14-37（d）所示的电路测量电容和电感支路电流的瞬时值，可以得到图14-37（e）所示的电容和电感支路瞬时电流波形，与理论分析相同。

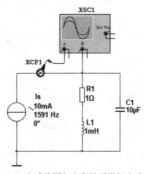

（a）电感线圈与电容并联谐振电路

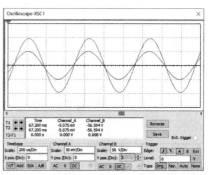

（b）电感线圈与电容并联谐振电路的端口电压和电流瞬时波形

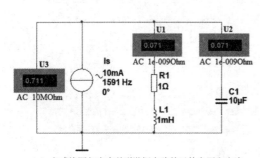

（c）电感线圈与电容并联谐振电路的元件电压和电流

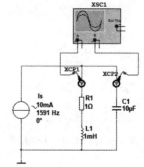

（d）电感线圈与电容并联谐振电路电容和电感电流瞬时值

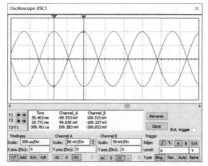

（e）电感线圈与电容并联谐振电路中电容和电感支路瞬时电流波形

图14-37　电感线圈与电容并联谐振仿真

例 14-10　一阶 RC 低通滤波器仿真

如图 14-38（a）为一阶 RC 低通滤波器，以电容的端电压为输出。RC 无源低通滤波器的传递函数为

$$H(\mathrm{j}\omega) = \frac{\dot{U}_{\text{out}}}{\dot{U}_{\text{in}}} = \frac{1/\mathrm{j}\omega C}{R + \mathrm{j}\omega C} = \frac{1}{\sqrt{1 + (\omega RC)^2}} \angle - \arctan(\omega RC)$$

其幅频特性为

$$|H(\mathrm{j}\omega)| = \frac{1}{\sqrt{1 + (\omega RC)^2}}$$

其相频特性为

$$\varphi(\mathrm{j}\omega) = -\arctan(\omega RC)$$

随着输入信号频率 ω 的增大，$|H(\mathrm{j}\omega)|$ 将减小，说明低频信号可以通过，高频信号将被抑制或衰减。当 $\omega = 1/RC$ 或 $f = 1/(2\pi RC)$ 时，$|H(\mathrm{j}\omega)| = 0.707$，通常把此时的频率 ω_{C}（或 f_{C}）称为上截止频率，本例中为 1591Hz。用波特图示仪可以测量该电路的幅频特性和相频特性，其设置方法为：双击波特图示仪图标，打开设置面板，首先单击 Magnitude 按钮，在 Horizontal 区设置水平坐标轴的刻度为线性（Lin），设置频率的初始值（Initial）为 1Hz，频率的终值（Final）为 1MHz；然后，在控制区单击 Set 按钮，设置扫描的分辨率为 1000（分辨率越高，得到的曲线越光滑）。单击仿真运行开关，得到图 14-38（b）所示的 RC 低通滤波器的幅频特性曲线。在曲线上拖动读数指针可以看到，当输入信号频率较低时，增益为 0dB，随着信号频率增大，增益变为负数，上截止频率为 1617Hz，通频带为 0～1617Hz。图 14-38（c）是相频特性曲线，从测量结果可以看出，输出电压滞后于输入电压。当输入信号频率较低时，相移为 0，随着信号频率增大，相移也逐渐增大，最大相移达 90°。所以该电路称为低通 RC 电路，同时具有从 0° 逐渐变到 -90° 的相移功能。当一个频带足够宽的信号经过低通滤波电路后，其中的高频成分被大大削弱，主要保留了低频成分。

一阶 RC 电路的频率特性还可以用"交流分析"法进行分析，只要执行菜单命令 Analysis，在弹出的对话框中，选择起始频率为 1Hz，终止频率为 3kHz，扫描方式选为 Decade，采样点为 10，纵坐标刻度为 Decibel。选中 V（Probe1）为分析对象，单击 Simulate 按钮，即可得到幅频和相频特性，与图 14-38（b）、（c）完全一样，这里不再赘述。

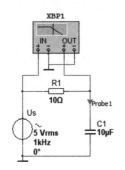

（a）一阶 RC 低通滤波电路

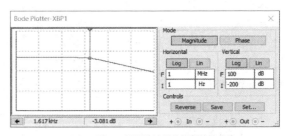

（b）一阶 RC 低通滤波器的幅频特性曲线

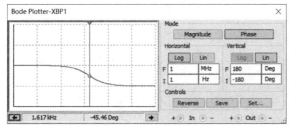

（c）一阶 RC 低通滤波器的相频特性曲线

图 14-38　RC 低通滤波器仿真分析

例 14-11　二阶 RC 低通滤波器仿真

如图 14-39（a）为二阶 RC 低通滤波器，以电容 C2 的端电压为输出。在相量域中对该电路列写节点电压方程如下：

节点 n：
$$\left(\frac{1}{R}+\frac{1}{R}+\mathrm{j}\omega C\right)\dot{U}_{\mathrm{n}}-\frac{1}{R}\dot{U}_{\mathrm{O}}=\frac{1}{R}\dot{U}_{\mathrm{S}}$$

输出节点 O：
$$\left(\frac{1}{R}+\mathrm{j}\omega C\right)\dot{U}_{\mathrm{O}}-\frac{1}{R}\dot{U}_{\mathrm{n}}=0$$

消去 $\dot{U}_{\mathrm{n}}$，可得该二阶 RC 无源低通滤波器的传递函数为

$$H(\mathrm{j}\omega)=\frac{\dot{U}_{\mathrm{O}}}{\dot{U}_{\mathrm{S}}}=\frac{1}{(1-\omega^2 R^2 C^2)+\mathrm{j}3\omega RC}=\frac{1}{\sqrt{(1-\omega^2 R^2 C^2)^2+9\omega^2 R^2 C^2}}\angle-\arctan\left(\frac{3\omega RC}{1-\omega^2 R^2 C^2}\right)$$

其幅频特性为
$$|H(\mathrm{j}\omega)|=\frac{1}{\sqrt{(1-\omega^2 R^2 C^2)^2+9\omega^2 R^2 C^2}}$$

其相频特性为
$$\varphi(\mathrm{j}\omega)=-\arctan\left(\frac{3\omega RC}{1-\omega^2 R^2 C^2}\right)$$

随着输入信号频率 ω 的增大，$|H(\mathrm{j}\omega)|$将减小，说明低频信号可以通过，高频信号将被抑制或衰减。当$|H(\mathrm{j}\omega)|=1/\sqrt{2}$ 时，$(1-\omega^2 R^2 C^2)^2+9\omega^2 R^2 C^2=2$，可算出此时 $\omega_{\mathrm{C}}=1/2.6726RC$，本例中为 595Hz。用波特图示仪可以测量该电路的幅频特性和相频特性，图 14-36（b）为 RC 低通滤波器的幅频特性曲线，拖动读数指针可以看到，当输入信号频率较低时，增益为 0dB，随着信号频率增大，增益变为负数，上截止频率为 587Hz，通频带为 0～587Hz。图 14-39（c）是相频特性曲线，从测量结果可以看出，输出电压滞后于输入电压。当输入信号频率较低时，相移为 0°，随着信号频率增大，相移也逐渐增大，最大相移达 180°，当 $\omega=\omega_{\mathrm{C}}$ 时，相移为-52.06°。对比例 14-9 中的一阶 RC 低通滤波器可以看出，增加滤波器的阶数，可以提高对通频带外的信号的抑制能力，滤波效果更好，通频带变窄，相移范围更大。综上，该电路为低通 RC 电路，同时具有从 0° 逐渐变到-180° 的相移功能。当一个频带足够宽的信号经过低通滤波电路后，其中的高频成分被大大削弱，主要保留了低频成分。

可以在时域直观地观察滤波器的滤波效果，将图 14-39（a）改为图 14-39（b）函数发生器的输入信号接入示波器的 A 通道，滤波器的输出接入示波器的 B 通道，按图 14-39（e）所示将滤波器的输入信号设置为频率为 500Hz 的三角波，图 14-39（f）为从示波器观察到的滤波器输入/输出波形。观察发现滤波器的输出为与输入三角波同频率的正弦波，这是由于三角波中的谐波分量均已被低通滤波器滤除，只留下基波分量。

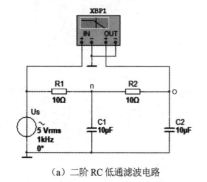

（a）二阶 RC 低通滤波电路

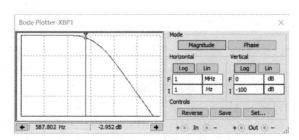

（b）二阶 RC 低通滤波器的幅频特性曲线

图 14-39　二阶 RC 低通滤波器仿真分析

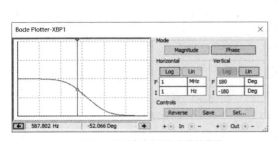

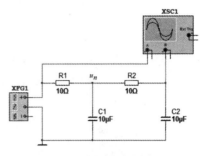

（c）二阶 RC 低通滤波器的相频特性曲线　　　　　　　　　（d）二阶滤波器时域仿真

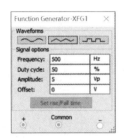

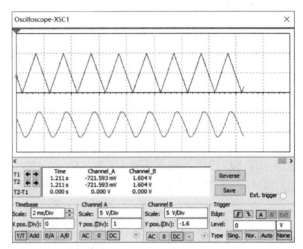

（e）三角波参数设置　　　　　　　　　　（f）二阶 RC 低通滤波输入和输出的波形

图 14-39　二阶 RC 低通滤波器仿真分析（续）

例 14-12　一阶 RC 高通滤波器仿真

如图 14-40（a）图为一阶 RC 高通滤波器，以电阻的端电压为输出。RC 无源高通滤波器的传递函数为

$$H(\mathrm{j}\omega) = \frac{\dot{U}_{\mathrm{out}}}{\dot{U}_{\mathrm{in}}} = \frac{R}{R + 1/\mathrm{j}\omega C} = \frac{\omega RC}{\sqrt{1 + (\omega RC)^2}} \angle \frac{\pi}{2} - \arctan(\omega RC)$$

其幅频特性为

$$|H(\mathrm{j}\omega)| = \frac{\omega RC}{\sqrt{1 + (\omega RC)^2}} = \frac{1}{\sqrt{1 + (1/\omega RC)^2}}$$

其相频特性为

$$\varphi(\mathrm{j}\omega) = \pi/2 - \arctan(\omega RC)$$

随着输入信号频率 ω 的增大，$|H(\mathrm{j}\omega)|$ 从 0 逐渐增大到 1，说明高频信号可以通过，低频信号将被抑制或衰减。当 $\omega = 1/RC$ 或 $f = 1/(2\pi RC)$ 时，$|H(\mathrm{j}\omega)| = 0.707$，通常把此时的频率 ω_{c}（或 f_{c}）称为下截止频率。用波特图示仪可以测量该电路的幅频特性和相频特性，图 14-40（b）为 RC 高通滤波器的幅频特性曲线，拖动读数指针可以看到，当输入信号频率较低时，增益为负数，随着信号频率的增大，增益变为 0dB，下截止频率为 1617Hz。图 14-40（c）是相频特性曲线，从测量结果可以看出，输出电压超前于输入电压。当输入信号频率较低时，相移为 90°，随着信号频率增大，相移也逐渐减小，最小相移为 0°。所以该电路称为高通 RC 电路，同时具有从 90° 逐渐变到 0° 的相移功能。当一个频带足够宽的信号经过高通滤波电路后，其中的低频成分被大大削弱，主要保留了高频成分。

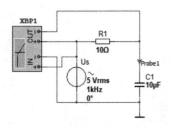
（a）一阶 RC 高通滤波器电路

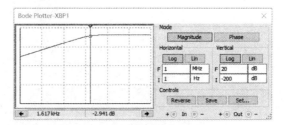
（b）一阶 RC 高通滤波器幅频特性曲线

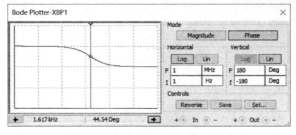
（c）一阶 RC 高通滤波器相频特性曲线

图 14-40　一阶 RC 高通滤波器仿真

例 14-13　RC 带通滤波器仿真

如图 14-41（a）所示的 RC 带通滤波器为例 14-6 中的文氏电桥电路，其传递函数为

$$H(\mathrm{j}\omega) = \frac{\dot{U}_{\mathrm{out}}}{\dot{U}_{\mathrm{in}}} = \frac{\dfrac{R \times 1/\mathrm{j}\omega C}{R + 1/\mathrm{j}\omega C}}{(R + 1/\mathrm{j}\omega C) + \dfrac{R \times 1/\mathrm{j}\omega C}{R + 1/\mathrm{j}\omega C}} = \frac{1}{3 + \mathrm{j}(\omega RC - 1/\omega RC)}$$

其幅频特性为
$$|H(\mathrm{j}\omega)| = \frac{1}{\sqrt{3^2 + \left(\omega RC - \dfrac{1}{\omega RC}\right)^2}} = \frac{1}{\sqrt{3^2 + \left(\dfrac{\omega}{\omega_0} - \dfrac{\omega_0}{\omega}\right)^2}}$$

其相频特性为
$$\varphi(\mathrm{j}\omega) = -\arctan\frac{\left(\omega RC - \dfrac{1}{\omega RC}\right)}{3} = -\arctan\frac{\dfrac{\omega}{\omega_0} - \dfrac{\omega_0}{\omega}}{3}$$

式中，ω_0 为 RC 带通滤波器的中心频率，$\omega_0 = 1/RC$ 或 $f_0 = 1/(2\pi RC)$ 时，由公式可以计算出该滤波器的中心频率为 1591Hz。图 14-41（b）为波特图示仪显示的幅频特性曲线，拖动读数指针可以看到，幅频特性曲线的最高点为滤波器的中心频率，约为 1617Hz，增益为-9.543dB。当输入信号频率等于带通滤波器的中心频率时，输出电压大小为输入电压的 1/3，换算成增益为-9.545dB。将两个读数指针分别向左、右移动，使增益分别下降 3dB，便可测得带通滤波器的上截止频率和下截止频率，二者之差为带通滤波器的通频带。测量结果为，下截止频率 $f_{\mathrm{L}} = 475\mathrm{Hz}$，上截止频率 $f_{\mathrm{H}} = 5200\mathrm{Hz}$，$B_{\mathrm{W}} = f_{\mathrm{H}} - f_{\mathrm{L}} = 5200 - 475 = 4725\,\mathrm{Hz}$。由图 14-41（c）所示的相频特性曲线可以观察到，当输入信号的频率等于中心频率时，输出与输入同相位。综上，此 RC 带通滤波器的作用是当一个频带足够宽的信号经过带通滤波电路后，其中的低频成分和高频成分被大大削弱，只允许中间一部分频率成分通过。

例 14-14　RLC 带通滤波器仿真

利用 LC 的谐振原理，可以设计出不同频率特性的滤波器。如图 14-42（a）所示电路，若以电阻 R1 上的电压 $\dot{U}_{\mathrm{o}}$ 作为输出，则该滤波器的网络函数为 $H(\mathrm{j}\omega) = \dfrac{\dot{U}_{\mathrm{o}}}{\dot{U}_{\mathrm{S}}} = \dfrac{R}{R + \mathrm{j}(\omega L - 1/\omega C)}$，其幅

频特性为 $|H(\mathrm{j}\omega)| = \dfrac{1}{\sqrt{1 + \left(\dfrac{\omega L}{R} - \dfrac{1}{\omega RC}\right)^2}}$，相频特性为 $\varphi(\mathrm{j}\omega) = -\arctan\left(\dfrac{\omega L}{R} - \dfrac{1}{\omega RC}\right)$。

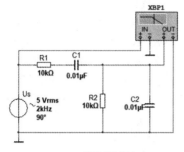

（a）RC 带通滤波器电路

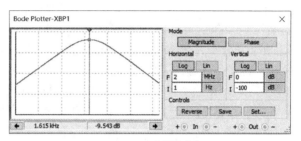

（b）幅频特性曲线

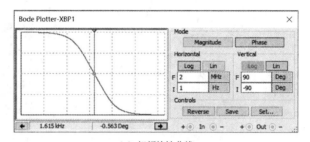

（c）相频特性曲线

图 14-41　RC 带通滤波器仿真

令 $|H(\mathrm{j}\omega)| = \dfrac{1}{\sqrt{2}}$，则 $\left(\dfrac{\omega L}{R} - \dfrac{1}{\omega RC}\right)^2 = 1$，可得 $\dfrac{\omega L}{R} - \dfrac{1}{\omega RC} = \pm 1$。

当 $\dfrac{\omega L}{R} - \dfrac{1}{\omega RC} = 1 \Rightarrow \omega_{\mathrm{H}} = \dfrac{RC \pm \sqrt{(RC)^2 + 4LC}}{2LC}$，由于 $\sqrt{(RC)^2 + 4LC} > RC$，所以只保留正根

$\omega_{\mathrm{H}} = \dfrac{RC + \sqrt{(RC)^2 + 4LC}}{2LC}$；同理，$\dfrac{\omega L}{R} - \dfrac{1}{\omega RC} = -1 \Rightarrow \omega_{\mathrm{L}} = \dfrac{-RC \pm \sqrt{(RC)^2 + 4LC}}{2LC}$，只保留正根

$\omega_{\mathrm{L}} = \dfrac{-RC + \sqrt{(RC)^2 + 4LC}}{2LC}$。因此滤波器带宽为 $B = |\omega_{\mathrm{H}} - \omega_{\mathrm{L}}| = \dfrac{R}{L}$。

据此，可以算出图 14-42（a）滤波器的上截止频率 ω_{H} 和 ω_{L}，及其带宽 $B = |\omega_{\mathrm{H}} - \omega_{\mathrm{L}}| = R/L$。具体运算结果如下：

$$\omega_{\mathrm{H}} = \frac{10^3 \times 0.1 \times 10^{-6} + \sqrt{(10^3 \times 0.1 \times 10^{-6})^2 + 4 \times 10 \times 10^{-3} \times 0.1 \times 10^{-6}}}{2 \times 10 \times 10^{-3} \times 0.1 \times 10^{-6}}$$

$$= \frac{10^4 + \sqrt{10^{-8} + 4 \times 10^{-9}}}{2 \times 10^{-9}} = \frac{(1 + \sqrt{1.4}) \times 10^4}{2 \times 10^{-9}} \approx 1.09 \times 10^5 \,\mathrm{rad/s}$$

$$\omega_{\mathrm{L}} = \frac{-10^3 \times 0.1 \times 10^{-6} + \sqrt{(10^3 \times 0.1 \times 10^{-6})^2 + 4 \times 10 \times 10^{-3} \times 0.1 \times 10^{-6}}}{2 \times 10 \times 10^{-3} \times 0.1 \times 10^{-6}}$$

$$= \frac{-10^4 + \sqrt{10^{-8} + 4 \times 10^{-9}}}{2 \times 10^{-9}} = \frac{(\sqrt{1.4} - 1) \times 10^4}{2 \times 10^{-9}} \approx 9000 \,\mathrm{rad/s}$$

$$f_{\mathrm{H}} = \frac{\omega_{\mathrm{H}}}{2\pi} = \frac{1.09 \times 10^5}{2\pi} \approx 17.347 \,\mathrm{kHz}, \quad f_{\mathrm{L}} = \frac{\omega_{\mathrm{L}}}{2\pi} = \frac{9000}{2\pi} \approx 1.432 \,\mathrm{kHz}$$

$$B = |f_{\mathrm{H}} - f_{\mathrm{L}}| = 15.915\text{kHz}$$

通过图 14-42（a）的波特仪观察幅频特性曲线，最高点在谐振频率处，理论计算可得 $f_0 = \dfrac{1}{2\pi\sqrt{LC}} = \dfrac{1}{2\pi\sqrt{10 \times 10^{-3} \times 0.1 \times 10^{-6}}} \approx 5033\text{Hz}$，如图 14-42（b）所示，仿真结果与理论值基本

吻合。将游标从最高点向低频处移动，直到增益下降为-3dB，如图 14-42（c）所示，可以读取下截止频率为1462Hz；将游标从最高点向高频处移动，直到增益下降为-3dB，如图 14-42（d）所示，可以读取上截止频率为17.449kHz，均与理论分析一致。从图 14-42（e）所示的相频特性曲线可以观察 RLC 带通滤波器的关系为：在谐振频率处，输出电压与输入电压的相移为0；当信号频率小于谐振频率时，电路呈容性，输出电压相位超前输入电压相位，在0～90°之间；当信号频率大于谐振频率时，电路呈感性，输出电压相位滞后输入电压相位，在0～-90°之间。

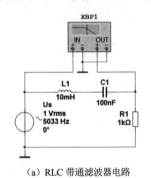

（a）RLC 带通滤波器电路

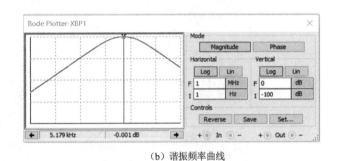

（b）谐振频率曲线

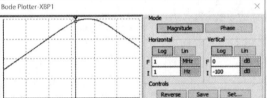

（c）下截止频率曲线

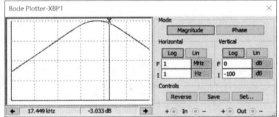

（d）上截止频率曲线

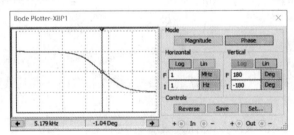

（e）相频特性曲线

图 14-42　RLC 带通滤波器仿真

改变电阻、电容和电感的元件参数，可以调整 RLC 带通滤波器的频率特性。如图 14-43（a）所示，添加探针，进行参数扫描，如图 14-43（b）所示，以列表将 R1 设置为 10Ω、100Ω、1000Ω，由于 LC 参数不变，因此 RLC 的谐振频率不变，R1 的改变会影响电路的品质因数 Q，Q 值随着阻值的增大而减小。按图 14-43（c）、（d）设置好后，仿真得到图 14-43（e）所示的频率响应曲线。对于图 14-43（e）中的幅频特性曲线，Q 值越大，曲线越尖锐，通频带越窄；对于图 14-43（e）中的相频特性曲线，Q 值越大，曲线在谐振频率附近的变化就越陡峭，线性范围越窄。

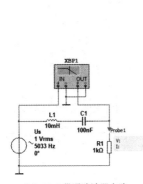

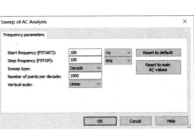

（a）RLC 带通滤波器电路　　　　（b）设置电阻值　　　　　（c）设置交流分析参数

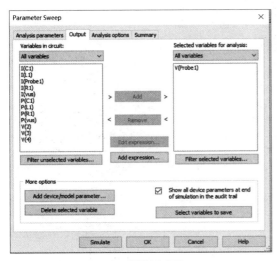

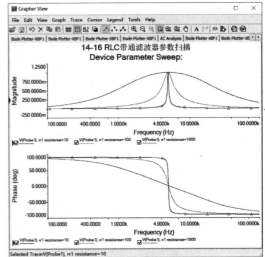

（d）设置输出变量　　　　　　　　（e）不同 R1 值的频率响应曲线

图 14-43　RLC 带通滤波器不同参数的频率特性仿真

例 14-15　组合带通滤波器仿真

如果高通滤波器的转折频率低于低通滤波器的转折频率，则 RC、RL 电路可以组合出带通滤波器。如图 14-44（a）所示，将 RC 低通滤波器和 RL 高通滤波器级联在一起。可以计算出 RC 低通滤波器的转折频率为 $f_{c1}=1/2\pi RC=159\text{kHz}$，RL 高通滤波器的转折频率为 $f_{c2}=R/2\pi L=15.9\text{Hz}$，$f_{c2}<f_{c1}$，允许频率在 $f_{c2}\sim f_{c1}$ 之间的信号通过，滤除其他信号，因此具有带通性。

参照二阶 RC 电路的分析方法，在相量域中对该电路列写节点电压方程如下：

节点 n：
$$\left(\frac{1}{R}+\frac{1}{R}+\mathrm{j}\omega C\right)\dot{U}_{\mathrm{n}}-\frac{1}{R}\dot{U}_{\mathrm{O}}=\frac{1}{R}\dot{U}_{\mathrm{S}}$$

输出节点 O：
$$\left(\frac{1}{R}+\frac{1}{\mathrm{j}\omega L}\right)\dot{U}_{\mathrm{O}}-\frac{1}{R}\dot{U}_{\mathrm{n}}=0$$

消去 $\dot{U}_{\mathrm{n}}$，可得滤波器的传递函数为

$$H(\mathrm{j}\omega)=\frac{\dot{U}_{\mathrm{O}}}{\dot{U}_{\mathrm{S}}}=\frac{1}{\left(1+\dfrac{R^2C}{L}\right)+\mathrm{j}\left(\omega RC-\dfrac{2R}{\omega L}\right)}=\frac{1}{\sqrt{\left(1+\dfrac{R^2C}{L}\right)^2+\left(\omega RC-\dfrac{2R}{\omega L}\right)^2}}\angle-\arctan\left(\frac{\omega^2RLC-2R}{\omega L+\omega R^2C}\right)$$

其幅频特性为
$$|H(j\omega)| = \frac{1}{\sqrt{\left(1 + \dfrac{R^2 C}{L}\right)^2 + \left(\omega RC - \dfrac{2R}{\omega L}\right)^2}}$$

其相频特性为
$$\varphi(j\omega) = -\arctan\left(\frac{\omega^2 RLC - 2R}{\omega L + \omega R^2 C}\right)$$

当网络函数的虚部为零时，取得最大值，此时的频率称为组合电路的谐振频率，$\omega RC - \dfrac{2R}{\omega L} = 0 \Rightarrow \omega_0 = \sqrt{\dfrac{2}{LC}} \Rightarrow f_0 = \dfrac{\sqrt{2}}{2\pi\sqrt{LC}}$，此时 $|H(j\omega)| = \dfrac{1}{\sqrt{(1 + R^2 C/L)^2}} \approx 1$，输出信号的相移为 $0°$。代入本例中的元件参数可求得 $f_0 = \dfrac{\sqrt{2}}{2\pi\sqrt{LC}} = 2250\text{Hz}$。

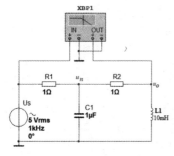

（a）组合带通滤波器电路

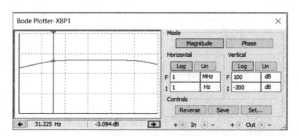

（b）下截止频率曲线

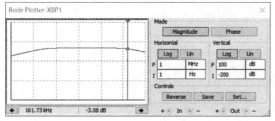

（c）上截止频率曲线

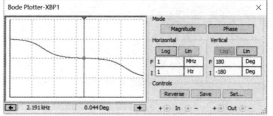

（d）相频特性曲线

图14-44   组合带通滤波器仿真

利用波特仪得到图14-44（b）中的下截止频率约为31Hz，图14-44（c）中的上截止频率约为161.7kHz，图14-44（d）为相频特性曲线，均与理论分析一致。

例14-16   双通带滤波器仿真

双通带滤波器由电阻、电感和电容构成，可以由如图14-45（a）中的两个LC谐振电路并联实现。可以对其定性分析，每个LC串联电路均有一个谐振频率，必然会使得在谐振频率附近的信号顺利通过，这样，设计两个不同的谐振频率，会出现两个峰值点。

将网络分析仪按如图14-45（b）右侧面板所示进行设置，得到滤波器的幅频特性和相频特性仿真结果如图14-45（b）左侧所示。Functions区中的Scale可以按照图14-45（c）所示对仿真图中的纵轴刻度进行调整；Set up可以按照图14-45（d）所示对仿真图的曲线、网格、文本等属性行设置。Settings区提供数据管理功能，单击Simulation set按钮弹出如图14-45（e）所示的Measurement Setup对话框，可以设置仿真的起始频率、终止频率、扫描类型等。

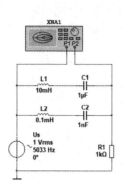

（a）双通带滤波电路

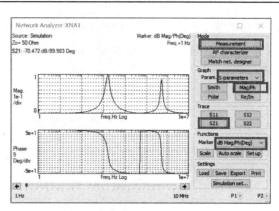

（b）双通带滤波器频率响应仿真

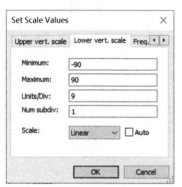

（c）刻度设置

（d）绘图区相关属性设置

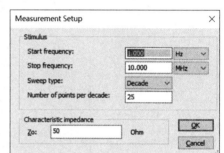

（e）测量参数设置

图 14-45　双通带滤波器仿真

思考题

14-1　网络函数是如何定义的？为什么可以用网络函数来描述电路的频率特性？

14-2　网络函数的分类除了书中所描述的六种，还有其他类型吗？为什么？

14-3　什么是网络函数的幅频特性？什么是网络函数的相频特性？

14-4　谐振电路的基本模型是怎样归结为 RLC 串联谐振电路和 RLC 并联谐振电路的？

14-5　为什么将串联谐振称为电压谐振？为什么将并联谐振称为电流压谐振？

14-6　电路发生串联谐振或并联谐振时，各具有什么特点？

14-7　谐振电路的特性阻抗是常数吗？它与什么有关？

14-8　品质因数 Q 是如何定义的？为什么要用 Q 值来描述电路特性？

14-9　下半功率点频率和上半功率点频率是如何确定的？

14-10　什么是通频带？什么是选择性？这两个指标是相互有联系的，还是相互独立的？

14-11　如何使用谐振电路来抑制不需要的信号？

14-12　滤波器的作用是什么？

习题

14-1　电路如题 14-1 图所示，求网络的电压转移比 $H(\mathrm{j}\omega) = \dot{U}_2 / \dot{U}_1$ 及频率特性。

14-2　　如题14-2图所示电路为RC选频网络,求网络的电压转移比 $H(\mathrm{j}\omega)=\dot{U}_2/\dot{U}_1$ 及频率特性。

14-3　　求题14-3图所示电路的转移电压比 $\dot{U}_2/\dot{U}_1$,并定性地绘出其幅频特性曲线和相频特性曲线。

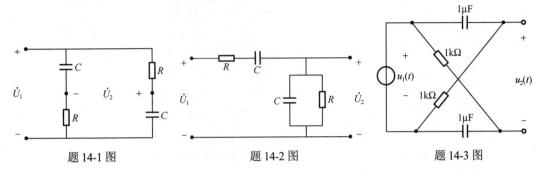

题 14-1 图　　　　　　　　　　题 14-2 图　　　　　　　　　　题 14-3 图

14-4　　如题 14-4 图所示为有源滤波器电路，求电压转移比 $H(\mathrm{j}\omega)=\dot{U}_2/\dot{U}_1$ 及频率特性。

14-5　　电路如题 14-5 图所示,K 值在 0 到 1 之间变动,试求网络的电压转移比 $H(\mathrm{j}\omega)=\dot{U}_\mathrm{O}/\dot{U}_\mathrm{S}$,并求 $\dot{U}_\mathrm{O}$ 超前和滞后 $\dot{U}_\mathrm{S}$ 的 K 值变化范围。

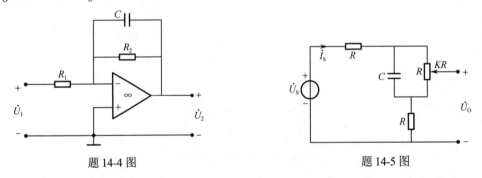

题 14-4 图　　　　　　　　　　　　　题 14-5 图

14-6　　RLC 串联电路的谐振频率 $f_0=400\mathrm{kHz}$ ， $R=5\Omega$ ， $C=900\mathrm{pF}$ 。（1）求电感 L 、特性阻抗 ρ 和品质因数 Q ；（2）若信号源电压 $U_\mathrm{S}=1\mathrm{mV}$ ，求谐振时的电路电流和各元件电压。

14-7　　在如题 14-7 图所示的 RLC 串联电路中，R 的数值可变，问：（1）改变 R 时电路的谐振频率是否改变？改变 R 对谐振电路有何影响？（2）若在 C 两端并联电阻 R_1 ，是否会改变电路的谐振频率？

14-8　　在如题 14-8 图所示的 RLC 串联电路中，已知电源电压 $U_\mathrm{S}=1\mathrm{V}$ ，角频率 $\omega=4000\mathrm{rad/s}$ ，调节电容 C 使毫安表读数最大，为 250mA，此时电压表测得电容电压有效值为 50V，求 R 、L 、C 的值及电路的 Q 值。

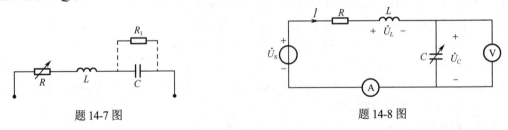

题 14-7 图　　　　　　　　　　　　题 14-8 图

14-9　　电路如题 14-9 图所示，试导出谐振频率 ω_0 、品质因数 Q 与带宽的表达式。

14-10　　如题 14-10 图所示电路为 RLC 并联电路，若 $I_\mathrm{S}=1\mathrm{mA}$ ， $C=1000\mathrm{pF}$ ，电路的品质因数 $Q=60$ ，谐振角频率 $\omega_0=10^6\mathrm{rad/s}$ ，试求：（1）电感 L 和电阻 R ；（2）谐振时的回路电压 $\dot{U}$ 和各支路电流。

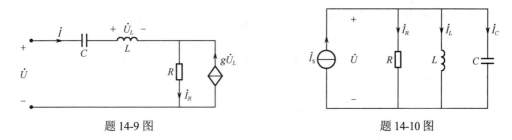

题 14-9 图　　　　　　　　　　　　题 14-10 图

14-11　电路如题 14-11 图所示,已知 $u_S(t)=30\sqrt{2}\cos 500t(\text{V})$,$R_S=1\text{k}\Omega$,$C=1\mu\text{F}$,$L=2\text{H}$。(1) 使电路在 $\omega_0=500\text{rad/s}$ 时发生并联谐振,且 $U=20\text{V}$,试确定 α 和 R 的值;(2) 在此 α 和 R 值下,确定电路的品质因数 Q 与带宽 Δf。

14-12　求题 14-12 图所示电路的谐振角频率,并讨论电路发生谐振的条件。

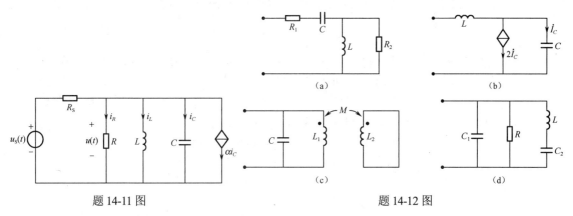

题 14-11 图　　　　　　　　　　　题 14-12 图

14-13　测量线圈品质因数 Q 值及电感或电容的 Q 值的原理电路如题 14-13 图所示,其中电压源 $\dot{U}_S$ 的幅值恒定但频率可调。当电源频率 $f=450\text{kHz}$ 时,调节电容使 $C=450\text{pF}$,此时电路达到谐振,电压表读数为 $U_1=10\text{mV}$,$U_2=1.5\text{V}$,试求:电阻 R 与电感 L 的值及品质因数 Q 值。

14-14　如题 14-14 图所示电路为选频电路,当角频率为一特定值 ω_0 时,U_C/U_S 达到最大,求此时的电路参数 R、C 与 ω_0 之间的关系,并计算最大的 U_C/U_S 值。

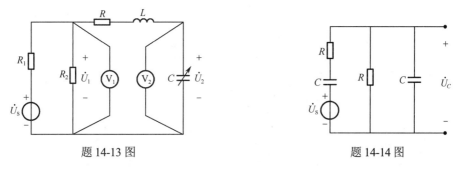

题 14-13 图　　　　　　　　　　　题 14-14 图

14-15　电路如题 14-15 图所示,调节电容 C_1 和 C_2 使原边和副边都达到谐振,已知 $\omega_0=1000\text{rad/s}$,试求:(1) C_1 和 C_2 的值;(2) 输出电压 $\dot{U}_2$。

14-16　广播收音机的输入回路如题 14-16 图所示,左侧为天线,右侧为调谐回路,若调谐可变电容器的容量为 30～305pF,欲使最低谐振频率为 530kHz,问线圈的自感系数应为多少?接入上述线圈后,该收音机的调谐频率范围是多少?

14-17　某收音机输入回路的等效电路如题 14-17 图所示。已知 $R=6\Omega$,$L=300\mu\text{H}$,C 为可调

电容。广播电台信号 $U_{S1} = 1.5\text{mV}$，$f_1 = 540\text{kHz}$；$U_{S2} = 1.5\text{mV}$，$f_2 = 600\text{kHz}$。

（1）当电路对信号 U_{S1} 发生谐振时，求电容 C 值和电路的品质因数 Q；

（2）保持（1）中的 C 值不变，分别计算 U_{S1} 和 U_{S2} 在电路中产生的电流（有效值）及在电感 L 上的输出电压（有效值）。

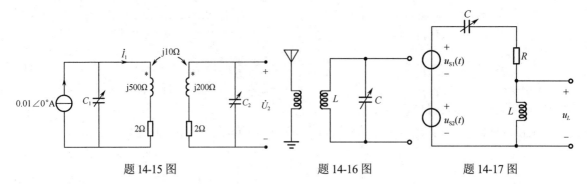

题 14-15 图　　　　　　题 14-16 图　　　　　　题 14-17 图

14-18　带通滤波器如题 14-18 图所示，$C = 0.0047\mu\text{F}$，电感线圈的阻值为 $R_L = 50\Omega$，自感系数为 $L = 10\text{mH}$，电阻 $R = 51\Omega$，试求其带宽为多少？

14-19　带阻滤波器如题 14-19 图所示，已知 $C = 0.01\mu\text{F}$，电感线圈的阻值为 $R_L = 30\Omega$，自感系数为 $L = 15\text{mH}$，电阻 $R = 47\Omega$，试求其带宽为多少？

14-20　试求题 14-20 图所示电路的转移电流比、截止频率和通频带。

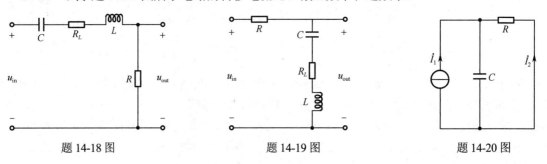

题 14-18 图　　　　　　题 14-19 图　　　　　　题 14-20 图

第 15 章　电路的复频域分析

第 8 章在动态电路的过渡过程时域分析中采用了经典方法来求解描述动态电路的微分方程，但是当电路的阶数较高时，运用经典方法求解会遇到许多困难。

在科学技术领域中，"变换"是一种经常被用来解决问题的方法和手段。如求解电路的正弦稳态响应时采用了相量法，将时域电路变换到复频域，解决了正弦稳态响应的计算问题；在非正弦周期稳态电路分析中，将非正弦周期信号分解成傅里叶级数，从而将非正弦周期信号激励的电路分析变换成各个不同频率的正弦稳态电路的分析。

本章将引入一种数学中的积分变换——拉普拉斯变换，利用它将时域电路问题变换到 s 复频域，从而可将描述高阶动态电路的高阶微分方程转换成 s 复频域的代数方程，使得经典方法很难解决的问题迎刃而解。

应用拉普拉斯变换求解电路的过渡过程问题类似于应用相量法求解正弦稳态电路，它能够直接求出符合初始条件的微分方程的解。这种方法称为运算法，是分析高阶线性动态电路的一种有效的方法。

采用运算法分析电路时还可以在更广泛的意义上定义电路的网络函数 $H(s)$，这里所说的网络函数 $H(s)$ 与第 14 章定义的网络函数 $H(j\omega)$ 具有内在的确定关系。

15.1　拉普拉斯变换

15.1.1　傅里叶变换简介

根据第 13 章的定义和描述可知，一个周期函数 $f(t)$ 在满足狄里克雷条件的情况下，可以分解成傅里叶级数

$$f(t) = \sum_{k=-\infty}^{\infty} c_K e^{jk\omega_1 t} \tag{15-1}$$

其中，
$$c_K = \frac{1}{T} \int_0^T f(t) e^{-jk\omega_1 t} dt = \frac{1}{T} \int_{-T/2}^{T/2} f(t) e^{-jk\omega_1 t} dt \qquad (k = 0, \pm 1, \pm 2, \cdots) \tag{15-2}$$

系数 c_K 的幅度频谱和相位频谱是 $k\omega_1$ 的函数，且为离散的线谱，其线间距离为

$$\Delta\omega_K = (k+1)\omega_1 - k\omega_1 = \omega_1 = \frac{2\pi}{T}$$

可见，当 T 变大时，系数 c_K 及线间距离 $\Delta\omega_K$ 都将变小，当 $T \to \infty$ 时，频谱将变为连续的。而此时幅度 $|c_K|$ 将趋于无穷小，但 Tc_K 应为有限值，于是根据式（15-2）定义一个新函数

$$F(jk\omega_1) = T \cdot c_K = \frac{2\pi}{\Delta\omega_K} \cdot c_K = \int_{-T/2}^{T/2} f(t) e^{-jk\omega_1 t} dt \tag{15-3}$$

这时，当 $T \to \infty$ 时，其线间距离 $\omega_1 = \frac{2\pi}{T} \to d\omega$，$k\omega_1 \to \omega$，谱线从离散变为连续，式（15-3）变为

$$F(j\omega) = \int_{-\infty}^{\infty} f(t) e^{-j\omega t} dt \tag{15-4}$$

式（15-4）称为傅里叶变换，它是一个把时域的周期函数 $f(t)$ 变换成频域函数 $F(j\omega)$ 的积分变换。

由式（15-3）又知

$$c_K = \frac{F(\mathrm{j}k\omega_1)}{T} = \frac{\Delta\omega_K F(\mathrm{j}k\omega_1)}{2\pi} \tag{15-5}$$

将式（15-5）代入式（15-1）可得

$$f(t) = \sum_{k=-\infty}^{\infty} c_K \mathrm{e}^{\mathrm{j}k\omega_1 t} = \sum_{k=-\infty}^{\infty} \frac{\Delta\omega_K F(\mathrm{j}k\omega_1)}{2\pi} \mathrm{e}^{\mathrm{j}k\omega_1 t}$$

当 $T \to \infty$ 时，式中的求和变积分，$\Delta\omega_K \to \mathrm{d}\omega$，$k\omega_1 \to \omega$，上式变为

$$f(t) = \frac{1}{2\pi} \int_{-\infty}^{\infty} F(\mathrm{j}\omega) \mathrm{e}^{\mathrm{j}\omega t} \mathrm{d}\omega \tag{15-6}$$

式（15-6）称为傅里叶逆变换，它将频域函数 $F(\mathrm{j}\omega)$ 逆变换成时域的周期函数 $f(t)$。

观察傅里叶变换的定义，面对这样的积分变换，函数 $f(t)$ 应满足下列条件：

（1）函数 $f(t)$ 满足狄里克雷条件。

（2）函数 $f(t)$ 应绝对可积，即 $\int_{-\infty}^{\infty} |f(t)| \mathrm{d}t$ 为有限值。

要求函数 $f(t)$ 绝对可积是有道理的，例如增长性函数 $\mathrm{e}^{\alpha t}(\alpha > 0)$ 的傅里叶变换就不存在，并且正弦函数、阶跃函数等一些幅度不衰减函数的傅里叶变换也不能直接由式（15-4）求出，为了解决这种一般性的问题，使傅里叶变换广泛适用于普通函数，必须对其进行推广。

15.1.2 拉普拉斯变换

1. 从傅里叶变换到拉普拉斯变换

为了更好地适应傅里叶变换，在式（15-4）中引入一个衰减因子 $\mathrm{e}^{-\sigma t}$（σ 为正实数），只要 σ 选得足够大，$\mathrm{e}^{-\sigma t} f(t)$ 就一定收敛，绝对可积的条件就能够满足。

于是，由式（15-4）可定义一个新的函数

$$F_1(\mathrm{j}\omega) = F(\mathrm{j}\omega)\mathrm{e}^{-\sigma t} = \int_{-\infty}^{\infty} f(t)\mathrm{e}^{-\sigma t}\mathrm{e}^{-\mathrm{j}\omega t}\mathrm{d}t = \int_{-\infty}^{\infty} f(t)\mathrm{e}^{-(\sigma+\mathrm{j}\omega t)}\mathrm{d}t = F(\sigma + \mathrm{j}\omega)$$

令 $s = \sigma + \mathrm{j}\omega$，称 s 为复变数，则上式变为

$$F(s) = \int_{-\infty}^{\infty} f(t)\mathrm{e}^{-st}\mathrm{d}t \tag{15-7}$$

式（15-7）称为拉普拉斯变换，它是推广的傅里叶变换。

考虑到在电路分析中，通常将换路时刻取为 $t = 0$，即在 $t < 0$ 时，激励函数或响应函数 $f(t) = 0$，又考虑到 $f(t)$ 可能包括冲激函数，所以将积分下限取为 $t = 0_-$，于是可将式（15-7）写成

$$F(s) = \int_{0_-}^{\infty} f(t)\mathrm{e}^{-st}\mathrm{d}t \tag{15-8}$$

式（15-8）称为单边拉普拉斯变换，对应地又可将式（15-7）称为双边拉普拉斯变换。本章所讨论的拉普拉斯变换均为单边拉普拉斯变换，简单起见，简称为拉普拉斯变换。

式（15-8）中的函数 $f(t)$ 称为原函数，将 $F(s)$ 称为函数 $f(t)$ 的象函数，从符号上可以将拉普拉斯变换记为

$$L[f(t)] = F(s) = \int_{0_-}^{\infty} f(t)\mathrm{e}^{-st}\mathrm{d}t$$

可见，拉普拉斯变换将一个时域的函数 $f(t)$ 变换成了复数域内的复变函数 $F(s)$。

在拉普拉斯变换中，要求函数 $f(t)$ 满足以下条件：

（1）函数 $f(t)$ 满足狄里克雷条件；

（2）应有 $\int_{-\infty}^{\infty} |f(t)| \mathrm{e}^{-\sigma t}\mathrm{d}t < \infty$。

在拉普拉斯变换中，习惯用小写字母表示原函数，用大写字母表示象函数。

2. 拉普拉斯逆变换

根据傅里叶逆变换的定义，新函数 $F(\sigma + j\omega)$ 的逆变换为

$$f(t)e^{-\sigma t} = \frac{1}{2\pi}\int_{-\infty}^{\infty}F(\sigma + j\omega)e^{j\omega t}d\omega$$

所以

$$f(t) = \frac{1}{2\pi}\int_{-\infty}^{\infty}F(\sigma + j\omega)e^{(\sigma + j\omega)t}d\omega$$

或

$$f(t) = \frac{1}{2\pi j}\int_{\sigma - j\infty}^{\sigma + j\infty}F(\sigma + j\omega)e^{(\sigma + j\omega)t}d(\sigma + j\omega)$$

即为

$$f(t) = \frac{1}{2\pi j}\int_{\sigma - j\infty}^{\sigma + j\infty}F(s)e^{st}ds \tag{15-9}$$

式（15-9）称为拉普拉斯逆变换，符号记为

$$L^{-1}[F(s)] = f(t) = \frac{1}{2\pi j}\int_{\sigma - j\infty}^{\sigma + j\infty}F(s)e^{st}ds \tag{15-10}$$

15.1.3 拉普拉斯变换的基本性质

1. 唯一性

拉普拉斯变换中的象函数 $F(s)$ 与定义在 $[0,\infty)$ 区间的原函数 $f(t)$ 之间存在一一对应的关系。（证明略。）

2. 线性性质

设 $L[f_1(t)] = F_1(s)$ ，$L[f_2(t)] = F_2(s)$

则

$$L[Af_1(t) \pm Bf_2(t)] = AF_1(s) \pm BF_2(s) \quad （A、B 为任意常数） \tag{15-11}$$

例 15-1 求 $f(t) = \cos\omega t$ 的象函数。

解： 因为 $\cos\omega t = \frac{1}{2}(e^{j\omega t} + e^{-j\omega t})$ ，运用线性性质可得

$$L[\cos\omega t] = \int_{0_-}^{\infty}\frac{1}{2}(e^{j\omega t} + e^{-j\omega t})e^{-st}dt = \frac{1}{2}\int_{0_-}^{\infty}e^{-(s-j\omega)t}dt + \frac{1}{2}\int_{0_-}^{\infty}e^{-(s+j\omega)t}dt$$

$$= \frac{1}{2}\left(\frac{1}{s - j\omega} + \frac{1}{s + j\omega}\right) = \frac{s}{s^2 + \omega^2}$$

3. 微分性质

设 $L[f(t)] = F(s)$

则

$$L\left[\frac{df(t)}{dt}\right] = sL[f(t)] - f(0_-) = sF(s) - f(0_-) \tag{15-12}$$

证明： 因为 $L\left[\frac{df(t)}{dt}\right] = \int_{0_-}^{\infty}\frac{df(t)}{dt}e^{-st}dt$

采用分部积分法，令 $dv = \frac{df(t)}{dt}dt$ ，$u = e^{-st}dt$ ，有 $v = f(t)$ ，$du = -se^{-st}dt$

因为 $\int udv = uv - \int vdu$

所以 $L\left[\frac{df(t)}{dt}\right] = \int_{0_-}^{\infty}\frac{df(t)}{dt}e^{-st}dt = f(t)e^{-st}\Big|_{0_-}^{\infty} - \int_{0_-}^{\infty}f(t)(-se^{-st})dt$

$$= -f(0_-) + s\int_{0_-}^{\infty}f(t)e^{-st}dt = -f(0_-) + sF(s)$$

证毕。

微分性质的推广：

$$L\left[\frac{\mathrm{d}^2 f(t)}{\mathrm{d}t^2}\right] = s^2 F(s) - s f(0_-) - \frac{\mathrm{d}f(0_-)}{\mathrm{d}t} \qquad (15\text{-}13)$$

$$L\left[\frac{\mathrm{d}^n f(t)}{\mathrm{d}t^n}\right] = s^n F(s) - s^{n-1} f(0_-) - s^{n-2}\frac{\mathrm{d}f(0_-)}{\mathrm{d}t} - s^{n-3}\frac{\mathrm{d}^2 f(0_-)}{\mathrm{d}t^2} - \cdots - \frac{\mathrm{d}^{n-1} f(0_-)}{\mathrm{d}t^{n-1}} \qquad (15\text{-}14)$$

例 15-2　求 $f(t) = \sin \omega t$ 的象函数。

解： 已知 $L[\cos \omega t] = \dfrac{s}{s^2 + \omega^2}$，运用微分性质可得

$$L[\sin \omega t] = L\left[-\frac{\mathrm{d}\cos \omega t}{\mathrm{d}t} \cdot \frac{1}{\omega}\right] = -\frac{1}{\omega} L\left[\frac{\mathrm{d}\cos \omega t}{\mathrm{d}t}\right]$$

$$= -\frac{1}{\omega}[s L[\cos \omega t] - f(0_-)] = -\frac{1}{\omega}\left[\frac{s^2}{s^2 + \omega^2} - 1\right] = \frac{\omega}{s^2 + \omega^2}$$

例 15-3　求 $f(t) = \dfrac{\mathrm{d}\delta}{\mathrm{d}t}$ 的象函数。

解： 因为 $L[\delta(t)] = \displaystyle\int_{0_-}^{\infty} \delta(t)\mathrm{e}^{-st}\mathrm{d}t = \int_{0_-}^{0_+} \delta(t)\mathrm{d}t = 1$，运用微分性质可得

$$L\left[\frac{\mathrm{d}\delta}{\mathrm{d}t}\right] = s L[\delta(t)] - f(0_-) = s$$

4. 积分性质

设 $L[f(t)] = F(s)$，则

$$L\left[\int_{-\infty}^{t} f(\tau)\mathrm{d}\tau\right] = \frac{1}{s} L[f(t)] + \frac{1}{s} f^{-1}(0_-) \qquad (15\text{-}15)$$

式中，$f^{-1}(0_-) = \displaystyle\int_{-\infty}^{0_-} f(\tau)\mathrm{d}\tau$，是函数 $f(t)$ 的积分式在 $t = 0_-$ 时的取值。

证明： 因为 $L\left[\displaystyle\int_{-\infty}^{t} f(\tau)\mathrm{d}\tau\right] = L\left[\displaystyle\int_{-\infty}^{0_-} f(\tau)\mathrm{d}\tau + \int_{0_-}^{t} f(\tau)\mathrm{d}\tau\right]$

等号右边第一项为常数，所以 $L\left[\displaystyle\int_{-\infty}^{0_-} f(\tau)\mathrm{d}\tau\right] = \frac{1}{s} f^{-1}(0_-)$

等号右边第二项为 $L\left[\displaystyle\int_{0_-}^{t} f(\tau)\mathrm{d}\tau\right] = \int_{0_-}^{\infty}\left[\int_{0_-}^{t} f(\tau)\mathrm{d}\tau\right] \cdot \mathrm{e}^{-st}\mathrm{d}t$

采用分部积分法，令 $u = \displaystyle\int_{0_-}^{t} f(\tau)\mathrm{d}\tau$，$\mathrm{d}v = \mathrm{e}^{-st}\mathrm{d}t$，有 $\mathrm{d}u = f(t)\mathrm{d}t$，$v = -\dfrac{1}{s}\mathrm{e}^{-st}$

所以 $L\left[\displaystyle\int_{0_-}^{t} f(\tau)\mathrm{d}\tau\right] = uv - \int v\,\mathrm{d}u = \int_{0_-}^{t} f(\tau)\mathrm{d}\tau \cdot \left(-\frac{\mathrm{e}^{-st}}{s}\right)\bigg|_{0_-}^{\infty} - \int_{0_-}^{\infty}\left(-\frac{\mathrm{e}^{-st}}{s}\right) f(t)\mathrm{d}t$

$$= \frac{1}{s}\int_{0_-}^{\infty} f(t)\mathrm{e}^{-st}\mathrm{d}t = \frac{1}{s} F(s)$$

故 $L\left[\displaystyle\int_{-\infty}^{t} f(\tau)\mathrm{d}\tau\right] = \frac{1}{s} L[f(t)] + \frac{1}{s} f^{-1}(0_-)$

证毕。

例 15-4　已知流过电容器的电流 i_C 的拉普拉斯变换式为 $L[i_C] = I_C(s)$，求其两端电压 u_C 的拉普拉斯变换式。

解： 已知 $u_C = \dfrac{1}{C}\displaystyle\int_{-\infty}^{t} i_C \mathrm{d}t = \dfrac{1}{C}\displaystyle\int_{-\infty}^{0_-} i_C \mathrm{d}t + \dfrac{1}{C}\displaystyle\int_{0_-}^{t} i_C \mathrm{d}t = u_C(0_-) + \dfrac{1}{C}\displaystyle\int_{0_-}^{t} i_C \mathrm{d}t$，运用积分性质可得

$$U_C(s) = L\left[u_C(0_-) + \frac{1}{C}\int_{0_-}^{t} i_C \mathrm{d}t\right] = \frac{u_C(0_-)}{s} + \frac{1}{sC}I_C(s)$$

5. 时域平移（延时）性质

设 $L[f(t)] = F(s)$，则

$$L[f(t-t_0)\varepsilon(t-t_0)] = \mathrm{e}^{-st_0}F(s) \tag{15-16}$$

证明： $L[f(t-t_0)\varepsilon(t-t_0)] = \displaystyle\int_{0_-}^{\infty} f(t-t_0)\varepsilon(t-t_0)\mathrm{e}^{-st}\mathrm{d}t$

令 $\tau = t - t_0$，则上式为 $\displaystyle\int_{-t_0}^{\infty} f(\tau)\varepsilon(\tau)\mathrm{e}^{-s(\tau+t_0)}\mathrm{d}\tau$

当 $\tau < 0_-$ 时，$f(\tau)\varepsilon(\tau) = 0$，故上式可写成

$$\int_{0_-}^{\infty} f(\tau)\varepsilon(\tau)\mathrm{e}^{-s(\tau+t_0)}\mathrm{d}\tau = \mathrm{e}^{-st_0}\int_{0_-}^{\infty} f(\tau)\varepsilon(\tau)\mathrm{e}^{-s\tau}\mathrm{d}\tau = \mathrm{e}^{-st_0}F(s)$$

证毕。

同理，还可证得
$$L[f(t+t_0)\varepsilon(t+t_0)] = \mathrm{e}^{st_0}F(s) \tag{15-17}$$

例 15-5　求如图 15-1 所示的脉冲信号的拉普拉斯变换。

解： 由图 15-1 可知 $f(t) = A\varepsilon(t) - A\varepsilon(t-t_0)$

运用线性性质和时域平移性质可得

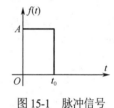

图 15-1　脉冲信号

$$L[f(t)] = L[A\varepsilon(t) - A\varepsilon(t-t_0)] = AL[\varepsilon(t)] - AL[\varepsilon(t-t_0)]$$

$$= \frac{A}{s} - \frac{A}{s}\mathrm{e}^{-st_0} = \frac{A}{s}(1 - \mathrm{e}^{-st_0})$$

6. 复频域平移性质

设 $L[f(t)] = F(s)$，则

$$L[f(t)\mathrm{e}^{-s_0 t}] = F(s+s_0) \tag{15-18}$$

证明： $L[f(t)\mathrm{e}^{-s_0 t}] = \displaystyle\int_{0_-}^{\infty} f(t)\mathrm{e}^{-s_0 t}\mathrm{e}^{-st}\mathrm{d}t = \int_{0_-}^{\infty} f(t)\mathrm{e}^{-(s+s_0)t}\mathrm{d}t = F(s+s_0)$

证毕。

例 15-6　求 $t\mathrm{e}^{-at}$ 的象函数。

解： 已知 $L[t] = \dfrac{1}{s^2}$，由复频域平移性质可得

$$L[t\mathrm{e}^{-at}] = \frac{1}{(s+a)^2}$$

15.1.4　常用函数的拉普拉斯变换

一些常用函数的原函数与象函数的对应关系如表 15-1 所示。

表 15-1　一些常用函数的原函数与象函数

原 函 数	象 函 数	原 函 数	象 函 数
冲激 $\delta(t)$	1	$t\mathrm{e}^{-at}$	$\dfrac{1}{(s+a)^2}$
阶跃 $\varepsilon(t)$	$\dfrac{1}{s}$	$t^n \mathrm{e}^{-at}$（n 为正整数）	$\dfrac{n!}{(s+a)^{n+1}}$

原 函 数	象 函 数	原 函 数	象 函 数
e^{-at}	$\dfrac{1}{s+a}$	$t\sin\omega t$	$\dfrac{2\omega s}{(s^2+\omega^2)^2}$
t^n （n 为正整数）	$\dfrac{n!}{s^{n+1}}$	$t\cos\omega t$	$\dfrac{s^2-\omega^2}{(s^2+\omega^2)^2}$
$\sin\omega t$	$\dfrac{\omega}{s^2+\omega^2}$	$\dfrac{\mathrm{d}\delta}{\mathrm{d}t}$	s
$\cos\omega t$	$\dfrac{s}{s^2+\omega^2}$	$\dfrac{1}{a}(1-e^{-at})$	$\dfrac{1}{s(s+a)}$
$e^{-at}\sin\omega t$	$\dfrac{\omega}{(s+a)^2+\omega^2}$	$\dfrac{1}{b-a}(e^{-at}-e^{-bt})$	$\dfrac{1}{(s+a)(s+b)}$
$e^{-at}\cos\omega t$	$\dfrac{s+a}{(s+a)^2+\omega^2}$		

15.2　拉普拉斯逆变换

15.2.1　拉普拉斯逆变换的基本方法

拉普拉斯逆变换是从象函数求原函数的一种运算，从 15.1 节的描述可知，拉普拉斯逆变换的基本公式为

$$f(t)=L^{-1}[F(s)]=\frac{1}{2\pi\mathrm{j}}\int_{\sigma-\mathrm{j}\infty}^{\sigma+\mathrm{j}\infty}F(s)e^{st}\mathrm{d}s \tag{15-19}$$

该式又称布罗米维奇积分公式，它是涉及以 s 为变量的复变函数积分，比较复杂。

显然，直接采用基本公式进行拉普拉斯逆变换是相当困难的。最简单的逆变换方法是查表法，例如，可使用表 15-1 查出一些象函数的原函数。然而，有许多象函数 $F(s)$ 并非能简单地直接从表中查出，于是对于较为复杂的象函数，一般首先采用部分分式分解法将 $F(s)$ 展开成部分分式，然后进行查表。

15.2.2　部分分式分解法

设象函数 $F(s)$ 的一般形式为

$$F(s)=\frac{A(s)}{B(s)}=\frac{a_m s^m+a_{m-1}s^{m-1}+a_{m-2}s^{m-2}+\cdots+a_0}{b_n s^n+b_{n-1}s^{n-1}+b_{n-2}s^{n-2}+\cdots+b_0} \tag{15-20}$$

式中，a_k、b_k 均为实数，m、n 均为正整数。

为了便于分解，将 $A(s)$ 写成

$$A(s)=a_m(s-z_0)(s-z_1)(s-z_2)\cdots(s-z_{m-1})$$

式中，$z_0,z_1,\cdots,z_{m-1}$ 称为 $F(s)$ 的零点，它们是方程 $A(s)=0$ 的根。

同样，将 $B(s)$ 写成

$$B(s)=b_n(s-p_0)(s-p_1)(s-p_2)\cdots(s-p_{n-1})$$

式中，$p_0,p_1,\cdots,p_{n-1}$ 称为 $F(s)$ 的极点，它们是方程 $B(s)=0$ 的根。

从式（15-20）的描述可知，零点只对 $F(s)$ 的大小（模）有影响，而极点会影响 $F(s)$ 的性质。按照极点性质的不同，部分分式的分解一般有如下几种情况。

1. 极点为不等实数的情况

假设 $p_0,p_1,\cdots,p_{n-1}$ 均为实数，且各不相等，即 $B(s)$ 无重根。例如

$$F(s) = \frac{A(s)}{(s-p_0)(s-p_1)(s-p_2)} \quad (p_0, p_1, p_2 \text{ 为不相等的实数})$$

（1）若 $m < n$，$F(s)$ 为真分式，即 $F(s)$ 的分母多项式阶次高于分子多项式阶次，且分子与分母不可约。则 $F(s)$ 可分解为如下的部分分式形式：

$$F(s) = \frac{k_0}{s-p_0} + \frac{k_1}{s-p_1} + \frac{k_2}{s-p_2} \qquad (15\text{-}21)$$

这时通过查表可得式（15-21）的逆变换为

$$f(t) = L^{-1}[F(s)] = L^{-1}\left[\frac{k_0}{s-p_0} + \frac{k_1}{s-p_1} + \frac{k_2}{s-p_2}\right] = k_0 e^{p_0 t} + k_1 e^{p_1 t} + k_2 e^{p_2 t}$$

在这里，进行逆变换的关键问题是确定系数 k_0、k_1、k_2 的值，观察式（15-21）可知，用 $(s-p_0)$ 乘以 $F(s)$ 可得

$$(s-p_0)F(s) = k_0 + \frac{s-p_0}{s-p_1}k_1 + \frac{s-p_0}{s-p_2}k_2$$

令 $s = p_0$，得 $k_0 = (s-p_0)F(s)\ \big|_{s=p_0}$。

同理，可得与任意极点 p_i 对应的系数为

$$k_i = (s-p_i)F(s)\ \big|_{s=p_i}$$

例 15-7　已知象函数 $F(s) = \dfrac{10(s^2 + 7s + 10)}{s^3 + 4s^2 + 3s}$，求其原函数 $f(t)$。

解： 已知 $F(s)$ 可写成

$$F(s) = \frac{10(s+2)(s+5)}{s(s+1)(s+3)}$$

$F(s)$ 是一个真分式，其零点为 $z_0 = -2$，$z_1 = -5$，极点为 $p_0 = 0$，$p_1 = -1$，$p_2 = -3$，即 $F(s)$ 有三个单极点，所以 $F(s)$ 可以分解成如下形式：

$$F(s) = \frac{k_0}{s} + \frac{k_1}{s+1} + \frac{k_2}{s+3}$$

求系数 k_0、k_1、k_2 的值：

$$k_0 = (s-p_0)F(s)\ \big|_{s=p_0} = sF(s)\ \big|_{s=0} = \frac{10(s+2)(s+5)}{(s+1)(s+3)}\ \big|_{s=0} = \frac{100}{3}$$

$$k_1 = (s-p_1)F(s)\ \big|_{s=p_1} = (s+1)F(s)\ \big|_{s=-1} = \frac{10(s+2)(s+5)}{s(s+3)}\ \big|_{s=-1} = -20$$

$$k_2 = (s-p_2)F(s)\ \big|_{s=p_2} = (s+3)F(s)\ \big|_{s=-3} = \frac{10(s+2)(s+5)}{s(s+1)}\ \big|_{s=-3} = -\frac{10}{3}$$

所以，$F(s) = \dfrac{100}{3s} - \dfrac{20}{s+1} - \dfrac{10}{3(s+3)}$。

查表得　$f(t) = L^{-1}[F(s)] = \dfrac{100}{3}\varepsilon(t) - 20e^{-t} - \dfrac{10}{3}e^{-3t}$。

（2）若 $m \geq n$，$F(s)$ 为假分式，即 $F(s)$ 的分子多项式阶次大于或等于分母多项式阶次，这时需先使用多项式长除法，将分子 $A(s)$ 中的高次项提出，使余下部分成为满足 $m < n$ 的真分式，再对真分式部分按照（1）中所述方法分解即可。

例 15-8　已知象函数 $F(s) = \dfrac{s^3 + 5s^2 + 9s + 7}{s^2 + 3s + 2}$，求其原函数 $f(t)$。

解： 已知 $F(s)$ 为假分式，先使用多项式长除法提出分子 $A(s)$ 中的高次项

$$
\begin{array}{r}
s+2 \\
s^2+3s+2 \overline{\big)\, s^3+5s^2+9s+7} \\
s^3+3s^2+2s \\
\hline
2s^2+7s+7 \\
2s^2+6s+4 \\
\hline
s+3
\end{array}
$$

这时 $F(s)$ 可表示为

$$F(s) = s+2+\frac{s+3}{s^2+3s+2} = s+2+\frac{s+3}{(s+1)(s+2)}$$

其中的真分式部分可分解为

$$\frac{k_0}{s+1}+\frac{k_1}{s+2}$$

而

$$k_0 = (s+1)F(s)\ \Big|_{s=-1} = \frac{s+3}{s+2}\ \Big|_{s=-1} = 2$$

$$k_1 = (s+2)F(s)\ \Big|_{s=-2} = \frac{s+3}{s+1}\ \Big|_{s=-2} = -1$$

所以 $F(s)$ 可最终分解为

$$F(s) = s+2+\frac{2}{s+1}-\frac{1}{s+2}$$

查表得

$$f(t) = L^{-1}[F(s)] = \frac{\mathrm{d}\delta}{\mathrm{d}t}+2\delta(t)+2\mathrm{e}^{-t}-\mathrm{e}^{-2t}$$

2. 极点中含有共轭复数极点的情况

例如

$$F(s) = \frac{A(s)}{D(s)[(s+\alpha)^2+\beta^2]} = \frac{A(s)}{D(s)(s+\alpha-\mathrm{j}\beta)(s+\alpha+\mathrm{j}\beta)}$$

式中，$D(s)$ 为分母多项式中除共轭复数极点外的其余部分，分母中含有一对共轭复数极点 $s=-\alpha\pm\mathrm{j}\beta$，在分解时可按照单根来对待。

即令 $F_1(s) = \dfrac{A(s)}{D(s)}$，有

$$F(s) = \frac{F_1(s)}{(s+\alpha-\mathrm{j}\beta)(s+\alpha+\mathrm{j}\beta)} = \frac{k_1}{s+\alpha-\mathrm{j}\beta}+\frac{k_2}{s+\alpha+\mathrm{j}\beta}$$

$$k_1 = (s+\alpha-\mathrm{j}\beta)F(s)\ \Big|_{s=-\alpha+\mathrm{j}\beta} = \frac{F_1(-\alpha+\mathrm{j}\beta)}{2\mathrm{j}\beta}$$

$$k_2 = (s+\alpha+\mathrm{j}\beta)F(s)\ \Big|_{s=-\alpha-\mathrm{j}\beta} = \frac{F_1(-\alpha-\mathrm{j}\beta)}{-2\mathrm{j}\beta}$$

k_1 与 k_2 为共轭关系，即 $k_2 = k_1^*$。

设 $k_1 = P+\mathrm{j}Q$，则 $k_2 = k_1^* = P-\mathrm{j}Q$，于是与共轭复极点有关部分的拉普拉斯逆变换为

$$f_0(t) = L^{-1}\left[\frac{k_1}{s+\alpha-\mathrm{j}\beta}+\frac{k_2}{s+\alpha+\mathrm{j}\beta}\right] = \mathrm{e}^{-\alpha t}(k_1\mathrm{e}^{\mathrm{j}\beta t}+k_2\mathrm{e}^{-\mathrm{j}\beta t})$$

$$= 2\mathrm{e}^{-\alpha t}(P\cos\beta t-Q\sin\beta t) = 2\sqrt{P^2+Q^2}\,\mathrm{e}^{-\alpha t}\cos(\beta t+\theta)$$

式中，$\theta = \arctan\dfrac{Q}{P}$。

例 15-9 已知象函数 $F(s) = \dfrac{s^2+3}{s^3+4s^2+9s+10}$，求其原函数 $f(t)$。

解： 已知 $F(s)$ 可写成

$$F(s) = \frac{s^2+3}{(s+2)(s^2+2s+5)} = \frac{s^2+3}{(s+2)(s+1-j2)(s+1+j2)}$$

$$= \frac{k_0}{s+2} + \frac{k_1}{s+1-j2} + \frac{k_2}{s+1+j2}$$

$$k_0 = (s+2)F(s) \Big|_{s=-2} = \frac{s^2+3}{s^2+2s+5} \Big|_{s=-2} = \frac{7}{5}$$

$$k_1 = (s+1-j2)F(s) \Big|_{s=-1+j2} = \frac{s^2+3}{(s+2)(s+1+j2)} \Big|_{s=-1+j2} = -\frac{1}{1+j2} = -\frac{1}{5} + j\frac{2}{5}$$

$$k_2 = k_1^* = -\frac{1}{5} - j\frac{2}{5}$$

所以 $F(s)$ 分解为　　　　$$F(s) = \frac{7}{5(s+2)} + \frac{-1+j2}{5} \cdot \frac{1}{s+1-j2} + \frac{-1-j2}{5} \cdot \frac{1}{s+1+j2}$$

式中，$\alpha = 1$，$\beta = 2$，$P = -\dfrac{1}{5}$，$Q = \dfrac{2}{5}$。

所以，原函数为　　　　$$f(t) = \frac{7}{5}e^{-2t} - 2e^{-t}\left(\frac{1}{5}\cos 2t + \frac{2}{5}\sin 2t\right)$$

3. 有多重极点的情况

例如

$$F(s) = \frac{A(s)}{D(s)(s-p_0)^n}$$

式中，$D(s)$ 为分母多项式中除重根以外的其余部分，分母中含有一个在 $s = p_0$ 处的 n 重极点。则 $F(s)$ 可展开成

$$F(s) = \frac{k_0}{(s-p_0)^n} + \frac{k_1}{(s-p_0)^{n-1}} + \cdots + \frac{k_{n-1}}{(s-p_0)} + \frac{E(s)}{D(s)}$$

式中，$\dfrac{E(s)}{D(s)}$ 为与重极点无关的其余部分。与重极点有关的各系数为

$$k_0 = (s-p_0)^n F(s) \Big|_{s=p_0}$$

对于 $k_1, k_2, \cdots, k_{n-1}$ 不能采用求 k_0 的方法，因为分母将出现零值。这时需定义一个新函数

$$F_1(s) = (s-p_0)^n F(s)$$

即　　　　$$F_1(s) = k_0 + k_1(s-p_0) + k_2(s-p_0)^2 + \cdots + k_{n-1}(s-p_0)^{n-1} + (s-p_0)^n \frac{E(s)}{D(s)}$$

则　　　　$$\frac{\mathrm{d}F_1(s)}{\mathrm{d}s} = k_1 + 2k_2(s-p_0) + \cdots + (n-1)k_{n-1}(s-p_0)^{n-2} + \cdots$$

显然　　　　$$k_0 = F_1(s) \Big|_{s=p_0}$$

$$k_1 = \frac{\mathrm{d}F_1(s)}{\mathrm{d}s} \Big|_{s=p_0}$$

$$k_2 = \frac{1}{2}\frac{\mathrm{d}^2 F_1(s)}{\mathrm{d}s^2} \Big|_{s=p_0}$$

……

$$k_i = \frac{1}{i!}\frac{\mathrm{d}^i F_1(s)}{\mathrm{d}s^i} \Big|_{s=p_0} \qquad (i = 0,1,2,\cdots,n-1)$$

例 15-10   已知象函数 $F(s) = \dfrac{s-2}{s(s+1)^3}$，求其原函数 $f(t)$。

解： 已知 $F(s)$ 可分解成

$$F(s) = \frac{k_0}{(s+1)^3} + \frac{k_1}{(s+1)^2} + \frac{k_2}{(s+1)} + \frac{k_3}{s}$$

与重极点无关的系数为
$$k_3 = sF(s) \Big|_{s=0} = \frac{s-2}{(s+1)^3} \Big|_{s=0} = -2$$

定义一个新函数
$$F_1(s) = (s+1)^3 F(s) = \frac{s-2}{s}$$

则
$$k_0 = F_1(s) \Big|_{s=-1} = 3$$

$$k_1 = \frac{\mathrm{d}F_1(s)}{\mathrm{d}s} \Big|_{s=-1} = 2$$

$$k_2 = \frac{1}{2}\frac{\mathrm{d}^2 F_1(s)}{\mathrm{d}s^2} \Big|_{s=-1} = 2$$

所以
$$F(s) = \frac{3}{(s+1)^3} + \frac{2}{(s+1)^2} + \frac{2}{(s+1)} - \frac{2}{s}$$

查表得
$$f(t) = L^{-1}[F(s)] = \frac{3}{2}t^2 \mathrm{e}^{-t} + 2t\mathrm{e}^{-t} + 2\mathrm{e}^{-t} - 2$$

15.3   运用拉普拉斯变换分析线性电路

由第 8 章可知，描述动态电路的方程是微分方程，当微分方程的阶数大于 2 时，用经典法求解较为困难。运用拉普拉斯变换分析这类电路时有一个非常明显的优点，即可将微分方程或积分方程转化为代数方程，从而使方程的求解变得简单易行，这就是所谓的运算法。

将微分方程转化为代数方程有两种做法，一种是先选择合适的时域电路变量列写描述电路的微分方程或积分方程，再对方程取拉普拉斯变换以获得电路方程的运算形式。不过这种做法并没有解决用经典法求解线性电路时所遇到的困难，本书不做介绍。另一种是先将线性电路的时域模型转化为复频域的 s 域模型，称为运算电路，再选择合适的电路分析方法进行分析计算，最后进行拉普拉斯逆变换求得时域解，这是本章将要重点介绍的内容。其次，也可以运用拉普拉斯变换法代替相量法来分析正弦交流电路。

15.3.1   KCL 和 KVL 的运算形式

1. KCL 的运算形式

在时域电路的任意节点上，KCL 方程为
$$\sum i(t) = 0$$

对上式两边取拉普拉斯变换，并利用拉普拉斯变换的线性性质可得
$$\sum I(s) = 0 \tag{15-22}$$

式（15-22）表明，运算电路中的任意节点上所有支路电流象函数的代数和为零，式（15-22）称为 KCL 的运算形式。

2. KVL 的运算形式

在时域电路的任意闭合回路中，KVL 方程为

$$\sum u(t) = 0$$

对上式两边取拉普拉斯变换，并利用拉普拉斯变换的线性性质可得

$$\sum U(s) = 0 \tag{15-23}$$

式（15-23）表明，运算电路中的任意闭合回路中所有支路电压象函数的代数和为零，式（15-23）称为 KVL 的运算形式。

15.3.2　电路元件的 s 域模型

1. 电阻元件的 s 域模型

在时域电路中，电阻元件的模型如图 15-2（a）所示，元件的 VCR 为

$$u_R(t) = Ri_R(t)$$

对上式两边取拉普拉斯变换，并利用拉普拉斯变换的线性性质可得

$$U_R(s) = RI_R(s) \tag{15-24}$$

根据式（15-24），可得电阻元件的运算电路模型，如图 15-2（b）所示。

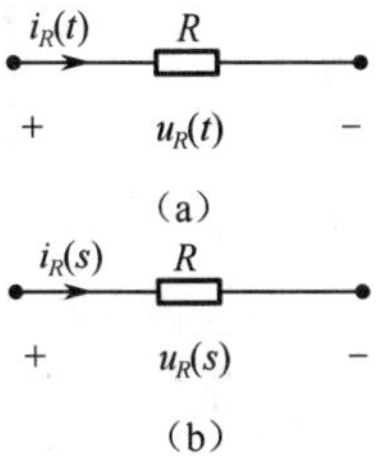

2. 电感元件的 s 域模型

在时域电路中，电感元件的模型如图 15-3（a）所示，元件的 VCR 为

$$u_L(t) = L\frac{\mathrm{d}i_L(t)}{\mathrm{d}t}$$

图 15-2　电阻元件的时域模型和运算电路模型

对上式两边取拉普拉斯变换，并利用拉普拉斯变换的线性性质和微分性质可得

$$\int_{0_-}^{\infty} u_L(t)\mathrm{e}^{-st}\mathrm{d}t = \int_{0_-}^{\infty} L\frac{\mathrm{d}i_L(t)}{\mathrm{d}t}\mathrm{e}^{-st}\mathrm{d}t$$

即

$$U_L(s) = sLI_L(s) - Li_L(0_-) \tag{15-25}$$

或

$$I_L(s) = \frac{1}{sL}U_L(s) + \frac{i_L(0_-)}{s} \tag{15-26}$$

根据式（15-25）和式（15-26），可得电感元件的运算电路模型，如图 15-3（b）、（c）所示。由图 15-3（b）、（c）可知，当 $i_L(0_-)$ 不为零时，电感元件的运算电路模型中将出现附加电源。

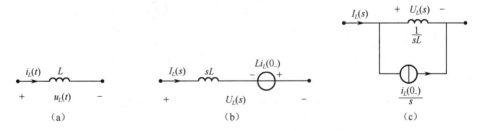

图 15-3　电感元件的时域模型和运算电路模型

3. 电容元件的 s 域模型

在时域电路中，电容元件的模型如图 15-4（a）所示，元件的 VCR 为

$$i_C(t) = C\frac{\mathrm{d}u_C(t)}{\mathrm{d}t}$$

对上式两边取拉普拉斯变换，并利用拉普拉斯变换的线性性质和微分性质可得

$$\int_{0_-}^{\infty} i_C(t)\mathrm{e}^{-st}\mathrm{d}t = \int_{0_-}^{\infty} C\frac{\mathrm{d}u_C(t)}{\mathrm{d}t}\mathrm{e}^{-st}\mathrm{d}t$$

即

$$I_C(s) = sCU_C(s) - Cu_C(0_-) \tag{15-27}$$

或
$$U_C(s) = \frac{1}{sC}I_C(s) + \frac{u_C(0_-)}{s} \tag{15-28}$$

根据式（15-27）和式（15-28），可得电容元件的运算电路模型，如图 15-4（b）、（c）所示。由图 15-4（b）、（c）可知，当 $u_C(0_-)$ 不为零时，电容元件的运算电路模型中将出现附加电源。

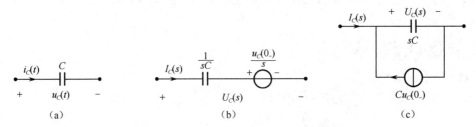

图 15-4　电容元件的时域模型和运算电路模型

4．耦合电感元件的 s 域模型

在时域电路中，耦合电感元件的模型如图 15-5（a）所示，元件的 VCR 为
$$\begin{cases} u_1(t) = L_1\dfrac{di_1(t)}{dt} + M\dfrac{di_2(t)}{dt} \\ u_2(t) = L_2\dfrac{di_2(t)}{dt} + M\dfrac{di_1(t)}{dt} \end{cases}$$

对上式两边取拉普拉斯变换，并利用拉普拉斯变换的线性性质和微分性质可得
$$\begin{cases} U_1(s) = sL_1I_1(s) + sMI_2(s) - L_1i_1(0_-) - Mi_2(0_-) \\ U_2(s) = sL_2I_2(s) + sMI_1(s) - L_2i_2(0_-) - Mi_1(0_-) \end{cases} \tag{15-29}$$

根据式（15-29），可得耦合电感元件的运算电路模型，如图 15-5(b)所示。

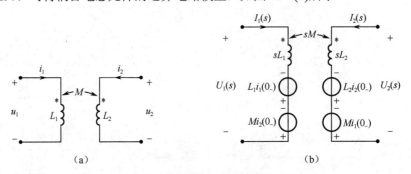

图 15-5　耦合电感元件的时域模型和运算电路模型

15.3.3　运用拉普拉斯变换法求解线性电路——运算法

采用运算法求解线性电路时域响应的主要步骤如下：

（1）由给定的时域电路确定电路的初始状态 $u_C(0_-)$ 和 $i_L(0_-)$，以便利用它们确定电路元件的运算模型中的附加电源。

（2）根据各元件的运算电路模型画出换路后的运算电路图，与此同时，要将时域激励变换成象函数形式。

（3）根据题意选用适当的电路分析方法求出响应的象函数。

（4）利用部分分式分解法及表 15-1 获得拉普拉斯逆变换，求出响应象函数的原函数，即可得到电路响应的时域解。

由运算电路所建立的方程是代数方程，显然它比直接求解高阶微分方程要容易，况且在运算电路中已包含了初值，这样就避免了在时域中确定积分常数的麻烦。

例 15-11　电路如图 15-6 所示，已知 $i_{L_1}(0_-)=0$，$i_{L_2}(0_-)=0$，$u_S(t)=12\varepsilon(t)\text{V}$，$L_1=1\text{mH}$，$L_2=9\text{mH}$，$R_1=3\text{k}\Omega$，$R_2=24\text{k}\Omega$，求 $i_{L_2}(t)$。

解： 先画出运算电路，如图 15-7 所示，图中 $U_S(s)=\dfrac{12}{s}$。

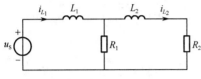 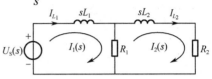

图 15-6　例 15-11 图　　　　　　　　图 15-7　例 15-11 的运算电路

列写网孔电流方程

$$\begin{cases}(R_1+sL_1)I_1(s)-R_1I_2(s)=U_S(s)\\(R_1+R_2+sL_2)I_2(s)-R_1I_1(s)=0\end{cases}$$

解得

$$I_2(s)=\frac{U_S(s)/R_2}{\dfrac{L_1L_2}{R_1R_2}s^2+\left(\dfrac{L_1}{R_1}+\dfrac{L_1}{R_2}+\dfrac{L_2}{R_2}\right)s+1}=\frac{4\times10^9}{s(s+2\times10^6)(s+4\times10^6)}$$

$$=\frac{0.5\times10^{-3}}{s}-\frac{10^{-3}}{s+2\times10^6}+\frac{0.5\times10^{-3}}{s+4\times10^6}$$

所以

$$i_{L_2}(t)=i_2(t)=L^{-1}[I_2(s)]=0.5\times10^{-3}(1-2\mathrm{e}^{-2\times10^6t}+\mathrm{e}^{-4\times10^6t})\varepsilon(t)$$

例 15-12　电路如图 15-8 所示，已知 $R=6\Omega$，$L=1\text{H}$，$C=0.04\text{F}$，$u_C(0_-)=1\text{V}$，$i(0_-)=5\text{A}$，求 $i(t)$。

解： 已知 $u_C(0_-)=1\text{V}$，$i(0_-)=5\text{A}$，激励 $U_S(s)=L[\delta(t)]=1$，可画出运算电路，如图 15-9 所示。

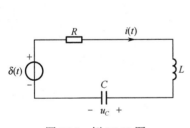 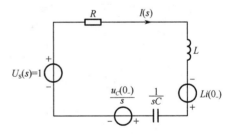

图 15-8　例 15-12 图　　　　　　　　图 15-9　例 15-12 的运算电路

由图可得

$$I_2(s)=\frac{U_S(s)+Li(0_-)-\dfrac{u_C(0_-)}{s}}{R+sL+\dfrac{1}{sC}}=\frac{6s-1}{s^2+6s+25}=\frac{6s-1}{(s+3-\mathrm{j}4)(s+3+\mathrm{j}4)}=\frac{k_1}{s+3-\mathrm{j}4}+\frac{k_2}{s+3+\mathrm{j}4}$$

可求得

$$k_1=(s+3-\mathrm{j}4)I(s)\ \Big|_{s=-3+\mathrm{j}4}=3+\mathrm{j}\frac{19}{8},\quad k_2=k_1^*=3-\mathrm{j}\frac{19}{8}$$

所以

$$i(t)=2\mathrm{e}^{-3t}\left(3\cos4t-\frac{19}{8}\sin4t\right)$$

例 15-13　电路如图 15-10 所示，开关动作前电路为稳态，$t=0$ 时将开关从 1 合向 2，求 $i_L(t)$。

解： $t < 0$ 时 $i_L(0_-) = -E_1/R_1$，开关从 1 合向 2 后的运算电路如图 15-11 所示。

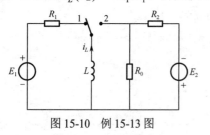

图 15-10　例 15-13 图

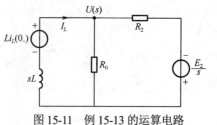

图 15-11　例 15-13 的运算电路

列写节点电压方程

$$\left(\frac{1}{R_0} + \frac{1}{R_2} + \frac{1}{sL}\right)U(s) = \frac{Li_L(0_-)}{sL} - \frac{E_2}{sR_2} = -\frac{E_1}{sR_1} - \frac{E_2}{sR_2}$$

即

$$U(s) = \frac{-\dfrac{E_1}{sR_1} - \dfrac{E_2}{sR_2}}{\dfrac{1}{R_0} + \dfrac{1}{R_2} + \dfrac{1}{sL}}$$

所以

$$I_L(s) = \frac{Li_L(0_-) - U(s)}{sL} = \frac{E_2}{sR_2} - \left(\frac{E_1}{R_1} + \frac{E_2}{R_2}\right)\frac{1}{s + 1/\tau}$$

式中，$\tau = \dfrac{L(R_0 + R_2)}{R_0 R_2}$。即

$$i_L(t) = L^{-1}[I_L(s)] = \frac{E_2}{R_2} - \left(\frac{E_1}{R_1} + \frac{E_2}{R_2}\right)e^{-\frac{t}{\tau}}$$

例 15-14　电路如图 15-12（a）所示，已知 $R_1 = R_2 = 3\Omega$，$L_1 = L_2 = 1\text{H}$，$C = 1\text{F}$，$u_{S1} = 60\text{V}$，$u_{S2}(t)$ 的波形如图 15-12（b）所示，开关动作前电路为稳态，$t = 0$ 时将开关从 1 合向 2，求 $u_C(t)$。

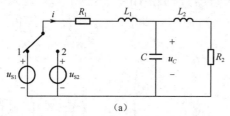
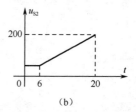

（a）　　　　　　　　　　　　　　　　（b）

图 15-12　例 15-14 图

解： $t < 0$ 时，$i_{L_1}(0_-) = i_{L_2}(0_-) = \dfrac{u_{S1}}{R_1 + R_2} = 10\text{A}$，$u_C(0_-) = \dfrac{R_2}{R_1 + R_2}u_{S1} = 30\text{V}$

激励　　$u_{S2}(t) = 60\varepsilon(t) + 10(t-6)\varepsilon(t-6) - 10(t-20)\varepsilon(t-20) - 200\varepsilon(t-20)$

即

$$U_{S2}(s) = \frac{60}{s} + \frac{10}{s^2}e^{-6s} - \frac{10}{s^2}e^{-20s} - \frac{200}{s}e^{-20s}$$

开关从 1 合向 2 后的运算电路如图 15-13 所示。

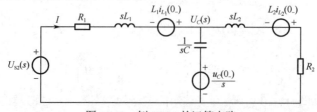

图 15-13　例 15-14 的运算电路

由运算电路图列写节点电压方程

$$\left(\frac{1}{R_1+sL_1}+\frac{1}{R_2+sL_2}+sC\right)U_C(s)=\frac{U_{S2}(s)+L_1 i_{L_1}(0_-)}{R_1+sL_1}+Cu_C(0_-)-\frac{L_2 i_{L_2}(0_-)}{R_2+sL_2}$$

即

$$\left(\frac{1}{s+3}+\frac{1}{s+3}+s\right)U_C(s)=\frac{U_{S2}(s)}{s+3}+30$$

则

$$U_C(s)=\frac{U_{S2}(s)}{s^2+3s+2}+\frac{30(s+3)}{s^2+3s+2}=\frac{U_{S2}(s)}{(s+1)(s+2)}+\frac{30(s+3)}{(s+1)(s+2)}\triangleq U_C'(s)+U_C''(s)$$

$$U_C'(s)=\frac{60}{s(s+1)(s+2)}+\frac{10e^{-6s}}{s^2(s+1)(s+2)}-\frac{10e^{-20s}}{s^2(s+1)(s+2)}-\frac{200e^{-20s}}{s(s+1)(s+2)}$$

$$=\left(\frac{30}{s}-\frac{60}{s+1}+\frac{30}{s+2}\right)+e^{-6s}\left(\frac{5}{s^2}-\frac{7.5}{s}+\frac{10}{s+1}-\frac{2.5}{s+2}\right)$$

$$-e^{-20s}\left(\frac{5}{s^2}-\frac{7.5}{s}+\frac{10}{s+1}-\frac{2.5}{s+2}\right)-\frac{20}{6}e^{-20s}\left(\frac{30}{s}-\frac{60}{s+1}+\frac{30}{s+2}\right)$$

$$U_C''(s)=\frac{30(s+3)}{(s+1)(s+2)}=\frac{60}{s+1}-\frac{30}{s+2}$$

所以

$$u_C(t)=L^{-1}[U_C'(s)]+L^{-1}[U_C''(s)]$$

$$=(30-60e^{-t}+30e^{-2t})\varepsilon(t)+[5(t-6)-7.5+10e^{-(t-6)}-2.5e^{-2(t-6)}]\varepsilon(t-6)$$

$$-[5(t-20)-7.5+10e^{-(t-20)}-2.5e^{-2(t-20)}]\varepsilon(t-20)$$

$$-\frac{20}{6}(30-60e^{-(t-20)}+30e^{-2(t-20)})\varepsilon(t-20)+60e^{-t}-30e^{-2t}$$

15.4　复频域中的网络函数

在第 14 章描述的正弦稳态单输入-单输出电路中，曾经定义输出相量与输入相量之比为网络函数 $H(j\omega)$。本节将在更一般的意义上定义复频域中的网络函数 $H(s)$。网络函数 $H(s)$ 与 $H(j\omega)$ 及冲激响应 $h(t)$ 之间具有确定的内在关系，$H(s)$ 在理论和实际应用中都具有非常重要的价值。对于线性时不变电路，一旦确定了网络函数 $H(s)$，就可确定电路对任意输入所产生的零状态响应。通过分析 $H(s)$ 的极点，还可以分析和判断电路的类型及电路的稳定性等。

15.4.1　复频域网络函数的定义和性质

1. 复频域网络函数的定义

在线性时不变电路中，零状态响应 $r(t)$ 的拉普拉斯变换式 $R(s)$ 与单一激励 $e(t)$ 的拉普拉斯变换式 $E(s)$ 之比，称为该电路的网络函数，用 $H(s)$ 表示，即

$$H(s)\triangleq\frac{R(s)}{E(s)} \tag{15-30}$$

显然，$H(s)$ 不随激励的大小变化而改变，只与网络的拓扑结构和元件参数有关。

2. 网络函数 $H(s)$ 的分类

与第 14 章中网络函数 $H(j\omega)$ 的分类相同，$H(s)$ 也分为如下 6 种类型：

$$\text{驱动点阻抗}\quad H(s)=Z_{11}(s)=\frac{U_1(s)}{I_1(s)}$$

$$驱动点导纳 \quad H(s) = Y_{11}(s) = \frac{I_1(s)}{U_1(s)}$$

$$转移阻抗 \quad H(s) = Z_{21}(s) = \frac{U_2(s)}{I_1(s)}$$

$$转移导纳 \quad H(s) = Y_{21}(s) = \frac{I_2(s)}{U_1(s)}$$

$$转移电压比 \quad H_U(s) = \frac{U_2(s)}{U_1(s)}$$

$$转移电流比 \quad H_I(s) = \frac{I_2(s)}{I_1(s)}$$

3. 网络函数 $H(s)$ 与冲激响应的关系

当激励为冲激函数 $\delta(t)$ 时，即 $e(t) = \delta(t)$，其象函数 $E(s) = L[\delta(t)] = 1$，由定义可知

$$H(s) = R(s)$$

由于 $R(s)$ 是冲激响应的象函数，上式说明：网络函数 $H(s)$ 等于冲激响应的象函数。因此，网络函数的原函数就是时域的冲激响应 $h(t)$，即

$$h(t) = L^{-1}[H(s)] \tag{15-31}$$

4. 网络函数 $H(s)$ 与网络的零状态响应

根据式（15-30）的定义可知

$$R(s) = H(s)E(s)$$

即网络的零状态响应等于网络函数 $H(s)$ 乘以激励的象函数，由此可知，网络函数是计算线性网络零状态响应的重要工具。

利用网络函数计算网络零状态响应的步骤如下：

（1）求出激励 $e(t)$ 的象函数 $E(s) = L[e(t)]$。

（2）画出换路后的 s 域运算电路，并用线性网络的计算方法求出网络函数 $H(s)$。

（3）由 $R(s) = H(s)E(s)$ 求出零状态响应的象函数 $R(s)$。

（4）用拉普拉斯逆变换求出零状态响应 $r(t) = L^{-1}[R(s)]$。

例 15-15 电路如图 15-14，已知 $u_C(0_-) = 0$，$u_s(t) = U_s e^{-2t}$，$t = 0$ 时闭合开关，求 $t > 0$ 时的 $u(t)$。

解： 激励的象函数为 $U_s(s) = L[u_s(t)] = \dfrac{U_s}{s+2}$，画出换路后的 s 域运算电路如图 15-15 所示。

由阻抗分压关系得

$$H(s) = \frac{U(s)}{U_s(s)} = \frac{1}{2 + \dfrac{1}{1+0.5s}} \times \frac{1}{1+0.5s} = \frac{1}{3+s}$$

所以

$$U(s) = H(s)U_s(s) = \frac{1}{3+s} \times \frac{U_s}{s+2} = \frac{-U_s}{3+s} + \frac{U_s}{s+2}$$

即

$$u(t) = L^{-1}[U(s)] = -U_s e^{-3t} + U_s e^{-2t} = U_s(e^{-2t} - e^{-3t})$$

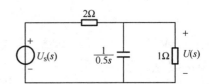

图 15-14 例 15-15 图   图 15-15 例 15-15 的运算电路

15.4.2 复频率平面上网络函数的零点、极点

对于集中参数的线性时不变电路, 其网络函数 $H(s)$ 的分子和分母都可分解为如下的因式表达形式

$$H(s) = H_0 \frac{(s-z_1)(s-z_2)\cdots(s-z_m)}{(s-p_1)(s-p_2)\cdots(s-p_n)} = H_0 \frac{\prod\limits_{i=1}^{m}(s-z_i)}{\prod\limits_{i=1}^{n}(s-p_i)} \qquad (15\text{-}32)$$

式中, $z_1,\cdots,z_m$ 称为 $H(s)$ 的零点, $p_1,\cdots,p_n$ 称为 $H(s)$ 的极点。

于是, 一个网络函数 $H(s)$ 可以用 m 个零点、n 个极点和系数 H_0 来描述。由于 $s = \sigma + j\omega$, 因此, 复频率平面（s 平面）的横轴为实部 σ, 纵轴为虚部 $j\omega$。将 $H(s)$ 的零点、极点描绘在复频率平面（s 平面）上, 就得到了反映 $H(s)$ 特性的零点、极点分布图。$H(s)$ 的零点在复频率平面（s 平面）上用 "○" 表示; $H(s)$ 的极点在复频率平面（s 平面）上用 "×" 表示。

例 15-16　已知网络函数为

$$H(s) = \frac{s+2}{s^3 + 6s^2 + 13s + 20}$$

求网络函数的零点、极点, 并在 s 平面上画出零点、极点分布图。

解: 网络函数的因式表达形式为

$$H(s) = \frac{s+2}{(s+4)(s+1-j2)(s+1+j2)}$$

所以, 该网络函数有一个零点 $z_1 = -2$; 有三个极点 $p_1 = -4$, $p_2 = -1+j2$, $p_3 = -1-j2$, 其零点、极点分布图如图 15-16 所示。

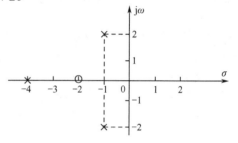

图 15-16　零点、极点分布图

15.4.3 极点与网络的特性

若将 $H(s)$ 按照部分分式展开, 则每个极点将决定一项相应的时间函数。简单起见, 假设 $H(s)$ 具有一阶极点, 即 $H(s)$ 无重极点, 则对网络函数 $H(s)$ 求拉普拉斯逆变换后所得到的时域函数就是冲激响应 $h(t)$, 即

$$h(t) = L^{-1}[H(s)] = L^{-1}\left[\sum_{i=1}^{n}\frac{A_i}{(s-p_i)}\right] = L^{-1}\left[\sum_{i=1}^{n}H_i(s)\right] = \sum_{i=1}^{n}h_i(t) = \sum_{i=1}^{n}A_i e^{p_i t} \qquad (15\text{-}33)$$

式中, 极点可能是实数, 也可能是共轭复数。极点 p_i 就是电路微分方程的特征根, 由于极点 p_i 反映了零状态响应的自由分量的性质, 故将 p_i 称为网络的自然频率或固有频率, 根据极点的性质可对网络函数的特性分析如下。

（1）若 $H_i(s) = \dfrac{A_i}{s+a}$, 即 $p_i = -a(a>0)$, p_i 为负实数, 极点位于 s 平面的负实轴上, 如图 15-17（a）所示, 其对应的原函数为

$$h_i(t) = A_i e^{-at}$$

原函数按照指数衰减, 如图 15-17（b）所示, 这样的电路为渐近稳定电路。

（2）若 $H_i(s) = \dfrac{A_i}{s-a}$, 即 $p_i = a(a>0)$, p_i 为正实数, 极点位于 s 平面的正实轴上, 如

图 15-18（a）所示，其对应的原函数为

$$h_i(t) = A_i \mathrm{e}^{at}$$

原函数按照指数上升，如图 15-18（b）所示，这样的电路为非稳定电路。

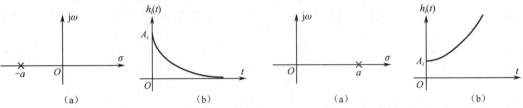

图 15-17　渐近稳定电路的极点分布与响应曲线　　　图 15-18　非稳定电路的极点分布与响应曲线

（3）若 $H_i(s) = \dfrac{A_i}{s}$，即 $p_i = 0$，极点位于 s 平面的原点上，如图 15-19（a）所示，其对应的原函数为

$$h_i(t) = A_i \varepsilon(t)$$

原函数为阶跃函数，如图 15-19（b）所示，这样的电路为临界稳定状态。

（4）若 $H_i(s) = \dfrac{A_i}{s + \mathrm{j}\omega} + \dfrac{A_i^*}{s - \mathrm{j}\omega}$，即 $p_1 = \mathrm{j}\omega$，$p_2 = p_1^* = -\mathrm{j}\omega$，极点位于 s 平面的虚轴上，如图 15-20（a）所示，其对应的原函数为

$$h_i(t) = L^{-1}\left[\frac{\omega}{s^2 + \omega^2} \right] = \sin \omega t$$

原函数为正弦函数，如图 15-20（b）所示，这样的电路为等幅振荡状态。

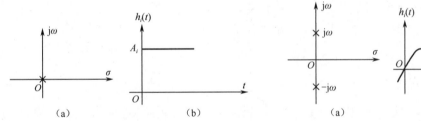

图 15-19　临界稳定电路的极点分布与响应曲线　　　图 15-20　等幅振荡状态电路的极点分布与响应曲线

（5）若 $H_i(s) = \dfrac{A_i}{s + a - \mathrm{j}\omega} + \dfrac{A_i^*}{s + a + \mathrm{j}\omega} (a > 0)$，即 $p_1 = -a + \mathrm{j}\omega$，$p_2 = p_1^* = -a - \mathrm{j}\omega$，极点位于 s 平面的左半平面内，如图 15-21（a）所示，其对应的原函数为

$$h_i(t) = L^{-1}\left[\frac{\omega}{(s + a)^2 + \omega^2} \right] = \mathrm{e}^{-at} \sin \omega t$$

原函数为振荡衰减曲线，如图 15-21（b）所示，这样的电路为渐近稳定电路。

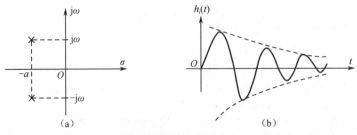

图 15-21　渐近稳定电路的极点分布与响应曲线

（6）若 $H_i(s) = \dfrac{A_i}{s-a-j\omega} + \dfrac{A_i^*}{s-a+j\omega}(a>0)$，即 $p_1 = a+j\omega$，$p_2 = p_1^* = a-j\omega$，极点位于 s 平面的右半平面内，如图 15-22（a）所示，其对应的原函数为

$$h_i(t) = L^{-1}\left[\frac{\omega}{(s-a)^2 + \omega^2}\right] = e^{at}\sin\omega t$$

原函数为振荡增幅曲线，如图 15-22（b）所示，这样的电路为不稳定电路。

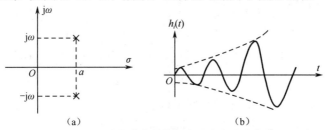

图 15-22　不稳定电路的极点分布与响应曲线

综上所述，可以得出如下结论：

（1）当网络函数 $H(s)$ 的极点位于复频率平面（s 平面）的左半平面时，电路属于渐近稳定电路；当网络函数 $H(s)$ 的极点位于复频率平面（s 平面）的右半平面时，电路属于不稳定电路；当网络函数 $H(s)$ 的极点位于复频率平面（s 平面）的纵轴上时，电路处于临界稳定状态。

（2）网络函数 $H(s)$ 的零点只影响系数 A_i 的大小，不影响电路的变化规律；而网络函数 $H(s)$ 的极点则影响电路的变化规律和特性。

例 15-17　电路如图 15-23 所示，求 A 为何值时电路为稳态电路。

解：输出与输入的关系为

$$U_0 = A(U_2 - U_1)$$

因为

$$\frac{U_2(s)}{U_0(s)} = \frac{1/sC}{R + 1/sC} = \frac{1}{1+sRC}$$

即

$$U_2(s) = \frac{1}{1+sRC}U_0(s)$$

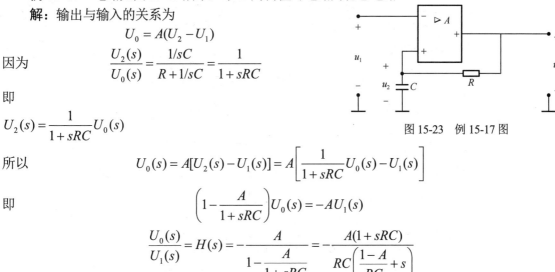

图 15-23　例 15-17 图

所以

$$U_0(s) = A[U_2(s) - U_1(s)] = A\left[\frac{1}{1+sRC}U_0(s) - U_1(s)\right]$$

即

$$\left(1 - \frac{A}{1+sRC}\right)U_0(s) = -AU_1(s)$$

$$\frac{U_0(s)}{U_1(s)} = H(s) = -\frac{A}{1 - \dfrac{A}{1+sRC}} = -\frac{A(1+sRC)}{RC\left(\dfrac{1-A}{RC} + s\right)}$$

所以，当 $\dfrac{1-A}{RC} > 0$，即 $A < 1$ 时，电路为稳态。

15.5　$H(j\omega)$ 与 $H(s)$ 的关系

第 14 章中曾经定义正弦稳态下的网络函数

$$H(j\omega) = \frac{响应(相量)}{激励(相量)} = \frac{\dot{R}(j\omega)}{\dot{E}_S(j\omega)}$$

事实上，$H(\mathrm{j}\omega)$ 是本章所定义的网络函数 $H(s)$ 的一个特例。如果在一个渐近稳定的网络中施加一个正弦电源，那么产生的响应必为强制分量和自由分量的组合。强制分量是与正弦电源同频率的正弦量，而自由分量的变化规律取决于网络的固有频率。由于渐近稳定网络的固有频率全部位于 s 平面的左半平面内，因此当 t 趋于无穷大时，自由分量趋于零，网络进入正弦稳态。因此，网络函数 $H(s)$ 必然会有一个对应的 $H(\mathrm{j}\omega)$ 存在。从电路图上看，若将运算电路图中的 s 换成 $\mathrm{j}\omega$，即可得到一个对应的角频率为 ω 的正弦稳态相量模型电路图，而 $H(s)$ 也随之变成 $H(\mathrm{j}\omega)$。反之，若知 $H(\mathrm{j}\omega)$，也可得到对应的 $H(s)$。即

$$H(s) \xrightleftharpoons{s=\mathrm{j}\omega} H(\mathrm{j}\omega)$$

例 15-18　已知某网络在单位冲激电流源 $i_\mathrm{s} = \delta(t)$ 的作用下，产生了单位冲激响应

$$h(t) = u = 2\mathrm{e}^{-t}\cos 3t$$

试求，当 $i_\mathrm{s} = 4\sqrt{2}\cos 2t$ 时网络的正弦稳态响应 $u(t)$。

解： 已知 $h(t) = L^{-1}[H(s)]$，所以运算形式的网络函数为

$$H(s) = \frac{U}{I_\mathrm{s}} = L[h(t)] = L[2\mathrm{e}^{-t}\cos 3t] = \frac{2(s+1)}{(s+1)^2 + \omega^2} = \frac{2(s+1)}{s^2 + 2s + 10}$$

令 $s = \mathrm{j}2$，则对应的正弦稳态下的网络函数为

$$H(\mathrm{j}2) = \frac{\dot{U}}{\dot{I}_\mathrm{s}} = \frac{2(\mathrm{j}2+1)}{(\mathrm{j}2)^2 + 2(\mathrm{j}2) + 10} = \frac{1 + \mathrm{j}2}{3 + \mathrm{j}2}$$

所以

$$\dot{U} = H(\mathrm{j}2)\dot{I}_\mathrm{s} = \frac{1 + \mathrm{j}2}{3 + \mathrm{j}2} \times 4\angle 0° = 2.48\angle 29.74°$$

即

$$u(t) = 2.48\sqrt{2}\cos(2t + 29.74°)$$

例 15-19　电路如图 15-24 所示，已知 $u_1(t) = 10\cos 4t$，求 $u_2(t)$。

解： 由图可得网络函数为

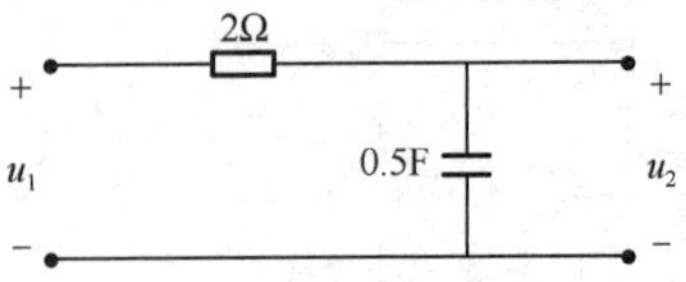

图 15-24　例 15-19 图

$$H(s) = \frac{U_2}{U_1} = \frac{1/sC}{R + 1/sC} = \frac{1}{1 + sRC} = \frac{1}{1+s}$$

当 $u_1(t) = \delta(t)$ 时，$U_1(s) = 1$

则

$$h(t) = L^{-1}[H(s)] = L^{-1}[U_2(s)] = L^{-1}\left[\frac{1}{1+s}\right] = \mathrm{e}^{-t}$$

这表明，$u_2(t)$ 中的自由分量（零输入响应）一定是按照 e^{-t} 的规律变化的，网络的固有频率 $p_i = -1$。

当 $u_1(t) = 10\cos 4t$ 时，拉普拉斯变换为 $U_1(s) = \dfrac{10s}{s^2 + 16}$

故

$$U_2(s) = H(s)U_1(s) = \frac{10s}{(s+1)(s^2+16)} = \frac{10s}{(s+1)(s+\mathrm{j}4)(s-\mathrm{j}4)}$$

$$= -\frac{10}{17} \times \frac{1}{1+s} + \frac{5}{17}(1+\mathrm{j}4) \times \frac{1}{s+\mathrm{j}4} + \frac{5}{17}(1-\mathrm{j}4) \times \frac{1}{s-\mathrm{j}4}$$

所以

$$u_2(t) = -\frac{10}{17}\mathrm{e}^{-t} + 2.425\cos(4t + 75.96°)$$

可见，自由分量按照 e^{-t} 的规律变化，而强制分量则是与激励同频率的正弦量。

15.6　零点、极点与频率特性

第 14 章中曾经将网络函数表示为

$$H(j\omega) = |H(j\omega)| \angle \theta(j\omega)$$

并且将 $H(j\omega)$ 的模 $|H(j\omega)|$ 随频率变化的关系称为幅频特性，而将 $H(j\omega)$ 的相角 $\theta(j\omega)$ 随频率变化的关系称为相频特性，幅频特性和相频特性又统称为频率特性。

为了讨论零点和极点对频率特性的影响，将式（15-32）重写如下：

$$H(s) = H_0 \frac{(s-z_1)(s-z_2)\cdots(s-z_m)}{(s-p_1)(s-p_2)\cdots(s-p_n)} = H_0 \frac{\prod_{i=1}^{m}(s-z_i)}{\prod_{i=1}^{n}(s-p_i)}$$

当激励信号是角频率为 ω 的正弦信号时，在稳态条件下，可令上式中的 $s = j\omega$，于是有

$$H(j\omega) = H_0 \frac{(j\omega-z_1)(j\omega-z_2)\cdots(j\omega-z_m)}{(j\omega-p_1)(j\omega-p_2)\cdots(j\omega-p_n)} = H_0 \frac{\prod_{i=1}^{m}(j\omega-z_i)}{\prod_{i=1}^{n}(j\omega-p_i)} \quad (15\text{-}34)$$

则幅频特性为

$$|H(j\omega)| = H_0 \frac{\prod_{i=1}^{m}|j\omega-z_i|}{\prod_{i=1}^{n}|j\omega-p_i|} \quad (15\text{-}35)$$

相频特性为

$$\theta(j\omega) = \sum_{i=1}^{m} \arg(j\omega-z_i) - \sum_{i=1}^{n} \arg(j\omega-p_i) \quad (15\text{-}36)$$

式中，"arg"表示"角度"。

从式（15-35）和式（15-36）可知，网络函数的零点、极点一旦确定，就可计算出网络的频率特性，也可将零点、极点标示在 s 平面上，定性地描绘出频率特性曲线。也就是说，频率特性取决于零点、极点的分布，即 z_i 和 p_i 的位置，而系数 H_0 对于频率特性的研究是无关紧要的。

15.7　计算机仿真

MATLAB 作为一个非常强大的数值分析软件包，可以用来求解在不同激励下列出的电路方程组。最直接的方法是使用求解常系数微分方程（ODE）的函数 ode23() 和 ode45()。这两个函数采用了基于微分方程数值解的方法，函数 ode45() 的精度相对高一些。不过这种方法求得的只是一些离散时刻上的解，并没有求出所有时刻上的解。当取的点足够密时，在许多情况下离散解也足以解决问题。

拉普拉斯变换提供了求微分方程精确表达式的一种方法，比用 ODE 函数求得的数值解要好得多。在后面介绍 s 域表达式时将讲到拉普拉斯变换的另一个突出优点，特别是在对分母多项式分解因式之后。进行拉普拉斯变换时采用查表的方法非常方便。这时，也可以使用 MALTAB 来辅助求解。

在 MATLAB 中，多项式 $p(x) = a_n x^n + a_{n-1} x^{n-1} + \cdots + a_1 x + a_0$ 以矢量形式 $[a_n\ a_{n-1}\ \cdots a_1\ a_0]$ 存储。多项式的根可以调用函数 roots(p) 求解，其中 p 为一个矢量，它包含多项式的系数。例如，求解多项式 $p(x) = x^2 + 8x + 16$，在命令窗口输入：

```
>>p=[1 8 16];
>>roots(p)
可以得到  ans=
        -4
        -4
```

象函数 $F(s)$ 的一般形式为 $F(s) = \dfrac{N(s)}{D(s)}$，可以利用 MATLAB 函数 residue() 来求解有理函数 $N(s)/D(s)$ 的留数。在录入多项式系数矢量 N 和 D 后，可以使用指令：

```
>>[r p y]=residue(N D);
```

该指令可以返回 3 个矢量 r、p 和 y，分别对应于象函数的部分分式展开系数：

$$\frac{N(s)}{D(s)} = \frac{r_1}{x - p_1} + \frac{r_2}{x - p_2} + \cdots + \frac{r_n}{x - p_n} + y(s)$$

上式是没有重极点的情况。对于有 n 个重极点的情况：

$$\frac{N(s)}{D(s)} = \frac{r_1}{(x - p)^2} + \frac{r_2}{(x - p)^2} + \cdots + \frac{r_n}{(x - p)^n} + y(s)$$

注意，只要分子多项式的阶数比分母多项式的阶数低，那么矢量 $y(s)$ 总是空的。

例 15-20　求象函数 $F(s) = \dfrac{2}{s^3 + 12s^2 + 36}$ 的拉普拉斯逆变换。

解：

$$F(s) = \frac{2}{s^3 + 12s^2 + 36s} = \frac{2}{s(s - 6)^2}$$

该函数有 3 个极点，在 $s = 0$ 处有一个，在 $s = -6$ 处有两个。因此，象函数可以分解为

$$F(s) = \frac{a_1}{(s - 6)^2} + \frac{a_2}{s - 6} + \frac{a_3}{s}$$

可以求出 $a_1 = -\dfrac{1}{3}$，$a_2 = -\dfrac{1}{18}$，$a_3 = \dfrac{1}{18}$。

因此，可以将 $F(s)$ 展开为

$$F(s) = \frac{-\dfrac{1}{3}}{(s - 6)^2} + \frac{-\dfrac{1}{18}}{s - 6} + \frac{\dfrac{1}{18}}{s}$$

$F(s)$ 的逆函数为

$$f(t) = -\frac{1}{3} t\mathrm{e}^{-6t}\varepsilon(t) - \frac{1}{18}\mathrm{e}^{-6t}\varepsilon(t) + \frac{1}{18}\varepsilon(t)$$

该题用 MATLAB 求解过程如下：

对于象函数 $F(s) = \dfrac{2}{s^3 + 12s^2 + 36}$，分子和分母的多项式分别为 $N(s) = 2$ 和 $D(s) = s^3 + 12s^2 + 36s$，在 MATLAB 命令窗口输入：

```
>>N=[2];
>>D=[1 12 36 0];
>>[r p y]=residue(N D)
```

得到的输出为

```
r=
   -0.0556
   -0.3333
    0.0556
p=
   -6
   -6
    0
y=
   []
```

与手工求解的结果一致。

MATLAB 软件的功能非常强大，它内置了许多程序，能够处理代数式。代数式是以字符串的形式储存的，用一对单括号定义表达式。例如，将多项式 $p(s) = s^3-12s+6$ 表示为矢量：

```
>>p=[1 0 -12 6]
```

也可以直接用符号表示为

```
>>p='s^3-12*s+6'
```

这两种表达方式在 MATLAB 中是不同的，代表两个不同的概念。希望以符号方式处理代数表达式时，必须采用第二种表达方式。在处理瞬时表达式时，该方式很有效。

考虑以下方程组：

$$\begin{cases} (3s+10)I_1 - 10I_2 = \dfrac{4}{s+2} \\ -10I_1 + (4s+10)I_2 = \dfrac{-2}{s+1} \end{cases}$$

在 MATLAB 命令窗口输入如下指令，采用 MATLAB 的符号标注定义两串变量为

```
>>eqn1='(3*s+10)*I1-10*I2=4/(s+2)';
>>eqn2='-10*I1+(4*s+10)*I2=-2/(s+1)'
```

每个方程与一个字符串对应，然后使用 MATLAB 中的 solve() 函数解出方程。solve（）函数通过将方程（定义成字符串）列表和未知量列表（定义成字符串）作为参数来调用。例如，继续求解上一个方程，在命令窗口继续输入如下指令：

```
>>solution=solve(eqn1,eqn2,'I1','I2');
```

返回的结果保存在变量 solution 中，其格式稍微有点特殊，称为结构，想要提取出未知量 I1 和 I2 的解可以在命令窗口输入：

```
>>I1=solution.I1
```

可以得到结果：

```
I1=
2*(4*s+9)/(s+1)/(6*s^2+47*s+70)
```

该结果表明 s 域的表达式赋予变量 I1，同样的语句用于提取出 I2.

接着可以直接用 ilaplace() 函数确定拉普拉斯逆变换：

```
>>i1=ilaplace(I1)
i1=10/29*exp(-t)-172/667*exp(-35/6*t)-2/23*exp(-2*t)
```

按照上述方法，可以快速求得 s 域方程的解及其拉普拉斯逆变换。使用语句 ezplot（i1）可以查看解的形式。但要注意，有时一些复杂的表达式会使 MATLAB 产生错误，在这种情况下，ilaplace() 可能无法返回有用的解。

此外，还有一些函数可以用于快速检验手工计算的结果。函数 numden() 可以把有理函数分解为两项：一项是分子，一项是分母。例如，在命令窗口输入：

```
>>[N,D]=numden(I1)
```

返回的两个代数式分别保存在 N 和 D 中：

```
N=
8*s+18
D=
(s+1)*(6*s^2+47*s+70)
```

为了使用函数 residue()，需要将每个多项式的字符串表达式转化为多项式系数为元素的矢量，该功能可以通过函数 sym2poly() 来实现：

```
>>n=sym2poly(N);
>>d=sym2poly(D)
```

然后确定留数：

```
>>[r p y]=residue(n,d)
r=                        p=                        y=
  -0.2579                  -5.8333                    []
  -0.0870                  -2.0000
   0.3448                  -1.0000
```

这与使用 ilaplace() 得到的结果一致。

例 15-21　电路如图 15-25 所示，电路中的动态元件无初始储能，试确定网孔电流 i_1 和 i_2。

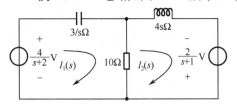

解： 两个网孔电流顺时针绕行，该电路的网孔电流方程如下：

$$\begin{cases} \left(\dfrac{3}{s}+10\right)I_1 - 10I_2 = \dfrac{4}{s+2} \\ -10I_1 + (4s+10)I_2 = \dfrac{2}{s+1} \end{cases}$$

图 15-25　例 15-21 电路图

求解 I_1 和 I_2，可得　$I_1 = \dfrac{2s(4s^2+19s+20)}{20s^4+66s^3+73s^2+57s+30}$，　$I_2 = \dfrac{30s^2+43s+6}{(s+2)(20s^3+26s^2+21s+15)}$

因此，　$i_1(t) = -96.39e^{-2t} - 344.8e^{-t} + 841.2e^{-0.15t}\cos 0.8529t + 197.7e^{-0.15t}\sin 0.8529t$　（mA）

$i_2(t) = -481.9e^{-2t} - 241.4e^{-t} + 723.3e^{-0.15t}\cos 0.8529t + 472.8e^{-0.15t}\sin 0.8529t$　（mA）

本题可以使用 MATLAB 求解，在命令窗口输入以下指令：

```
>>eqn1='(3*s+10)*I1-10*I2=4/(s+2)';
>>eqn2='-10*I1+(4*s+10)*I2=-2/(s+1)'
>>solution=solve(eqn1,eqn2,'I1','I2');
>>I1=solution.I1;
>>I2=solution.I2;
>>i1=ilaplace(I1)
>>i2=ilaplace(I2)
```

返回结果与手工求解一致。

思考题

15-1　在线性电路问题中，运用拉普拉斯变换进行分析研究有何优点？

15-2　什么是 s 域的元件模型？建立 s 域元件模型要考虑哪些因素？

15-3　什么是运算法？如何用运算法求解电路问题？

15-4　什么是网络函数？$H(s)$ 与 $H(j\omega)$ 有什么区别？

15-5　什么是网络的冲激响应？冲激响应与网络函数有什么关系？怎样利用冲激响应求网络的响应函数？

15-6　什么是网络的零点、极点？网络的冲激响应与网络的零点、极点有何对应关系？

15-7　什么是稳定电路和不稳定电路？它们与网络函数的零点、极点分布有何关系？

15-8　什么是网络的固有频率或自然频率？它与什么有关？

习题

15-1　求下列各函数的拉普拉斯变换。

（1）$A[\varepsilon(t)-\varepsilon(t-t_0)]$（$A$ 为常数）　　（2）$t[\varepsilon(t)-\varepsilon(t-1)]$

（3）$\mathrm{e}^{-at}\sin\omega t$　　　　　　　　　　　　　（4）$\mathrm{e}^{-at}\cos\omega t$

（5）$\mathrm{e}^{-t}[\varepsilon(t)-\varepsilon(t-1)]$

15-2　求下列各象函数的原函数。

（1）$F(s)=\dfrac{s+1}{s^2+5s+6}$　　　　　　　　（2）$F(s)=\dfrac{2s^2+s+2}{s(s^2+1)}$

（3）$F(s)=\dfrac{4}{s(s+2)^2}$　　　　　　　　　　（4）$F(s)=\dfrac{s^3+5s^2+9s+1}{s^2+3s+2}$

15-3　求下列各象函数的拉普拉斯逆变换。

（1）$F(s)=\dfrac{s^3}{(s+1)^3}$　　　　　　　　　　（2）$F(s)=\dfrac{3s+8}{s^2+5s+6}(1-\mathrm{e}^{-s})$

（3）$F(s)=\dfrac{\mathrm{e}^{-s}}{s(s^2+1)}$

15-4　电路如题 15-4 图所示，开关动作前电路为稳态。$t=0$ 时合上开关，试用拉普拉斯变换法求 $t\geqslant0$ 时的电压 $u_L(t)$。

15-5　电路如题 15-5 图所示，开关动作前电路为稳态。$t=0$ 时打开开关，在 $t\geqslant0$ 时，（1）画出运算电路；（2）求电流 $i(t)$ 的象函数 $I(s)$；（3）求电流 $i(t)$。

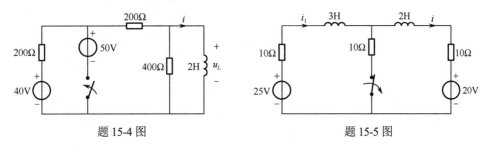

题 15-4 图　　　　　　　　　　　　题 15-5 图

15-6　电路如题 15-6 图所示，开关动作前电路为稳态。$t=0$ 时闭合开关，试用拉普拉斯变换法求 $t\geqslant0$ 时的电压 $u_2(t)$ 和电流 $i_2(t)$。

15-7　电路如题 15-7 图所示，开关动作前电路为稳态，并且 $u_{C2}(0_-)=0$。$t=0$ 时闭合开关，试用拉普拉斯变换法求 $t\geqslant0$ 时的电压 $u_{C2}(t)$，并画出其波形。

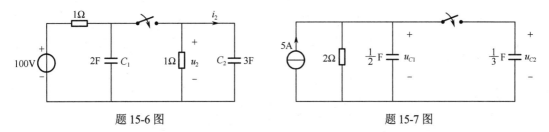

题 15-6 图　　　　　　　　　　　　题 15-7 图

15-8　电路如题 15-8 图所示，求电路的零状态响应 $i_1(t)$ 和 $i_2(t)$。

15-9　电路如题 15-9 图所示，开关动作前电路为稳态，在 $t=0$ 时闭合开关，试用拉普拉斯变换法求 $t\geqslant0$ 时的电容电压 $u_C(t)$ 和电感电流 $i_L(t)$。

15-10　电路如题 15-10 图所示，已知 $u_1(0_-)=-2\mathrm{V}$，$i_L(0_-)=1\mathrm{A}$，求零输入响应 $u_2(t)$。

15-11　电路如题 15-11 图所示，开关动作前电路为稳态，在 $t=0$ 时闭合开关，试求 $t\geqslant0$ 时的全响应 $i_2(t)$。

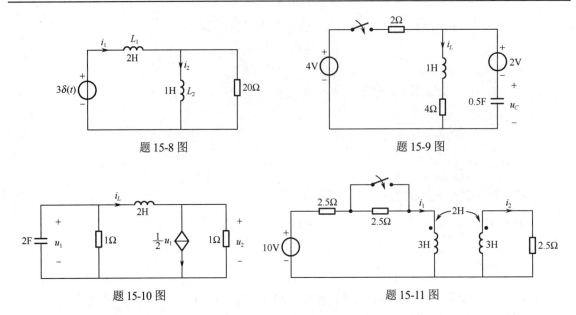

题 15-8 图　　　　　　　　　　　　　　　　题 15-9 图

题 15-10 图　　　　　　　　　　　　　　题 15-11 图

15-12　电路如题 15-12 图所示，开关动作前电路为稳态，在 $t = 0$ 时闭合开关，试求 $t \geqslant 0$ 时流过开关的电流 $i_S(t)$。

15-13　如题 15-13 图所示电路已处于稳态，开关在 $t = 0$ 时打开，试用运算法求响应 $u_C(t)$。

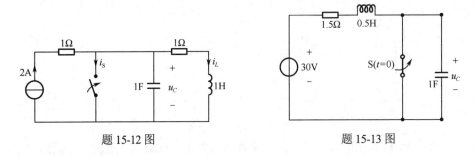

题 15-12 图　　　　　　　　　　　　　　题 15-13 图

15-14　电路如题 15-14 图所示，开关动作前电路为稳态，$t = 0$ 时打开开关，试求 $t \geqslant 0$ 时的 $u_C(t)$。

15-15　电路如题 15-15 图所示，开关动作前电路为稳态，$t = 0$ 时打开开关，试求 $t \geqslant 0$ 时电容电压 $u_C(t)$ 的零输入响应 $u_{CP}(t)$ 和零状态响应 $u_{CR}(t)$。

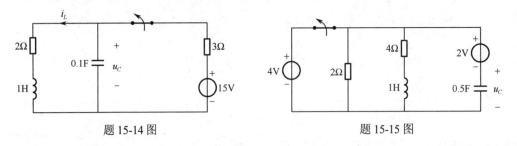

题 15-14 图　　　　　　　　　　　　　　题 15-15 图

15-16　电路如题 15-16 图所示，已知 $L = 0.2\text{H}$，$R = 2/7\,\Omega$，$C = 0.5\text{F}$，$u_C(0_-) = 2\text{V}$，$i_L(0_-) = 3\text{A}$，$i(t) = 10\sin(5t)\varepsilon(t)(\text{A})$，求响应 $u(t)$，并指出零输入响应、零状态响应、稳态响应、暂态响应。

15-17　电路如题 15-17 图所示，已知 $R_1 = 6\,\Omega$，$R_2 = 3\,\Omega$，$L = 1\text{H}$，$\mu = 1$，求当 $u_S(t)$ 的波形如题 15-17 图（b）所示时电路的零状态响应 $i_L(t)$。

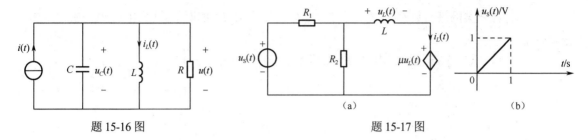

题 15-16 图   题 15-17 图

15-18 已知网络的冲激响应，求相应的网络函数：

(1) $h(t) = e^{-2t}\varepsilon(t)$ (2) $h(t) = (1 - e^{-2t})\varepsilon(t)$

(3) $h(t) = \delta(t) - e^{-t}\varepsilon(t)$ (4) $h(t) = (e^{-t} + e^{-2t})\varepsilon(t)$

15-19 如题 15-19 图所示电路，先求 $i_L(t)$ 的单位冲激响应 $h(t)$，再求其单位阶跃响应 $s(t)$。

15-20 电路如题 15-20 图所示，求：（1）电压转移函数 $H(s) = U_2(s)/U_1(s)$；（2）单位阶跃响应 $u_2(t)$。

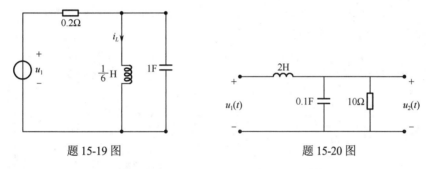

题 15-19 图   题 15-20 图

15-21 题 15-21 图所示电路中的初始条件为零，试求：（1）网络函数 $H(s) = I_0(s)/U_S(s)$；（2）响应 $i_0(t)$ 的冲激响应 $h(t)$ 和阶跃响应 $S(t)$。

15-22 如题 15-22 图所示电路中 $C = 0.1\text{F}$，$L = 0.2\text{H}$，$R_1 = 6\Omega$，$R_2 = 4\Omega$，$u_s = 7e^{-2t}\varepsilon(t)(\text{V})$，求零状态响应 i_2，并求网络函数 $H(s) = I_2(s)/U_S(s)$ 及单位冲激响应。

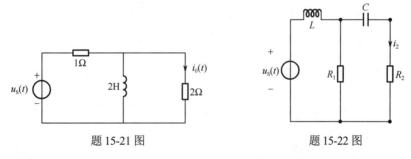

题 15-21 图   题 15-22 图

15-23 题 15-23 图（a）所示为线性无源一端口网络，图（b）为该网络的驱动点导纳的零点、极点图。已知当 $u(t) = 10\text{V}$（直流）时，$i(t) = 1\text{A}$（直流），试求当 $u(t) = \delta(t)(\text{V})$ 时 $i(t)$ 的表达式。

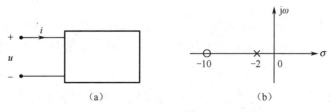

（a）   （b）

题 15-23 图

15-24　已知某网络函数 $H(s)$ 的零点、极点分布如题 15-24 图所示，且知 $|H(j2)| = 3.29$。试写出网络函数。

15-25　求如题 15-25 图所示电路的网络函数 $H(s) = U_2(s)/U_S(s)$。

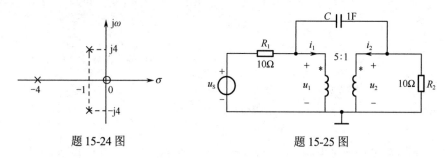

题 15-24 图　　　　　　　　　　　　题 15-25 图

15-26　题 15-26 图（a）所示电路的策动点阻抗 $Z(s)$ 的零点、极点分布如图（b）所示，且知 $Z(0) = 3\Omega$。试求电路参数 R、L、C 的值。

15-27　已知某网络函数 $H(s)$ 的零点、极点分布如题 15-27 图所示，且知 $H(0) = 1/3$。试写出网络函数，并求冲激响应和阶跃响应。

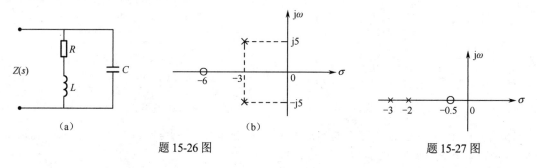

题 15-26 图　　　　　　　　　　　　　　　　　题 15-27 图

15-28　某电路的网络函数 $H(s) = H_0 \dfrac{s+3}{s^2+3s+2}$，其中 H_0 为未知常数。已知该电路的单位阶跃响应的终值为 1，试求该电路对何种激励的零状态响应为 $\left(1 - \dfrac{4}{3}e^{-t} + \dfrac{1}{3}e^{-2t}\right)\varepsilon(t)$。

15-29　求题 15-29 图所示电路的网络函数 $H(s) = U_2(s)/U_1(s)$，以及单位冲激响应。

15-30　电路如题 15-30 图所示，已知输入信号 $u_1(t) = (3e^{-2t} + 2e^{-3t})\varepsilon(t)$，求电路响应 $u_2(t)$。

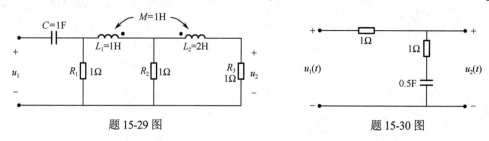

题 15-29 图　　　　　　　　　　　　题 15-30 图

15-31　在题 15-31 图（a）所示电路中，已知 $R_1 = 1k\Omega$，$R_2 = 0.5k\Omega$，$C = 1\mu F$，$g = 10^{-3}s$，（1）求网络函数 $H(s) = U_2(s)/U_S(s)$；（2）若激励 $u_S(t)$ 的波形如题 15-31 图（b）所示，求 $u_2(t)$ 的零状态响应。

15-32　题 15-32 图所示为一个二端口网络，已知其单位阶跃响应为 $e^{-\frac{1}{2}t}$ (V)，若激励改为

$2\sin 2t$(V)，试求网络的零状态响应 $u_0(t)$。

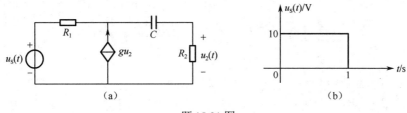

题 15-31 图

15-33　电路如题 15-33 图所示，（1）求网络函数 $H(s)=U_2(s)/F(s)$；（2）若输入信号 $f(t)=\cos(2t)\varepsilon(t)$(V)，今欲使 $u_2(t)$ 中不出现强制响应分量（正弦稳态分量），试求 L、C 的值；（3）若 $R=1\Omega$，$L=1$H，试按照第（2）问的条件求 $u_2(t)$。

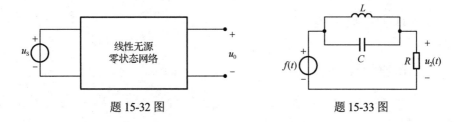

题 15-32 图　　　　　　　题 15-33 图

第16章 二端口网络分析

此前各章所讨论的电路分析方法均可用来求解电路中各处的电压和电流等变量，但在许多时候人们并不关心电路中各处的所有响应，而只关心电路中某几个端子上的量，于是提出了二端口网络的概念。

根据所关心的电路变量，可将电路划分为一端口网络、二端口网络、三端口网络等。实际工程中常用的变压器、滤波器、放大器等都是二端口网络。

本章将围绕着内部不含独立电源、无初始储能的线性二端口网络进行讨论。

16.1 二端口网络及其分类

16.1.1 二端口网络的定义

如图 16-1 所示，网络 N 引出 4 个端子，如果任意时刻都满足 $\dot{I}_1 = \dot{I}_1'$，$\dot{I}_2 = \dot{I}_2'$ 的端口条件，则该网络称为二端口网络。其中，1–1′ 构成端口 1，2–2′ 构成端口 2。图 16-2 所示为常见的二端口网络。

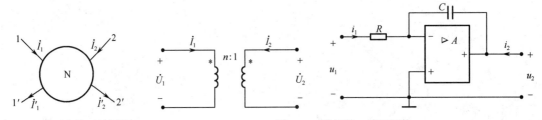

图 16-1　4 个引出端子的网络 N　　　　　　　　图 16-2　常见的二端口网络

二端口是具有 4 个端子的网络，但具有 4 个端子的网络不一定就是二端口网络。如果图 16-1 所示网络不满足端口条件，即 $\dot{I}_1 \neq \dot{I}_1'$，$\dot{I}_2 \neq \dot{I}_2'$，则网络只能称为四端网络，而不是二端口网络。

16.1.2 二端口网络的分类

按照组成元件性质，可将二端口网络分为线性二端口与非线性二端口、时变二端口与非时变二端口、集中参数二端口与分布参数二端口、无源二端口与有源二端口、双向二端口（满足互易定理）与单向二端口（不满足互易定理）。

按照组成网络的连接形式，可将二端口网络分为对称二端口与非对称二端口、平衡二端口与非平衡二端口、L 形二端口、T 形二端口、π 形二端口、X 形二端口等。

内部不含独立电源、无初始储能的二端口网络又称为松弛二端口网络，否则称为非松弛二端口网络。一般情况下，非松弛二端口网络可由相应的松弛网络与独立电源构成的网络来等效。

16.2 二端口网络的端口特性方程及其参数

如图 16-3 所示，如果所关心的只是两个端口的 $\dot{U}_1$、$\dot{I}_1$、$\dot{U}_2$、$\dot{I}_2$，则输入端口（端口 1）与

输出端口（端口 2）之间所经过的网络参数一定可以表征
两个端口的关系。

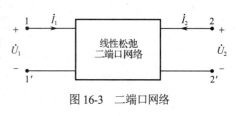

图 16-3　二端口网络

下面以线性松弛二端口网络为例来描述二端口网络
的端口特性方程与参数。针对端口量 $\dot{U}_1$、$\dot{I}_1$、$\dot{U}_2$、$\dot{I}_2$ 可
以有 6 种组合的端口特性方程, 本书重点描述其中的 4 种,
即 Z 参数方程、Y 参数方程、T 参数方程和 H 参数方程。

16.2.1　开路阻抗参数——Z 参数

针对图 16-3 所示的二端口网络, 以电流 $\dot{I}_1$、$\dot{I}_2$ 为激励, 根据线性网络的叠加定理可知, 在 $\dot{I}_1$、
$\dot{I}_2$ 共同作用下的响应 $\dot{U}_1$、$\dot{U}_2$ 为

$$\left.\begin{aligned} \dot{U}_1 = Z_{11}\dot{I}_1 + Z_{12}\dot{I}_2 \\ \dot{U}_2 = Z_{21}\dot{I}_1 + Z_{22}\dot{I}_2 \end{aligned}\right\} \tag{16-1}$$

这就是二端口网络的 Z 参数方程, 式中的参数

$$\left.\begin{aligned} Z_{11} = \frac{\dot{U}_1}{\dot{I}_1}\bigg|_{\dot{I}_2=0} \qquad Z_{12} = \frac{\dot{U}_1}{\dot{I}_2}\bigg|_{\dot{I}_1=0} \\ Z_{21} = \frac{\dot{U}_2}{\dot{I}_1}\bigg|_{\dot{I}_2=0} \qquad Z_{22} = \frac{\dot{U}_2}{\dot{I}_2}\bigg|_{\dot{I}_1=0} \end{aligned}\right\} \tag{16-2}$$

从特征上看, 这 4 个参数均为开路阻抗参数, 具体为:

① Z_{11} 是输出端开路时的输入端阻抗;　② Z_{12} 是输入端开路时的反向转移阻抗;

③ Z_{21} 是输出端开路时的正向转移阻抗;　④ Z_{22} 是输入端开路时的输出端阻抗。

可将式（16-1）写成矩阵形式

$$\begin{bmatrix} \dot{U}_1 \\ \dot{U}_2 \end{bmatrix} = \begin{bmatrix} Z_{11} & Z_{12} \\ Z_{21} & Z_{22} \end{bmatrix} \begin{bmatrix} \dot{I}_1 \\ \dot{I}_2 \end{bmatrix} \qquad \Rightarrow \qquad \dot{U} = Z\dot{I}$$

称 Z 为开路阻抗矩阵或 Z 参数矩阵。

从 Z 参数的物理含义可知, 二端口网络的 4 个阻抗型参数都是在网络的某一端口开路的条件
下得到的, 它们取决于网络内部结构与元件参数, 而与网络的端口变量无关, 但却可以用来表征
网络端口变量的关系。就好比一个 5Ω 电阻, 其阻值与其两端电压和流过它的电流无关, 但这个阻
值却反映了该电阻上电压和电流应满足的关系。

若二端口网络的两个端口满足互易定理, 即为双向网络或互易网络, 则在端口 1 加电流源 $\dot{I}_1$ 时
在端口 2 产生的开路电压 $\dot{U}_2|_{\dot{I}_2=0}$ 与在端口 2 加电流源 $\dot{I}_2$ 时在端口 1 产生的开路电压 $\dot{U}_1|_{\dot{I}_1=0}$ 应相等,

即

$$\frac{\dot{U}_2}{\dot{I}_1}\bigg|_{\dot{I}_2=0} = \frac{\dot{U}_1}{\dot{I}_2}\bigg|_{\dot{I}_1=0}$$

或

$$Z_{12} = Z_{21} \tag{16-3}$$

若二端口网络是对称网络, 根据对称性关系有

$$\frac{\dot{U}_1}{\dot{I}_1}\bigg|_{\dot{I}_2=0} = \frac{\dot{U}_2}{\dot{I}_2}\bigg|_{\dot{I}_1=0}$$

即

$$Z_{11} = Z_{22} \tag{16-4}$$

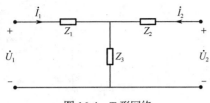

图 16-4　T 形网络

例 16-1　求图 16-4 所示 T 形网络的 Z 参数。

解：将 $\dot{I}_1$ 和 $\dot{I}_2$ 设为两个回路电流，列写回路电流方程为

$$\begin{cases} \dot{U}_1 = (Z_1 + Z_3)\dot{I}_1 + Z_3\dot{I}_2 \\ \dot{U}_2 = Z_3\dot{I}_1 + (Z_2 + Z_3)\dot{I}_2 \end{cases}$$

与 Z 参数方程（16-1）比较可得

$$Z_{11} = Z_1 + Z_3, \quad Z_{12} = Z_3, \quad Z_{21} = Z_3, \quad Z_{22} = Z_2 + Z_3$$

例 16-2　求图 16-5 所示 X 形网络的 Z 参数。

解：由 Z 参数的定义可知

$$Z_{11} = \frac{\dot{U}_1}{\dot{I}_1}\bigg|_{\dot{I}_2=0} = \frac{1}{2}(Z_1 + Z_2), \qquad Z_{12} = \frac{\dot{U}_1}{\dot{I}_2}\bigg|_{\dot{I}_1=0} = \frac{1}{2}(Z_2 - Z_1)$$

由于网络是双向的、对称的，因此有

$$Z_{22} = Z_{11} = \frac{1}{2}(Z_1 + Z_2), \qquad Z_{21} = Z_{12} = \frac{1}{2}(Z_2 - Z_1)$$

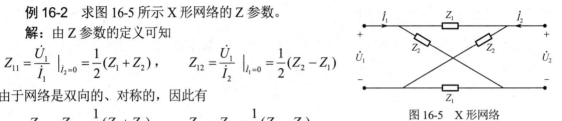

图 16-5　X 形网络

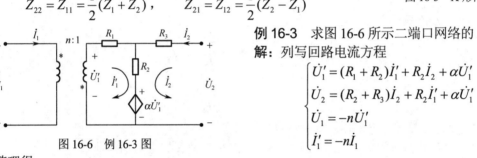

图 16-6　例 16-3 图

例 16-3　求图 16-6 所示二端口网络的 Z 参数。

解：列写回路电流方程

$$\begin{cases} \dot{U}_1' = (R_1 + R_2)\dot{I}_1' + R_2\dot{I}_2 + \alpha\dot{U}_1' \\ \dot{U}_2 = (R_2 + R_3)\dot{I}_2 + R_2\dot{I}_1' + \alpha\dot{U}_1' \\ \dot{U}_1 = -n\dot{U}_1' \\ \dot{I}_1' = -n\dot{I}_1 \end{cases}$$

整理得

$$\begin{cases} \dot{U}_1 = -\dfrac{n^2}{\alpha - 1}(R_1 + R_2)\dot{I}_1 + \dfrac{n}{\alpha - 1}R_2\dot{I}_2 \\ \dot{U}_2 = \left[-nR_2 + \dfrac{\alpha n}{\alpha - 1}(R_1 + R_2)\right]\dot{I}_1 + \left(R_2 + R_3 - \dfrac{\alpha}{\alpha - 1}R_2\right)\dot{I}_2 \end{cases}$$

所以，Z 参数矩阵为

$$Z = \begin{bmatrix} -\dfrac{n^2}{\alpha - 1}(R_1 + R_2) & \dfrac{n}{\alpha - 1}R_2 \\ -nR_2 + \dfrac{\alpha n}{\alpha - 1}(R_1 + R_2) & R_2 + R_3 - \dfrac{\alpha}{\alpha - 1}R_2 \end{bmatrix}$$

16.2.2　短路导纳参数——Y 参数

针对图 16-3 所示的二端口网络，以电压 $\dot{U}_1$、$\dot{U}_2$ 为激励，根据线性网络的叠加定理可知，在 $\dot{U}_1$、$\dot{U}_2$ 共同作用下的响应 $\dot{I}_1$、$\dot{I}_2$ 为

$$\left.\begin{array}{l} \dot{I}_1 = Y_{11}\dot{U}_1 + Y_{12}\dot{U}_2 \\ \dot{I}_2 = Y_{21}\dot{U}_1 + Y_{22}\dot{U}_2 \end{array}\right\} \tag{16-5}$$

这就是二端口网络的 Y 参数方程，式中的参数

$$\left.\begin{array}{ll} Y_{11} = \dfrac{\dot{I}_1}{\dot{U}_1}\bigg|_{\dot{U}_2=0} & Y_{12} = \dfrac{\dot{I}_1}{\dot{U}_2}\bigg|_{\dot{U}_1=0} \\[2mm] Y_{21} = \dfrac{\dot{I}_2}{\dot{U}_1}\bigg|_{\dot{U}_2=0} & Y_{22} = \dfrac{\dot{I}_2}{\dot{U}_2}\bigg|_{\dot{U}_1=0} \end{array}\right\} \tag{16-6}$$

从特征上看，这 4 个参数均为短路导纳参数，具体为：

① Y_{11} 是输出端短路时的输入端导纳；② Y_{12} 是输入端短路时的反向转移导纳；

可将式（16-5）写成矩阵形式

$$\begin{bmatrix} \dot{I}_1 \\ \dot{I}_2 \end{bmatrix} = \begin{bmatrix} Y_{11} & Y_{12} \\ Y_{21} & Y_{22} \end{bmatrix} \begin{bmatrix} \dot{U}_1 \\ \dot{U}_2 \end{bmatrix} \Rightarrow \dot{I} = Y\dot{U}$$

称 Y 为短路导纳矩阵或 Y 参数矩阵。

与 Z 参数类似，若二端口网络的两个端口满足互易定理，即为双向网络，则有

$$Y_{12} = Y_{21} \tag{16-7}$$

若二端口网络是对称网络，根据对称性关系有

$$Y_{11} = Y_{22} \tag{16-8}$$

例 16-4　求图 16-7 所示传输线网络的 Y 参数。

解： 由图 16-7 可得

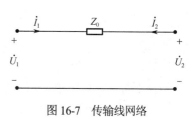

图 16-7　传输线网络

$$\begin{cases} \dot{U}_1 - \dot{U}_2 = Z_0 \dot{I}_1 \\ \dot{I}_1 = -\dot{I}_2 \end{cases} \quad 即 \quad \begin{cases} \dot{I}_1 = \dfrac{\dot{U}_1}{Z_0} - \dfrac{\dot{U}_2}{Z_0} \\ \dot{I}_2 = -\dot{I}_1 = -\dfrac{\dot{U}_1}{Z_0} + \dfrac{\dot{U}_2}{Z_0} \end{cases}$$

与 Y 参数方程（16-5）比较可得

$$Y_{11} = \frac{1}{Z_0}, \quad Y_{12} = -\frac{1}{Z_0}, \quad Y_{21} = -\frac{1}{Z_0}, \quad Y_{22} = \frac{1}{Z_0}$$

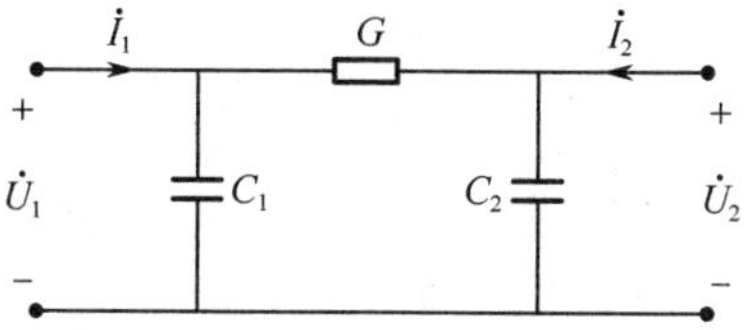

图 16-8　例 16-5 图

例 16-5　求图 16-8 所示二端口网络的 Y 参数。

解： 由图 16-8 列写节点电压方程（视 $\dot{I}_1$、$\dot{I}_2$ 为电流源）

$$\begin{cases} (G + j\omega C_1)\dot{U}_1 - G\dot{U}_2 = \dot{I}_1 \\ (G + j\omega C_2)\dot{U}_2 - G\dot{U}_1 = \dot{I}_2 \end{cases}$$

与 Y 参数方程（16-5）比较可得

$$Y_{11} = G + j\omega C_1, \quad Y_{12} = -G, \quad Y_{21} = -G, \quad Y_{22} = G + j\omega C_2$$

例 16-6　求图 16-9 所示二端口网络的 Y 参数。

解： 由图 16-9 列写节点电压方程（视 $\dot{I}_1$、$\dot{I}_2$ 为电流源）

$$\begin{cases} \left(\dfrac{1}{R_b} + j\omega C\right)\dot{U}_1 - j\omega C\dot{U}_2 = \dot{I}_1 + \dfrac{\mu}{R_b}\dot{U}_2 \\ (G + j\omega C)\dot{U}_2 - j\omega C\dot{U}_1 = \dot{I}_2 - \beta\dot{I}_b \\ \dot{I}_b = \dfrac{1}{R_b}(\dot{U}_1 - \mu\dot{U}_2) \end{cases}$$

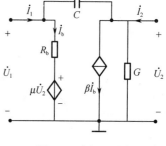

图 16-9　例 16-6 图

整理可得

$$\begin{cases} \left(\dfrac{1}{R_b} + j\omega C\right)\dot{U}_1 + \left(-j\omega C - \dfrac{\mu}{R_b}\right)\dot{U}_2 = \dot{I}_1 \\ \left(-j\omega C + \dfrac{\beta}{R_b}\right)\dot{U}_1 + \left(G + j\omega C - \dfrac{\beta\mu}{R_b}\right)\dot{U}_2 = \dot{I}_2 \end{cases}$$

所以，Y 参数用矩阵表示为

$$Y = \begin{bmatrix} \dfrac{1}{R_b} + j\omega C & -j\omega C - \dfrac{\mu}{R_b} \\ -j\omega C + \dfrac{\beta}{R_b} & G + j\omega C - \dfrac{\beta\mu}{R_b} \end{bmatrix}$$

16.2.3 传输参数——T参数

针对图16-3所示的二端口网络，以电压$\dot{U}_2$、$-\dot{I}_2$为激励，根据线性网络的叠加定理可知，在$\dot{U}_2$、$-\dot{I}_2$共同作用下的响应$\dot{U}_1$、$\dot{I}_1$为

$$\left.\begin{aligned}\dot{U}_1 = A\dot{U}_2 - B\dot{I}_2\\\dot{I}_1 = C\dot{U}_2 - D\dot{I}_2\end{aligned}\right\} \tag{16-9}$$

这就是二端口网络的传输参数方程，式中"–"号体现了"传输性"，其参数为

$$\left.\begin{aligned}A = \frac{\dot{U}_1}{\dot{U}_2}\bigg|_{i_2=0} \qquad B = \frac{\dot{U}_1}{-\dot{I}_2}\bigg|_{\dot{U}_2=0}\\C = \frac{\dot{I}_1}{\dot{U}_2}\bigg|_{i_2=0} \qquad D = \frac{\dot{I}_1}{-\dot{I}_2}\bigg|_{\dot{U}_2=0}\end{aligned}\right\} \tag{16-10}$$

从特征上看，这4个参数各不相同，具体为：

① A是输出端开路时的反向电压传输比；② B是输出端短路时的反向转移阻抗；
③ C是输出端开路时的反向转移导纳；④ D是输出端短路时的反向电流传输比。

可将式（16-9）写成矩阵形式

$$\begin{bmatrix}\dot{U}_1\\\dot{I}_1\end{bmatrix} = \begin{bmatrix}A & B\\C & D\end{bmatrix}\begin{bmatrix}\dot{U}_2\\-\dot{I}_2\end{bmatrix} = T\begin{bmatrix}\dot{U}_2\\-\dot{I}_2\end{bmatrix}$$

式中，T为传输参数矩阵或T参数矩阵。

若二端口网络的两个端口满足互易定理，即为双向网络，则有

$$AD - BC = 1 \tag{16-11}$$

若二端口网络是对称网络，根据对称性关系有

$$A = D \tag{16-12}$$

例 16-7 求图16-10所示理想变压器的T参数。

解： 已知理想变压器方程为

$$\begin{cases}\dot{U}_1 = n\dot{U}_2\\\dot{I}_1 = -\dfrac{1}{n}\dot{I}_2\end{cases}$$

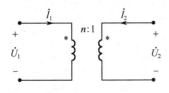

图16-10 例16-7图

与T参数方程（16-9）比较可得 $A = n$，$B = 0$，$C = 0$，$D = \dfrac{1}{n}$

例 16-8 求图16-11所示二端口网络的T参数。

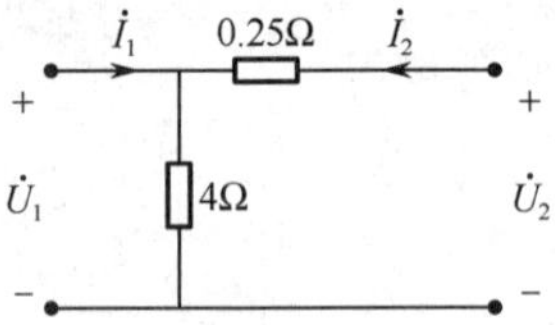

解： 由T参数定义可得

$$A = \frac{\dot{U}_1}{\dot{U}_2}\bigg|_{i_2=0} = 1，\qquad B = \frac{\dot{U}_1}{-\dot{I}_2}\bigg|_{\dot{U}_2=0} = \frac{\dot{U}_1}{\dot{U}_1 / 0.25} = 0.25，$$

$$C = \frac{\dot{I}_1}{\dot{U}_2}\bigg|_{i_2=0} = \frac{\dot{I}_1}{4\dot{I}_1} = 0.25，\qquad D = \frac{\dot{I}_1}{-\dot{I}_2}\bigg|_{\dot{U}_2=0} = \frac{\dot{I}_1}{\dfrac{4}{4+0.25}\dot{I}_1} = \frac{17}{16}，$$

图16-11 例16-8图

例 16-9 电路如图16-12所示，已知开关打开时$\dot{U}_3 = 9\text{V}$，$\dot{U}_1 = 5\text{V}$，$\dot{U}_2 = 3\text{V}$，开关闭合时$\dot{U}_3 = 8\text{V}$，$\dot{U}_1 = 4\text{V}$，$\dot{U}_2 = 2\text{V}$，求二端口网络的T参数。

解： 由T参数定义可得，开关打开时

$$A = \frac{\dot{U}_1}{\dot{U}_2}\bigg|_{i_2=0} = \frac{5}{3}，\qquad C = \frac{\dot{I}_1}{\dot{U}_2}\bigg|_{i_2=0} = \frac{\dot{U}_3 - \dot{U}_1}{R_1\dot{U}_2} = \frac{1}{3}$$

开关闭合时

$$\dot{I}_1 = \frac{\dot{U}_3 - \dot{U}_1}{R_1} = 1\text{A} , \qquad \dot{I}_2 = -\frac{\dot{U}_2}{R_2} = -\frac{1}{3}\text{A}$$

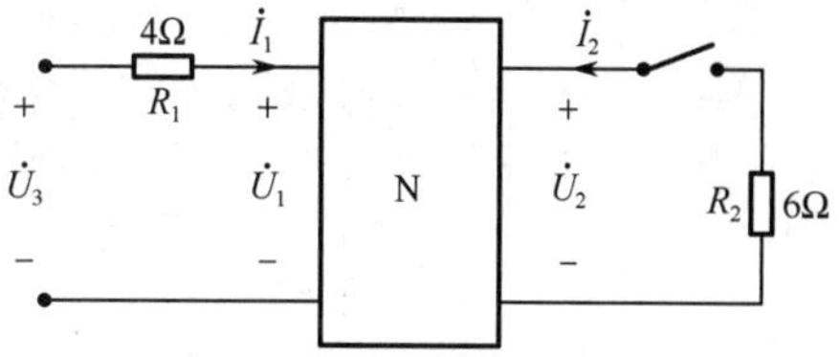

所以，由 T 参数方程可得

$$\begin{cases} \dot{U}_1 = A\dot{U}_2 + B(-\dot{I}_2) = \dfrac{5}{3}\times 2 + \dfrac{1}{3}\times B = 4 \\ \dot{I}_1 = C\dot{U}_2 + D(-\dot{I}_2) = \dfrac{1}{3}\times 2 + \dfrac{1}{3}\times D = 1 \end{cases}$$

求得 $B = 2$，$D = 1$，所以 T 参数用矩阵表示为

$$T = \begin{bmatrix} 5/3 & 2 \\ 1/3 & 1 \end{bmatrix}$$

图 16-12　例 16-9 图

16.2.4　混合参数——H 参数

针对图 16-3 所示的二端口网络，以电压 $\dot{I}_1$、$\dot{U}_2$ 为激励，根据线性网络的叠加定理可知，在 $\dot{I}_1$、$\dot{U}_2$ 共同作用下的响应 $\dot{U}_1$、$\dot{I}_2$ 为

$$\left. \begin{aligned} \dot{U}_1 = H_{11}\dot{I}_1 + H_{12}\dot{U}_2 \\ \dot{I}_2 = H_{21}\dot{I}_1 + H_{22}\dot{U}_2 \end{aligned} \right\} \tag{16-13}$$

这就是二端口网络的混合参数方程，其参数为

$$\left. \begin{aligned} H_{11} = \frac{\dot{U}_1}{\dot{I}_1} \bigg|_{\dot{U}_2=0}, & \qquad H_{12} = \frac{\dot{U}_1}{\dot{U}_2} \bigg|_{\dot{I}_1=0} \\ H_{21} = \frac{\dot{I}_2}{\dot{I}_1} \bigg|_{\dot{U}_2=0}, & \qquad H_{22} = \frac{\dot{I}_2}{\dot{U}_2} \bigg|_{\dot{I}_1=0} \end{aligned} \right\} \tag{16-14}$$

从特征上看，这 4 个参数各不相同，具体为：

① H_{11} 是输出端短路时的输入阻抗；② H_{12} 是输入端开路时的反向电压传输比；

③ H_{21} 是输出端短路时的正向电流传输比；④ H_{22} 是输入端开路时的输出导纳。

可将式（16-13）写成矩阵形式

$$\begin{bmatrix} \dot{U}_1 \\ \dot{I}_2 \end{bmatrix} = \begin{bmatrix} H_{11} & H_{12} \\ H_{21} & H_{22} \end{bmatrix} \begin{bmatrix} \dot{I}_1 \\ \dot{U}_2 \end{bmatrix} = H \begin{bmatrix} \dot{I}_1 \\ \dot{U}_2 \end{bmatrix}$$

式中，H 为混合参数矩阵或 H 参数矩阵。

若二端口网络的两个端口满足互易定理，即为双向网络，则有

$$H_{12} = -H_{21} \tag{16-15}$$

若二端口网络是对称网络，根据对称性关系有

$$H_{11}H_{22} - H_{12}H_{21} = 1 \tag{16-16}$$

例 16-10　求如图 16-13 所示网络的 H 参数。

解：由 H 参数定义可得

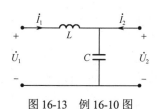

图 16-13　例 16-10 图

$$H_{11} = \frac{\dot{U}_1}{\dot{I}_1} \bigg|_{\dot{U}_2=0} = \text{j}\omega L , \qquad H_{12} = \frac{\dot{U}_1}{\dot{U}_2} \bigg|_{\dot{I}_1=0} = 1 ,$$

$$H_{21} = \frac{\dot{I}_2}{\dot{I}_1} \bigg|_{\dot{U}_2=0} = -1 , \qquad H_{22} = \frac{\dot{I}_2}{\dot{U}_2} \bigg|_{\dot{I}_1=0} = \text{j}\omega C$$

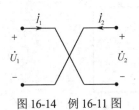

图 16-14　例 16-11 图

例 16-11　求如图 16-14 所示交叉短路线的 H 参数。

解：由 H 参数定义可得

$$H_{11} = \frac{\dot{U}_1}{\dot{I}_1}\bigg|_{\dot{U}_2=0} = 0 , \qquad H_{12} = \frac{\dot{U}_1}{\dot{U}_2}\bigg|_{\dot{I}_1=0} = -1 ,$$

$$H_{21} = \frac{\dot{I}_2}{\dot{I}_1}\bigg|_{\dot{U}_2=0} = 1 , \qquad H_{22} = \frac{\dot{I}_2}{\dot{U}_2}\bigg|_{\dot{I}_1=0} = 0$$

例 16-12　电路如图 16-15 所示，已知开关打开时 $\dot{I}_\mathrm{s}=10\mathrm{mA}$，$\dot{I}_1=5\mathrm{mA}$，$\dot{U}_2=-250\mathrm{V}$；开关闭合时 $\dot{I}_\mathrm{s}=10\mathrm{mA}$，$\dot{I}_1=5\mathrm{mA}$，$\dot{U}_2=-125\mathrm{V}$，求二端口网络的 H 参数。

解：由于图 16-15 中的 $\dot{I}_2$ 反向，所以 H 参数方程为

$$\begin{cases} \dot{U}_1 = H_{11}\dot{I}_1 + H_{12}\dot{U}_2 \\ -\dot{I}_2 = H_{21}\dot{I}_1 + H_{22}\dot{U}_2 \end{cases}$$

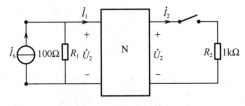

图 16-15　例 16-12 图

开关打开时　　$\dot{U}_1 = R_1(\dot{I}_\mathrm{s} - \dot{I}_1) = 0.5\mathrm{V}$，$\dot{I}_2 = 0$

代入 H 参数方程得

$$\begin{cases} 0.5 = H_{11} \times 5\times10^{-3} - H_{12} \times 250 \\ 0 = H_{21} \times 5\times10^{-3} - H_{22} \times 250 \end{cases}$$

开关闭合时　　　　　　$\dot{U}_1 = R_1(\dot{I}_\mathrm{s} - \dot{I}_1) = 0.5\mathrm{V}$，$\dot{I}_2 = -0.125\mathrm{A}$

代入 H 参数方程得

$$\begin{cases} 0.5 = H_{11} \times 5\times10^{-3} - H_{12} \times 125 \\ 0.125 = H_{21} \times 5\times10^{-3} - H_{22} \times 125 \end{cases}$$

联立上述方程求解，可得 H 参数阵为

$$H = \begin{bmatrix} 100 & 0 \\ 50 & 10^{-3} \end{bmatrix}$$

16.2.5　四种参数之间的互换

以上介绍的四种参数方程之间有着密切的关系，由一种形式的参数方程经过一定的代数运算，可以转化为其他形式的参数方程，它们之间可以根据所定义的方程进行换算。

表 16-1 列出了这四种参数之间的相应关系。

表 16-1　四种参数之间的对应关系

	Z 参数		Y 参数		T 参数		H 参数	
Z 参数	Z_{11}	Z_{12}	$\dfrac{Y_{22}}{\Delta Y}$	$-\dfrac{Y_{12}}{\Delta Y}$	$\dfrac{A}{C}$	$\dfrac{\Delta T}{C}$	$\dfrac{\Delta H}{H_{22}}$	$\dfrac{H_{12}}{H_{22}}$
	Z_{21}	Z_{22}	$-\dfrac{Y_{21}}{\Delta Y}$	$\dfrac{Y_{11}}{\Delta Y}$	$\dfrac{1}{C}$	$\dfrac{D}{C}$	$-\dfrac{H_{21}}{H_{22}}$	$\dfrac{1}{H_{22}}$
Y 参数	$\dfrac{Z_{22}}{\Delta Z}$	$-\dfrac{Z_{12}}{\Delta Z}$	Y_{11}	Y_{12}	$\dfrac{D}{B}$	$-\dfrac{\Delta T}{B}$	$\dfrac{1}{H_{11}}$	$-\dfrac{H_{12}}{H_{11}}$
	$-\dfrac{Z_{21}}{\Delta Z}$	$\dfrac{Z_{11}}{\Delta Z}$	Y_{21}	Y_{22}	$-\dfrac{1}{B}$	$\dfrac{A}{B}$	$\dfrac{H_{21}}{H_{11}}$	$\dfrac{\Delta H}{H_{11}}$
T 参数	$\dfrac{Z_{11}}{Z_{21}}$	$\dfrac{\Delta Z}{Z_{21}}$	$-\dfrac{Y_{22}}{Y_{21}}$	$-\dfrac{1}{Y_{21}}$	A	B	$-\dfrac{\Delta H}{H_{21}}$	$-\dfrac{H_{11}}{H_{21}}$
	$\dfrac{1}{Z_{21}}$	$\dfrac{Z_{22}}{Z_{21}}$	$-\dfrac{\Delta Y}{Y_{21}}$	$-\dfrac{Y_{11}}{Y_{21}}$	C	D	$-\dfrac{H_{22}}{H_{21}}$	$-\dfrac{1}{H_{21}}$

续表

	Z 参数		Y 参数		T 参数		H 参数	
H 参数	$\dfrac{\Delta Z}{Z_{22}}$	$\dfrac{Z_{12}}{Z_{22}}$	$\dfrac{1}{Y_{11}}$	$-\dfrac{Y_{12}}{Y_{11}}$	$\dfrac{B}{D}$	$\dfrac{\Delta T}{D}$	H_{11}	H_{12}
	$-\dfrac{Z_{21}}{Z_{22}}$	$\dfrac{1}{Z_{22}}$	$\dfrac{Y_{21}}{Y_{11}}$	$\dfrac{\Delta Y}{Y_{11}}$	$-\dfrac{1}{D}$	$\dfrac{C}{D}$	H_{21}	H_{22}

注：表中 $\Delta_Z = Z_{11}Z_{22} - Z_{12}Z_{21}$，　$\Delta_Y = Y_{11}Y_{22} - Y_{12}Y_{21}$，　$\Delta T = AD - BC$，　$\Delta H = H_{11}H_{22} - H_{12}H_{21}$。

16.3　二端口网络的特性阻抗

16.3.1　输入端阻抗与输出端阻抗

如图 16-16 所示，设网络 N 的 T 参数已知，当输出端接负载 Z_{L2} 时，输入端阻抗为

$$Z_{i1} = \frac{\dot{U}_1}{\dot{I}_1} = \frac{A\dot{U}_2 - B\dot{I}_2}{C\dot{U}_2 - D\dot{I}_2}$$

由于 $\dot{U}_2 = -Z_{L2}\dot{I}_2$，代入上式得

$$Z_{i1} = \frac{\dot{U}_1}{\dot{I}_1} = \frac{AZ_{L2} + B}{CZ_{L2} + D} \tag{16-17}$$

此式表明，输入端负载 Z_{i1} 随着输出端负载 Z_{L2} 的变化而变，即二端口网络能进行阻抗变换。

又如图 16-17 所示，设网络 N 的 T 参数已知，当输入端接负载 Z_{L1} 时，输出端阻抗为

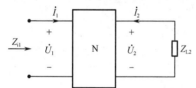

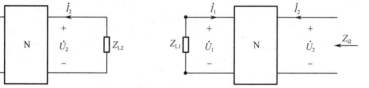

图 16-16　输出端接负载的二端口网络　　　图 16-17　输入端接负载的二端口网络

$$Z_{i2} = \frac{\dot{U}_2}{\dot{I}_2} = \frac{D\dot{U}_1 - B\dot{I}_1}{C\dot{U}_1 - A\dot{I}_1}$$

由于 $\dot{U}_1 = -Z_{L1}\dot{I}_1$，代入上式得

$$Z_{i2} = \frac{\dot{U}_2}{\dot{I}_2} = \frac{DZ_{L1} + B}{CZ_{L1} + A} \tag{16-18}$$

此式表明，输出端负载 Z_{i2} 随着输入端负载 Z_{L1} 的变化而变，即二端口网络能进行阻抗变换。上述两方面的结论说明，二端口网络能进行双向的阻抗变换。

16.3.2　二端口网络的输入端特性阻抗 Z_{C1} 与输出端特性阻抗 Z_{C2}

已知输出端接负载的二端口网络的输入端阻抗为

$$Z_{i1} = \frac{AZ_{L2} + B}{CZ_{L2} + D}$$

当负载处于两种极端情况，即 $Z_{L2} = 0$ 和 $Z_{L2} = \infty$ 时，有

$$\left.\begin{aligned} Z_{i1}(0) &= \frac{B}{D} \\ Z_{i1}(\infty) &= \frac{A}{C} \end{aligned}\right\} \tag{16-19}$$

于是定义：二端口网络的输入端特性阻抗 Z_{C1} 等于 $Z_{i1}(0)$ 和 $Z_{i1}(\infty)$ 的几何平均值，即

$$Z_{C1} = \sqrt{Z_{i1}(0)Z_{i1}(\infty)} = \sqrt{\frac{AB}{CD}} \qquad (16\text{-}20)$$

同样，已知输入端接负载的二端口网络的输出端阻抗为

$$Z_{i2} = \frac{DZ_{L1} + B}{CZ_{L1} + A}$$

当负载处于两种极端情况，即 $Z_{L1} = 0$ 和 $Z_{L1} = \infty$ 时，有

$$\left.\begin{array}{l} Z_{i2}(0) = \dfrac{B}{A} \\[3mm] Z_{i2}(\infty) = \dfrac{D}{C} \end{array}\right\} \qquad (16\text{-}21)$$

于是定义：二端口网络的输出端特性阻抗 Z_{C2} 等于 $Z_{i2}(0)$ 和 $Z_{i2}(\infty)$ 的几何平均值，即

$$Z_{C2} = \sqrt{Z_{i2}(0)Z_{i2}(\infty)} = \sqrt{\frac{DB}{AC}} \qquad (16\text{-}22)$$

从以上定义可知，Z_{C1} 和 Z_{C2} 只与网络参数有关，而与外电路无关，故称 Z_{C1} 和 Z_{C2} 为网络的特性阻抗。

16.3.3　对称二端口网络的特性阻抗 Z_C

当二端口网络对称时，T 参数中的 $A = D$，此时有

$$Z_{C1} = Z_{C2} = \sqrt{\frac{B}{C}} \triangleq Z_C \qquad (16\text{-}23)$$

于是，在对称二端口网络的输出（入）端接上负载 Z_C 时，从输入（出）端看进去的阻抗也等于 Z_C，因此，又将 Z_C 称为重复阻抗。此时有

$$Z_C = \sqrt{Z_i(0)Z_i(\infty)} \qquad (16\text{-}24)$$

16.3.4　二端口网络特性阻抗的重要性质

性质 1：当二端口网络的负载阻抗 Z_{L2} 等于输出端特性阻抗 Z_{C2} 时，其输入端阻抗 Z_{i1} 将等于输入端特性阻抗 Z_{C1}。

证明：
$$Z_{i1} = \frac{AZ_{L2} + B}{CZ_{L2} + D} = \frac{AZ_{C2} + B}{CZ_{C2} + D} = \frac{A\sqrt{\dfrac{DB}{AC}} + B}{C\sqrt{\dfrac{DB}{AC}} + D} = \sqrt{\frac{AB}{CD}} = Z_{C1}$$

性质 2：当二端口网络的负载阻抗 Z_{L1} 等于输入端特性阻抗 Z_{C1} 时，其输出端阻抗 Z_{i2} 将等于输出端特性阻抗 Z_{C2}。

证明：
$$Z_{i2} = \frac{DZ_{L1} + B}{CZ_{L1} + A} = \frac{DZ_{C1} + B}{CZ_{C1} + A} = \frac{D\sqrt{\dfrac{AB}{CD}} + B}{C\sqrt{\dfrac{AB}{CD}} + A} = \sqrt{\frac{DB}{CA}} = Z_{C2}$$

性质 3：当二端口网络的输入端所接负载阻抗 $Z_{L1} = Z_{C1}$，并且输出端所接负载阻抗 $Z_{L2} = Z_{C2}$，则信号通过该网络时能量损失最小，网络的这种工作状态称为"全匹配"。

例 16-13　如图 16-18 所示，已知网络 N 的 T 参数为 $A = 4/3$，$B = 1$，$C = 1/3$，$D = 1$，并

且 $R_2 = 1\Omega$ ，$R_1 = Z_{C1}$（特性阻抗），$u_S = 22\cos\omega t$ ，求电流 i_3 。

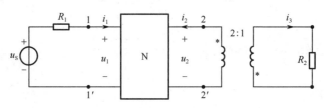

图 16-18　例 16-13 图之一

解：先求出从 $2 - 2'$ 往左看的戴维宁等效电路。

已知 $R_1 = Z_{C1} = \sqrt{\dfrac{AB}{CD}} = 2\Omega$ ，根据上述性质 2 可知

$$R_{22'} = Z_{C2} = \sqrt{\frac{DB}{CA}} = 1.5\Omega$$

由 T 参数方程

$$\begin{cases} u_1 = Au_2 - Bi_2 \\ i_1 = Cu_2 - Di_2 \end{cases}$$

求 $2 - 2'$ 的开路电压 $u_{22'}$ 。当 $2 - 2'$ 开路时 $i_2 = 0$ ，此时 $u_2 = u_{22'}$ ，即 $\begin{cases} u_1 = Au_{22'} \\ i_1 = Cu_{22'} \end{cases}$ 。

又知 $u_1 = u_S - R_1 i_1$ ，于是可得

$$u_{22'} = \frac{u_S}{A + CR_1} = 11\cos\omega t$$

此时电路等效为图 16-19 所示电路。

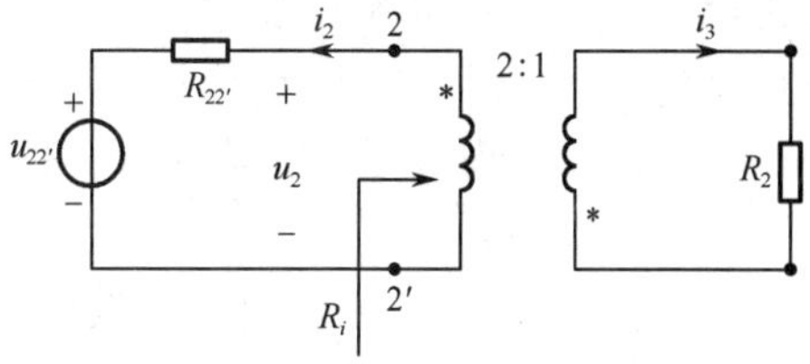

根据理想变压器的特性方程 $\begin{cases} u_2 = -nu_1 \\ i_3 = ni_2 \end{cases}$

图 16-19　例 16-13 图之二

则

$$R_i = \frac{-u_2}{i} = n^2 \frac{u_3}{i_3} = n^2 R_2$$

所以

$$i_3 = 2i_2 = 2\left(-\frac{u_{22'}}{R_{22'} + R_i}\right) = 2\left(-\frac{u_{22'}}{R_{22'} + n^2 R_2}\right) = -4\cos\omega t$$

例 16-14　求图 16-20 所示网络的特性阻抗 Z_C 。

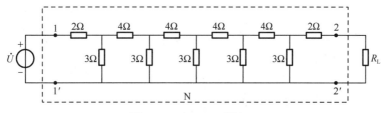

图 16-20　例 16-14 图之一

解：该网络是一个对称网络，所以 $Z_{C1} = Z_{C2} = Z_C$ ，网络中的一个环节如图 16-21 所示。

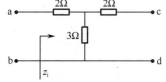

网络是由这个环节经 5 级级联而成的。

当 cd 短接时，得 $Z_i(0) = 2 + \dfrac{2 \times 3}{2 + 3} = \dfrac{16}{5}\Omega$

当 cd 开路时，得 $Z_i(\infty) = 2 + 3 = 5\Omega$

图 16-21　例 16-14 图之二

所以

$$Z_C = \sqrt{Z_i(0)Z_i(\infty)} = 4\Omega$$

根据上述性质可知，整个网络的特性阻抗

$$Z_C = 4\Omega$$

16.4 二端口网络的等效电路

任意复杂的无源线性一端口网络可用一个等效阻抗来表征其端口特性，同样，对于图16-3所示的任何线性无源二端口网络的端口特性也可以用由特性参数确定的简单电路来等效，下面分别描述用Z参数、Y参数、T参数和H参数表征的二端口网络等效电路。

16.4.1 用Z参数表征的二端口等效电路

由Z参数方程

$$\begin{cases} \dot{U}_1 = Z_{11}\dot{I}_1 + Z_{12}\dot{I}_2 \\ \dot{U}_2 = Z_{21}\dot{I}_1 + Z_{22}\dot{I}_2 \end{cases}$$

进行恒等变换

$$\left.\begin{array}{l} \dot{U}_1 = (Z_{11} - Z_{12})\dot{I}_1 + Z_{12}(\dot{I}_1 + \dot{I}_2) \\ \dot{U}_2 = (Z_{21} - Z_{12})\dot{I}_1 + (Z_{22} - Z_{12})\dot{I}_2 + Z_{12}(\dot{I}_1 + \dot{I}_2) \end{array}\right\} \tag{16-25}$$

根据式（16-25）描述的端口变量关系，可用图16-22所示的由Z参数确定的简单电路来等效二端口网络。

若二端口网络为互易网络，即$Z_{12} = Z_{21}$，则上述二端口网络变为T形，如图16-23所示。

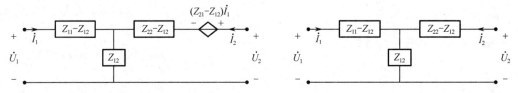

图16-22　由Z参数确定的二端口网络等效电路　　图16-23　由Z参数确定的互易二端口网络等效电路

16.4.2 用Y参数表征的二端口等效电路

由Y参数方程

$$\begin{cases} \dot{I}_1 = Y_{11}\dot{U}_1 + Y_{12}\dot{U}_2 \\ \dot{I}_2 = Y_{21}\dot{U}_1 + Y_{22}\dot{U}_2 \end{cases}$$

进行恒等变换

$$\left.\begin{array}{l} \dot{I}_1 = (Y_{11} + Y_{12})\dot{U}_1 - Y_{12}(\dot{U}_1 - \dot{U}_2) \\ \dot{I}_2 = (Y_{21} - Y_{12})\dot{U}_1 + (Y_{22} + Y_{12})\dot{U}_2 + Y_{12}(\dot{U}_1 - \dot{U}_2) \end{array}\right\} \tag{16-26}$$

根据上式描述的端口变量关系，可用图16-24所示的由Y参数确定的简单电路来等效二端口网络。

若二端口网络为互易网络，即$Y_{12} = Y_{21}$，则上述二端口网络变为π形，如图16-25所示。

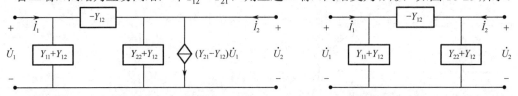

图16-24　由Y参数确定的二端口网络等效电路　　图16-25　由Y参数确定的互易二端口网络等效电路

例 16-15　求如图 16-26 所示二端口网络的等效电路。

解：此网络列写节点电压方程较为容易，故列写
节点电压方程如下：

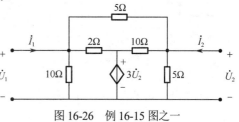

图 16-26　例 16-15 图之一

$$\begin{cases} \left(\dfrac{1}{10}+\dfrac{1}{2}+\dfrac{1}{5}\right)\dot{U}_1 - \dfrac{1}{2}\times 3\dot{U}_2 - \dfrac{1}{5}\dot{U}_2 = \dot{I}_1 \\ \left(\dfrac{1}{10}+\dfrac{1}{5}+\dfrac{1}{5}\right)\dot{U}_2 - \dfrac{1}{10}\times 3\dot{U}_2 - \dfrac{1}{5}\dot{U}_1 = \dot{I}_2 \end{cases}$$

整理得　　$\begin{cases} 0.8\dot{U}_1 - 1.7\dot{U}_2 = \dot{I}_1 \\ -0.2\dot{U}_1 + 0.2\dot{U}_2 = \dot{I}_2 \end{cases}$　　即　$Y=\begin{bmatrix} 0.8 & -1.7 \\ -0.2 & 0.2 \end{bmatrix}$

看起来，这个二端口网络可以等效为 Y 参数表示的等效电路，如图 16-27 所示。

图中，$Y_a = Y_{11} + Y_{12} = 0.8 - 1.7 = -0.9(\text{S})$，$Y_b = -Y_{12} = 1.7(\text{S})$，$Y_c = Y_{22} + Y_{12} = -1.7 + 0.2 = -1.5(\text{S})$

注意，等效电路中的导纳出现了负数，这显然与原线性网络的性质不符，故图 16-27 的等效电路不成立。

负数的出现是由受控源造成的，为此将节点电压方程改写如下：

$$\begin{cases} 0.8\dot{U}_1 - 1.7\dot{U}_2 = 0.8\dot{U}_1 - 0.2\dot{U}_2 - 1.5\dot{U}_2 = \dot{I}_1 \\ -0.2\dot{U}_1 + 0.2\dot{U}_2 = \dot{I}_2 \end{cases}$$

即　　$\begin{cases} 0.8\dot{U}_1 - 0.2\dot{U}_2 = \dot{I}_1 + 1.5\dot{U}_2 \\ -0.2\dot{U}_1 + 0.2\dot{U}_2 = \dot{I}_2 \end{cases}$　　有　$Y=\begin{bmatrix} 0.8 & -0.2 \\ -0.2 & 0.2 \end{bmatrix}$

这时应有 $Y_a = Y_{11} + Y_{12} = 0.8 - 0.2 = 0.6(\text{S})$，$Y_b = -Y_{12} = 0.2(\text{S})$，$Y_c = Y_{22} + Y_{12} = -0.2 + 0.2 = 0(\text{S})$，并且上述方程右边的 $1.5\dot{U}_2$ 应视为受控电流源，于是等效电路如图 16-28 所示。

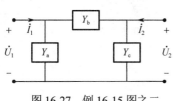
　　　　　　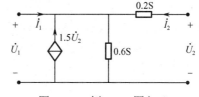

图 16-27　例 16-15 图之二　　　　　图 16-28　例 16-15 图之三

16.4.3　用 T 参数表征的二端口等效电路

由 T 参数方程

$$\begin{cases} \dot{U}_1 = A\dot{U}_2 - B\dot{I}_2 \\ \dot{I}_1 = C\dot{U}_2 - D\dot{I}_2 \end{cases}$$

进行恒等变换

$$\left.\begin{aligned} \dot{U}_1 &= \left(\frac{A}{C}-\frac{\Delta T}{C}\right)\dot{I}_1 + \frac{\Delta T}{C}(\dot{I}_1 + \dot{I}_2) \\ \dot{U}_2 &= \left(\frac{1}{C}-\frac{\Delta T}{C}\right)\dot{I}_1 + \left(\frac{D}{C}-\frac{\Delta T}{C}\right)\dot{I}_2 + \frac{\Delta T}{C}(\dot{I}_1 + \dot{I}_2) \end{aligned}\right\} \tag{16-27}$$

式中，$\Delta T = AD - BC$，根据式（16-27）描述的端口变量关系，可用图 16-29 所示的由 T 参数确定的简单电路来等效二端口网络。

若二端口网络为互易网络，即 $\Delta T = AD - BC = 1$，则上述二端口网络变为 T 形，如图 16-30 所示。

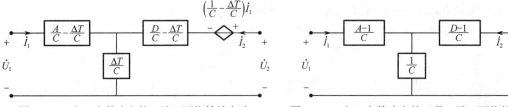

图 16-29　由 T 参数确定的二端口网络等效电路　　　图 16-30　由 T 参数确定的互易二端口网络等效电路

16.4.4　用 H 参数表征的二端口等效电路

由 H 参数方程

$$\begin{cases} \dot{U}_1 = H_{11}\dot{I}_1 + H_{12}\dot{U}_2 \\ \dot{I}_2 = H_{21}\dot{I}_1 + H_{22}\dot{U}_2 \end{cases}$$

进行恒等变换

$$\left.\begin{aligned} \dot{U}_1 &= \left(\frac{\Delta H}{H_{22}} - \frac{H_{12}}{H_{22}}\right)\dot{I}_1 + \frac{H_{12}}{H_{22}}(\dot{I}_1 + \dot{I}_2) \\ \dot{U}_2 &= -\left(\frac{H_{12} + H_{21}}{H_{22}}\right)\dot{I}_1 + \left(\frac{1 - H_{12}}{H_{22}}\right)\dot{I}_2 + \frac{H_{12}}{H_{22}}(\dot{I}_1 + \dot{I}_2) \end{aligned}\right\} \qquad (16\text{-}28)$$

式中，$\Delta H = H_{11}H_{22} - H_{12}H_{21}$，根据式（16-28）描述的端口变量关系，可用图 16-31 所示的由 H 参数确定的简单电路来等效二端口网络。

若二端口网络为互易网络，即 $H_{12} = -H_{21}$，则上述二端口网络等效电路变为 T 形，如图 16-32 所示。

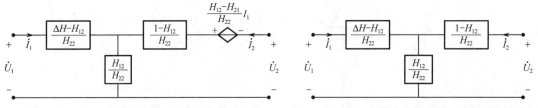

图 16-31　由 H 参数确定的二端口网络等效电路　　　图 16-32　由 H 参数确定的互易二端口网络等效电路

16.5　二端口网络的联接

在实际应用中，为获得所需要的网络特性，可将若干个二端口网络按照不同的方式连接起来，常见的是二端口的级联、串联和并联。同样，也可以将一个复杂的二端口网络视其连接情况，分解成为若干个简单二端口网络的连接。

16.5.1　二端口网络的级联

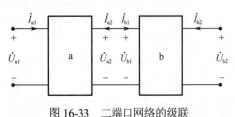

图 16-33　二端口网络的级联

a、b 两个二端口网络的级联如图 16-33 所示。

根据前面所定义的特性参数方程可知，对于二端口网络的级联，使用 T 参数来描述较为方便。

已知二端口网络 a 和 b 的 T 参数分别为

$$T_a = \begin{bmatrix} A_a & B_a \\ C_a & D_a \end{bmatrix} \qquad T_b = \begin{bmatrix} A_b & B_b \\ C_b & D_b \end{bmatrix}$$

由 T 参数方程可得

$$\begin{bmatrix} \dot{U}_{a1} \\ \dot{I}_{a1} \end{bmatrix} = \begin{bmatrix} A_a & B_a \\ C_a & D_a \end{bmatrix}\begin{bmatrix} \dot{U}_{a2} \\ -\dot{I}_{a2} \end{bmatrix} = \begin{bmatrix} A_a & B_a \\ C_a & D_a \end{bmatrix}\begin{bmatrix} \dot{U}_{b1} \\ \dot{I}_{b1} \end{bmatrix} = \begin{bmatrix} A_a & B_a \\ C_a & D_a \end{bmatrix}\begin{bmatrix} A_b & B_b \\ C_b & D_b \end{bmatrix}\begin{bmatrix} \dot{U}_{b2} \\ -\dot{I}_{b2} \end{bmatrix} = T_a T_b \begin{bmatrix} \dot{U}_{b2} \\ -\dot{I}_{b2} \end{bmatrix}$$

由此推广可得结论：n 个二端口网络级联后，总的 T 参数矩阵等于各子网络的 T 参数矩阵的乘积，即

$$T = T_1 \cdot T_2 \cdots T_n \tag{16-29}$$

例 16-16　图 16-34 所示为 RC 移项电路，求其电压传输系数 $K = \dot{U}_2/\dot{U}_1$。

解： 此网络可视为三节 RC 的级联，如图 16-35 所示为其中的一节 RC 电路。

先求得一节 RC 电路的 T 参数，由 T 参数定义可得

$$A = \frac{\dot{U}_1}{\dot{U}_2}\Big|_{i_2=0} = 1 + \frac{1}{j\omega RC}, \qquad B = \frac{\dot{U}_1}{-\dot{I}_2}\Big|_{\dot{U}_2=0} = \frac{1}{j\omega C},$$

$$C = \frac{\dot{I}_1}{\dot{U}_2}\Big|_{i_2=0} = \frac{1}{R}, \qquad D = \frac{\dot{I}_1}{-\dot{I}_2}\Big|_{\dot{U}_2=0} = 1$$

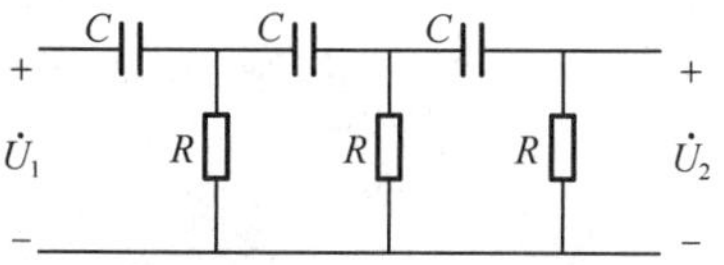

图 16-34　例 16-16 图之一 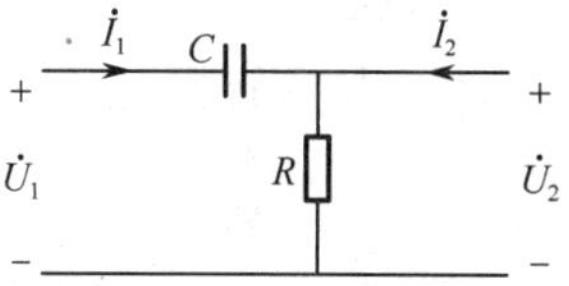　　　　　　　图 16-35　例 16-16 图之二

因为三个 RC 环节完全一样，所以三节 RC 电路级联后，总的 T 参数为

$$\begin{bmatrix} A_\Sigma & B_\Sigma \\ C_\Sigma & D_\Sigma \end{bmatrix} = \begin{bmatrix} A & B \\ C & D \end{bmatrix}\begin{bmatrix} A & B \\ C & D \end{bmatrix}\begin{bmatrix} A & B \\ C & D \end{bmatrix}$$

$$= \begin{bmatrix} A^3 + 2ABC + BCD & A^2B + B^2C + ABD + D^2B \\ A^2C + ACD + C^2B + D^2C & ABC + 2CDB + D^3 \end{bmatrix}$$

电压传输系数为

$$K = \frac{\dot{U}_2}{\dot{U}_1}\Big|_{i_2=0} = \frac{1}{A_\Sigma} = \frac{1}{A^3 + 2ABC + BCD} = \frac{1}{\left[1 - 5\left(\dfrac{1}{\omega RC}\right)^2\right] + j\left[\left(\dfrac{1}{\omega RC}\right)^3 - \dfrac{6}{\omega RC}\right]}$$

例 16-17　求如图 16-36 所示二端口网络的转移阻抗 $\dot{U}_2/\dot{I}_1$。

解： 此网络可视为四节单元电路的级联，如图 16-37 所示。

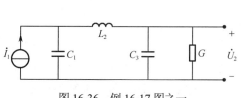
图 16-36　例 16-17 图之一

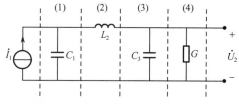
图 16-37　例 16-17 图之二

第（1）单元：$T_1 = \begin{bmatrix} 1 & 0 \\ j\omega C_1 & 1 \end{bmatrix}$ 　　　　　第（2）单元：$T_2 = \begin{bmatrix} 1 & j\omega L_2 \\ 0 & 1 \end{bmatrix}$

第（3）单元：$T_3 = \begin{bmatrix} 1 & 0 \\ j\omega C_3 & 1 \end{bmatrix}$ 　　　　　第（4）单元：$T_4 = \begin{bmatrix} 1 & 0 \\ G & 1 \end{bmatrix}$

故总的 T 参数为

$$T = T_1 \cdot T_2 \cdot T_3 \cdot T_4 = \begin{bmatrix} 1 & 0 \\ j\omega C_1 & 1 \end{bmatrix}\begin{bmatrix} 1 & j\omega L_2 \\ 0 & 1 \end{bmatrix}\begin{bmatrix} 1 & 0 \\ j\omega C_3 & 1 \end{bmatrix}\begin{bmatrix} 1 & 0 \\ G & 1 \end{bmatrix}$$

$$= \begin{bmatrix} 1 - \omega^2 L_2 C_3 + j\omega L_2 G & j\omega L_2 \\ G(1 - \omega^2 C_1 L_2) + j\omega(C_1 + C_3 - \omega^2 C_1 C_3 L_2) & 1 - \omega^2 C_1 L_2 \end{bmatrix}$$

则转移阻抗

$$\frac{\dot{U}_2}{\dot{I}_1}\bigg|_{i_2=0} = \frac{1}{C} = \frac{1}{G(1 - \omega^2 C_1 L_2) + j\omega(C_1 + C_3 - \omega^2 C_1 C_3 L_2)}$$

例 16-18　求如图 16-38 所示二端口网络的 T 参数。

解：此网络可视为三节单元电路的级联，如图 16-39 所示。

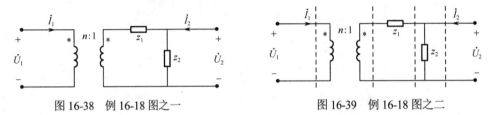

图 16-38　例 16-18 图之一　　　　　　图 16-39　例 16-18 图之二

第（1）单元：$T_1 = \begin{bmatrix} n & 0 \\ 0 & \dfrac{1}{n} \end{bmatrix}$，第（2）单元：$T_2 = \begin{bmatrix} 1 & z_1 \\ 0 & 1 \end{bmatrix}$，第（3）单元：$T_3 = \begin{bmatrix} 1 & 0 \\ \dfrac{1}{z_2} & 1 \end{bmatrix}$

故总的 T 参数为

$$T = T_1 \cdot T_2 \cdot T_3 = \begin{bmatrix} n & 0 \\ 0 & \dfrac{1}{n} \end{bmatrix}\begin{bmatrix} 1 & z_1 \\ 0 & 1 \end{bmatrix}\begin{bmatrix} 1 & 0 \\ \dfrac{1}{z_2} & 1 \end{bmatrix} = \begin{bmatrix} n + \dfrac{nz_1}{z_2} & nz_1 \\ \dfrac{1}{nz_2} & \dfrac{1}{n} \end{bmatrix}$$

16.5.2　二端口网络的并联

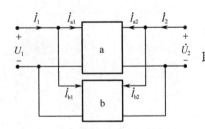

图 16-40　二端口网络的并联

a、b 两个二端口网络的并联如图 16-40 所示。

根据前面所定义的特性参数方程可知，对于二端口网络的并联，使用 Y 参数来描述较为方便。

已知二端口网络 a 和 b 的 Y 参数分别为

$$Y_a = \begin{bmatrix} Y_{11a} & Y_{12a} \\ Y_{21a} & Y_{22a} \end{bmatrix}, \qquad Y_b = \begin{bmatrix} Y_{11b} & Y_{12b} \\ Y_{21b} & Y_{22b} \end{bmatrix}$$

由 Y 参数方程可得

$$\begin{bmatrix} \dot{I}_1 \\ \dot{I}_2 \end{bmatrix} = \begin{bmatrix} \dot{I}_{a1} + \dot{I}_{b1} \\ \dot{I}_{a2} + \dot{I}_{b2} \end{bmatrix} = \begin{bmatrix} \dot{I}_{a1} \\ \dot{I}_{a2} \end{bmatrix} + \begin{bmatrix} \dot{I}_{b1} \\ \dot{I}_{b2} \end{bmatrix} = \begin{bmatrix} Y_{11a} & Y_{12a} \\ Y_{21a} & Y_{22a} \end{bmatrix}\begin{bmatrix} \dot{U}_1 \\ \dot{U}_2 \end{bmatrix} + \begin{bmatrix} Y_{11b} & Y_{12b} \\ Y_{21b} & Y_{22b} \end{bmatrix}\begin{bmatrix} \dot{U}_1 \\ \dot{U}_2 \end{bmatrix} = (Y_a + Y_b)\begin{bmatrix} \dot{U}_1 \\ \dot{U}_2 \end{bmatrix}$$

由此推广可得结论：n 个二端口网络并联后，总的 Y 参数矩阵等于各子网络的 Y 参数矩阵之和：

$$Y = Y_1 + Y_2 + \cdots + Y_n \tag{16-30}$$

例 16-19　求如图 16-41 所示二端口网络的 Y 参数。

解：此网络可视为两个单元电路的并联，如图 16-42 所示。

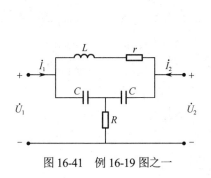

图 16-41　例 16-19 图之一

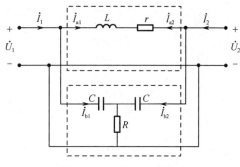

图 16-42　例 16-19 图之二

根据 Y 参数的定义，网络 a 的 Y 参数为

$$\begin{cases} Y_{11a} = \dfrac{\dot{I}_{a1}}{\dot{U}_1}\ \Big|_{\dot{U}_2=0} = \dfrac{1}{r+j\omega L} & Y_{12a} = \dfrac{\dot{I}_{a1}}{\dot{U}_2}\ \Big|_{\dot{U}_1=0} = -\dfrac{1}{r+j\omega L} \\[4mm] Y_{21a} = \dfrac{\dot{I}_{a2}}{\dot{U}_1}\ \Big|_{\dot{U}_2=0} = -\dfrac{1}{r+j\omega L} & Y_{22a} = \dfrac{\dot{I}_{a2}}{\dot{U}_2}\ \Big|_{\dot{U}_1=0} = \dfrac{1}{r+j\omega L} \end{cases}$$

根据 Y 参数的定义，网络 b 的 Y 参数为

$$\begin{cases} Y_{11b} = \dfrac{\dot{I}_{b1}}{\dot{U}_1}\ \Big|_{\dot{U}_2=0} = \dfrac{j\omega C - R\omega^2 C^2}{1+j2\omega RC} & Y_{12b} = \dfrac{\dot{I}_{b1}}{\dot{U}_2}\ \Big|_{\dot{U}_1=0} = \dfrac{R\omega^2 C^2}{1+j2\omega RC} \\[4mm] Y_{21b} = \dfrac{\dot{I}_{b2}}{\dot{U}_1}\ \Big|_{\dot{U}_2=0} = \dfrac{R\omega^2 C^2}{1+j2\omega RC} & Y_{22b} = \dfrac{\dot{I}_{b2}}{\dot{U}_2}\ \Big|_{\dot{U}_1=0} = \dfrac{j\omega C - R\omega^2 C^2}{1+j2\omega RC} \end{cases}$$

故总的 Y 参数为

$$Y = Y_a + Y_b = \begin{bmatrix} \dfrac{1}{r+j\omega L} + \dfrac{j\omega C - R\omega^2 C^2}{1+j2\omega RC} & -\dfrac{1}{r+j\omega L} + \dfrac{R\omega^2 C^2}{1+j2\omega RC} \\[4mm] -\dfrac{1}{r+j\omega L} + \dfrac{R\omega^2 C^2}{1+j2\omega RC} & \dfrac{1}{r+j\omega L} + \dfrac{j\omega C - R\omega^2 C^2}{1+j2\omega RC} \end{bmatrix}$$

16.5.3　二端口网络的串联

a、b 两个二端口网络的串联如图 16-43 所示。

根据前面所定义的特性参数方程可知，对于二端口网络的串联，使用 Z 参数来描述较为方便。

已知二端口网络 a 和 b 的 Z 参数分别为

$$Z_a = \begin{bmatrix} Z_{11a} & Z_{12a} \\ Z_{21a} & Z_{22a} \end{bmatrix}, \qquad Z_b = \begin{bmatrix} Z_{11b} & Z_{12b} \\ Z_{21b} & Z_{22b} \end{bmatrix}$$

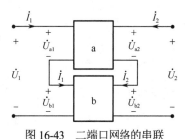

图 16-43　二端口网络的串联

由 Z 参数方程可得

$$\begin{bmatrix} \dot{U}_1 \\ \dot{U}_2 \end{bmatrix} = \begin{bmatrix} \dot{U}_{a1} + \dot{U}_{b1} \\ \dot{U}_{a2} + \dot{U}_{b2} \end{bmatrix} = \begin{bmatrix} \dot{U}_{a1} \\ \dot{U}_{a2} \end{bmatrix} + \begin{bmatrix} \dot{U}_{b1} \\ \dot{U}_{b2} \end{bmatrix} = \begin{bmatrix} Z_{11a} & Z_{12a} \\ Z_{21a} & Z_{22a} \end{bmatrix} \begin{bmatrix} \dot{I}_1 \\ \dot{I}_2 \end{bmatrix} + \begin{bmatrix} Z_{11b} & Z_{12b} \\ Z_{21b} & Z_{22b} \end{bmatrix} \begin{bmatrix} \dot{I}_1 \\ \dot{I}_2 \end{bmatrix} = (Z_a + Z_b) \begin{bmatrix} \dot{I}_1 \\ \dot{I}_2 \end{bmatrix}$$

由此推广可得结论：n 个二端口网络串联后，总的 Z 参数矩阵等于各个子网络的 Z 参数矩阵之和：

$$Z = Z_1 + Z_2 + \cdots + Z_n \tag{16-31}$$

例 16-20　求如图 16-44 所示二端口网络的 Z 参数。

解：此网络可视为两个单元电路的串联，如图 16-45 所示。

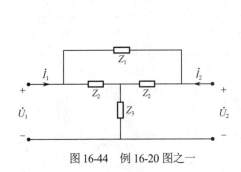

图 16-44　例 16-20 图之一

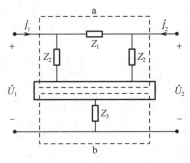

图 16-45　例 16-20 图之二

可求得

$$Z_a = \begin{bmatrix} \dfrac{Z_2(Z_1 + Z_2)}{2Z_2 + Z_1} & \dfrac{Z_2^2}{2Z_2 + Z_1} \\[3mm] \dfrac{Z_2^2}{2Z_2 + Z_1} & \dfrac{Z_2(Z_1 + Z_2)}{2Z_2 + Z_1} \end{bmatrix}, \qquad Z_b = \begin{bmatrix} Z_3 & Z_3 \\ Z_3 & Z_3 \end{bmatrix}$$

故总的 Z 参数为

$$Z = Z_a + Z_b = \begin{bmatrix} \dfrac{Z_2(Z_1 + Z_2)}{2Z_2 + Z_1} + Z_3 & \dfrac{Z_2^2}{2Z_2 + Z_1} + Z_3 \\[3mm] \dfrac{Z_2^2}{2Z_2 + Z_1} + Z_3 & \dfrac{Z_2(Z_1 + Z_2)}{2Z_2 + Z_1} + Z_3 \end{bmatrix}$$

16.6　二端口网络的网络函数

　　二端口网络常常工作在输入端口接电源、输出端口接负载的情况下，研究这一类问题相当于研究二端口的网络函数。对于图 16-3 所示的线性松弛二端口网络，在零状态下，可将网络函数变成复变数 s 的函数，即二端口网络的网络函数可以用拉普拉斯变换的输出与输入之比表示。

　　当二端口网络无外接负载，并且网络的激励源无内阻时，网络函数可以用该二端口的 Y 参数、Z 参数、T 参数或 H 参数来表示。也就是说，若考虑网络负载和激励源内阻，则网络函数不仅与二端口参数有关，还与负载及内阻有关。

　　二端口网络无外接负载，并且网络的激励源无内阻时，称其为无端接二端口网络；否则，称为有端接二端口网络。

16.6.1　无端接二端口网络的转移函数

　　无端接二端口网络有四种转移函数：电压转移函数 $U_2(s)/U_1(s)$，电流转移函数 $I_2(s)/I_1(s)$，转移阻抗 $U_2(s)/I_1(s)$，转移导纳 $I_2(s)/U_1(s)$。这四种函数均为输出端开路或短路情况下输出端口量与输入端口量之比，故称为转移函数，下面分别对这几种转移函数进行讨论。

1. 电压转移函数 $U_2(s)/U_1(s)$

已知 Z 参数定义方程为

$$\begin{cases} U_1(s) = Z_{11}(s)I_1(s) + Z_{12}(s)I_2(s) \\ U_2(s) = Z_{21}(s)I_1(s) + Z_{22}(s)I_2(s) \end{cases}$$

令 $I_2(s)=0$（输出端开路），可得开路电压转移函数

$$\frac{U_2(s)}{U_1(s)} = \frac{Z_{21}(s)}{Z_{11}(s)} \tag{16-32}$$

由于 Z 参数可用 Y 参数表示为（见表 16-1）

$$Z_{11}(s) = \frac{Y_{22}(s)}{\Delta Y}, \qquad Z_{21}(s) = -\frac{Y_{21}(s)}{\Delta Y}$$

因此，电压转移函数可用 Y 参数表示为

$$\frac{U_2(s)}{U_1(s)} = -\frac{Y_{21}(s)}{Y_{22}(s)} \tag{16-33}$$

由于 Z 参数可用 T 参数表示为（见表 16-1）

$$Z_{11}(s) = \frac{A(s)}{C(s)}, \qquad Z_{21}(s) = \frac{1}{C(s)}$$

因此，电压转移函数可用 T 参数表示为

$$\frac{U_2(s)}{U_1(s)} = \frac{1}{A(s)} \tag{16-34}$$

由于 Z 参数可用 H 参数表示为（见表 16-1）

$$Z_{11}(s) = \frac{\Delta H}{H_{22}(s)}, \qquad Z_{21}(s) = -\frac{H_{21}(s)}{H_{22}(s)}$$

因此，电压转移函数可用 H 参数表示为

$$\frac{U_2(s)}{U_1(s)} = -\frac{H_{21}(s)}{\Delta H} \tag{16-35}$$

2. 电流转移函数 $I_2(s)/I_1(s)$

已知 Y 参数定义方程为

$$\begin{cases} I_1(s) = Y_{11}(s)U_1(s) + Y_{12}(s)U_2(s) \\ I_2(s) = Y_{21}(s)U_1(s) + Y_{22}(s)U_2(s) \end{cases}$$

令 $U_2(s) = 0$（输出端短路），可得短路电流转移函数

$$\frac{I_2(s)}{I_1(s)} = \frac{Y_{21}(s)}{Y_{11}(s)} \tag{16-36}$$

同样，可以用 Z 参数、T 参数和 H 参数来表示电流转移函数，即

$$\frac{I_2(s)}{I_1(s)} = -\frac{Z_{21}(s)}{Z_{22}(s)} = -\frac{1}{D(s)} = H_{21}(s) \tag{16-37}$$

3. 转移阻抗 $U_2(s)/I_1(s)$

在 Z 参数方程中令 $I_2(s) = 0$（输出端开路），可得转移阻抗为

$$\frac{U_2(s)}{I_1(s)} = Z_{21}(s) = -\frac{Y_{21}(s)}{\Delta Y} = -\frac{1}{C(s)} = -\frac{H_{21}(s)}{H_{22}(s)} \tag{16-38}$$

4. 转移导纳 $I_2(s)/U_1(s)$

在 Y 参数方程中令 $U_2(s) = 0$（输出端短路），可得转移导纳为

$$\frac{I_2(s)}{U_1(s)} = Y_{21}(s) = -\frac{Z_{21}(s)}{\Delta z} = -\frac{1}{B(s)} = \frac{H_{21}(s)}{H_{11}(s)} \tag{16-39}$$

16.6.2 有端接二端口网络的转移函数

有端接二端口网络如图 16-46 所示。

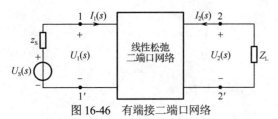

图 16-46　有端接二端口网络

由 Y 参数方程

$$\begin{cases} I_1(s) = Y_{11}(s)U_1(s) + Y_{12}(s)U_2(s) \\ I_2(s) = Y_{21}(s)U_1(s) + Y_{22}(s)U_2(s) \end{cases}$$

1. 先只考虑输出端接负载 Z_L 的情况（单端接）

将 $U_2(s) = -Z_L I_2(s)$ 代入 Y 参数方程，可得

电压转移函数　　　　　　$\dfrac{U_2(s)}{U_1(s)} = -\dfrac{Y_{21}(s)}{Y_{22}(s) + Y_L}$ 　　$(Y_L = \dfrac{1}{Z_L})$ 　　　　（16-40）

电流转移函数　　　　　　$\dfrac{I_2(s)}{I_1(s)} = \dfrac{Y_{21}(s)}{Y_{11}(s) + Z_L \Delta Y}$ 　　　　　　　　　　（16-41）

转移阻抗　　　　　　　　$\dfrac{U_2(s)}{I_1(s)} = -\dfrac{Z_L Y_{21}(s)}{Y_{11}(s) + Z_L \Delta Y}$ 　　　　　　　　　　（16-42）

转移导纳　　　　　　　　$\dfrac{I_2(s)}{U_1(s)} = \dfrac{Y_{21}(s)}{1 + Z_L Y_{22}(s)}$ 　　　　　　　　　　（16-43）

2. 考虑两端接的情况（双端接）

从图 16-46 可知

$$\begin{cases} U_1(s) = U_S(s) - Z_S(s)I_1(s) \\ U_2(s) = -Z_L(s)I_2(s) \end{cases}$$

即有端接二端口网络的电压转移函数为

$$\frac{U_2(s)}{U_S(s)} = \frac{U_2(s)}{U_1(s)} \cdot \frac{U_1(s)}{U_S(s)} = \frac{U_2(s)}{U_1(s)} \cdot \frac{U_1(s)}{U_1(s) + Z_S(s)I_1(s)} = \frac{U_2(s)}{U_1(s)} \cdot \frac{1}{1 + Z_S(s)\dfrac{I_1(s)}{U_1(s)}}$$

　　　　　　　　　　　　　　　　　　　　　　　　　　　　　　　　　　（16-44）

$$= \frac{U_2(s)}{U_1(s)} \cdot \frac{1}{1 + Z_S(s)\dfrac{I_1(s)}{I_2(s)}\dfrac{I_2(s)}{U_1(s)}}$$

将单端接情况中的 $\dfrac{U_2(s)}{U_1(s)}$、$\dfrac{I_2(s)}{I_1(s)}$、$\dfrac{I_2(s)}{U_1(s)}$ 代入式（16-44）可得

$$\frac{U_2(s)}{U_S(s)} = \frac{-Y_{21}(s)Y_S(s)}{[Y_{11}(s)+Y_S(s)][Y_{22}(s)+Y_L(s)] - Y_{12}(s)Y_{21}(s)}$$ 　　　（16-45）

同理，可得有端接二端口网络的电流转移函数为

$$\frac{I_2(s)}{I_S(s)} = \frac{I_2(s)}{U_S(s)/Z_S} = Z_S(s)\frac{I_2(s)}{U_S(s)} = -\frac{Z_S(s)}{Z_L(s)} \cdot \frac{-Z_L(s)I_2(s)}{U_S(s)} = -\frac{Z_S(s)}{Z_L(s)}\frac{U_2(s)}{U_S(s)}$$

将式（16-45）代入，得

$$\frac{I_2(s)}{I_S(s)} = -\frac{Z_S(s)}{Z_L(s)}\frac{U_2(s)}{U_S(s)} = \frac{Y_{21}(s)Y_L(s)}{[Y_{11}(s)+Y_S(s)][Y_{22}(s)+Y_L(s)] - Y_{12}(s)Y_{21}(s)}$$ 　（16-46）

有端接二端口网络的转移阻抗为

$$\frac{U_2(s)}{I_S(s)} = \frac{U_2(s)}{U_S(s)} \cdot \frac{U_S(s)}{I_S(s)} = \frac{1}{Y_S(s)} \cdot \frac{U_2(s)}{U_S(s)}$$

　　　　　　　　　　　　　　　　　　　　　　　　　　　　　　　　　　（16-47）

$$= \frac{-Y_{21}(s)}{[Y_{11}(s)+Y_S(s)][Y_{22}(s)+Y_L(s)] - Y_{12}(s)Y_{21}(s)}$$

有端接二端口网络的转移导纳为

$$\frac{I_2(s)}{U_S(s)} = \frac{I_S(s)}{U_S(s)} \cdot \frac{I_2(s)}{I_S(s)} = Y_S(s) \cdot \frac{I_2(s)}{I_S(s)}$$

$$= \frac{Y_{21}(s)Y_L(s)Y_S(s)}{[Y_{11}(s)+Y_S(s)][Y_{22}(s)+Y_L(s)]-Y_{12}(s)Y_{21}(s)}$$

（16-48）

例 16-21　图 16-47 所示，已知 $R_1 = 500\Omega$ ，$R_2 = 5\mathrm{k}\Omega$ ，

$i_S = \sqrt{2}\cos 1000t$ ，二端口网络 N 的 Z 参数为 $Z = \begin{bmatrix} 100 & -500 \\ 10^3 & 10^4 \end{bmatrix}$ ，

求电压 $u_2(t)$ 。

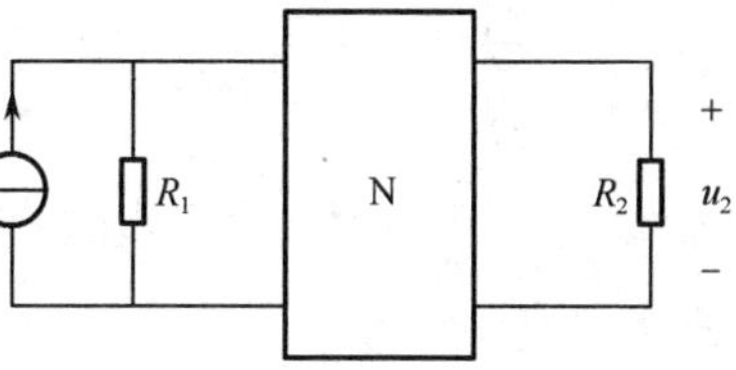

解： 已知有端接的转移阻抗为

图 16-47　例 16-21 图

$$\frac{U_2(s)}{I_S(s)} = \frac{-Y_{21}(s)}{[Y_{11}(s)+Y_S(s)][Y_{22}(s)+Y_L(s)]-Y_{12}(s)Y_{21}(s)} , \quad Y_L(s) = \frac{1}{R_2} , \quad Y_S(s) = \frac{1}{R_1}$$

由表 16-1，可将上式中的 Y 参数转换成 Z 参数，即

$$\frac{U_2(s)}{I_S(s)} = \frac{Z_{21}}{1+Z_{11}Y_S+Z_{22}Y_L+Y_SY_L\Delta Z}$$

已知

$$\Delta Z = Z_{11}Z_{22}-Z_{12}Z_{21} = 15\times 10^5$$

所以

$$\frac{U_2(s)}{I_S(s)} = \frac{Z_{21}}{1+Z_{11}Y_S+Z_{22}Y_L+Y_SY_L\Delta Z} = \frac{1000}{1+1\times\frac{1}{5}+10\times\frac{1}{5}+\frac{15}{25}} = 263$$

即

$$U_2(s) = 263 I_S(s)$$

两端取拉普拉斯逆变换得

$$u_2(t) = 263 i_S(t) = 263\sqrt{2}\cos 1000t$$

例 16-22　图 16-48 所示，已知二端口网络 N 的 T 参数为 $T = \begin{bmatrix} 0.5 & 25 \\ 0.02 & 1 \end{bmatrix}$ ，问 Z_L 为何值时可

获得最大功率？

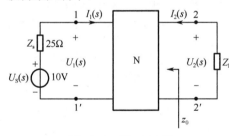

图 16-48　例 16-22 图

解： 设从输出端往左看的阻抗为 Z_0 ，先考虑无端接的情况。此时

$$\frac{U_2(s)}{U_1(s)}\bigg|_{I_2=0} = \frac{1}{A} , \qquad \frac{I_2(s)}{I_1(s)}\bigg|_{U_2=0} = -\frac{1}{D}$$

即

$$\begin{cases} U_2(s) = \dfrac{1}{A}U_1(s) \\ I_2(s) = -\dfrac{1}{D}I_1(s) \end{cases}$$

可得

$$\frac{U_2(s)}{I_2(s)} = \frac{D}{A}\cdot\frac{U_1(s)}{-I_1(s)}$$

根据戴维宁定理，求 Z_0 时应将 10V 电压源短接，则有

$$\frac{U_2(s)}{I_2(s)} = \frac{D}{A}\cdot\frac{U_1(s)}{-I_1(s)} = \frac{D}{A}\cdot Z_S = \frac{1}{0.5}\times 25 = 50\Omega$$

所以，当 $Z_L = Z_0 = 50\Omega$ 时可获得最大功率。

例 16-23　如图 16-49 所示，已知 $R = 5\Omega$ ，$C = 0.01\mathrm{F}$ ，$U_S = 10\mathrm{V}$ ，松弛二端口网络 N 的 T

参数为 $T = \begin{bmatrix} 2 & 10 \\ 0.1 & 1 \end{bmatrix}$ ，$t < 0$ 时电路处于稳态，$t = 0$ 将开关由 a 合向 b，求 $t > 0$ 时的响应 $u(t)$ 。

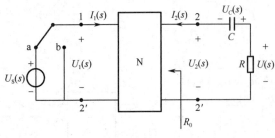

图 16-49　例 16-23 图

解： $t<0$ 时电容开路，输入端电源无内阻，所以此时为无端接的情况。

这时有 $\dfrac{U_2(s)}{U_1(s)} = \dfrac{U_2(s)}{U_s(s)} = \dfrac{1}{A}$　即 $U_2(s) = \dfrac{1}{A}U_s(s)$

两端进行拉普拉斯逆变换得 $u_2(t) = \dfrac{1}{A}u_s(t)$，即得

$$u_2(0_-) = \frac{1}{A}u_s(0_-) = \frac{10}{2} = 5\text{V}$$

根据换路定则可得　　　　　　　　$u_C(0_+) = u_C(0_-) = u_2(0_-) = 5\text{V}$

$t>0$ 时，设从输出端往左看的电阻抗为 R_0，由 T 参数方程

$$\begin{cases} u_1 = Au_2 + B(-i_2) \\ i_1 = Cu_2 + D(-i_2) \end{cases}$$

可得　　　　　　　　　　　　$R_0 = \dfrac{u_2}{i_2}\bigg|_{u_1=0} = \dfrac{B}{A} = \dfrac{10}{2} = 5\Omega$

所以　　　　　　$u(0_+) = \dfrac{R}{R_0+R}u_C(0_+) = 2.5\text{V}$，　　　$\tau = (R_0+R)C = 0.1\text{s}$

由三要素法可得　　　　　　　　$u(t) = u(0_+)\text{e}^{-\frac{t}{\tau}} = 2.5\text{e}^{-10t}\text{V}$

16.7　计算机仿真

例 16-24　阻抗参数的测量

如果在无源线性二端口网络的两个端口上施加电流源 $\dot{I}_1$ 和 $\dot{I}_2$ 作为二端口的激励，则两个端口的电压 $\dot{U}_1$ 和 $\dot{U}_2$ 为响应。测量阻抗参数（Z 参数）时需将一个端口开路，用测量得到的数据进行计算得出结果，因此也称为开路参数。在进行二端口网络参数的仿真测量时，要注意电流表、电压表接入电路的方向一定要与二端口网络定义的方向一致，如图 16-50（a）所示，否则会发生符号错误。下面以图 16-50（b）所示的 T 形二端口为例进行阻抗参数的测量。

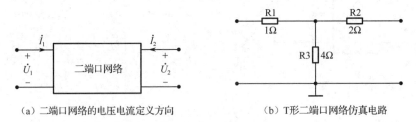

（a）二端口网络的电压电流定义方向　　　　　　（b）T 形二端口网络仿真电路

图 16-50　二端口网络的定义与仿真电路

（1）输出端口开路时，测量输入端阻抗 Z_{11}。

测量电路如图 16-51（a）所示，在二端口网络的输入端外接 1A 独立电流源作为激励，输出端口开路，用电压表测量输入端口电压 $\dot{U}_1$，根据测量数据可以求得输入端阻抗 Z_{11}。

$$Z_{11} = \frac{\dot{U}_1}{\dot{I}_1}\bigg|_{\dot{I}_2=0} = \frac{5}{1} = 5\Omega$$

（2）输出端口开路时，测量输出端对输入端的反向转移阻抗 Z_{21}。

测量电路如图 16-51（b）所示，在二端口网络的输入端外接 1A 独立电流源作为激励，输出

端口开路，用电压表测量输出端开路电压 $\dot{U}_2$，根据测量数据可以求得反向转移阻抗 Z_{21}。

$$Z_{21} = \frac{\dot{U}_2}{\dot{I}_1}\bigg|_{\dot{I}_2=0} = \frac{4}{1} = 4\Omega$$

（3）输入端口开路时，测量输入端对输出端的正向转移阻抗 Z_{12}。

测量电路如图 16-51（c）所示，在二端口网络的输出端外接 2A 独立电流源作为激励，输入端开路，用电压表测量输入端开路电压 $\dot{U}_1$，根据测量数据可以求得正向转移阻抗 Z_{12}。

$$Z_{12} = \frac{\dot{U}_1}{\dot{I}_2}\bigg|_{\dot{I}_1=0} = \frac{8}{2} = 4\Omega$$

（4）输入端口开路时，测量输出端阻抗 Z_{22}。

测量电路如图 16-51（d）所示，在二端口网络的输出端外接 2A 独立电流源作为激励，输出端开路，用电压表测量输出端开路电压 $\dot{U}_2$，根据测量数据可以求得输出端阻抗 Z_{22}。

$$Z_{22} = \frac{\dot{U}_2}{\dot{I}_2}\bigg|_{\dot{I}_1=0} = \frac{12}{2} = 6\Omega$$

如果无源线性二端口网络内不含受控源，则 $Z_{12} = Z_{21}$，这种二端口网络又称为互易二端口网络。

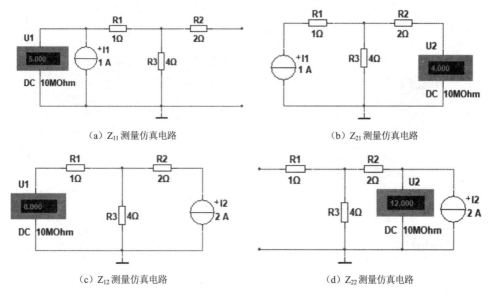

（a）Z_{11} 测量仿真电路　　　　　　　　　　　　（b）Z_{21} 测量仿真电路

（c）Z_{12} 测量仿真电路　　　　　　　　　　　　（d）Z_{22} 测量仿真电路

图 16-51　二端口网络的阻抗参数测量仿真电路

例 16-25　导纳参数的测量

如果在无源线性二端口网络的两个端口施加电压源 $\dot{U}_1$ 和 $\dot{U}_2$ 作为二端口激励，则两个端口的电流 $\dot{I}_1$ 和 $\dot{I}_2$ 为响应。测量导纳参数（Y 参数）时需将一个端口短路，用测量得到的数据进行计算得出结果，因此也称为短路参数。

（1）输出端口短路时，测量输入端导纳 Y_{11}。

测量电路如图 16-52（a）所示，在二端口网络的输入端外接 10V 独立电流源作为激励，将输出端口短路，用电流表测量输入端电流 $\dot{I}_1$，根据测量数据可以求得输入端导纳 Y_{11}。

$$Y_{11} = \frac{\dot{I}_1}{\dot{U}_1}\bigg|_{\dot{U}_2=0} = \frac{4.286}{10} = 0.4286\text{S}$$

（2）输出端口短路时，测量输出端对输入端的正向转移导纳 Y_{21}。

测量电路如图 16-52（b）所示，在二端口网络的输入端外接 10V 独立电压源作为激励，输出端口呈短路状态，用电流表测量输出端短路电流 $\dot{I}_2$，根据测量数据可以求得正向转移导纳 Y_{21}。

$$Y_{21} = \frac{\dot{I}_2}{\dot{U}_1}\bigg|_{\dot{U}_2=0} = \frac{-2.857}{10} = -0.2857\text{S}$$

（3）输入端口短路时，测量输入端对输出端的反向转移导纳 Y_{12}。

测量电路如图 16-52（c）所示，在二端口网络的输出端外接 10V 独立电流源作为激励，输入端呈短路状态，用电流表测量输入端短路电流 $\dot{I}_1$，根据测量数据可以求得反向转移导纳 Y_{12}。

$$Y_{12} = \frac{\dot{I}_1}{\dot{U}_2}\bigg|_{\dot{U}_1=0} = \frac{-2.857}{10} = -0.2857\text{S}$$

（4）输入端口短路时，测量输出端导纳 Y_{22}。

测量电路如图 16-52（d）所示，在二端口网络的输出端外接 10V 独立电流源作为激励，输入端呈短路状态，用电流表测量输出端短路电流 $\dot{I}_2$，根据测量数据可以求得输出端导纳 Y_{22}。

$$Z_{22} = \frac{\dot{I}_2}{\dot{U}_2}\bigg|_{\dot{U}_1=0} = \frac{3.571}{10} = 0.3571\text{S}$$

由于该无源线性二端口网络为互易网络，因此 $Y_{12} = Y_{21}$。

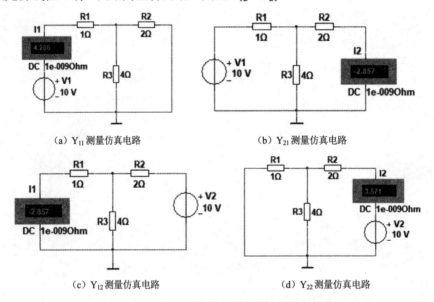

（a）Y_{11} 测量仿真电路　　　　　　　　　　（b）Y_{21} 测量仿真电路

（c）Y_{12} 测量仿真电路　　　　　　　　　　（d）Y_{22} 测量仿真电路

图 16-52　二端口网络的导纳参数测量仿真电路

例 16-26　传输参数的测量

在许多工程实际问题中，往往需要求出一个端口的电压和电流与另一个端口的电压和电流之间的直接关系。

（1）输出端口开路时，测量反向电压传输比 A（电压增益的倒数）。

测量电路如图 16-53（a）所示，在二端口网络的输入端口外接 1V 独立电压源作为激励，输出端口开路，用电压表测量输出端电压 $\dot{U}_2$，根据测量数据可以求得输入电压与输出电压的比值 A。

$$A = \frac{\dot{U}_1}{\dot{U}_2}\bigg|_{\dot{I}_2=0} = \frac{1}{0.8} = 1.25$$

（2）输出端口开路时，测量输入端对输出端的反向转移导纳 C。

测量电路如图 16-53（b）所示，在二端口网络的输入端外接 1V 独立电流源作为激励，在输入端串联电流表测量输入端口电流 $\dot{I}_1$，输出端口开路，用电压表测量输出端开路电压 $\dot{U}_2$，根据测量数据可以求得输入端对输出端的反向转移导纳 C。

$$C = \frac{\dot{I}_1}{\dot{U}_2}\bigg|_{\dot{I}_2=0} = \frac{0.2}{0.8} = 0.25\text{S}$$

（3）输出端口短路时，测量输入端对输出端的反向转移阻抗 B。

测量电路如图 16-53（c）所示，在二端口网络的输入端外接 3A 独立电流源作为激励，用电压表测量输入端电压 $\dot{U}_1$，输出端短路，用电流表测量输出端的短路电流 $\dot{I}_2$，根据测量数据可以得到输入端对输出端的反向转移阻抗。

$$B = \frac{\dot{U}_1}{\dot{I}_2}\bigg|_{\dot{U}_2=0} = \frac{7}{-2} = -3.5\Omega$$

（4）输出端短路时，测量反向电流传输比 D。

测量电路如图 16-53（d）所示，在二端口网络的输入端外接 3A 独立电流源作为激励，输出端短路，用电流表测量输出端的短路电流 $\dot{I}_2$，根据测量数据可以得到输入端对输出端的电流比。

$$D = \frac{\dot{I}_1}{\dot{I}_2}\bigg|_{\dot{U}_2=0} = \frac{3}{-2} = -1.5$$

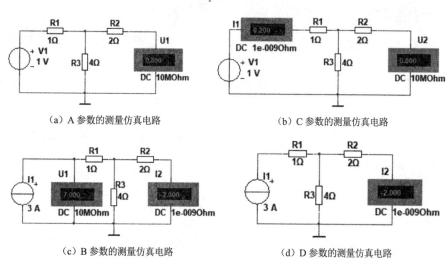

（a）A 参数的测量仿真电路　　　　　　　（b）C 参数的测量仿真电路

（c）B 参数的测量仿真电路　　　　　　　（d）D 参数的测量仿真电路

图 16-53　二端口网络的传输参数测量仿真电路

例 16-27　混合参数的测量

在无源线性二端口网络的一个端口施加电流源 $\dot{I}_1$ 作为激励，在另一个端口施加电压源 $\dot{U}_2$ 作为激励，以电流源端口的电压 $\dot{U}_1$ 和电压源端口的电流 $\dot{I}_2$ 作为响应，得到混合参数模型。

（1）输出端口短路时，测量输入端口的输入阻抗 H_{11}。

测量电路如图 16-54（a）所示，在二端口网络的输入端外接独立电流源作为激励，输出端口开路，用电压表测量输入端电压 $\dot{U}_1$，根据测量数据可以得到输入端口的输入阻抗。

$$H_{11} = \frac{\dot{U}_1}{\dot{I}_1}\bigg|_{\dot{I}_2=0} = \frac{5}{0.075} = 66.667\Omega$$

（2）输出端口短路时，测量正向电流传输比 H_{21}。

测量电路如图 16-54（b）所示，在二端口网络的输入端外接 5V 独立电压源作为激励，输出端口短路，用电流表测量输入端电流 $\dot{I}_1$ 和输出端短路电流 $\dot{I}_2$，根据测量数据可得输出端短路电流与输入电流之比，又称为电流放大倍数（短路电流增益）。

$$H_{21} = \frac{\dot{I}_2}{\dot{I}_1}\bigg|_{\dot{U}_2=0} = \frac{-0.025}{0.075} = -0.333$$

（3）输入端口开路时，测量反向电压传输比 H_{12}。

测量电路如图 16-54（c）所示，在二端口网络的输出端外接 5V 独立电压源作为激励，输入端开路，用电压表测量输入端开路电压 $\dot{U}_1$，根据测量数据可得输入端电压对输出端电压之比。

$$H_{12} = \frac{\dot{U}_1}{\dot{U}_2}\bigg|_{\dot{I}_1=0} = \frac{1.667}{5} = 0.333$$

（4）输入端口开路时，测量输出导纳 H_{22}。

测量电路如图 16-54（d）所示，在二端口网络的输出端外接 5V 独立电压源作为激励，输入端开路，用电流表测量输出端电流 $\dot{I}_2$，根据测量结果可得输出导纳。

$$H_{22} = \frac{\dot{I}_2}{\dot{U}_2}\bigg|_{\dot{I}_1=0} = \frac{0.033}{5} = 0.007\text{S}$$

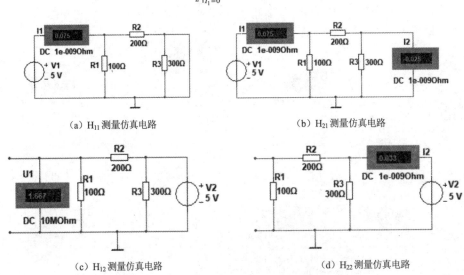

（a）H_{11} 测量仿真电路　　　　　　　　　　　　（b）H_{21} 测量仿真电路

（c）H_{12} 测量仿真电路　　　　　　　　　　　　（d）H_{22} 测量仿真电路

图 16-54　二端口网络的混合参数测量仿真电路

例 16-28　利用网络分析仪测量二端口网络参数

（1）网络分析仪测量 Z 参数

测量二端口网络 Z 参数的电路如图 16-55（a）所示。将网络分析仪的两个接线端 P1、P2 分别与二端口网络的输入端、输出端相连。双击仪器图标，打开网络分析仪面板对其进行设置。如图 16-55（b）所示，首先在 Mode 区选择 Measurement，接着在 Graph 区选择 Z-Parameters（Z 参数），再单击 Re/Im 按钮（以复数的实部和虚部方式显示）。这时 Trace 区中的 4 个 Z 参数按钮显示为蓝色，测量出的 Z 参数值在仿真时将会出现在左侧的绘图区。

在 Functions 区的 Marker 下拉列表中选择 Re/Im 选项。单击 Simulation set 按钮，弹出如图 16-55（c）所示的 Measurement Setup 对话框。在该对话框中可以设置仿真的起始频率、终止频率、扫描类型，每 10 倍坐标刻度的点数和特性阻抗。将特性阻抗从 50 改为 1，对话框中其余各指标均默认，设置完成后单击 OK 按钮关闭对话框。按下"仿真"开关，网络分析仪左侧绘图区显示出 Z 参数数据，如图 16-55（b）所示，与例 16-24 的测量结果一致。

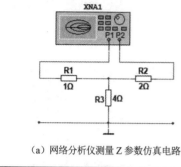

（a）网络分析仪测量 Z 参数仿真电路

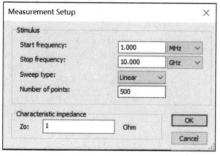

（c）测量参数设置

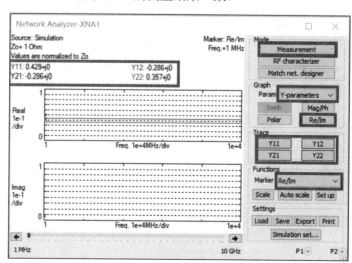

（b）网络分析仪设置

图 16-55　网络分析仪测量 Z 参数仿真

（2）网络分析仪测量 Y 参数

测量二端口网络 Y 参数的电路如图 16-56（a）所示。将网络分析仪的两个接线端 P1、P2 分别与二端口网络的输入端、输出端相连。双击仪器图标，打开网络分析仪面板对其进行设置。首先在 Mode 区选择 Measurement，接着在 Graph 区选择 Y-Parameters（Y 参数），其余操作与测量 Z 参数相同。仿真结果如图 16-56（b）所示，与例 16-25 的测量结果一致。

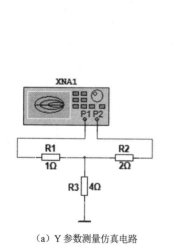

（a）Y 参数测量仿真电路

（b）Y 参数测量仿真结果

图 16-56　网络分析仪测量 Y 参数仿真

（3）网络分析仪测量 H 参数

测量二端口网络 H 参数的电路如图 16-57（a）所示。将网络分析仪的两个接线端 P1、P2 分别与二端口网络的输入端、输出端相连。双击仪器图标，打开网络分析仪面板对其进行设置。首先在 Mode 区选择 Measurement，接着在 Graph 区选择 H-Parameters（H 参数），其余操作与测量 Z 参数相同。仿真结果如图 16-57（b）所示，与例 16-27 的测量结果一致。

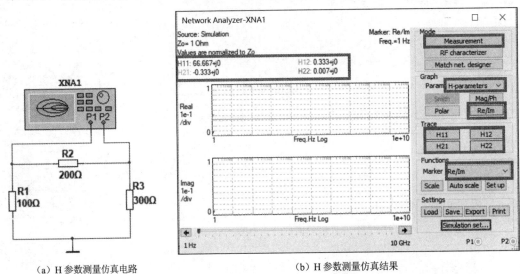

（a）H 参数测量仿真电路　　　　　（b）H 参数测量仿真结果

图 16-57　网络分析仪测量 H 参数仿真

思考题

16-1　二端口网络有 4 个端子，它与四端网络的区别是什么？

16-2　什么是二端口网络？它有哪些类型？

16-3　什么是松弛二端口网络？

16-4　所有线性松弛二端口网络都同时存在 Z 参数、Y 参数、T 参数和 H 参数吗？举例说明。

16-5　由线性电阻、线性电感和线性电容所组成的线性无源二端口网络一定是互易的，对吗？

16-6　二端口网络一般有哪几种连接方式？连接方式与网络参数的对应关系如何？

16-7　什么是无端接的二端口网络？如何描述它？

16-8　什么是有端接的二端口网络？如何描述它？

习题

16-1　求题 16-1 图所示二端口网络的 Z 参数。

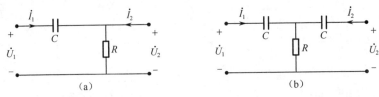

题 16-1 图

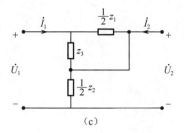

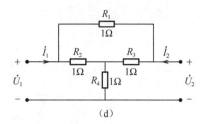

（c）　　　　　　　　　　（d）

题 16-1 图（续）

16-2　求题 16-2 图所示的二端口网络在正弦激励情况下的 Z 参数。

16-3　求题 16-3 图所示二端口网络的 Z 参数。

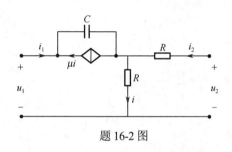

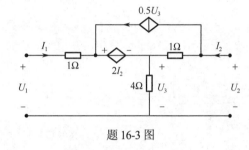

题 16-2 图　　　　　　　　　　题 16-3 图

16-4　求题 16-4 图所示二端口网络的 Y 参数。

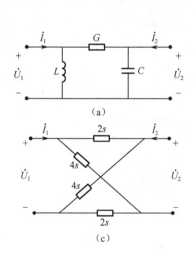

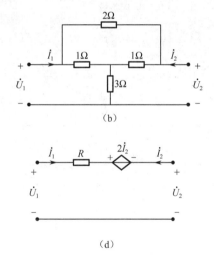

（a）　　　　　　　　　　（b）

（c）　　　　　　　　　　（d）

题 16-4 图

16-5　求题 16-5 图所示二端口网络的 Y 参数，已知 $R=10\Omega$，$X_C=5\Omega$，$X_L=10\Omega$。

16-6　求题 16-6 图所示二端口网络的 Y 参数。

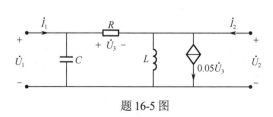

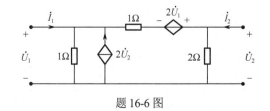

题 16-5 图　　　　　　　　　　题 16-6 图

16-7　求题 16-7 图所示二端口网络的 T 参数。

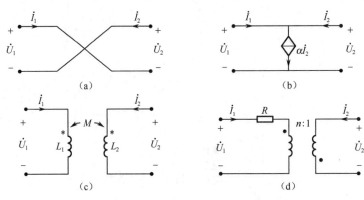

题 16-7 图

16-8　求题 16-8 图所示二端口网络的 T 参数。

16-9　求题 16-9 图所示二端口网络的 T 参数。

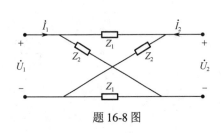

题 16-8 图

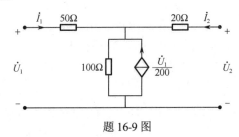

题 16-9 图

16-10　求题 16-10 图所示二端口网络的 H 参数。

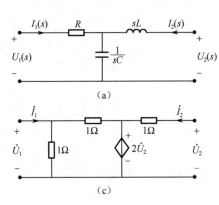

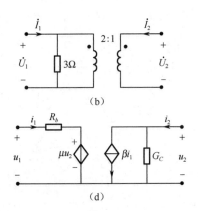

题 16-10 图

16-11　求题 16-11 图所示二端口网络的 H 参数。

16-12　求题 16-12 图所示二端口网络的 H 参数。

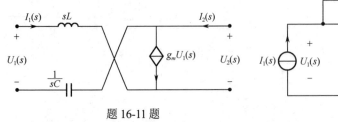

题 16-11 题

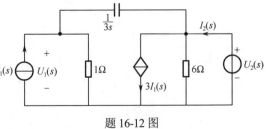

题 16-12 图

16-13　试判断题 16-13 图所示各二端口网络是否具有互易性。

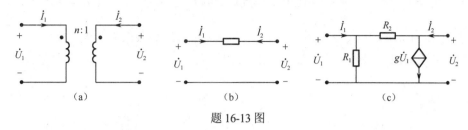

题 16-13 图

16-14　试判断题 16-14 图所示二端口网络是否具有互易性和对称性。

16-15　题 16-15 图所示为二端口电阻网络，已知 Z 参数阵为 $Z = \begin{bmatrix} 4 & 3 \\ 3 & 5 \end{bmatrix}$，（1）试求该二端口的 H 参数矩阵；（2）若给定 $i_1 = 10A$，$u_2 = 20V$，求该二端口消耗的功率。

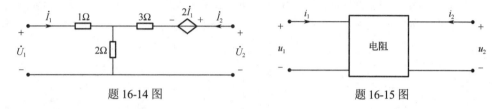

题 16-14 图　　　　　　　　　　题 16-15 图

16-16　电路如题 16-16 图所示，二端口网络中 1–1′ 端的电压 $\dot{U}_1$ 和该网络的 Z 参数均为已知，试求从 2–2′ 端向左看进去的等效电流源参数 $\dot{I}_S$ 和 Z 参数。

16-17　电路如题 16-17 图所示，已知二端口网络的传输矩阵为 $T = \begin{bmatrix} 0.5 & j25 \\ j0.02 & 1 \end{bmatrix}$，正弦电流源 $\dot{I}_S = 1A$，问负载阻抗 Z_L 为何值时，它将获得最大功率？最大功率是多少？

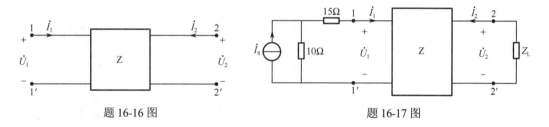

题 16-16 图　　　　　　　　　　题 16-17 图

16-18　题 16-18 图所示电路为线性无源电阻二端口网络，已知其 Z 参数矩阵为 $Z = \begin{bmatrix} 2 & 3 \\ 4 & 8 \end{bmatrix}$，当端口 1–1′ 处接电压为 5V 的直流电压源、端口 2–2′ 处接负载电阻 R 时，调节 R 使其获得最大功率，求该最大功率。

16-19　已知题 16-19 图所示二端口网络的 H 参数为 $H_{11} = 1k\Omega$，$H_{12} = -2$，$H_{21} = 3$，$H_{22} = 2mS$，二端口的输出端接 $1k\Omega$ 电阻，求输入阻抗。

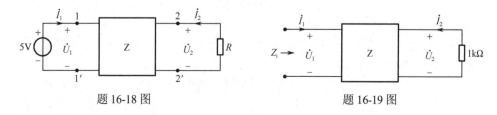

题 16-18 图　　　　　　　　　　题 16-19 图

16-20　题 16-20 图所示网络中，已知 T 参数矩阵为 $T = \begin{bmatrix} 2.5 & 55 \\ 0.05 & 1.5 \end{bmatrix}$，$\omega L_1 = 0.75\Omega$，$\omega L_2 = 6\Omega$，

$1/\omega C = 6\Omega$，$u_S(t) = 10 + 100\sqrt{2}\cos\omega t + 10\sqrt{2}\cos 3\omega t(\text{V})$，求 $i(t)$ 及其有效值 I。

16-21　求题 16-21 图所示二端口网络的特性阻抗 Z_C。

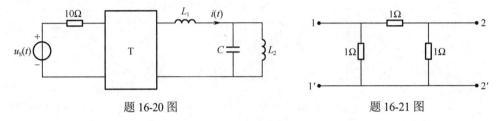

题 16-20 图　　　　　　　　　　　　　　　　题 16-21 图

16-22　求题 16-22 图所示二端口网络的特性阻抗 Z_C。

16-23　电路如题 16-23 图所示，已知电压源电压 $U = 240\text{V}$，试求（1）二端口网络 N 的特性阻抗；（2）负载 R_L 吸收的功率。

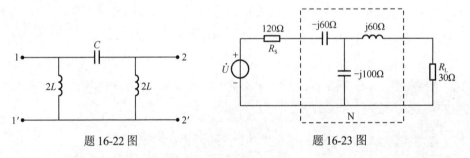

题 16-22 图　　　　　　　　　　　　　　　题 16-23 图

16-24　题 16-24 图所示为相移网络，试求：（1）网络的特性阻抗；（2）若在输出端接入一电阻，并且 $R^2 = L/C$，求此时的输入阻抗 Z_i。

16-25　已知题 16-25 图所示二端口等效电路的 Z 参数矩阵为 $Z = \begin{bmatrix} 10 & 8 \\ 5 & 10 \end{bmatrix}$，求 R_1、R_2、R_3 和

r 的值。

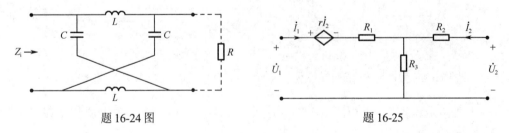

题 16-24 图　　　　　　　　　　　　　　　题 16-25

16-26　已知题 16-26 图所示二端口网络的 Y 参数矩阵为 $Y = \begin{bmatrix} 1 & -0.25 \\ -0.25 & 0.5 \end{bmatrix}$，该网络在 1-1′

端接 4V 电压源，在 2-2′ 端接电阻 R，试问 R 为多大时，R 可获得最大功率，最大功率为多大？此时电压源发出的功率为多大？

16-27　某互易二端口网络的传输参数 $A = 7$，$B = 3$，$C = 9$，求其 T 形和 π 形等效电路中的各元件参数，并画出该等效电路图。

16-28　求题 16-28 图所示二端口网络的 T 形等效电路中的各元件参数，并画出该等效电路图。

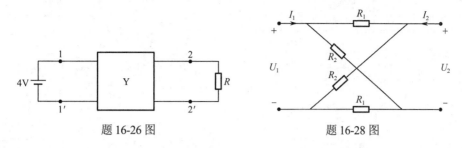

题 16-26 图　　　　　　题 16-28 图

16-29　求题 16-29 图所示二端口网络的 T 形等效电路中的各元件参数,并画出该等效电路图。

16-30　试判断题 16-30 图所示二端口网络是否具有互易性和对称性。

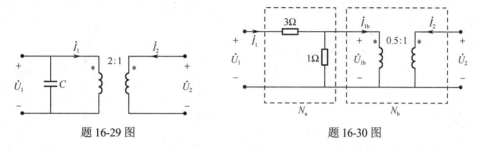

题 16-29 图　　　　　　　题 16-30 图

16-31　试求题 16-31 图所示二端口网络的 T 参数矩阵。已知 $\omega L_1 = 10\Omega$,　$\omega L_2 = \omega L_3 = 8\Omega$,　$1/\omega C = 20\Omega$,　$\omega M = 4\Omega$。

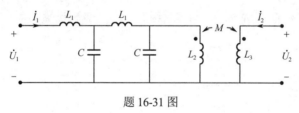

题 16-31 图

16-32　已知 $R = 1\Omega$,试求题 16-32 图所示二端口网络的 Y 参数矩阵。

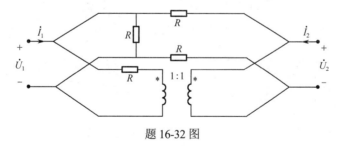

题 16-32 图

16-33　题 16-33 图所示为有载二端口网络,虚框中的二端口子网络 N 为某晶体管放大器,已知其 H 参数矩阵为 $H = \begin{bmatrix} 10^3 & 10^{-4} \\ 100 & 10^{-5} \end{bmatrix}$,若 $U_S = 10\text{mV}$,　$R_f = R_2 = 1000\Omega$,求电压 U_2 的值。

16-34　求题 16-34 图所示二端口网络的 Z 参数矩阵。

16-35　电路如题 16-35 图所示,已知二端口网络的 Y 参数矩阵为 $Y = \begin{bmatrix} 2 & 3 \\ 5 & 4 \end{bmatrix}$,　$R_2 = 1\Omega$,试求该二端口的电压转移函数 $U_2(s)/U_S(s)$。

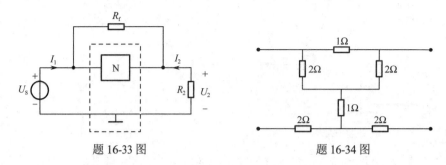

题 16-33 图   题 16-34 图

16-36   电路如题 16-36 图所示，已知二端口网络的 H 参数矩阵为 $H = \begin{bmatrix} 40 & 0.4 \\ 10 & 0.1 \end{bmatrix}$，试求该二端口的电压转移函数 $U_2(s)/U_s(s)$。

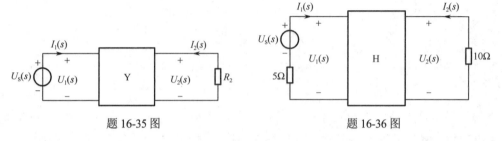

题 16-35 图   题 16-36 图

16-37   电路如题 16-37 图所示，已知二端口网络的 Z 参数矩阵为 $Z = \begin{bmatrix} 2 & 3 \\ 3 & 3 \end{bmatrix}$，试求该二端口的电压转移函数 $U_2(s)/U_s(s)$。

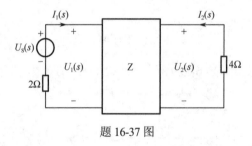

题 16-37 图

附录 A　Multisim 简明教程

在众多的 EDA 仿真软件中，Multisim 软件界面友好、功能强大、易学易用，受到电类设计开发人员的青睐。Multisim 用软件方法虚拟电子元器件及仪器仪表，将元器件和仪器集合为一体，是原理图设计、电路测试的虚拟仿真软件。

Multisim 来源于加拿大图像交互技术公司（Interactive Image Technologies，简称 IIT 公司）推出的以 Windows 为基础的仿真工具，原名 EWB。IIT 公司于 1988 年推出一个用于电子电路仿真和设计的 EDA 工具软件 Electronics Work Bench（电子工作台，简称 EWB），以界面形象直观、操作方便、分析功能强大、易学易用而得到迅速推广使用。1996 年 IIT 推出了 EWB5.0 版本，在 EWB5.x 版本之后，从 EWB6.0 版本开始，IIT 对 EWB 进行了较大变动，名称改为 Multisim（多功能仿真软件）。IIT 后被美国国家仪器（NI，National Instruments）公司收购，软件更名为 NI Multisim，Multisim 经历了多个版本的升级，目前最新版本为 Multisim14。

A.1　Multisim 的获取与使用

NI 的官网提供教育版试用下载链接，也可登录 Multisim 在线仿真网站，注册后可以进行在线仿真。

下面以 Multisim11 为例介绍其基本操作。图 A-1 是 Multisim11 的用户界面，包括菜单栏、标准工具栏、主工具栏、虚拟仪器工具栏、元器件工具栏、仿真开关、状态栏、电路图编辑区、工程栏等组成部分。

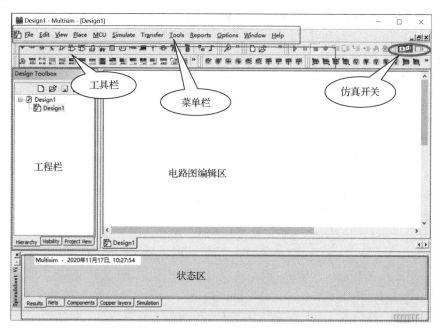

图 A-1　Multisim11 工作界面

菜单栏与 Windows 应用程序相似，如图 A-2 所示。

File　Edit　View　Place　MCU　Simulate　Transfer　Tools　Reports　Options　Window　Help

图 A-2　Multisim 菜单栏

可以在 View→Toolbars 菜单下设置工具栏的显示项目，常用的工具栏有：

标准工具栏（Standard）：

主工具栏（Main）：　　　　　　　　　　　　　　　　　--- In Use List ---

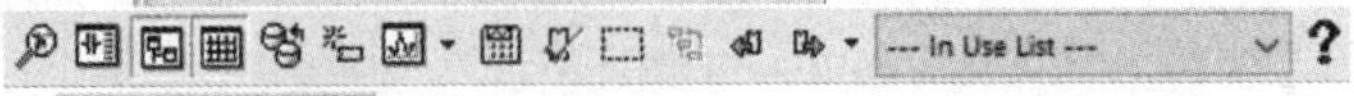

视图工具栏（View）：

元器件工具栏（Components）：

虚拟仪器工具栏（Instruments）：

在使用 Multisim 仿真前可以使用 Options 菜单下的 Global Preferences 和 Sheet Properties 可进行个性化界面设置，方便用户进行电路图的创建、观察和分析。

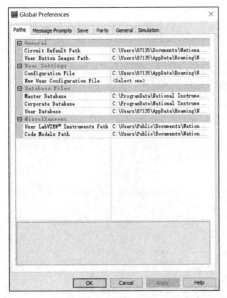

图 A-3　Global Preferences 对话框

1. 全局参数设置

选中菜单 Options→Global Preferences，弹出 Global Preferences 对话框，共有 6 个选项卡如图 A-3 所示。

（1）Paths 选项卡：用来设置 Multisim 仿真电路的路径、配置文件、元件库数据文件存储路径等，可以直接使用默认设置。

（2）Message Prompts 选项卡：用来设置何种情况下需要弹出提示消息。

（3）Save 选项卡：用于设置设计文档自动备份和仪器仪表的测量数据进行保存。

（4）Parts 选项卡：设置元器件的放置模式和符号标准。

① 在 Place component mode 区种选择元器件放置模式。

Return to Component Browser after placement：放置一个元件后自动返回元器件浏览窗口。

Place single component：放置单个元件。

Continuous placement for multi-section part only(Esc to quit)：放置单个元件，但是对集成电路内相同的模块可以连续放置，按 Esc 键停止放置。

Continuous placement (Esc to quit)：连续放置元器件，按 Esc 键停止放置。

②在 Symbol standard 区中选择元器件符号标准，Multisim11 提供两套电气元器件符号标准：

ANSI：美国国家标准学会，美国标准，默认为该标准；

DIN：德国国家标准学会，欧洲标准，与中国符号标准一致，本附录采用此标准。

（5）General 选项卡：用来设置选择矩形、鼠标滚轮、自动连线方式、语言等。

（6）Simulation 选项卡：用来设置电路仿真模式。

在 Netlist errors 区中，当网络连续出错或警告时，在 Cancel simulation/analysis、Proceed with simulation/analysis、Prompt me 三个选项中任选一项。

在 Graph 区中，在 Black、White、两个选项中任选一项作为曲线及仪表的颜色。

在 Positive phase shift direction 区中，在 Shift right（右移）、Shift left（左移）两个选项中任选一项作为仿真曲线的移动方向，一般情况下选择 Shift right（右移）。

2. 电路图属性设置

选中菜单 Options→Sheet Properties，弹出 Sheet Properties 对话框，共有 6 个选项卡，如图 A-4 所示。

（1）Cirtuit 选项卡：用来设置 Multisim 仿真电路和元器件参数的显示属性。

在 Show 区中，可以设置 Multisim 电路工作窗口显示或隐藏元件的主要参数。

① 在 Component 区中的复选框 Labels、RefDes、Values、Initial conditions、Tolerance、Variant data、Attributes、Symbol pin names、Footprint pin names 用来决定是否显示元器件的标识符、编号、元件参数、初始条件、容差、可变元件的数值、元件属性、元件符号引脚名、元件封装引脚名。

② 在 Net names 区中的复选框 Show all、Use net-specific Setting、Hide all 用来控制电路图中的节点全部显示、设置部分特殊节点显示或将全部节点隐藏。

③ 在 Bus entry 区中的 Show labels、Show bus entry net names 复选框分别用来选择是否显示总线标识、总线的接入线标识。

④ 在 Color 区的下拉菜单中选择一种预定的配色方案或用户自定义配色方案对电路图的背景、选择框、导线、有模型的元件、无模型的元件和虚拟元件进行颜色配置。

（2）Workspace 选项卡：用来设置工作区的图纸大小、显示等，如图 A-5 所示。

① 在 Show 区中的复选框作用如下：

Show grid：是否显示背景点状网格，方便用户绘制电路图时对元器件进行定位；

Show page bounds：是否显示纸张边界，纸张边界决定了界面大小，绘制电路图时不能超出这个范围；

Show border：是否显示电路图的边框，该边框为电路图绘制提供了标尺。

② Sheet size 区设定绘图纸张的尺寸。

在该区左侧的下拉列表框中可以选择 Multisim 预设的 A、B、C、D、E、A4、A3、A2、A1、A0、Legal、Executive 和 Folio 共 13 种标准规格的图纸，每种图纸的具体尺寸显示在该区右侧，长度单位可以用右侧的单选按钮设定为 Inches（英寸）或 Centimeters（厘米）。用户如果想自定义图纸，可以选择下拉列表框中的 Custom 后，在右侧的 Custom size 区输入纸张的 Width（宽度）和 Height（高度）值。下拉列表框下方的 Orientation 区用来设定纸张的方向：Portrait 为纵向，Landscape 为横向。

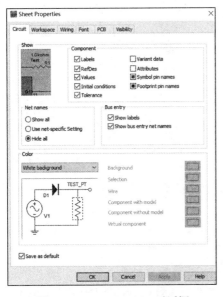

图 A-4　Sheet Properties 对话框

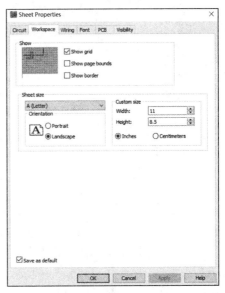

图 A-5　Workspace 选项卡

（3）Wiring 选项卡：设置电路图中导线和总线的宽度。

（4）Font 选项卡：设置电路中元件的参考序号、元件参数、元件属性、封装引脚名、符号引脚名、节点、电路图文本、注释、探针和总线名称等文本的字体。

（5）PCB 选项卡：设置制作 PCB(printed circuit board)印制电路板时的相关参数。

（6）Visibility 选项卡：设置一些自定义选项。

A.2 Multisim 仿真基本操作

如图 A-6 所示，Multisim11 仿真的基本步骤为：（1）建立电路文件；（2）放置元器件和仪表；（3）元器件编辑；（4）连线和进一步调整；（5）电路仿真；（6）输出分析结果。

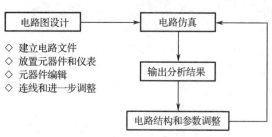

图 A-6 Multisim11 仿真步骤

具体仿真步骤如下。

1. 建立电路文件

具体建立电路文件的方法有：

● 打开 Multisim11 时自动打开空白电路文件 Circuit1，保存时可以重新命名；

● 菜单 File/New；

● 工具栏 New 按钮；

● 快捷键 Ctrl+N。

2. 放置元器件和仪表

Multisim11 的元件数据库有：主元件库 Master Database（厂商提供的元件库），用户元件库 User Database（用户自定义的元件库），合作元件库 Corporate Database（仅在专业版中有效，用于多人共同开发项目时建立共用的元件库），后两个库由用户或合作人创建，新安装的 Multisim11 中这两个数据库是空的。

放置元器件的方法有：

● 菜单 Place Component；

● 元件工具栏：Place/Component；

● 在绘图区右击，利用弹出菜单放置；

● 快捷键 Ctrl+W。

放置仪表可以点击虚拟仪器工具栏相应按钮，或者使用菜单方式。

3. 元器件编辑

（1）元器件参数设置

双击元器件，弹出相关对话框，选项卡包括：

● Label：标签，Refdes 编号，由系统自动分配，可以修改，但须保证编号唯一性；

● Display：显示；

● Value：数值；

● Fault：故障设置，Leakage 漏电；Short 短路；Open 开路；None 无故障（默认）；

● Pins：引脚，各引脚编号、类型、电气状态。

（2）元器件向导（Component Wizard）

对特殊要求，可以用元器件向导编辑自己的元器件，一般是在已有元器件基础上进行编辑和修改。方法是：菜单 Tools/ Component Wizard，按照规定步骤编辑，用元器件向导编辑生成的元器件放置在 User Database（用户数据库）中。

4. 连线和进一步调整

连线：

（1）自动连线：单击起始引脚，鼠标指针变为"十"字形，移动鼠标至目标引脚或导线，单击，则连线完成，当导线连接后呈现丁字交叉时，系统自动在交叉点放节点（Junction）；

（2）手动连线：单击起始引脚，鼠标指针变为"十"字形后，在需要拐弯处单击，可以固定连线的拐弯点，从而设定连线路径；

（3）关于交叉点，Multisim11 默认丁字交叉为导通，十字交叉为不导通，对于十字交叉而希望导通的情况，可以分段连线，即先连接起点到交叉点，然后连接交叉点到终点；也可以在已有连线上增加一个节点（Junction），从该节点引出新的连线，添加节点可以使用菜单 Place/Junction，或者使用快捷键 Ctrl+J。

进一步调整：

（1）调整位置：单击选定元件，移动至合适位置；

（2）改变标号：双击进入属性对话框更改；

（3）显示节点编号以方便仿真结果输出：菜单 Options/ Sheet Properties/Circuit/Net Names，选择 Show All；

（4）导线和节点删除：右击/Delete，或者点击选中，按键盘 Delete 键。

5．电路仿真

基本方法：

● 按下仿真开关，电路开始工作，Multisim 界面的状态栏右端出现仿真状态指示；

● 双击虚拟仪器，进行仪器设置，获得仿真结果。

6．输出分析结果

如图 A-7 所示，使用菜单命令 Simulate→Analyses 调出仿真分析菜单后，可以按需求选择相应的分析功能，具体的分析范例已在本书各章例题中进行过演示，此处不再赘述。

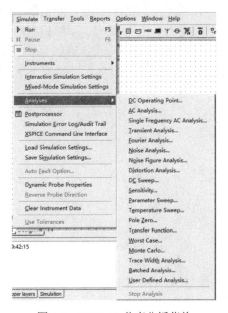

图 A-7　Multisim 仿真分析菜单

参考文献

[1] 邱关源，罗先觉. 电路[M]. 5 版. 北京：高等教育出版社，2011.
[2] 张永瑞. 电路分析基础[M]. 4 版. 西安：西安电子科技大学出版社，2019.
[3] 李瀚荪. 电路分析基础[M]. 5 版. 北京：高等教育出版社，2017.
[4] 田社平. 电路理论基础[M]. 上海：上海交通大学出版社，2016.
[5] 周围. 电路分析基础[M]. 北京：人民邮电出版社，2004.
[6] James W. Nilsson，Susan A. Riedel. 电路[M]. 10 版. 北京：电子工业出版社，2015.
[7] Matthew N. O. Sadiku 等，应用电路分析[M]. 北京：机械工业出版社，2014.
[8] 周守昌. 电路原理[M]. 2 版. 北京：高等教育出版社，2004.
[9] 胡钋. 电路原理[M]. 北京：高等教育出版社，2011.
[10] 钟佐华. 动态电路的时域分析[M]. 北京：知识出版社，1990.
[11] 吴锡龙. 电路分析教学指导书[M]. 北京：高等教育出版社，2004.
[12] 黄东泉. 电路学习指导书[M]. 北京：高等教育出版社，1983.
[13] 燕庆明. 电路分析教程教学指导书[M]. 北京：高等教育出版社，2003.
[14] 潘双来. 电路学习指导与习题精解[M]. 北京：清华大学出版社，2004.
[15] 公茂法. 电路学习指导与典型题解[M]. 北京：北京航空航天大学出版社，1999.
[16] 钟洪声. 基础电路实例仿真分析[M]. 北京：科学出版社，2017.
[17] 李学明. 电路分析仿真实验教程[M]. 北京：清华大学出版社，2014.
[18] 陈晓平. 电路实验与 Multisim 仿真设计[M]. 北京：机械工业出版社，2015.